ANSYS Maxwell + Workbench 2021电机多物理场耦合有限元分析从入门到工程实战

刘慧娟　张振洋　宋腾飞　等　编著

化学工业出版社

·北京·

内容简介

本书从基础操作入手，通过工程应用实例对ANSYS Maxwell 2021电磁场及Workbench 2021多物理场仿真平台的使用方法和技巧做了系统的介绍。全书分为上、下两篇：上篇为基础操作篇，主要包括有限元仿真分析的一般流程、ANSYS Maxwell几何建模的方法、模型通用前处理、求解和后处理的设置方法及技巧；下篇为工程实例专题分析篇，通过具体案例讲解2D/3D静磁场、2D涡流场、2D/3D瞬态电磁场、电路-电磁耦合场、电磁-热耦合场、电磁-结构-声耦合场等常见电机电磁场及多物理耦合场仿真的思路、详细步骤和应用技巧。

本书配备所有工程案例的模型文件，并专门制作了软件操作视频，读者可扫描书中二维码获取相关内容。

本书既可以作为工程技术人员、科研人员等高阶读者灵活使用ANSYS Maxwell软件的参考资料，也可作为理工科院校相关专业本科生、研究生的教材。

图书在版编目（CIP）数据

ANSYS Maxwell+Workbench 2021 电机多物理场耦合有限元分析从入门到工程实战/刘慧娟等编著. —北京：化学工业出版社，2022.7（2024.11 重印）

ISBN 978-7-122-41165-5

Ⅰ. ①A… Ⅱ. ①刘… Ⅲ. ①有限元分析-应用软件 Ⅳ. ①O241.82-39

中国版本图书馆 CIP 数据核字（2022）第 059563 号

责任编辑：耍利娜
文字编辑：赵　越
责任校对：宋　玮
装帧设计：王晓宇

出版发行：化学工业出版社
（北京市东城区青年湖南街 13 号　邮政编码 100011）
印　　装：高教社（天津）印务有限公司
787mm×1092mm　1/16　印张 22¼　字数 567 千字
2024 年 11 月北京第 1 版第 4 次印刷

购书咨询：010-64518888
售后服务：010-64518899
网　　址：http://www.cip.com.cn
凡购买本书，如有缺损质量问题，本社销售中心负责调换。

定　　价：99.00 元

前言 PREFACE

在万物皆可互联的今天，对各种电气设备和装置进行电磁性能优化设计时，只考虑和利用电磁场仿真软件或模块是远远不够的，还需要综合考虑温度场、结构场、声场等多物理场的耦合影响。

“工欲善其事，必先利其器！”

ANSYS Maxwell+Workbench 2021 正是这样一款能提供电磁场、温度场、结构场、声场等多物理场单独以及耦合计算的仿真软件。

本书旨在介绍该软件的基本操作以及工程应用的相关技巧。本书分为上、下两篇，上篇为基础操作篇，包含第 1～4 章；下篇为工程实例专题分析篇，包含第 5～9 章。

第 1 章介绍有限元基本内容，ANSYS 有限元软件及旗下 Electronics Desktop、Workbench 平台的运行界面，电磁有限元仿真和多物理场耦合仿真的一般流程。

第 2 章详细介绍 ANSYS Maxwell 2D/3D 自下而上的模型绘制建模方法、常用的 UDP 用户自定义几何建模方法、参数化建模方法、几何模型导入建模方法和 RMxprt 常见电机快速建模方法等。

第 3 章主要讲述 ANSYS Maxwell 2D/3D 模型在不同求解场的前处理过程及步骤，包括求解类型的选择、模型的材料库以及材料属性设置、运动部件设置、网格划分方法、激励及边界条件设置、特定求解参数设定等。

第 4 章主要阐述了 ANSYS Maxwell 2D/3D 求解参数设置方法和后处理过程。求解参数设置方法包括稳态求解器（静电场、静磁场、直流传导电场）、频域求解器（涡流场、交变电场）和瞬态求解器（瞬态场）的参数设置方法和技巧；后处理过程包括查看求解数据、创建求解报告、场量图和动画绘制、查看参数化求解结果、场计算器后处理使用方法等。

第 5 章以静磁场为基础，针对通电线圈中铁磁材料的受力分析和永磁体与通电线圈的相互作用力分析两个案例，详细介绍其 2D/3D 静磁场仿真模型的建立、求解域设置、激励设置、边界条件设置以及力/转矩等参数的设置方法，并给出了查看计算结果的方法。

第 6 章以 10kV 三相油浸式变压器为例，详细介绍变压器 3D 瞬态场有限元仿真模型的建立及模型前处理、求解和后处理设置。并且介绍了利用 Simplorer 仿真模块，搭建变压器空载、短路、负载工况的场路联合仿真模型和查看相应的电压波形、电流波形、损耗曲线以及场分布结果等。

第 7 章以 4 极 30kW 笼型铜条转子感应电机为例，系统讲解了如何使用 RMxprt 进行建模、参数设置并执行快速的电磁性能计算，然后通过 RMxprt 导出模型，完成 ANSYS Maxwell 2D 和 3D 电磁场模型搭建，材料、边界设置等前处理进程以及气隙磁密求取，转矩等特性曲线输出，场图绘制，效率等 Map 图生成等后处理过程，最终结合 Motor-CAD，介绍了 Motor-CAD 电磁-温度场耦合仿真计算的方法。

第 8 章以一台 8 极 30kW 新能源车用 V 型磁钢内置式永磁同步电机为例，介绍了如何通过 RMxprt 模块一键建模功能和 UDP 快速绘制功能建立 Maxwell 2D 仿真模型，并查看具体的空载和带载性能结果。讲解了利用ANSYS-optiSlang优化插件，实现电机电磁性能灵敏度分析和多目标优化方法。最后阐述了利用Workbench仿真平台，搭建车用永磁驱动电机的电磁-温度场和电磁-结构-声场多物理场耦合仿真模型，实现永磁电机的温升性能和振动噪声性能分析的流程和具体设置方法。

第9章以双边短初级直线感应电机为例，介绍了Maxwell 2D涡流场和瞬态场、Maxwell 3D瞬态场有限元仿真分析方法，其中详细阐述了直线电机定子铁芯的几种绘制方式，叙述了有无端部绕组的绘制或生成方法，介绍了直线电机的边界设置、激励设置、运动设置等常规前处理过程以及气隙磁场、次级电密、次级各向受力、电机的推力-速度特性曲线、波动值-速度推力曲线等后处理过程。

本书特色：

① 内容普适度广，专业聚焦性强。本书既介绍软件使用的具体方法和步骤，又围绕电机电磁场、温度场、结构场、声场的独立以及耦合仿真展开，书中案例涉及常见电机电磁及多物理场仿真中的大部分问题。

② 内容可读性强，使用操作性高。本书采用大量图示说明，内容翔实、直观，由浅入深，层层推进，在案例的具体方法和操作中饱含编者多年的软件使用经验。

③ 案例覆盖面广，既丰富又实用。本书的工程案例涉及变压器、笼型感应电机、永磁同步电机、直线感应电机等，具有较高的普适性和实用性。

④ 配套资源丰富，易于快速上手。本书所有案例均提供模型文件，针对所有操作步骤录制有视频教程，并随书赠送。

本书由北京交通大学电气工程学院电机与电器研究所刘慧娟教授课题组编写：刘慧娟老师负责全书的架构和统筹，张振洋博士撰写第1、4、7章，宋腾飞博士撰写第2、3、8章，张千博士撰写第5、6、9章。在本书编写以及视频录制的过程中，参与具体工作的还有卜斌彬、王宇、刘博、郭跃。

此外，书中的部分方法来源于微信公众号“ANSYS Maxwell大本营”及“西莫论坛”等电机媒体论坛，在此表示感谢。最后还要感谢出版社编辑们的辛苦工作，让本书能更快地和读者见面。

由于时间仓促，且笔者水平有限，不妥之处在所难免，敬请广大读者批评指正。

编著者

扫码下载源文件

目录
CONTENTS

上篇　基础操作篇

ANSYS Maxwell

+

Workbench 2021

上篇

基础操作篇

第1章 有限元分析及 ANSYS Maxwell/Workbench 2021 概述

扫码观看本章视频

1.1 有限元法简介

有限元法（Finite Element Method，FEM），是一种求解偏微分方程初边值问题的有效数值计算方法。从应用数学的角度考虑，有限元法的基本思想可以追溯到 Courant 在 1943 年的工作，他首先尝试应用在一系列三角形区域上定义的分片连续函数和最小位能原理相结合，来求解 St. Venant 扭转问题。此后，不少应用数学家、物理学家和工程师分别从不同角度对有限元法的离散理论、方法及应用进行了研究。有限元法的实际应用是随着电子计算机的出现而开始的。首先是 Turner、Clough 等人于 1956 年将刚架分析中的位移法推广到弹性力学平面问题，并用于飞机结构的分析。他们首次给出了用三角形单元求解平面应力问题的正确解答。三角形单元的特性矩阵和结构的求解过程是由弹性理论的方程通过直接刚度法确定的。他们的研究工作开始进入利用电子计算机求解复杂弹性力学问题的新阶段。1960 年，Clough 在其一篇求解平面弹性问题的论文“The Finite Element Method in Plane Stress Analysis”中，第一次提出了“有限单元法”的名称，使人们更清楚地认识到有限元法的特性和功效。1963～1964 年，Besseling、Melosh、Jones 等人证明了有限单元法是基于变分原理的里兹（Ritz）法的另一种形式，从而将里兹法的分析理论应用于有限单元法，确认了有限单元法是处理连续介质问题的一种普遍方法。利用变分原理建立有限元方程和经典里兹法的主要区别是有限单元法假设的近似函数不是在全求解域而是在单元上规定的，而且事先不要求满足任何边界条件，因此它可以用来处理很复杂的连续介质问题，从 20 世纪 60 年代后期开始，进一步利用加权余量法来确定单元特性和建立有限元求解方程。有限单元法中主要是伽辽金（Galerkin）法。它可以用于已经知道问题的微分方程和边界条件，但变分的泛函尚未找到或者根本不存在的情况，因而进一步扩大了有限单元法的应用领域。

伴随着电子计算机科学和技术的快速发展，有限元法作为工程分析的有效方法，从最初应用在求解平面结构的二维问题，已然扩展到三维问题；由静力学问题扩展到动力学问题、稳定性问题；由线性问题扩展到非线性问题；由结构力学扩展到流体力学、电磁学、传热学等多种学科；由航空技术领域扩展到航天、土木建筑、机械制造、水利工程、造船、电子技术及原子能技术等领域；由单一物理场的求解扩展到多物理场耦合计算，其应用的深度和广度都得到了极大的拓展，已然成为计算机辅助工程（CAE）的重要组成部分。

1.2 有限元法基本思想及求解步骤

有限元法的基本思想就是将一个复杂模型的连续求解域离散为一组有限个且按一定方式相互联结在一起的单元的组合体，通过对每一个小单元假定一个合理的近似解，去推导求解整个域的满足条件，进而得到模型的近似解。单元的连接点称为“结点”，单元的集合称为有限元结构，特定的单元排列称为“网格”。比起其他数值方法，有限元法具有诸多优点和特性：有限元分析（FEA）可以用于任何场问题，如热传导、应力分析、磁场问题等等；没有几何形状的限制，所分析的物体或区域可以具有任何形状；边界条件和载荷没有限制；材料性质并不限于各向同性，可以从一个单元到另一个单元变化甚至在单元内也可以不同；具有不同行为和不同数学描述的分量可以结合起来；有限元结构和被分析的物体或区域很类似；通过网格细分可以很容易地改善解的逼近度，这样在场梯度大的地方就会出现更多的单元，需要求解更多的方程。随着现代科学、计算数学和计算机技术等学科的发展，有限元法作为一个具有牢固理论基础和广泛应用效力的数值分析工具，必将在国民经济建设和科学技术发展中发挥更大的作用，自身亦将得到进一步的发展和完善。

对于不同物理性质和数学模型的问题，有限元法的基本求解步骤是相同的，只是具体公式推导和运算求解不同。有限元求解问题的基本步骤通常为：

（1）问题及求解域定义

根据实际问题近似确定求解域的物理性质和几何区域，即确定数学模型。

（2）求解域离散化

将求解域离散为具有不同有限大小和形状且彼此相连的有限个单元，也称为网格划分。单元越小（网络越细），离散域的近似程度越好，计算结果也越精确，但计算量也越大。因此求解域的离散化是有限元法的核心技术之一。

（3）确定状态变量及控制方法

一个具体的物理问题通常可以用一组包含问题状态变量和边界条件的微分方程表示。为适合有限元求解，通常将微分方程化为等价的泛函形式。

（4）单元推导

对单元构造一个适合的近似解，即推导有限单元的列式，其中包括选择合理的单元坐标系，建立单元试函数，以某种方法给出单元各状态变量的离散关系，从而形成单元矩阵。

（5）总装求解

将单元总装形成离散域的总矩阵方程，反映对近似求解域的离散域要求——单元函数的连续性要满足一定的连续条件。总装是在相邻单元结点处进行，状态变量及其导数（可能的话）的连续性建立在结点处。

（6）联立方程组求解

有限元法的最终结果是联立方程组。对联立方程组的求解可用直接法、选代法和随机法。求解结果是单元结点处状态变量的近似值。

1.3 有限元分析的发展趋势及 FEA 软件

从 1943 年数学家库朗德第一次提出了可在定义域内分片地使用位移函数来表达其上的未知函数，到 1960 年美国加州大学伯克利分校的 R.W.Clough 教授在论文中首次提出了名词“有限单元”，基于有限元法的有限元分析正式登上历史舞台，经过 60 多年特别是近 20 年的发展，有限元法的基础理论和方法已经比较成熟，FEA 已然由最初仅应用于航空器的结构强度分析，扩展到几乎所有的科学技术领域，成为一种内容丰富多彩、应用广泛并且实用高效的工程分析手段。但是面对 21 世纪全球在经济和科技领域的激烈竞争，基础产业（例如汽车、船舶和飞机等）的产品设计和制造需要进行重大的技术创新，高新技术产业（例如宇宙飞船、空间站、微机电系统和纳米器件等）更需要发展新的设计理论和制造方法。而这一切都为有限元法、有限元分析提供了更广阔的发展空间，并提出了更高的要求。

① 与 CAD/CAM 等软件的高度集成。有限元分析软件的一个发展趋势是与通用计算机辅助工程软件的集成使用，即数据信息在整个产品设计制造过程中的无缝多向流通，以实现新产品开发中三维设计、有限元分析优化、数控加工等过程的快速响应，满足工程师快捷地解决复杂工程问题的要求，提高设计水平和效率。目前许多商业化有限元分析软件都开发了和一些 CAD 软件（例如 Pro/ENGINEER、Unigraphics、SolidWorks 和 AutoCAD 等）的接口。有些 CAE 软件为了实现和 CAD 软件的无缝集成而采用了 CAD 的建模技术。

② 提高自动化网格处理能力。应用有限元技术求解问题过程中，几何模型离散后的有限元网格质量直接影响着计算精度的高低和计算量的大小。各软件公司在网格处理方面的投入也在加大，划分网格的效率和质量都有所提高，但在实际工业生产中，尤其是对专业领域复杂产品的瞬态分析还存在问题，如对三维实体模型进行自动六面体网格划分和根据求解结果对模型进行自适应网格划分等。

③ 提升求解非线性问题的能力。随着科学技术的发展，线性理论已经远远不能满足设计的要求，许多工程问题如材料的破坏与失效、裂纹扩展等仅靠线性理论根本不能解决，必须进行非线性分析求解。

④ 单一场计算向多物理耦合场问题求解的发展。有限元分析技术应用在装备产品的设计制造中，主要是求解线性的结构问题，但根据工程应用场景的极端性、复杂性、多物理场性等特点，结构非线性、流体动力学和多物理场耦合问题的应用迫在眉睫，如汽轮机叶片、风机桨叶的流体动力学问题、流固耦合问题，重型装备产品热加工过程的热、结构、电磁多场耦合的问题等。随着有限元技术的深层次应用，需要解决的工程问题也越来越复杂，耦合场的计算求解将成为有限元软件开发的重大发展方向。

⑤ 软件面向专业用户的开放性。随着商业化程度的提高，各软件开发商为了扩大自己的市场份额，满足用户的需求，在软件的功能、易用性等方面花费了大量的资金，但由于用户的要求千差万别，不管他们怎样努力也不可能满足所有用户的要求，因此必须给用户一个开放的环境，允许用户根据自己的实际情况对软件进行扩充。

早在 20 世纪 60 年代初国际上就已经开始投入大量的人力和物力开发有限元分析程序，但真正的 CAE 软件诞生于 70 年代初期，近 20 年大步进入商品化的发展阶段。为满足市场需求和适应计算机硬、软件技术的迅速发展，CAE 开发商在大力推销其软件产品的同时，对软件的功能、性能，用户界面和前、后处理能力都进行了大幅度的改进与扩充。这就使得目前市场上的一些 CAE 软件，在功能、性能、易用性、可靠性以及对运行环境的适应性方面，基本上满足了用户的当前需求，从而帮助用户解决了成千上万个实际工程问题，同时也为科学技术的发展和在工程应用方面做出了不可磨灭的贡献。

目前根据软件的适用范围，可以将之区分为专业有限元软件和大型通用有限元软件。实际上，经过了几十年的发展和完善，各种专用的和通用的有限元软件之间的界限逐渐模糊。目前比较流行的通用有限元软件包括 MSC、ABAQUS、ADINA、ANSYS、COMSOL Multiphysics 等。

1.4 ANSYS 简介

ANSYS 软件是美国 ANSYS 公司研制的大型通用有限元分析软件，是世界范围内增长最快的计算机辅助工程（CAE）软件，能与多数 CAD 软件接口连接，实现数据的共享和交换，是融合结构、流体、电场、磁场、声场分析于一体的大型通用有限元分析软件，在核工业、铁道、石油化工、航空航天、机械制造、能源、汽车交通、国防军工、电子、土木工程、造船、生物医学、轻工、地矿、水利、日用家电等领域有着广泛的应用。ANSYS 功能强大，操作简单方便，现在已成为国际流行的有限元分析软件。目前产品线包括结构分析（ANSYS Mechanical）系列、流体动力学[ANSYS CFD（FLUENT/ CFX）]系列、电子电磁套件（ANSYS EM Suit）系列、ANSYS Motor CAD、ANSYS Workbench 和 EKM 等等，而且还在不断壮大中。目前随着 ANSYS 公司的快速发展，各产品线软件已经更新到 2021R1 版本。

1.5 ANSYS Electronics Desktop 2021 平台

ANSYS 电子桌面（ANSYS Electronics Desktop）是一个集成了 HFSS、Maxwell、RMxprt、EMIT、Q3D Extractor、Icepak、Twin Builder、Circuit 等一系列仿真器的综合平台，而且该平台能够在统一的框架中提供通用用户界面、模型输入和设置、仿真控制以及后处理等功能，使电气工程师能够快速高效地设计和仿真各种电气、电子和电磁元件、设备和系统。

双击 ANSYS Electronics Desktop 2021 R1（ ）电子桌面，启动程序，打开后界面如图 1-1 所示。首次安装打开的默认界面可能会略有不同，可以点击菜单栏 Tools/Options/ General Options 打开通用选项设置菜单（图 1-2），进行桌面的个人配置设定，如常用电磁场，

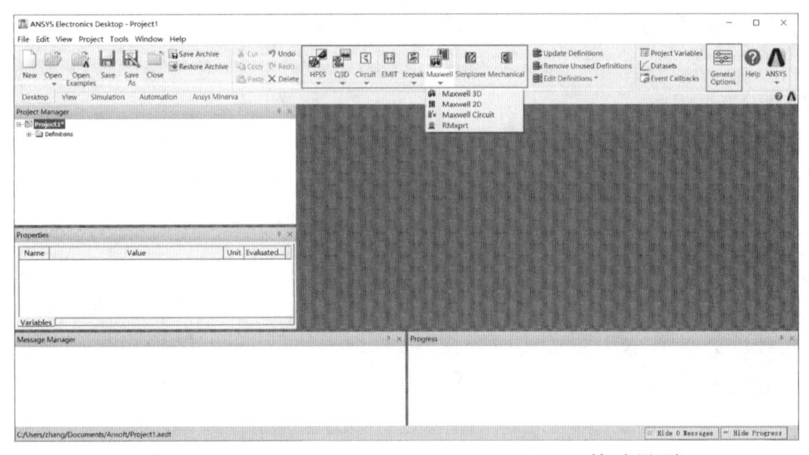

图 1-1　ANSYS Electronics Desktop 2021 R1 基础界面

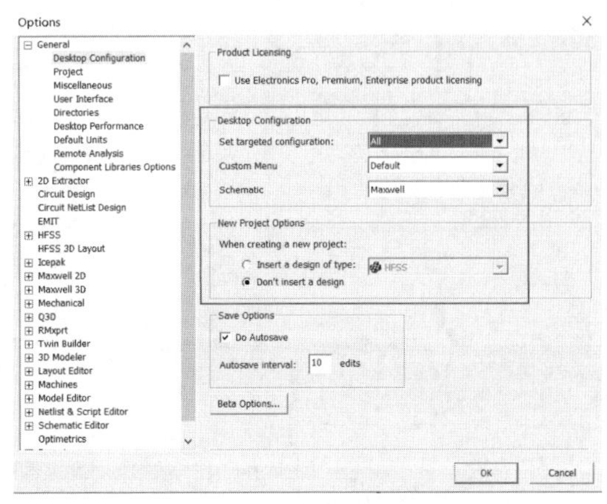

图 1-2　通用选项设置界面

就可将 Desktop Configuration 下选项设置为 EM。如果在新建项目的同时，不希望插入任何 Design 工程方案，选择 Don’t insert a design 即可，建议读者勾选此项。

ANSYS Maxwell 软件是集成在电子桌面下的一款低频电磁场仿真软件，使用高精度的有限元方法来解算稳态、频域和时变电磁场和电场，为电磁和机电设备提供了包含各类解决方案的完整设计流程。目前包含二维和三维的瞬态磁场、交流电磁场、静磁场、静电场、直流传导场和瞬态电场求解器，能准确地计算力、转矩、电容、电感、电阻和阻抗等参数，并且能自动生成非线性等效电路和状态空间模型，用于进一步的控制电路和系统仿真，实现对此部件在考虑了驱动电路、负载和系统参数后的综合性能的分析。

1.5.1 项目新建及保存

点击【Desktop】→【New】，可新建一个项目，如果前文中设置了新建项目不插入 Design，此时新建的项目下不会有任何 Design，此时如果需要建立工程 Design，比如 Maxwell 3D 工程，可通过【Desktop】→【Maxwell】→【Maxwell 3D】建立，其他类似，其求解类型可在菜单栏选择【Maxwell 3D】→【Solution type】，在弹出窗口中选择合适的求解类型，项目建立完成后点击【Save】即可保存。

1.5.2 Maxwell 基本运行界面

图 1-3 为 Maxwell 的操作界面示意图。在菜单工作栏下，主要有图示的 9 个工作区域。

- 菜单栏：包含文件、编辑、查看、项目、绘图等所有操作命令。
- 快捷菜单栏：布局了一些针对视图、绘图、仿真、结果等模块的常见操作，便于快速执行。
- 工程管理栏：可以管理多个工程文件或者一个工程文件下的多个 Design 项目文件。
- 模型树栏：罗列了模型的所有部件、材料属性、坐标系等相关信息。
- 属性栏：选中不同模块时，此处会显示相关属性信息。
- 绘图区：用户可在此绘制要计算的模型，也可在此显示计算后的场图结果和数据曲线等信息，绘图时带有笛卡儿坐标系和绘图网格，方便用户绘制模型。
- 信息管理栏：显示工程文件在操作时的一些详细信息，如警告提示、错误提示、求解完成信息等。

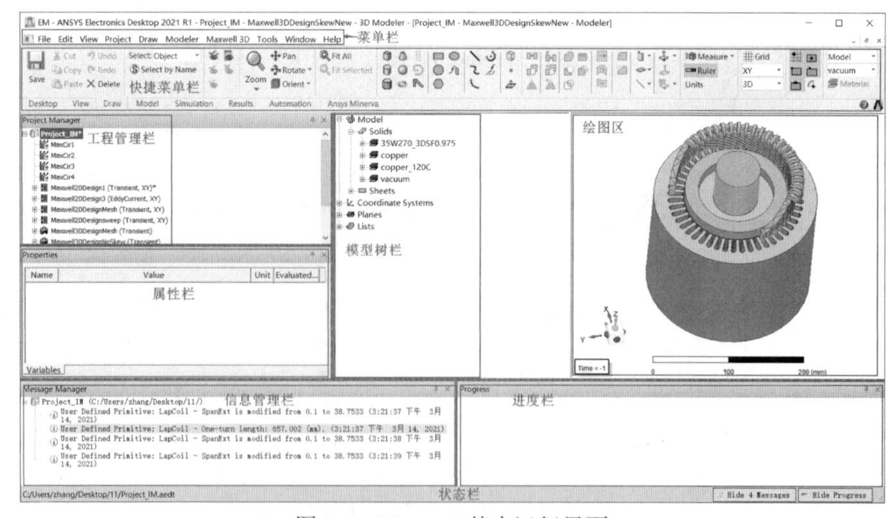

图 1-3　Maxwell 基本运行界面

● 进度栏：主要显示的是求解进度、参数化计算进度等。

● 状态栏：在对某一部件的属性操作时，可在此看到操作的信息。

如果这几个区域不小心被关闭，可以在 View 菜单栏中的对应项前勾选，使其重新显示，如图 1-4 所示。

View Project Draw Modeler
Status Bar
Project Manager
Message Manager
Properties
Progress

图 1-4 View 菜单下恢复操作区域

1.5.3 项目列表常用操作

在界面主菜单下，有一系列快捷键模块，可以通过勾选相应的模块，快速进入建模、视图、仿真、结果查看等模块，如图 1-5 所示。

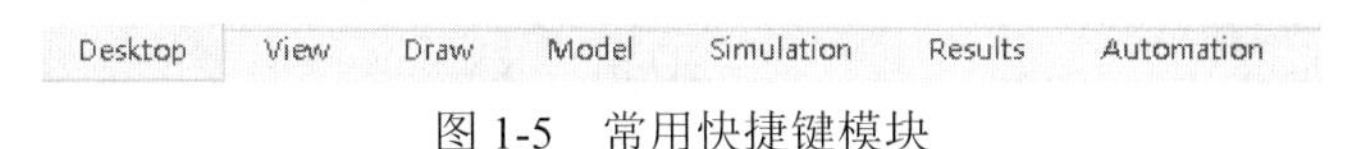

图 1-5 常用快捷键模块

下面介绍主要操作按钮。

图 1-6（a）为基本快捷按钮，有新建、打开、保存项目、复制、粘贴、清除对象、撤销动作等常用功能按钮，其所在位置为【Desktop】。

图 1-6（b）为计算类型快捷按钮，从上到下依次为新建 Maxwell 3D 工程、新建 Maxwell 2D 工程、新建 Maxwell 外电路和新建 RMxprt 工程，其所在位置为【Desktop】→【Maxwell】。

图 1-6（c）为视图操作快捷按钮，有视图移动、旋转、缩放和全局视图等按钮，其所在位置为【View】。

图 1-6（d）为模型绘制快捷按钮，有绘制线段、曲线、圆、圆弧和函数曲线按钮，以及绘制矩形面、圆面、正多边形面和椭圆面按钮。

图 1-6（e）为图形平移、旋转、复制以及进行各种布尔运算快捷按钮，多在电机定转子的绘制中使用，其所在位置为【Draw】。

图 1-6（f）为模型材料快捷按钮，在绘制模型前，可以单击下拉菜单，事先选择好所绘模型的材料，方便按照材料对绘制模型进行分组，软件默认的是真空材料，其所在位置为【Draw】。

图 1-6（g）为模型检测和求解按钮，在求解模型前，用户先检测模型，看是否有错误或警告，以便在求解前排除问题，其所在位置为【Simulation】。

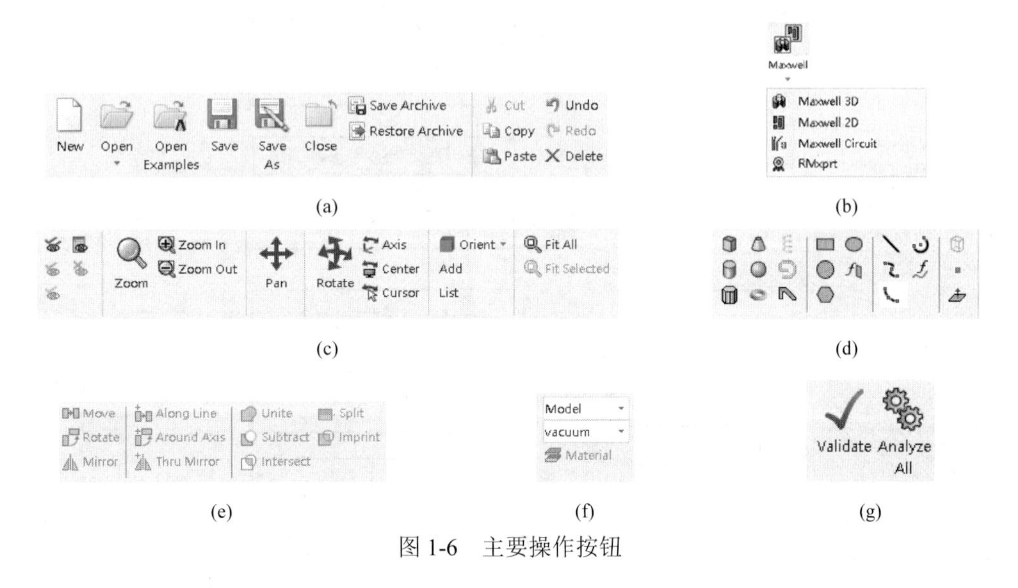

图 1-6 主要操作按钮

Maxwell Help

1 - Welcome to Maxwell Help

Use the following links for quick information on the following topics.

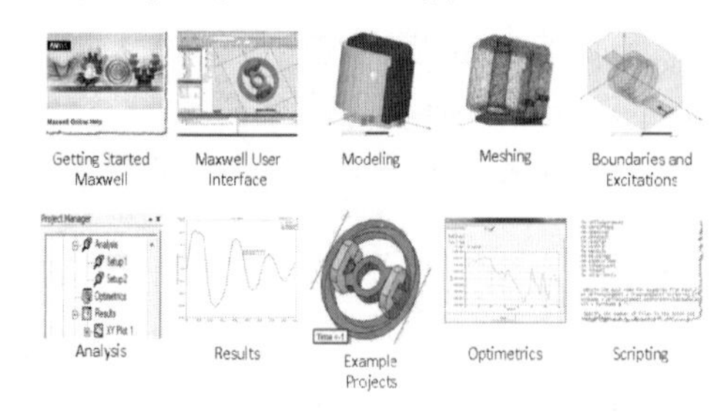

Use the following links for Maxwell Process Flow topics:

图 1-7 Maxwell 帮助菜单

还有其他一些未说明的操作按钮，在不同操作状态下，软件会自动显示可以使用的操作按钮，不可使用的功能操作按钮会显示为灰色。这些快捷按钮在下拉菜单栏中都有相应的位置，也可以通过下拉菜单进行操作。

单击主界面【Help】→【Maxwell Help】按钮或 Maxwell PDFs 按钮进入在线帮助文档或本地帮助文档（图 1-7），该文档包含了 Maxwell 2D/3D、RMxprt 等模型的前处理、求解和后处理的所有设置方法，内容翔实。对于 Maxwell 新用户，有必要熟悉该文档的结构和相关内容。

1.5.4 ANSYS Maxwell 电磁场有限元仿真的一般流程

其仿真流程如图 1-8 所示。

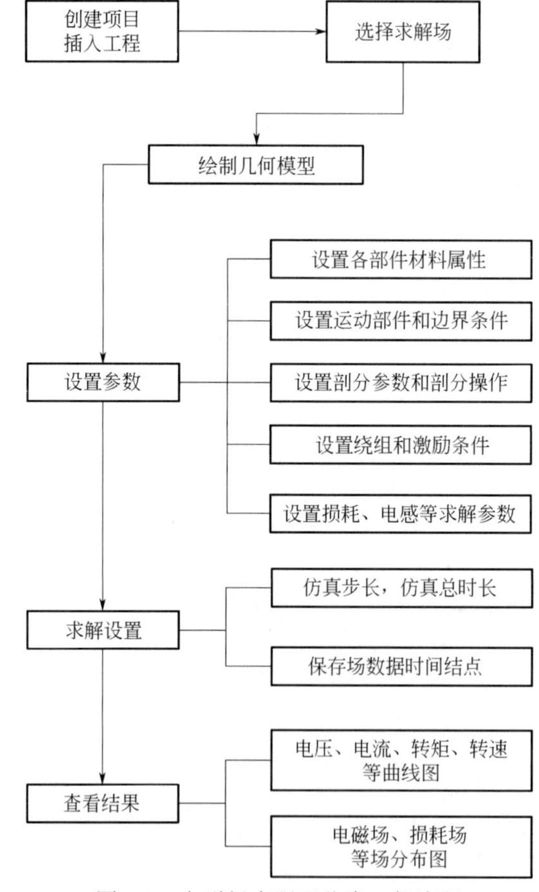

图 1-8 电磁场有限元仿真一般流程

1.6 ANSYS Workbench 2021 平台及模块

ANSYS Workbench 2021 软件平台启动办法，如图 1-9 所示，在桌面上点击【Workbench 2019 R1】图标或在开始菜单的所有程序中找到【ANSYS 2021 R1】→【Workbench 2021 R1】，如图 1-10 所示。

图 1-9 Workbench 快速启动

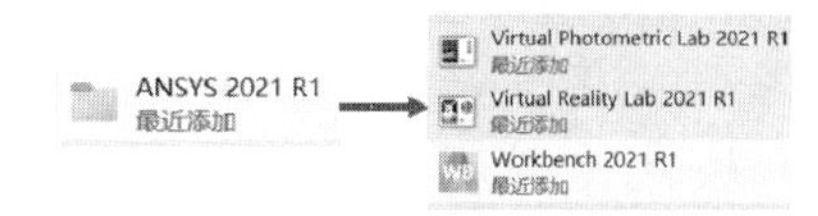

图 1-10 Workbench 启动路径

1.6.1 Workbench 基本运行界面

启动后的 Workbench 2021 平台如图 1-11 所示。启动软件后，可以根据个人喜好设置下次启动是否同时开启导读对话框。

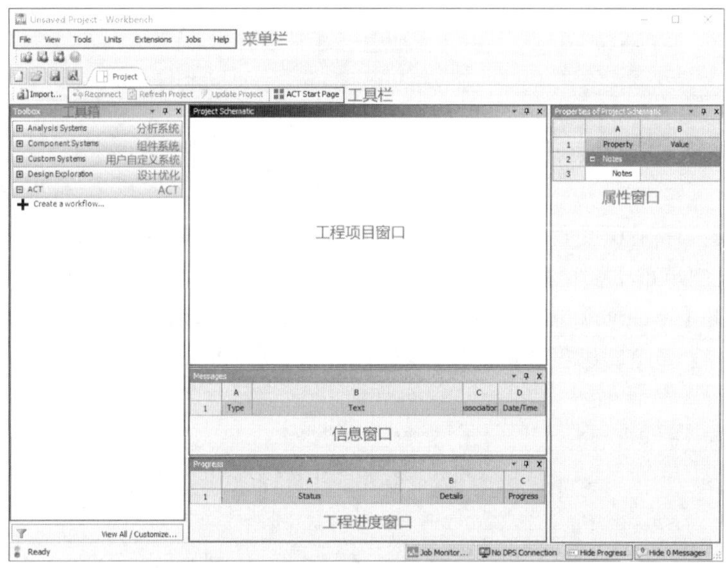

图 1-11 Workbench 软件平台

ANSYS Workbench 2021 平台界面由以下 7 个部分构成：菜单栏、工具栏、工具箱、工程项目窗口、信息窗口、工程进度窗口及属性窗口。

1.6.2 模块区基本操作

（1）菜单栏

菜单栏包括 File（文件）、View（视图）、Tools（工具）、Units（单位）及 Help（帮助）共 5 个菜单。对这 5 个菜单中包括的子菜单及命令详述如下。

① File 菜单：File 菜单中的命令如图 1-12 所示，下面对 File 菜单中的常用命令进行简单介绍。

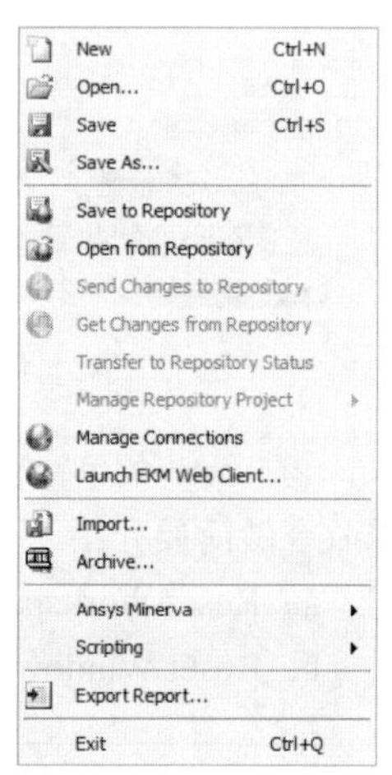

图 1-12 File 文件菜单

a．New：建立一个新的工程项目，在建立新的工程项目之前，

Workbench 软件会提示用户是否需要保存当前的工程项目。

b. Open：打开一个已经存在的工程项目，同样会提示用户是否需要保存当前的工程项目。

c. Save：保存一个工程项目，同时为新建的工程项目命名。

d. Save As：将已经存在的工程项目另存为一个新的项目名称。

e. Import：导入外部文件，单击 Import 命令会弹出图 1-13 所示的对话框，可以在 Import 对话框中的文件类型栏选择多种文件类型。

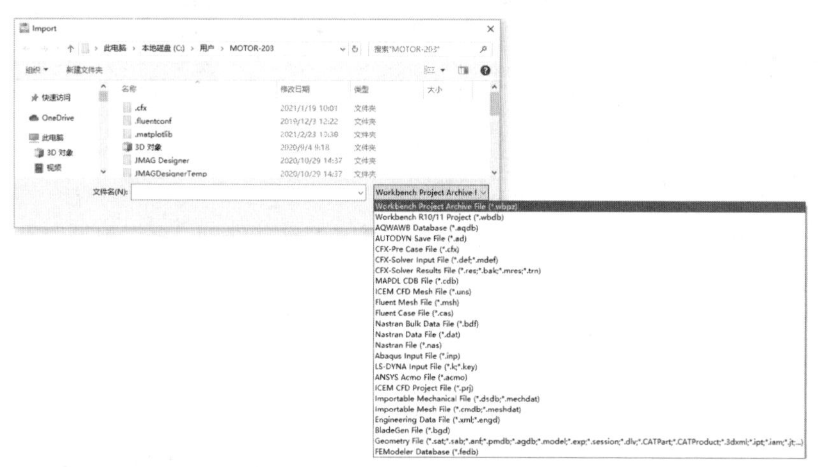

图 1-13　Import 支持的文件类型[❶]

f. Archive：将工程文件存档，单击 Archive 命令后，在弹出如图 1-14 所示的 Save Archive 对话框中单击【保存】按钮；在弹出如图 1-15 所示 Archive Options 对话框中勾选所有选项，并单击【Archive】按钮将工程文件存档，在 Workbench 2021 平台 File 菜单中单击【Restore Archive】命令即可将存档文件读取出来，这里不再赘述，请读者自己完成。

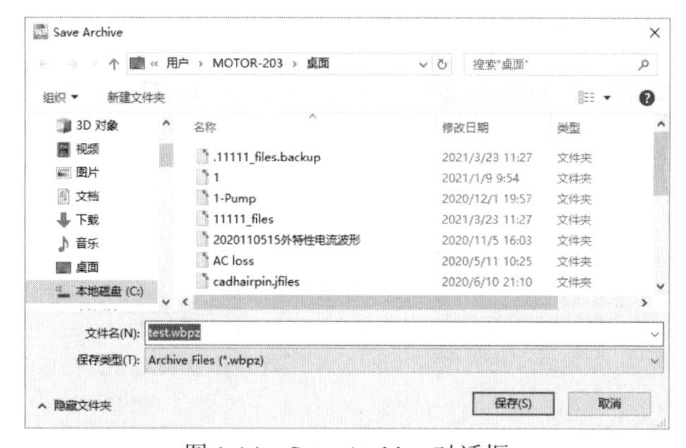

图 1-14　Save Archive 对话框

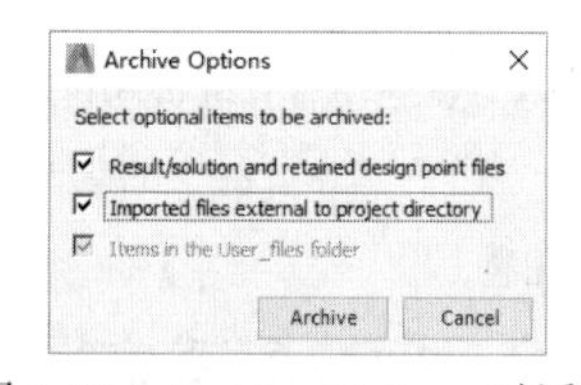

图 1-15　Archive Options 对话框

② View 菜单：View 菜单中相关命令如图 1-16 所示，下面对 View（视图）菜单中的常用命令做简要介绍。

a. Reset Workspace（复原操作平台）：将 Workbench 2021 平台复原到初始状态。

b. Reset Window Layout（复原窗口布局）：将 Workbench 2021 平台窗口布局复原到初始

---

❶ 文件类型中的 Maxwell Project File(*.mxwl)和 Simplorer Project File(*.asmp)两种文件需要安装 Ansoft Maxwell 和 Ansoft Simplorer 两个软件才会出现。

状态。

c. Toolbox（工具箱）：单击【Toolbox】命令来选择是否隐藏左侧面的工具箱，Toolbox前面有“√”说明Toolbox（工具箱）处于显示状态，单击【Toolbox】取消前面的“√”，Toolbox（工具箱）将被隐藏。

d. Toolbox Customization（用户自定义工具箱）：单击此命令将在窗口中弹出图1-17所示的Toolbox Customization窗口，用户可通过单击各个模块前面的“√”来选择是否在Toolbox中显示该模块。

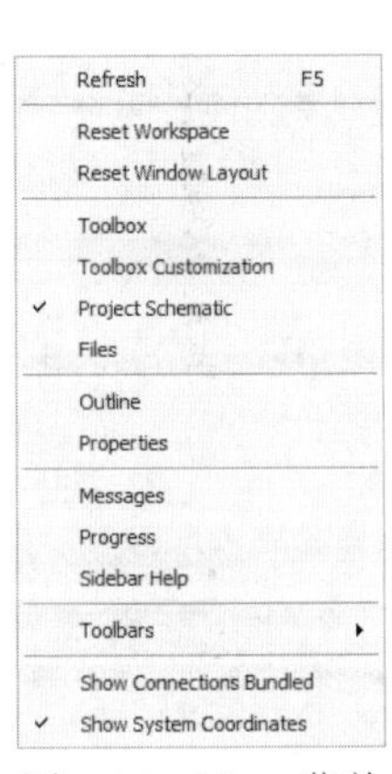

图1-16 View菜单

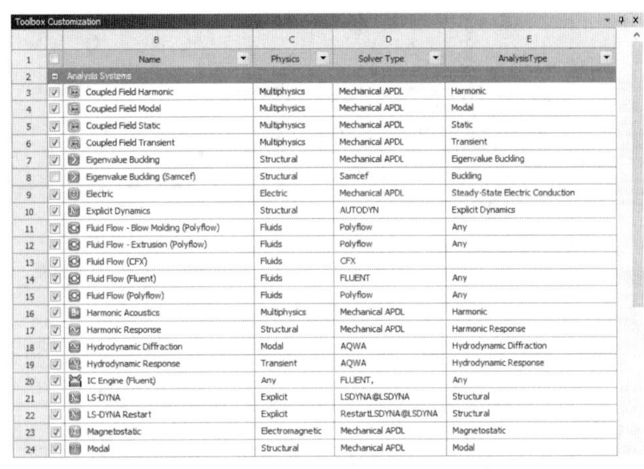

	B	C	D	E
1	Name	Physics	Solver Type	AnalysisType
2	Analysis Systems			
3	Coupled Field Harmonic	Multiphysics	Mechanical APDL	Harmonic
4	Coupled Field Modal	Multiphysics	Mechanical APDL	Modal
5	Coupled Field Static	Multiphysics	Mechanical APDL	Static
6	Coupled Field Transient	Multiphysics	Mechanical APDL	Transient
7	Eigenvalue Buckling	Structural	Mechanical APDL	Eigenvalue Buckling
8	Eigenvalue Buckling (Samcef)	Structural	Samcef	Buckling
9	Electric	Electric	Mechanical APDL	Steady-State Electric Conduction
10	Explicit Dynamics	Structural	AUTODYN	Explicit Dynamics
11	Fluid Flow - Blow Molding (Polyflow)	Fluids	Polyflow	Any
12	Fluid Flow - Extrusion (Polyflow)	Fluids	Polyflow	Any
13	Fluid Flow (CFX)	Fluids	CFX	
14	Fluid Flow (Fluent)	Fluids	FLUENT	Any
15	Fluid Flow (Polyflow)	Fluids	Polyflow	Any
16	Harmonic Acoustics	Multiphysics	Mechanical APDL	Harmonic
17	Harmonic Response	Structural	Mechanical APDL	Harmonic Response
18	Hydrodynamic Diffraction	Modal	AQWA	Hydrodynamic Diffraction
19	Hydrodynamic Response	Transient	AQWA	Hydrodynamic Response
20	IC Engine (Fluent)	Any	FLUENT,	Any
21	LS-DYNA	Explicit	LSDYNA@LSDYNA	Structural
22	LS-DYNA Restart	Explicit	RestartLSDYNA@LSDYNA	Structural
23	Magnetostatic	Electromagnetic	Mechanical APDL	Magnetostatic
24	Modal	Structural	Mechanical APDL	Modal

图1-17 Toolbox Customization窗口

e. Project Schematic（项目管理）：单击此命令来确定是否在Workbench平台上显示项目管理窗口。

f. Files（文件）：单击此命令会在Workbench 2021平台下侧弹出图1-18所示的Files窗口，窗口中显示了本工程项目中所有的文件及文件路径等重要信息。

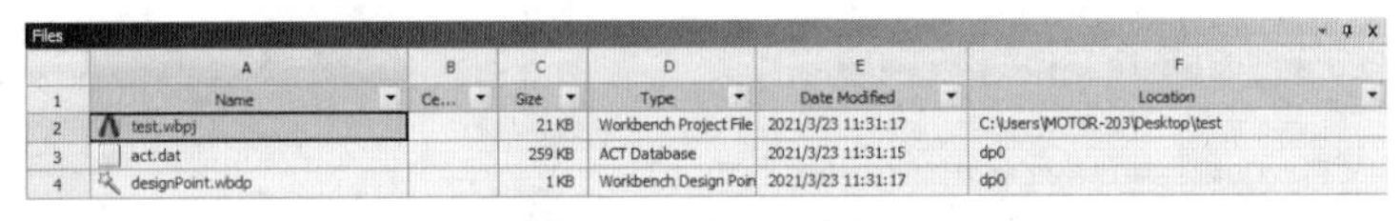

	A	B	C	D	E	F
1	Name	Ce...	Size	Type	Date Modified	Location
2	test.wbpj		21 KB	Workbench Project File	2021/3/23 11:31:17	C:\Users\MOTOR-203\Desktop\test
3	act.dat		259 KB	ACT Database	2021/3/23 11:31:15	dp0
4	designPoint.wbdp		1 KB	Workbench Design Poin	2021/3/23 11:31:17	dp0

图1-18 Files窗口

g. Properties（属性）：单击此命令后再单击A7 Results表格，此时会在Workbench 2021平台右侧弹出图1-19所示的Properties of Schematic A7:Results对话框，对话框里面显示的是A7 Results栏中的相关信息，此处不再赘述。

③ Tools菜单：Tools菜单中的命令如图1-20所示，下面对Tools中的常用命令进行介绍。

a. Refresh Project（刷新项目数据）：当上行数据中的内容发生变化，需要刷新板块（更新也会刷新板块）。

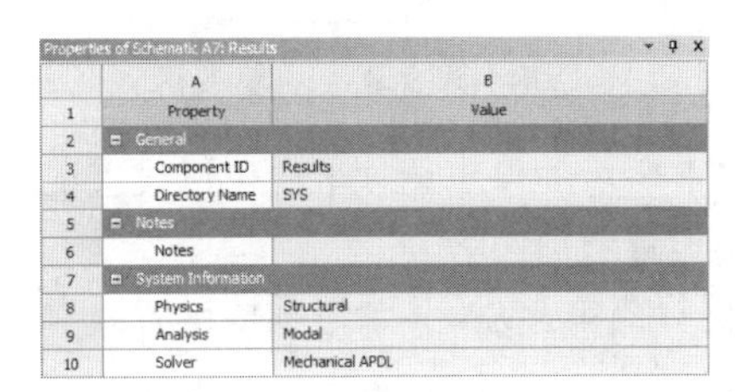

	A	B
1	Property	Value
2	General	
3	Component ID	Results
4	Directory Name	SYS
5	Notes	
6	Notes	
7	System Information	
8	Physics	Structural
9	Analysis	Modal
10	Solver	Mechanical APDL

图1-19 Properties of Schematic A7:Results窗口

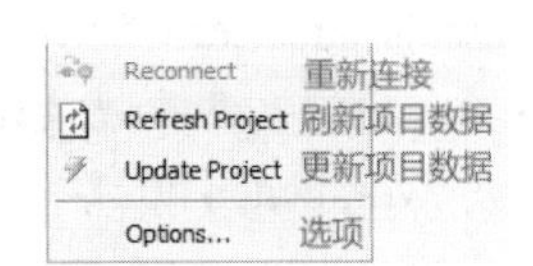

图1-20 Tools菜单

b．Update Project（更新项目数据）：数据已更改，必须重新生成板块的数据输出。

c．Options（选项）：单击此命令，弹出图 1-21 所示的 Options 对话框，对话框中主要包括以下选项卡。

ⅰ．Project Management（项目管理）选项卡：在图 1-21 所示的选项卡中可以设置 Workbench 2021 平台启动的默认目录和临时文件的位置、是否启动导读对话框及是否加载新闻信息等参数。

ⅱ．Appearance（外观）选项卡：在图 1-22 所示的外观选项卡中可对软件的背景、文字几何图形的边等进行颜色设置。

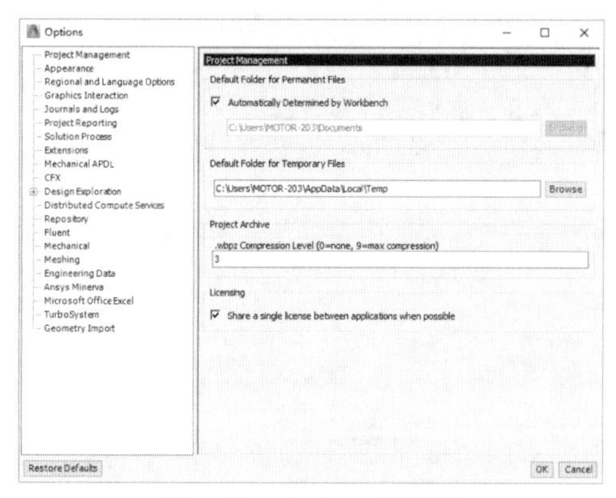

图 1-21　Options 对话框

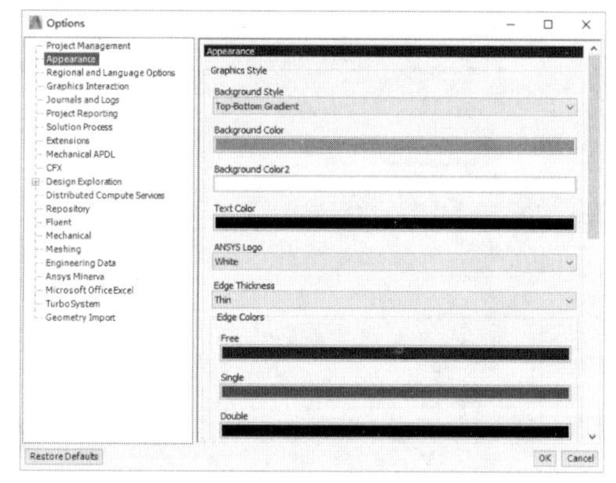

图 1-22　Appearance（外观）选项卡

ⅲ．Regional and Language Options（区域和语言选项）选项卡：通过图 1-23 所示的选项卡可以设置 Workbench 2021 平台的语言，其中包括德语、英语、法语及日语 4 种。

ⅳ．Graphics Interaction（几何图形交互）选项卡：在图 1-24 所示的选项卡中可以设置鼠标对图形的操作，如平移、旋转、放大、缩小、多体选择等操作。

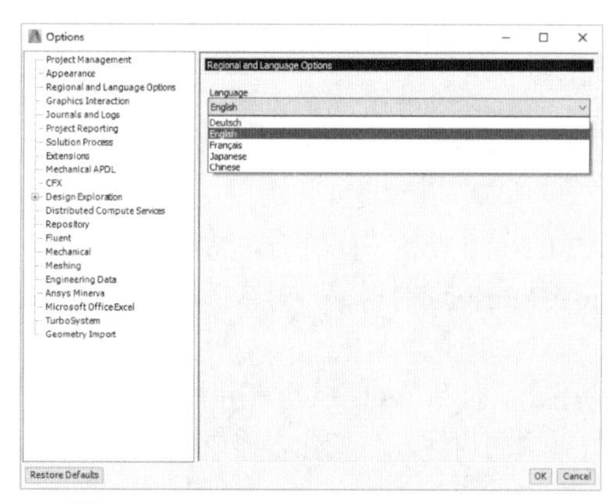

图 1-23　Regional and Language Options（区域和语言选项）选项卡

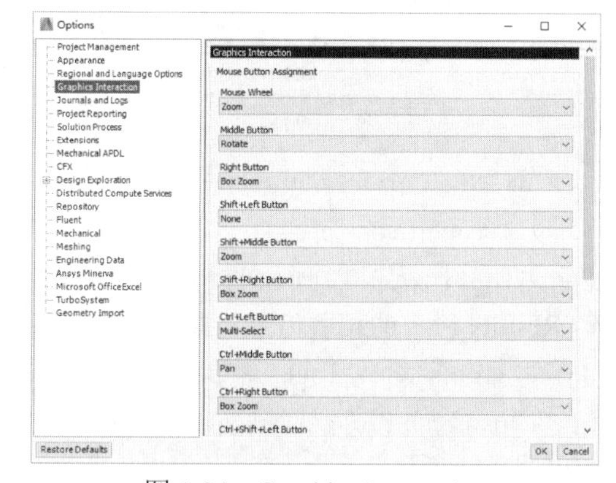

图 1-24　Graphics Interaction（几何图形交互）选项卡

ⅴ．Journals and Logs（日志）选项卡：在图 1-25 所示的日志选项卡中可以设置记录文件的存储位置、日志文件的记录天数及其他一些基本设置选项。

这里仅对 Workbench 2021 平台一些常用的选项进行简单介绍，其余选项请读者参考帮助文档的相关内容。

④ Units 菜单：Units 菜单如图 1-26 所示，在此菜单中可以设置国际单位、公制单位、

美制单位及用户自定义单位，单击 Unit Systems（单位设置系统），在弹出的图 1-27 所示 Unit Systems 对话框中可以制订用户喜欢的单位格式。

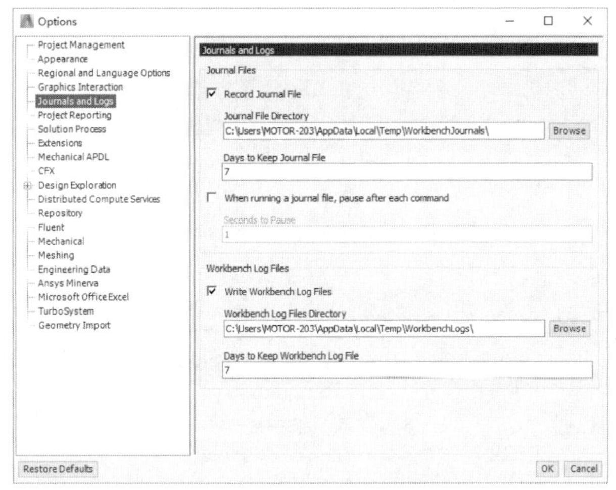

图 1-25 Journals and Logs（日志）选项卡

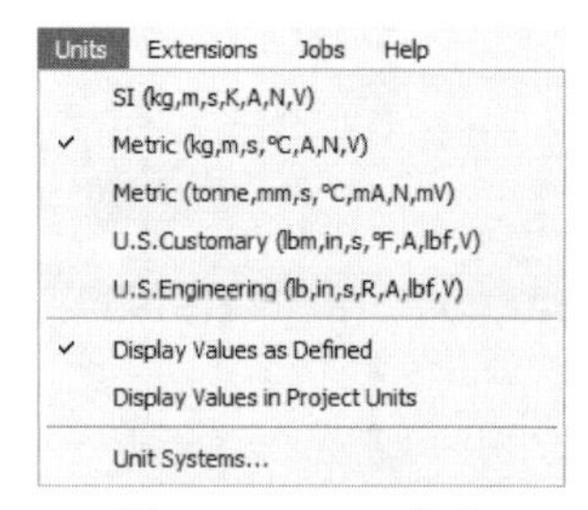

图 1-26 Units 菜单

⑤ Help（帮助文档）菜单：在帮助菜单中，软件可以实时地为用户提供软件操作及理论上的帮助。

（2）工具栏

Workbench 2021 的工具栏如图 1-28 所示，命令已经在前面的菜单中出现，这里不再赘述。

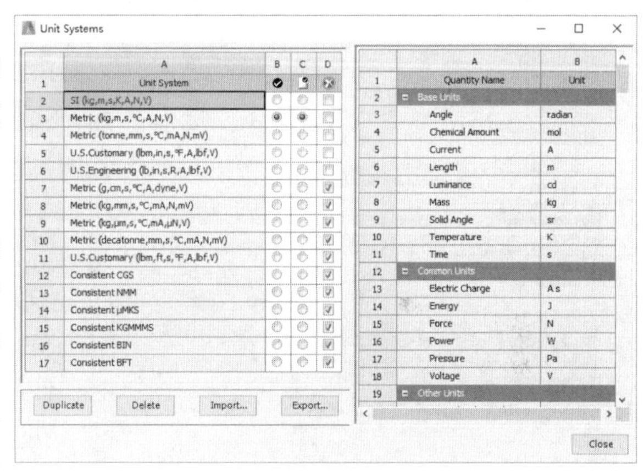

图 1-27 Unit Systems 对话框

（3）工具箱

工具箱（Toolbox）位于 Workbench 2021 平台的左侧，工具箱（Toolbox）中包括 4 类分析模块，下面针对这 4 个模块简要介绍其包含的内容。

① Analysis Systems（分析系统）：分析系统包括不同的分析类型，如静力分析、热分析、流体分析等，同时模块中也包括用不同种求解器求解相同的分析类型，如静力分析就可以用 ANSYS 求解器和 Samcef 求解器两种。分析系统所包括的模块如图 1-29 所示。

Reconnect　Refresh Project　Update Project　ACT Start Page

图 1-28 工具栏

这里需要注意，在 Analysis Systems（分析系统）中 Maxwell 2D（二维电磁场分析模块）、Maxwell 3D（三维电磁场分析模块）、RMxprt（电机分析模块）、HFSS（高频电磁场分析模块）等电磁场模块需要单独安装 ANSYS Electronic Desktop 2021 R1 电磁分析平台软件，安装完成后在开始菜单中找到 Modify Integration with Ansys 2021 R1，将电磁模块集成至 Workbench 2021 平台中，如图 1-30 所示。

② Component Systems（组件系统）：组件系统包括用于各种领域的几何建模工具及性能评估工具，组件系统包括的模块如图 1-31 所示。

图 1-29　分析系统（Analysis Systems）

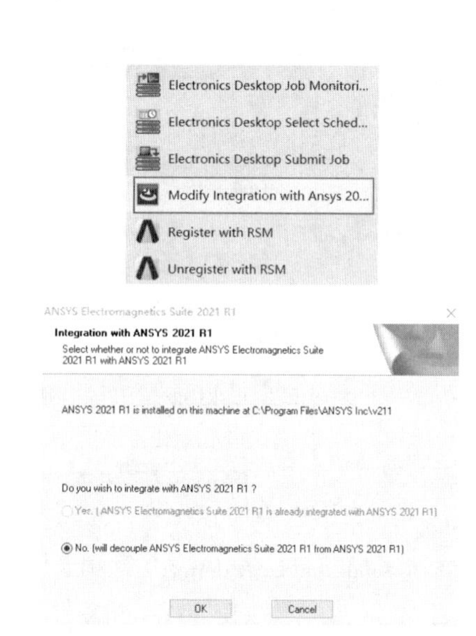

图 1-30　将 ANSYS EM 集成至 Workbench 平台中

图 1-31　组件系统（Component Systems）

③ Custom Systems（用户自定义系统）：在所示的用户自定义系统中，除了有软件默认的几个多物理场耦合分析工具外，Workbench 2021 平台还允许用户自己定义常用的多物理场耦合分析模块。

④ Design Exploration（设计优化）：所示为设计优化模块，在设计优化模块中允许用户使用 Direct Optimization、Parameters Correlation、Response Surface、Response Surface Optimization 等多种工具对零件产品的目标值进行优化设计及分析。

⑤ optiSLang（优化模块）：除了上述系统自带的四个系统模块外，用户还可以通过安装 optiSLang 优化软件，使其集成在 Workbench 平台中使用（注意两种软件版本的匹配）。ANSYS optiSLang 模块用于进行多学科优化、随机分析、稳健与可靠性优化设计，在参数敏感度分析、稳健性评估、可靠性分析、多学科优化、稳健与可靠性优化设计方面具有强大的功能，集成了 20 多种先进的算法，为工程问题的多学科确定性优化、随机分析、多学科稳健与可靠性优化设计提供了坚实的理论基础。在 Workbench 2021 R1 平台中，optiSLang 优化模块主要包括 Optimization 优化模块、Robustness 鲁棒设计和 Sensitivity 灵敏度分析 3 个主要模块，如图 1-32 所示。

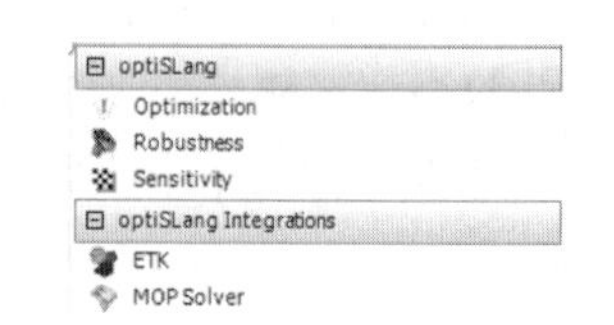

图 1-32　optiSLang 优化模块

1.6.3 ANSYS Workbench 多物理场耦合仿真的一般流程

下面用一个简单的实例来说明如何在用户自定义系统中建立用户自己的电机 NVH 多物理场耦合分析模块（可详见 8.5 节）。

Step1：启动 Workbench 2021 后，单击左侧的【Toolbox】→【Analysis】中的【Maxwell 2D】模块不放，直接拖拽到 Project Schematic（项目管理）窗口中，如图 1-33 所示，此时会在 Project Schematic（项目管理）窗口中生成一个如同 Excel 表格一样的 Maxwell 2D 分析流程图表。

Maxwell 2D 分析图表显示了执行 Maxwell 2D 电磁分析的工作流程，其中每个单元格命令代表一个分析流程步骤。根据 Maxwell 分析流程图表从上往下执行每个单元的命令，就可以完成电机电磁场的数值模拟工作。因为 Maxwell 2D 电磁分析模块不属于 Workbench 平台，而属于 ANSYS Electronics Desktop 平台，因此双击【A2 Geometry】或【A3 Setup】都会进入 ANSYS Electronics Desktop 下的 Maxwell 2D 仿真界面，如图 1-34 所示。与直接打开 ANSYS Electronics Desktop 平台不同，在 Workbench 平台中打开 Maxwell 2D 分析模块，会在 EM 平台下项目管理树的【Optimetrics】下加入【DefaultDesignXplorer Setup】模块，用于将 Maxwell 2D 的变量和目标值传输至 Workbench 平台中，如图 1-35 所示。可以在电磁分析 EM 平台中对电机进行建模仿真，并在【DefaultDesignXplorer Setup】下创建用于 Workbench 平台分析的变量和目标，这里不再赘述。

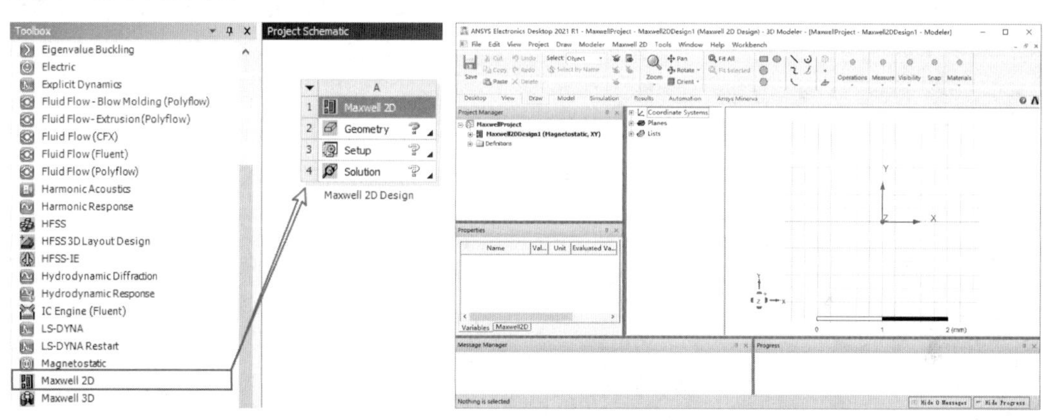

图 1-33　创建 Maxwell 2D 分析项目　　　　图 1-34　电磁分析界面

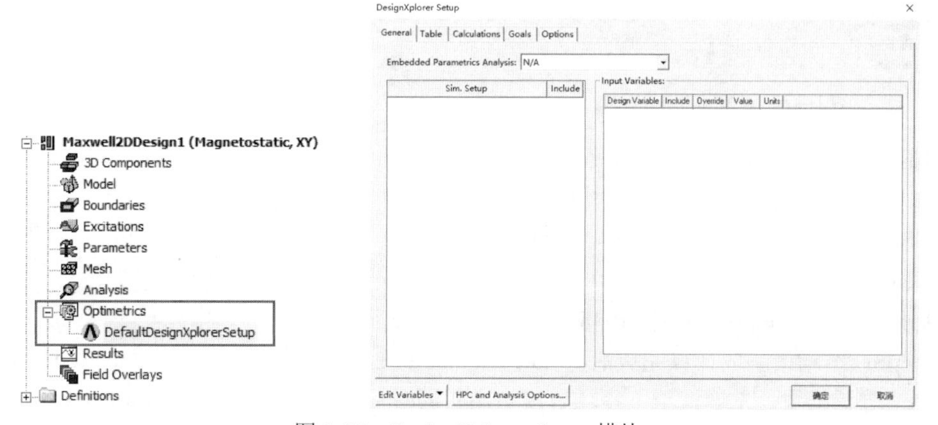

图 1-35　DesignXplorer Setup 模块

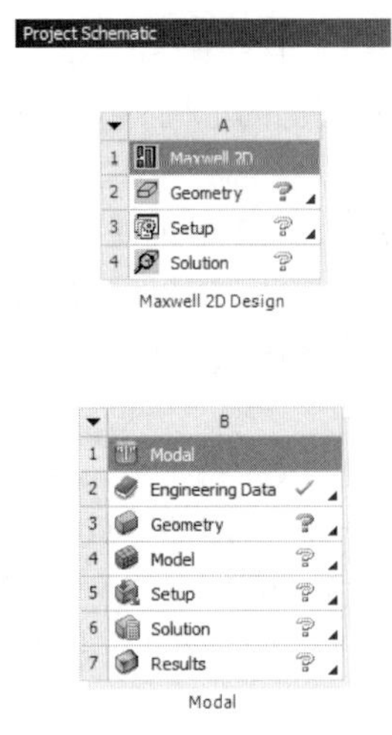

图 1-36　建立模态分析模块

Step2：双击 Analysis Systems（分析系统）中的【Modal】（模态）分析模块，此时会在 Project Schematic（工程项目管理）窗口中的项目 A 下面生成项目 B，如图 1-36 所示。Modal（模态）分析模块图表中显示了执行 Modal（模态）分析的工作流程，其中每个单元格命令代表一个分析流程步骤。根据模态分析流程图表从上往下执行每个单元的命令，就可以完成电机某一个部件模态的数值模拟工作。具体流程为由 B2 建立所需的材料库，由 B3 Geometry 得到模型的几何数据，然后在 B4 Model 中进行网格的控制和划分以及划分部件之间的接触条件，将划分完的网格和接触条件传递给 B5 Setup 进行边界条件的设定和载荷的施加，再将设定好的边界条件和激励的网格模型传递给 B6 Solution 进行分析计算，最后将计算结果在 B7 Results 中进行后处理显示，包括模态阶次分布、振型等结果。

Step3：Modal 分析模块完成后，在【Toolbox】工具箱中找到【Harmonic Response】谐响应分析计算模块，左键拖至 Step2 中所建立模态分析模块上（注意从 Modal 分析模块的【2.Engineering】一直拖到【6.Solution】，如图 1-37 所示。这样做的目的是不用再重新建立定子和机壳几何模型以及重新计算结构模态），这样就可以在 Workbench 平台中建立谐响应模块，如图 1-38 所示。

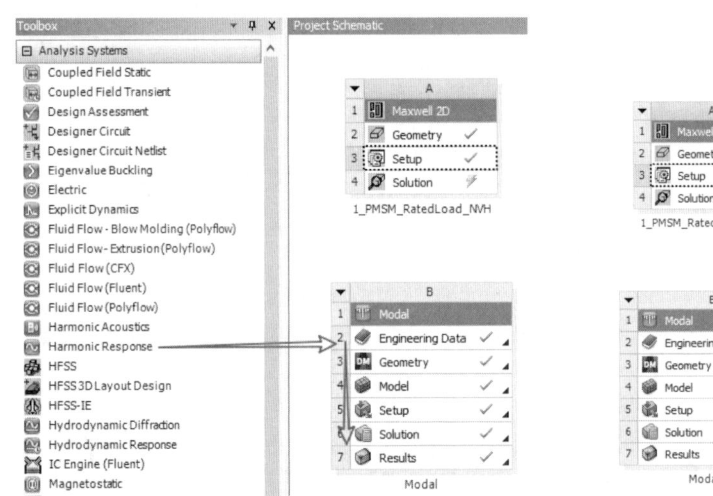

图 1-37　建立谐响应模块

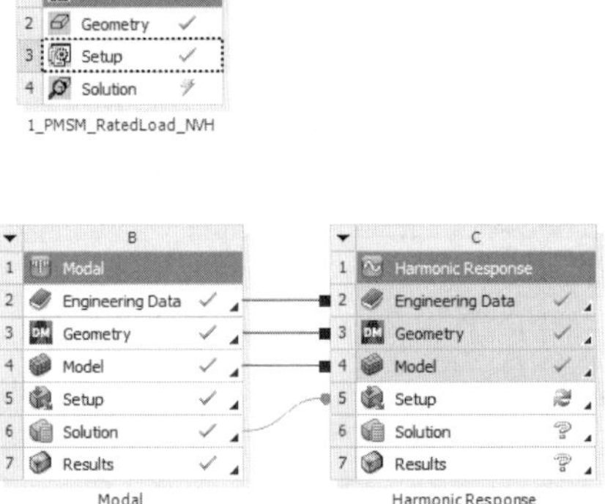

图 1-38　完成谐响应模块耦合

Step4：还需要将电磁计算结果导入谐响应模块中才能建立电磁-结构耦合分析模型，具体操作为：左键点击电磁模块 A 结果项【4 Solution】，将其拖至谐响应分析模块 C 中的设置项【5 Setup】中，即可建立电磁-结构耦合分析模型（单方向），如图 1-39 所示。然后在 Workbench 平台中右键点击电磁分析模块下【4 Solution】→【Update】，完成电磁力的计算。完成后还须在 C5 Setup 中进行谐响应计算的激励、边界设定。

Step5：结构谐响应计算完成后，在【Toolbox】工具箱中找到【Harmonic Acoustics】声场谐响应分析模块，左键拖至工程项目窗口中，同时将谐响应结果【6 Solution】拖入至声场谐响应分析模块【5 Setup】中，如图 1-40 所示。

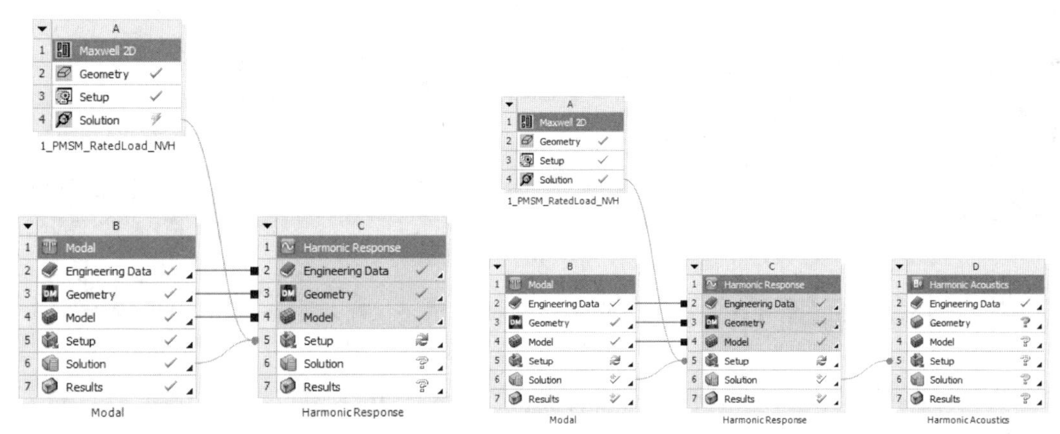

图 1-39　建立电磁-结构耦合仿真模型

图 1-40　Workbench 平台建立电机NVH 电磁-结构-声多物理场分析

分析流程：

分析流程图表模板建立完成后，要想进行分析，还需要添加几何文件及边界条件等，以后章节将一 一介绍，这里不再赘述。

本章小结

本章对有限元理论，ANSYS 软件及旗下 Electronics Desktop 和 Workbench 平台进行了简要介绍。其中有关有限元部分主要阐述了有限元法的基本思想和利用有限元分析法解决工程问题的基本求解步骤，以及当下有限元理论和商业化软件的发展。有关 ANSYS 软件主要介绍了其基本运行界面和常见的基础操作，并给出了电磁有限元仿真和多物理场耦合仿真的一般流程。

第2章 ANSYS Maxwell几何建模方法

扫码观看本章视频

2.1 坐标系简介

模型绘制过程中，ANSYS Maxwell 软件提供了 4 种类型坐标系可供绘图定位使用，分别为 Global Coordinate System（CS）（全局坐标系）、Relative CS（相对坐标系）、Face CS（表面坐标系）和 Object CS（实体坐标系），如图 2-1 所示。每个坐标系的 *X* 轴均与 *Y* 轴成直角，而 *Z* 轴则垂直于 *XY* 平面。每个坐标系（CS）的原点（0,0,0）都位于 *X* 轴、*Y* 轴和 *Z* 轴的交点处。默认的全局坐标系和为项目创建的所有坐标系都会显示在模型树栏中的【Coordinate Systems】下，如图 2-2 所示。每种类型坐标的具体定义如下。

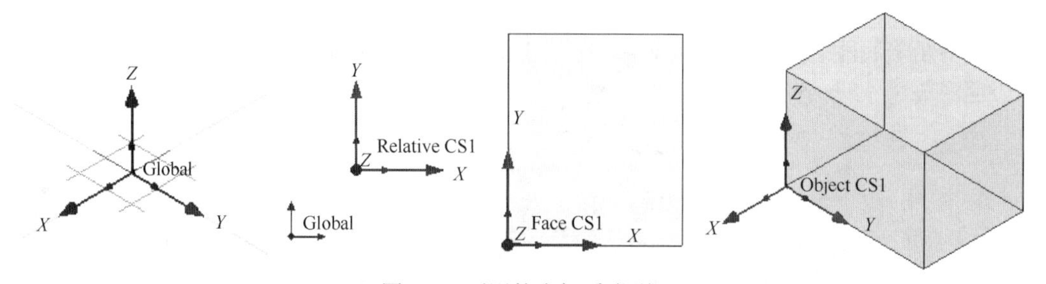

图 2-1　不同的坐标系类型

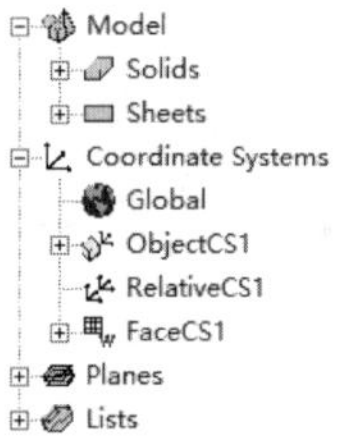

Model
Solids
Sheets
Coordinate Systems
Global
ObjectCS1
RelativeCS1
FaceCS1
Planes
Lists

图 2-2　模型树栏中坐标系

① Global CS（全局坐标系）是固定的，是每个新项目的默认坐标系，无法编辑删除。

② Relative CS（相对坐标系）为用户自定义坐标系，可以相对于现有坐标系设置其原点和方向，相对坐标系可以轻松绘制相对于其他对象定位的对象。创建一个相对坐标系可以创建相对 CS 的偏移量，即相对 CS 的原点与另一个 CS 原点的距离为指定距离。通过移动 CS 的原点，可以输入相对于现有对象的坐标，而不必添加或减去现有对象的坐标。

③ Face CS（表面坐标系）为用户自定义坐标系，它的原点在平面物体的表面上指定，面坐标系可以用于相对于某个表面来绘制图形，且在仿真计算过程中，面坐标系所对应的定义面移动或旋转时，此面坐标系也会进行相同的移动或旋转。在工程实例仿真中，常常使用电机中永磁体体表面所创建的面坐标系来定义永磁体的充磁方向，这样当永磁体随着转子运动时，其充磁方向不会改变。

④ Object CS（实体坐标系）与面坐标相同，只是定义目标为 Object（实体）。

这里需要注意：在 ANSYS Maxwell 软件中 Object 指所有绘制的实体模型，可以是二维平面中的点、面、线，或是三维平面中的体、点、面、线等，这些物体均显示在模型树中【Model】下；而 Face 指这些物体或者模型的某一表面，并未显示在模型树中的【Model】下，只能够在绘图区利用 Face 选项来选择。

用户可以通过在模型树中【Coordinate Systems】下单击坐标名称来选择需要操作的坐标系（CS），或执行以下操作：菜单栏中点击【Modeler】→【Coordinate System】→【Set Working CS】，出现坐标系选择对话框，在对话框选择需要操作的坐标系，然后点击【Select】即可，如图 2-3 所示。模型树【Coordinate Systems】中，右下方出现红色 W 标识的坐标系为正处于工作状态的坐标系，如图 2-2 所示，此时工作的坐标系为 Face CS1。

图 2-3　坐标系选择窗口

在绘制实体前，可以根据上述方法选择需要的坐标系；在绘制模型时，每种类型坐标系均有笛卡儿直角坐标、柱坐标和球坐标三种表现方式，绘制模型时可以在状态栏更改坐标系表示方式，如图 2-4 所示。

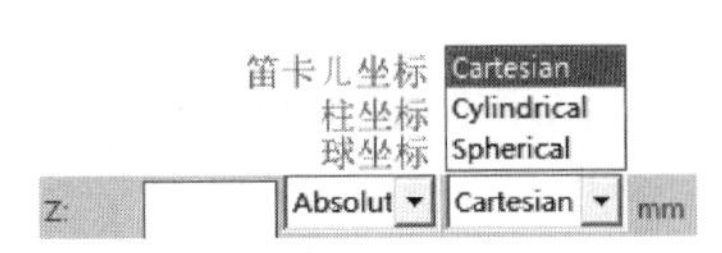

图 2-4　坐标系表示方式选择

除此之外，还需要注意模型树下每个 Object（实体）都有其对应的坐标系，选中某一物体，可以在属性栏窗口的【Orientation】中观测或更改此实体方向所属的坐标系，如图 2-5 所示。但此坐标系不是实体绘制所使用的坐标系，因此当此坐标系发生改变或移动时，实体位置并不会发生改变。

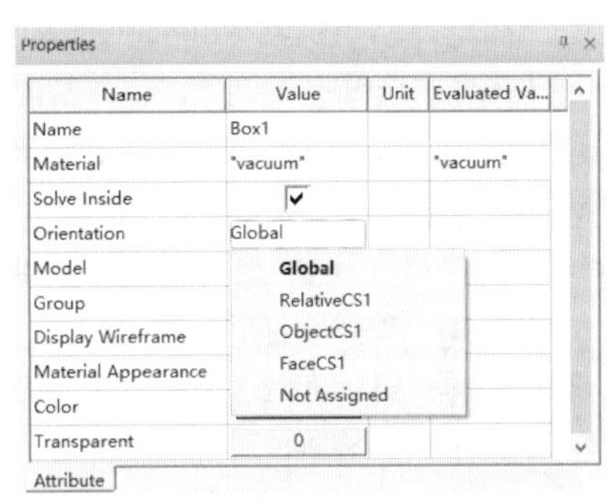

图 2-5　更改实体对应的坐标系

2.1.1　相对坐标系的创建

软件提供了三种创建相对坐标系的方法。

① 利用 Offset Relative CS（相对偏移位置）来创建新坐标系：相对于某一个现有的坐标系，通过相对位置来移动新坐标系的原点，从而创建新的相对坐标系，此时新坐标系的原点位置发生改变，但是 *X* 轴、*Y* 轴、*Z* 轴方向不变。

② 利用 Rotated Relative CS（相对偏移角度）来创建新坐标系：相对于某一个现有的坐标系，通过旋转坐标轴来创建新的相对坐标系，此时新坐标系原点位置不发生改变，但是 *X* 轴、*Y* 轴、*Z* 轴方向发生改变。

③ 同时利用 Offset and Rotated（偏差位置和角度）来创建新坐标系，你也可以创建一个偏移和旋转的相对 CS，此时新坐标系的原点位置和 *X* 轴、*Y* 轴、*Z* 轴方向均发生改变。

首先介绍利用 Offset Relative CS（相对偏移位置）来创建新坐标系，具体操作如下。

Step1：选择基准坐标系。首先选择建立新坐标所需的基准坐标系，可以通过在模型树中【Coordinate Systems】下单击坐标名称来选择需要操作的坐标系（CS）或执行以下操作：在菜单栏中点击【Modeler】→【Coordinate System】→【Set Working CS】，出现坐标系选择对话框，在对话框中选择需要操作的坐标系后点击【Select】即可，如图 2-3 所示。

这里需要注意，当基准坐标系发生改变或被删除时，以此坐标系为基准的所有坐标系都会发生相应改变或被删除。

Step2：选择创建相对坐标系。在菜单栏中单击【Modeler】→【Coordinate System】→【Create】→【Relative CS】→【Offset】或在快捷菜单栏【Draw】中选择【Relative CS】→【Offset】，如图 2-6 所示。

图 2-6　选择建立相对坐标系

Step3：选择新相对坐标系的原点。然后进行新坐标系原点的选择，此处有两种方法，即：

① 在绘图区中直接单击所选择的新坐标系原点的位置。

② 在绘图区窗口右下角的状态栏中，使用下拉菜单选择用于表达坐标的系统（笛卡儿、圆柱或球形）以及选择使用相对坐标还是绝对坐标，如图 2-7 所示。然后在 *X*、*Y*、*Z* 框中键入 CS 原点坐标，单击回车键，即可完成相对坐标系的建立。

图 2-7　添加新相对坐标系的原点坐标

继续介绍利用 Rotated Relative CS（相对偏移角度）来创建新坐标系，具体操作如下。

Step1：选择基准坐标系。同样地，首先选择建立新坐标所需的基准坐标系，可以通过在模型树中【Coordinate Systems】下单击坐标名称来选择需要操作的坐标系，或执行以下操作：在菜单栏中点击【Modeler】→【Coordinate System】→【Set Working CS】，出现坐标系选择对话框，在对话框中选择需要操作的坐标系后点击【Select】即可。

Step2：选择创建相对坐标系。在菜单栏中单击【Modeler】→【Coordinate System】→【Create】→【Relative CS】→【Rotated】或在快捷菜单栏【Draw】中选择【Relative CS】→【Rotated】，如图 2-6 所示。

Step3：选择新相对坐标系的 *X*、*Y* 轴方向。然后进行新坐标系旋转角度的设定，此处也有两种方法，即：

① 在绘图区中利用鼠标首先选择 *X* 轴方向，然后选择 *Y* 轴方向。

② 在绘图区窗口右下角的状态栏中，使用下拉菜单选择用于表达坐标的系统（笛卡儿、圆柱或球形）以及选择使用相对坐标还是绝对坐标。然后在 *X*、*Y*、*Z* 框中键入相对原点坐标来规定 *X* 轴的方向位置，单击回车键，然后键入 *Y* 轴的方向位置，即可完成相对坐标系的建立。*Z* 轴方向会自动根据右手法则生成。

2.1.2　表面坐标系的创建

表面坐标系是在某一实体的表面所创建的坐标系。电机工程实例仿真中，常常使用在电机的永磁体体表面所创建的面坐标系来定义永磁体的充磁方向，这样当永磁体随着转子运动时，其充磁方向不会改变。面坐标系创建的具体操作如下。

Step1：选择基准表面。首先选择建立新坐标所需的基准表面，先更改鼠标选择方式：在绘图区中单击右键后依次选择【Selection Mode】→【Faces】或点击绘图区后键入“F”，即可进入表面选择模式，如图 2-8 所示。然后在绘图区中选择要建立新表面坐标系所需的基准表面。

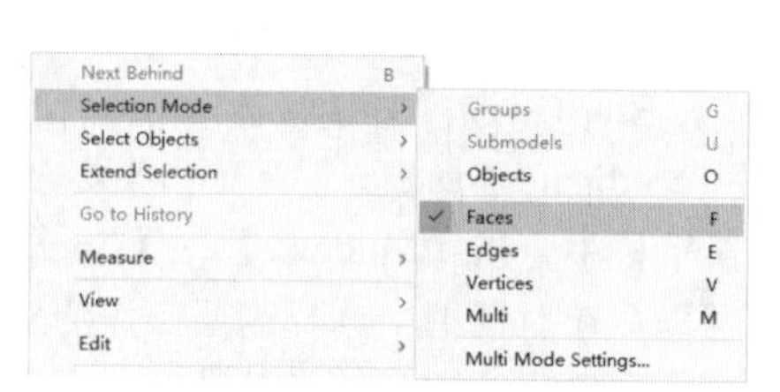

图 2-8　绘图区选择模型

Step2：选择创建表面坐标系。在菜单栏中单击【Modeler】→【Coordinate System】→【Create】→【Face CS】或在快捷菜单栏【Draw】中选择【Face CS】，如图 2-9 所示。

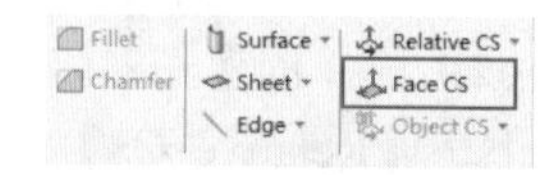

图 2-9　选择建立面坐标系

Step3：选择新表面坐标系的原点位置和 X 轴方向。然后对表面坐标系进行原点位置和方向的定义，原点位置的定义同样有两种方法，即：

① 在绘图区基准面上直接单击所选择的新坐标系原点的位置。

② 在绘图区窗口右下角的状态栏中，使用下拉菜单选择用于表达坐标的系统（笛卡儿、圆柱或球形）以及选择使用相对坐标还是绝对坐标，然后在 X、Y、Z 框中键入 CS 原点坐标。

但是需要注意的是，原点位置必须位于基准表面上，否则会报错。

接着定义新表面坐标系的 X 轴方向，与原点位置的定义相同，X 轴方向必须处于基准面上，完成后即完成面坐标系的定义，创建的表面坐标系如图 2-11 所示。这里 Y 轴和 Z 轴方向无须自定义，软件会自动定义基准表面为 XY 平面，并根据右手定则定义 Z 轴方向。

2.1.3 实体坐标系的创建

实体坐标系的作用与面坐标系相同，主要是在某一实体上创建新的坐标系，所创建的坐标系会随着实体的移动、转动而同时变化，其中实体可以为三维体、二维面或线等。实体坐标系的创建优势在于可以利用实体上的网格点、实体点、线段中点、表面中点等来快速定义坐标系的原点位置或方向。

与相对坐标系的创建相同，软件同样为实体坐标系的创建提供了 Offset Relative CS（相对位置偏移）、 Rotated Relative CS（相对偏移角度）以及 Both Offset and Rotated（位置和角度）3 种方法，本例介绍利用 Offset Relative CS（相对偏移位置）来创建新的实体坐标系，具体操作如下。

Step1：选择基准表面。首先选择建立新坐标所需的基准实体，先更改绘图区中鼠标的选择方式：在绘图区中单击右键后依次选择【Selection Mode】→【Objects】或点击绘图区后键入“O”，即可进入实体选择模式，如图 2-8 所示。然后在绘图区中选择要建立新实体坐标系所需的基准实体。

Step2：选择创建相对坐标系。在菜单栏中单击【Modeler】→【Coordinate System】→【Create】→【Object CS】→【Offset】或在快捷菜单栏【Draw】中选择【Relative CS】→【Offset】，如图 2-10 所示。

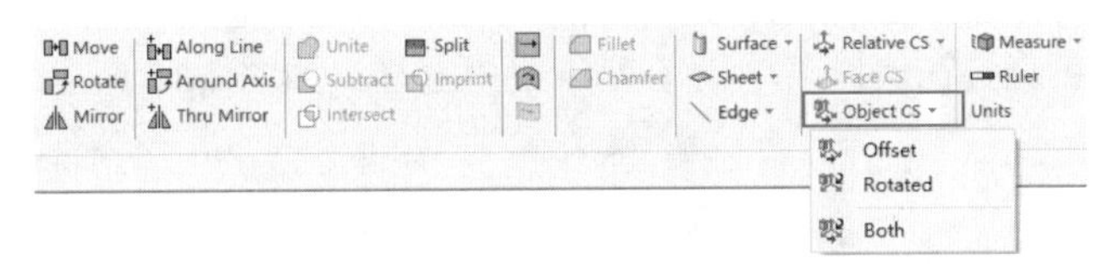

图 2-10 选择建立实体坐标系

Step3：选择新实体坐标系的原点。然后进行新坐标系原点的选择，同样有两种方法，即：

① 在绘图区基准实体表面或内部直接单击所选择的新坐标系原点的位置。

② 在绘图区窗口右下角的状态栏中，使用下拉菜单选择用于表达坐标的系统（笛卡儿、圆柱或球形）以及选择使用相对坐标还是绝对坐标，然后在 X、Y、Z 框中键入 CS 原点坐标，单击回车键，即可完成实体坐标系的建立，创建的实体坐标系如图 2-11 所示。

这里需要注意的是，实体坐标系的原点位置必须位于基准实体上，否则会报错。

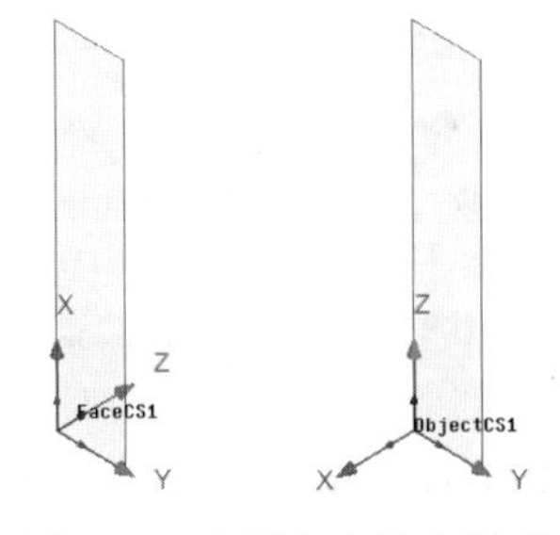

图 2-11 表面和实体坐标系

所有创建的坐标系及其基准面或实体属性均可在模型树中【Coordinate Systems】下找到，选择某一坐标系，可在属性栏窗口对坐标系的原点位置和方向进行更改，如图 2-13 所示。

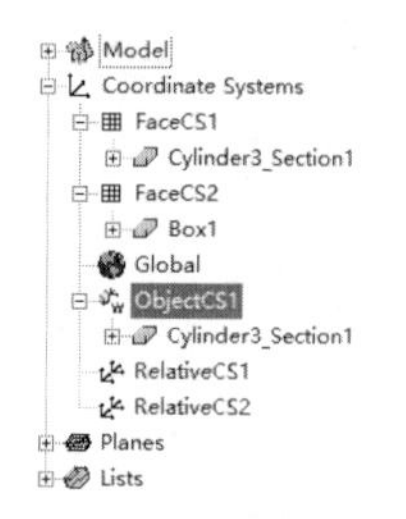

图 2-12　所有坐标系

Name	Value	Unit	Evaluated Va...
Type	Face		
Name	FaceCS1		
Always ...			
Origin	Vertex_8059		
Axis	X		
Z Rotati...	0	deg	0deg
Position ...	0 ,0	mm	0mm , 0mm

图 2-13　坐标系属性

2.2　基本模型绘制方法

2.2.1　点、线、面、体的绘制

在菜单栏中点击【Draw】→【Point】或直接在快速快捷菜单栏【Draw】下点击 ▪ ,然后在绘图区中选择需要绘制的坐标点或在绘图区右下方输入坐标值，即可完成点的绘制，该点在模型树中的【Points】下列出。在模型树中双击所绘制的“Point1”，可以在图中显示该点，并可在属性栏中修改该点的颜色、坐标等属性，如图 2-14、图 2-15 所示。

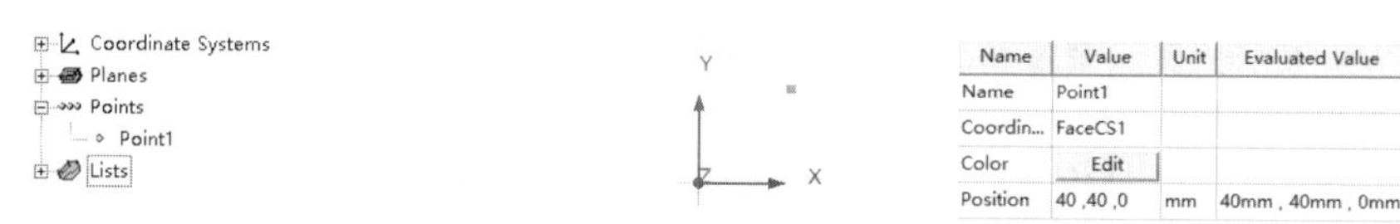

图 2-14　模型树栏

图 2-15　坐标系下的点及其属性

线的绘制与点的绘制相同，在菜单栏中点击【Draw】，其菜单栏下有 Line（直线）、Spline（曲线）、Arc（弧线）等操作项，如图 2-16 所示。点击所需的操作项，可绘制对应的曲线或直线。绘制时直接在绘图区选择要绘制的位置或在右下方的状态栏中输入坐标的绝对/相对位置即可。线绘制也可直接在快捷菜单栏【Draw】中选择，如图 2-17 所示。

图 2-16　曲线绘制选项

图 2-17　快捷菜单栏中线和面绘制选项

Rectangle
Ellipse
Circle
Regular Polygon

图 2-18　二维坐标系下面的绘制

在菜单栏中点击【Draw】，其菜单栏下有 Rectangle（方形）、Ellipse（椭圆）、Circle（圆）、Regular Polygon（规则多方形）等绘制操作项，点击绘制所需的操作项，可绘制对应的面，如图 2-18 所示。绘制时可直接在绘图区选择要绘制的位置或在右下方的状态栏中输入坐标的绝对/相对位置即可。面绘制也可直接在快捷菜单栏【Draw】中选择，如图 2-17 所示。

绘制一条封闭曲线时，软件会自动生成封闭面，可以通过在模型树中点击所绘制曲线下的【CoverLines】命令，并在属性栏窗口中勾选【Suppress Command】使闭合面还原为曲线，如图 2-19 所示。反之，当绘制了多条曲线，且这些曲线闭合时，可使用菜单栏中【Modeler】→

【Surface】→【Cover lines】命令使这些曲线组合成封面曲面。

3D 模型中需要绘制立方体、圆柱体等，此时的操作与 2D 模型中绘制曲面和曲线的操作相同。在菜单栏点击【Draw】，从下拉菜单中选择图 2-20 所示的任意一种体，点击所需要绘制的体，在绘图区选择需要绘制的体的坐标和大小或键入坐标值，即可进行体的绘制。

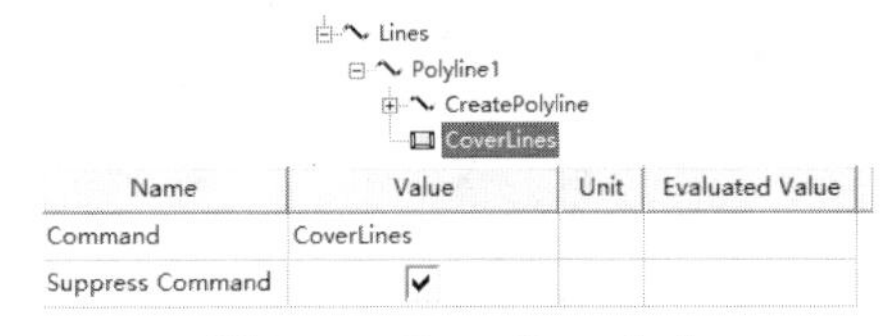

图 2-19　Coverlines 命令

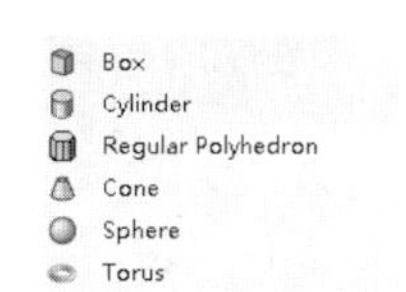

图 2-20　体绘制选项

2.2.2　螺旋线的绘制

Maxwell 提供了两种螺旋线的绘制方法，即平面螺旋线（Spiral ）和三维螺旋线（Helix ），下面对两种螺旋线的绘制展开介绍。

本节介绍平面螺旋线（Spiral ）的绘制方法，绘制完成的 Spiral 是一种 2D 或 3D 的螺旋实体，它是通过在矢量周围扫描实体而绘制的。扫描一个 1D 实体会得到一个 2D 面螺旋线，扫描一个 2D 面实体会得到一个 3D 实体螺旋线，具体操作如下。

Step1：创建需要扫描的实体。因为螺旋线的生成是通过扫描一个一维或二维实体得到的，因此首先需要在三维平面中绘制需要扫描的实体，该实体可以为一维的点、线或者是二维的面，本例在 *XY* 平面以原点为中心绘制了一个半径为 10mm 的圆，如图 2-21 所示。

Step2：选择绘制 Spiral，并选择旋转法线矢量。扫描实体绘制完成后，在绘图区选中实体，然后在菜单栏中点击【Draw】→【Spiral】或在快捷菜单栏中直接点击 ，开始螺旋线旋转法线矢量的绘制。

旋转法线矢量的绘制主要分为两步：首先是法线起始点的选择，可以在绘图区中直接单击某点或在状态栏中键入 *X*、*Y*、*Z* 坐标后回车，选择目标起始点。

然后是法线矢量终止点的选择，可以在绘图区中直接单击某点来确定终点，或者在状态栏的相对起点位置偏移量 d*X*、d*Y* 和 d*Z* 框中输入相对于起点的坐标（注意这里输入的是相对位置），选择终止点；本例设定的（*X*，*Y*，*Z*）和（d*X*，d*Y*，d*Z*）分别为（25,0,0）和（0,30,0）。

这里需要注意旋转法线不能垂直于所绘制的实体平面，且法线起始点和终点不能位于实体平面内部，否则无法绘制。

Step3：Spiral 参数设定。旋转法线矢量选择完成后，出现【Spiral】设定对话框，如图 2-22 所示。其中【Turn Direction】为螺旋旋转方向，当螺旋旋转方向为顺时针时，使用【Right hand】；当螺旋旋转方向为逆时针时，使用【Left hand】；在【Radius Change】文本框中键入螺旋每次旋转之间的半径差；在【Turns】文本框中键入螺旋旋转次数。本例设定如图 2-22 所示，设定完成后点击【OK】键即可，所绘制的螺旋线如图 2-23 所示。

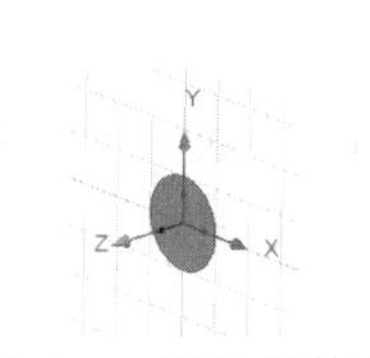

图 2-21　螺旋基准面

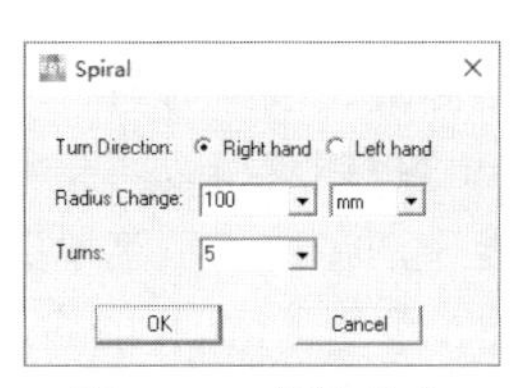

图 2-22　螺旋设定

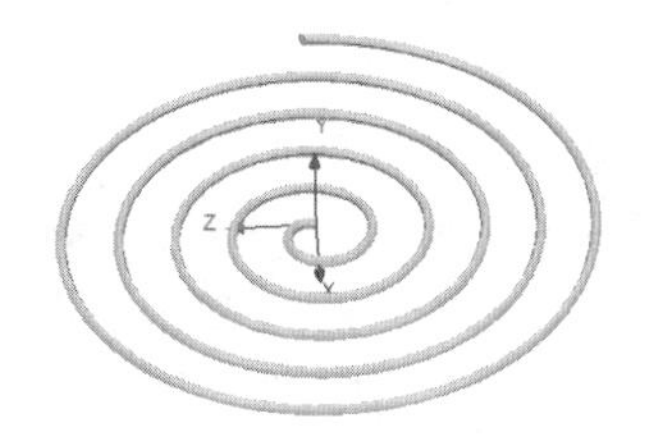

图 2-23　螺旋线

同样地，可以利用 Helix 绘制三维螺旋线，如图 2-24 所示。

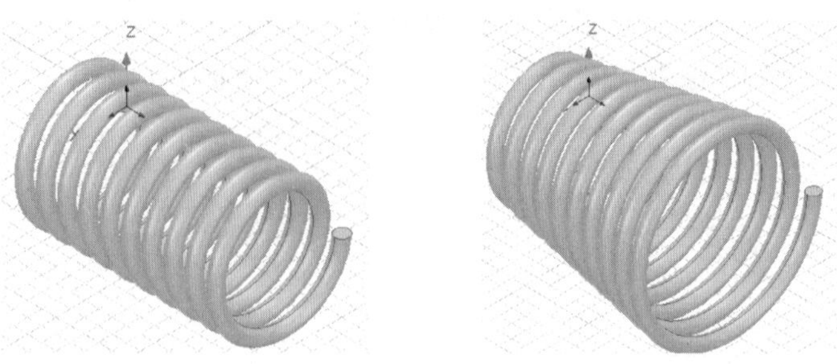

图 2-24　三维螺旋线

2.2.3　参数方程曲线的绘制

除了利用坐标绘制图形外，Maxwell 还提供了利用参数方程来绘制曲线的方法，下面以 2D 三叶玫瑰线为例讲述利用参数方程绘制曲线、曲面的方法。

假设需要绘制的三叶玫瑰线曲线参数方程如下：

$$\begin{cases} x(t)=10\sin(3t)\cos t \\ y(t)=10\sin(3t)\sin t \end{cases} \quad 0\leqslant t\leqslant \pi$$

可以看出，由于三叶玫瑰线形状较为复杂，采用直线或圆弧等操作无法准确绘制，所以在此使用了参数方程绘制方式。

首先，在菜单栏【Draw】下选择【Equation Based Curve】或者在快捷菜单栏【Draw】下选择选择，系统会自动弹出参数曲线绘制窗口，如图 2-25 所示。

从图 2-25 可以看出，软件默认的参数变量为_t，在 *X*、*Y*、*Z* 三个方向上都可以设置为_t 的函数，而在 Start_t、End_t 中设置参数_t 的起始和终止范围，通过 Points 项可以设置由多少个点组成该参数曲线，若设置为 0 则表示由软件默认的点数组成，此时的曲线较为光滑，若该项设置过少则曲线将由多段直线组成。

单击图 2-25 中 X(_t)项后的 ... 按钮，弹出如图 2-26 所示窗口。

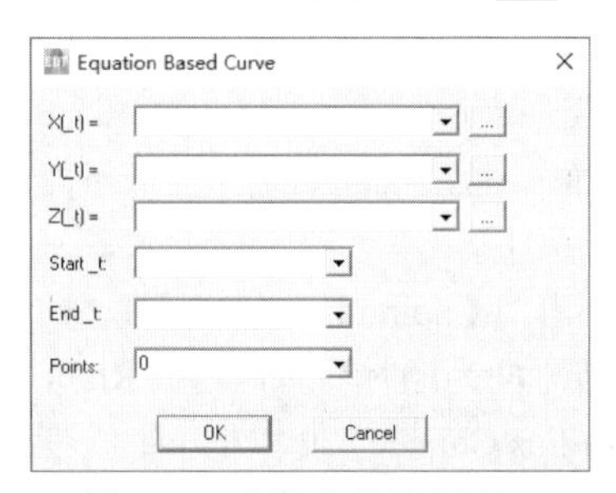

图 2-25　参数曲线绘制窗口

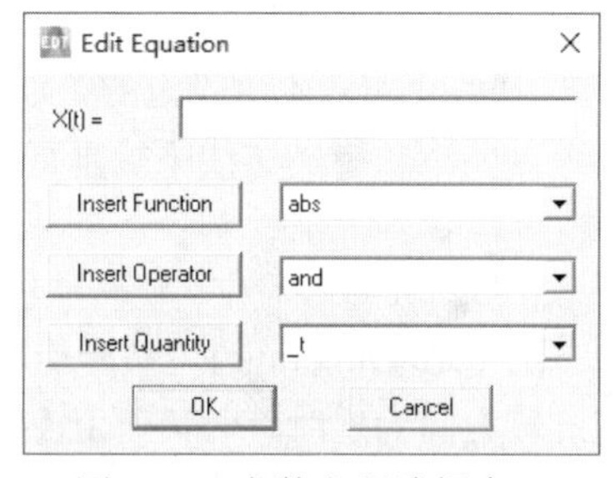

图 2-26　参数方程编辑窗口

在图 2-26 中，X(t)=项后一栏为 *X* 方向的参数方程输入栏，可以在此直接输入关于_t 的参数方程。Insert Function 项是输入系统自带的内置函数，从下拉菜单中可以看到有很多内置函数供选择，包括三角函数、反三角函数、取绝对值、求余、指数和对数函数等。从中选择相应的函数，然后单击【Insert Function】按钮就可以直接将内置函数填入参数方程栏内。Insert Operator 项是插入数学运算和逻辑操作，在该下拉菜单中包括常用的与、或、非、点乘、叉乘等操作，从中选择相应的数学操作，单击【Insert Operator】按钮即可。Insert Quantity 项是插入参数项，系统默认的参数名称为_t。

在 X 方向参数方程输入栏中写入 10*sin(3*_t)*cos(_t)，单击【OK】按钮退出界面。类似地，在 Y 方向参数方程输入栏中写入 10*sin(3*_t)*sin(_t)，在 Z 方向上设定为 $Z(\_t)=0$。同时，参数_t 的初始值设定为 0，而终止值设定为 pi，即实现在 0° 至 π rad 内绘制曲线。Points 项设置为 0，由软件自动设置采样点个数，使曲线更光滑逼真。至此，整个参数设置完毕，如图 2-27 所示，单击【OK】按钮退出即可。绘制的三叶玫瑰线如图 2-28 所示。

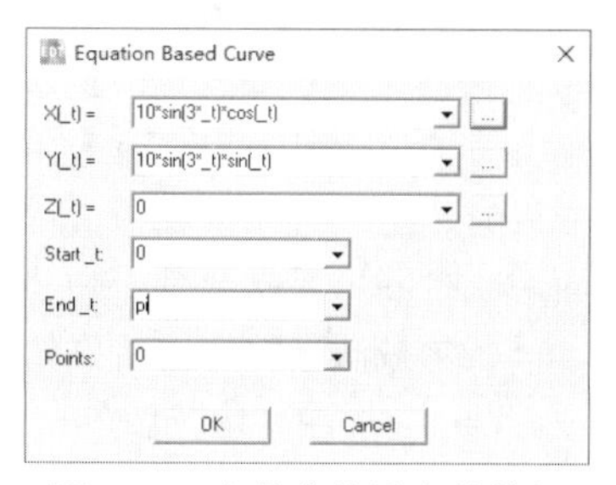

图 2-27　参数曲线设定的数据

还可利用参数方程绘制其他曲线，图 2-29 和图 2-30 给出了利用参数方程所绘制的螺旋线。

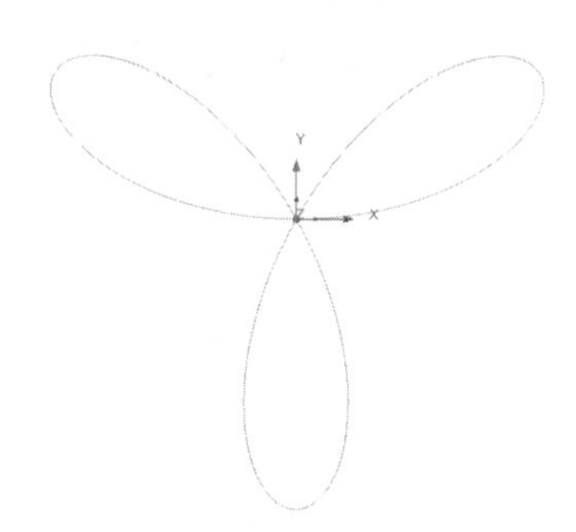

图 2-28　封闭的三叶玫瑰线

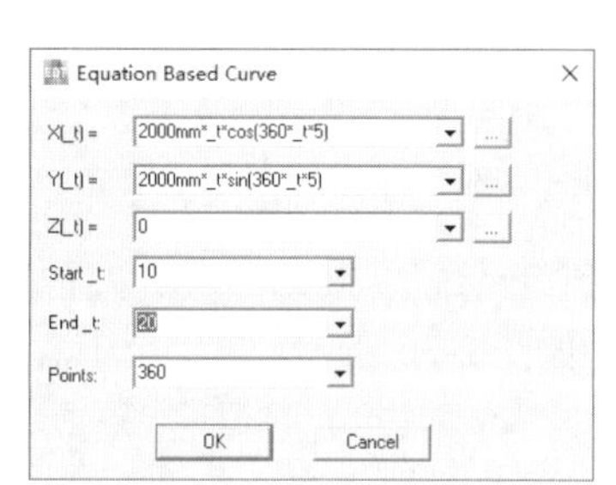

图 2-29　参数曲线设定的数据

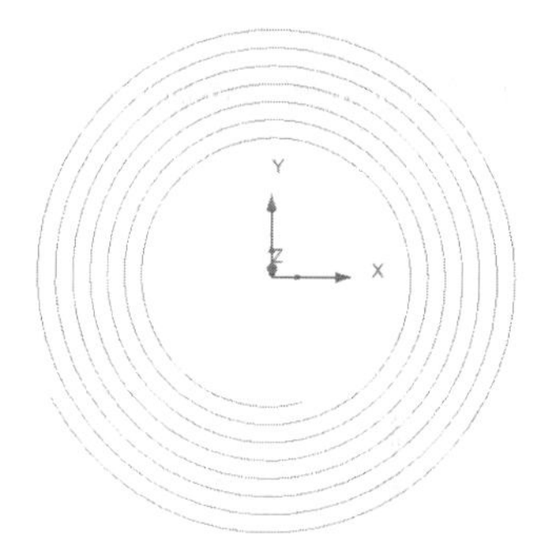

图 2-30　螺旋线

2.3　几何操作方法

2.3.1　布尔运算

曲面的绘制不像曲线的绘制那样构图简单，在绘制复杂图形时，需要利用布尔操作进行运算得到复杂的构图。在软件中进行布尔操作也十分方便，常用的加（取并集）、减、取交集、投影、分离实体等操作已经满足了复杂构图的需要，布尔运算可以在绘图区选中需要操作的实体，然后右键选择【Edit】→【Boolean】或在快捷菜单栏【Draw】中直接使用即可，如图 2-31 所示。

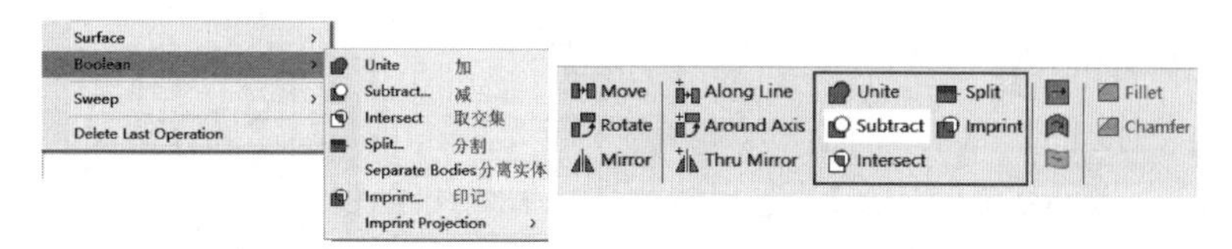

图 2-31　布尔操作项

Unite（加法）、Subtract（减法）和 Intersect（取交集）的操作较为简单，主要用于实体之间的加减等。以减法为例，如图 2-32 所示，需要在圆面实体 Circle1 中减掉一个长方形 Rectangle1。

首先在绘图区选中两个实体面（选择操作中的选择顺序是先选择圆面再选择长方形面，软件会按照先选的作为被减数，后选的作为减数的规则排列前后顺序）后，右键选择【Edit】→【Boolean】→【Subtract】，弹出布尔减法对话框，如图 2-33 所示。对话框中【Blank Parts】

下为被减实体，【Tools Parts】下为减实体，可以在对话框中选中被减实体或减实体，利用→和←按键来更换布尔运算的位置；而最下方的【Clone tool objects before operation】选项默认是去掉的，如果未勾选该选项，表示仅从圆面中减掉一个长方形面，则剩余了 3/4 的圆面；如果勾选上该选项，表示在从椭圆面减掉正四边形面的同时，还保留了作为减数的正四边形面，此时图形上就会有 3/4 的椭圆面积和一个完整的正四边形面。

布尔减法运算后的结果如图 2-34 所示，在此未勾选【Clone tool objects before operation】项。Unit（加法）运算和 Intersect（取交集）运算与减法运算相同，不再赘述。

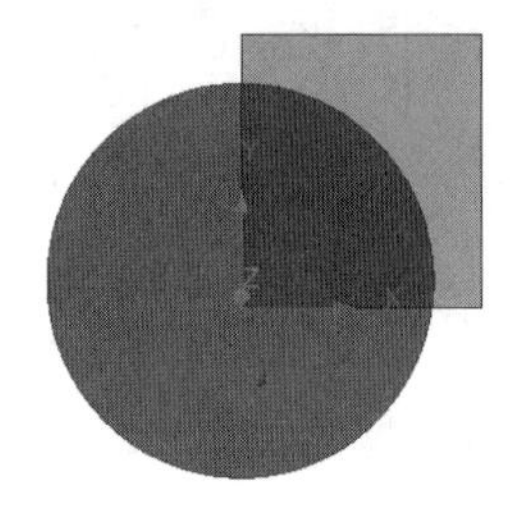

图 2-32　运算前的曲面

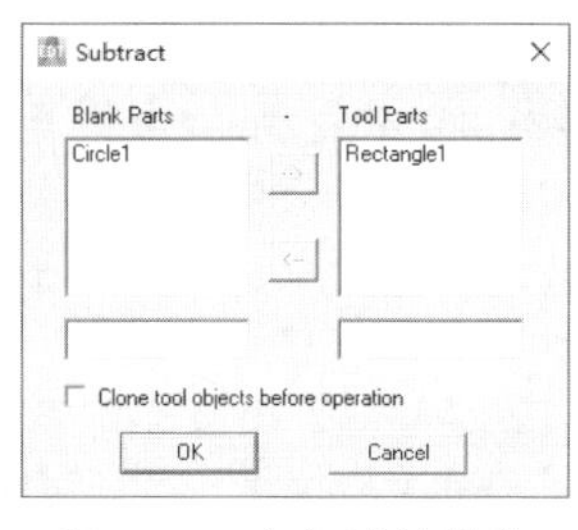

图 2-33　布尔减法操作

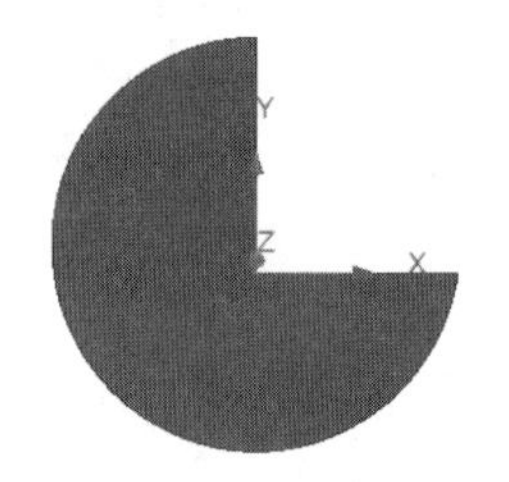

图 2-34　运算后的曲面

Split 分割布尔命令主要是利用系统的 *XY*、*YZ*、*XZ* 平面或者用户自己建立的 Planes 平面、实体面、线来分离、切割实体。如图 2-35 所示，以一个中心在原点的圆柱体为例，介绍 Split 布尔命令的用法。

首先选择要拆分的对象，在菜单栏中点击【Modeler】→【Boolean】→【Split】或在快捷菜单栏中直接点击 Split，出现【Split】对话框，如图 2-36 所示。

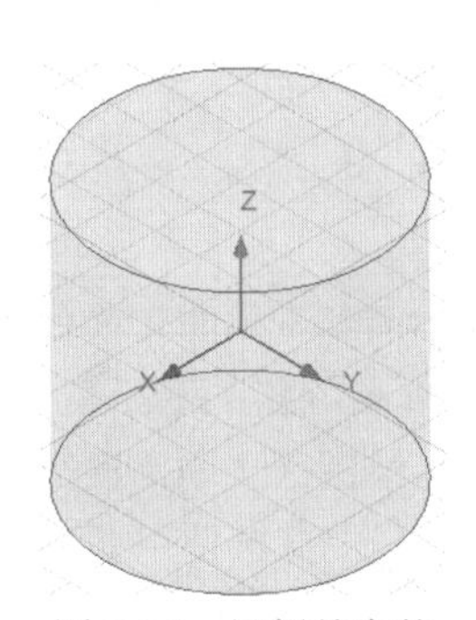

图 2-35　切割前实体

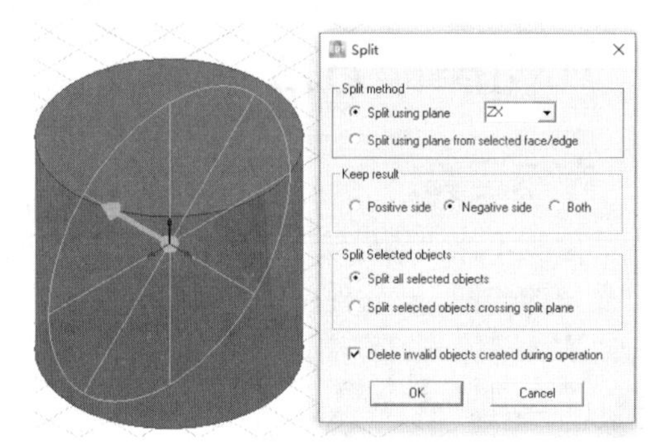

图 2-36　布尔操作 Split 项

其中【Split method】（分离方法）主要分为两种，一种是使用平面分割【Split using plane】，然后选择“*XY*”“*YZ*”或“*XZ*”平面作为“分割平面”，另一种是使用选择的面或线分割【Split using plane from selected face/edge】，选择此方法后需要在绘图区选择一个面或圆弧边缘。

【Keep result】用来选择实体经过分离后需要保留的实体部分：【Postive side】选项将保存实体处在分割面正侧（坐标轴正方向）的部分，删除实体处于分割面反侧（坐标轴反方向）的部分；【Negative side】选项将保存实体处于分割面反侧的部分，删除实体处于分割面正侧的部分；【Both】只做实体分离，分离后的两部分全保留；

在【Split objects】选项中，【Split all selected objects】表示如果不想保留未跨越拆分平面且仍属于选中的实体，请选择此选项。此时在拆分平面未切割任何选定实体的情况下，可能会创建无效的实体，可以勾选【Delete invalid objects created during operation】来删除这些无效对象。而当选择【Split selected objects crossing split plane】分割所有穿过分割平面的对象选项时，可以识别未穿过分割平面的选定实体，并在分离操作时忽略这些实体，也就是说当选择多个实体进行分割运算时，只有那些穿过分割平面的实体才会被剖分。选择完成后点击【OK】键，Split（分割）操作后的圆柱体如图 2-37 所示。

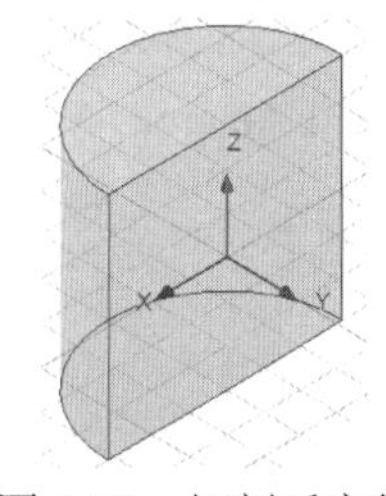

图 2-37　切割后实体

Separate Bodies（分离实体）命令主要用于分离实体不相连的部分，使其成为多个完整实体。

Imprint（印记）和 Imprint Projection（投影印记）命令相同，主要用于在实体上生成投影曲线，方便在实体的某些特殊点上选择交点、创建坐标系、绘制等。其中使用 Imprint 印记命令时所选中的实体必须有交集，而 Imprint Projection（投影印记）所选中的实体无须相交，软件会根据用户设定的方向投影来产生映射。选中实体后在菜单栏选择【Modeler】→【Boolean】→【Imprint】或【Imprint Projection】就可以将一个实体的外形投影到另一个实体的表面。投影表面可以是弯曲的或多面的，如果投影曲面的大小超出接收对象的表面，则投影曲面会包裹住被投影实体。

如图 2-38 所示，以不相交的一个圆柱体和平面为例，介绍 Imprint Projection（投影印记）的用法，步骤如下：首先选择两个实体，随后在菜单栏中点击【Modeler】→【Boolean】→【Imprint Projection】→【Along Normal】或者【Along Direction】。其中【Along Normal】为法线方向投影印记，即投影沿投影面法线发生。若选择【Along Direction】则需要指定投影方向和距离。本例选择【Along Direction】，选择后，通过在绘图区单击两个点定义投影方向（本例使用 *Y* 轴方向），弹出投影距离对话框，如图 2-39 所示，其用于指定投影的距离。使用投影印记完成后的图形如图 2-40 所示，可看出在圆柱体上生成了对应的投影面曲线，通过该投影曲线可以便捷地选择其中点、端点等特殊位置以创建所需要的坐标系或绘制其他图形。

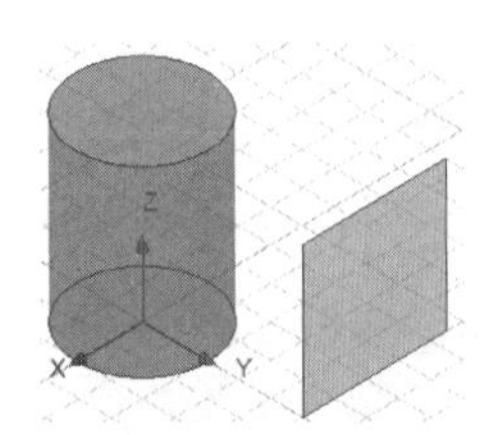

图 2-38　印记前实体

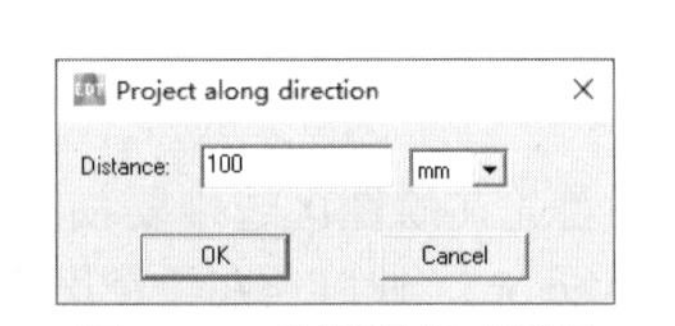

图 2-39　投影距离对话框

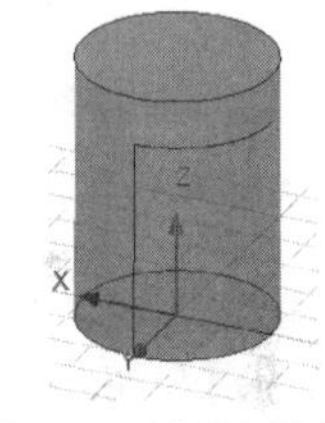

图 2-40　印记后实体

2.3.2　等比例放大/缩小和拉伸、扫描

与其他绘图软件相同，Maxwell 软件还可以通过等比例放大/缩小、拉伸或者扫描来生成所需要的实体。

当要对实体进行等比例放大/缩小时，选中实体后，在菜单栏中直接点击【Edit】→【Scale】，出现等比例放大/缩小界面，如图 2-41 所示，在【Scale factor for X】【Scale factor for Y】和【Scale factor for Z】对话框中分别键入 *X* 轴、*Y* 轴、*Z* 轴方向的放大/缩小倍数，点击确定即可。

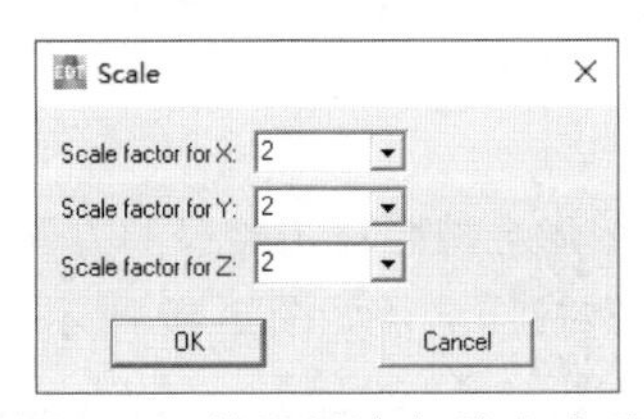

图 2-41　等比例放大/缩小选项

如图 2-42 所示，实体扫描的方式主要分为 3 种，【Around Axis】围绕坐标轴旋转扫描、【Along Vector】沿矢量方向扫描、【Along Path】沿指定路径扫描。其中选择【Along Path】方式还需要绘制扫描的路径。如图 2-43 所示，本例以处于 *XY* 平面、中心点坐标（200,0,0）、长宽为 200mm×50mm 的方形面

为被扫描物体，介绍 3 种扫描方法。

【Around Axis】扫描方法：首先在绘图区选中要扫描的方形面，然后在菜单栏中点击【Draw】→【Sweep】→【Around Axis】，出现旋转扫描界面，如图 2-44 所示。

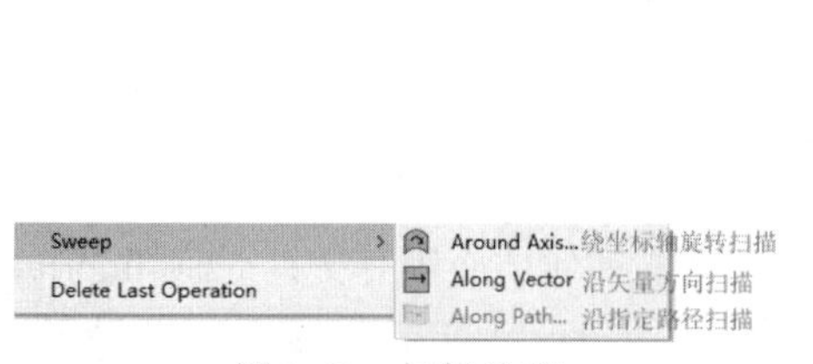

图 2-42　扫描选项

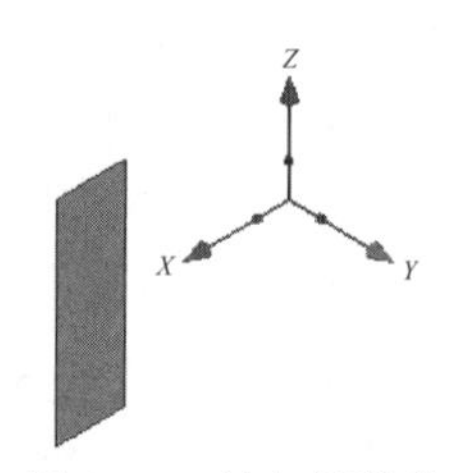

图 2-43　被扫描物体

图 2-44　Around Axis 扫描选项

在【Sweep Around Axis】中选择旋转扫描的法线坐标轴，本例选择 Y 轴；在【Angle of sweep】中填入旋转扫描的度数；【Draft angle】和【Draft type】分别为拔模角度和拔模类型，本例拔模角度为 0°，不拔模；而拔模类型主要分为扩展、圆形和自然 3 种；而【Number of segements】为扫描过程的分段数，当此值为零时，表示被扫描面围绕坐标轴沿弧形扫描。设置完成后点击【OK】即可完成扫描，图 2-45、图 2-46 分别给出了分段数为 0 和 20 时的扫描后实体。

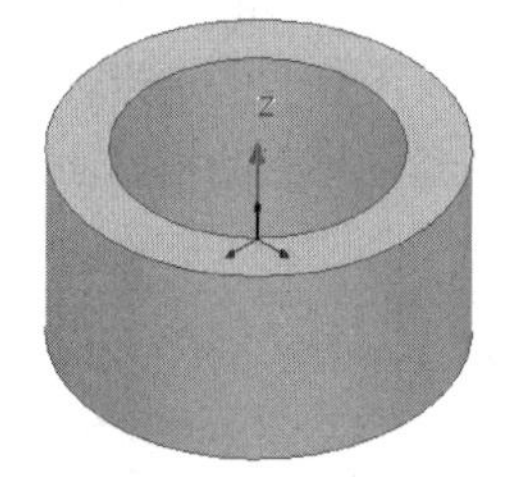

图 2-45　分段数=0 时扫描后实体

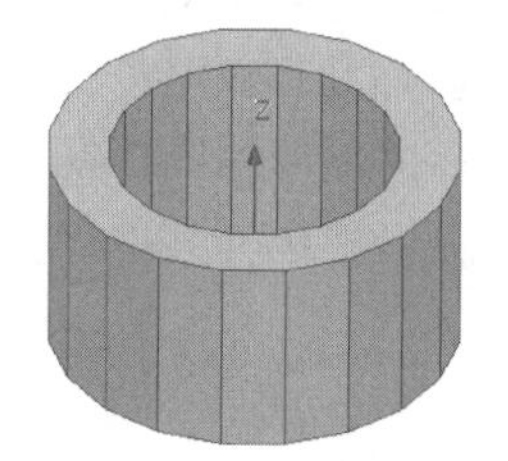

图 2-46　分段数=20 时扫描后实体

【Along Vector】扫描方法：首先在绘图区选中要扫描的方形面，然后在菜单栏中点击【Draw】→【Sweep】→【Along Vector】，此时需在绘图区中设定矢量扫描的矢量起始点和终止点，此处有两种方法，即：

① 在绘图区中利用鼠标首先选择扫描矢量的起始点坐标位置，然后选择扫描矢量的终止点坐标位置。

② 在绘图区窗口右下角的状态栏中，使用下拉菜单选择用于表达坐标的系统（笛卡儿、圆柱或球形）以及选择使用相对坐标还是绝对坐标。然后在 X、Y、Z 框中键入扫描矢量的起始点坐标，敲击回车键，然后键入 dX、dY、dZ 扫描矢量的相对矢量大小（注意这里不是终止点坐标），即可完成扫描矢量的设定。

原图形会按照扫描矢量的方向和大小进行扫描，扫描矢量设定完成后，出现矢量扫描界面，如图 2-47 所示。【Draft angle】和【Draft type】分别为拔模角度和拔模类型。图 2-48 为矢量扫描后的实体形状。

【Along Path】扫描方法与【Along Vector】方法基本相同，原图形会按照设定路径的方向和大小进行扫描，设定路径可以为多段相连接的线段或者曲线。本例扫描路径如图 2-49 所示。在绘图区同时选中被扫描图形和路径后，在菜单栏中点击【Draw】→【Sweep】→【Along Vector】，出现路径扫描设定界面，如图 2-50 所示。【Draft angle】和【Draft type】分别为拔模角度和拔模类型，【Angle of twist】为扫描过程中图形的扭曲角度，图 2-51 给出了扭曲角度分别为 0° 和 90° 时路径扫描后的实体形状。

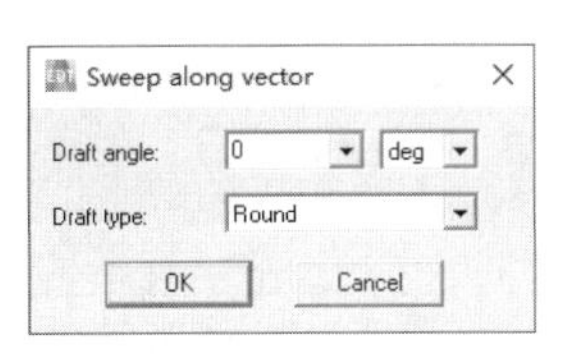

图 2-47 Along Vector 扫描选项

图 2-48 矢量扫描后实体

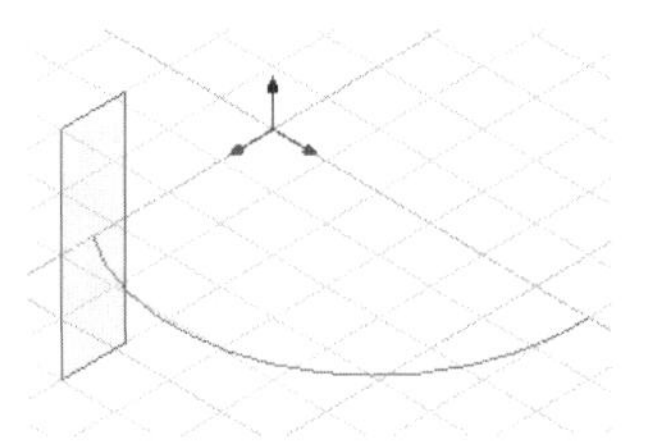

图 2-49 扫描路径绘制

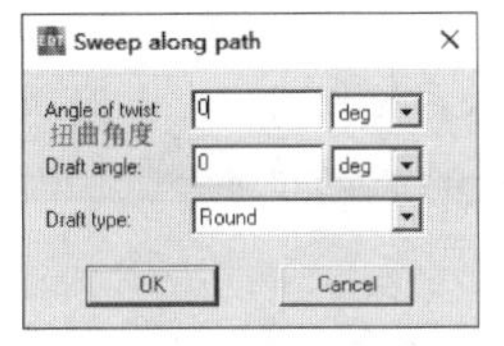

图 2-50 Along Path 扫描选项

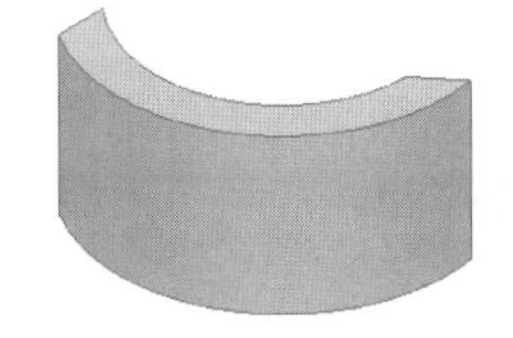
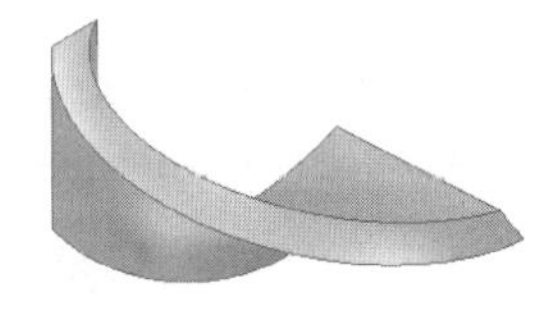

图 2-51 扭曲度为 0° 和 90° 下扫描后实体

2.3.3 位置变换和复制

软件提供了矢量移动 Move、旋转移动 Rotate 和镜像移动 Mirror 3 种方法，当要对实体进行移动时，首先在绘图区选中需要移动的实体，在菜单中点击【Edit】→【Arrange】，然后在菜单下选择需要的移动方法或在快捷菜单栏中直接选择移动方法，如图 2-52 所示。

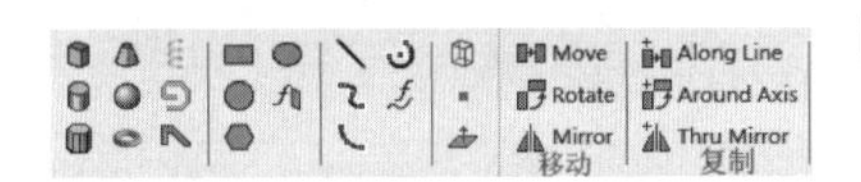

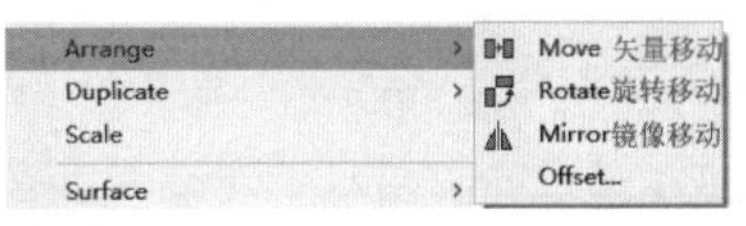

图 2-52 位置变换选项

其中，选中【Move】矢量移动方法后，需要在绘图区设定移动矢量的矢量起始点和终止点，与【Along Vector】矢量设置方法相同，这里不再赘述；实体会根据矢量的方向和大小进行移动。

而选择【Rotate】旋转移动方法后，需要输入旋转坐标轴【Axis】和旋转角度【Angle】，如图 2-53 所示。设置完成后即可完成旋转移动。

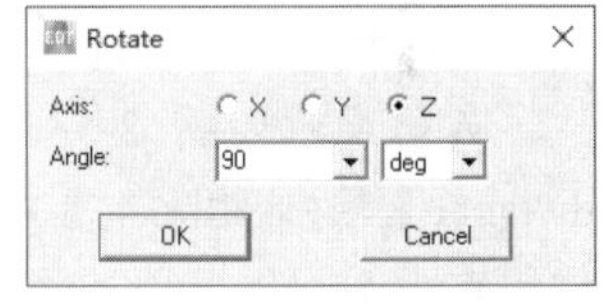

图 2-53 旋转位置变换设置

选择【Mirror】镜像移动后，需要在绘图区中设置镜像面的法线（注意这里不是镜像面），设置方法与 Move（移动矢量）的设置方法相同，不再赘述。

与移动相同，软件提供了矢量复制 Along Line、旋转复制 Around Axis 和镜像复制 Thru Mirror 3 种方法，当要对实体按照以上方法复制时，首先在绘图区选中需要移动的实体，然后在菜单中点击【Edit】→【Duplicate】，见图 2-54，然后在菜单下选择需要的复制方法或在快捷菜单栏中直接选择复制方法，如图 2-52 所示。

其中，选中【Along Line】矢量复制方法后，需要在绘图区设定复制矢量的矢量起始点和终止点，与【Along Vector】矢量设置的方法相同，这里不再赘述；矢量设置完成后，会弹出矢量复制窗口，如图 2-55 所示，这里设置需要复制的总个数【Total number】（注意这里总个数包括原实体）。软件会根据矢量的大小和方向复制实体。

而选择【Around Axis】旋转复制方法后，需要输入旋转坐标轴【Axis】、旋转角度【Angle】

和需要复制的总个数【Total number】（注意这里总个数包括原实体），如图 2-56 所示。设置完成后即可完成旋转复制，这里的旋转角度【Angle】为所有复制过程的总角度。

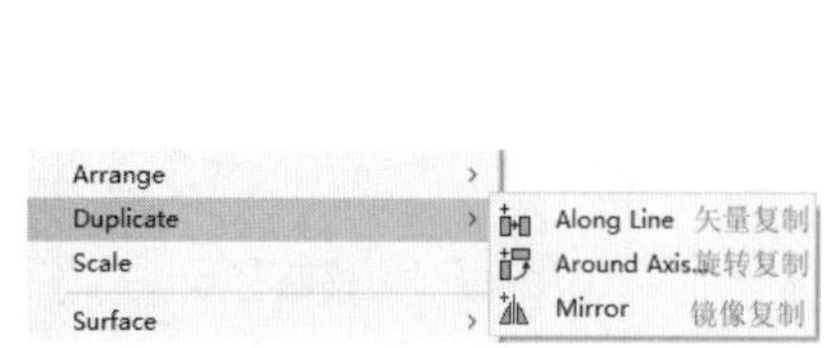

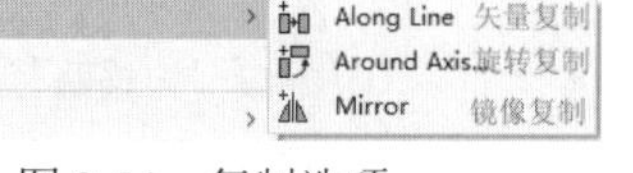

图 2-54　复制选项

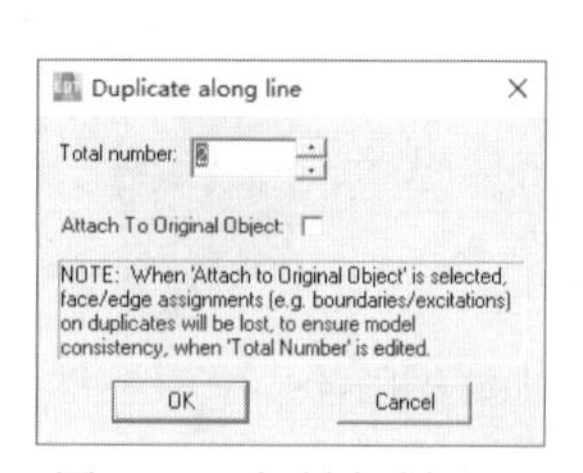

图 2-55　矢量复制设置

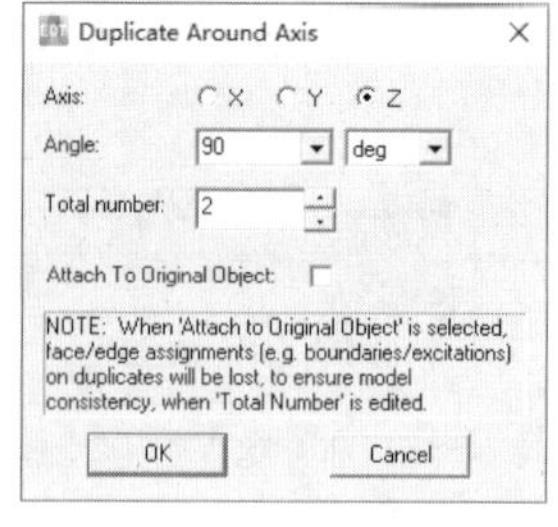

图 2-56　旋转复制设置

选择【Mirror】镜像复制后，需要在绘图区中设置镜像面的法线（注意这里不是镜像面），设置方法与镜像移动的设置方法相同，只是在设置完后保留了原位置的模型。

2.3.4　倒角和圆角

为了更好地模拟实际机械加工，软件还加入了实体倒角和圆角的生成方法，选中需要倒角或圆角的边或点后，在菜单栏中点击【Modeler】→【Fillet】/【Chamfer】或直接在快捷菜单栏中选择工具即可，如图 2-57 所示（注意必须要先选中需要倒角或圆角的边线/点后才能进行倒角或圆角设定，否则图标为灰色无法选择）。

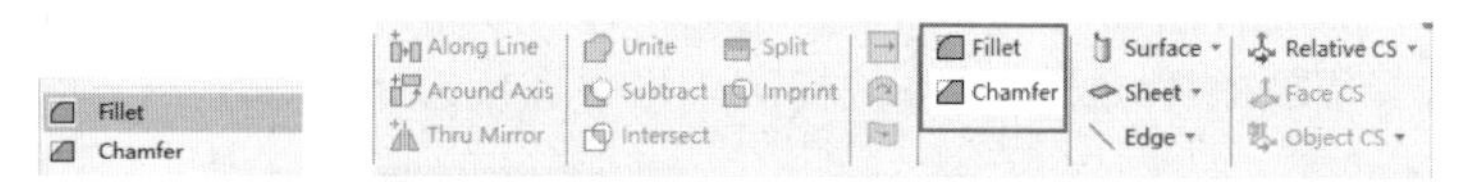

图 2-57　倒角和圆角选项

二维面实体倒角和圆角的生成需要先选择平面中的顶点，此时需要修改鼠标的选择模式：在绘图区中右键选择【Selection】→【Vertices】或直接在绘图区键入“V”，然后进行倒角或圆角点的选择；三维实体倒角和圆角的生成需要先选择实体的边线，此时需要修改鼠标选择模式：在绘图区中右键选择【Selection】→【Edges】或直接在绘图区键入“E”，然后进行倒角或圆角边线的选择。

圆角设定如图 2-58 所示，主要设置圆角大小【Fillet Radius】和避让距离【Setback distance】，避让距离主要用来控制顶点形状，具体代表的是交叉曲线到边缘末端顶点的距离。如果它小于圆角半径，对圆角结果没有影响，如果它长于某条边线，软件会报错，此设定只有在三维实体中三条以上曲线相交时才会起作用。圆角后的实体如图 2-59 和图 2-60 所示。

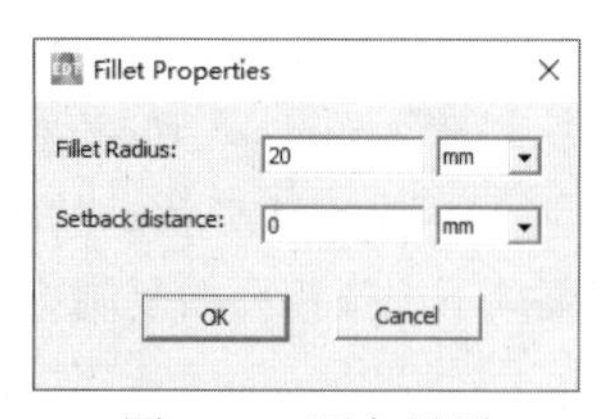

图 2-58　圆角设置

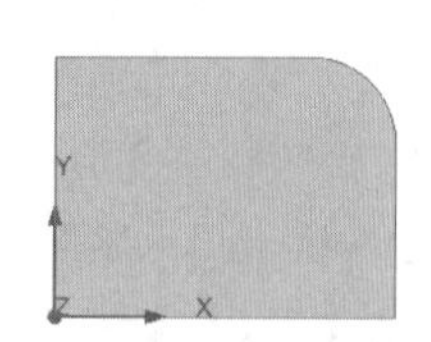

图 2-59　二维圆角

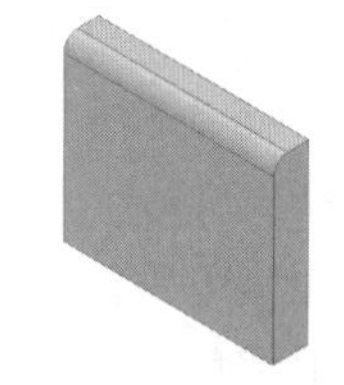

图 2-60　三维圆角

倒角设定如图 2-61 所示，需要设置倒角大小【Chamfer Type】、两侧倒角距离【Left Distance】和【Right Distance】，倒角方式主要分为对称【Symmetric】和不对称两种，选择对称时默认两侧倒角距离相同，不对称倒角输入方式有【Left Distance-Right Distance】、【Left Distance-Angle】、【Right Distance-Angle】3 种。倒角后的实体如图 2-62 和图 2-63 所示。

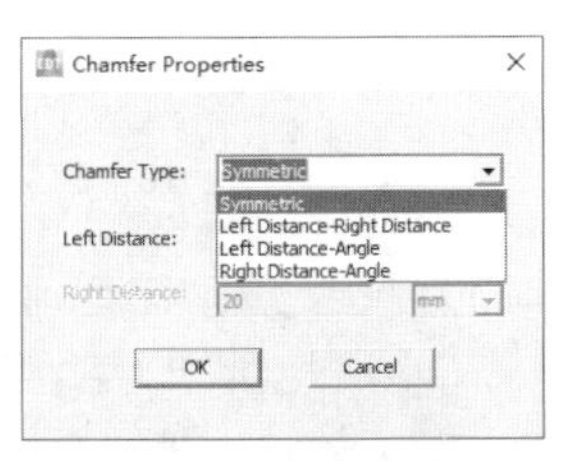

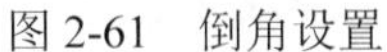
图 2-61　倒角设置

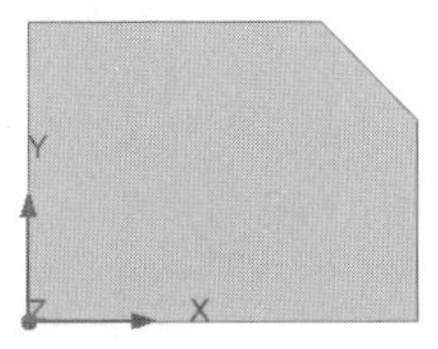

图 2-62　二维倒角

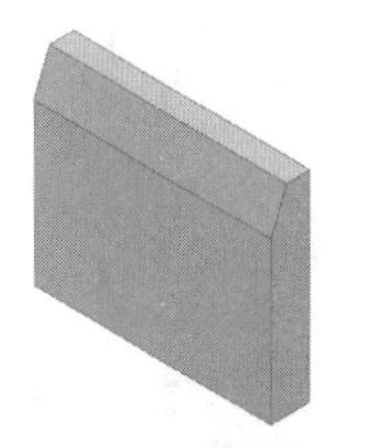

图 2-63　三维倒角

2.4　UDP 快速建模方法

除了手动绘制模型外，ANSYS Maxwell 软件内置了非常多的 User Defined Primitive（UDP）模型库，包含了各种常用的电机铁芯、线圈、机壳、变压器铁芯、直线电机等模型，如图 2-64～图 2-66 所示。用户可以直接调用并将其中的几何尺寸设置为变量，快速实现参数化 2D、3D 建模。

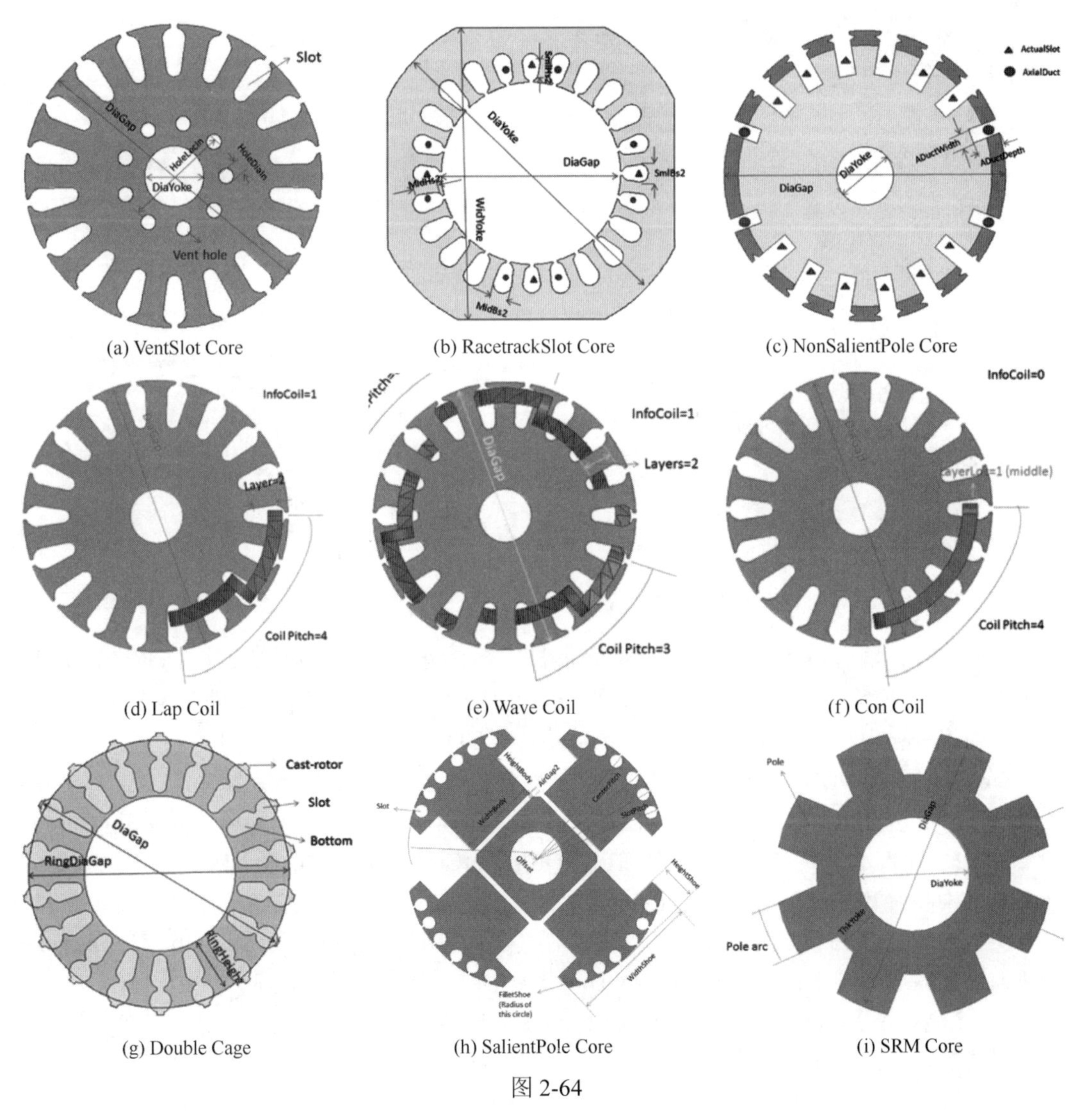

(a) VentSlot Core　(b) RacetrackSlot Core　(c) NonSalientPole Core

(d) Lap Coil　(e) Wave Coil　(f) Con Coil

(g) Double Cage　(h) SalientPole Core　(i) SRM Core

图 2-64

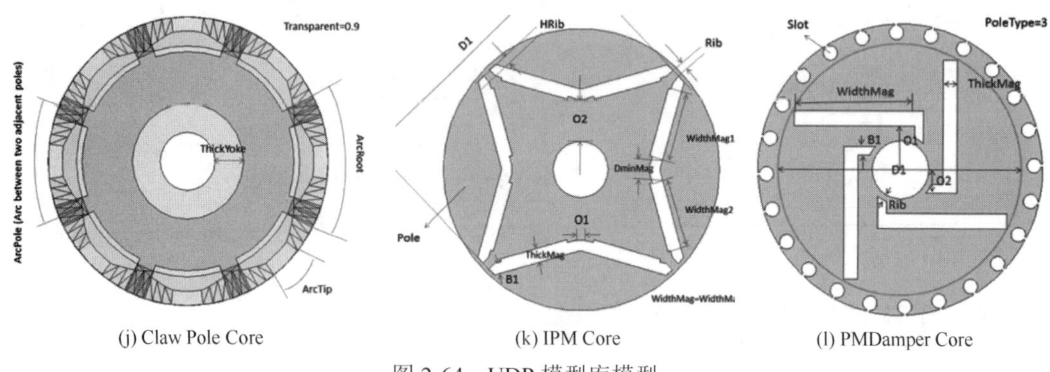

(j) Claw Pole Core　　(k) IPM Core　　(l) PMDamper Core

图 2-64　UDP 模型库模型

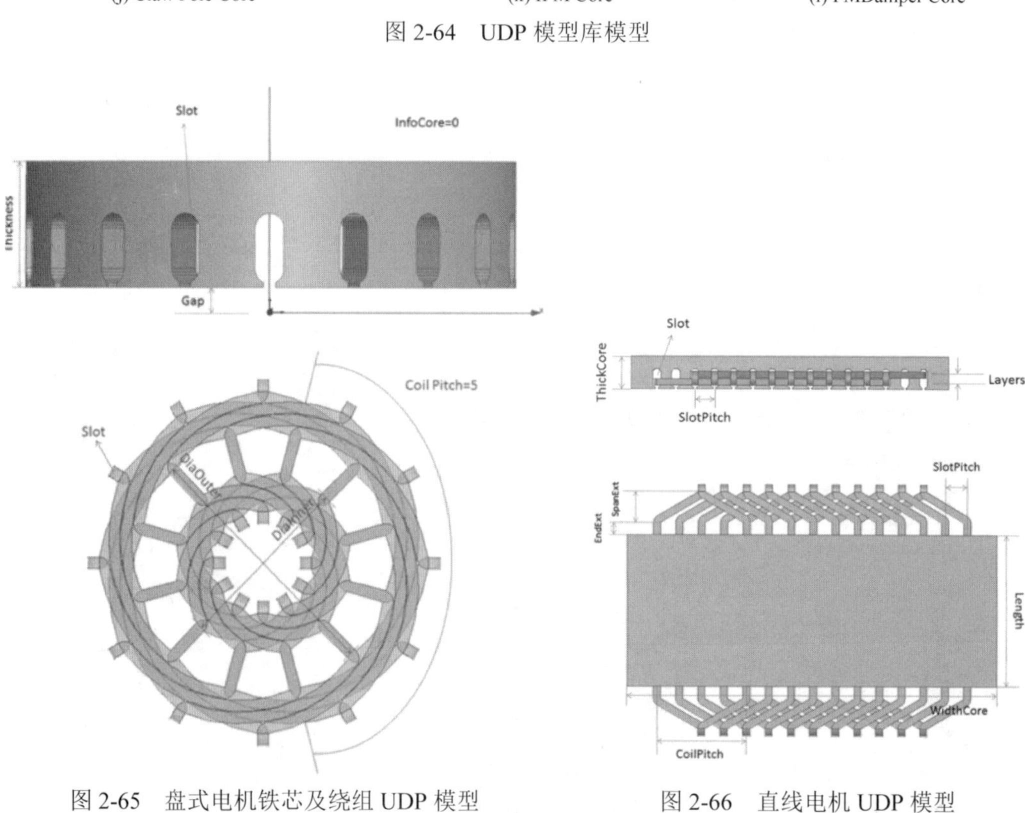

图 2-65　盘式电机铁芯及绕组 UDP 模型

图 2-66　直线电机 UDP 模型

除此之外，ANSYS Maxwell 的 UDP 功能是一个开放的框架，支持用户自己编写 UDP 模型脚本并挂载到软件中使用，支持 C 和 Python，对于建立复杂的几何模型来说十分高效。

下面以一台电机定子铁芯模型的建立为例介绍 UDP 快速建模功能。

Step1：快捷 UDP 中加载定子铁芯。在菜单栏中依次点击【Draw】→【User Defined Primitive】→【RMxprt】，如图 2-67 所示，在下拉菜单中找到铁芯快速建模工具【SlotCore】。

Step2：输入定子铁芯参数。此时弹出 UDP【SlotCore】铁芯参数设置对话框，如图 2-68 所示，其中各参数的定义在【Description】栏中已经给出。需要说明的是：

①【DiaGap】和【DiaYoke】分别代表铁芯气隙处和轭部的直径，当 DiaGap 值>DiaYoke 值时，槽在铁芯外圆上；当 DiaGap 值<DiaYoke 值时，槽在铁芯内圆上。

② 模型处于 Maxwell 2D 仿真时，【Length】栏输入 0mm；模型处于 Maxwell 3D 仿真时候，在【Length】栏输入相应的铁芯轴长。

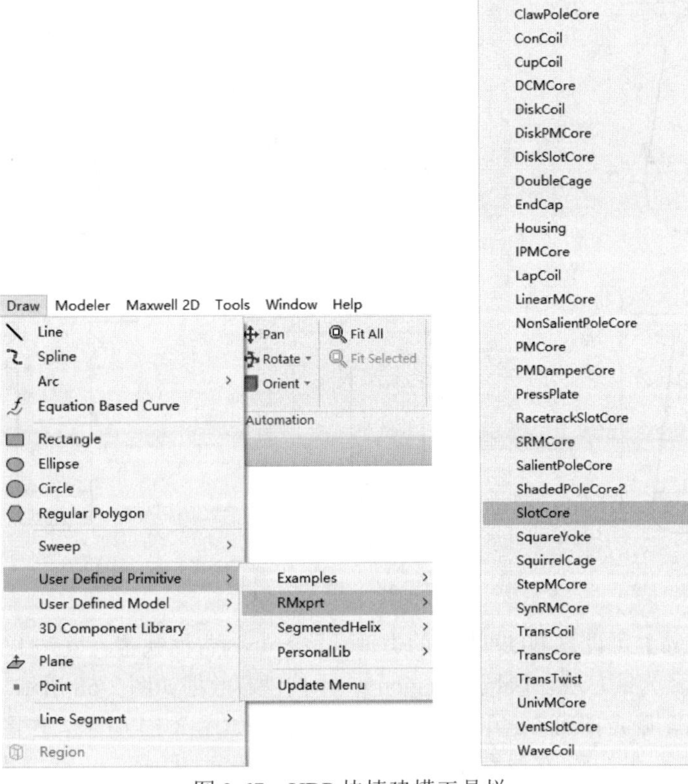

图 2-67　UDP 快捷建模工具栏

Name	Value	Unit	Evaluated Va...	Description
Command	CreateUserDefinedPart			
Coordinate ...	FaceCS1			
Name	RMxprt/SlotCore			
Location	syslib			
Version	12.1			
DiaGap	125	mm	125mm	Core diameter on gap side, DiaGap<DiaYoke for outer cores
DiaYoke	190	mm	190mm	Core diameter on yoke side, DiaYoke<DiaGap for inner cores
Length	0	mm	0mm	Core length
Skew	0	deg	0deg	Skew angle in core length range
Slots	48		48	Number of slots
SlotType	2		2	Slot type: 1 to 6
Hs0	1	mm	1mm	Slot opening height
Hs01	0	mm	0mm	Slot closed bridge height
Hs1	0.5	mm	0.5mm	Slot wedge height
Hs2	18.2	mm	18.2mm	Slot body height
Bs0	2	mm	2mm	Slot opening width
Bs1	2.9763378675293	mm	2.976337867...	Slot wedge maximum width
Bs2	5.3621199140039	mm	5.362119914...	Slot body bottom width, 0 for parallel teeth
Rs	2.681059957002	mm	2.681059957...	Slot body bottom fillet
FilletType	0		0	0: a quarter circle; 1: tangent connection; 2&3: arc bottom; 4&...
HalfSlot	0		0	0 for symmetric slot, 1 for half slot
SegAngle	15	deg	15deg	Deviation angle for slot arches (10~30, <10 for true surface).
LenRegion	0	mm	0mm	Region length
InfoCore	0		0	0: core; 1: solid core; 100: region.

图 2-68　铁芯绘制参数设置对话框

③【SlotType】槽类型主要包括 6 种，其形状和尺寸参数在图 2-69 给出，其他的 UDP 模型可以在 ANSYS 帮助文件中找到尺寸参数。

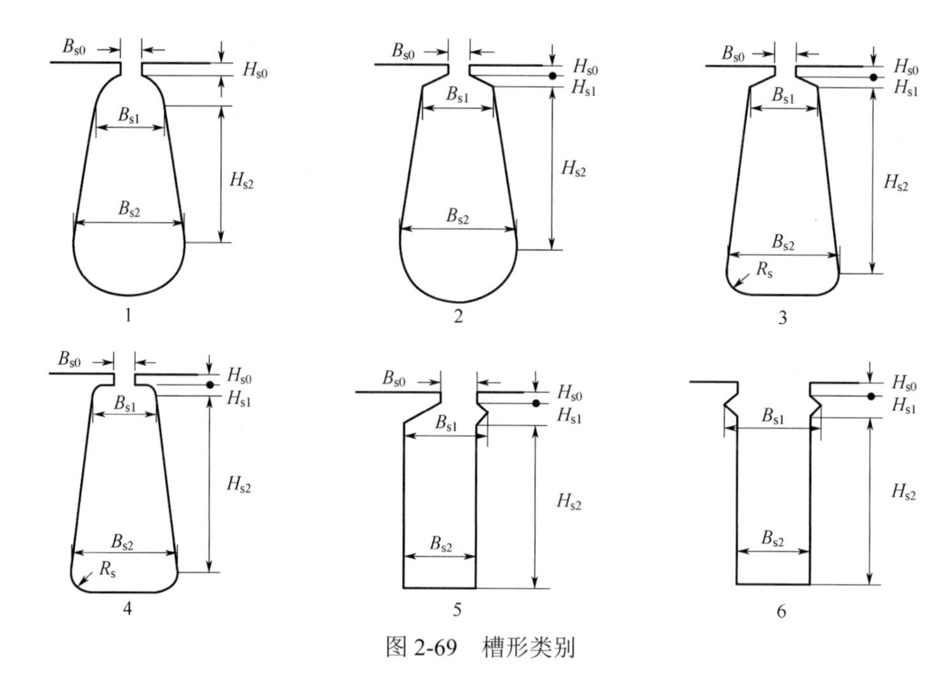

图 2-69　槽形类别

④ 【InfoCore】可设置 UDP 生成的类型，填入 0 为带槽铁芯，填入 1 为不带槽铁芯，填入 100 为以外径为铁芯所在区域（Region）。本例铁芯数据如图 2-68 所示。

设定完成后，确定即可在绘图区生成定子铁芯，如图 2-70 所示。在图 2-68 中各尺寸参数还可以输入变量，以方便参数化处理。或者在模型生成后，点击模型树中铁芯下【CreateUserDefinedPart】，此时在属性栏就可直接更改铁芯的尺寸或者定义结构变量，如图 2-71 所示，这也是利用 UDP 建模的方便之处。

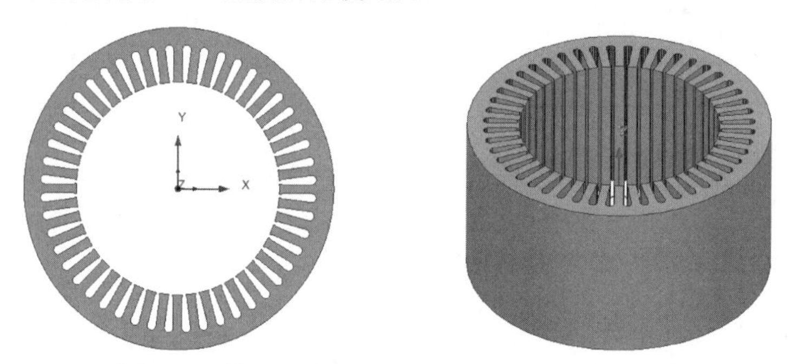

图 2-70　利用 UDP 功能建立的定子 2D 和 3D 铁芯

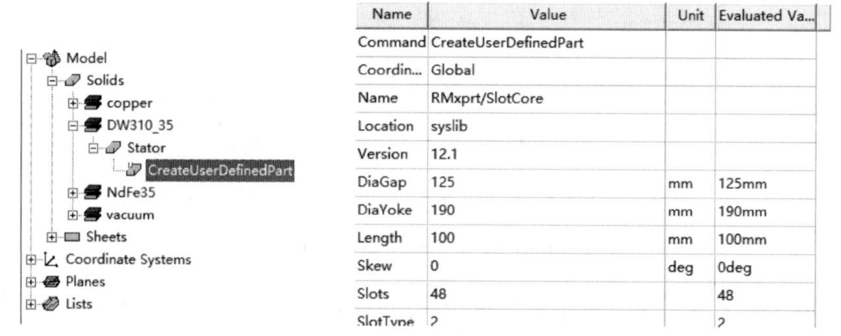

Name	Value	Unit	Evaluated Va...
Command	CreateUserDefinedPart		
Coordin...	Global		
Name	RMxprt/SlotCore		
Location	syslib		
Version	12.1		
DiaGap	125	mm	125mm
DiaYoke	190	mm	190mm
Length	100	mm	100mm
Skew	0	deg	0deg
Slots	48		48
SlotType	2		2

图 2-71　利用 UDP 功能建立的定子铁芯属性

2.5 参数化方法在建模中的运用

除了将几何模型的尺寸参数设置为定值外，还可将其设置为参数化变量，以方便对模型进行修改。以长方体为例，首先根据 2.2.1 节在菜单栏中点击【Draw】下的【Box】，在绘图区中，以原点为初始位置，绘制任意长宽高的长方体，然后在工程树栏所绘制的 Box 下点击【Create Box】，如图 2-72 所示，即可在【Properties】属性栏中观测所绘制长方体的具体参数，如图 2-73 所示。

随后将图 2-73 属性栏中【XSize】、【YSize】、【ZSize】后具体的【Value】值定义为参数化变量：直接在【XSize】对应的【Value】框中填入自定义变量 Width，弹出变量定义窗口，如图 2-74 所示。选择合适的单位和值，点击【OK】即可。同样地，对长方体的高度和宽度进行参数化定义，定义完成后，所绘制长方体 Box 的属性如图 2-75 所示，即完成了对长方体长、宽、高参数化变量的定义。同样地，此处也可对长方体的位置（Position）进行参数化定义。

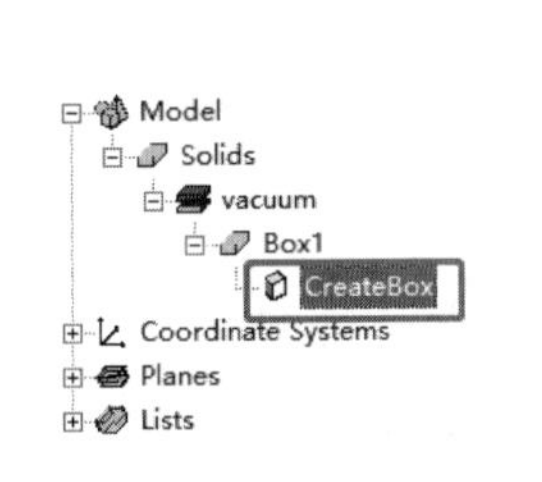

图 2-72 选择长方体属性

Properties

Name	Value	Unit	Evaluated Va...
Command	CreateBox		
Coordin...	Global		
Position	0 ,0 ,0	mm	0mm , 0mm ...
XSize	-0.7	mm	-0.7mm
YSize	0.4	mm	0.4mm
ZSize	0.5	mm	0.5mm

图 2-73 长方体属性

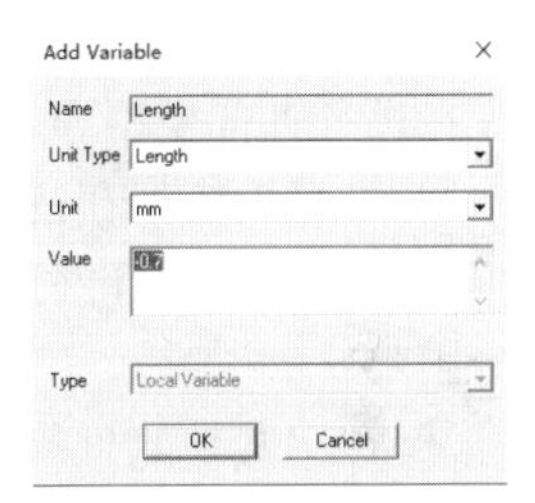

图 2-74 定义参数化变量

结构参数化变量定义完成后，在项目管理栏中点击对应的项目，即可在【Properties】属性栏中观测和更改所有的参数化变量，完成对结构建模的参数化定义，如图 2-76 所示。

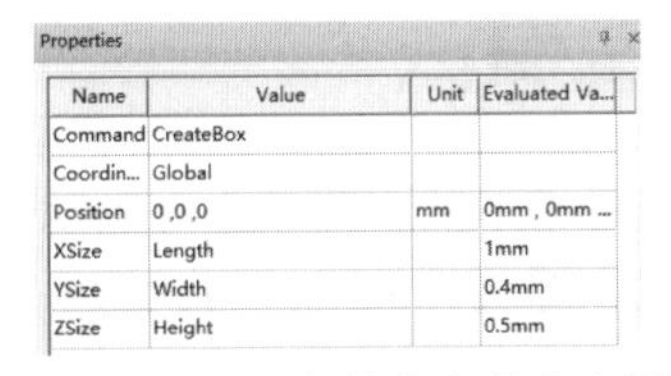

Properties

Name	Value	Unit	Evaluated Va...
Command	CreateBox		
Coordin...	Global		
Position	0 ,0 ,0	mm	0mm , 0mm ...
XSize	Length		1mm
YSize	Width		0.4mm
ZSize	Height		0.5mm

图 2-75 长方体参数化变量定义属性

Properties

Name	Val...	Unit	Evaluated Va...	Type
Length	1	mm	1mm	Design
Width	0.4	mm	0.4mm	Design
Height	0.5	mm	0.5mm	Design

图 2-76 观测和修改项目参数化变量

一旦对项目中的结构参数化变量进行修改，项目就需要重新仿真计算。

2.6 外部几何模型导入方法

ANSYS-Maxwell 2D/3D 除了自带的 CAD 几何模型外，还同时支持外部 2D/3D CAD 模型格式的导入，支持格式基本包含时下主流商用 CAD 制图软件的所有格式，如*.dxf、*.dwg、*.step、*.stp、*.x_t、*.sldprt 等。本节以一个三相感应电机 3D 模型的导入为例，对导入方法进行说明。

首先选择需要进行模型导入的 Project 项目，选中需要导入的 Design 工程，点击菜单栏 Modeler，选择 Import，弹出导入设置窗口，如图 2-77 所示。选择需要导入的文件（案例中为 IM3D.x_t），其他保持默认，点击【打开】，等待导入。

导入完成后，在绘图区可以看到导入的模型，在模型树栏可以看到模型各模块的名称，具体如图 2-78 所示，如此便完成了外部模型的导入。

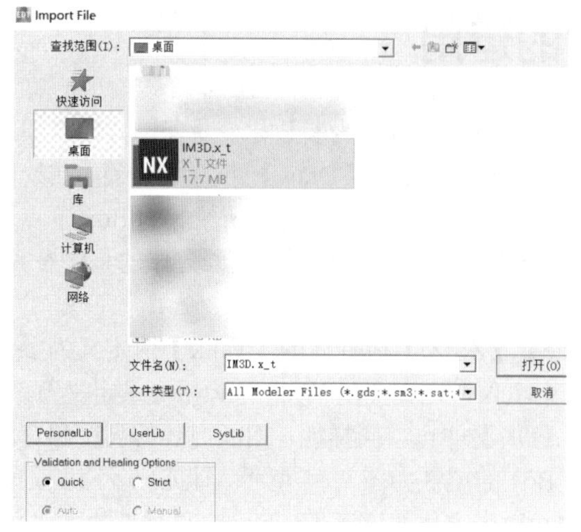

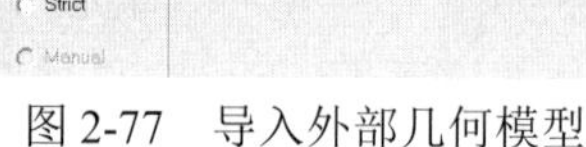
图 2-77　导入外部几何模型

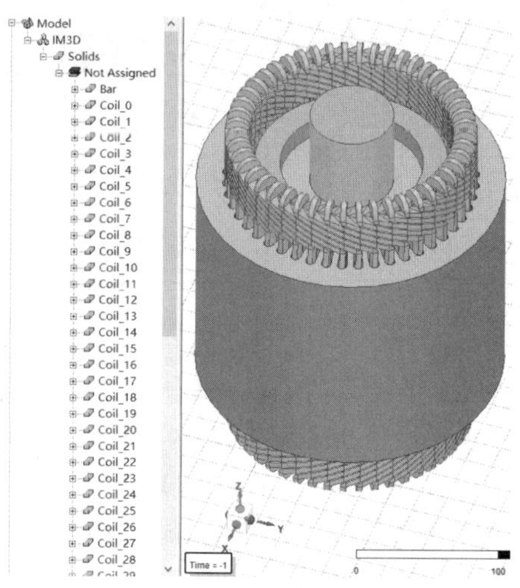

图 2-78　导入的外部几何模型

在进行外部模型导入时，需要注意几点：

① 当导入模型存在圆弧或者柱面时，由于不同 CAD 绘图对圆弧和柱面的近似方法不同，在模型导入 Maxwell 并进行网格划分时，如果圆弧分段数或柱面分片数过高，将会导致网格划分困难。

② 在用其他软件绘制几何图形时，最后应将不同部件名称设置清楚，以免在模型部件较多时导入后命名混乱，无法准确定位。

③ 由于导入的模型仅具有几何特征，并不具有材料特征，所以都是在 Not Assigned 栏下，需要在 Maxwell 中进行材料属性的设置等其他前处理操作。

2.7　RMxprt 一般电机模型快速建模法

在本例中采用国标的 Y 系列作为计算样机，先在 RMxprt 模块中建立基本电机模型，再导入 Maxwell 2D 中进行有限元分析。选取的三相异步电机型号为 Y2-132M-4，其基本尺寸及绕组参数如图 2-79 所示。

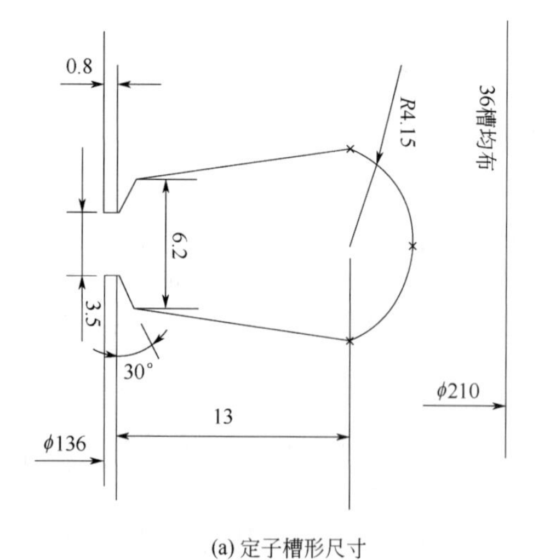

(a) 定子槽形尺寸

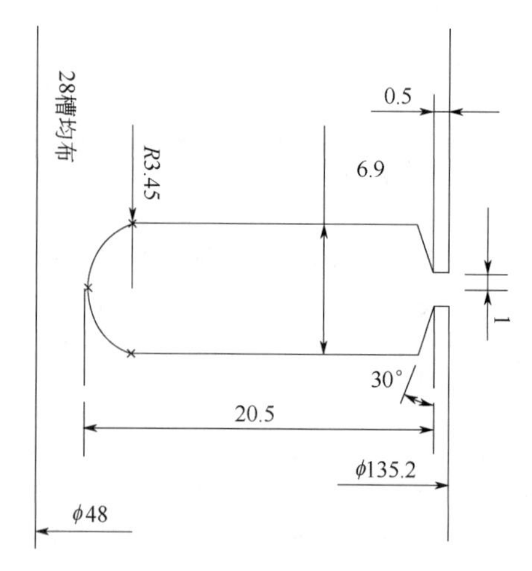

(b) 转子槽形尺寸

图 2-79　Y2-132M-4 电机定转子槽形尺寸

该电机的定子和转子铁芯轴长为145mm，铁芯材料采用热轧硅钢片D23。定子绕组采用三相60°相带，线规为í ϕ0.95铜线，2股作为一匝，每槽35匝，单层绕组，节距为1～9。定子绕组采用三角形接法。电机额定功率为7.5W、4极，三相电压源为380V、50Hz。转轴采用不锈钢材料，机座采用铸铁材料，两者均不导磁，不作为电机的主磁路部分。

现利用RMxprt电机分析模块对Y2-132M-4电机进行建模和基于T型特等效电路的性能分析。

2.7.1 模型选择

借助RMxprt可以快速建立电机模型，只需要输入相应的结构参数即可，不再需要繁琐的绘制几何模型的过程，对电机分析具有很大的帮助。

首先要创建一个新的项目，打开Maxwell会自动生成一个新的项目，再通过【Desktop】→【Maxwell】→【RMxprt】创建RMxprt工程，选择要分析的电机模型，点击【OK】即可。这里共有12种可供选择，基本涵盖了工业生产所需的所有电机，如图2-80所示，这里以三相感应电机为例建立模型。图2-81为其自动生成的RMxprt工程树，同时可以观察到正在分析的电机类型为Three Phase Induction Motor，以此检查仿真的模型是否正确。点击Machine、Stator、Rotor等项前的【+】，即可打开下层工程树，对所含子项的参数进行设置，并对其中相应的参数分别进行设置即可。后续模型建立中相应的结构及电气参数可以通过查询相应的参数手册获得，此处以Y2-132M-4电机为例进行建模。

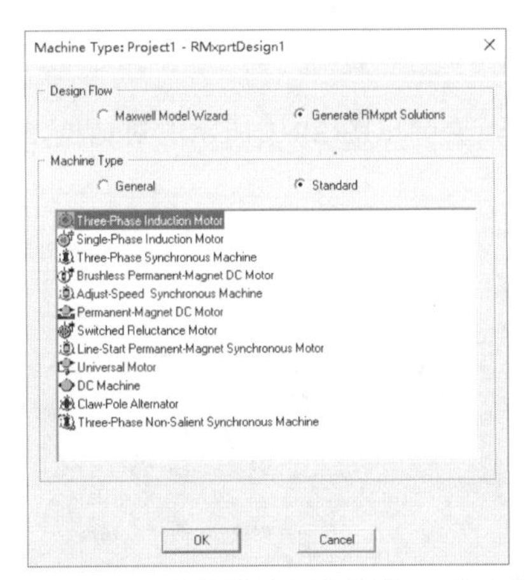

图2-80　RMxprt电机模块可分析的12种电机模块

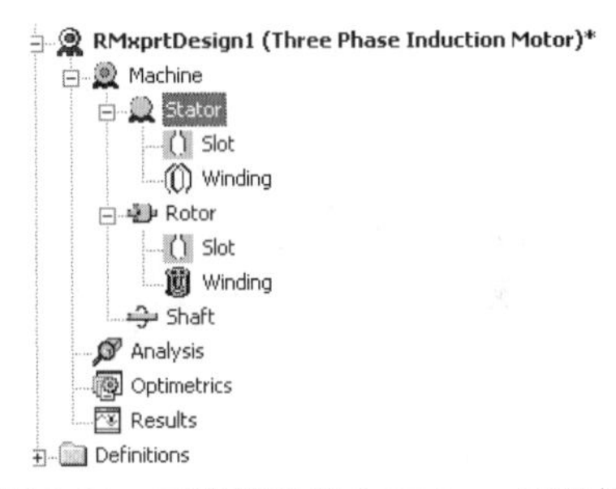

图2-81　工程管理栏中RMxprt工程树

2.7.2 参数设定

Step1：设置Machine默认项。

① 双击图2-81工程树中的【Machine】项，会弹出如图2-82所示的对话框，该对话框中显示的参数为对应Machine项所需设定的电机参数，以后针对Stator、Rotor、Shaft等项的参数设定也是如此。

在图2-82所示的对话框中：第1列为所设定的参数的名称；第2列为所设定的参数的值；第3列为该参数对应的单位；第4列为该参数的评估值；第5列为该参数的英文释义；第6列为当前数据读取状态。

② 针对Y2-132M-4三相异步电机，其Machine项各参数的数值如图2-82所示。

Number of Poles：电机极数（注意不是极对数）。

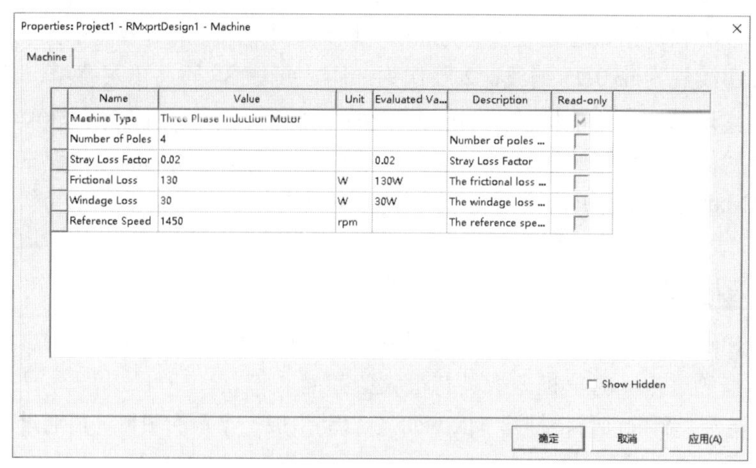

图 2-82　Machine 项中的参数设定

Stary Loss Factor：电机杂散损耗百分比，为额定转速下杂散损耗占额定功率的百分比。

Frictional Loss：机械摩擦损耗。

Windage Loss：风磨损耗。

Reference Speed：计算时的初始转速，因程序需要有迭代循环时的初始值，故输入此数值时，需要注意的是，该参数的值不能高于同步转速的值，通常仿真完成后的转速值与此输入值不同。

Step2：设置 Stator 定子参数。

① 双击图 2-81 工程管理栏中的【Stator】项，会弹出图 2-83 所示的对话框，该对话框中显示的参数为定子铁芯所需设定的参数。

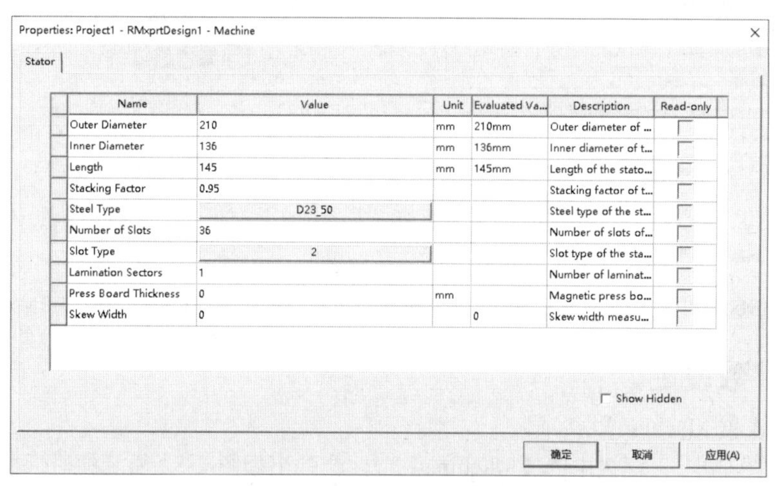

图 2-83　Stator 项中的参数设定

Outer Diameter：定子铁芯外径。

Inner Diameter：定子铁芯内径。

Length：定子铁芯轴向长度。

Stacking Factor：定子铁芯叠压系数。

Steel Type：定子铁芯冲片材料。

Number of Slots：定子槽数。

Slot Type：定子槽形代号，在此处选择与所设计的电机定子槽形最接近的槽形，再对相应参数进行设置。

Lamination Sectors：定子冲片的扇形分瓣数，此处设定为 1，即定子冲片是一个整体。在大型异步电机中，有时为了提高硅钢片冲压定子冲片时的材料利用率，往往将定子冲片分成几个等尺寸的扇形瓣。

Press Board Thickness：定子端部压板厚度，这里设定为 0，即不考虑定子端部压板的导磁性对电机端部漏抗的影响。在较大型异步电机中，为了防止定子铁芯散花、端部冲片反翘，往往都采用较厚的端部压板进行端部固定。端部压板的使用对电机端部漏抗有一定的影响。该值描述的是假如采用导磁的压板，将计算其对电机性能改变的影响。如果未采用端板或采用非导磁压板，该值可设定为 0。

Skew Width：定子斜槽数，设定为 0 代表不使用定子斜槽。Y 系列的三相异步电动机均采用定了直槽，转子斜槽，故该值为 0。若使用定子斜槽，则需输入该参数，该斜槽度是以定子槽数为计量单位的，即斜过了几个定子槽，该值可以为小数。

② 在图 2-83 中，点击【Steel Type】时，弹出如图 2-84 所示的对话框。在该对话框中，要求用户为电机的定子冲片选择相应的材料，此例中在材料库中选择 D23_50 作为定子冲片材料。在图 2-83 中，单击【Slot Type】，会出现如图 2-85 所示的定子槽形对话框，可供选择的定子槽形共有 6 种，每种槽形都有相应的编号，选用的梨形槽编号为 2。其中图 2-85（a）～图 2-85（d）所示的槽形主要应用在中小型三相异步电机中，图 2-85（e）、图 2-85（f）所示的槽形主要应用在大型电机中。

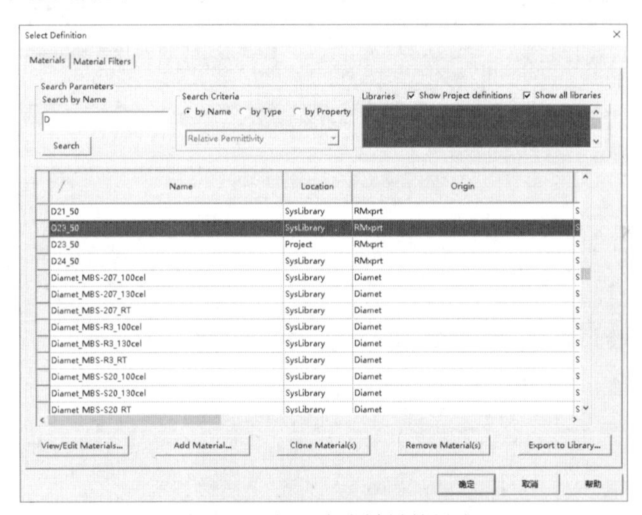

图 2-84　定子冲片材料的设定

单击 Project Manager 工程树中 Stator 项前的【+】，会在工程树中出现下一级子项。Stator 下的子项有两个：Slot 槽形项和 Winding 绕组项。

双击工程树【Stator】→【Slot】槽形项，出现如图 2-86 所示的槽形参数对话框。

从图 2-86 可以看到，第一项的 Auto Design 项后的单选框默认为已选择，所以在槽形参数栏中仅存在三项。这里用户需要先将 Auto Design 项后的单选框中的对号“√”取消，即不让软件进行槽形的自动设计。单击【确定】按钮退出该对话框，然后再重新双击【Slot】项弹出新对话框，可以看到 2 号槽形的所有参数都出现在新对话框中，如图 2-87 所示。

图 2-87 中的第二项为平行齿选项，默认为非平行齿。各个参数代表的意义可参见图 2-85（b）。

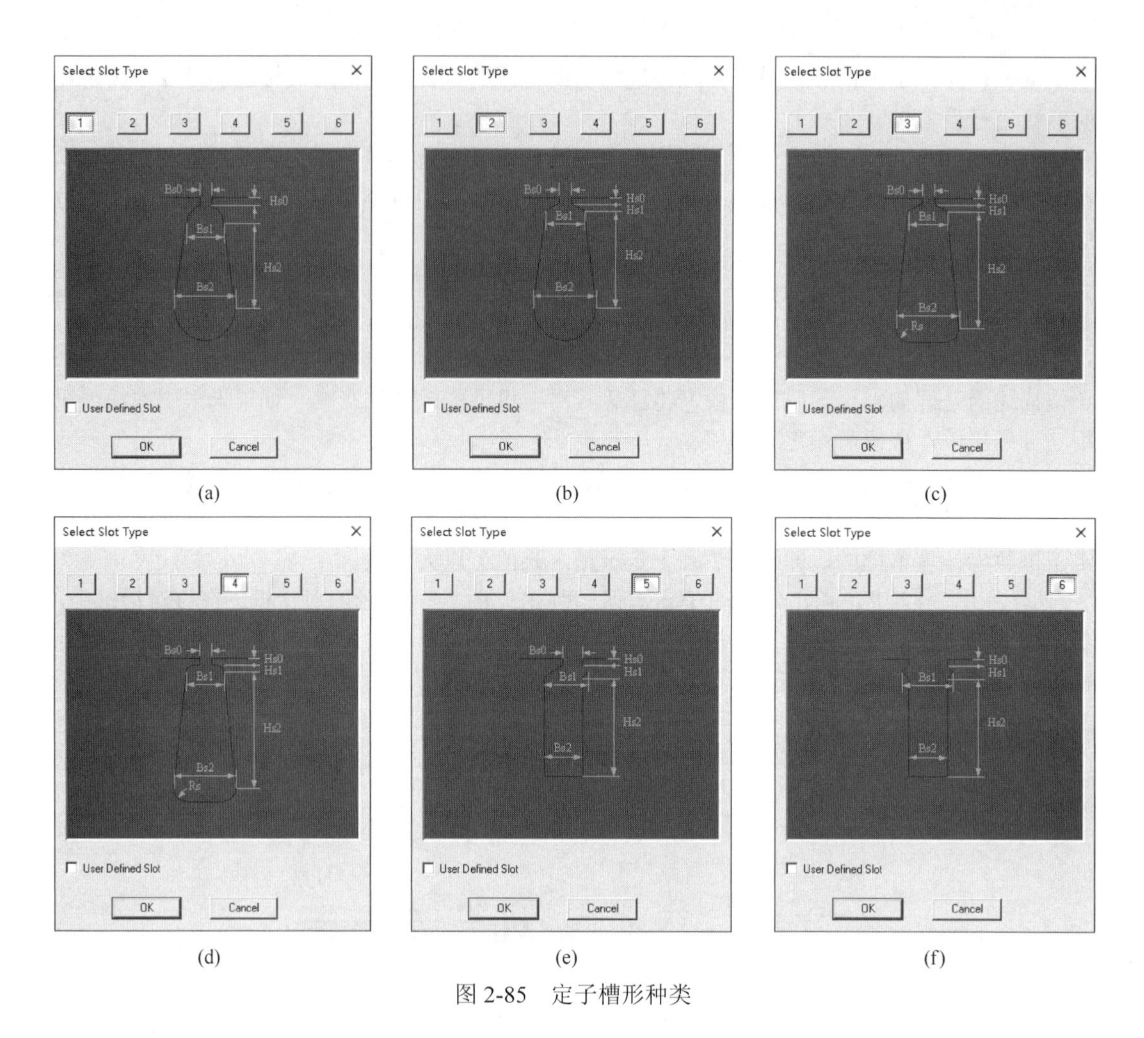

图 2-85　定子槽形种类

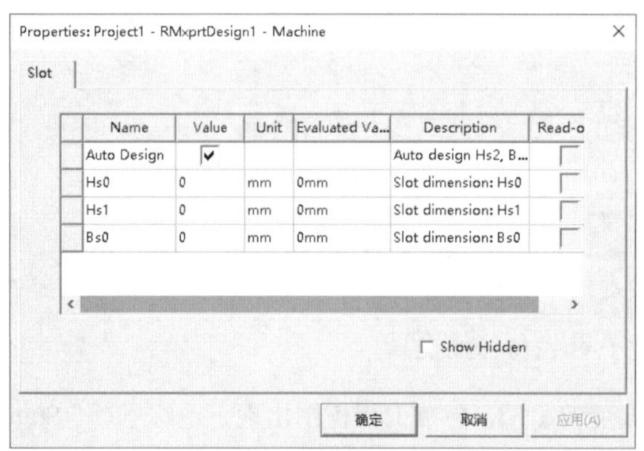

Name	Value	Unit	Evaluated Va...	Description	Read-o
Auto Design	✔			Auto design Hs2, B...	
Hs0	0	mm	0mm	Slot dimension: Hs0	
Hs1	0	mm	0mm	Slot dimension: Hs1	
Bs0	0	mm	0mm	Slot dimension: Bs0	

图 2-86　槽形参数对话框

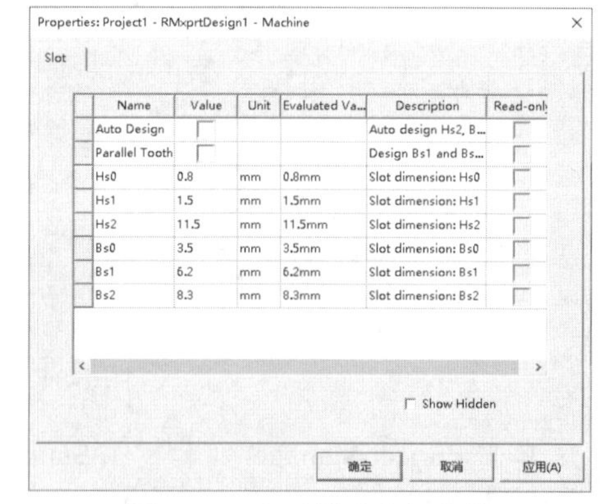

Name	Value	Unit	Evaluated Va...	Description	Read-only
Auto Design				Auto design Hs2, B...	
Parallel Tooth				Design Bs1 and Bs...	
Hs0	0.8	mm	0.8mm	Slot dimension: Hs0	
Hs1	1.5	mm	1.5mm	Slot dimension: Hs1	
Hs2	11.5	mm	11.5mm	Slot dimension: Hs2	
Bs0	3.5	mm	3.5mm	Slot dimension: Bs0	
Bs1	6.2	mm	6.2mm	Slot dimension: Bs1	
Bs2	8.3	mm	8.3mm	Slot dimension: Bs2	

图 2-87　定子槽形全部参数

Slot 项设置好后，再设置 Winding 项，具体如下：双击工程树【Stator】→【Winding】选项，弹出图 2-88 所示的定子绕组设置对话框。

Winding Layers：绕组层数，这里定义为单层绕组，其值设置为 1。

Winding Type：绕组的匝间连接方式，共有 3 种，分别为用户自定义、全极式和半极式。单击按钮后会出现连接方式的对话框，在此选择全极式。用户自定义可允许用户自己排绕组，形成一些比较复杂的绕组，如正弦绕组。样机为单层全极式绕组，如图 2-89 所示。

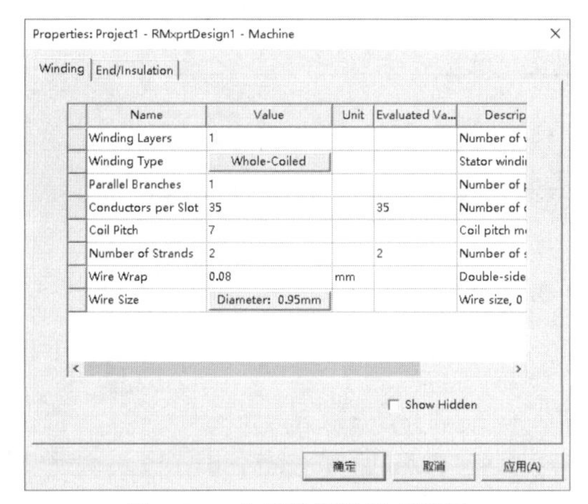

图 2-88　定子绕组设置对话框

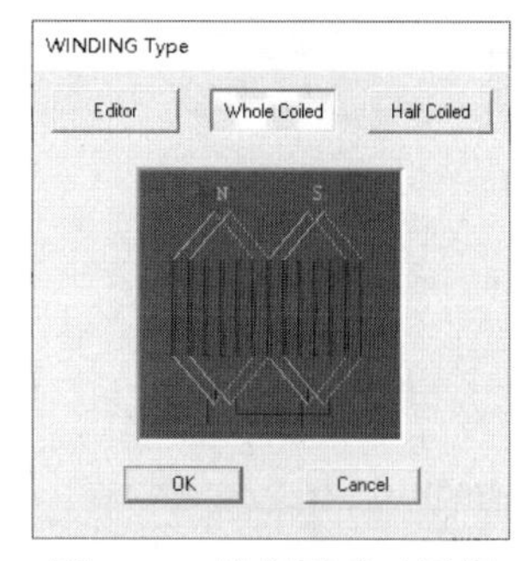

图 2-89　绕组形式对话框

Parallel Branches：绕组的并联支路数，按照样机绕组参数，设定为 1。

Conductors per Slot：每槽匝数，若为单层绕组，则每槽匝数就是绕组匝数。如果为双层绕组，这里应该写入一个槽内两层绕组的总匝数。

Coil Pitch：线圈节距，用槽数量来衡量的线圈节距。定子采用整距绕组，线圈节距就是 9 槽（36slots/4poles）。绕组缩短 2 个槽，结果就是 7 槽。

Number of Strands：一匝绕圈的并绕根数。有时为了减小绕圈的绕制、嵌线和端部整形的工艺难度，会用多根细铜线并绕作为一匝，该值表述的就是这个并绕根数。

Wire Wrap：漆包线双边漆绝缘的厚度，设定为，该值根据实际绝缘强度要求和工艺指标进行设置，对定子槽满率有一定影响。

Wire Size：所用的铜导线线规。单击按钮后弹出如图 2-90 所示的对话框。线径默认单位为 mm，有圆形导线和矩形导线，其中矩形导线多用于大型电机中。在此选择圆形导线，因为两股线并绕作为 1 匝，所以在 Gauge 项的下拉菜单中选择 MIXED，其含义是混合线规设置。分别在线径栏和数量栏填入相应的数字，因为该绕组并绕的两股是等直径的，所以在添加完第一股线后单击 Add 按钮，可以继续添加下一股线的直径和数量。该功能支持不等股且不等外径导线的定义。

在图 2-88 中还隐藏着异步电动机定子绕组端部和槽绝缘设定选项，可单击图 2-88 中左上角的按钮，出现如图 2-91 所示的对话框。

Input Half-turn Length：支持用户手工输入定子绕组的半匝长度。当其被选中后会出现半匝长度输入对话框，默认单位为 mm。

End Extension：绕组伸出铁芯端面外的直线段长度，该值是个工艺量，主要是用来调节半匝长度的，初始可设定为 15mm。

Base Inner Radius、Tip Inner Diameter 和 End Clearance 均为端部绕组限定尺寸，在这里用户可以不必修改，软件会自动计算。

Slot Liner：槽绝缘厚度，样机采用的是单层 DMD 绝缘，设定厚度为 0.3mm。

Wedge Thickness：为定子槽楔厚度，在这里设定厚度为 2mm。

Limited Fill Factor：是最高定子槽满率，对于中小型电机，该值不宜过大。软件默认 0.75mm，可维持此默认值。

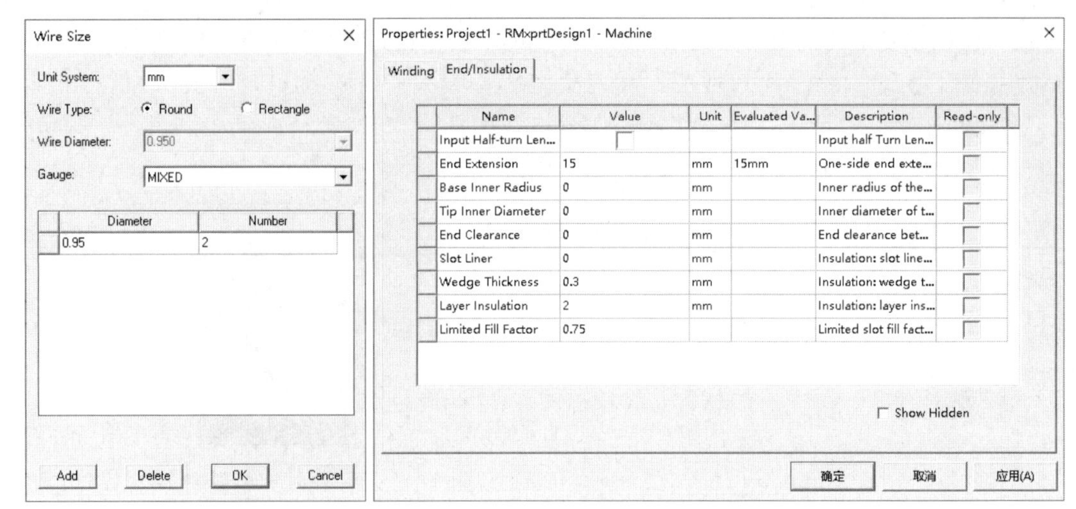

图 2-90　导线设置对话框　　　　图 2-91　定子绕组端部和槽绝缘设定对话框

至此，有关定子铁芯及三相绕组的参数设置全部完成，为了方便用户检查，软件特地推出了对模型尺寸及绕组结果的实时观测功能。选中工程树中的【Stator】项，再单击主界面中部的【Main】按钮，会出现已设置好的定子冲片横截面图，如图 2-92 所示。

同样，单击【Winding Editor】按钮，会出现定子绕组排列图，如图 2-93 所示。

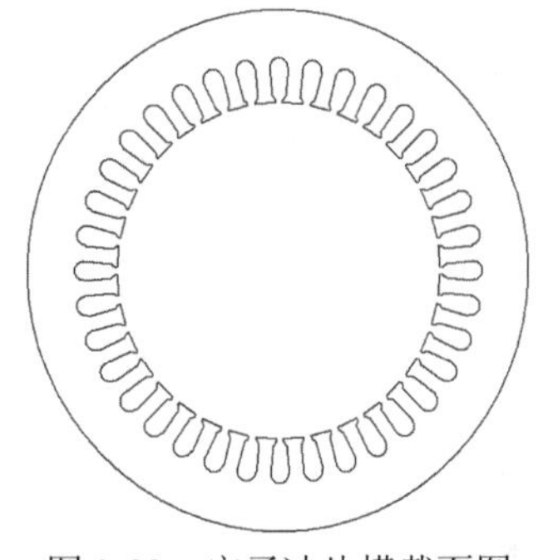

图 2-92　定子冲片横截面图

	Phase	Turns	In Slot	Out Slot
Coil_1	A	35	2	10
Coil_2	A	35	3	11
Coil_3	-C	35	5	13
Coil_4	-C	35	6	14
Coil_5	B	35	8	16
Coil_6	B	35	9	17
Coil_7	-A	35	12	19
Coil_8	C	35	15	22
Coil_9	-B	35	18	25

(a)　　(b)

图 2-93　定子绕组排列图

Step3：设置 Rotor 转子参数。双击工程树中的 Rotor 项，会弹出如图 2-94 所示的 Rotor 参数输入对话框。

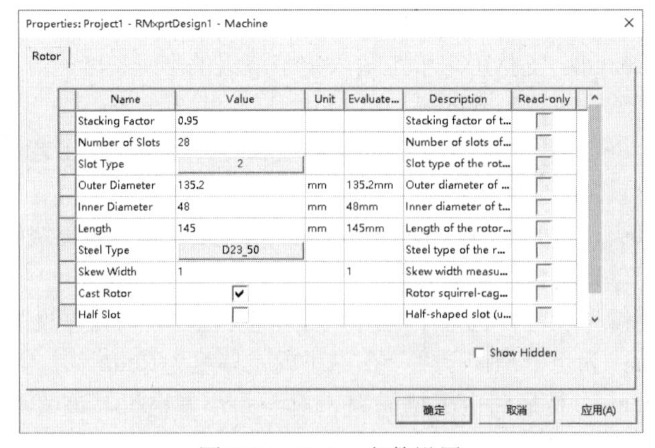

图 2-94　Rotor 参数设置

Stacking Factor：电机定子铁芯叠压系数，设定为 0.95。

Number of Slots：转子槽数，该电机为转子 28 槽结构。

Slot Type：转子槽形代号，在这里选择 2 号槽形。

Outer Diameter：转子外径，参照样机，设定为 135.2mm。

Inner Diameter：转子内径，该电机转子内径为 48mm，转子铁芯与转轴采用压入的过盈配合。

Length：转子轴向长度，样机的定、转子铁芯等长度，故该值设定为 145mm。

Steel Type：转子冲片材料类型，Y 系列电机均采用 D23 作为定、转子铁芯材料，所以在该项中选择 D23_50。

Skew Width：斜槽数，为了消除气隙中的高次谐波成分，Y 系列电机采用转子斜槽结构，该项描述的就是斜槽。值得注意的是，软件中的斜槽是以所斜过槽的个数为计量单位，即转子斜过了 1 个齿槽的距离。

Cast Rotor：铸造转子。样机转子为铸铝结构，所以选择了该项。与之不同的是中大型异步电动机，为了降低转子损耗，往往采用转子嵌入铜条作为笼型结构，在设计这样的电机时，该项不选择。

Half Slot：转子半槽设定。功率稍大点的异步电动机，往往采用刀片槽结构，实际上就是在凸槽结构的基础上，仅取其沿径向一半的槽结构，电机设计中称之为半槽，该选项选定后，转子槽形尺寸要按照全槽尺寸输入，但生成模型的时候仅留下了右侧的一半。Y2-132M-4 未采用半槽，故该项不选择。

Double Cage：双笼型设置。为了提高启动转矩，有时电机会采用双笼型结构，上层笼为启动笼，下层笼为运行笼，此时上下笼的槽形可以分别设置。该双笼绕组还有一个特殊的用途，即用来拼接复杂的单笼转子槽形，比如凸槽可以由双笼结构拼接而成，这一点需要格外注意。样机为单笼型结构，所以并未设定此项。

设定完 Rotor 外尺寸参数后，点击工程树中 Rotor 项前的“+”号，会在工程树中出现下属的两个子项，分别为 Slot（槽形）项和 Winding（转子绕组）项。前面已经选定了 2 号转子槽形，在 RMxprt 异步电动机设定中，软件共提供 4 种转子槽形，如图 2-95 所示，与样机相符合的是 2 号槽形。

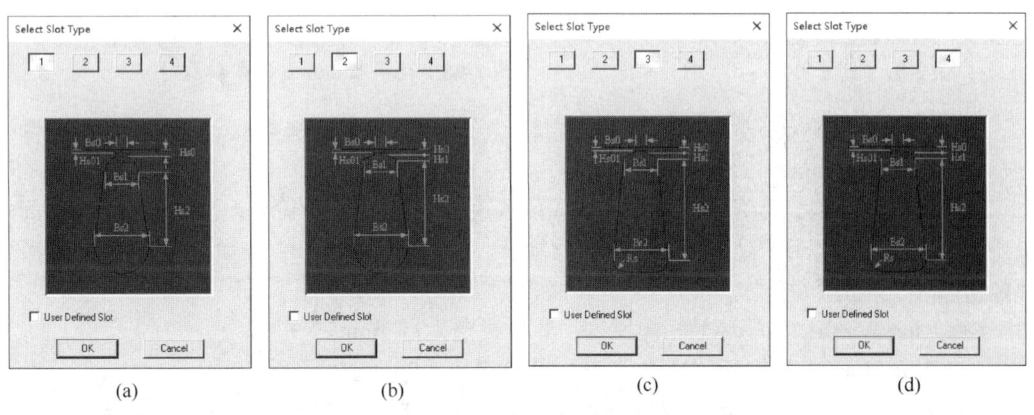

(a)　(b)　(c)　(d)

图 2-95　转子 4 种槽形

在 Rotor 项中已经选择 2 号槽形，所以在 Slot 槽形项中就可以按照 2 号槽形直接输入相关参数即可。双击工程树中的【Slot】，软件会弹出图 2-96 所示对话框，参照样机转子槽形数据，输入各项参数即可。需要说明的是，在 Slot 设置中，软件提供了转子闭口槽结构，体现在 Hs01 这个参数上，该参数描述的就是槽口距转子外径的距离，样机为开口槽结构，故该值等于 0。

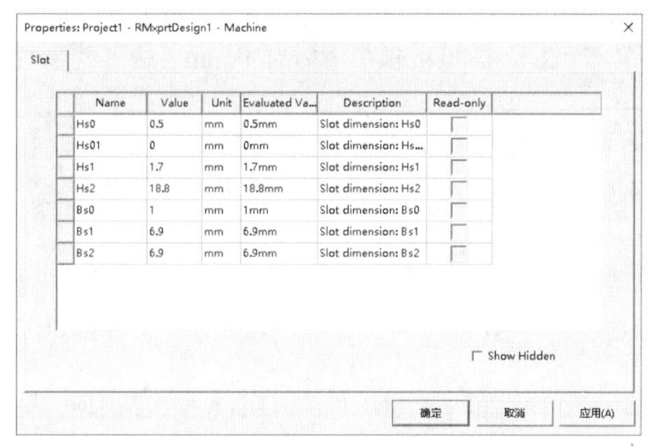

Name	Value	Unit	Evaluated Va...	Description	Read-only
Hs0	0.5	mm	0.5mm	Slot dimension: Hs0	
Hs01	0	mm	0mm	Slot dimension: Hs...	
Hs1	1.7	mm	1.7mm	Slot dimension: Hs1	
Hs2	18.8	mm	18.8mm	Slot dimension: Hs2	
Bs0	1	mm	1mm	Slot dimension: Bs0	
Bs1	6.9	mm	6.9mm	Slot dimension: Bs1	
Bs2	6.9	mm	6.9mm	Slot dimension: Bs2	

图 2-96　Slot 项中的参数设定

输入槽形所有参数后按【确定】按钮退出，同时可以按照查看定子冲片外形的方法查看转子冲片外形，转子冲片如图 2-97 所示。其中，一般地，Hs1 和 Hs2 两个参数在样机尺寸图中并未给出，需要由 Bs0、Bs1 和 30°的槽肩角换算得到。

然后点击rotor下的【Winding】项进行笼型条的设定，弹出如图2-98所示的对话框。

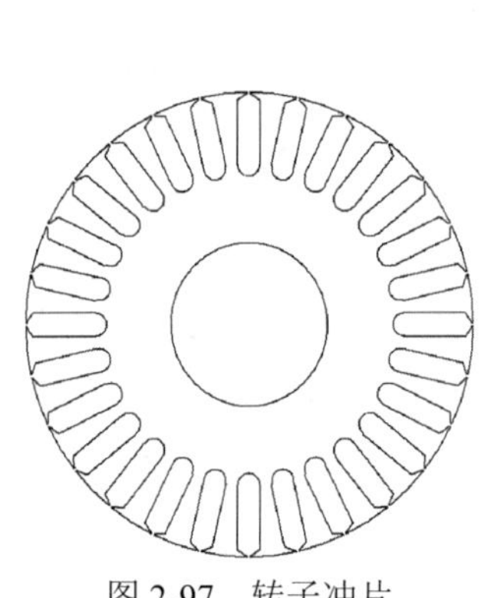

图 2-97　转子冲片

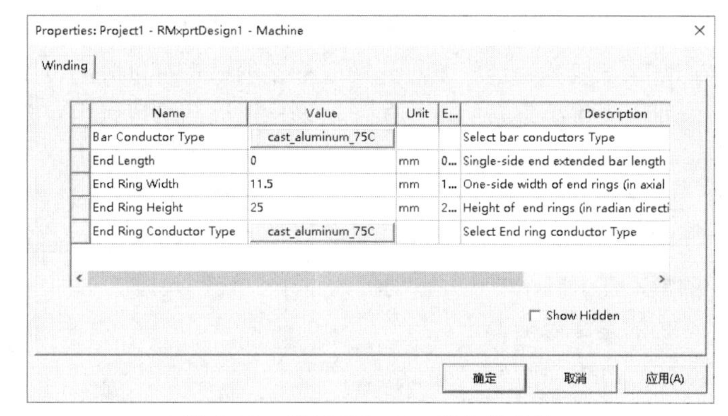

Name	Value	Unit	E...	Description
Bar Conductor Type	cast_aluminum_75C			Select bar conductors Type
End Length	0	mm	0...	Single-side end extended bar length
End Ring Width	11.5	mm	1...	One-side width of end rings (in axial
End Ring Height	25	mm	2...	Height of end rings (in radian directi
End Ring Conductor Type	cast_aluminum_75C			Select End ring conductor Type

图 2-98　转子 Winding 项参数设定

Bar Conductor Type：为转子笼型导条材料，与设定的铁芯材料类似，在RMxprt材料库中选择自带的cast_alumium_75。

End Length：是笼型导条高于转子端面的长度。在嵌入铜条作为笼型绕组时，铜导条一般要高于转子端面，目的是方便焊接导条与端环。但在铸铝转子中，该项应为0，因为铸铝端环紧挨着转子端面。

End Ring Width：为端环的轴向厚度，此处设定为11.5mm。

End Ring Height：为端环的径向长度，此处设定为25mm。

End Ring Conductor Type：为转子端环材料，对于样机该材料与笼型导条材料一样，均为铸铝。其添加的方法也相同。

Step4：设置 Shaft 转轴属性。Shaft 项定义相对比较简单，如图 2-99 所示。图 2-99 中仅一项参数，即转轴是否导磁，若转轴导磁，则相当于加大了转子轭厚度，故需要对计算结果进行修正。转轴不导磁，则不需要修正。Y2-132M-4 样机一般采用 45 钢，导磁性相对于定、转子冲片材料要弱，故这里不选择转轴导磁。

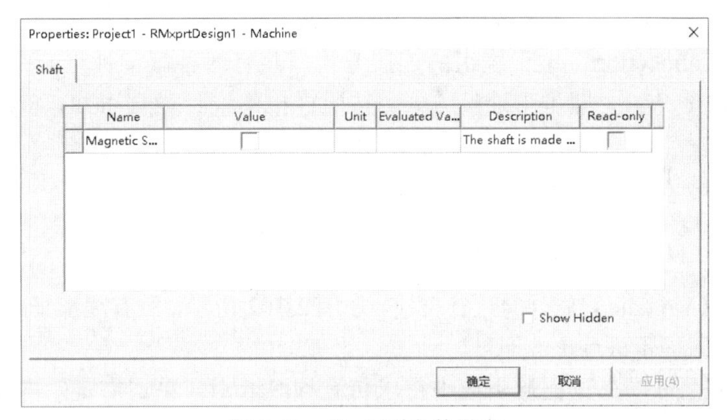

图 2-99　Shaft 项参数设定

到此为止，样机的所有模型参数全部设定完毕，可以进入仿真设定阶段。

Step5：求解设定。在工程树中所建立的 RMxprt 模型下选中 Analysis 并右键单击【Analysis】→【Add Solution Setup】，如图 2-100 所示。软件会自动弹出求解设置选项，如图 2-101 所示。在弹出的选项卡中，输入全部的电机仿真状态参数，就可以开始仿真。仿真参数的设定至关重要，这意味着将要计算前面输入的电机模型在该状态下的工况，一般是将额定工作状态设定为分析对象。

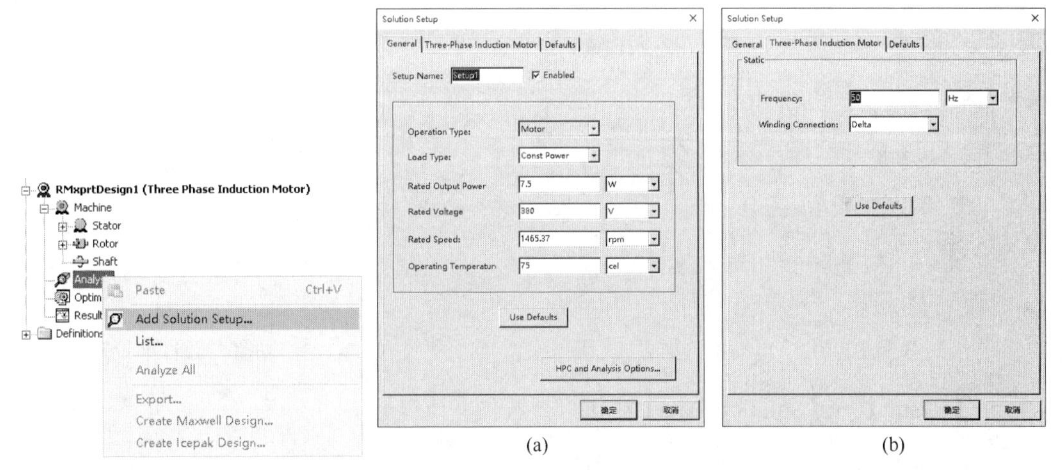

图 2-100　添加仿真项　　　　图 2-101　仿真参数详细设置

Load Type：电机的负载类型，在这里设定为 Const Power，即恒功率负载形式。此外，软件还有 Const Speed（恒转速负载）、Const Torque（恒转矩负载）、Linear Torque （线性转矩负载）和 Fan Load（风扇类负载），共 5 种常用的负载形式可供用户选择。

Rated Output Power：电机的额定输出功率，国家标准规定 Y2-132M-4 电机的标称功率为 7.5kW，因此在这里设定仿真的额定输出功率为 7.5kW。

Rated Voltage：额定电压，按照行业规定，额定电压均指电机的线电压，在此输入 380V。

Rated Speed：额定转速，4 极电机的同步转速为 1500r/min，异步电动机转速小于同步转速，在此设定为 1465.37r/min。

Operating Temperature：工作温度，电机为 B 级绝缘。为了方便换算，设定工作温度为 75℃。定子绕组和转子笼型电阻均按照 75℃时计算。

Frequency：电源频率，我国统一采用 50Hz，故在此中输入 50Hz。

Wingding Connection：定子绕组的连接方式，共有两种，一种是 Delta，即三角形连接方式；另一种是 Wye，即星形连接方式。按照样机的设计数据可知，应选择 Delta 连接方式。

至此，所有的仿真设定参数全部输入完毕，可以单击确定退出选项卡。

Step6：模型检测及仿真计算。完成上述操作后，就可以直接求解计算了。但是在求解之前，应先检查模型是否正确无误，软件提供了自动检测模型是否正确的功能，点击菜单栏【Simulation】→【Validate】,软件会进行自检，如图 2-102 所示，所有项都正确即可进行求解，提示有错误则按照提示进行更改即可。

检测完毕后，可以在工程树中选中待求仿真项 Setup1，单击右键，再单击【Analyze】进行求解，如图 2-103 所示。因为采用等效电路的方法计算电机模型，所以计算周期非常短暂。

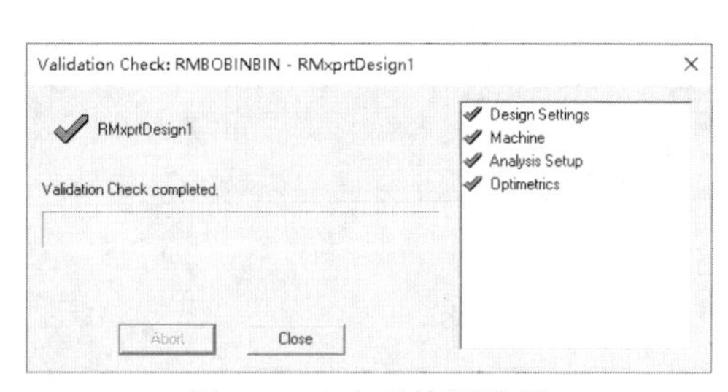

图 2-102　自动检测结果

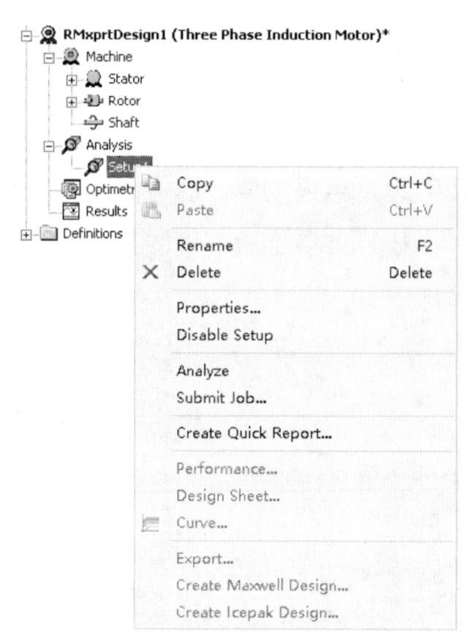

图 2-103　仿真参数详细设置

在【Result】→【Solution Data】中可以查看仿真计算结果。

2.7.3　模型生成

2.7 节以 Y 系列异步电动机为例介绍了 RMxprt 电机模块的详细应用，因篇幅有限无法将 RMxprt 模块中的 16 种电机一一细说。如前所述，RMxprt 模块是基于磁路法的电机设计模块，许多参数均是由软件自动查表得到，同时由于采用了等效磁路，电机的设计精度会降低。本节介绍利用 RMxprt 模块中的电机模型，将其一键导入变换为 Maxwell 2D 和 Maxwell 3D 模型，然后进行有限元计算仿真。

Y2-132M-4 的 RMxprt 项目计算完成后，如图 2-104 所示，在项目管理栏中执行【RMxprt】→【Analysis Setup】→【Create Maxwell Design】，弹出如图 2-105 所示的生成 2D 有限元模型对话框。

在图 2-105 所示的对话框中，可以看到在【Type】和【Solution Setup】选项中有下拉三角。第一个是选定导出的有限元模型，分别有 Maxwell 2D Design 和 Maxwell 3D Design，可以选择创建二维或三维模型。第二个 Solution Setup 选项中仅有一项 Setup1，因为前述的电机模型仅分析了一种工况，所以这里只有一个选项。另外，勾选 Auto Setup，让软件自行设置。所有的设定完毕后，单击【OK】按钮退出设置界面。

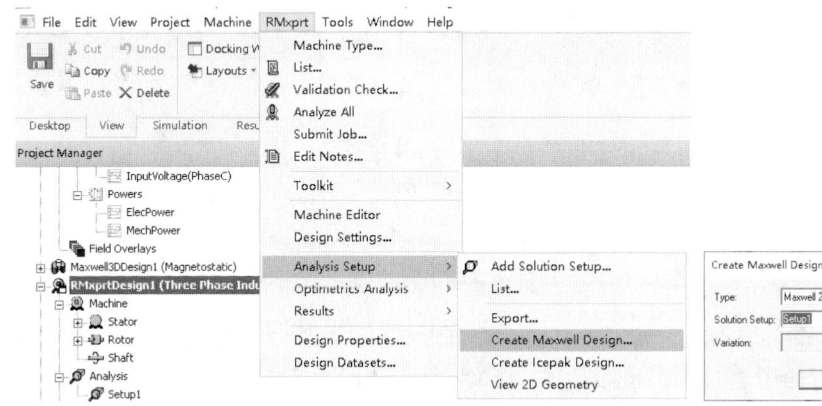

图 2-104 由 RMxprt 生成 Maxwell 2D 或 Maxwell 3D 设置图

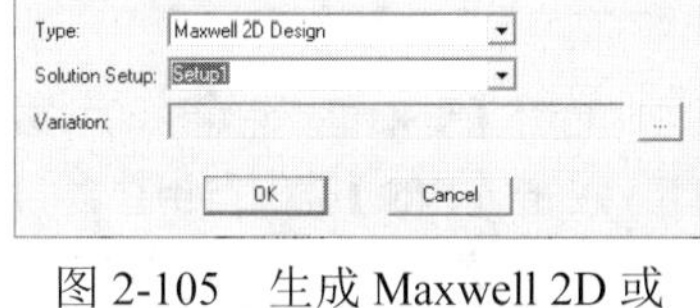

图 2-105 生成 Maxwell 2D 或 Maxwell 3D 有限元模型对话框

软件开始自行生成电机模型，默认 Maxwell 2D 和 Maxwell 3D 求解器为瞬态场求解器。生成的新有限元模型名称为 Maxwell 2D Design1，从软件左侧的工程树中可以看出，如图 2-106 所示，自动生成的 Maxwell 2D 模型如图 2-107 所示。

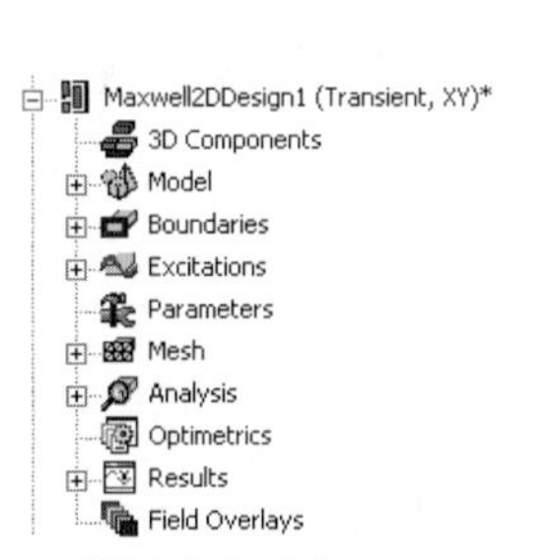

图 2-106 工程树中生成的 Maxwell 2D 模型

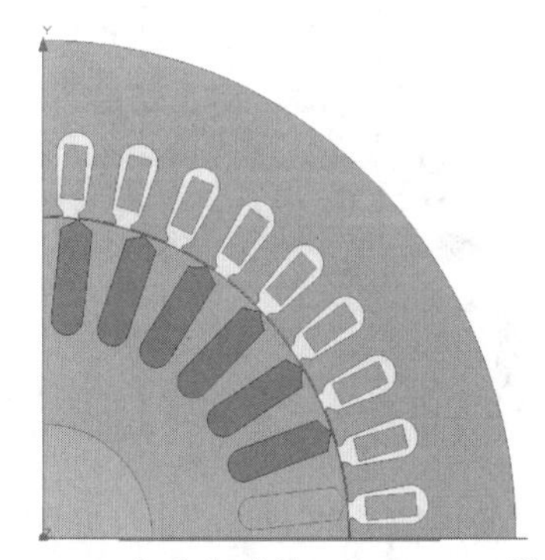

图 2-107 自动生成的 Maxwell 2D 模型

从工程树中可以清晰地看出，电机已经自动生成了模型、边界条件、激励源、网格剖分和仿真设置等选项，如图 2-108 所示。自动生成的 Maxwell 3D 模型如图 2-109 所示。

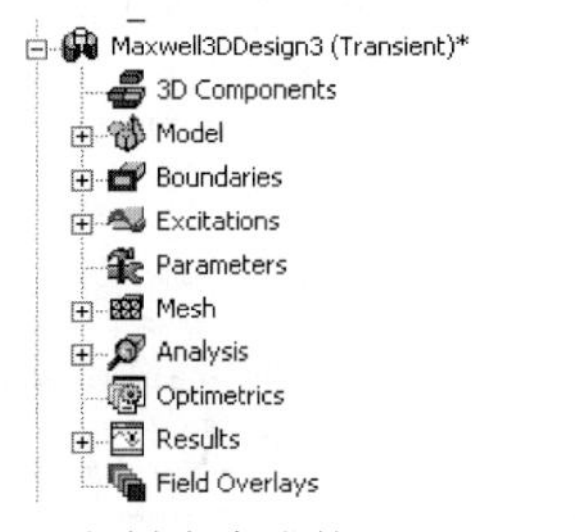

图 2-108 工程树中生成的 Maxwell 3D 模型

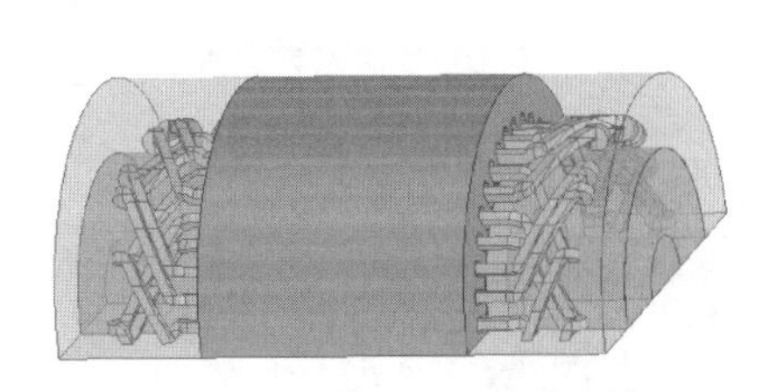

图 2-109 自动生成的 Maxwell 3D 模型

2.7.4 RMxprt 自定义槽形

系统里面只包含了前面所述的 6 种槽形，其他的非常用槽形可借助槽编辑器来完成。自定义的槽形主要有对称槽、非对称槽和半槽三种。

在工程管理栏双击【Stator/Rotor】，打开对话框，点击槽形【Slot Type】的 Value 项（图 2-110），打开对话框，勾选下方的用户自定义槽形【User Defined Slot】（图 2-111），点击【OK】退出。

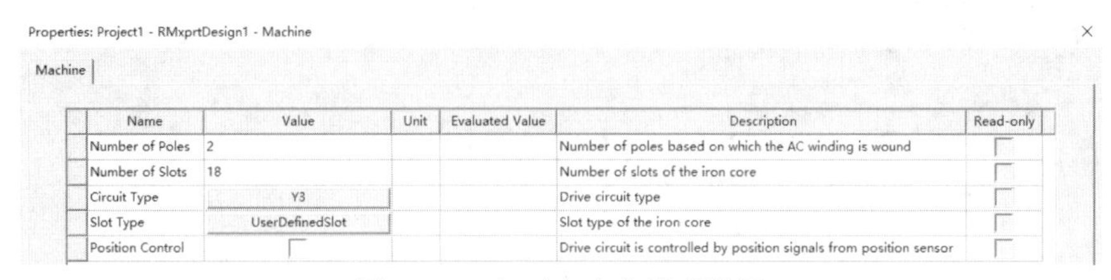

图 2-110　打开自定义槽形设置

单击【UserDefSymmetricSlot】转子铁芯的用户自定义槽，如图 2-112，显示槽形编辑窗口。双击【Slot】打开如图 2-113 所示的菜单，菜单包括新建槽形【New Slot】，将槽沿轴线分割成对称的两部分【Split to Half-half】，将槽沿轴线分割成对称两部分并删除左侧部分【Remove Left Half】，将槽沿轴线分割成对称两部分并删除左侧部分【Remove Right Half】。

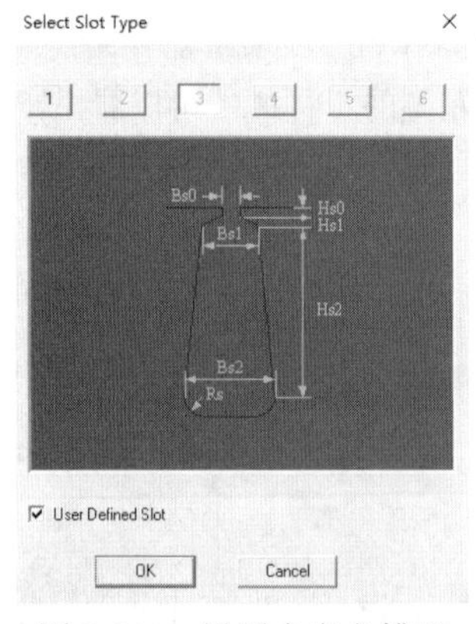

图 2-111　设置自定义槽形

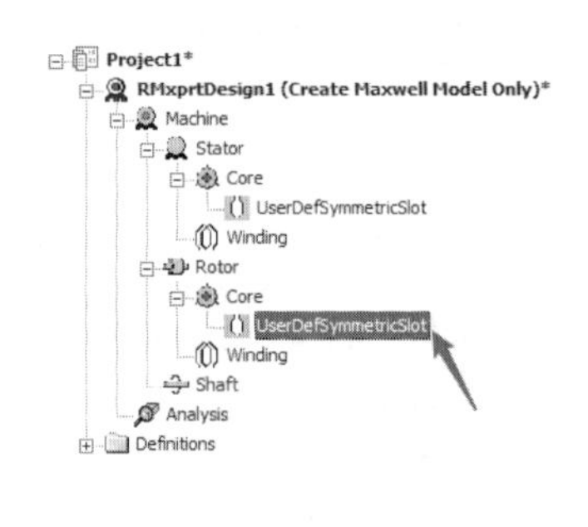

图 2-112　单击开始编辑槽形

点击新建槽【New Slot】，打开如图 2-114 所示菜单，新建槽的类型有对称槽【Symmetric Slot】、非对称槽【Unsymmetrical Slot】、左半槽【Left Half Slot】、右半槽【Right Hal Slot】。

对已经生成或自定义的槽形，可对左（右）半槽进行镜像复制【Merge Left to Symmetric】、【Merge Right to Symmetric】，使之成为对称槽；对左（右）半槽进行镜像【Left Right Flip】；还可对完整对称槽进行移除左（右）半槽等操作【Remove Left Half/ Remove Right Half】；如图 2-115。

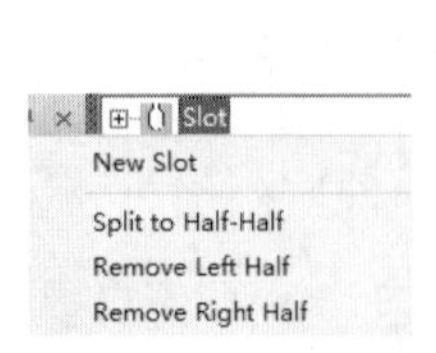

图 2-113　编辑槽菜单

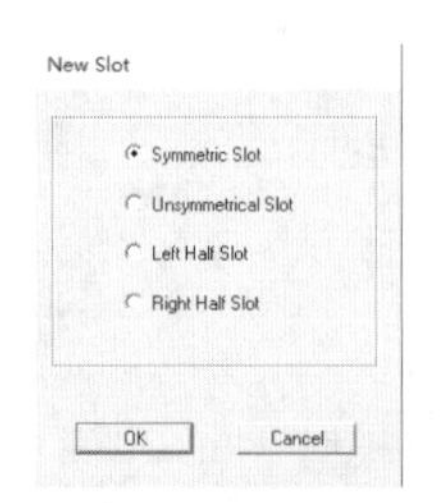

图 2-114　新建槽种类

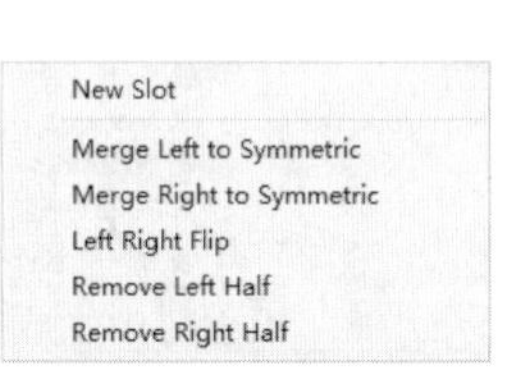

图 2-115　槽编辑

在工程管理栏设置好定转子槽数、铁芯内外径、材料等属性。按照表 2-1 和图 2-116 绘制自定义槽形。

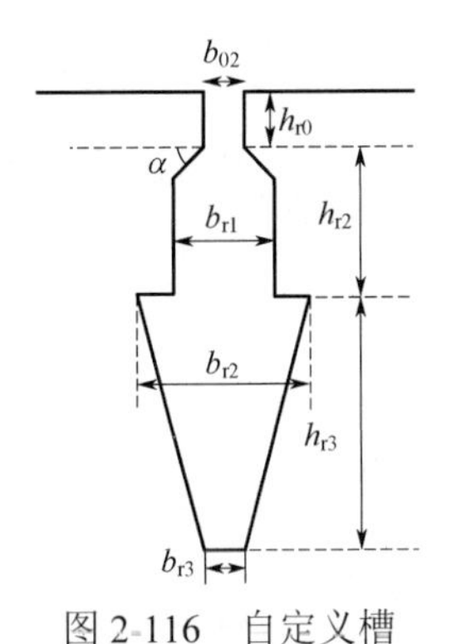

图 2-116　自定义槽

表 2-1　自定义槽形尺寸

b_{02}/mm	1.5	h_{r0}/mm	0.8
b_{r1}/mm	3.4	h_{r2}/mm	20
b_{r2}/mm	7.4	h_{r3}/mm	15.2
b_{r3}/mm	2	α	30°

在历史树栏，右键单击【Segment1】，打开菜单，选择修改槽线段【Modify Segment】，打开对话框，如图 2-117，选择图 2-118 所示部件，设置槽口宽度【End width】1.5mm（b_{02}）。

右键单击【Segment1】，打开菜单，选择【Append Segment】，打开对话框，如图 2-119，选择图示部件，设置槽口高度【Height】0.8mm，选择平行槽【Parallel slot】，添加 Segment2。

按照上述方法，右键【Segment2】，打开菜单，选择【Append Segment】，打开对话框，如图 2-120，选择图示部件，设置槽楔高度【Height】0.54848mm，设置【End width】为 3.4mm（b_{r1}），添加 Segment3。

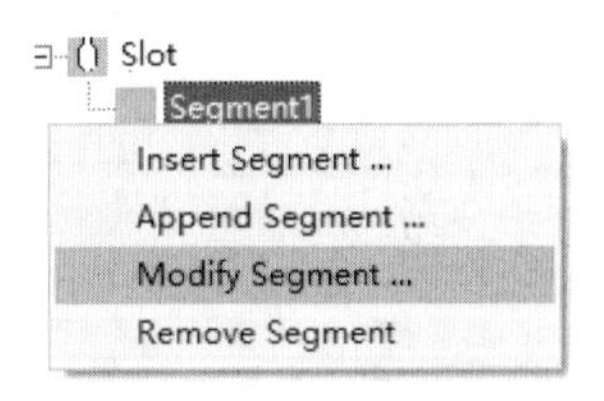

图 2-117　修改自定义槽线段

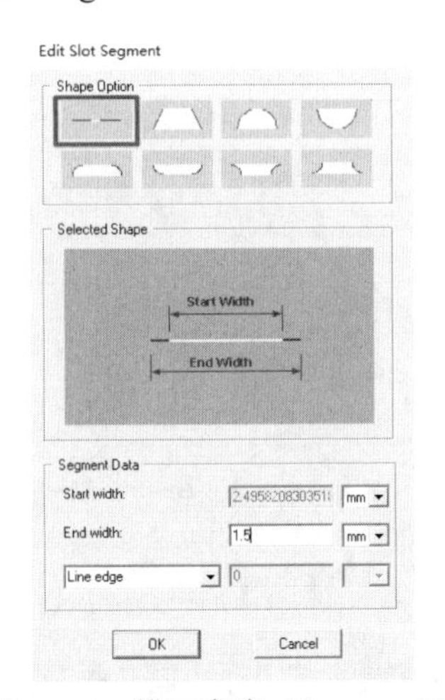

图 2-118　槽口宽度（Segment1）

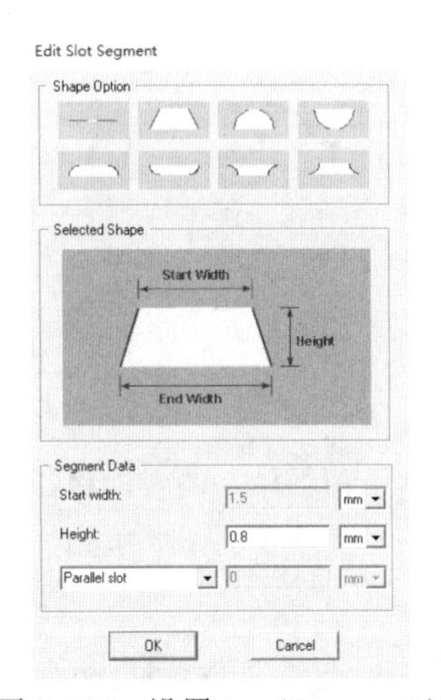

图 2-119　设置 h_{r0}（Segment2）

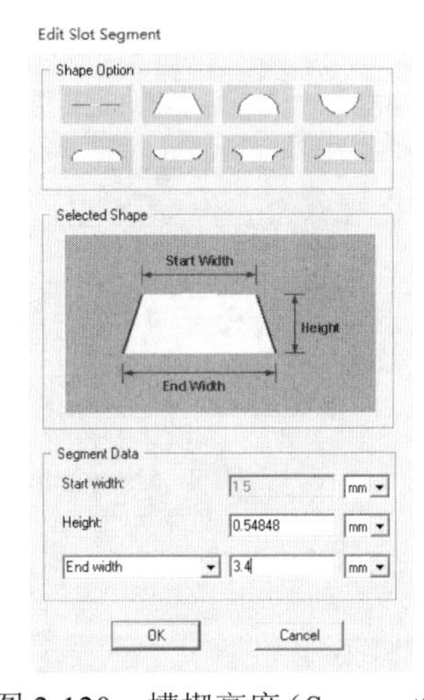

图 2-120　槽楔高度（Segment3）

右键单击【Segment3】，打开菜单，选择【Append Segment】，选择图 2-121 所示部件，设置槽高【Height】19.45152mm，设置平行槽【Parallel slot】，添加 Segment4。

右键单击【Segment4】，打开菜单，选择【Append Segment】，选择图 2-122 所示部件，设置槽宽【End width】7.4mm（b_{r2}），并选择【Line edge】，添加 Segment5。

右键单击【Segment5】，打开菜单，选择【Append Segment】，选择图 2-123 所示部件，设置槽高【Height】15.2mm（h_{r3}），选择【End width】并设置为 2mm（b_{r3}），添加 Segment6。

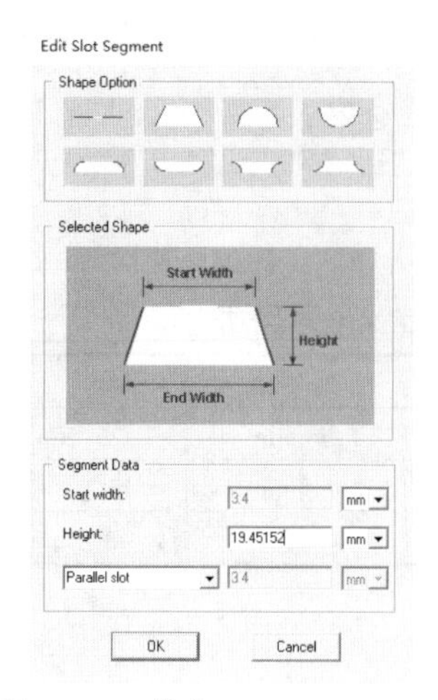

图 2-121 槽高 h_{r2}（Segment4）

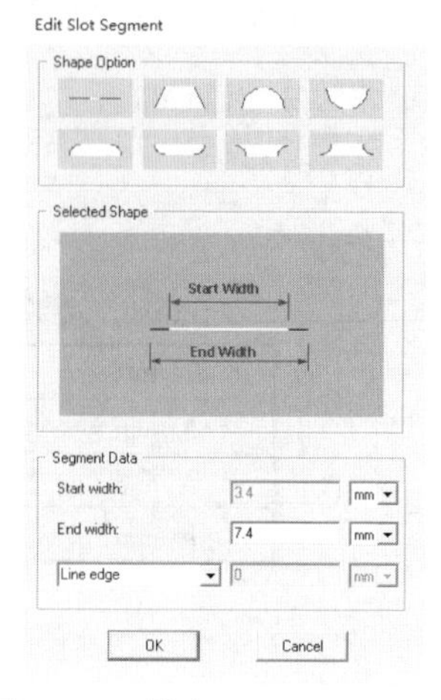

图 2-122 槽宽 b_{r2}（Segment5）

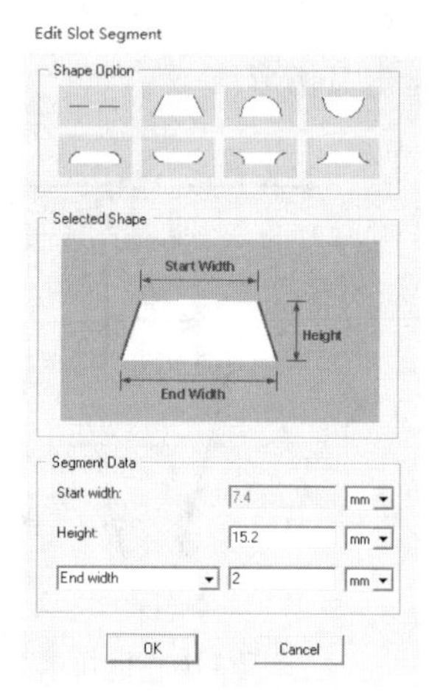

图 2-123 槽底 b_{r3}（Segment6）

右键单击【Segment4】，打开菜单，选择【Append Segment】，选择图 2-124 所示部件，设置槽宽【End width】0mm，并选择【Line edge】，将线段闭合，添加 Segment7。绘制的自定义对称槽如图 2-125。

对生成的对称槽执行【Remove Left Half】操作得到如图 2-126 所示的半槽。

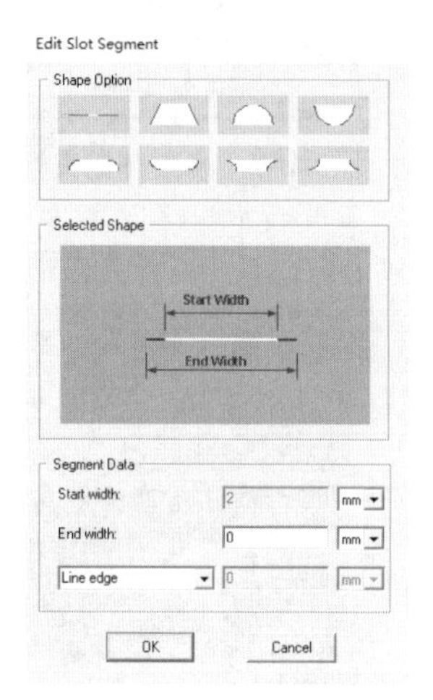

图 2-124 槽底（Segment7）

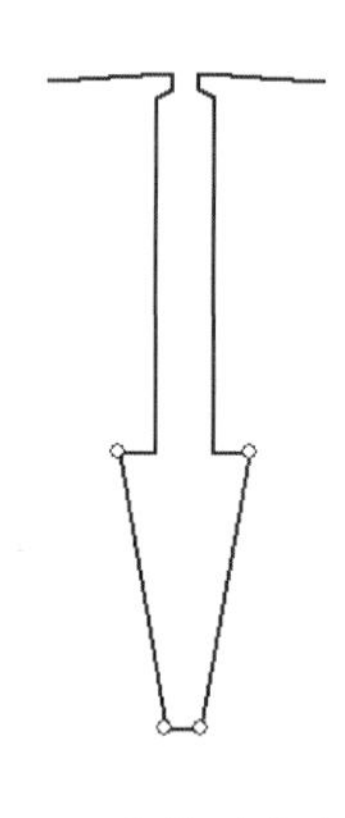

图 2-125 完整对称自定义槽

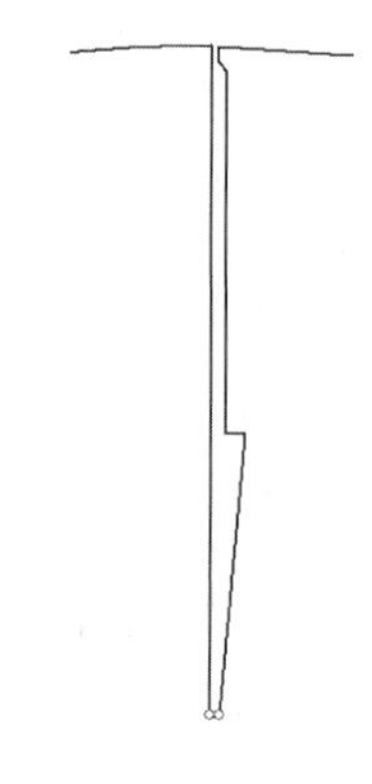

图 2-126 半槽

本章小结

本章主要对 ANSYS Maxwell 几何建模方法进行讲解。首先介绍了相对坐标系、表面坐标系、实体坐标系的建立步骤。然后介绍了点、线、面等基本模型的绘制方法，并以三叶曲线为例对参数方程曲线的绘制进行了讲解。布尔运算、拉伸、扫描、位置变换、镜像复制等操作方法也在 2.3 节给出了详细介绍。为了快速建模，本章的最后也重点讲解了 UDP 用户自定义建模方法、参数化建模、几何模型导入三种建模方法。

第3章 ANSYS Maxwell 2D/3D通用前处理流程

扫码观看本章视频

3.1 建立模型

首先根据前面章节绘制出电机模型，如图 3-1 所示，电机中采用圆或者圆弧绘制的部分需要设置 Number of Segments，数量为正整数。电机模型的各个部件之间不能相互交叉。

右键单击 Design 名称，打开右键菜单，选择【Design Setting…】，打开对话框，选择【Model Settings】选项卡，设置模型的轴向长度，如图 3-2 所示，还可以选择是否斜槽。【Symmetry Multiplier】选项卡设置模型的对称因子，电机为完整模型时，对称因子为 1，当电机为 1/*n* 模型时，对称因子为 *n*，以便正确地考虑模型中未被绘制出的其他部分。这种对称因子将自动应用于所有输入量，包括输入电压、电感、电阻、负载扭矩、质量、阻尼、外部电路以及感应电压、每个绕组中的磁链、绞合损耗、固体损耗、铁芯损耗、扭矩和力的所有输出量。若没有设置该项数值，计算出的上述物理量的值仅为完整模型计算出的 1/*n*。

对于 3D 模型，不需要设置模型的轴向长度。

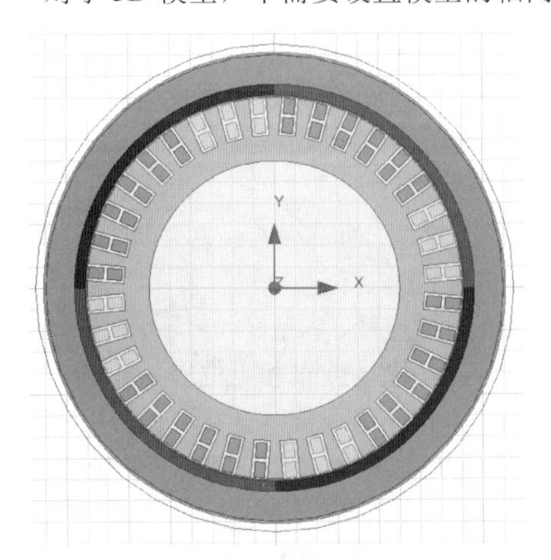

图 3-1　电机模型

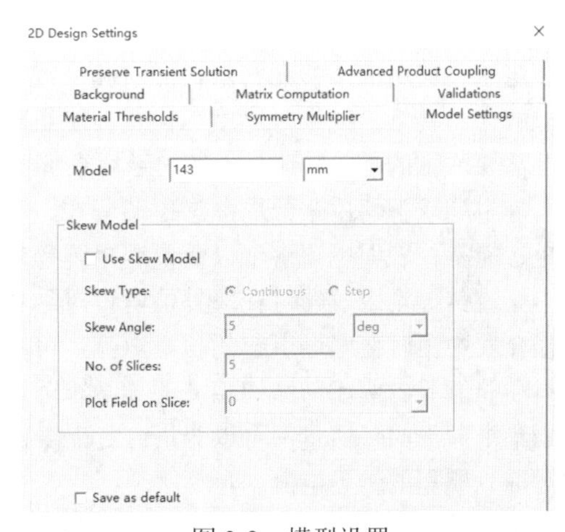

图 3-2　模型设置

3.2 设定求解类型

单击【Maxwell 2D】→【Solution Type】或者【Maxwell 3D】→【Solution Type】选择求解场的类型。

求解类型主要由电场和磁场两部分构成，其中二维磁场求解包括静磁场【Magnetostatic】、涡流场【Eddy Current】以及瞬态场【Transient】，二维电场求解包括静电场【Electrostatic】、交流传导【AC Conduction】以及直流传导【DC Conduction】，如图 3-3 所示。对于二维场，还需要选择模型的坐标系，对于一般的旋转电机，使用笛卡儿（直角）坐标系【Cartesian, XY】即可，对于圆筒型直线电机采用二维场计算时则需要采用圆柱坐标系【Cylindrical about Z】。

二维磁场求解包括静磁场【Magnetostatic】、涡流场【Eddy Current】以及瞬态场【Transient】，三维电场求解包括静电场【Electrostatic】、直流传导【DC Conduction】以及瞬态电场【Electric Transient】，如图 3-4 所示。

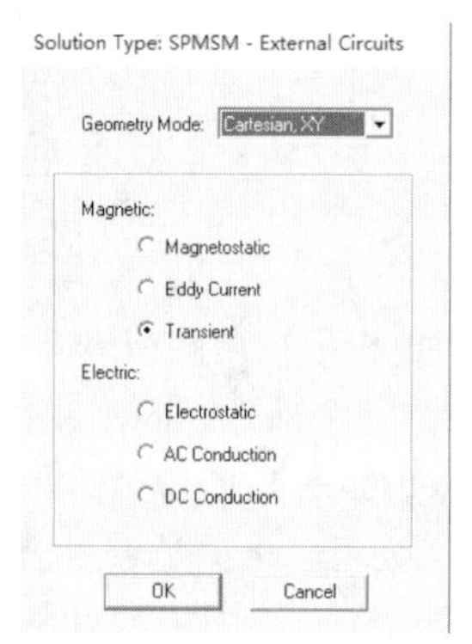

图 3-3　二维场求解类型

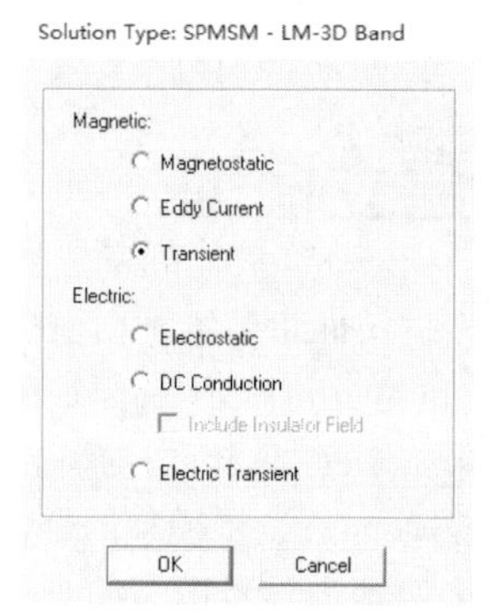

图 3-4　三维场求解类型

静磁场求解器用来求解二维或三维静磁场，静磁场的源可以是导体中的直流电流、用边界条件表示的静态外磁场或永磁体。

涡流场求解器用来计算二维或三维频域中的电磁场。电磁场的源可以是导线中的交流电流、用边界条件表示的时谐外磁场。可以用来求解力、转矩、能量、损耗以及阻抗等。

瞬态磁场求解器用来计算二维或三维时域磁场。磁场的源可以是移动或不移动的时变电流和电压、移动或不移动的永久磁铁和（或）线圈、移动或非移动的外部耦合电路。可以用来求解力、转矩、能量、速度、位置、绕组磁链、绕组感应电势等物理量。

需要注意的是，Maxwell 中的磁场求解器不考虑电容效应。

静电场求解器用来计算静态电荷分布、外加电位的二维或三维静电场，可用来求解如力、转矩、能量、表面电荷密度以及电容矩阵等量。

交流传导场求解器可计算外加电位时导体中的稳态二维电场。交流传导场可分析导体和有损介质中由时变电场引起的传导电流；可分析电流分布、电场分布和电位差、导纳、损耗材料和储能等。例如与结构相关的导纳矩阵可以使用交流传导场求解器计算，此外，从基本电磁量中导出的任何量都可以分析；交流传导场求解器还可以计算笛卡儿（*XY*）和轴对称（*Z* 轴对称）模型的传导电流。

交流传导场中假设所有的源都是频率相同的正弦波，但可以为不同的源指定不同的相位角。

直流传导电场求解器可计算电流源激励或者外加电位时导体中的稳态二维或三维电场，其求解的量是电势；根据电势可自动计算电场（E-field）和电流密度（J-field），可导出电阻矩阵。作为一个附加选项，完全绝缘体，即导体周围的非导电区域，也可以添加到模拟域中，同时计算包括绝缘体在内的所有电场。

三维瞬态电场求解器计算由以下因素激励时的时变电场：时变外加电位、总电荷和体积电荷密度、时变电流激励，瞬态电场求解的量为电势；由电势可自动计算电场（E-field）、电流密度（J-field）和电通量密度（D-field）；可推出电能、欧姆损耗、表面电荷密度和最大电场等参数。

3.3 常见材料设置

3.3.1 材料库简介

材料库主要有两类：一类是系统自带的材料库以及 RMxprt 电机设计材料库，里面包含常规电机设计需要使用的材料；另一类是用户自定义材料库，用户可以自定义材料并导出为用户材料库，实现材料库共享，用户材料库可自行命名，在使用自定义材料库前，需要将其导入。

Maxwell 自带的材料库文件存储在 syslib 目录下，不要擅自修改系统材料，它们可用于任何项目中对象材料属性的设置。

除了系统材料库之外，Maxwell 还有两种用户可配置的材料库：用户库（userLib）和个人库（PersonalLib），用于添加公司（或个人）定义的物料。

执行【Tools】→【Edit Libraries】→【Materials】，打开如图 3-5 所示的材料库，可在材料库中查看已有材料的属性、添加新材料、复制材料并编辑材料、移除材料等。

【View/Edit Materials】按钮是查看或编辑已有材料按钮，单击该按钮可以查看已存在材料的属性并且可以对其进行编辑操作，如图 3-6 所示。不建议对系统材料库中的已有材料直接进行编辑修改，可先复制，再编辑，实现新材料的添加。

【Add Material】按钮是添加新材料按钮，单击该按钮可以向材料库中添加新材料。

【Clone Material(s)】按钮是复制材料库中已有材料按钮，可将已存在的材料作为蓝本，通过复制生成新材料，并对新材料的局部属性进行修改，该操作可节省定义相似材料所花费的时间。

【Remove Material(s)】按钮是将选中的材料从材料库中删除。

【Expert to Library】按钮是将选中的材料导入到用户个人材料库中，方便用户管理其常用材料库。

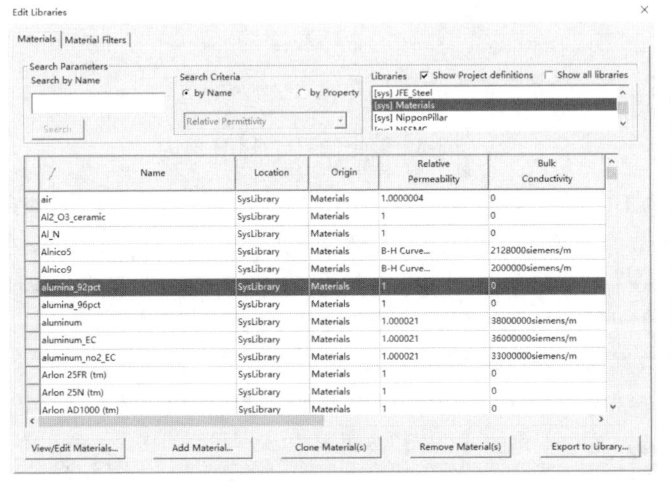

图 3-5　材料库

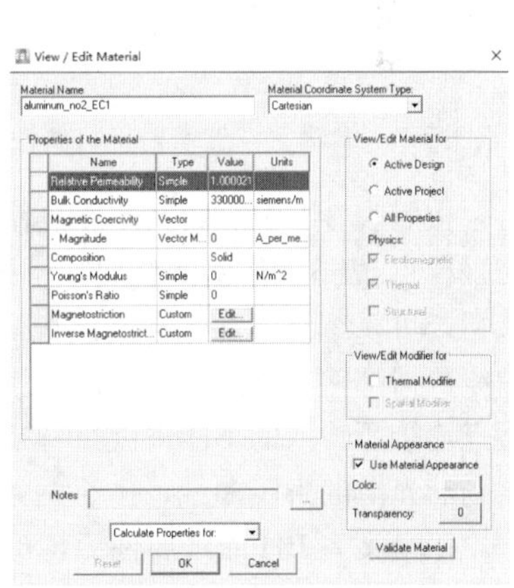

图 3-6　编辑材料

3.3.2 铁磁材料的添加

新建工程文件，执行【Tools】→【Edit Libraries】→【Materials】打开【Edit Libraries】对话框，或者在模型树栏，右击【Materials】选择【Properties】，打开【Select Definition】对

话框，单击【Add Material】按钮，此时会弹出新材料定义窗口，如图 3-7 所示。

在新材料定义窗口中，最上端是新材料名称【Material Name】，可以任意设定，如 DW001。右侧是材料属性坐标系【Material Coordinate System Type:】，与绘制图形时的坐标系类似，也有直角坐标系（Cartesian）、柱坐标系（Cylindrical）和球坐标系（Spherical）。由于需要定义的各向异性材料是 X 和 Y 方向的，所以可以选取直角坐标系（Cartesian）。

在材料属性栏【Properties of the Material】中，第一栏 Relative Permeability 是相对磁导率，默认是 Simple，即各向同性且导磁性能为线性，默认其数值为 1，单击 Simple 字符，会弹出下拉菜单，共有 3 项：第一项为 Simple，即各向同性；第二项为 Anisotropic，即各向异性，选择该项后，会在 Relative Permeability 项下出现 T(1，1)、T(2，2)和 T(3，3)，这 3 个参数描述的是材料的 3 个轴向，因为在材料的坐标系中已经选择了直角坐标系，故这 3 个参数描述的是 X、Y 和 Z 方向的导磁性能；第三项为 Nonlinear 非线性选项，选择该选项后即可设置材料导磁性能的非线性，即常用的 BH 曲线。

单击 Relative Permeability 项后的【BH Curve…】按钮，会弹出如图 3-8 所示的【BH Curve】对话框，可以输入或者导入 BH 曲线数据。图中左侧区域可以逐点输入材料的 H 值和 B 值，默认其单位分别为 A/m 和 T，通过修改窗口右下侧的 H 和 B 的单位属性可以更改这两个数值的默认单位。

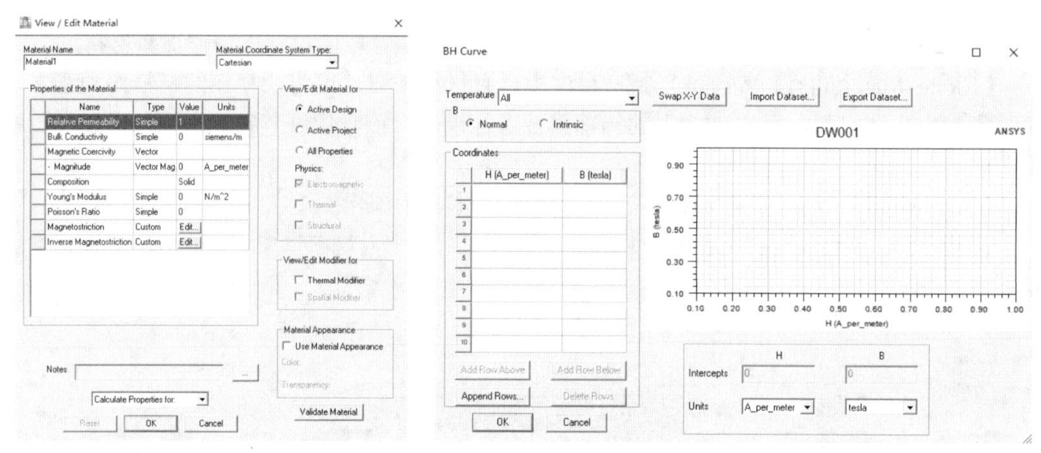

图 3-7　编辑新添加铁磁材料属性　　　　图 3-8　编辑铁磁材料 BH 曲线

按照表 3-1 中的数据，逐点输入 BH 曲线数据栏中。在 BH 曲线输入栏中，默认只有 10 个采样点。表 3-1 中的数据要多于该数值，在输入完成 10 个采样点数据后单击【Append Rows】按钮，可以继续添加采样点，直至采样点个数等于表 3-1 中数据点的个数为止。在整个 BH 曲线数据都输入完后，会自动在图 3-9 所示界面的右侧形成两条 BH 曲线，其中一条是通过逐点连接所输入的 BH 曲线采样点数据形成的原始 BH 曲线，另外一条是根据原始曲线拟合得到的光滑的 BH 曲线，由于两条曲线几乎重合，所以在图中需要通过局部放大才能分辨出来。在定义完 BH 曲线属性后，单击界面左下角的【OK】按钮退出。

表 3-1　BH 曲线数据

H	B	H	B	H	B	H	B
0	0	88	0.6	283	1.15	8200	1.7
28	0.1	93	0.65	330	1.2	10500	1.75
36	0.15	105	0.7	390	1.25	13000	1.8

续表

H	B	H	B	H	B	H	B
43	0.2	115	0.75	490	1.3	16700	1.85
48	0.25	126	0.8	620	1.35	21000	1.9
53	0.3	139	0.85	840	1.4	26000	1.95
57	0.35	153	0.9	1260	1.45	36000	2.0
62	0.4	168	0.95	2060	1.5	62000	2.05
67	0.45	189	1	3400	1.55	102000	2.1
74	0.5	213	1.05	5000	1.6	142000	2.15
81	0.55	246	1.1	6400	1.65	182000	2.2

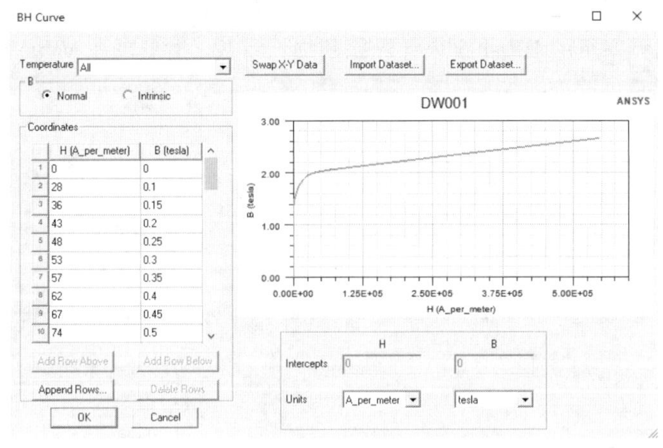

图 3-9　输入 BH 曲线数据

此外，点击对话框右上方的【Import Dataset...】按钮可将按指定格式编写的数据批量导入到 BH 曲线定义栏中。其右侧的【Export Dataset...】按钮可将已经输入 BH 曲线的数据导出到指定目录内，以备日后再次定义该材料时使用，如图 3-9 所示。

在相对磁导率栏后的是电导率（Bulk Conductivity）栏，默认的电导率单位是 S/m，对于新加入的材料该项数值为 2000000。Magnetic Coercivity 项和 Magnitude 项是矫顽力，用来描述永磁材料，在此不对其编辑。

通过设置铁芯损耗模型（Core Loss Model）可以在仿真模型中自动计算采用该材料的铁芯损耗，如图 3-10 所示。在正弦磁通条件下，铁芯损耗的频域计算方法如下：

$$P_{\mathrm{v}} = P_{\mathrm{h}} + P_{\mathrm{c}} + P_{\mathrm{e}} = K_{\mathrm{h}} f B_{\mathrm{m}}^{2} + K_{\mathrm{c}} f B_{\mathrm{m}}^{2} + K_{\mathrm{e}} f B_{\mathrm{m}}^{1.5}$$

当磁通密度中存在直流分量时，铁芯损耗修正为

$$P_{\mathrm{v}} = P_{\mathrm{h}} + P_{\mathrm{c}} + P_{\mathrm{e}} = C_{\mathrm{dc}} K_{\mathrm{h}} f B_{\mathrm{m}}^{2} + K_{\mathrm{c}} f B_{\mathrm{m}}^{2} + K_{\mathrm{e}} f B_{\mathrm{m}}^{1.5}$$

$$C_{\mathrm{dc}} = \sqrt{\frac{K_{\mathrm{dc}} \left| B_{\mathrm{dc}} \right|}{B_{\mathrm{m}}} + 1}$$

式中，B_{m} 是交流磁通分量的振幅；f 是频率；B_{dc} 是直流磁通分量。

如图 3-10 所示，在 Core Loss Model 栏，选择 none 表示不考虑铁芯损耗；选择 Electrical Steel，设置电工钢的铁芯损耗系数 Kh（磁滞系数）、Kc（涡流损耗系数）、Ke（附加损耗系数）、Kdc［考虑直流偏磁效应的系数（涡流场中不存在该项），其默认值为 0.65，当输入值为 0

时，其值被自动设置为0.65]；选择Power Ferrite，设置相应的铁芯损耗系数Cm、X、Y、Kdc。

Core Loss Model		Electrical Steel	w/m^3
- Kh	Simple	0	
- Kc	Simple	0	
- Ke	Simple	0	
- Kdc	Simple	0	
- Equiv. Cut Depth	Simple	0.001	meter

图 3-10　铁芯损耗系数设置

在 Maxwell 材料库中，对于常见的电工钢或功率铁氧体材料，其电工钢铁芯损耗系数Kh、Kc、Ke和Kdc及功率铁氧体损耗系数Cm、X、Y和Kdc均已提供。对于未提供的材料，可以根据厂家所提供的铁芯损耗进行计算得到。

打开【Calculate Properties for】下拉菜单，选择【Core Loss versus Frequency】，打开对话框，通过添加不同频率下的BP曲线来计算铁芯损耗系数，也可以在Value栏填写系数值，如图3-11所示。

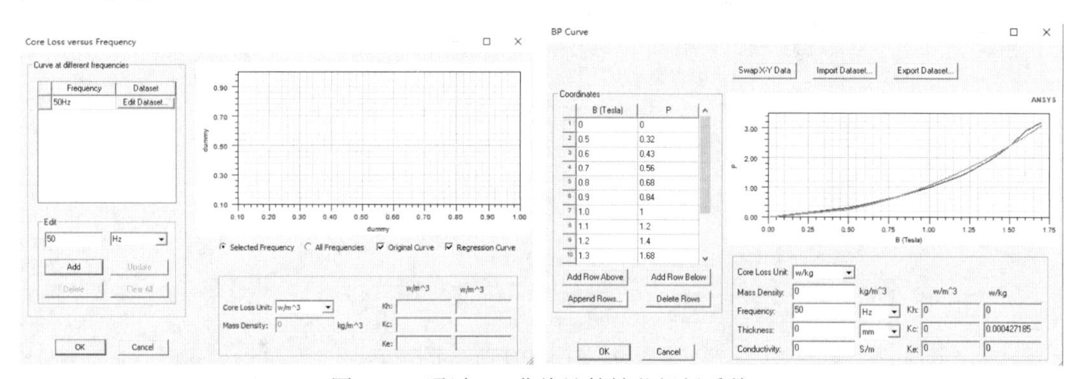

图 3-11　通过BP曲线计算铁芯损耗系数

在Mass Density栏设置该材料的密度值，单位为kg/m^3。

Composition 栏设置叠压方式：可以选非叠压（Solid）或者叠压（Lamination）。选择叠压（Lamination）时需要设置叠压系数以及叠压方向。

3.3.3　永磁材料的属性设置

新建永磁体材料时，首先需要得知永磁体的具体参数，一般这些参数可以由永磁体厂家处得知。除此之外，由于现在永磁体电机多采用钕铁硼永磁体，在正常工作温度下其退磁曲线在第二象限为线性，通过厂家告知永磁体在常温下的剩磁（Br）和矫顽力（Hc），并根据永磁体温度系数求得永磁体在不同工作温度下的剩磁（Br）和矫顽力（Hc），将两个值输入材料中就可以满足实际工程仿真需求。但对于一些退磁仿真、高温应用工况，我们还需要将永磁体的BH曲线输入材料属性中。如图3-12所示为厂家提供的某N38UH钕铁硼永磁体BH退磁曲线、内禀退磁曲线以及不同温度下的具体参数值。

根据磁钢充磁方式的不同，永磁体充磁主要分为平行充磁和径向充磁，这里首先介绍平行*X*轴方向充磁：新建工程文件，执行【Tools】→【Edit Libraries】→【Materials】打开【Edit Libraries】对话框，或者在模型树栏，右击材料选择【Properties】，打开【Select Definition】对话框，单击【Add Material】按钮，此时会弹出新材料定义窗口，如图3-13所示。

在新材料定义窗口中，最上端是新材料名称【Material Name】，可以任意设定，如N38UH_20C。右侧是材料属性坐标系【Material Coordinate System Type:】，与绘制图形时的坐标系类似，也有直角坐标系（Cartesian）、柱坐标系（Cylindrical）和球坐标系（Spherical）。由于需要定义的永磁体充磁方向为平行 X 轴方向，所以这里选取直角坐标系（Cartesian）。

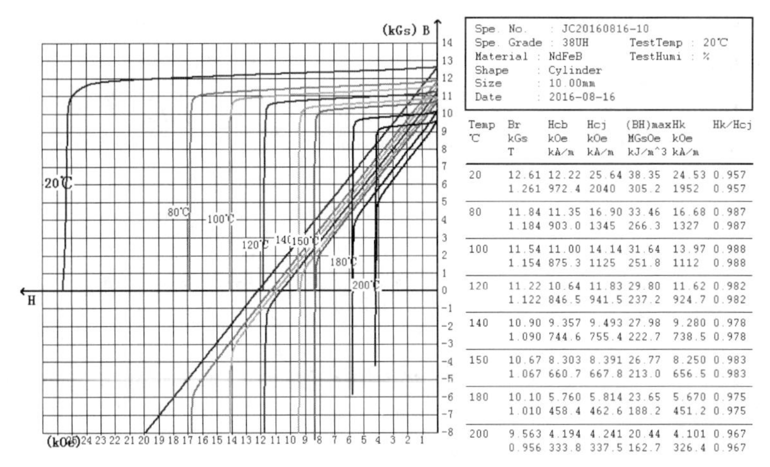

Spe. No. : JC20160816-10
Spe. Grade : 38UH　　TestTemp : 20℃
Material : NdFeB　　TestHumi : %
Shape : Cylinder
Size : 10.00mm
Date : 2016-08-16

Temp ℃	Br kGs T	Hcb kOe kA/m	Hcj kOe kA/m	(BH)max MGsOe kJ/m^3	Hk kOe kA/m	Hk/Hcj
20	12.61	12.22	25.64	38.35	24.53	0.957
	1.261	972.4	2040	305.2	1952	0.957
80	11.84	11.35	16.90	33.46	16.68	0.987
	1.184	903.0	1345	266.3	1327	0.987
100	11.54	11.00	14.14	31.64	13.97	0.988
	1.154	875.3	1125	251.8	1112	0.988
120	11.22	10.64	11.83	29.80	11.62	0.982
	1.122	846.5	941.5	237.2	924.7	0.982
140	10.90	9.357	9.493	27.98	9.280	0.978
	1.090	744.6	755.4	222.7	738.5	0.978
150	10.67	8.303	8.391	26.77	8.250	0.983
	1.067	660.7	667.8	213.0	656.5	0.983
180	10.10	5.760	5.814	23.65	5.670	0.975
	1.010	458.4	462.6	188.2	451.2	0.975
200	9.563	4.194	4.241	20.44	4.101	0.967
	0.956	333.8	337.5	162.7	326.4	0.967

图 3-12　某厂家提供的 N38UH 不同温度下的退磁曲线和主要性能参数

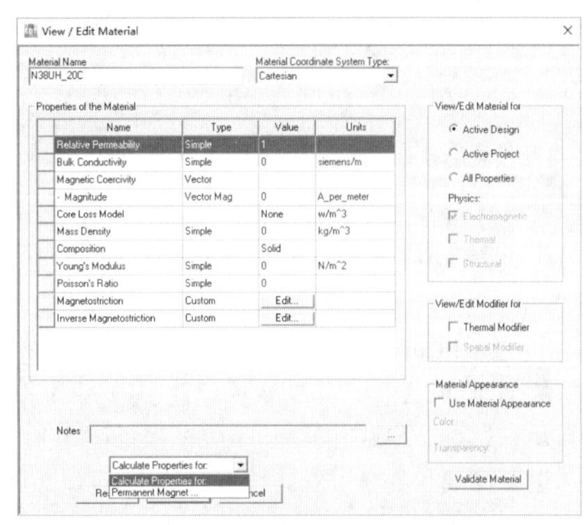

图 3-13　编辑新添加永磁体材料属性

同样地，在材料属性栏【Properties of the Material】中，第一栏 Relative Permeability 是相对磁导率，默认是 Simple，即各向同性且导磁性能为线性，默认其数值为 1，单击 Simple 字符，会弹出下拉菜单，共有 3 项：第一项为 Simple，即各向同性；第二项为 Anisotropic，即各向异性，选择该项后，会在 Relative Permeability 项下出现 T(1，1)、T(2，2)和 T(3，3)，这 3 个参数描述的是材料的 3 个轴向，因为在材料的坐标系中已经选择了直角坐标系，故这 3 个参数描述的是 X、Y 和 Z 方向的导磁性能；第三项为 Nonlinear 非线性选项，选择该选项后即可设置材料导磁性能的非线性，即常用的 BH 曲线。永磁体正常工作时其 BH 退磁曲线一般呈线性，因此这里选择 Simple。

随后点击窗口最下方【Calculate Properties for:】选项，选择【Permanent Magnet:】，弹出永磁体性能参数设置窗口，如图 3-14 所示。这里可以通过输入永磁体的相对磁导率 M_u、矫顽力和剩磁来设定永磁体的磁化性能（注意因为 Br=μHc，因此此处只能勾选其中两项）。从图 3-12 处查得，此 N38UH 永磁体在 20℃下的矫顽力 Hc=−972.1kA/m，剩磁 Br=1.261T，因此此处勾选矫顽力 Hc 和剩磁 Br 选项，分别填写对应数值，点击【OK】，返回上一级材料设置窗口，如图 3-14 所示，可以在【Relative Permeability】和【Magnitude】属性栏中看到对应的相对磁导率和矫顽力值（剩磁可以由两值计算得知）。而此处永磁体充磁方向为平行 X 轴方向，因此在【Magnitude Coercivity】选项下的【X Component】设定值=1，即认为在永磁体材料对应的直角坐标系下，充磁方向为坐标系的 X 轴正方向（同样地，-1 代表负方向）。在相对磁导率栏后的是电导率（Bulk Conductivity）栏，默认的电导率单位是 S/m，当需要计算永磁体涡流损耗时，需要填入对应温度下的永磁体电导率，如图 3-15 所示。

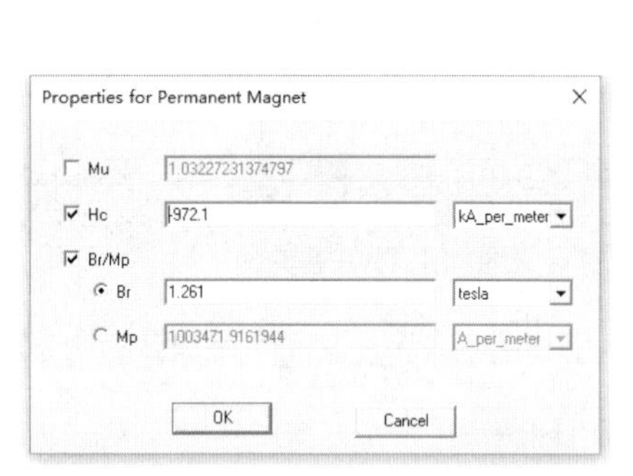

图 3-14　永磁体线性性能参数设置选项

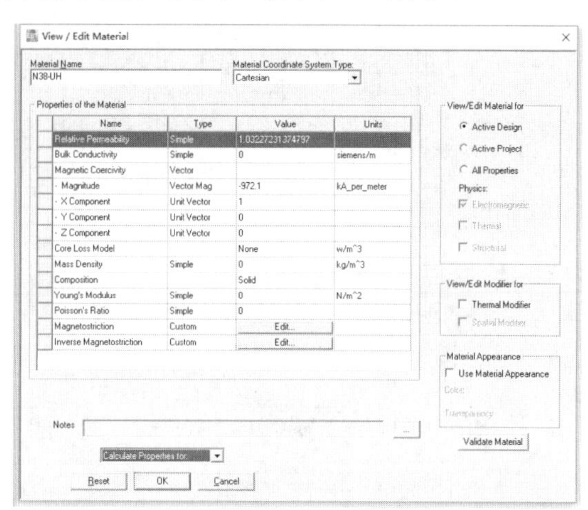

图 3-15　永磁体性能参数和充磁方向设定

如上文所示，当需要考虑永磁体的非线性问题时，如退磁仿真或者高温工况仿真时，线性充磁不再满足仿真计算需求，此时需要输入永磁体的非线性 BH 退磁曲线。与铁磁材料相同，单击 Relative Permeability 项后的 Type 选择【Nonlinear】，然后再点击【BH Curve…】按钮，会弹出如图 3-16 所示的【BH Curve】对话框，可以输入或者导入 BH 曲线数据。图中左侧区域可以逐点输入材料的 H 值和 B 值，其默认单位分别为 A/m 和 T，通过修改窗口右下侧 H 和 B 的单位属性可以更改这两个数值的默认单位。根据图 3-12 的退磁曲线，输入对应温度下 BH 数值。此外，退磁曲线和内禀退磁曲线在软件中可以相互转换，当 BH 曲线输入完成后，点击窗口中【Intrinsic】选项即可。至此，永磁体材料的性能参数定义完成。

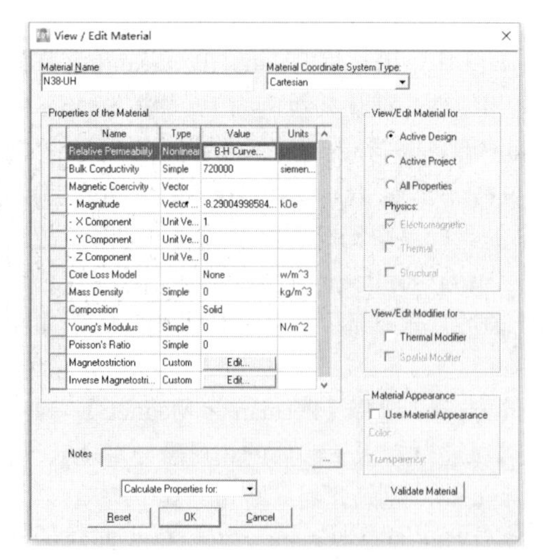

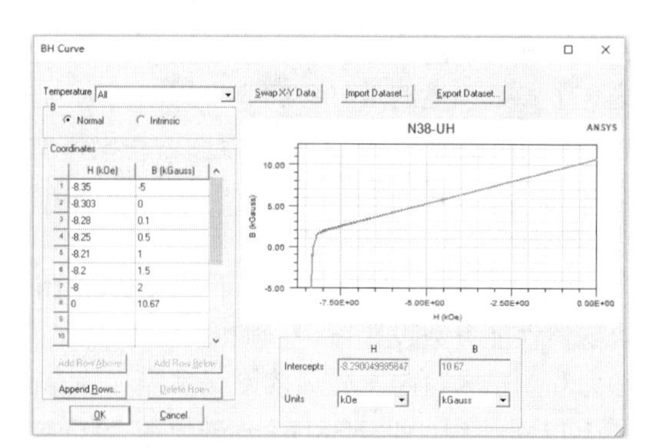

图 3-16　永磁体非线性性能参数设定

但与铁磁材料不同，永磁体材料性能参数设定完成后，还需要对永磁体充磁方向对应的坐标系进行设定。以图 3-17 所示的内置式永磁电机转子为例，当将转子中永磁体设定为新定义的永磁体材料 N38UH-20C 时，选中永磁体，在【Properties】栏【Orientation】中可以看到永磁体所对应的坐标系默认为 Global（全局）坐标系，如图 3-18 所示。这明显是不对的，因为实际生产中方形永磁体一般为垂直某一边平行充磁，而前文设定永磁体属性为平行 X 轴方向充磁，那么在仿真过程中永磁体充磁方向永久为全局坐标下的 X 轴正方向，这与实际是不符的。

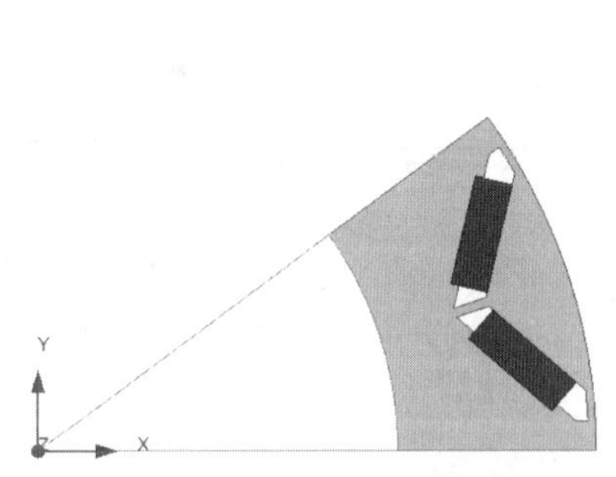

图 3-17　内置式永磁电机转子

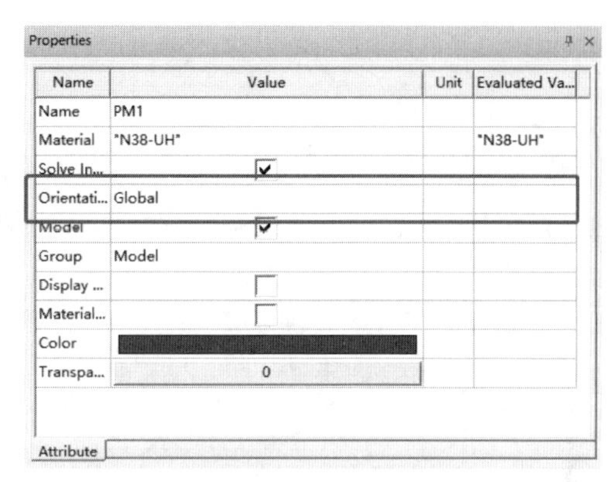

图 3-18　永磁体属性

而且随着转子的运动，Global 坐标系也会随之转动，即以永磁体为参考物，随着转子转动，其充磁方向一直在变化。因此此处需要对永磁体的坐标系进行重新定义。

一般通过建立局部相对坐标系来规定永磁体的充磁方向，这里建立 FaceCs 局部相对坐标系。首先在模型窗口点击右键，将【Selection Mode】在下拉选项中改为选择面【Faces】，如图 3-19 所示。然后返回模型绘制窗口，选中永磁体面后，在电机绘制菜单栏中 Draw 选项卡选中 Face CS 选项，如图 3-20 所示。此时在绘制窗口中选择永磁体面上任意两个点即可定义局部坐标系 Face CS，如图 3-21 所示，也可以在模型树的 Coordinate systems 中找到新建的坐标系 FaceCS1。局部坐标系建立完成后，将【Selection Mode】下拉选项重新改为【Objects】，选中要设定的永磁体，并在 Properties 属性栏【Orientation】中将永磁体坐标系设置为新建立的局部坐标系 FaceCS1，如图 3-22 所示。这样永磁体的属性设置和充磁方向设置就完成了，

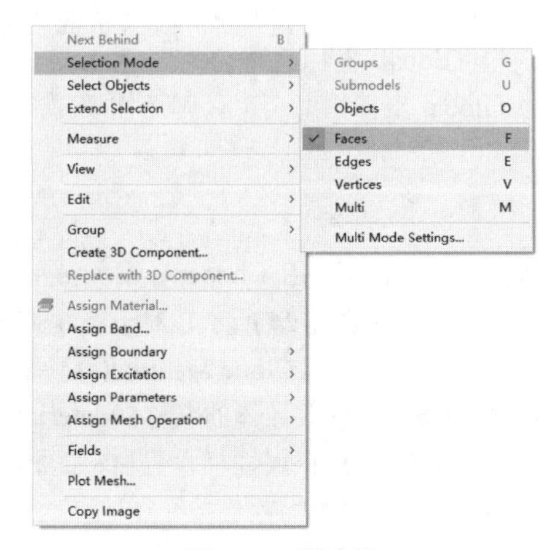

图 3-19　面选择

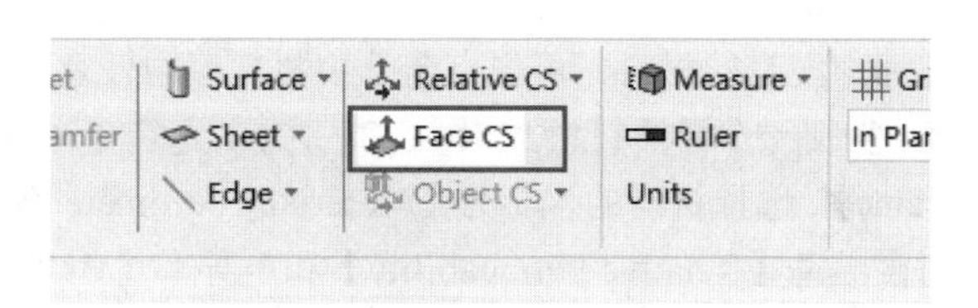

图 3-20　建立 Face CS 局部坐标系

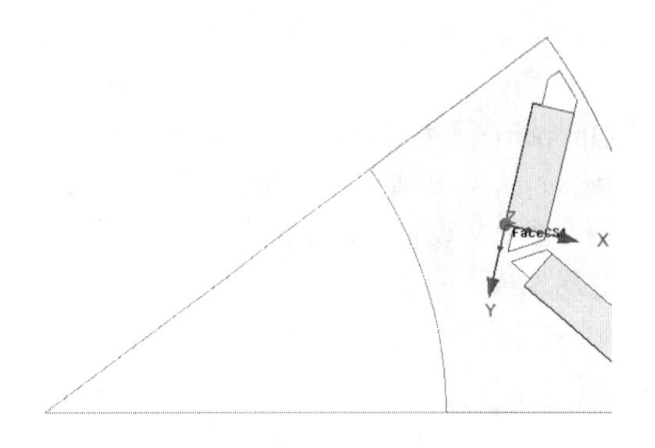

图 3-21　永磁体对应的 Face CS 相对坐标系

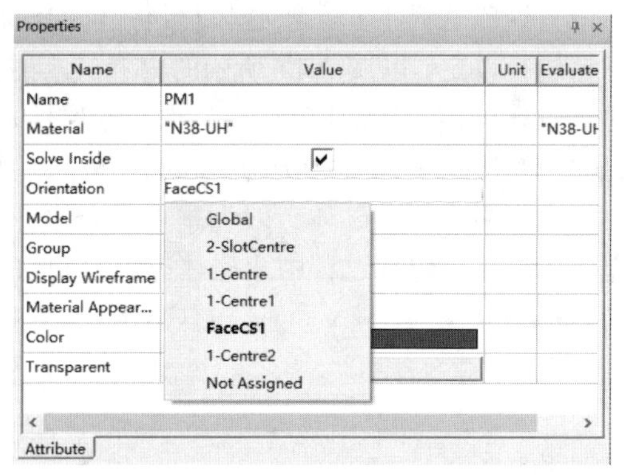

图 3-22　更改永磁体坐标系

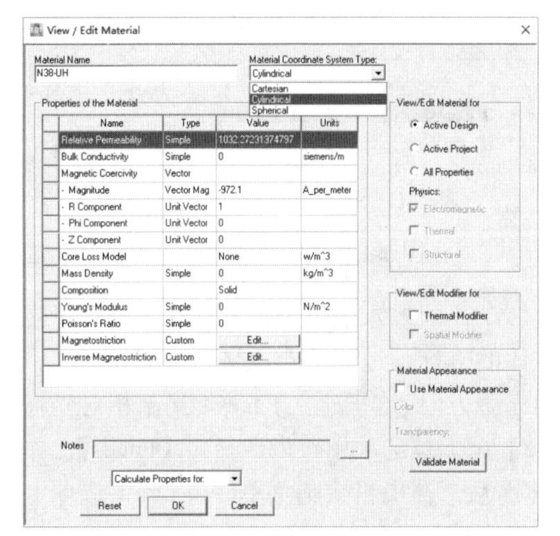

图 3-23　定义径向充磁永磁体材料

此时图 3-21 所示的转子中永磁体充磁方向即为局部坐标系的 X 轴方向，符合实际工程应用，而且随着转子的转动，永磁体面也随之转动，因此新建立的局部坐标系也随转子转动，即永磁体的充磁方向一直垂直于某一边，不会随着运动而发生改变。

除了平行充磁以外，永磁体的充磁方式还包括径向充磁，如环形永磁体等。与平行充磁相同，在【Materials】菜单页面，单击【Add Material】按钮新建新永磁体材料，弹出属性定义窗口，由于需要定义的永磁体充磁方向为平行于径向方向，所以这里材料坐标系类型选取圆柱坐标系（Cylinder），并将属性菜单中【R Component】设定值=1，即认为在永磁体材料对应的圆柱坐标系下，充磁方向为坐标系的径向正方向（同样地，Phi Component 代表切向方向，Z Component 代表垂直法面方向），如图 3-23 所示。其他的永磁体属性设置与平行充磁相同。

同样地，还需要对模型中永磁体对应的坐标系进行定义，因为这里永磁体为径向充磁，当永磁体对应的充磁中心（如圆环式永磁体的圆心）与 Global 坐标系重合时，在永磁体 Properties 属性栏【Orientation】中直接使用默认坐标系 Global 坐标系即可，否则还需要重新定义局部坐标系。

3.3.4　导体材料的属性设置

一般常用的导体材料为铜或者铝，在系统材料库中可以直接选择 Copper（铜）或者 Aluminum（铝）。导体的材料属性主要为相对磁导率和电导率，如图 3-24 所示。对于系统材料库中没有的材料，可先点击选中材料库中任意一个导体材料，单击【Clone Material(s)】按钮，复制一个导体材料，如图 3-25 所示，克隆导体材料属性并修改。修改导体的名称【Material Name】，选择材料的坐标系【Material Coordinate System Type：】，在材料属性栏设置材料的相对磁导率【Relative Permeability】和电导率【Bulk Conductivity】等物理量。

也可以通过单击【Add Material】按钮，添加一个导体材料，并修改导体的名称【Material

Name】，选择材料的坐标系【Material Coordinate System Type:】，在材料属性栏设置材料的相对磁导率【Relative Permeability】和电导率【Bulk Conductivity】等，如图 3-26 所示。

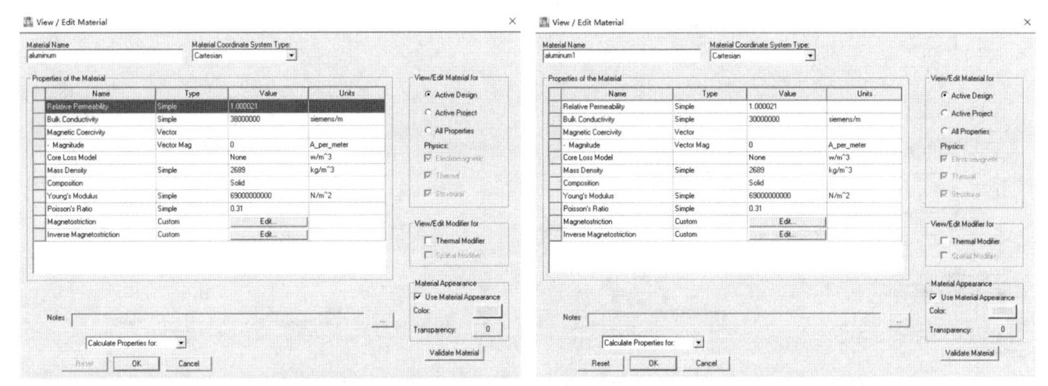

图 3-24　导体材料属性　　　　图 3-25　克隆导体材料属性并修改

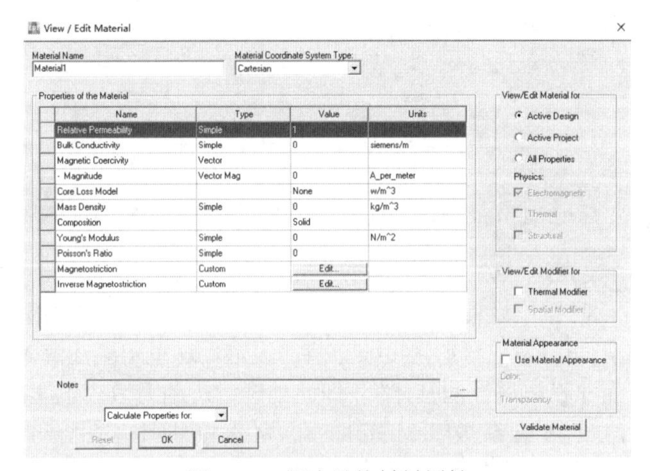

图 3-26　新建导体材料属性

3.3.5　考虑温度修正的材料参数化设置

许多工程需要考虑温度对材料属性的影响，如不同温度下导铜条电导率会影响笼型转子铜耗，不同温度下永磁体剩磁和矫顽力会影响电机输出性能等。一一添加不同温度下的新材料虽然可以满足仿真需求，但材料建立过程较为繁琐，而且很难在一个项目中分析材料在不同温度下对仿真结果的影响，以及进行材料属性温度参数化分析。此时，当得知材料在不同温度下的属性或者温度修正系数时，可以使用软件自带的材料属性温度修正（Thermal Modifier）功能来实现不同温度下的仿真分析。

本节还以内置式永磁同步电机为例，利用温度修正方法分析不同温度下永磁体材料属性对电机性能的影响。首先按照 3.3.3 节所给参数和步骤建立平行充磁永磁体材料 N38UH，采用线性充磁。之后在材料库中找到该材料，点击【View/Edit Materials】，在弹出的材料设置窗口的右栏勾选【Thermal Modifier】选项。此时在材料属性栏中软件会添加 Thermal Modifier 输入列，系统默认 None 值，代表此行所对应的性能参数不考虑温度影响，如图 3-27 所示。

针对永磁体而言，应该考虑温度对剩磁（Br）或者矫顽力（Hc）的影响，因为两者呈线性变化（相对磁导率≈1，且不随温度变化），所以只需要对其中某一值设定温度影响即可。软件在永磁体属性栏中只给出了矫顽力和相对磁导率选项，因此此处考虑温度对矫顽力的影响。点击材料属性栏中【Magnitude】行【Thermal Modifier】列对应的 None 后，再点击下拉菜单中的【Edit…】选项，即跳出温度修正设置窗口，如图 3-28 所示。软件给出了两种温度修正方法，一种是采用函数表达式的方法，另一种采用二次函数修正方法。

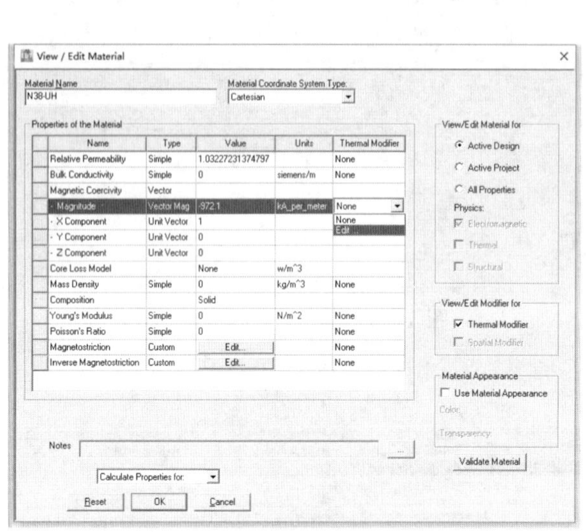

图 3-27　勾选 Thermal Modifier 选项

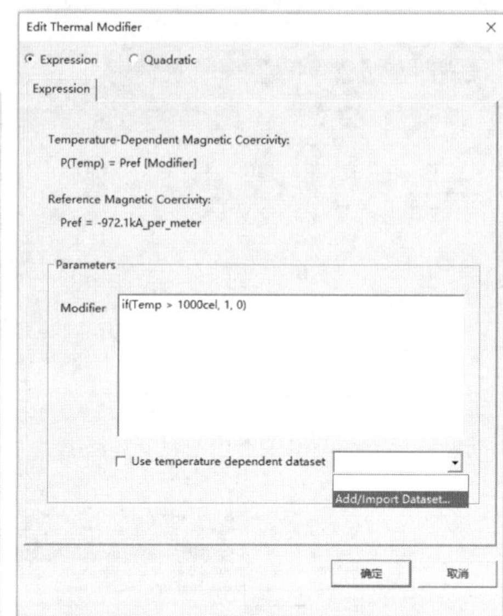

图 3-28　Thermal Modifier 设置

首先介绍利用函数表达式法来进行温度修正。点击【Edit Thermal Modifier】窗口中【Expression】选项，此时窗口设置如图 3-28 所示，在【Modifier】选项中可输入 if 函数或者其他函数、具体数值，即可完成材料温度修正值的设定，这里需要注意 Modifier 后方框输出值为温度修正系数，而非材料属性的具体值，即此处针对矫顽力 Hc 而言，温度修正后的 Hc'= 参考值（Pref）× 温度修正系数（Modifier）。可以从图中看出此时矫顽力的参考值 Pref=−972.1kA/m，即为材料属性栏的输入值。

软件对应 if 函数的用法主要为：以 if [Temp > 1000cel, 0.5*(Temp−20cel), 0]为例，此表达式代表的含义为当材料对应物体的温度>1000℃时，温度修正系数 Modifier=0.5*（目前物体温度 Temp−20℃），否则温度修正系数 Modifier=0。即当材料对应物体的温度>1000℃时，修正后矫顽力 Hc'=Pref*0.5*（目前物体温度 Temp−20℃）=−972.1*0.5*（目前物体温度 Temp− 20℃），否则 Hc'= Pref*0=0。

if 函数还可以多次判断，如 if{Temp > 1000cel, 0.5*(Temp−20cel), [if(Temp <−200cel, 1*(Tempp−20cel),0]}，代表材料对应物体的温度>1000℃时，温度修正系数 Modifier=0.5*（目前物体温度 Temp−20℃），材料对应物体的温度<−200℃时，温度修正系数 Modifier=1*（目前物体温度 Temp−20℃），否则温度修正系数 Modifier=0。

一般而言，在正常工作温度下钕铁硼永磁材料的剩磁和矫顽力的修正公式为：

$$Br'=Br\_ref\,[1+\alpha_1(Temp-Tref)]$$

$$Hc'=Hc\_ref\,[1+\alpha_2(Temp-Tref)]$$

其中 α_1、α_2 分别为剩磁和矫顽力的修正系数，由厂家提供；Br_ref、Hc_ref 为参考温度 Tref 下永磁体剩磁和矫顽力大小，Br'和 Hc'为目标温度 Temp 下永磁体剩磁和矫顽力大小。此案例中永磁体在 20℃下矫顽力 Hc_ref=−972.1kA/m，修正系数 $\alpha_1=\alpha_1=-0.11\%$。因此针对此案例只需要在【Modifier】选项中输入“1−0.0011*(Temp−20cel)”即可完成要求。

此外还可以通过添加全局数据集的方式来规定温度修正系数，勾选【Edit Thermal Modifier】窗口最下方的【Use temperature dependent dataset】选项，在之后的下拉菜单中选择【Add/Import Dataset】，弹出全局数据添加窗口，如图 3-29 所示。在 X 栏中输入温度值，在 Y 栏中输入温度修正系数即可。以此为例，由图 3-12 所给出的永磁体在不同温度下的性能参数计算温度修正系数，输入表格即可（本例以 20℃为参考温度，因此 20℃下的修正系数=1），填写完成后点击【OK】选项即可。

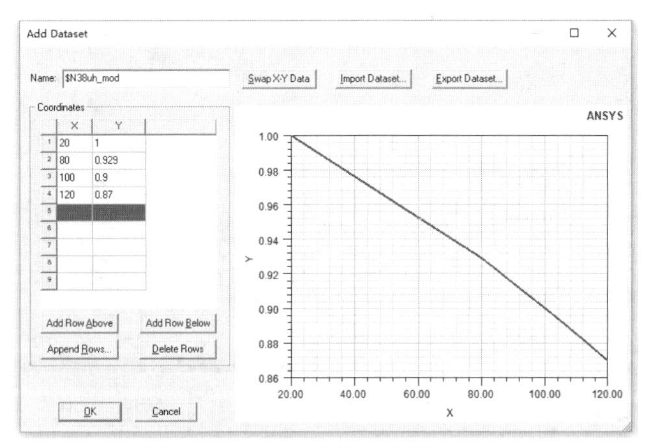

图 3-29　新建温度修正系数 Dataset

另一种采用二次方程修正方法。点击【Edit Thermal Modifier】窗口中【Quadratic】选项，此时窗口设置如图 3-30 所示，在窗口中即可看到修正公式为

$$P(Temp)=Pref\,[1+C1(Temp-TempRef)+C2(Temp-TempRef)^2]$$

其中 Pref 为参考温度 TempRef 下的属性参数值，Temp 为材料仿真温度，C1 为一次项修正系数，C2 为二次项修正系数。由前文 Expression 设置可知，针对此案例，在【Parameters】中 TempRef 输入 20cel，C1 输入-0.0011，C2 输入 0。这种输入方式与在 Expression 中输入“1-0.0011*(Temp-20cel)”是相同的。

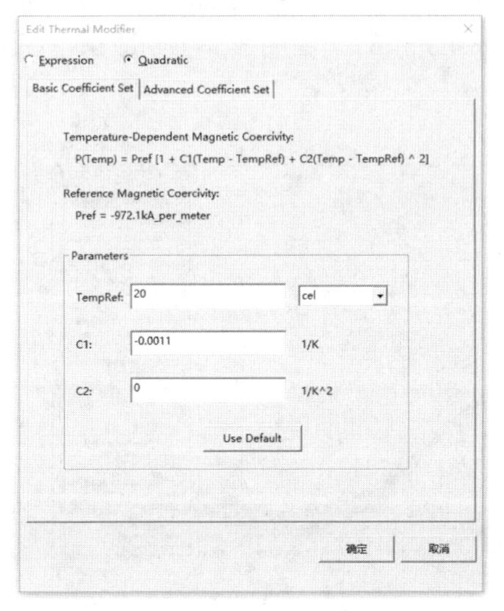

图 3-30　Thermal Modifier Quadratic 设置

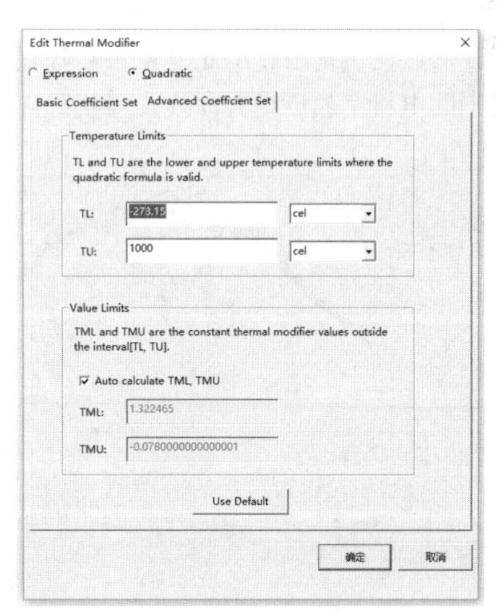

图 3-31　Thermal Modifier Quadratic 限值条件

还可在【Quadratic】窗口下点击【Advanced Coefficient Set】选项，弹出窗口如图 3-31 所示。

此选项栏为限值条件栏，其中 TL 和 TU 分别为修正公式的下限和上限温度值，即当温度大于 TL 且小于 TU 时，温度修正系数采用上述公式计算；当温度小于 TL 时，温度修正系数=TML；当温度大于 TU 时，温度修正系数=TUL。TML 和 TUL 值可手动计算或利用软件根据上述公式自动计算（将 TL 和 TU 代入上述公式）。

设置完成温度修正系数后，在材料属性编辑窗口和材料库窗口点击确定键即可更新材料，使材料具有了温度修正功能。在软件主菜单栏中选择【Maxwell 2D】并在下拉菜单中点击【Set Object Temperature】，即可设定仿真计算时各个部件的温度值，如图 3-32、图 3-33 所示。

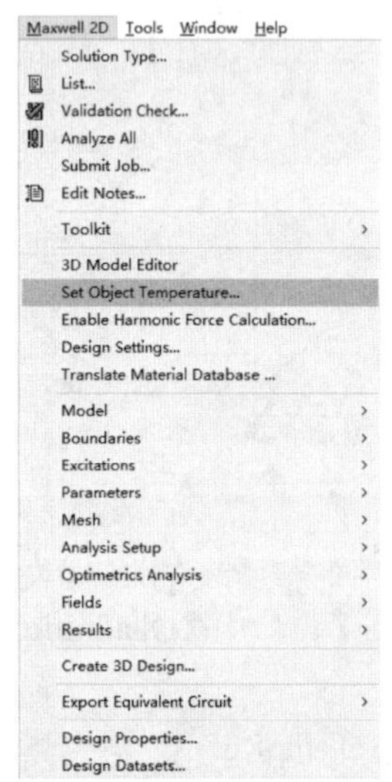

图 3-32　打开部件温度设置选项

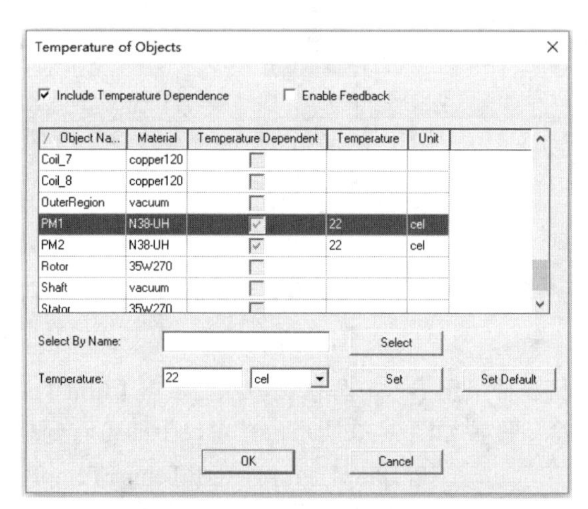

图 3-33　部件仿真温度设置

在弹出的窗口中勾选【Include Temperature Dependence】表示考虑温度的影响，并在下拉窗口找到需要考虑温度影响的永磁体部件，选中永磁体后在【Temperature】后填入需要仿真的温度，并点击【Set】键即可给定部件仿真温度。还可以在【Temperature】后填入自定义变量，然后在仿真中使用此变量来参数化仿真计算（4.3.5 节）。如图 3-34 所示为不同永磁体温度下的电机空载反电势曲线，与实际测试相符。

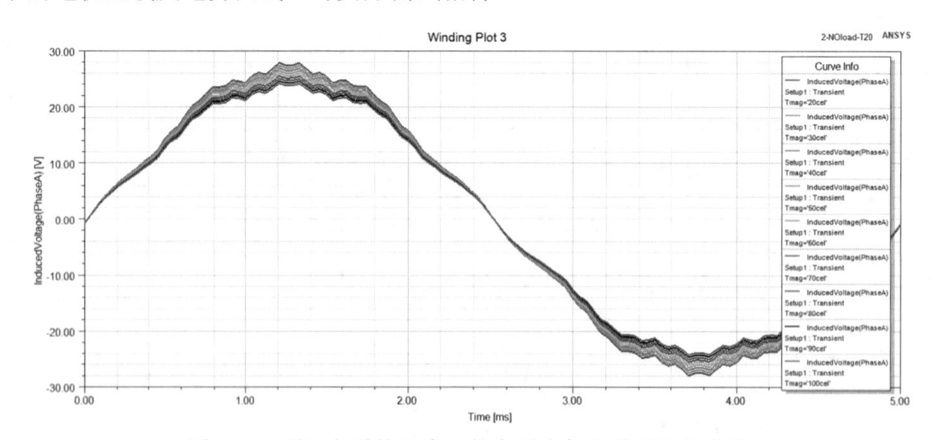

图 3-34　不同永磁体温度下的永磁电机空载反电势曲线

相同地，还可以使用温度修正功能来对导体的电导率进行温度修正。

3.4 设定运动区域

对于存在运动部件的模型，需要设置运动边界。二维模型和三维模型均可设置，当运动部件不止一个时，可以设置两个或者更多的运动边界。

3.4.1 普通旋转电机运动设置

（1）内转子电机运动边界

Step1：在气隙中心位置绘制运动边界，点击【Draw Circle】，如图 3-35 所示，绘制 band，输入圆心位置坐标【0,0,0】以及圆半径 70.25mm（dX=70.25，dY=0），如图 3-36 所示，设置 band 半径。绘制出运动边界，双击该 circle 名称，打开设置，将【Number of Segments】设置为 180，并将其名称修改为 Band。

Step2：绘制定子求解区域。按照上述方法，绘制圆，半径设置为 110mm，将【Number of Segments】设置为 180，并将名称修改为 Region，如图 3-37 所示。

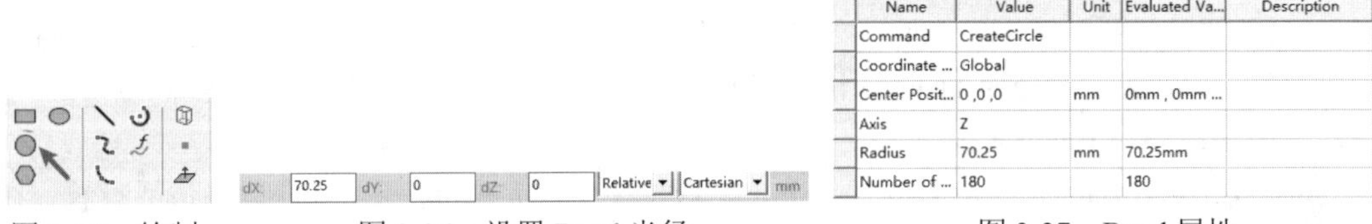

Name	Value	Unit	Evaluated Va...	Description
Command	CreateCircle			
Coordinate ...	Global			
Center Posit...	0 ,0 ,0	mm	0mm , 0mm ...	
Axis	Z			
Radius	70.25	mm	70.25mm	
Number of ...	180		180	

图 3-35　绘制 Band　　图 3-36　设置 Band 半径　　图 3-37　Band 属性

Step3：选中 Band，右键打开菜单，选择【Assign Band…】，打开运动边界设置，在 Type 选项卡下选择【Motion】为 Rotation，转轴【Rotation Axis:】为 Z 轴 Global::Z，旋转方向为 Positive；在【Mechanical】选项卡中设置电机的转速，如图 3-38 所示。

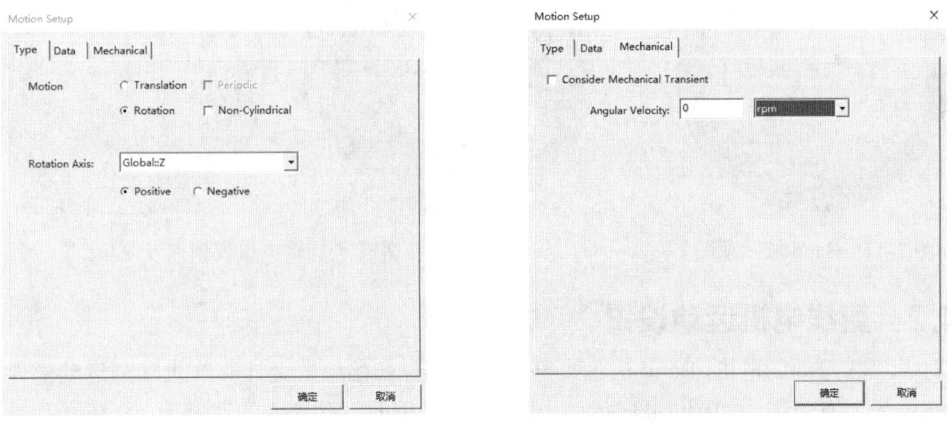

图 3-38　内转子旋转电机运动边界设置

内转子旋转电机模型及 Band 如图 3-39 所示。

（2）外转子旋转电机

Step1：绘制 Band。点击【Draw Circle】，输入圆心位置坐标【0,0】以及圆半径 111mm（大于转子外径），并将【Number of Segments】设置为 180；再次点击【Draw Circle】，输入圆心位置坐标【0,0】以及圆半径 91.25mm（小于转子内径），将【Number of Segments】设置为 180；选中半径为 111mm 和 91.25mm 的圆，右键打开菜单，选择【Edit】→【Boolean】→【Subtract】，

打开对话框，【Blank Parts】选择直径较大的圆，【Tool Parts】选择直径较小的圆，点击【OK】确认布尔运算操作，如图 3-40 所示；选中并命名为 Band，Band 域示意图见图 3-41。

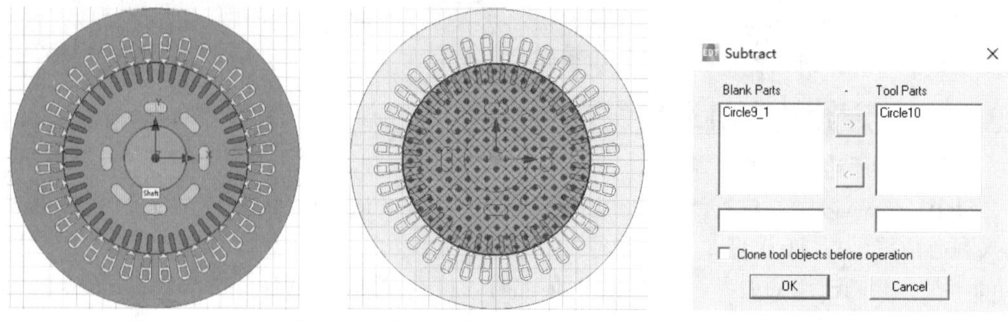

图 3-39　内转子旋转电机模型以及 Band　　图 3-40　布尔减法运算

Step2：在 Band 内部绘制包裹转子部件的空气域。点击【Draw Circle】，输入圆心位置坐标【0,0】以及圆半径 110mm（大于或等于转子外径）；再次点击【Draw Circle】，输入圆心位置坐标【0,0】以及圆半径 91.5mm（小于或等于转子内径）；将上述两圆的【Number of Segments】均设置为 180，选中半径为 110mm 和 91.5mm 的圆，按照上述方法执行布尔运算 Subtract 操作；选中并命名为 Band1。

Step3：选中 Band，点击右键打开菜单，选择【Assign Band…】，打开运动边界设置，在 Type 选项卡下选择【Motion】为 Rotation，转轴【Rotation Axis:】为 Z 轴 Global::Z，旋转方向为 Positive。外转子旋转电机模型及 Band 如图 3-42 所示。在【Mechanical】选项卡中设置电机的转速。

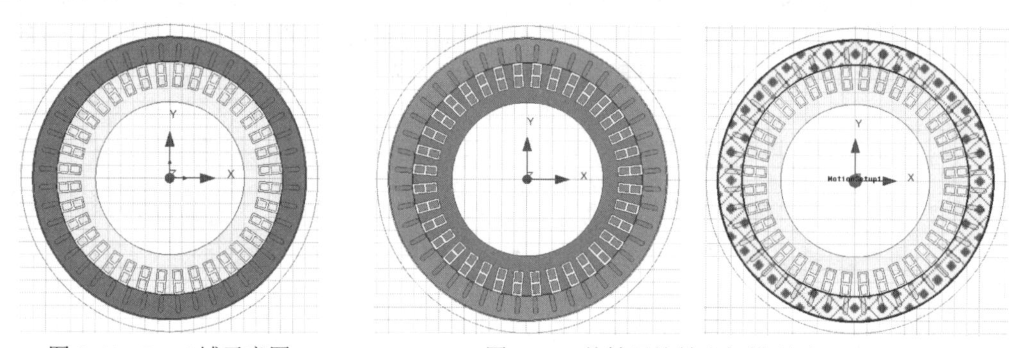

图 3-41　Band 域示意图　　图 3-42　外转子旋转电机模型以及 Band

3.4.2　直线电机运动设置

对于直线运动的电机，Band 应包裹整个运动部件初始位置至计算终止时刻运动部件所在位置在内的所有范围，如图 3-43 所示。假设 Band 里面运动部件的速度为 v，仿真计算时间为 t，其运动距离 $S=vt$ 应在 Band 范围之内。对于尺寸较大的直线电机，可借助主从边界来设置运动边界。

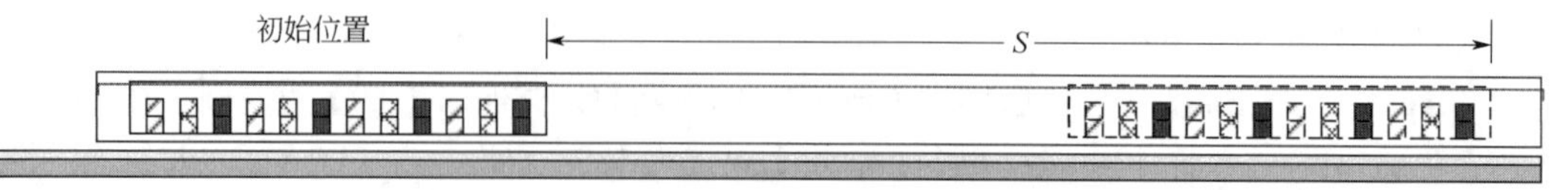

图 3-43　直线运动 Band 范围

Step1：绘制包裹运动部件的空气域。点击【Draw Rectangle】，在状态栏输入矩形的起点坐标，回车，输入矩形对角点相对坐标，运动部件空气域如图 3-44 所示。

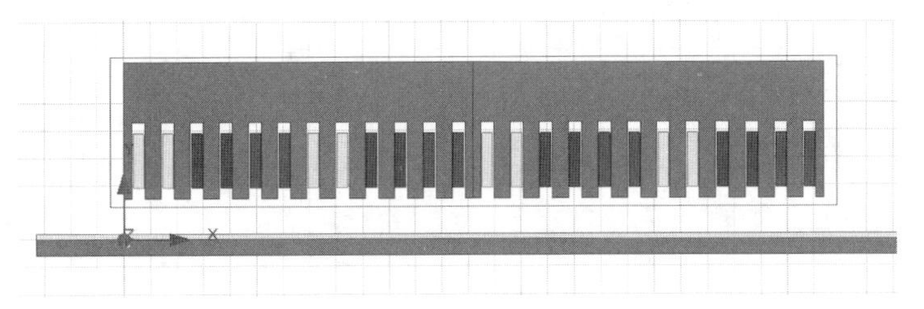

图 3-44　运动部件空气域

Step2：绘制 Band。计算出运动部件的运动范围，点击【Draw Rectangle】，在状态栏输入矩形的起点坐标，回车，输入 Band 对角点相对坐标，Band 绘制如图 3-45 所示。

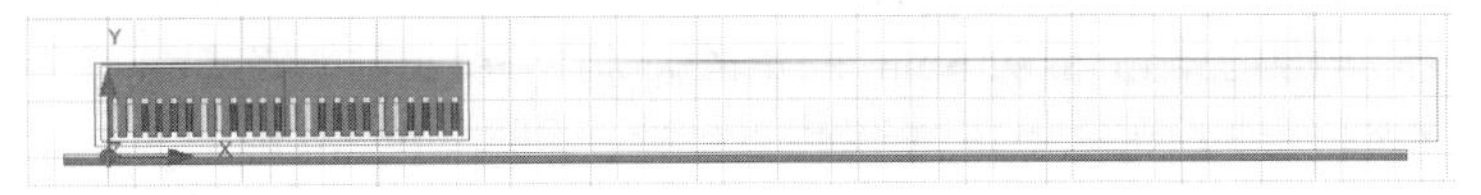

图 3-45　Band 绘制

Step3：设置 Band。选中 Band，右键打开菜单，选择【Assign Band…】，打开运动边界设置，在 Type 选项卡中选择【Motion】为 Translation，运动方向选择【Moving】为 *X* 轴方向【Global::X】，运动方向为 Positive；选择 Data 选项卡，初始位置【Initial Position】设置为 0mm，Translate Negative 设置为 0，Translate Positive 设置为运动部件运动距离，但要保证运动部件运动该距离后仍在 Band 里。在【Mechanical】选项卡设置电机的直线运动速度。如图 3-46 所示。

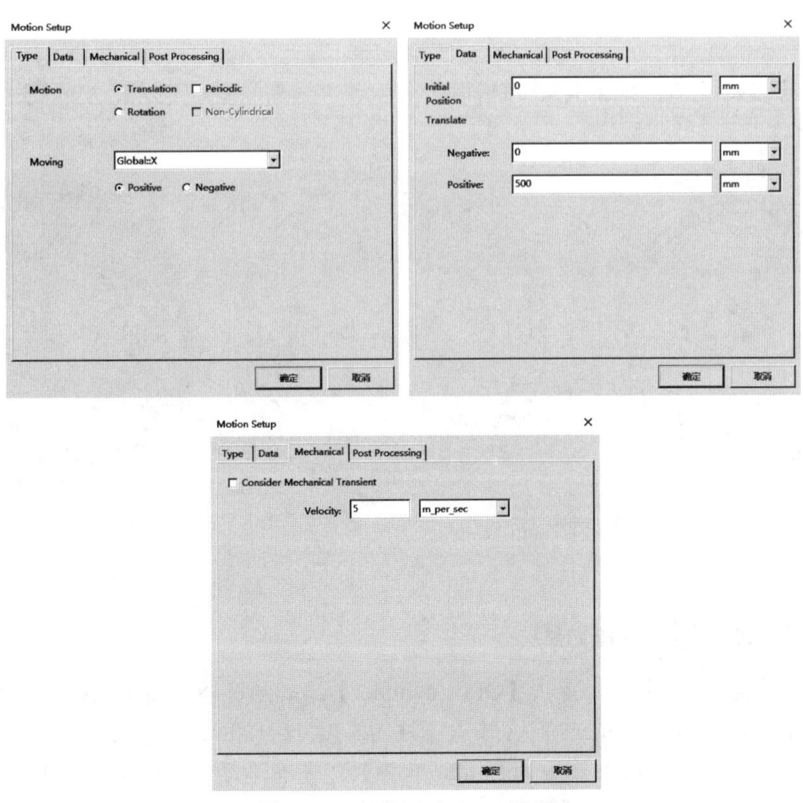

图 3-46　直线运动 Band 设置

分析流程：

若设置的仿真时长 t 与物体运动速度 v 之积 vt 大于 Translate Positive 框内的值，则该运动部件运动到该位置之后，速度为 0，不再是【Mechanical】选项卡中设置的电机运动的速度值。

3.4.3 多区域运动设置

Step1：绘制 Band1，点击【Draw Circle】，输入圆心位置坐标【0,0】以及圆半径 100.25mm（大于转子外径），并将【Number of Segments】设置为 180；再次点击【Draw Circle】，输入圆心位置坐标【0,0】以及圆半径 91.5mm（小于转子内径），将【Number of Segments】设置为 180；选中半径为 100.25mm 和 91.5mm 的圆，右键打开菜单，选择【Edit】→【Boolean】→【Subtract】，打开对话框，【Blank Parts】选择直径较大的圆，【Tool Parts】选择直径较小的圆，点击【OK】确认操作；选中并命名为 Band1。

Step2：选中 Band1，右键打开菜单，选择【Assign Band…】，打开运动边界设置，在 Type 选项卡中选择【Motion】为 Rotation，转轴【Rotation Axis:】为 Z 轴 Global::Z，旋转方向为 Positive。在【Mechanical】选项卡中设置电机的转速。

Step3：按照 Step1 绘制 Band2，Band2 的外径为 120.5mm，内径为 100.75mm，并按照 Step2 设置 Band2，设置完的 Band2 如图 3-47 所示。

分析流程：

软件不支持两个 Band 相互接触，两个 Band 之间需要留一定距离，如图 3-48 所示。

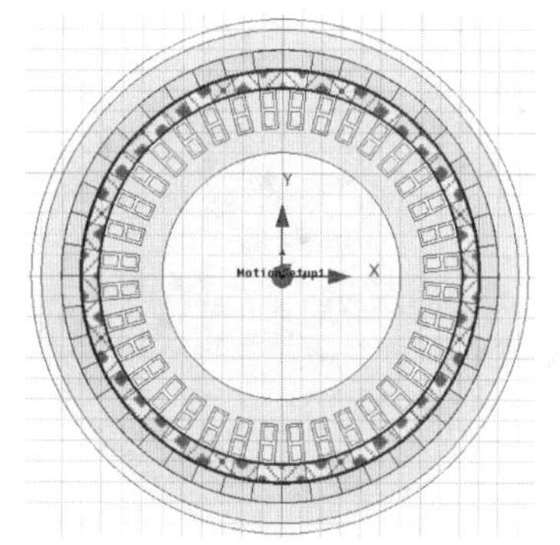

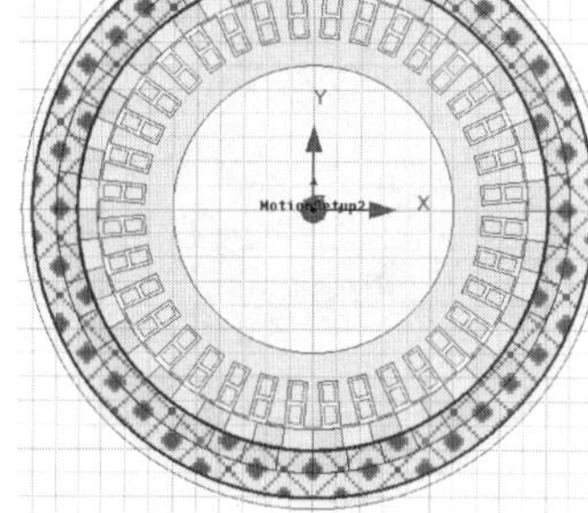

图 3-47 双 Band 设置

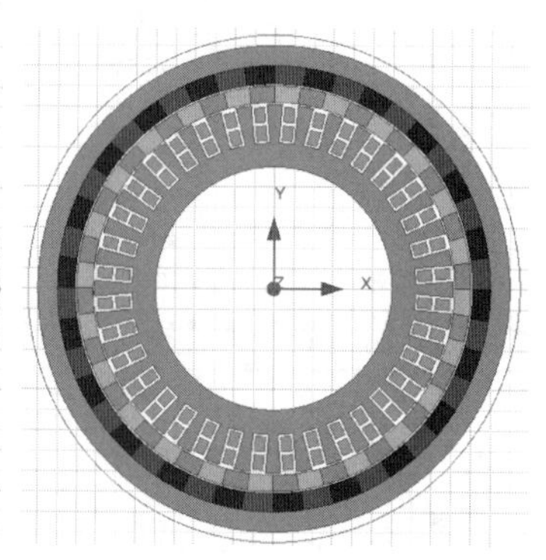

图 3-48 具有多运动区域的电机模型

3.4.4 三维模型运动边界

电机模型如图 3-49 所示，点击【Draw cylinder】绘制圆柱体，在状态栏输入圆柱的起点中心位置【-60mm,0,0】，按 Enter 确认，输入圆柱的高度 dx=120mm，圆柱的半径 dy=49.75mm，dz=0mm，并将名称【Name】修改为 Band。包裹转子所有运动部件的 Band 如图 3-50 所示，Band 的设置与二维模型设置方法一致。

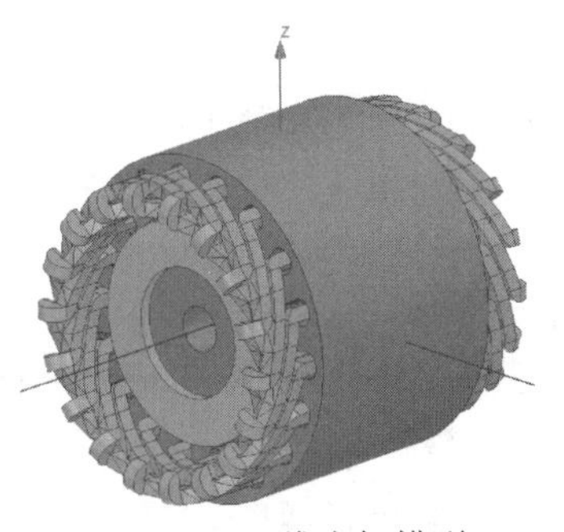

图 3-49　三维电机模型

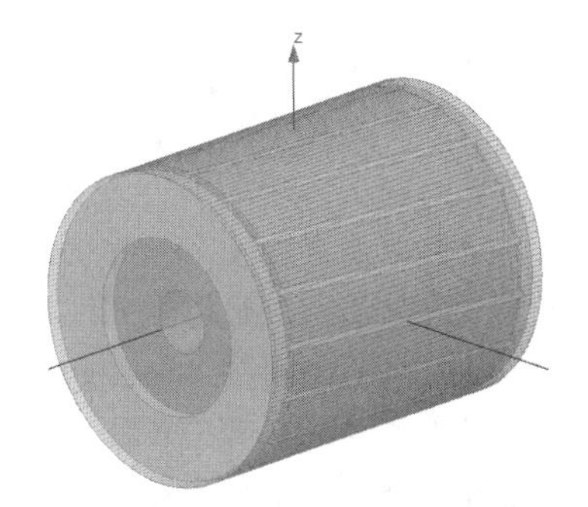

图 3-50　三维模型的 Band

需要注意的是，运动边界 Band 必须为实心的圆柱状或者楔形，不能是壳体或者空心的壳体。

3.5　网格的类型及划分策略

3.5.1　网格划分默认设置

网格划分（Mesh Operations）按照划分方法不同主要分为 4 种类型，分别为 On Selection、Inside Selection、Surface Approximation、Clone Mesh，其各自的定义分别为对物体边界指定剖分规则、对物体内部指定剖分规则、对曲面/线边界指定剖分规则和柱面网格克隆剖分规则。如图 3-51 所示，选中所要剖分的部件或者面后，右击选择【Assign Mesh Operation】或者在文项目树中右击【Mesh】，即可施加规定的剖分方法。

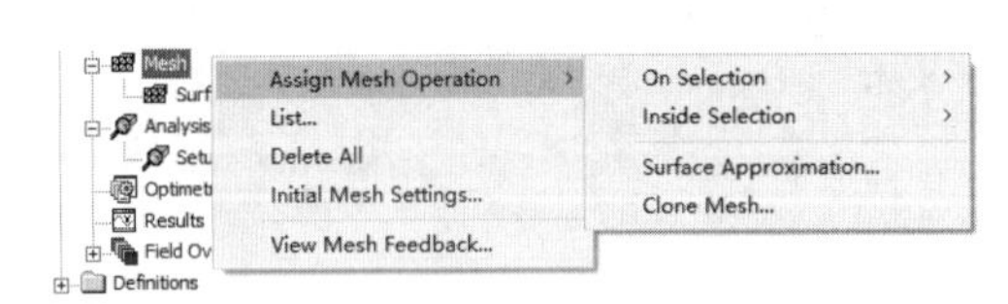

图 3-51　Mesh Operation 剖分设置

除了施加指定的剖分规则外，还可以指定初始网格剖分规则，包括 Maxwell 2D 和 Maxwell 3D 的所有曲面剖分规则和网格剖分方法。操作如下:选择【Maxwell】→【Mesh】→【Initial Mesh Settings】或在工程树中右击 Mesh 并在下拉菜单选择 Initial Mesh Settings，在出现的初始网格设置对话框中进行相关设置，如图 3-52 和图 3-53 所示。

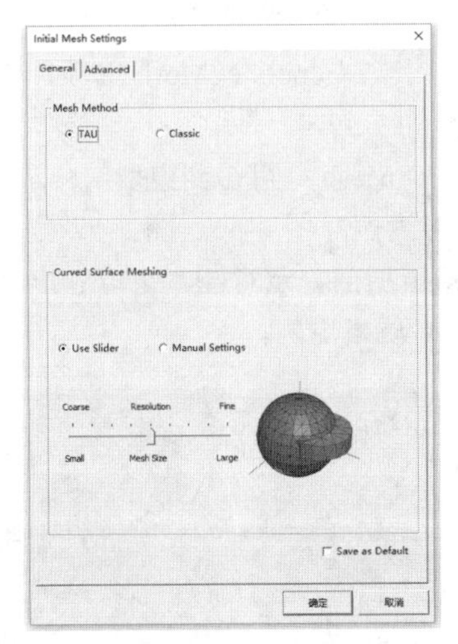

图 3-52　Maxwell 2D 初始网格设置

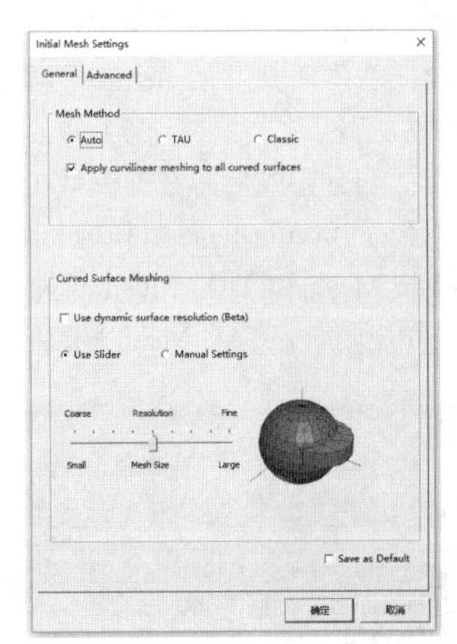

图 3-53　Maxwell 3D 初始网格设置

首先进行默认剖分方法的选择：ANSYS Maxwell 软件分为经典 Classic Mesh 和 TAU Mesh

两种剖分方法。其中 Classic Mesh 方法先针对模型进行面网格剖分，再基于面网格生成体网格，其更倾向于将网格剖分为等腰三角形，而 TAU Mesh 方法则是直接生成体网格，其更倾向于将网格划为等边三角形。TAU Mesh 方法是继 Classic Mesh 之后改进的剖分算法，因此使用 TAU Mesh 算法会使模型具有更高的求解精度及求解速度；但另一方面，使用相同的模型进行剖分，通常 TAU Mesh 较 Classic Mesh 更难划分，也更容易报错，此时用户可以切换到 Classic Mesh 来解决问题。在“初始网格设置”的 General 页面中，Maxwell 2D 求解问题软件默认选择 TAU Mesh 剖分算法；而对于 Maxwell 3D 求解问题，默认使用 Auto 选项使求解器自动选择两种网格划分方法中的一种，此时求解器会根据网格的可靠性、网格质量和模型尺寸等来自动选择最优的剖分算法，用户还可以勾选【Apply curvilinear meshing to all curved surfaces】选项对所有曲面进行曲线剖分，勾选此选项会增加网格剖分质量，但剖分时间和存储空间也会增加。

Curved Surface Meshing 选项卡主要是针对模型中所有曲面/线网格的初始剖分而设置的，与 Surface Approximation 剖分规则相同，具体设置详见 5.5.3 节。

如图 3-54 和图 3-55，Advanced 选项卡允许用户为网格求解精度设置指定的长度，即网格剖分长度的最小值。一般来讲，此处选择【Auto】，其求解结果为最优。

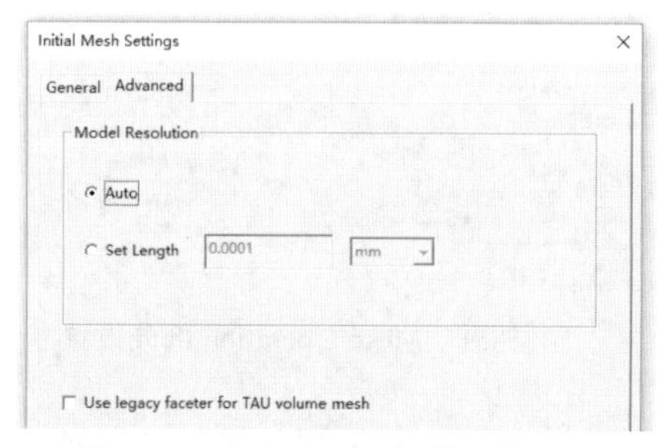

图 3-54　Maxwell 2D 初始网格设置

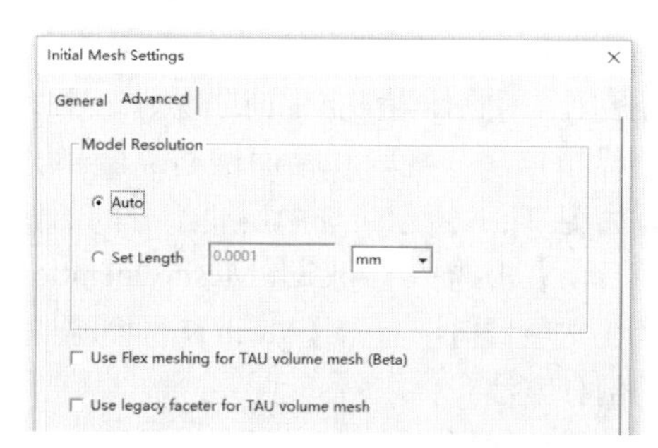

图 3-55　Maxwell 3D 初始网格设置

ANSYS Maxwell 软件进行网格剖分和生成 Mesh Plot 剖分示意图的具体步骤为：

Step1：对模型各部件进行相应的网格剖分设置。

Step2：在工程树中右击 Analysis 选项，建立 Setup 求解器（详见下节）。

Step3：右击所建立的 Setup 求解器，在下拉菜单中点击 Generate Mesh 选项，使用求解器进行网格剖分。

Step4：剖分完成后，右击模型在下拉菜单中选择 Plot Mesh 即可得到模型剖分示意图。

以半径为 100mm 的圆面和边长为 100mm 的正方形为例，图 3-56、图 3-57 给出了分别使用 Classic Mesh 和 TAU Mesh 两种自定义剖分方法的模型剖分示意图，可以看出在不设置具体的剖分规则时，TAU Mesh 网格剖分精度更高，网格质量更好。

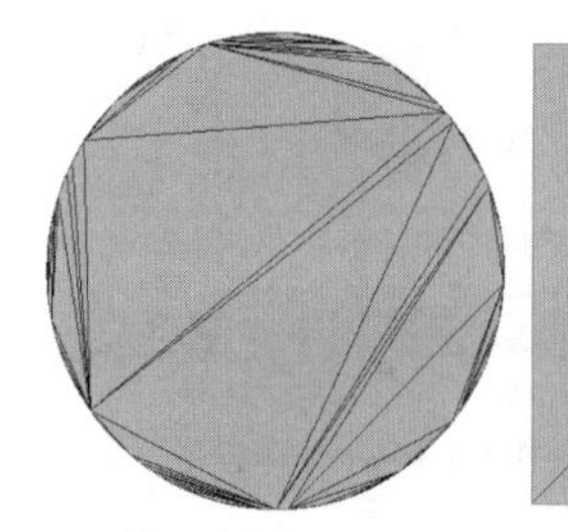

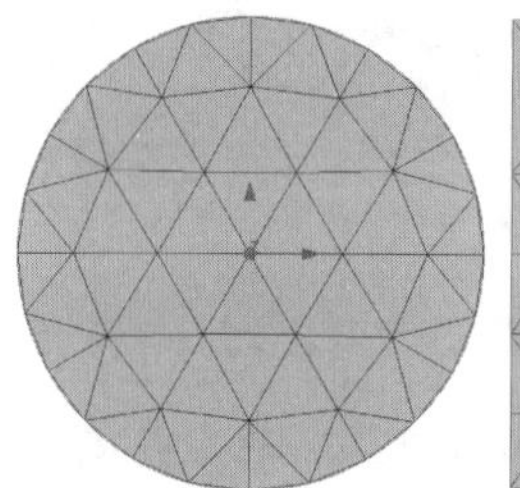

图 3-56　Classic Mesh 剖分示意图

图 3-57　TAU Mesh 剖分示意图

3.5.2 基于表面/内部网格剖分

（1）On Selection 剖分规则

在 On Selection 剖分设置中分为 Element Length Based Refinement 设置和 Skin Depth Based Refinement 设置。On Selection 剖分设置主要作用在剖分物体边界上，Length Based Refinement 是基于单元边长的剖分设置，其含义为在所选的物体边界上，最大的剖分三角形边长要给予指定的数值。选中要剖分的物体，执行菜单命令【Maxwell 2D】→【Mesh Operations】→【Assign】→【On Selection】→【Length Based Refinement】，弹出剖分设置对话框，如图 3-58 所示。

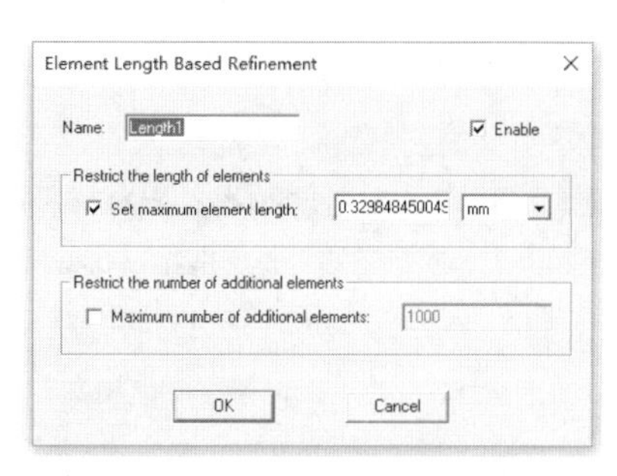

图 3-58 On Selection/Length Based Refinement 设置

其中 Name 项设置剖分操作的名称，Restrict the length of elements 项为设定所要剖分的单元最大边长数值，该数值为网格剖分三角形或四面体边长的最大值，对于比较粗糙的剖分，该值可按照模型比例适当调大，对于比较细致的剖分，该值可以适当减小；Restrict the number of additional elements 为设定网格单元的最大个数，要求使用在规定的个数内的剖分单元，以免过大的剖分单元无节制地占用内存资源。这两个设定条件可以仅用一种或两者同时起作用，通过勾选对应的选择框来决定。

以半径为 100mm 的圆为例，图 3-59 给出了分别使用不同最大网格边长限值时的网格剖分示意图，可以看出 On Selection 剖分规则只作用于被剖模型的边缘上。

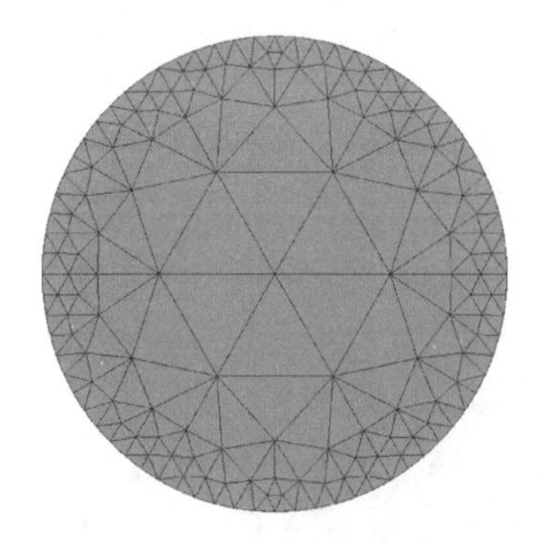

(a) maximum element length=10mm

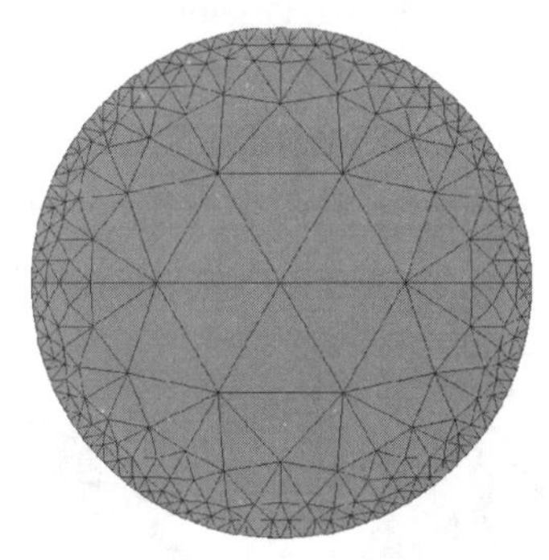

(b) maximum element length=5mm

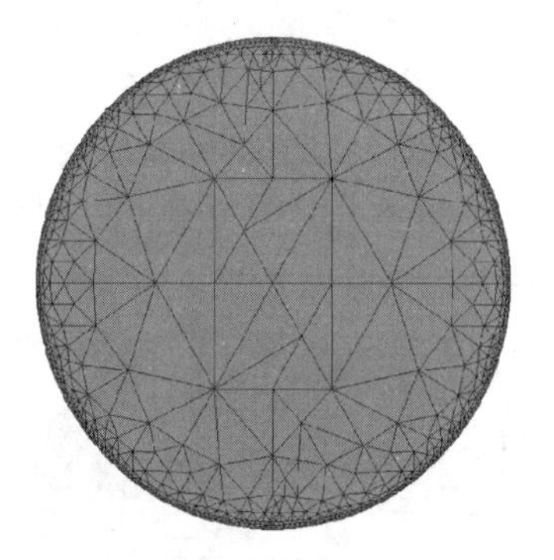

(c) maximum element length=2mm

图 3-59 On Selection/Length Based Refinement 网格剖分方法

在 On Selection 剖分设置中的 Skin Depth Based Refinement 是基于集肤效应透入深度的剖分设置。当考虑物体集肤效应时，需要在集肤效应层进行加密剖分，而集肤效应层之下的网络则可以相对较为稀疏，所以引入了这种剖分设置。针对 Maxwell 2D 计算问题，Skin Depth Based Refinement 剖分操作只能作用于线(Edges)上，而对于 Maxwell 3D 计算问题，Skin Depth Based Refinement 剖分操作只能作用于物体表面（Face）上。在设定时须选中被剖分物体的边缘线（Edges），执行菜单命令 Maxwell 2D/Mesh Operations/Assign/On Selection/Skin Depth Based Refinement，弹出剖分设置对话框，如图 3-60 所示。

在图 3-60（a）中，Name 项可设置剖分操作的名称，单击 Calculate Skin Depth 按钮会弹出图 3-60（b）所示的对话框。在此需要给出材料的基本属性，Relative Permeability（相对磁导率）、Conductivity（电导率）和 Frequency（剖分物体工作的电频率，主要针对涡流场和瞬态磁场），软件可由给出的这三个物理量自动计算出集肤效应的透入深度。计算得到的透入深度会自动写到图 3-60（a）中的 Skin Depth 项中，用户也可以不通过软件计算自行输入，集肤效应透入深度的计算公式为

$$\delta=\sqrt{\frac{2}{\omega\sigma\mu}}$$

其中，ω为角频率；σ为材料电导率；μ为材料磁导率。

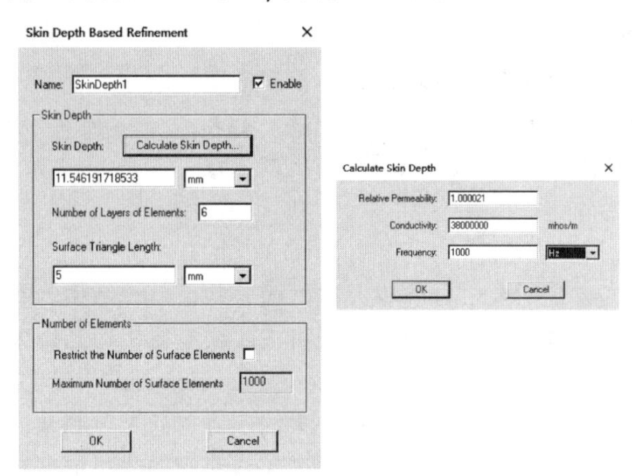

(a) Skin Depth Based Refinement设置　　　　(b) 透入深度计算

图 3-60　On Selectin/Skin Depth Based Refinement 设置

Skin Depth 项下方的 Number of Layers of Elements 用来设置透入深度层的剖分层数，为了得到更好的剖分网格，可以适当加密这个剖分层数。

以半径为 100mm 的圆为例，图 3-61 给出了分别使用不同剖分深度和剖分层数时的网格剖分示意图，可以看出与 Element Length Based Refinement 剖分设置略有不同，Skin Depth Based Refinement 剖分设置更倾向于将被剖物体边缘线的网格分层，以此来使求解器计算不同网格层的涡流和磁场分布。

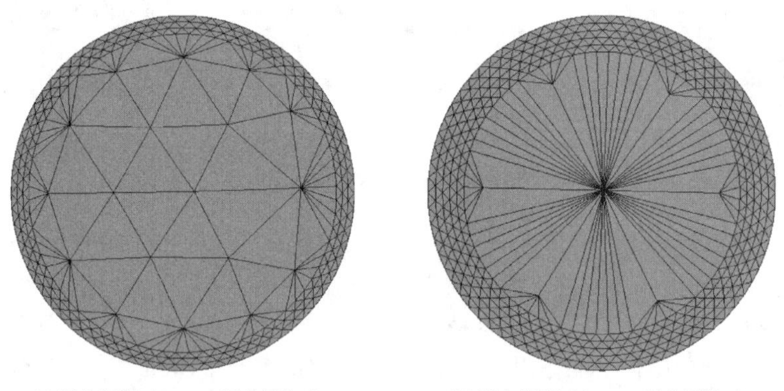

(a) 透入深度=10mm，剖分层数=3　　　　(b) 透入深度=20mm，剖分层数=5

图 3-61　On Selection/Length Based Refinement 网格剖分方法

（2）Inside Selection 剖分设置

Inside Selection 剖分设置是对物体整个内部施加剖分规则。选择要进行剖分的物体，执行菜单命令【Maxwell 2D】→【Mesh Operations】→【Assign】→【In Selection】→【Length Based Refinement】，弹出剖分设置对话框，其设置方法与 On Selection 剖分设置下的 Length

Based Refinement 相同，在此不做过多叙述。

以半径为 100mm 的圆为例，图 3-62 给出了分别使用不同最大网格边长限值时的网格剖分示意图，可以看出 In Selection 剖分规则作用于整个被剖物体的内部。

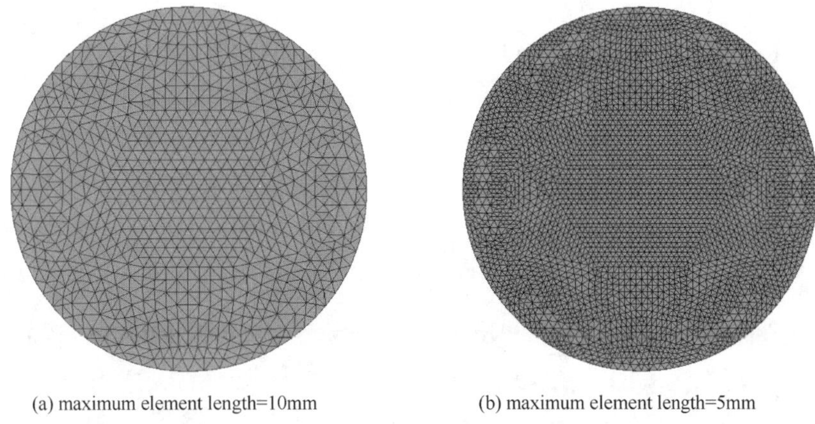

(a) maximum element length=10mm　　(b) maximum element length=5mm

图 3-62　In Selection/Length Based Refinement 网格剖分方法

3.5.3　曲线及曲面网格剖分

Surface Approximation 是对边界为曲线类的物体进行进一步的细致剖分，主要设定物体曲面或曲线边界的剖分网格分段数，其设置中各部分的数学含义如图 3-63 所示。选择要进行剖分的物体，执行菜单命令【Maxwell 2D】→【Mesh Operations】→【Assign】→【In Selection】→【Surface Approximation】，弹出剖分设置对话框，如图 3-64 所示，用户可选择【Use Slider】

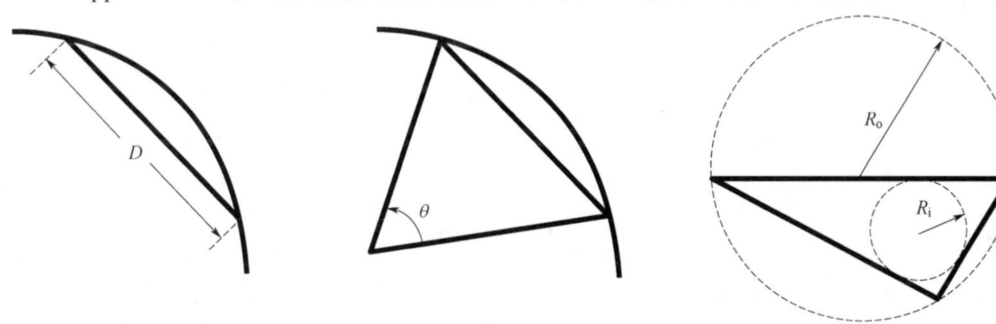

(a) Maximum Surface Deviation=D　　(b) Maximum Surface Normal Deviation=θ　　(c) Maximum Aspect Ratio=$R_o/(2R_i)$

图 3-63　Surface Approximation 设置中各部分的数学含义

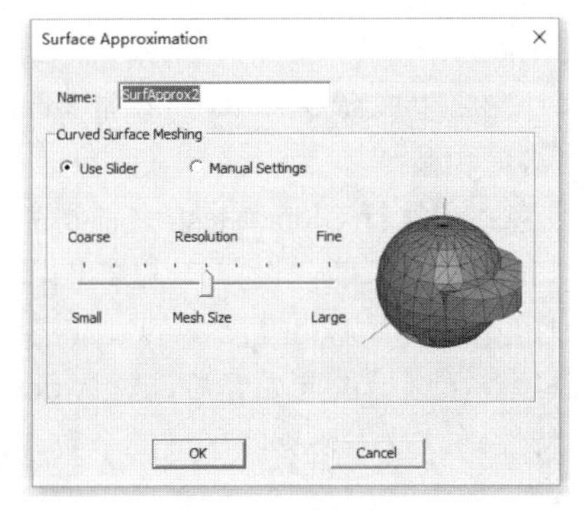

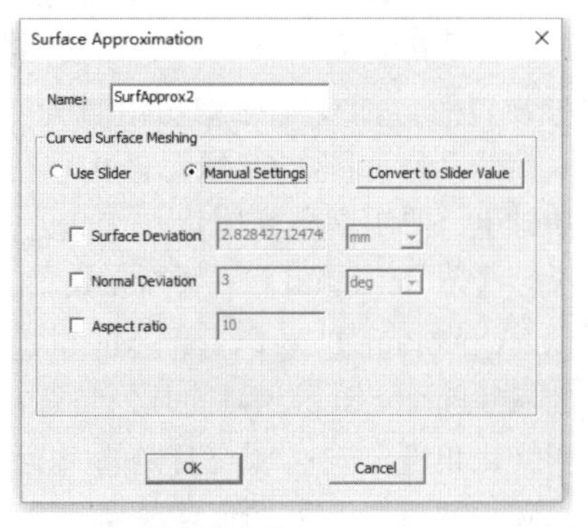

图 3-64　Surface Approximation 设置界面

使用滑块来使软件自动设定，还可选择【Manual Settings】手动设定值。其中，手动选择剖分设置中的【Maximum Surface Deviation】为圆内三角形最大弦长，因为圆环类的边界最后都要剖分成由一个个三角形组成的区域，即用多条弦来近似成圆环；【Maximum Surface Normal Deviation】为弦所对应的三角形内角的角度，将该值设定得过小会造成边界上的三角形形状狭长。【Maximum Aspect Ratio】为剖分三角形外接圆半径除以 2 倍内接圆半径的值，可以设定三角形的基本形状。

以半径为 100mm 的圆为例，图 3-65 给出了分别使用不同 Curved Surface Meshing 滑块操作时的网格剖分示意图。

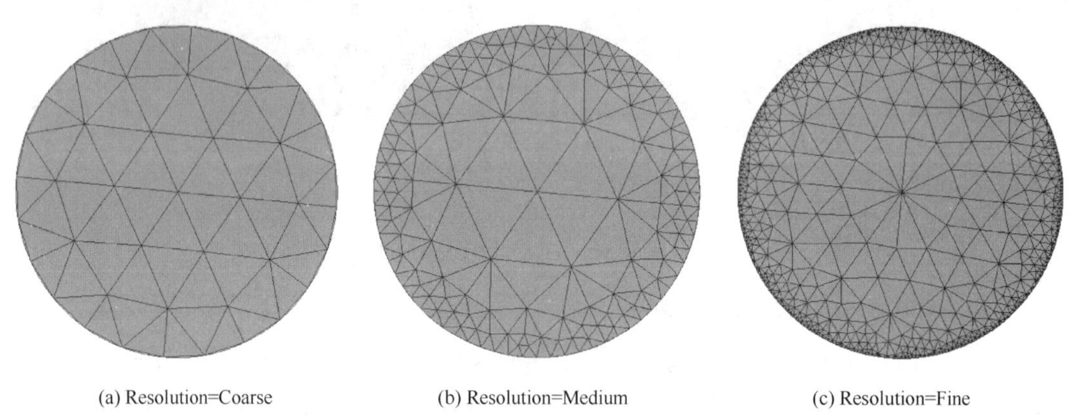

(a) Resolution=Coarse　(b) Resolution=Medium　(c) Resolution=Fine

图 3-65　Surface Approximation 网格剖分方法

3.5.4　网格克隆

网格克隆是 Maxwell 针对具有较高几何对称性的模型，通过网格复制的形式，使其相同几何结构的网格划分完全相同，进而简化网格划分及减弱网格误差的一种划分方法，分为 TAU 2D 网格克隆和 3D 网格克隆，在 Maxwell 瞬态场仿真中主要用于旋转电机的网格划分。

（1）TAU 2D 网格克隆

为说明 TAU 2D 网格克隆（Clone Mesh）的使用方法，以在 2D 瞬态场中绘制图 3-66 的 1/4 环形带进行说明。绘制模型后，在绘图区选择模型，右键选择【Assign Mesh Operation】→【Surface Approximation】设置曲面近似剖分，Resolution 选择 9，点击确定，此处也相当于将初始剖分的曲面近似加密。Analysis 的 Setup 执行剖分生成操作，完成初始剖分后，选择模型，右键选择 Plot Mesh，查看初始剖分效果，如图 3-67 所示。在绘图区选择模型，右键选择【Assign Mesh Operation】→【In Selection】→【Length Based Refinement】，设置最大长度为 0.5mm，确定后重新生成剖分（此处需要注意，如果已存在生成的剖分结果，添加剖分设置或修改剖分设置后，需要还原到初始网格后再执行网格生成命令），得到添加 Length Based Refinement 后的网格如图 3-68 所示，相较初始网格更加精细。

在此基础上，使用网格克隆操作（此处需要注意：在执行 Clone Mesh 之前得先将需要克隆的模型执行【In Selection】→【Length Based Refinement】剖分设置），在绘图区右键选择【Assign Mesh Operation】→【Clone Meshing】，弹出克隆设置窗口（图 3-69），该窗口中包含了被克隆区域（Parent Region）的几何特征：内外径、主区域的起始角度（默认 0deg 为 X 轴正方向）和终止角度，主区域自身是否具有对称特性，以及需要克隆区域的个数（该个数包含主区域）和相邻克隆区域的气隙夹角（无夹角即设置为 0deg）。从设置窗口的可以看出，网格克隆属于基于面克隆，通过角度和内外径确定扇形主区域面积，不需要指定特定的模型，因此在使用该网格策略时，需要注意主区域内覆盖的所有模型在周向都得具有高度对称性。该模型的网格克隆设置如图 3-69 中所示的数据，即选择 0deg-15deg 扇形区域为主区域，将其网格依次复制 5 个作为模型中非主区域的网格。设置完成后，生成网格如图 3-70 所示。模型网格被分为 6 个扇区，每个扇区都具有相同的网格，且每个扇区内网格均是对称的，如此，在一定程度上可以简化网格的划分和降低网格带来的误差，尤其对于旋转电机的结构而言，网格克隆可以大大降低因各个齿槽网格划分不一致导致的误差。

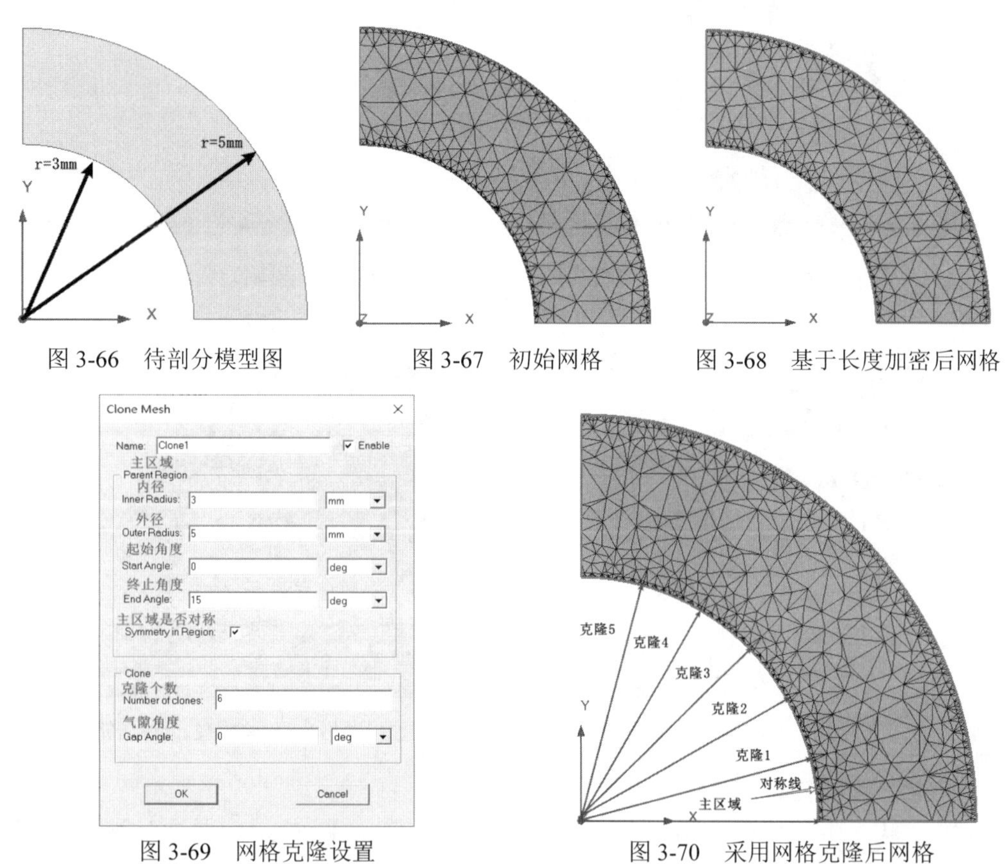

图 3-66　待剖分模型图

图 3-67　初始网格

图 3-68　基于长度加密后网格

图 3-69　网格克隆设置

图 3-70　采用网格克隆后网格

图 3-71 为一台 4 极 48 槽笼型感应电机的 1/4 Maxwell 2D 模型，只进行曲面近似【Surface Approximation】和执行【In Selection】→【Length Based Refinement】后的网格，从图中可以看出，虽然未使用 Clone Mesh 命令，但定子部分沿圆周方向，网格存在克隆的特征，转子和导条部分，网格沿圆周存在扫描特征。这是因为默认的 TAU 2D 网格划分器在检测并识别出模型属于旋转模型时，将会在静止域自动运行 Clone Mesh 特征，在运动域执行 Rotational Sweep Mesh（2D 模型中无法手动设置）操作。虽然已默认执行了网格克隆，但是依然可以在此基础上增加一个定子区域的 Clone Mesh 命令，命令的设置如图 3-72 所示。设置完成后生成的网格如图 3-73 所示，可以看出相较于图 3-71，网格更加规整。但是在槽的周围，网格质量并不是很理想，此时可以通过在绘图区选择定子模型，右键选择【Assign Mesh Operation】→【In Selection】→【Edge Cut Based Refinement】命令，对其添加一层指定厚度的网格，此处设置为 0.5mm，如果设置的值过大或者过小，消息管理栏会提示应该设置的合理值是多少。此外该命令不能单独使用，只能在已建立 Clone Mesh 设置且设置生效的情况下才能使用，而且只能用于靠近 Band 的静态模型上。完成 Edge Cut Based Refinement 命令设置后生成的网格

如图 3-74 所示。从图上可以看出，定子周围向内增加了一层 0.5mm 的网格层，定子铁芯轭部网格也得到了细化，网格整体得到了改善。

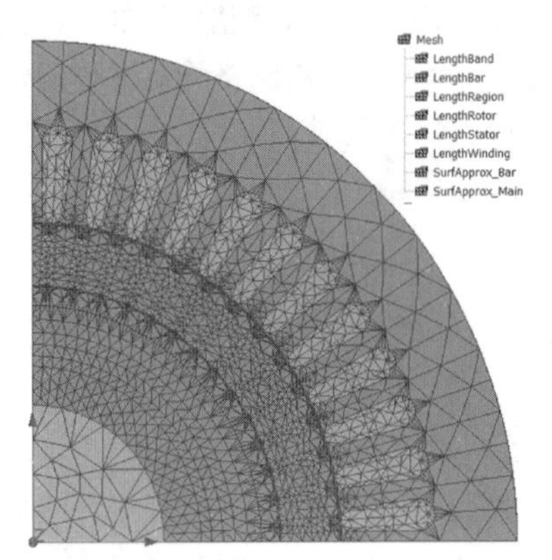

图 3-71　未采用网格克隆时（笼型电机）

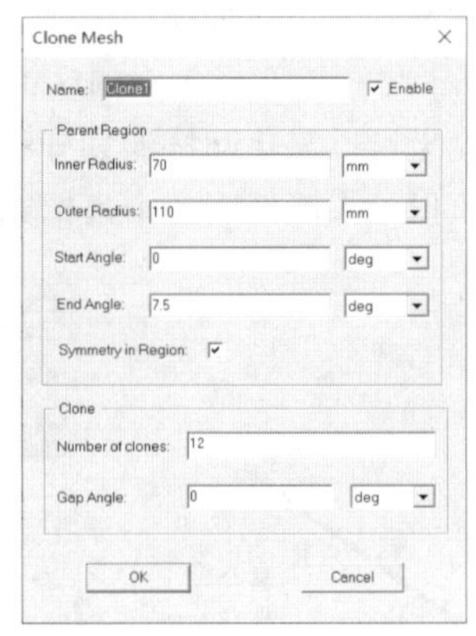

图 3-72　网格克隆设置（笼型电机）

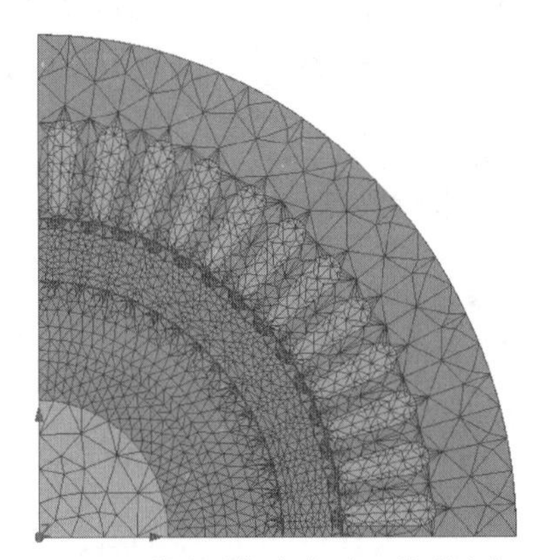

图 3-73　采用网格克隆时（笼型电机）

图 3-74　采用网格克隆+Edge Cut 时（笼型电机）

（2）3D 网格克隆

在讲解 3D 网格克隆前，需要先介绍一下 Cylindrical Gap Treatment（柱面气隙处理），这是一个较为特殊的网格处理方式，主要是基于 TAU 网格器在瞬态仿真中对旋转运动域 Band 进行分析，计算旋转曲面的法向角，并自动分配所需的网格操作；或者将现有网格调整到静止和运动域的相邻真实曲面上，以确保生成一个平滑和均匀的 Band 网格。如果 Cylindrical Gap 网格操作被分配给一个常规对象（非 Band），则 TAU 分析会检测出该对象不适合采用瞬态网格，在这种情况下将采用常规的 TAU 网格。因此 Cylindrical Gap Treatment 方式只适合于选择了 TAU 网格生成器的模型，且满足旋转瞬态仿真时才有效。此外，在一个模型中，只能执行一个 Cylindrical Gap 网格操作，不能应用多个。

对 Band 完成 Cylindrical Mesh Operation 设置后，才能进行 3D 网格克隆设置，需要注意的是，3D 网格克隆的使用有一定的局限性：①必须默认选择 TAU 网格划分器；②模型必须是瞬态旋转仿真；③需要对 Band 设置柱面气隙处理；④克隆区域不能有斜槽结构。3D Clone Mesh 选项在 Cylindrical Gap Mesh Operation 设置窗口下（图 3-75）。该设置窗口中主要是针对 Band 的设置，其中设置映射角度（Band Mapping Angle）的原因是在进行网格分割时，运动域和静止物体之间的交界面会出现网格映射误差，所以通过设置映射角使每个时间步的旋转角度等于每个网格段在旋转方向上的角度，从而修正这些误差。如此，在每一个时间步骤

Band 上的网格将静止区域网格一一匹配，减小了网格映射误差，降低了转矩计算的噪声，提高了仿真精度。映射角的大小范围为 0.1°～3°，具体的计算方法如下：映射角=旋转速度（3000r/min）×仿真时间步长（0.0001s）=（3000×360°/60）×0.0001=1.8°。运动侧和静止侧层数是指 Band 带分别与转子和定子之间的网格层数。默认是两侧各 1 层，如果需要对其进行加密可以增加层数，如果层数过多，映射角与之不匹配，软件会自动降低到合理值。

在使用了 Clone Mesh 之后，还可以通过执行 Clone Mesh Destiny 来控制径向和轴向的网格克隆密度，设置窗口如图 3-76 所示，在径向方向上可以采用单元最大长度控制，轴向采用层数控制。

图 3-75　3D 网格克隆设置

图 3-76　克隆网格密度设置

图 3-77 为图 3-71 所示笼型电机的 1/8 Maxwell 3D 模型，图 3-78 为设置了基础网格划分，未采用网格克隆时的网格模型，可以看出定子区域并不具备网格克隆特征。

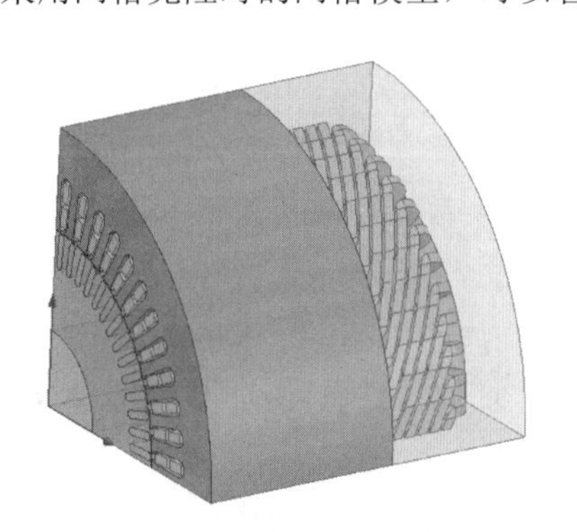

图 3-77　笼型电机 1/8 Maxwell 3D 模型

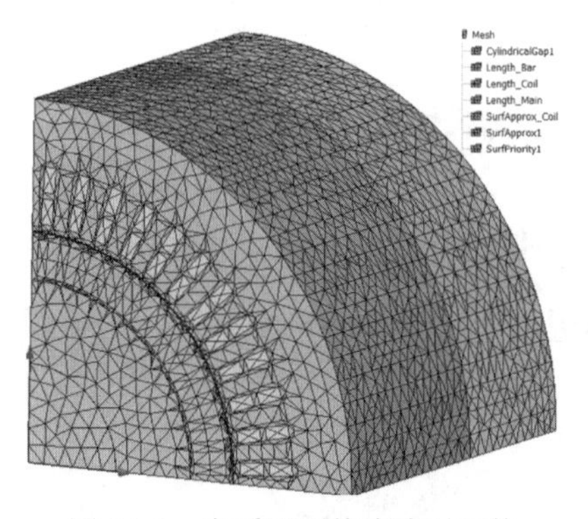

图 3-78　未采用网格克隆时网格

双击工程管理栏中 Mesh 下的 CylindericalGap1，弹出如图 3-75 所示的设置窗口，勾选 Clone Mesh，设置映射角为 0.5°，运动区和静止区均设置为 1 层，重新生成网格，如图 3-79 所示，可以看出明显的网格克隆特征。在绘图区选中 Stator，右键选择【Assign Mesh Operation】→【In Selection】→【Clone Mesh Destiny】命令，弹出网格克隆密度控制窗口，设置径向最大单元长度 5mm，设置轴向层数 30，得到网格如图 3-80 所示。

网格克隆还可以搭配 Edge Cut Based Refinement 命令和 Rotational Layer Based Refinement 命令，对定子齿和槽增添网格层。在绘图区选中 Stator，右键选择【Assign Mesh Operation】→【In Selection】→【Edge Cut Based Refinement】命令，设置层厚度为 0.5mm，右键选择【Assign Mesh Operation】→【In Selection】→【Rotational Layer Based Refinement】命令，设置层数为 3，总厚度为 1.2mm，完成设置后，得到最终的网格如图 3-81 所示，可以

看出在定子齿尖增加了三层网格，槽周围的铁芯也增加了一层网格。

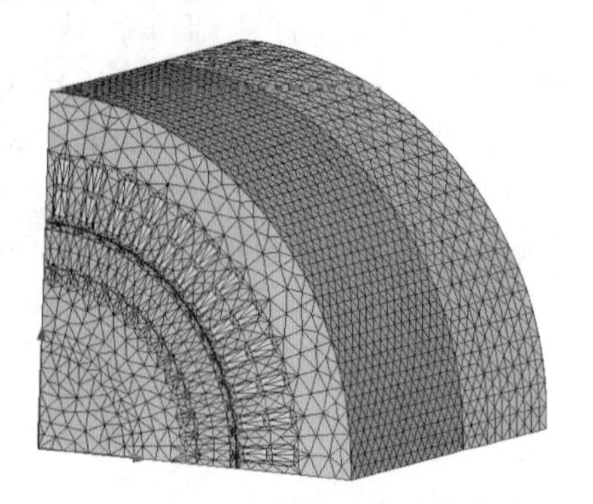

图 3-79　采用网格克隆时网格

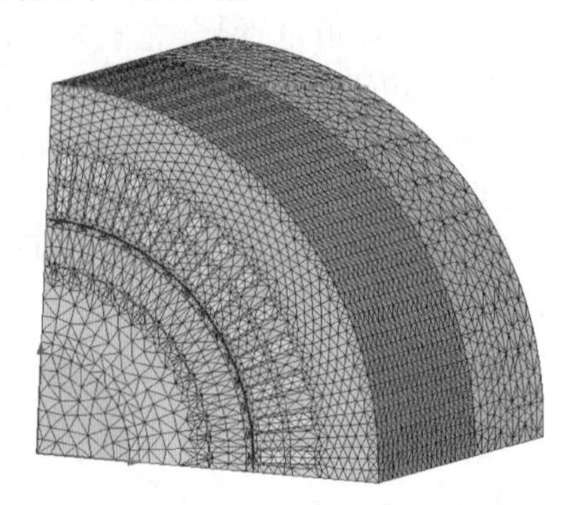

图 3-80　采用网格克隆密度时网格

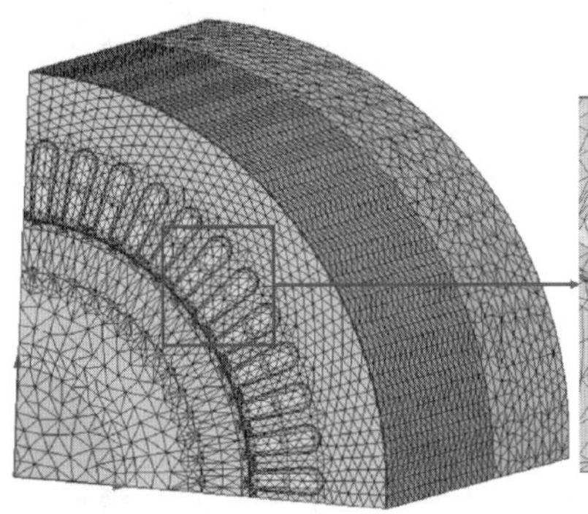

图 3-81　采用网格克隆+Edge Cut+Rotational Layer 的网格

3.6　激励源设置

3.6.1　电流激励

Step1：设置绕组分相。选择槽 1-3、19-21 内导体，在属性栏设置导体名称为 AP，颜色为黄色，如图 3-82 所示；选择槽 10-12、28-30 内导体，在属性栏设置导体名称为 AN，颜色为黄色，如图 3-83 所示。

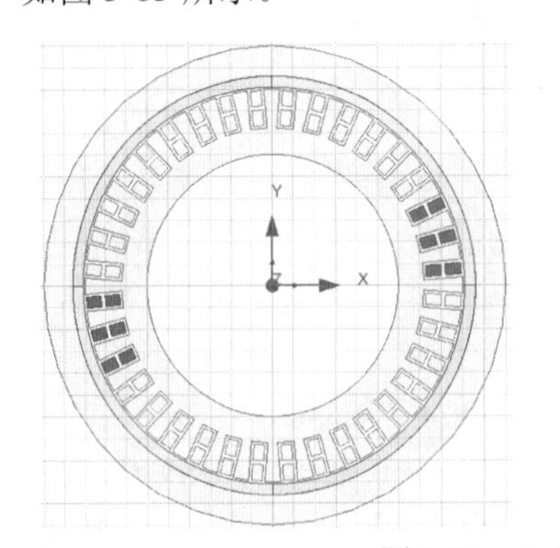

Properties

Name	Value	Unit	Evaluated Va...
Name	AP		
Material	"copper"		"copper"
Solve In...	☑		
Orientati...	Global		
Model	☑		
Group	Model		
Display ...	☐		
Material...	☐		
Color			
Transpa...	0		

Attribute

图 3-82　A 相绕组正极导体

按照相同的方法设置 B 相导体，选择槽 7-9、25-27 内导体，在属性栏设置导体名称为 BP，颜色为黄色；选择槽 16-18、34-36 内导体，在属性栏设置导体名称为 BN，颜色为绿色。

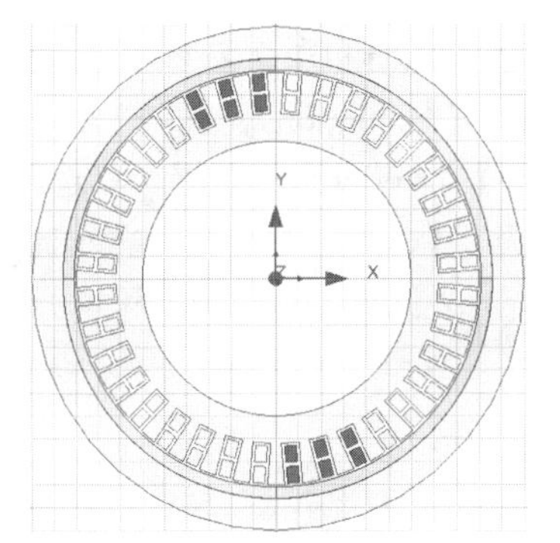

图 3-83　A 相绕组负极导体

按照相同的方法设置 C 相导体，选择槽 13-15、31-33 内导体，在属性栏设置导体名称为 CP，颜色为黄色；选择槽 4-6、22-24 内导体，在属性栏设置导体名称为 CN，颜色为红色。设置好 A、B、C 三相导体分类的电机模型如图 3-84 所示。

Step2：添加线圈。在绘图区或模型树中选中绕组 AP～AP_11，右键打开菜单，选择【Assign Excitation】→【Coil】，如图 3-85 所示，打开线圈激励设置对话框，设置线圈名称【Name】为 AP，在参数栏设置每一个线圈中包含的导体数【Number of Conductors:】为 10，极性【Polarity:】为正（Positive）。点击【OK】确认设置，在工程管理栏的【Excitations】内生成名称为 AP_1～AP12 的线圈。

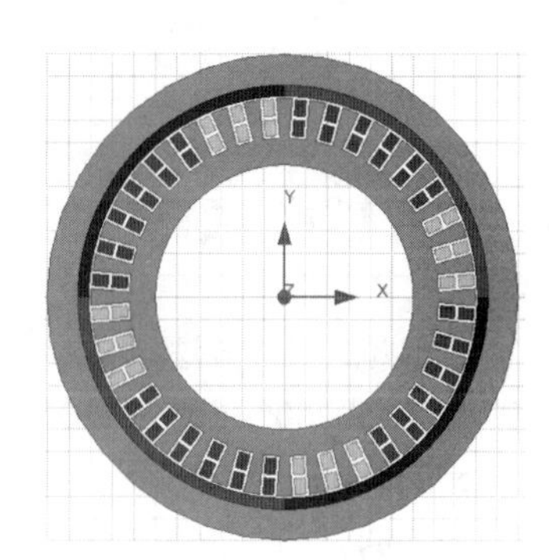

图 3-84　导体分相

选中 AN～AN_11，右键打开菜单，选择【Assign Excitation】→【Coil】，打开线圈激励设置对话框，设置线圈名称【Name】为 AN，在参数栏设置每一个线圈中包含的导体数【Number of Conductors:】为 10，极性【Polarity:】为负（Negative）。点击【OK】确认设置，如图 3-86 所示，在【Excitations】内生成名称为 AN_1～AN12 的线圈。

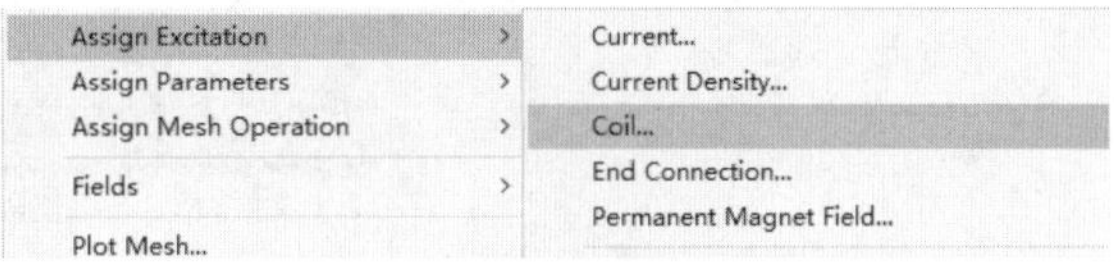

Assign Excitation　Current...
Assign Parameters　Current Density...
Assign Mesh Operation　Coil...
Fields　End Connection...
Plot Mesh...　Permanent Magnet Field...

图 3-85　设置导体激励菜单

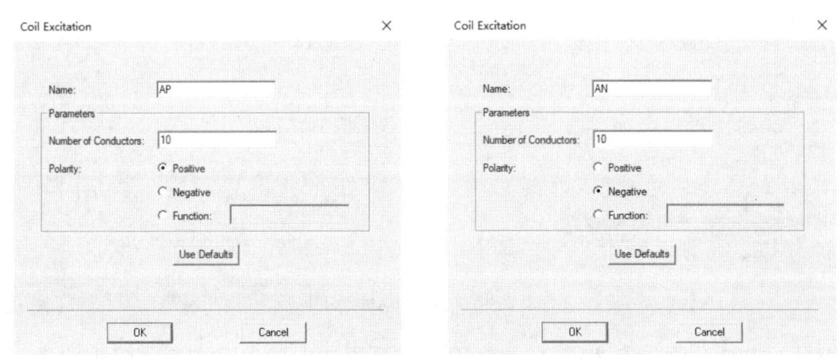

图 3-86　设置导体激励

按照上述步骤，分别选中 BP～BP_11、BN～BN_11、CP～CP_11、CN～CN_11，添加

线圈设置，其中 BP 和 CP 的极性设置为正（Positive），BP 和 CP 的极性为负（Negative）。

Step3：添加绕组。右键打开【Projects Manager】→【Excitations】，选择【Add Winding…】，弹出绕组【Winding】对话框，设置绕组名称【Name】为 WindingA，参数栏选择绕组激励类型【Type】为电流源【Current】，并勾选【Stranded】，设置【Current】为 200 * sin(2*pi*50*time)，并联支路数量【Number of parallel branches】为 2，单击【OK】，在工程管理栏【Excitations】内生成 WindingA 绕组，如图 3-87 所示。

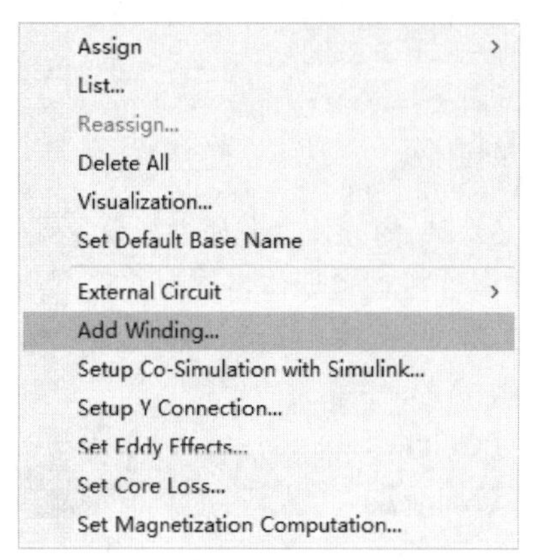

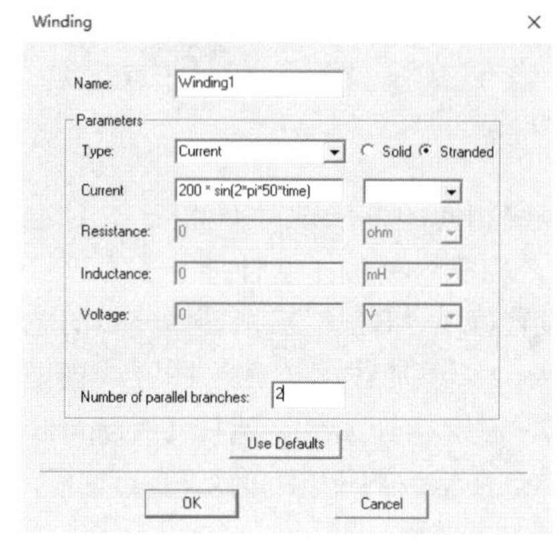

图 3-87　添加绕组并设置电流源

按照相同的方法，添加 B 相 WindingB 和 C 相绕组 WindingC，其中，B 相绕组【Current】栏填写为 200*sin(2*pi*50*time-2*pi/3)，C 相绕组【Current】栏填写为 200*sin(2*pi*50*time+2*pi/3)，其他设置相同。

Step4：将线圈添加至绕组中。在添加的绕组 WindingA 上右键打开菜单，选择【Add Coils…】，弹出 Add Terminals 对话框，勾选【Terminals not assigned to any winding】，按住 Shift 键，选择 AP1～AP12、AN1～AN12，点击【OK】，将线圈添加至 A 相绕组，如图 3-88 所示。

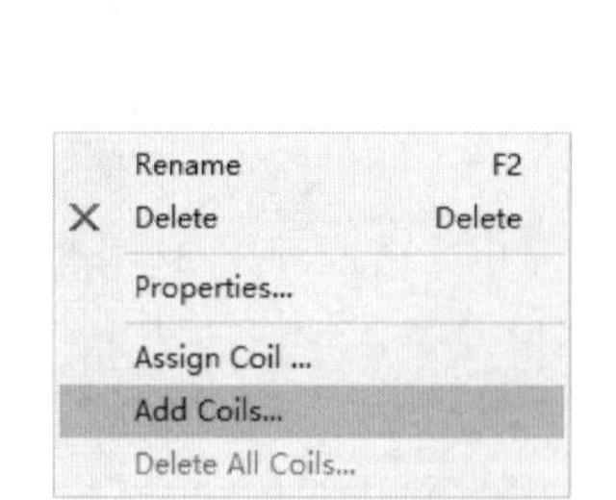

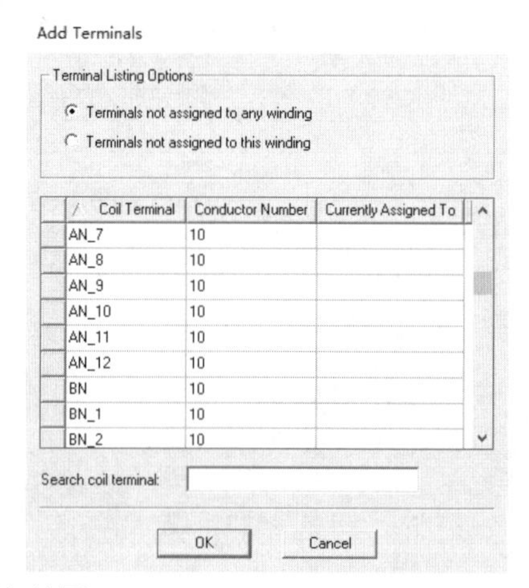

图 3-88　绕组添加线圈

按照相同的方法，添加 B 相和 C 相绕组。绕组添加完毕，可在工程管理栏【Excitations】选项中点击相应的绕组名称查看绕组分布情况，如图 3-89 所示。若绕组添加有误，可打开 Add Terminals 对话框修改。

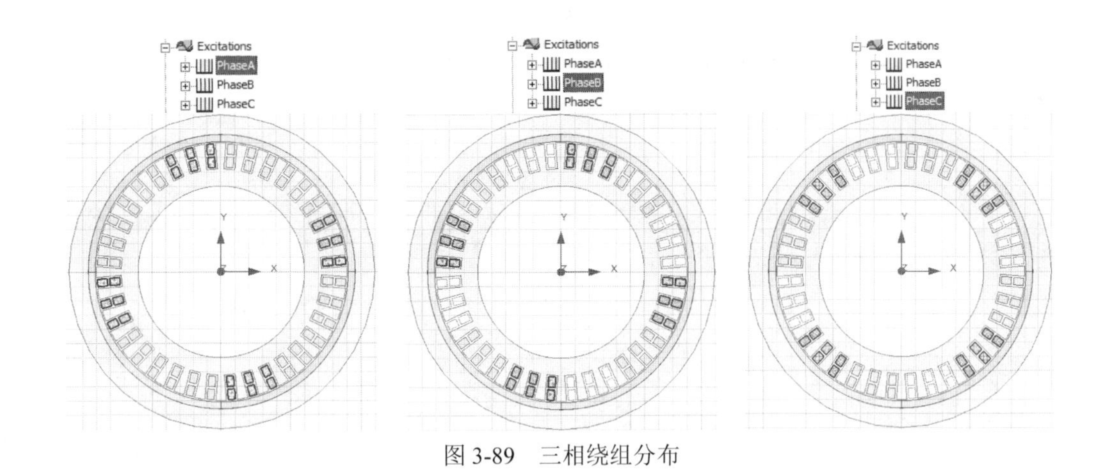

图 3-89　三相绕组分布

3.6.2　电压激励

电压源激励与电流源激励的设置步骤相同，不同的是，在 Step3 中，参数栏选择绕组激励类型【Type】为电压源【Voltage】，如图 3-90 所示，并勾选【Stranded】，设置初始电流【Initial Current】为 0，【Resistance】填写绕组相电阻 0.03Ω，【Inductance】为绕组端部漏感 40μH，【Voltage】为 80*sin(2*pi*50*time)，并联支路数量【Number of parallel branches】为 2，单击【OK】，在工程管理栏【Excitations】内生成 WindingA 绕组。

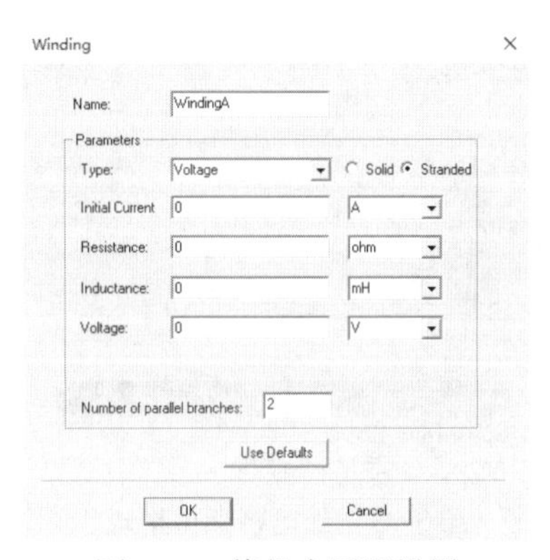

图 3-90　绕组电压源设置

按照相同的方法，添加 B 相 WindingB 和 C 相绕组 WindingC，其中，B 相绕组【Voltage】栏填写为 80*sin(2*pi*50*time-2*pi/3)，C 相绕组【Voltage】栏填写为 80 * sin(2*pi*50* time+2*pi/3)，其他设置相同。

3.6.3　外电路激励

采用外电路激励时，Step1 和 Step2 的设置与电流源的设置相同。

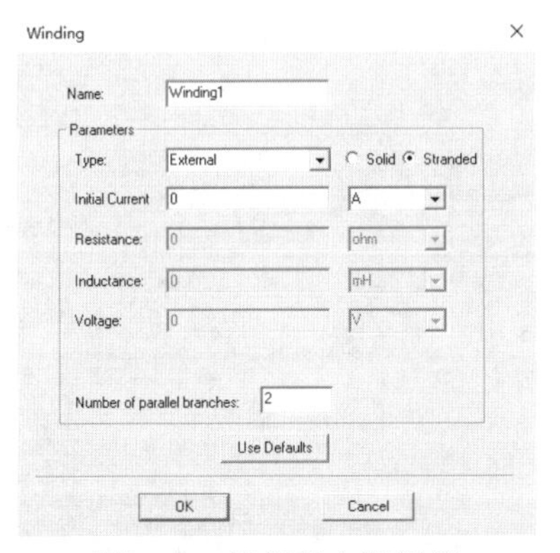

图 3-91　绕组外电路设置

设置绕组名称【Name】为 WindingA，参数栏选择绕组激励类型【Type】为电流源【External】，如图 3-91 所示，并勾选【Stranded】，设置【Initial Current】为 0，并联支路数量【Number of parallel branches】为 2，单击【OK】，在工程管理栏【Excitations】内生成 WindingA 绕组。按照相同的方法，添加 B 相和 C 相绕组。

外电路可以使用 Maxwell Circuit Design 创建，如图 3-92 所示。也可以使用 Simplorer 生成的复杂控制外电路。导入外电路时支持的格式有 Maxwell Circuit Netlist Files(*.sph)、spice Files(*. spi)和 Ansys Legacy Maxwell Circuit Files(*.ckt)三种，如图 3-93 所示。

在工程管理栏单击右键打开【Projects Manager】→【Excitations】，选择【External Circuit】→【Edit External Circuit】，如图 3-94 所示，打开外电路编辑【Edit External Circuit】对话框，如

图 3-95 所示，点击【Import Circuit Netlist】，打开外电路文件所在位置并导入，成功导入外电路之后显示如图 3-96。

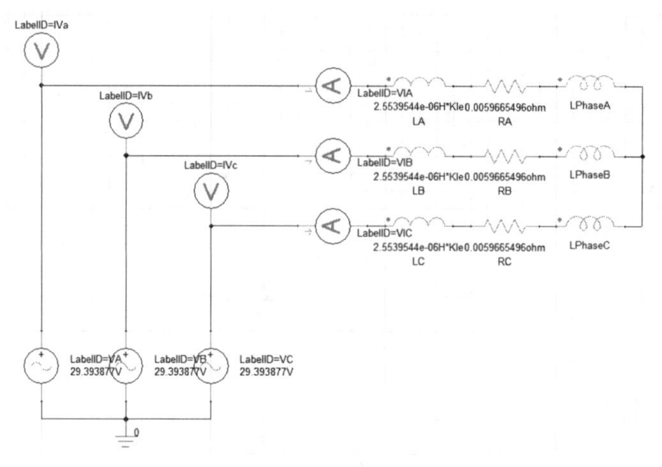

图 3-92　外电路

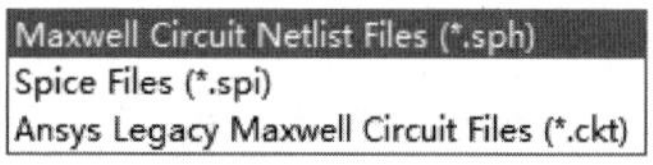

Maxwell Circuit Netlist Files (*.sph)
Spice Files (*.spi)
Ansys Legacy Maxwell Circuit Files (*.ckt)

图 3-93　外电路支持格式

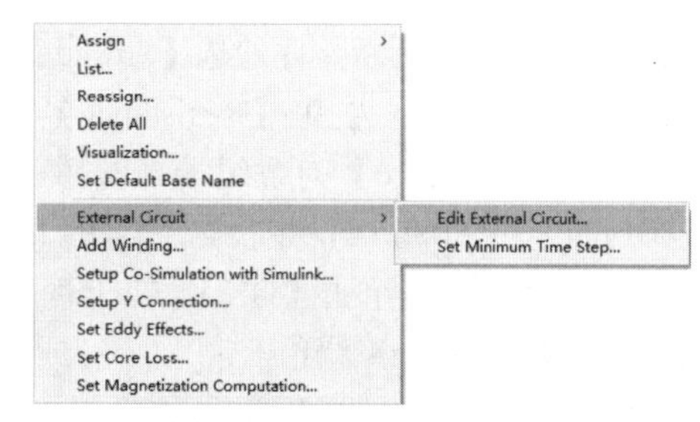

图 3-94　导入外电路菜单

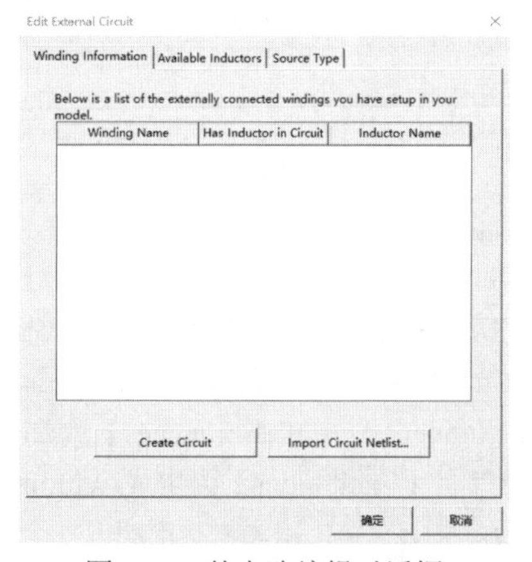

图 3-95　外电路编辑对话框

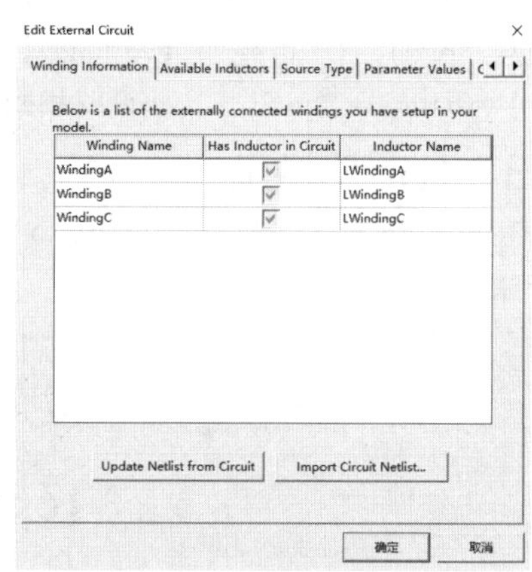

图 3-96　成功导入外电路

3.7　边界条件设定

3.7.1　常见边界条件分类

边界条件是电磁场求解的必要条件，二维场的边界主要有矢量边界【Vector Potential】、对称边界【Symmetry】、气球边界【Balloon】、主从边界【Matching】(旧版本为主边界【Master】

和从边界【Slave】，新版本更名为【Independent】和【Dependent】边界）；如图 3-97 所示，其中主从边界是配对使用。

三维场的边界条件有绝缘边界【Insulating】、对称边界【Symmetry】、主从边界【Matching】（旧版本为主边界【Master】和从边界【Slave】，新版本更名为主边界【Independent】和从边界【Dependent】）等边界条件，如图 3-98 所示。不同的求解场类型边界条件存在差异。

(a) 静磁场　(b) 涡流场　(c) 瞬态场

(d) 静电场　(e) 交流传导　(f) 直流传导

图 3-97　二维场边界

(a) 静磁场　(b) 涡流场

(c) 瞬态场　(d) 静电场/直流传导/电瞬态

图 3-98　三维场边界

3.7.2　不同边界条件的适用范围

不同的边界条件适用的求解场不同，见表 3-2。

表 3-2　边界条件及其适用范围

边界条件	适用场类型
矢量边界 Vector Potential	静磁场 Magnetostatic 涡流场 Eddy Current 瞬态场 Transient
对称边界 Symmetry	静磁场 Magnetostatic 静电场 Electrostatic 交流传导 AC Conduction 直流传导 DC Conduction 涡流场 Eddy Current 瞬态场 Transient

续表

边界条件	适用场类型
气球边界 Balloon	静磁场 Magnetostatic 静电场 Electrostatic 交流传导 AC Conduction 直流传导 DC Conduction 涡流场 Eddy Current 瞬态场 Transient
阻抗 Impedance	涡流场 Eddy Current
电阻 Resistance	直流传导 DC Conduction
主从边界 Matching Independent 和 Dependent	静磁场 Magnetostatic 静电场 Electrostatic 交流传导 AC Conduction 直流传导 DC Conduction 涡流场 Eddy Current 瞬态场 Transient

3.7.3　各边界条件的使用方法

① 矢量边界（Vector Potential）：边界的外部矢量磁位为某一特定值，如通常设置为 0，如图 3-99 所示。二维场中，选中要使用矢量边界条件的线（Line）或者边（Edge），通过【Maxwell 2D】→【Boundaries】→【Assign】→【Vector Potential】设置。

② 气球边界（Balloon）：气球边界被认为是绘图区域外无穷远处的边界，而不需要将实际边界绘制得过于庞大，例如无穷远处的电荷与求解区域内电荷匹配，或者无穷远处的电压为 0（接地）等场合，静电场默认此设置。二维静电场中，选中要设置气球边界的边（Edge），通过【Maxwell 2D】→【Boundaries】→【Assign】→【Balloon...】设置，可选择电压（Voltage）或者电荷（Charge）作为气球边界类型，如图 3-100 所示。其他类型场中，没有此选项。

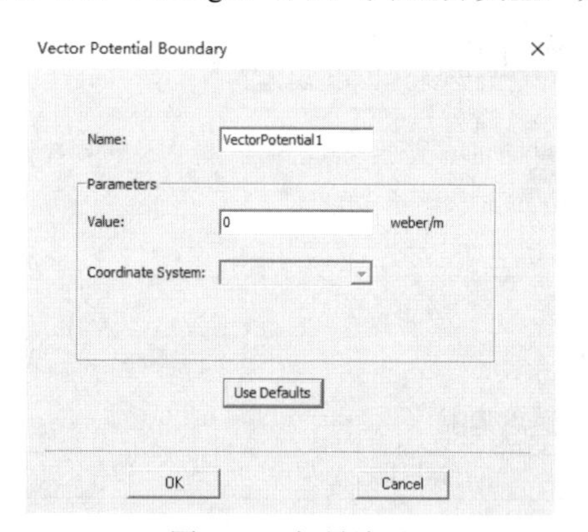

图 3-99　矢量边界

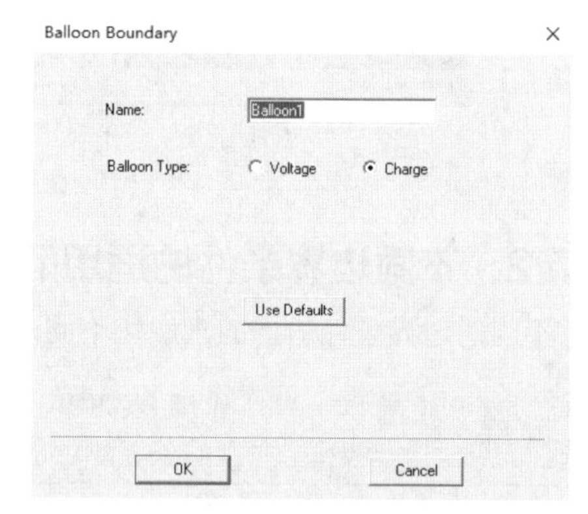

图 3-100　气球边界

③ 绝缘边界（Insulating）：适用于隔离两个相互接触的导体，但二者之间不需要导电的场合。

④ 对称边界（Symmetry）：分为奇对称 Odd 和偶对称 Even，奇对称为磁力线与边界平行，磁场强度与边界相切，其法向分量为 0；偶对称为磁力线与边界垂直，磁场强度与边界垂直，其切向分量为 0。二维场，选中要设置对称边界的边（Edge），执行【Maxwell 2D】→【Boundaries】→【Assign】→【Symmetry...】设置，并选择奇对称或偶对称，如图 3-101 所示；

三维场，选中要设置对称边界的面(Face)，执行【Maxwell 3D】→【Boundaries】→【Assign】→【Symmetry…】设置。

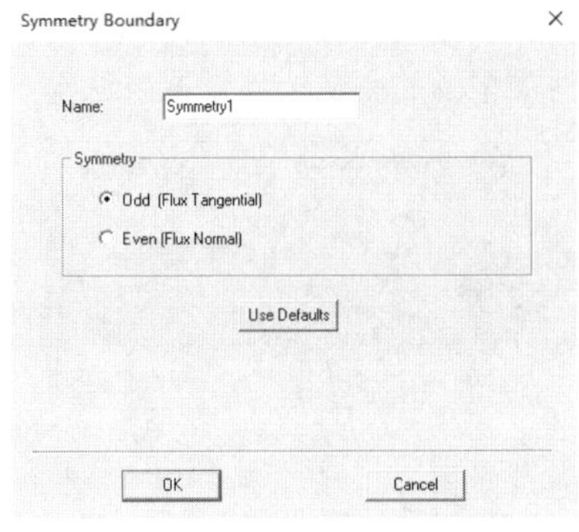

图 3-101　对称边界

⑤ 主从边界(Mathcing)(Master/Slave or Independent/Dependent)：主从边界需要主边界和从边界配合使用，不能单独使用。对二维场，主边界和从边界上的场矢量方向相同或者相反。首先选中设置主边界的边（Edge），执行【Maxwell 2D】→【Boundaries】→【Assign】→【Mathing】→【Independent】，打开对话框，设置名称以及是否改变矢量的方向。

选中设置从边界的边（Edge），执行【Maxwell 2D】→【Boundaries】→【Assign】→【Mathing】→【Dependent】，打开对话框，设置名称；在【Independent Boundary】的下拉菜单中选择与从边界配对的主边界名称；在【Relation】中选择主从边界关系，若幅值和方向相同，选择 Bdep=Bind，若幅值相等，方向相反，则选择 Bdep=-Bind，如图 3-102 所示。其他类型场的主从边界设置方法与上述一样。

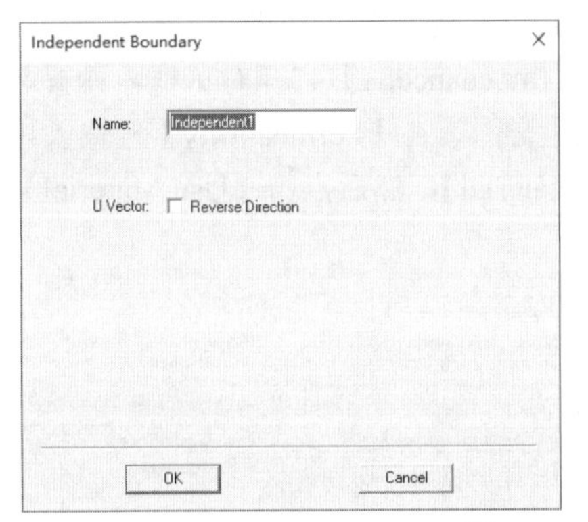

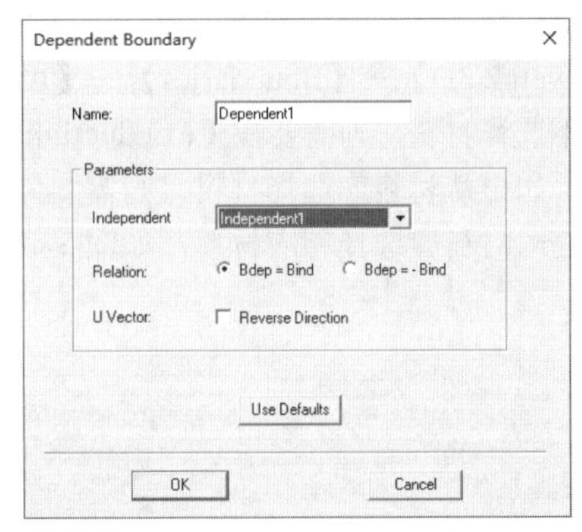

图 3-102　二维场主从边界

三维场的主从边界设置，首先选中设置主边界的面（Face），点击【Maxwell 3D】→【Boundaries】→【Assign】→【Mathing】→【Independent】打开对话框，设置名称（或接受默认名称）；在【U Vector】下拉菜单中选择 New Vector，显示【Create Line】消息框，【Independent Boundary】对话框消失；在选中的面上点击一个顶点作为 U Vector 的起点（或在状态栏输入），点击选中面的相邻顶点作为 U Vector 的端点，【Independent Boundary:】对话框再次出现；选择【U Vector】下拉菜单，显示 Defined，若要翻转 U Vector，勾选 Reverse Direction。绘图区所选面上出现两个相互垂直的矢量，点击【OK】确认主边界设置，如图 3-103 所示。

选中设置从边界的面（Face），点击【Maxwell 3D】→【Boundaries】→【Assign】→【Mathing】→【Dependent】打开对话框，设置名称；在【Independent Boundary】下拉菜单中选择与该从边界配对的主边界的名称；在【U Vector】下拉菜单中选择 New Vector，显示【Create Line】消息框，【Dependent Boundary】对话框消失；在选中的面上点击与主边界 U Vector 对应的顶点作为从边界 U Vector 的起点，点击选中面上与主边界 U Vector 对应的相邻顶点作为 U Vector 的端点，【Independent Boundary】对话框再次出现；选择【U Vector】下拉菜单显示 Defined，若要翻转 V Vector，勾选 Reverse Direction。在绘图区所选面上出现两个相互垂直的矢量，在【Relation】栏选择主从边界关系，若幅值和方向相同，选择 Hdep=Hind，若幅值相等，方向相反，则选择 Hdep=-Hind，点击【OK】确认主边界设置，如图 3-103 所示。其他类型场的主从边界设置方法与上述一样。

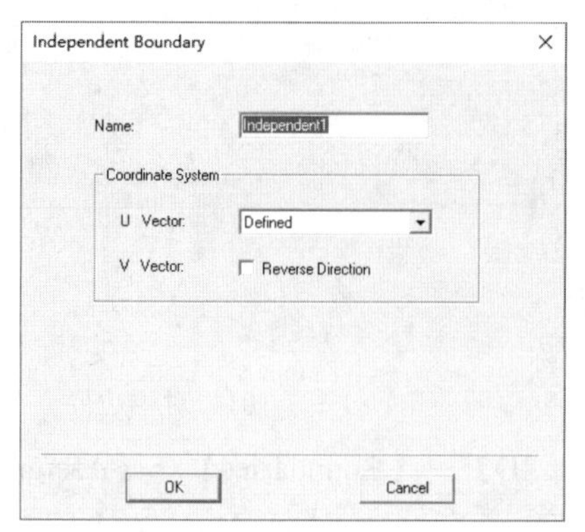

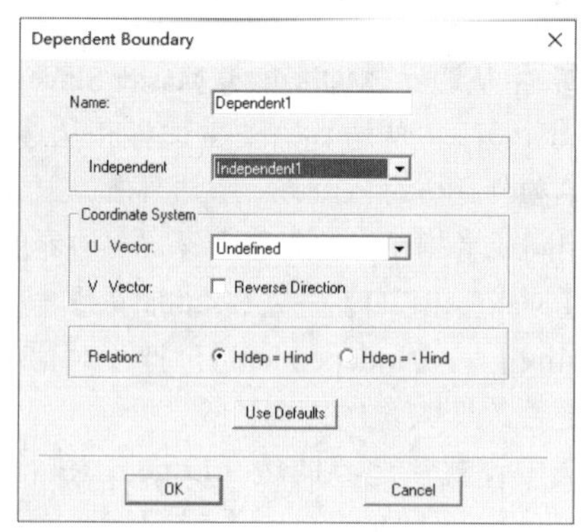

图 3-103　三维场主从边界

⑥ 阻抗边界条件（Impedance）：适用于涡流场，用来分析固定频率正弦激励的似稳电磁场，当电源频率增大时，集肤效应深度减小，可通过对厚度很小的导体施加阻抗边界条件来考虑集肤效应。选择要设置阻抗边界条件的模型的边（二维模型）或面（三维模型），点击【Maxwell 2/3D】→【Boundaries】→【Assign】→【Impedance...】打开对话框，设置名称，如果不选择材料，则需要在【Conductivity】栏输入电导率，在【Permeability】栏输入相对磁导率；如果从材料库选择材料，则需要勾选【Use Material】，然后点击【Use Material】后的按钮进入材料库选择相应材料，如图 3-104 所示。

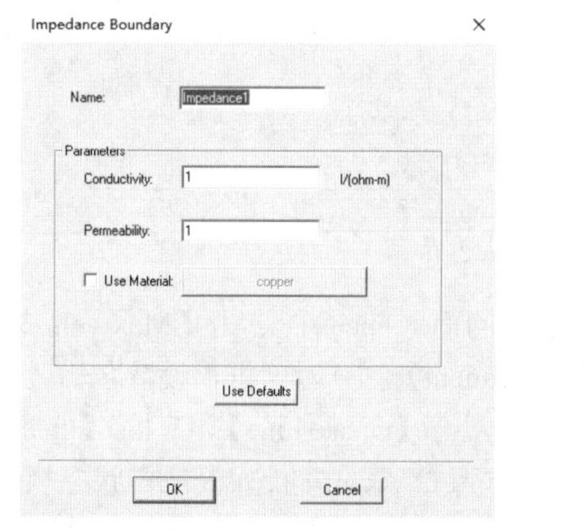

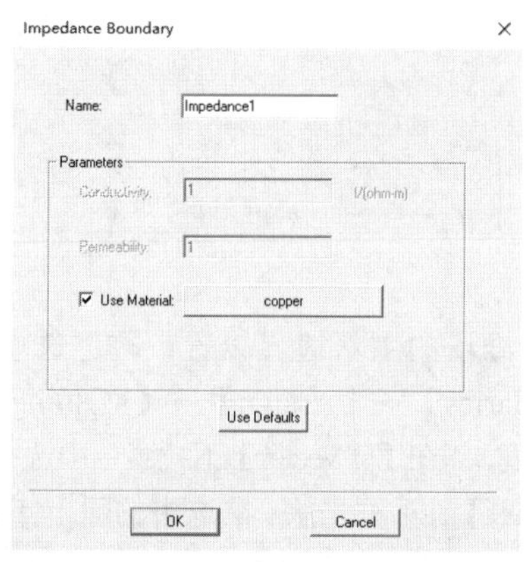

图 3-104　阻抗边界

⑦ 电阻边界条件（Resistance）：在二维直流传导场中，当导体上存在非常薄的阻性材料，如金属表面的沉积物、涂层或氧化层等时，其厚度远小于其他部件的尺寸，可以使用该边界条件描述该阻性薄层。选择要设置电阻边界条件的模型的边，点击【Maxwell 2D】→【Boundaries】→【Assign】→【Impedance...】打开对话框，设置名称；在【Parameters】栏设置电导率（Conductivity）、电阻层厚度（Thickness）以及单位、电压（Voltage）以及单位，如果包含内部空间变量（如 *X*、*Y* 或 *Z*），需要从下拉列表中选择坐标系，如图 3-105 所示。

其他边界条件使用较少，可结合具体模型使用相应边界，详细设置可查看帮助文件。

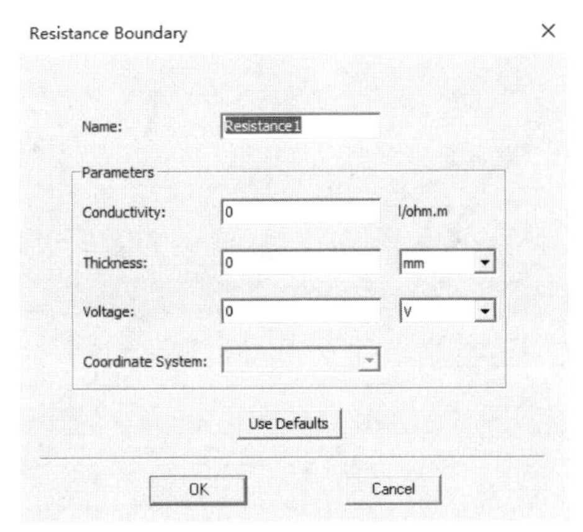

图 3-105　电阻边界

3.8　自定义监测参数设定

3.8.1　电感参数

右击 Design 名称，打开菜单，选择【Design Setting…】，打开对话框，选择【Matrix Computation】选项卡，如图 3-106 所示，勾选计算电感矩阵【Compute Inductance Matrix】，电感矩阵的求解方法有两种：视在电感（Apparent）和增量电感（Incremental），通常情况下选择第一种即可。

计算完毕后，在结果中可查看计算出的电感值。右击【Results】，打开菜单，如图 3-107 所示，选择【Create Transient Report】→【Rectangular Plot】，打开报告对话框，【Category】选择绕组 Winding，中间栏可选择要查看的电感值，点击【New Report】生成绘图。

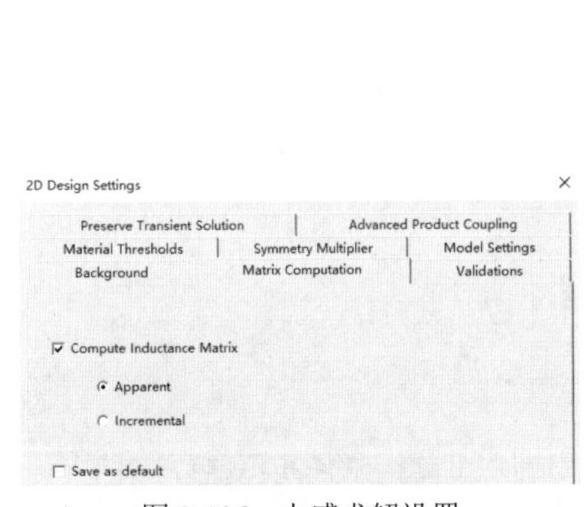

图 3-106　电感求解设置

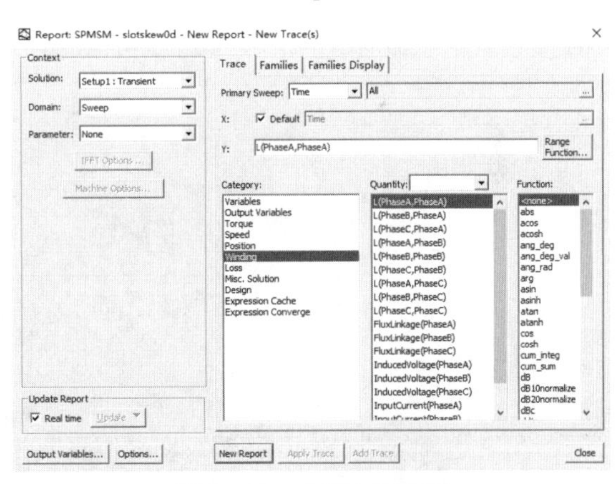

图 3-107　求解电感绘图

3.8.2　非直接求解模型受力/转矩参数

除了可分析 Band 的受力（转矩）外，还可通过设置分析模型任意部件的受力（转矩）情况。以电机中一块永磁体受力为例，需要执行如下操作。

首先选中需要分析的受力对象，右键打开菜单，选择【Assign Parameters】→【Force/Torque】，打开 Force Setup 对话框，可将该力命名为 MagForce，点击【确定】退出设置，在工程管理栏 Parameters 下生成【MagForce】，点击受力分析的名称即可查看受力部件，如图 3-108 所示。

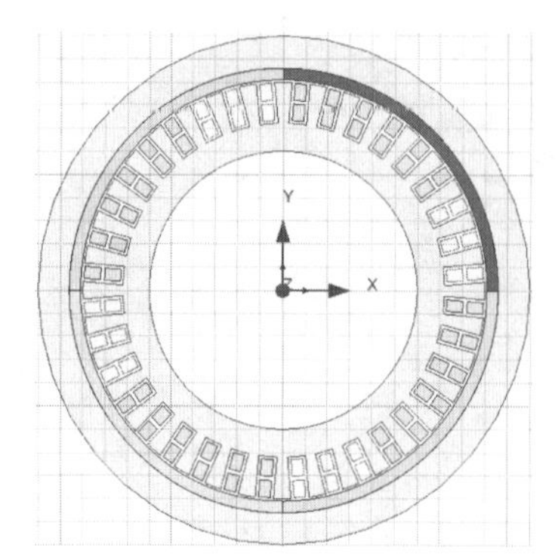

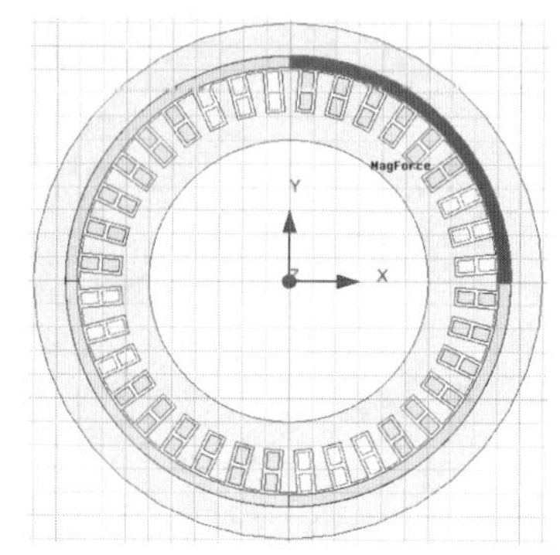

图 3-108　电机单个永磁体受力设置

待计算完毕，在结果中可查看该对象的受力分布。右击【Results】打开菜单，选择【Create Transient Report】→【Rectangular Plot】，打开报告对话框，【Category】选择 Force，中间栏可选择要查看的力的名称，如 MagForce 的 X、Y 方向的力或者合力，也可多选，点击【New Report】生成受力分析绘图，如图 3-109 所示。可按照相同的方法，自定义需要受力（转矩）分析的部件。

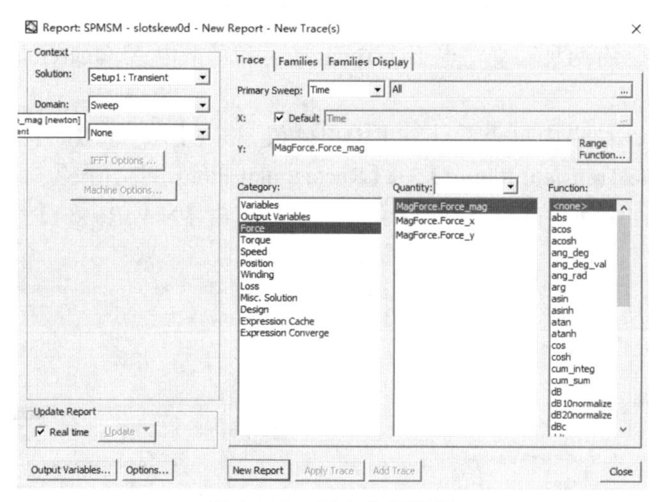

图 3-109　受力分析绘图

本章小结

本章介绍了二维场和三维场前处理包括的各项设置方法及步骤；介绍了场的求解类型、模型的材料库以及材料属性设置、运动部件的设置、模型的网格剖分、各种激励的设置、主要边界条件，以及电感参数求取设置和非直接求解力/转矩的设置，并以不同的电机为例对运动边界、电源设置等进行了详细讲解。

第4章

求解及后处理

扫码观看本章视频

4.1 求解参数设置

本节主要介绍Maxwell 2D/3D仿真中，不同求解模型（2D、3D）在不同物理场（静电场、交变电场、直流传导电场、静磁场、瞬态磁场、涡流场）的求解器参数设置方法。考虑到电场和磁场求解器参数设置的共通性，因此本节将其分为稳态求解器（静电场，静磁场，直流传导电场）、频域求解器（涡流场，交变电场）和瞬态求解器（瞬态场）三类并进行介绍。

4.1.1 稳态求解器

静电场、静磁场和直流传导电场的激励源均为非时变的恒定值，因此其求解器的参数设置基本相同。在完成模型的前处理设置后，右键点击工程管理栏的Analysis，选择Add Solution Setup建立求解器（求解器可以添加多个，彼此相互独立，可以用来求解不同工况），弹出求解器参数设置窗口，如图4-1所示。求解器参数设置窗口包含General、Convergence、Expression Cache、Solver、Defaults 5项，其中Expression Cache和Defaults项一般不用设置，保持默认即可，所以，在此主要说明其他3项的设置方法。

如图4-1所示，General设置项主要定义求解器名称、自适应设置、求解参数设置和并行求解设置4块。求解器名称区（Name）可以自行定义求解器的名字，Enable选择项定义该求解器是否运行。自适应设置区（Adaptive Setup）设置最大迭代步数和收敛误差百分比，在模型计算时，当计算步数达到最大迭代步数时，无论是否收敛，均会停止计算，所以设置该值时不能太小，以免无法收敛导致停止运算。收敛误差百分比是有限元变分方程求解过程中的收敛精度设置，默认1%，如果对精度要求较高，可以降低收敛误差百分比，但也不能过小，否则导致模型求解速度过慢。参数区（Parameters）主要设置求解参数，Solve Fields Only项代表在计算过程中只求解场量，而不会进一步计算求解参数，Solve Matrix项表示求解矩阵参数，余下两个选项After last pass和Only after convering分别表示求解矩阵参数在完成最后一步求解后和每一步收敛后求解。并行求解设置（HPC and Analysis Options）是通过单独对话框进行设置的（图4-2），其中机器列表和选项设置都集成在分析配置中。通过设置HPC and Analysis Options可实现Maxwell/Rmxprt仿真的单机多任务并行计算或者多机多任务并行计算，目前针对Maxwell 2D的Transient Solver的TDM（时间分布式计算理论）计算，也有着显著的效果。目前对于个人用户，使用Local Configuraion较多，因此就以本地配置为主进行介绍。对于远程和分布式求解可以创建更多求解配置，具体参见软件帮助文档。

点击HPC and Analysis Options选项，打开后即为默认配置，也是单个本地计算机上的求解设置。如图4-2所示，在Configurations选项栏，能够选择该设置使用的Design Type，并显示了当前有效配置的列表，列表包含是否激活、名称、总的任务数3项简要参数，在有效配置列表栏和选中配置详情栏中间包含了激活选中配置、添加新配置、编辑选中配置、删除选中配置、复制选中配置、导入新配置、导出选中配置7项针对配置的可操作命令。选中配置详情栏给出了当前配置的详细信息。在 Options 选项栏，基本保持默认值即可，如果需要按顺序进行多个 Design 的仿真，勾选 Queue all Simulations 即可。

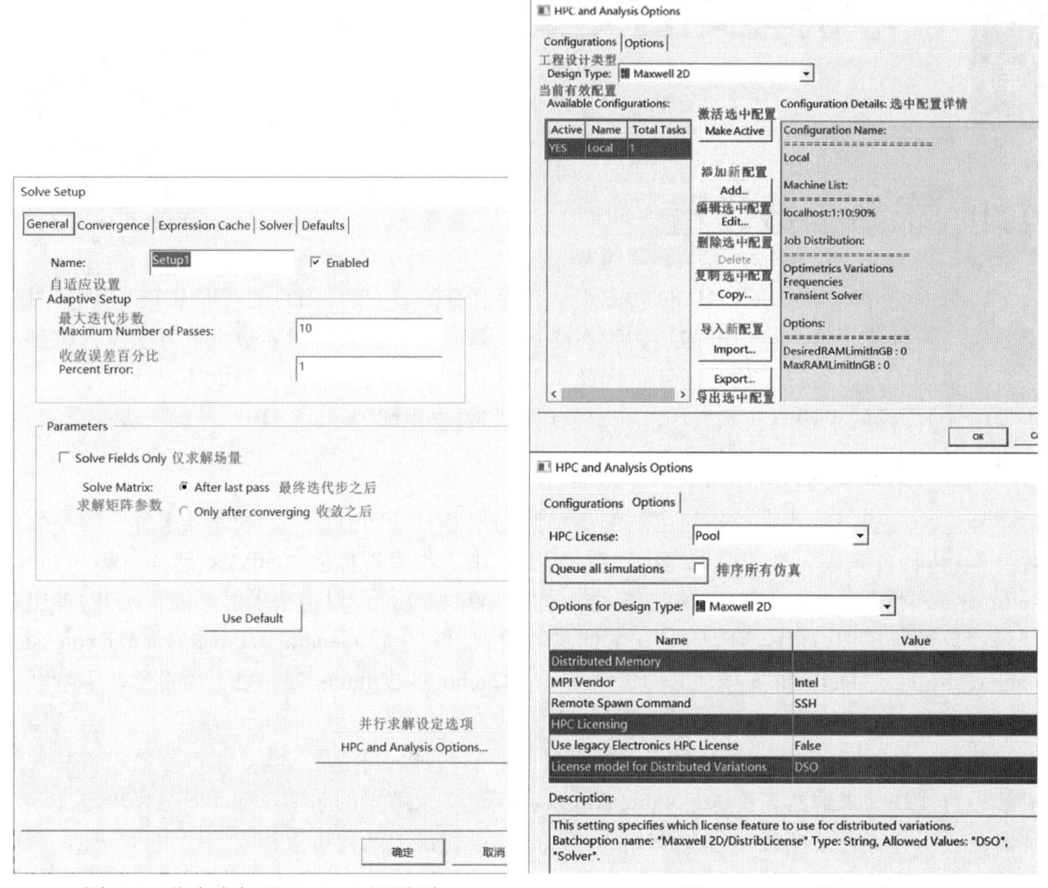

图 4-1　稳态求解器 General 设置项　　　　图 4-2　HPC 设置项

如果需要修改当前配置，可以点击 Edit Analysis Configuration，弹出 Analysis Configuration 编辑窗口，如图 4-3 所示。在该设置窗口主要包含两类计算方式的配置，一类是用户手动执行配置，一类为软件自动执行配置（Use Automatic Setting）。当未勾选 Use Automatic Settings 时，配置界面如图 4-3 所示，在图 4-3（a）的 Machines 栏可以自定义本地配置的名字、任务数（Tasks）、核心线程数（Cores）和 RAM Limit 百分比。此处需要注意，设定的 Tasks 数值不能大于 Cores 数值，Cores 数值不能大于本地计算机最大线程数，在设置 Cores 和 RAM Limit（%）时，建议留出 10%～20%的余量，以防计算机超负荷运转宕机。在 Machine Details 区域，除了本地计算机外，还有远程计算机和服务器连接设置、外部机器的文件导入等，在此不再展开讲述。在图 4-3（b）的 Job Distribution 栏，需要对执行分布式计算的类型进行勾选，默认勾选了优化变量（Optimetrics Variations）、频率扫描（Frequencies）、瞬态计算（Transient Solver），目前新版本还提供了矩阵求解项（Solution Matrix）可供勾选。只有勾选后，在执行相关运算时，HPC 才会起作用，其他选项保持默认即可。在图 4-3（b）的 Options 栏主要设置在仿真计算中的内存限制，包含期望 RAM 限制值（Desired RAM Limit）和最大 RAM 限制值（Maximum RAM Limit），默认两项均为 0，即无限制；如果需要手动进行限制，修改其默认值即可。如果在图 4-3（a）中勾选了 Use Automatic Settings，则只需要设置 Machines 栏中的 Cores 和 RAM Limit（%）即可。其中计算任务数（Tasks）和 Job Distribution 设置栏均消失不用设置，Options 内存设置栏保持默认。

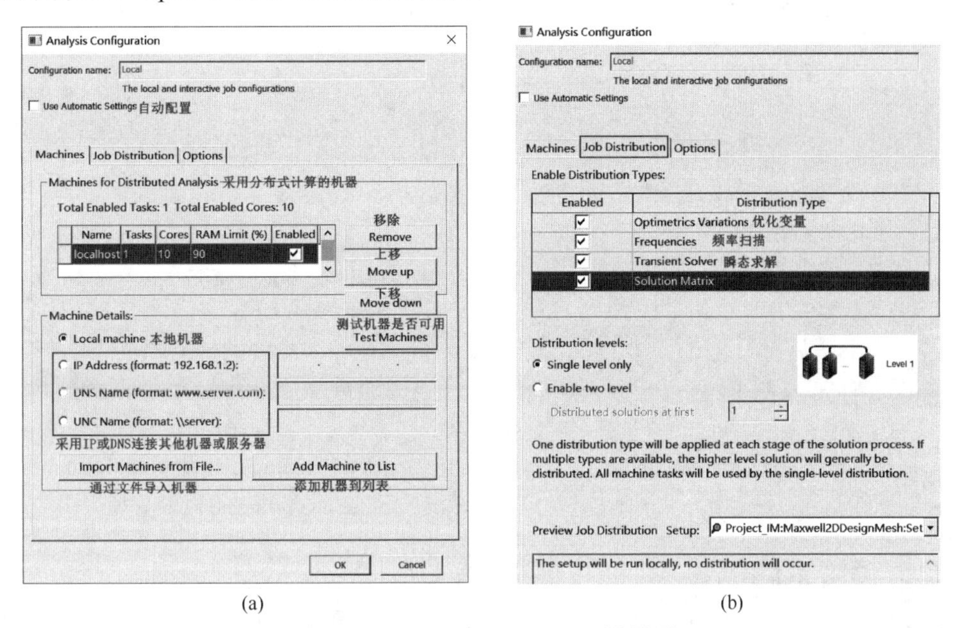

(a) (b)

图 4-3　Analysis Configuration 设置项

完成相关配置后，点击【OK】，完成 HPC and Analysis Options 设置。需要说明一点，针对一台机器，HPC 只需要设置一次，运行其他 Project 时即可按照设置执行，不用重复设置，如果 Project 不需要执行 HPC 配置，进入修改即可。

如图 4-4 所示的 Convergence 项主要有 3 项，【Refinement Per Pass】定义每步迭代网格数量增加百分比，该值越大，网格增加越多，默认为 30%；【Minimum Number of Passes】定义最小迭代步数，默认值为 2；【Minimum Converged Passes】定义最小收敛步数，默认值为 1。后两项一般保持默认值即可。

如图 4-5 所示的 Solver 项只有导入网格【Import mesh】一项，如果不需要导入网格，不用勾选，保持默认即可。如果需要导入网格，则勾选 Import mesh，然后点击【Setup Link】，弹出图 4-6 所示的设置窗口。【Setup Link】中【Additional mesh refinements】项设置如图 4-7 所示。

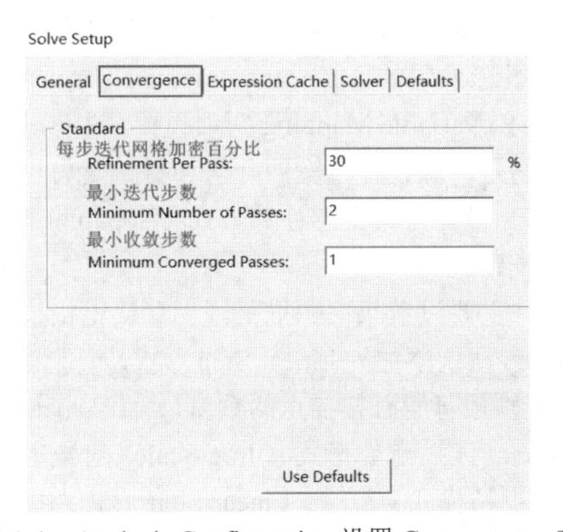

图 4-4　Analysis Configuration 设置 Convergence 项

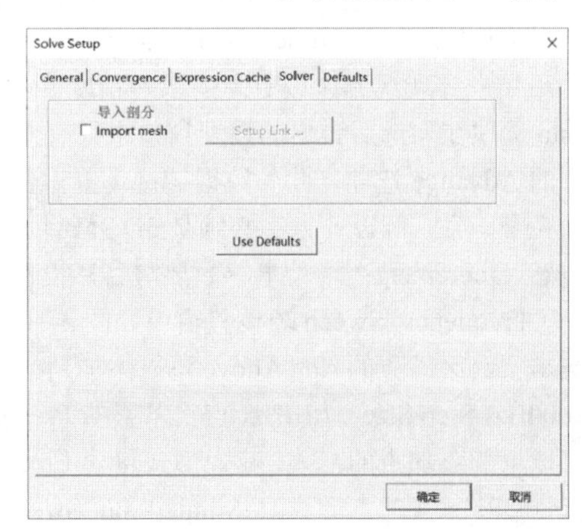

图 4-5　Analysis Configuration 设置 Solver 项

图 4-6 Solver 项中 Setup Link 设置

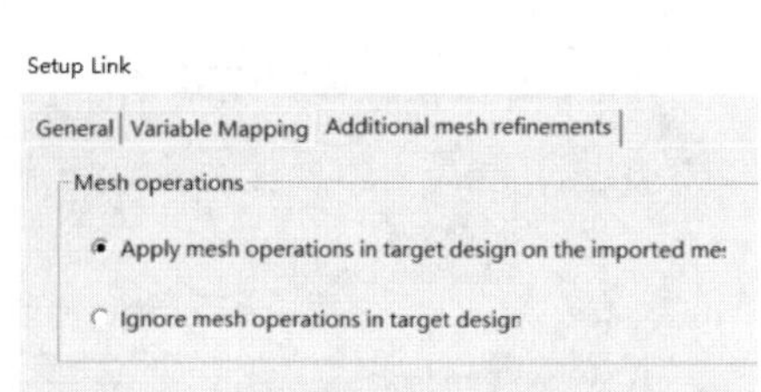

图 4-7 Setup Link 中 Additional mesh refinements 设置项

4.1.2 频域求解器

交流传导电场和涡流场的激励源均为随频率变化的正弦量，因此将二者归为频域求解器类。前一节针对稳态求解器的参数设置进行了详细的介绍，而且相同的场中 Maxwell 3D 模型的求解器设置基本涵盖了 Maxwell 2D 的设置，因此本节将以 Maxwell 3D 涡流场为例对频域求解器的设置进行讲解，当 Maxwell 2D 和 3D 模型求解器或涡流场与交流传导电场求解器的设置存在差异时，文中会加以说明。

在完成相关边界条件处理、激励添加等前处理工作后，右键点击 Analysis 建立求解器，弹出设置窗口（图 4-8）。该窗口包含 General、Convergence、Expression Cache、Solver、Frequency Sweep 和 Defaults 6 项设置，其中 General、Expression Cache 和 Defaults 3 项的设置内容和方法与稳态求解器相同，Convergence 项也基本相同，只有在 Maxwell 2D 涡流场中增加了一个收敛判断（Use Loss Convergence）供选择。Solver 项的设置（图 4-9）与稳态求解器中的设置方法也基本相同，不同的是多了 Adaptive Frequency 和 Use higher order shape functions 两个设置项。其中 Adaptive Frequency 栏设置激励源的基础频率，默认为 60Hz，支持变量和表达式赋值。Use higher order shape functions 是 Maxwell 3D 涡流场的特有设置，通过使用更高阶的函数来实现涡流区域更高的求解精度。然后高级选项区的 Use pre-computed permeability data 选项在勾选后弹出的设置窗口中只有 General 和 Variable Mapping 两项设置，没有静磁场中的 Advance 选项，此外数据链接设置需要注意的是，源设计方案的几何和材料要与目标设计完全一致，源设计方案必须是 3D 静磁场求解，源设计方案电感计算方式（Apparent：视在电感，Increment：增量电感）要与目标设计方案一致。

Frequency Sweep 项设置窗口如图 4-10 所示，主要设置频率扫描范围，默认无扫描点，点击空白区下方的 Add Above 可以添加新的扫描点，默认添加为 Linear Step 形式，范围为 10～1000Hz，Step Size 为 10Hz，点击下方的 Preview 可以预览所有扫描点的数值。点击 Linear Step 可以更改添加点的形式，其他形式包含 Linear Count（线性点数形式）、Log Scale（对数形式）、Single Point（单点形式）、Single Point Sweep（单点扫描式）4 种。Linear Step 形式为指定起止范围和步长。Linear Count 形式是指定起止范围和线性点数。Log Scale 形式是指定起止范

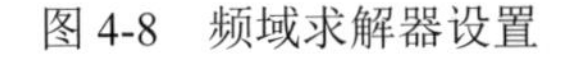

图 4-8　频域求解器设置

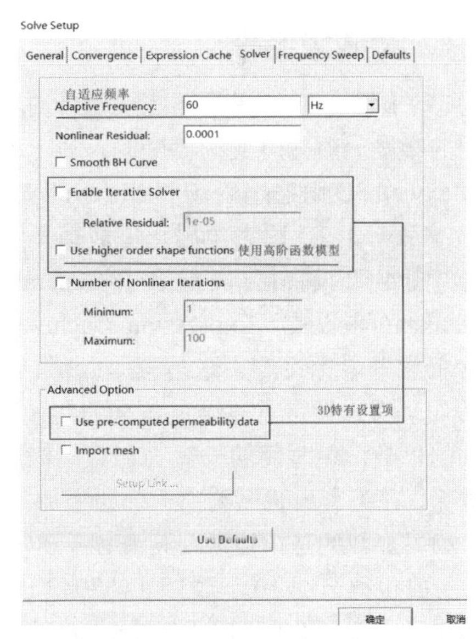

图 4-9　频域求解器 Solver 项设置（3D 涡流场）

围和采样点数，需要注意的是采样点数控制的是起止点数值间的扫描点的常用对数值之间的差值（1/采样点数），即当给定起止点为 f_s、f_e 时，采样点数为 5，其扫描频率点的常用对数（lg）值之间的差为 0.2，即扫描点应该为 f_s、$10^{(\lg f_s+0.2)}$、$10^{(\lg f_s+0.4)}$、$10^{(\lg f_s+0.6)}$、$10^{(\lg f_s+0.8)}$…、10^3 共 11 个点。例如 f_s=2Hz，f_e=10Hz，采样点数为 5，则给出扫描点为 2、$10^{(\lg 2+0.2)}$、$10^{(\lg 2+0.4)}$、$10^{(\lg 2+0.6)}$、10。Single Point 形式为直接指定单一频率值。Single Point Sweep 是将已存在的多点扫描范围转化为单点形式，如图 4-11 所示，即将图 4-10 中线性步长的 10 个扫描点转化为 10 个单点数据。该操作的优势在于场的保存处理上，如针对图 4-10 中线性步长点范围，只能保存所有场数据，即勾选下方 Save fields at all frequency points，若仅想保存部分点的场数据，则是无法操作的。但如果转化为图 4-11 的单点数据，可以不勾选【Save fields at all frequency points】保存所有扫描点的场数据，只需要勾选要保存的扫描点一栏的 Save Fields 即可。

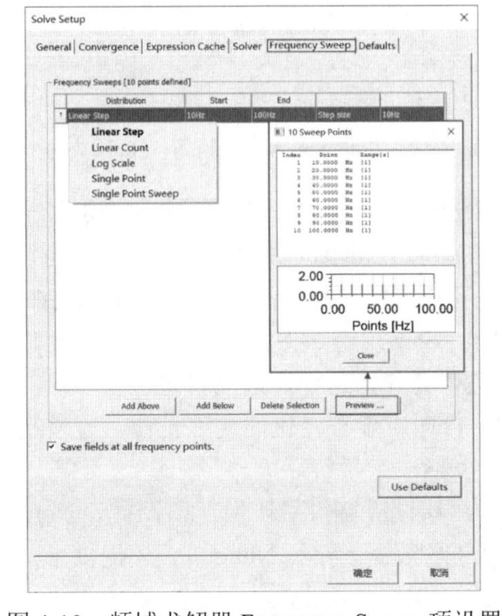

图 4-10　频域求解器 Frequency Sweep 项设置

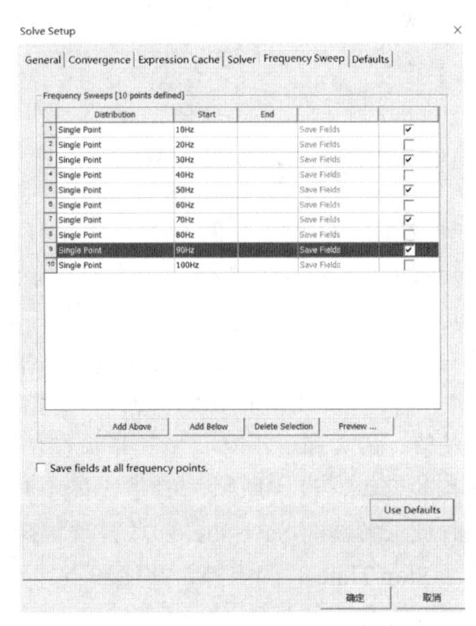

图 4-11　Frequency Sweep 项中 Single Point Sweep

4.1.3 时域求解器

稳态求解器和频域求解器主要是针对非瞬态求解场，瞬态磁场（2D/3D）和瞬态电场（3D）所采用的激励一般为时变的激励源，属于瞬态求解场，因此将其求解器归为时域求解器。本节以 Maxwell 3D 瞬态电磁场和 Maxwell 3D 瞬态电场为例介绍其时域求解器的设定。

当 Maxwell 3D 瞬态电磁场完成模型绘制和前处理过程后，右键点击 Analysis 建立求解器，弹出图 4-12 设置窗口，包含了 General、Save Fields、Advanced、Solver、Expression Cache 和 Defaults 6 项设置。Expression Cache 和 Defaults 两项保持默认即可，不用设置。General 项包含求解器名称设定、求解器是否激活设定（Enabled），瞬态设定（Transient Setup）及 HPC 设置。瞬态设定需要给定仿真的终止时间以及仿真的时间步长，终止时间一般选择激励源周期的倍数，但时间的长短与加载的激励源、电机的类型以及是否考虑机械启动瞬态有一定的关系，在不考虑机械瞬态时，如果加载电压源、一般仿真时间至少得 10 个周期才能达到稳定；如果加载的是电流源，仿真模型为永磁同步电机，1～2 个周期就可以；但如果是感应电机，一般也得至少 10 个周期才能稳定。如果考虑机械瞬态，达到稳定的时间将会更长。仿真时间步长一般一个周期内取 50～100 个点即可，如图 4-13 所示。HPC 设置可参考稳态求解器的设置。

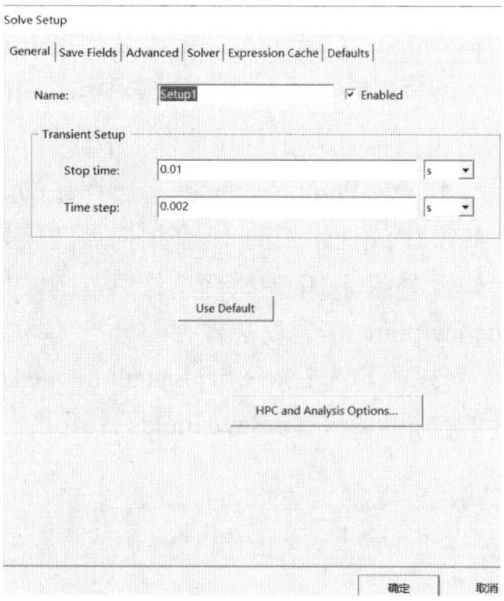

图 4-12 时域求解器 General 项设置

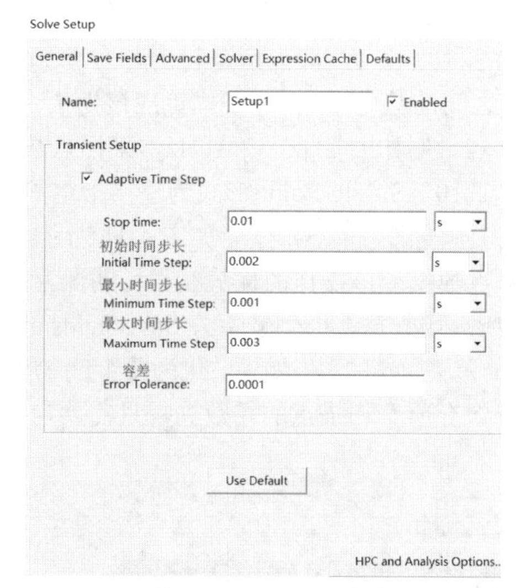

图 4-13 General 项 Transient Setup 设置（2D 瞬态磁场）

Maxwell 2D 瞬态求解器在 General 项的 Transient Setup 与 3D 略有不同，增加了一个 Adaptive Time Step 复选框。当不勾选该选项时，二者的 Transient Setup 是一致的，当勾选 Adaptive Time Step 复选框时，如图 4-13 所示，除了终止时间设置外，还需要设置初始时间步长（Initial Time Step）、最小时间步长（Minimum Time Step）、最大时间步长（Maximum Time Step）和容差值（Error Tolerance）。初始时间步长是仿真开始运行，启动自适应程序后的初始步长值，最大和最小时间步长是指在仿真过程中，自适应步长变化的允许范围。容差指时间步长的容差，设定原则一般是比最小时间步长至少小一个量级。

时域求解器的 Save Fields 项设置如图 4-14 所示，该设置窗口默认保存场设置为 None，即除了 Stop Time 时间点外，其他场点均不保存网格和场数据。除了 None 外，还提供了两种场点保存方式。①在定义的时间间隔内，每若干个 Step 保存一次，其中时间间隔的起止点可以采用变量或者表达式定义。②自定义保存点，其添加方式与频域场中频率扫描点的添加方式完全相同，可参考其设置。

时域求解器的 Advanced 高级选项设置如图 4-15 所示，包含程序控制（Cotrol Program）和源设计导入（Import Option）两大块设置内容。程序控制模块是通过外部创建的可执行文件（.exe）或 Python(*.py)脚本，在每个时间步之后进行调用，以控制源输入、电路元件、机械量、时间步和停止仿真准则。和稳态求解器中 Advanced 类似，需要特殊的变量定义和文件格式。感兴趣的读者，可以参见帮助文档中 Using a Control Program in Maxwell 2D and 3D Transient Solutions 一节，本书不深入介绍。源设计导入的设置和前文的设置方法相同，也不做过多讲解，需要注意的是，当勾选并设置了 Start/Continue from a previously solved setup 时，Import mesh 也会自动勾选。当单独勾选并设置了 Import mesh 时，前者并不会勾选。

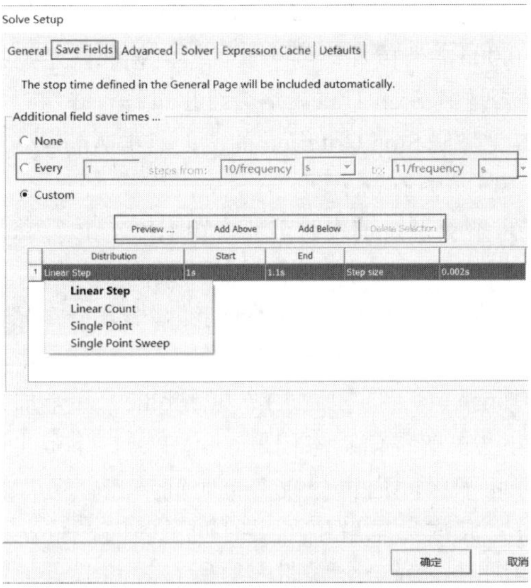

图 4-14　时域求解器设置 Save Fields 项

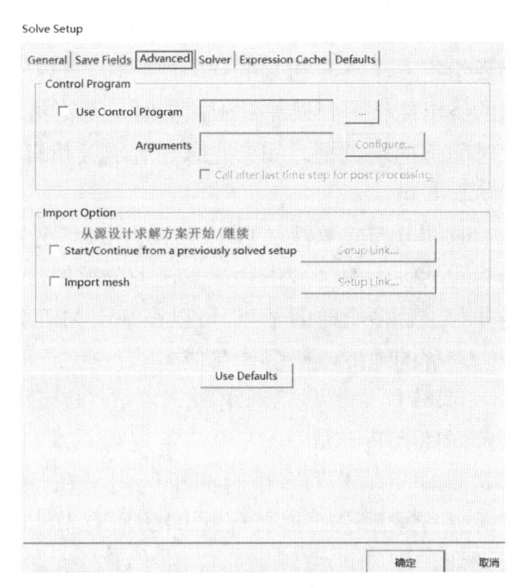

图 4-15　时域求解器设置 Advanced 项

时域求解器的 Solver 选项设置如图 4-16 所示，包含非线性设置区、稳态设置区和 TDM 设置区。非线性设置区又包括非线性残差（Nonlinear Residual）、BH 曲线平滑处理、输出误差（Out Error）、标量势函数类型（Scalar Potential）、非线性迭代步数 5 项。Maxwell 3D 默认非线性误差值为 0.005，2D 默认值为 0.0001，此外该值被允许设置为时间变量或时间函数[sin(Time)]。BH 曲线平滑处理和非线性迭代步数和前文一致。输出误差项支持输出计算误差到后处理，该误差指的是求解结果总能量的误差百分比，可以用来判断网格质量是否较高。标量势函数类型是 Maxwell 3D 瞬态模型的特有设置，其

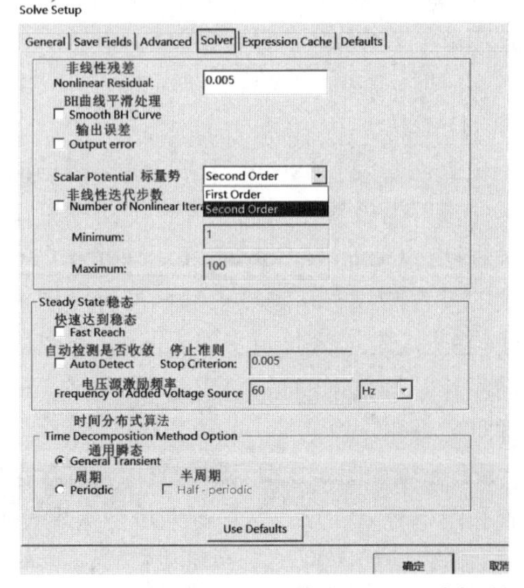

图 4-16　时域求解器 Solver 项设置（3D 瞬态磁场）

选项包含一阶模型（First Order）和默认的二阶模型（Second Order）。当对计算时间要求较高，计算精度次之时，模型几何异常复杂，具有较大网格尺寸的二阶模型不适合时或者磁场梯度急剧变化，无法采用二阶模型时，一般采用一阶模型。Maxwell 2D 瞬态场没有该设置项，但是取而代之的是时间积分方法（Time Integration Method）设置，其选项包含默认的后向欧拉法（Backward Euler）和龙格库塔（Runge-Kutta）法（精度更高的三阶算法），一般选择默认即可。

稳态设置区包含快速稳态（Fast Reach）和自动收敛检测（Auto Detect）两项设置。快速稳态设置主要是针对电压源激励，通过在前半个周期时间内在原有电压激励的基础上增加一个额外的电压分量，以快速消除直流磁链。当勾选该复选框时，Frequency of Added Voltage Source 被激活，需要给定电压源激励的频率值，默认为 60Hz。自动收敛检测设置主要是针对在不知道仿真何时稳定时，可以采用的一种方法，当勾选该复选框，Stop Criterion 被激活，需要给定一个终止仿真的误差临界值，默认是 0.005，当仿真检测（默认检测相邻两个周期内的绕组磁链）到误差低于该值时，无论仿真是否达到 Stop Time，均会终止进程，并保存终止时间点的场数据。如果此时还想继续仿真，需要降低 Stop Criterion 的值，点击 Analyze 继续仿真即可。

时间分布式算法（TDM）属于 HPC 分布式求解类型，使用时需要设置 HPC。该算法是沿着时间轴上的区域进行计算任务分解的，允许用户不再按时间序列依次求解瞬态问题，而是并行求解多个时间节点，可以在基于 MPI 分布式内存平台上实现计算，能够显著提升 2D/3D 瞬态求解的速度，降低计算成本。

TDM 区设置包括通用瞬态求解（General Transient）、周期性求解（Periodic）和半周期求解（Half-Periodic）三项。常规瞬态求解器可以求解任何瞬态问题，其 TDM 分布式计算是将时间轴分为多个时间子区间，在每个时间子区间内再分成多个时间节点任务，计算时并行求解一个时间子区间的所有节点任务，完成后求解下一个时间子区间，依次向后求解。周期性求解主要应用在稳态仿真，即同时求解一个周期内的所有时间节点，所以要求所有场量的周期性必须相同即频率相同，因此感应电机是无法使用的。半周期性求解和周期性求解是一致的，当所有物理量在时间轴上均满足半周期特性时，即可使用半周期性求解。TDM 虽然能加速仿真，缩短工程计算时间，但在使用时也有诸多限制，如考虑机械瞬态时，采用 PWM 控制电路时，考虑退磁现象时，考虑铁芯损耗对磁场影响时均不支持 TDM 算法。

以上内容为 Maxwell 2D/3D 瞬态磁场的求解器设置内容及设置方法，Maxwell 3D 瞬态电场的求解器设置也大同小异，下面针对其不同点进行说明。Maxwell 3D 瞬态电场的求解器设置包括 General、Solver、Expression Cache 和 Defaults 4 项。Expression Cache 和 Defaults 两项的设置与稳态和频域求解器没有区别，无须重新设置。General 项如图 4-17 所示，和 2D 瞬态磁场勾选 Adaptive Time Step 类似，除 Stop Time 外，需要给定初始时间步长和最大时间步长。场数据的保存只有一个 Save Fields 复选框，不再有单独的设置项，需要保存勾选即可。

Solver 项如图 4-18 所示，设置内容包含容差设定（默认 0.005）、初始条件（Initial Condition）设置和网格导入 3 项。网格导入属于常规设置，方法和前面一致。初始条件设置可以设定确定的数值，如默认的 0V，也可以链接源静态场设计方案作为初始条件，链接设置方式和网格导入一样，可参考前文。

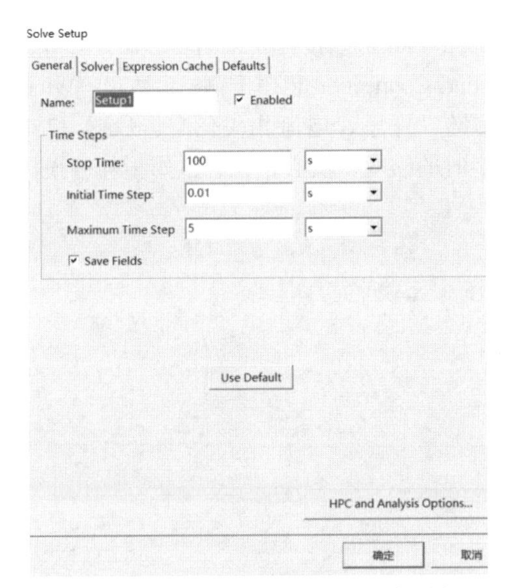

图 4-17　时域求解器 General 项设置（3D 瞬态电场）

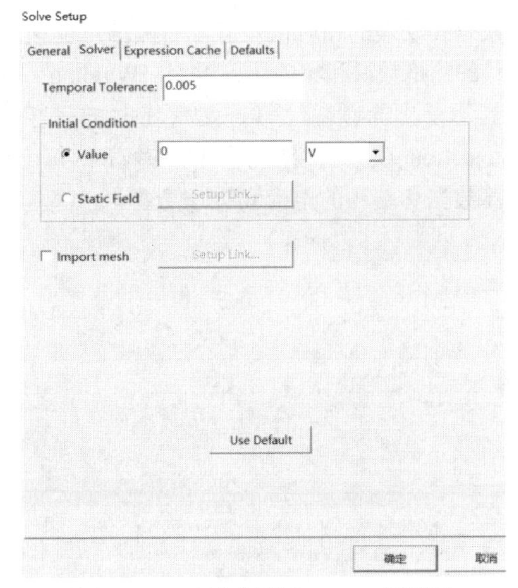

图 4-18　时域求解器 Solver 项设置（3D 瞬态电场）

4.2　结果后处理

当 Maxwell 完成求解后，可以通过多种方式查看和分析计算结果，主要包括以下几个方面：①查看求解数据；②创建求解报告；③在面或体上绘制场量图及生成动画；④查看参数化求解结果；⑤场计算器后处理。本节将分别从以上几个方面入手，对结果后处理进行讲解。

4.2.1　查看求解数据

求解数据查看主要针对的是求解过程中的参与量，如收敛信息（非瞬态模型）、求解过程中使用的计算资源、网格统计数据和在每次自适应、非自适应或扫描分析过程中计算的输出参数和矩阵。

查看的方法比较简单，选中并激活需要查看的 Design，在快捷菜单栏选择 Results，点击 Solution Data 按钮，即可弹出求解数据查看窗口。图 4-19 为某一感应电机的瞬态场求解数据窗口。Simulation 项为选择当前需要查看的求解器，Design Variation 项为当存在参数扫描时勾选不同参数。数据显示分为 4 项，Profile 显示求解过程中，每一个时间步或者每一个求解子时间区间的时间节点或范围、迭代步数及误差值，求解所用 CPU 时间、实际的时间及占用的内存。当求解过程中出现错误，也会在该 Profile 中显示。Force、Torque 和 Mesh Statistics 显示每一步或时间节点计算的输出参数值，需要注意的是只有在参数求解器添加了对应的 Force 与 Torque 时才会在该处看到求解值。Mesh Statistics 显示了模型各部分网格划分的数量，以及线、面、体的统计学数据。

在非瞬态场中，Solutions 含有 Convergence 项和其他输出参数项，以某一笼型异步电机 2D 涡流场的 Solutions 为例，如图 4-20 所示，除常规的 Profile、Mesh Statistics、Torque、Force、Matrix、External Circuit 输出参数外还有 Convergence 项和特有的 Winding、Loss、End Connection 项。如图 4-20 中的 Convergence 项，显示了迭代步数信息，计算最终迭代步的能

量误差和误差的相对误差值，右侧信息框根据 Table 和 Plot 可以按列表或图表形式查看每一步迭代的网格数目和相关计算误差。Winding、Loss、End Connection 也属于输出参数项，Winding 项显示了不同频率，每一迭代步时的三相绕组磁链、电压、电流相关信息。Loss 和 End Connection 项分别给出了不同频率下，每一迭代步时的铁耗、实心损耗、欧姆损耗等损耗的计算数据和端环的电流和电压数据。

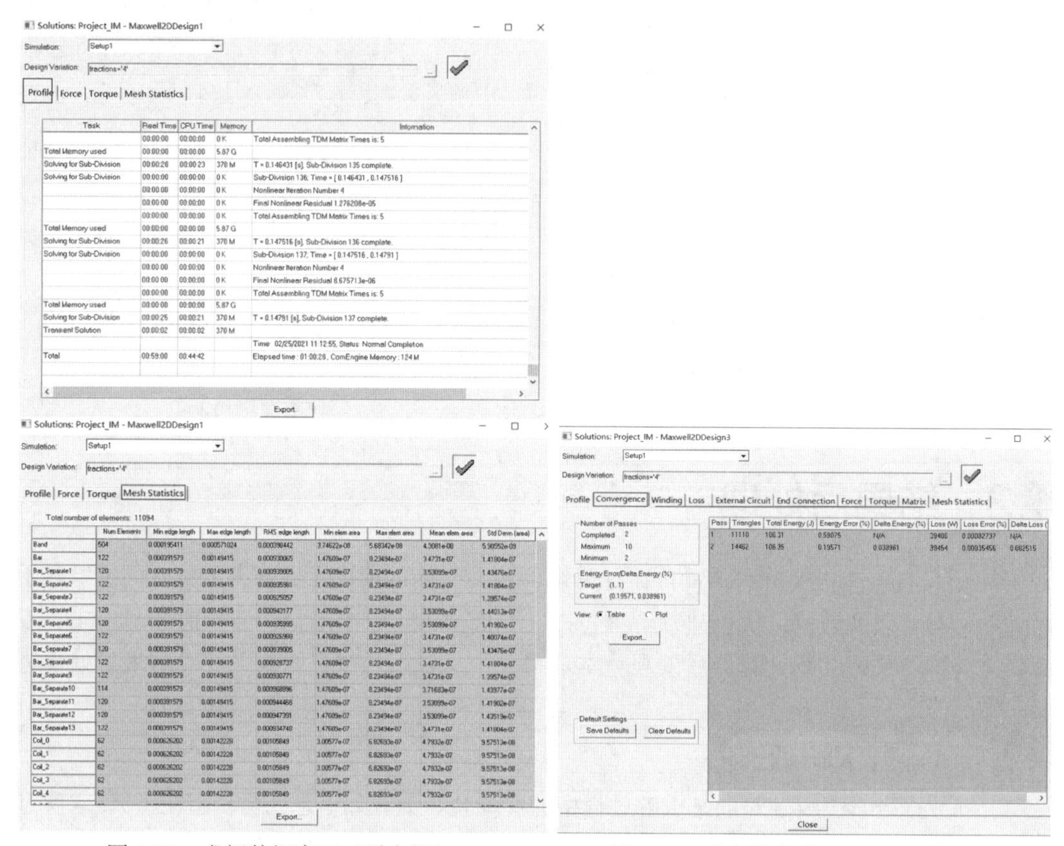

图 4-19　求解数据窗口（瞬态场）　　　　图 4-20　求解数据窗口（2D 涡流场）

4.2.2　生成结果报表

Maxwell 对于计算结果的报表提供了多种创建形式，如快速创建报表【Create Quick Report】命令或基于类型创建报表【Create〈Transient/Fields/Time Averaged Fields〉Report】命令或从文件创建报表【Create Report From File】命令。快速创建允许用户从预先定义的类别（如 Torque、Winding、Force、Loss 等参数）列表中进行选择，进而创建该类别下的所有输出结果的矩形图。基于类型创建报表对于每种场类型［静电场、静磁场、交流传导场（仅 2D）、直流传导场、涡流场、瞬态场或电瞬态场（仅 3D）］，结果菜单都提供了对应的创建报告命令列表。此外每个 Create<type>Report 菜单项都包含一个二级菜单，该菜单列出了可用于该报表的 Display Types（Rectanaular Plot、Rectangular Stacked Plot、Data Table、3D Rectangular Plot、Rectangular Contour Plot）。基于文件创建报表需要支持特定的文件格式（.rdat），该文件一般是通过 Maxwell 导出的数据文件。3 种报表创建方式，基于类型创建报表是最为常用的，本节以某一感应电机的 Maxwell 2D 瞬态场为例，对此类型报表的创建、编辑、修改进行说明。

在 Maxwell 2D/3D 的项目工程管理栏中，选择 Results，右键选择 Create Transient Report/

Rectanaular Plot，打开报表创建窗口，如图 4-21 所示。该瞬时曲线输出报表设置窗口包含了【Context】、【Trace】、【Families】、【Families Display】4 大块，其中【Context】模块中的 Solution 栏主要进行 Setup 求解选择；在 Domain 栏选择数据处理方法，包含 Sweep（扫描）、Spectral（频谱）、Average and RMS（平均值和有效值）、Transient D-Q（交直轴变换）4 种类型，Sweep 一般输出随时间变化的曲线，Spectral 一般输出 FFT 报告，Average and RMS 输出时域内均值和有效值，Transient D-Q 输出交直轴变换量；在 Parameter 栏进行求解参数和求解对象的选择。【Trace】模块中，可以设置 X、Y 坐标轴的物理量，在 Category 栏可以选择时间、转矩、转速、位置，定子绕组的电压、电流、磁链、电感等，电机的铜耗和定转子铁耗等一系列输出参数（不同求解场，参数不同）。Function 栏可以对所选择的 Y 轴物理量进行数据处理及变换。【Families】和【Families Display】主要是在参数化仿真时，进行参数选择的模块。左下角 Output Variables 允许用户采用已有的参数自定义输出表达式变量。New Report、Apply Trace 和 Add Trace 分别为生成新报表、应用到当前报表和增添到当前报表。

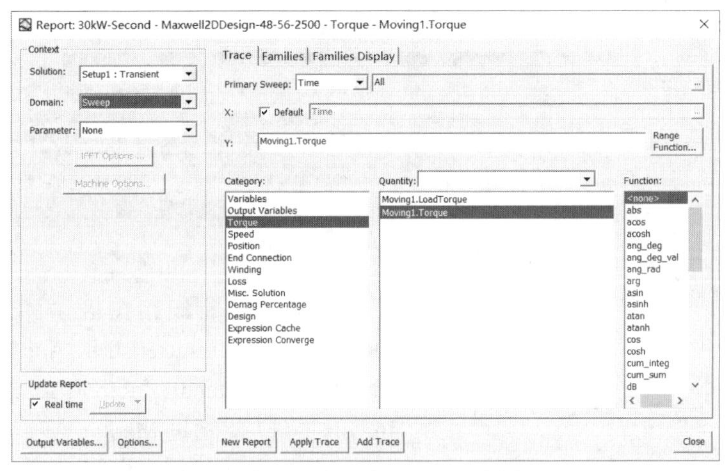

图 4-21　报表生成窗口（2D 瞬态场）

在图 4-21 中选择生成 Torque 报表，点击 New Report，生成图 4-22 所示的转矩曲线图。

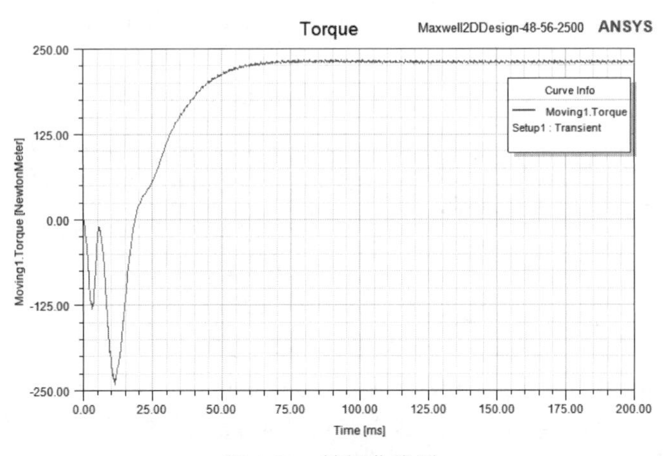

图 4-22　转矩曲线图

双击图中曲线，弹出图 4-23 所示的报表显示设置窗口，该窗口包含 Attributes、Cartesian、General、Grid、Header、Legend、X Axis、X Scaling、Y1 Axis、Y1 Scaling 10 项基础设置。

Attributes 项可以设置所选曲线的属性（颜色，线性，宽度，是否添加标记）、标记属性（大小，频率，类型，颜色，是否显示箭头等）。General、Grid 可以设置绘图框背景颜色，坐标轴主次刻度是否显示网格及网格颜色、线性等。Header 项设置标题的字体属性及是否显示子标题。Lenged 设置图例的索引类别、字体属性等参数。X、Y Axis 设置坐标轴的显示名称、显示方式、字体属性、数字格式等。X、Y Scaling 设置坐标轴的刻度显示方式、显示范围、显示精度、单位等。

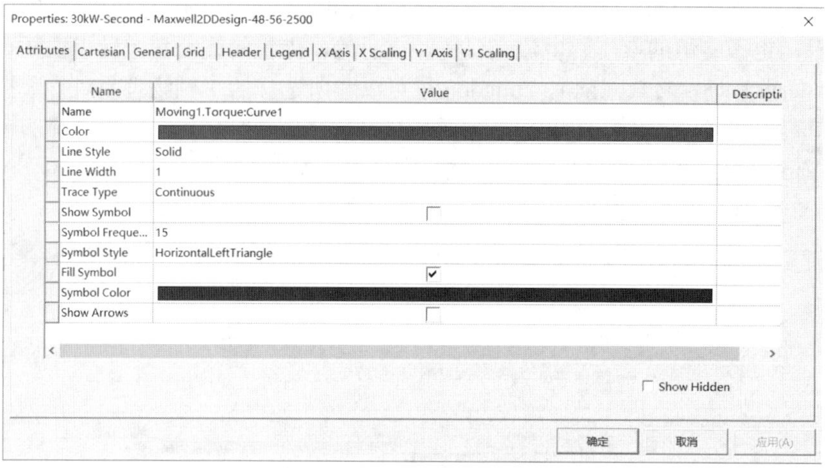

图 4-23　报表显示设置

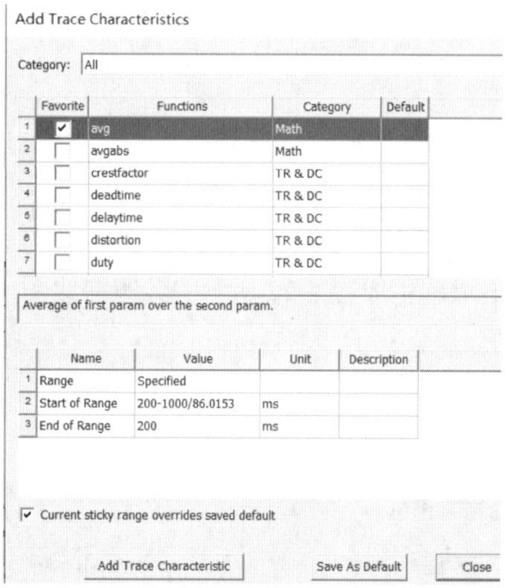

右键单击曲线绘图区，弹出菜单中包含 Marker、Trace Characteristics、Add Note、Add Limit Line、Modify Report、Report Templates、Export、Import 等选项。通过 Marker 选项可以对当前曲线添加点标记、轴标记等操作；通过 Trace Characteristics 选项可以对曲线添加统计量，如一段时间内均值、最大（最小）值、有效值等。右键选择 Trace Characteristics/All 弹出如图 4-24 所示的窗口，Category 栏包含了不同的类别，如 Math、Pulse Width、Period、Error 等，选择 Math，勾选平均值 avg，下方 Range 处选择 Specified，给定 Start of Range 和 End of Range，一般选择时间范围稳定的最后一个周期。

图 4-24　Add Trace Characteristics 设置

Add Note 可以添加注释，Add Limit Line 可以添加自定义的参考线或限制线。Modify Report 可以对当前报表进行修改，重新进入图 4-21 所示的设置窗口，可修改当前曲线或者增添其他曲线。Export 和 Import 属于数据导出导入选项，通过 Export 可以将数据或图表导出为不同格式，如数据模式（*csv,*tab）、文档模式（*txt）、Maxwell 专用数据模板模式（*.dat，*.rdat）、图片模式等。左下角 Options 项可以自定义导出的数据范围及多条曲线导出的形式。Import 执行导入，导入要求格式和导出数据格式相同。Report Templates 项是特定的报表模板，通过该选项，可以保存当前报表的图像显示设置为本地模板格式或默认模板格式、应用已保存的报表模板到当前设置。当完成报表显示设置后，导出到本地模板，在遇到类似报表时，可以直接应用模板，省去了大量设置操作，十分便捷有效。

通过对显示参数的合理修改，图 4-22 转矩曲线图显示如图 4-25，更加直观清晰，而且能够给出具体的计算值。

如果需要修改曲线图的显示方式，可以点击左侧工程栏中 Results 下该曲线图名称，然后在属性栏中会出现 Name、Report Type、Display Type 等选项，选择 Display Type，可以更改当前显示类型。图 4-25 为 Rectangular Plot（矩形曲线图）形式，可以修改为 Rectangular Stacked Plot（堆栈曲线图，一般用于多曲线对比）或 Data Table（数据表），此处选择 Data Table，图 4-25 转化为图 4-26 所示的表格形式。

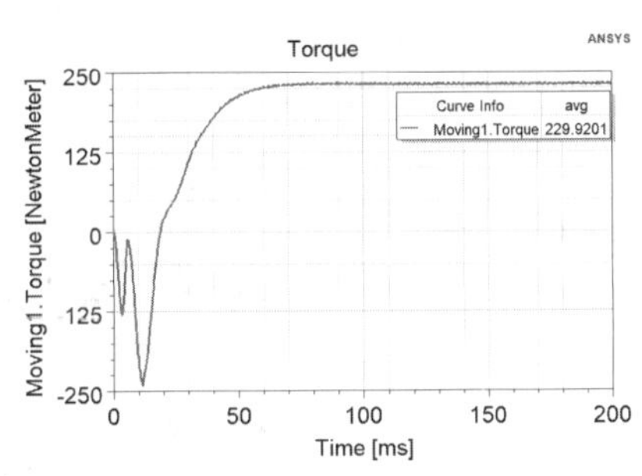

图 4-25　转矩曲线图（修改显示参数后）

Torque

ANSYS

	Time [ms]	Moving1.Torque [NewtonMeter] Setup1 : Transient
avg		229.920137
1	0.000000	0.000000
2	0.116258	-0.022491
3	0.232517	0.037238
4	0.348775	0.058558
5	0.465034	-0.867671
6	0.581292	-4.848413
7	0.697550	-7.303470
8	0.813809	-8.553658
9	0.930067	-13.521563
10	1.046325	-23.765557
11	1.162584	-25.833866
12	1.278842	-24.173531
13	1.395101	-34.872533
14	1.511359	-45.866148
15	1.627617	-48.480138
16	1.743876	-50.789702
17	1.860134	-62.723489
18	1.976393	-74.440594

图 4-26　转矩数据表

对于磁密、电密场量参数，如果需要生成曲线形式的报表，只能借助辅助线，比如气隙磁密，可以在气隙中绘制 NonModel（非计算模型）曲线，进而借助 Create Fields Report，绘制气隙磁密的曲线报表。图 4-27 所示为一台 4 极感应电机 1/4 Maxwell 2D 模型图，图中气隙中心位置的红色圆周线为辅助曲线，在工程管理栏中右键单击 Results 选择 Create Fields Report/ Rectanaular Plot，弹出如图 4-28 所示的窗口，该窗口和图 4-21 所示的窗口基本类似，在 Solution 栏选择求解器，在 Geometry 中选择已经绘制好的辅助气隙曲线，在 Points 栏设置该曲线上绘制的点数，此处选择默认 1001 个点，Trace 下的 Primary Sweep 变量和 *X* 轴默认变量 Distance，此处 *X* 轴的 Distance 设置为 Distance/Radius/Pi*180deg，即转换为角度，*Y* 轴可以选择 Quantity 下的 *B*、*H*、*J* 等参数，也可以通过 Output Varables 建立输出表达式，此处选择气隙磁密幅值 Mag_B，在 Families 下选择绘制的时间节点为 0.2s，点击 New Report 生成圆周曲线上气隙磁密曲线。双击曲线，对显示设置进行修改后，如图 4-29 所示。

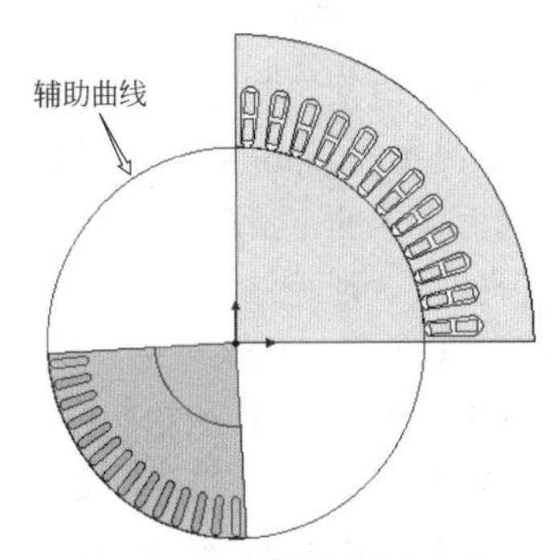

图 4-27　模型及辅助曲线

其他求解场曲线图表的生成、修改基本与上述类似，可参考执行，更加详细地绘制细节，可参考帮助文件中 Creating Reports。

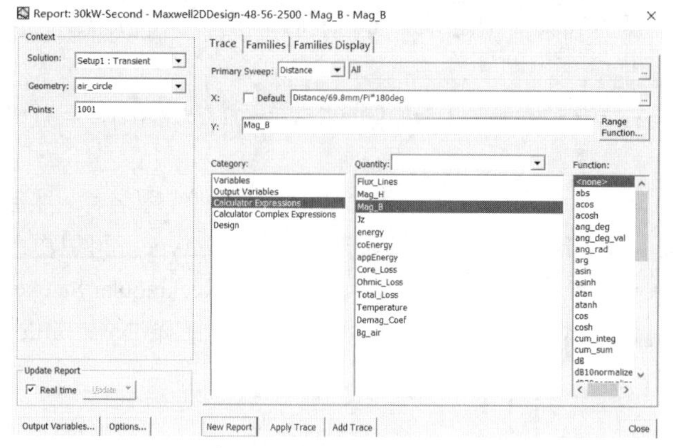

图 4-28　场报表设置窗口

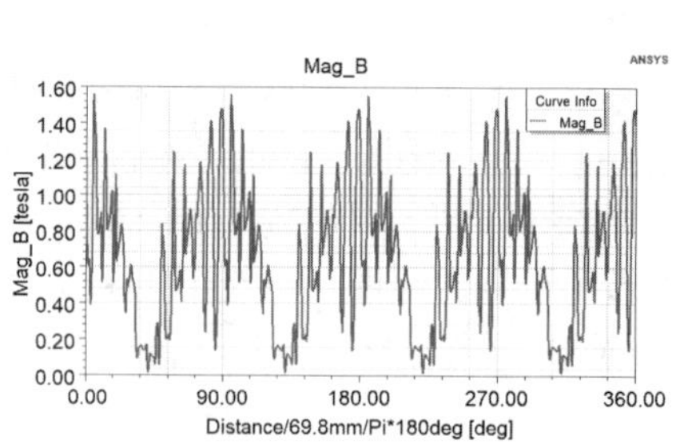

图 4-29　气隙磁密曲线图

4.2.3　绘制场量图

场量图是场物理量及其派生物理量在面或者体上的一种呈现形式，能够直观地看到场物理量在模型上的分布。由于场量图需要载体才能呈现，因此在绘制场量图之前，必须要确定绘制目标体（点，线，面），如果模型中没有满足需要的几何，需要用户先创建 NonModel 几何。确定几何后，绘图区选中几何，右键选择 Fields 进入二级菜单选择需要输出的场物理量即可。

本节仍以上一节 2D 笼型感应电机为例，对其磁力线分布图、磁矢量分布图、磁密云图的绘制及显示设置方法进行介绍，其绘制方法与在 Maxwell 3D 中的绘制方法基本相同，可直接参考。

选中需要绘制的模型，此处选择所有模型（绘图区 Ctrl+A），右键点击 Fields/A/Flux Line，弹出如图 4-30 所示的窗口。该设置窗口可以通过 Specify Name 和 Specify Folder 指定场图名称和在 Fields Overlay 中显示的所属文件夹名称，Context 内容一般不用设置，Category 可以选择 Standard（标准场）和 Caculator（计算器场），标准场下的 Quantity 栏中包含了磁力线、磁密、电密等常见的场量参数，计算器场下 Quantity 栏默认无场量参数。只有用户通过上方 Fields Caculator（场计算器）进行自定义设置并添加后才会存在。Surface Smoothing 选项是表面显示的平滑处理，默认不勾选。选择 Flux Lines，In Volume 选择栏中包含所有 object，保持默认则是保持在绘图区自行选择的 object，如果需要更改，在此栏中选择需要的 object 即可，此处保持默认全选。该栏下还有 Plot on edge only（仅绘制边线）、Streamline（绘制流线）、Full Model（全模型绘制）3 个选项，此处选择勾选全模型绘制，其余两项保持未选择状态。点击 Done，默认生成的磁力线分布如图 4-31 所示。

双击图 4-31 的彩色图例，弹出场图显示设置窗口（图 4-32），设置内容包含 5 项：Color map、Scale、Marker/Arrow、Defomation Scale、Plots。

① Color map（颜色标尺）项：如图4-32（a）所示，默认选择为Spectrum项下的Rainbow（经典彩虹系列），可以更改为Temperature、Magenta、Gray系列，除常用的光谱色系外，也可以选择Uniform（均匀）纯色显示或者Ramp纯色灰度显示。本案例选择Rainbow。

② Scale（刻度设置）项：设置对话框如图 4-32（b）所示。Number 项设置的数据值为图例所显示的数据点数，即所选择颜色的分段数，默认值为 15，数值越大，颜色过渡越平滑。对于磁力线图，该数值可以调整磁力线的稠密。数值显示范围区域刻度默认 Auto（自动）设置，数值格式默认 Linear，软件会自行计算出最值。但有时为横向对比几个模型，需要将该

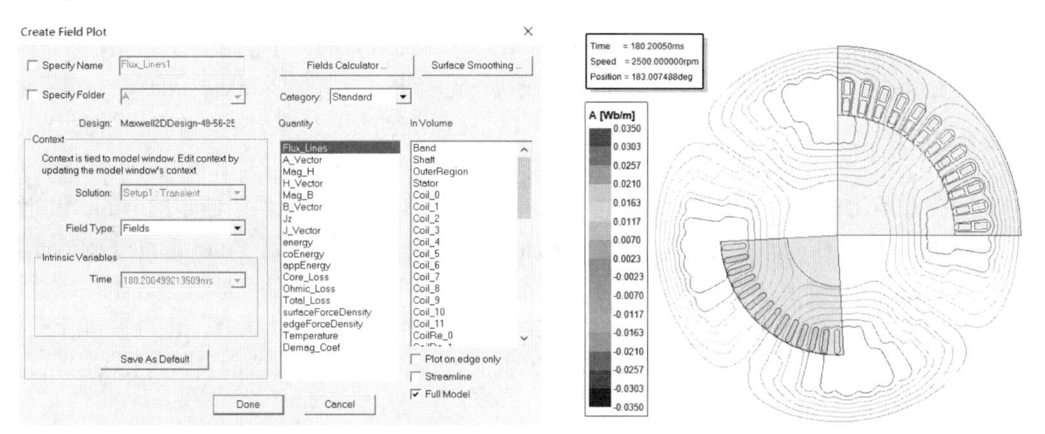

图 4-30　场图绘制窗口（2D 瞬态场）

图 4-31　磁力线分布图

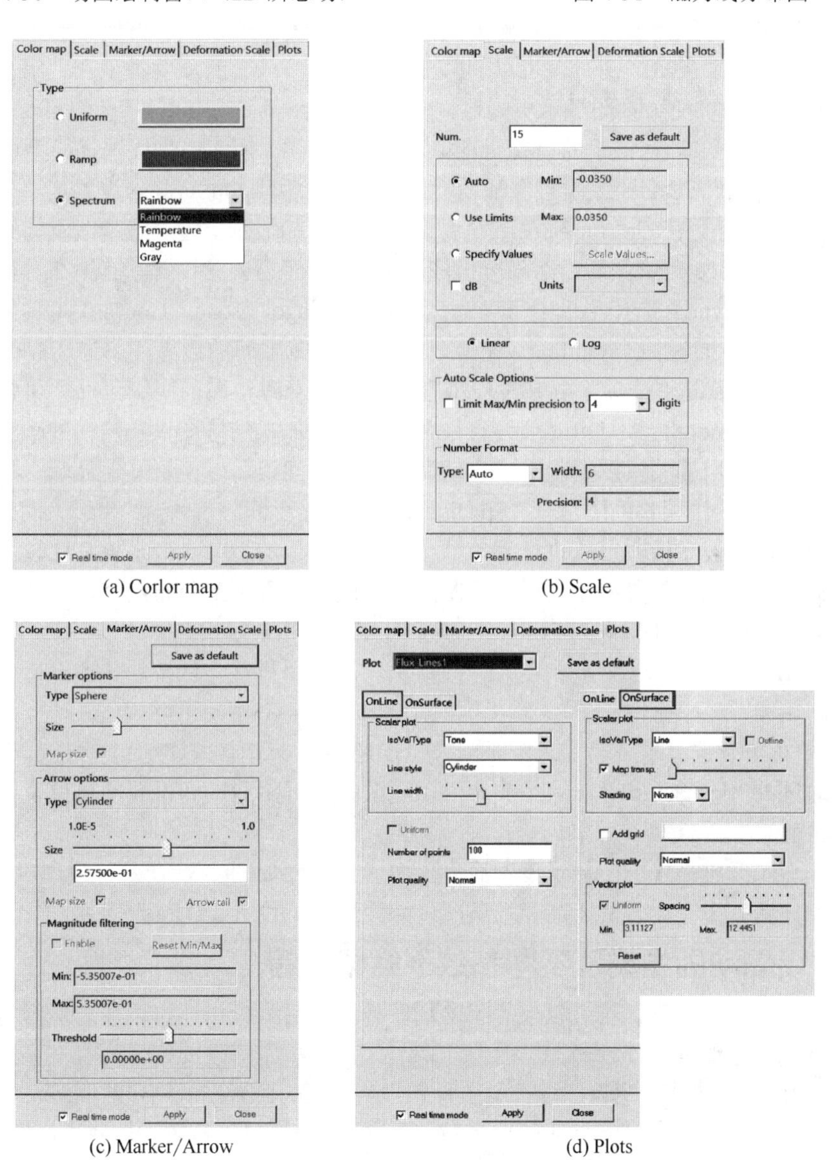

(a) Corlor map

(b) Scale

(c) Marker/Arrow

(d) Plots

图 4-32　场图显示设置

刻度设置为同一个范围，可以点击 Use Limit 项，然后在右方的最小值和最大值数据栏内输入所指定的范围。Specify Values 项为特定值设置，选择此项后单击 Scale Values 会打开一个对话框，其中包含当前场图的取值点，双击可以更改其数值，设定特殊显示值。在选中 dB 选项时，将采用 20lg(x)计算方法进行图形绘制，此时要求最小值必须大于 0。Units 项对应度量单位，一般不用设置。Linear 和 Log 项是选择在最值范围内，数值按照给定的 Num.绘制线性关系或对数关系的间隔，注意 Log 和 d*B* 类似，最小值必须为正数。Auto Scale Options 项只有在最值选择 Auto 时才会启用，默认不勾选，只有在 Min（极小的）情况下，才有必要设置该选项。Number Format 项为图例数字的格式设置，默认系统自动选择，也可以自行选择科学计数或十进制数并指定数字距离图例彩条的宽度（Width）和数值的精度（Precision）。本案例选择 Number 为 30，其余默认设置。

③ Maker/Arrow（矢量场设置）项：该项的设置对话框如图 4-32（c）所示。该选项为矢量图绘制设置项，因为所绘制的是磁力线 A，属于标量，所以该项的所有选项都是灰色不可编辑状态。在设置矢量场图时，可以调节 Maker 和 Arrow 两项的类型和大小，通过搭配 Plots 项调节使用可以使矢量图显示更为协调美观。

④ Plots（绘图）项：该项的设置对话框如图 4-32（d）所示。如果选择模型中包含 Line（如前文中绘制的 NonModel 气隙磁密辅助曲线），Plots 中除 OnSurface 设置菜单外会多出一项 OnLine 设置菜单。在 OnLine 菜单下主要设置绘制线的显示类型、线型线宽、绘制点数及绘制质量。OnSurface 菜单主要由两部分组成，Scalar plot 为云图设置，其中在等值线或等值面的类型（IsoValType）选择菜单中可以选择 Line、Fringe、Tone、Gourard 4 种显示方式，Fringe 和 Tone 还可通过勾选 Outline 项以加上不同数值范围间的边界线。勾选 Map transp 可以调节透明度，Shading 选项主要针对模型存在灯光显示时绘图的阴影设计，可默认不勾选或者选择 Flat 或 Smooth。Add grid 项设置是否在场图中加入网格图以及网格的颜色和绘制质量。Vector Plot 项用于矢量图绘制中，合理调整箭头的间距，以便更好地显示。默认不勾选 Uniform 项，此时无法调整间隔滑杆（Spacing）和设置最小间隔（Min.）和最大间隔（Max.），勾选后，相关设置被激活，可以执行手动调节，一般默认的最大、最小值都比较大，所以在有些情况下，点击完成矢量图绘制后，绘图区只有图例，看不到分布图时，在此处进行调节即可。本案例选择 IsoValType 为 Fringe，勾选 Outline，其余默认。

⑤ Deformation Scale（缩放刻度）项：该项一般不用设置，保持默认即可。

双击图 4-31 彩色图例上方的灰色工况框，弹出如图 4-33 所示的参数选择框，在 Set View Context 菜单下可以选择求解器和求解时间节点，通过 View 项可以改变参数选择框在绘图区的位置。通过 Motion Setup1 View Format 可以更改参数框中速度和位置的单位及数字宽度和数值显示精度。

经过合理修改磁力线场图显示设置后，磁力线分布图如图 4-34 所示，采用类似的方法，可以得到磁矢量分布图、磁密云图等场量图，如图 4-35、图 4-36 所示。

4.2.4 场图动画生成及不同参数下结果查看

在 Maxwell 中除了可以查看以上静止的场图外，在后处理中还可以通过运行 Animate 选项对场量进行动态观察，查看动态场图。

以图 4-35 磁矢量分布图为例，选中工程管理栏的 Field Overlays/B/B_Vector1，右键选择 Animation，弹出如图 4-37 所示的动画设置窗口。在该窗口可以设置 Name 或保持默认名称，可以对该动画设定描述文字（Description），在 Swept Variable(s)菜单下可以选择扫描的形式

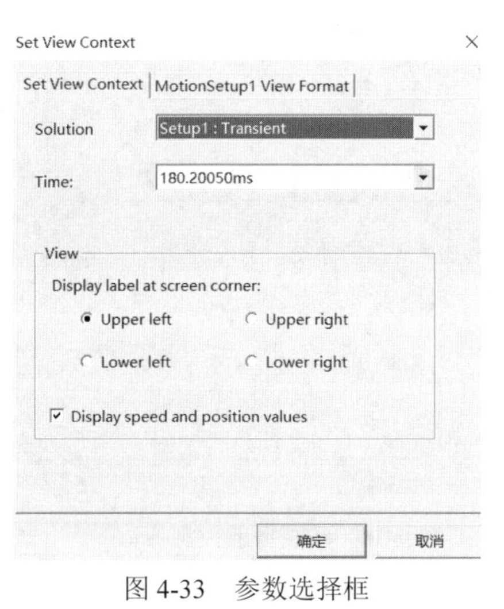

图 4-33　参数选择框

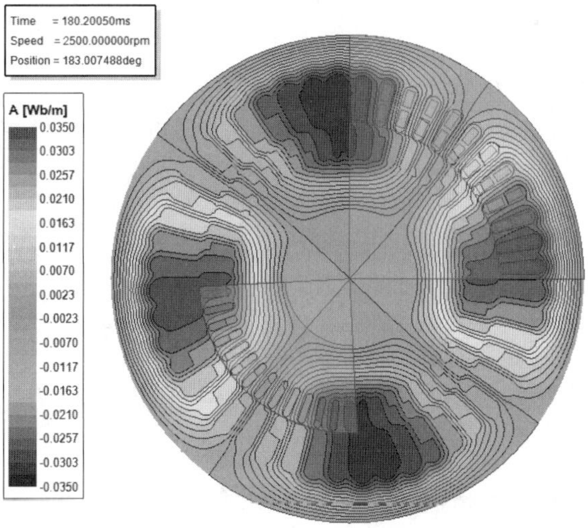

图 4-34　磁力线分布图（调整后）

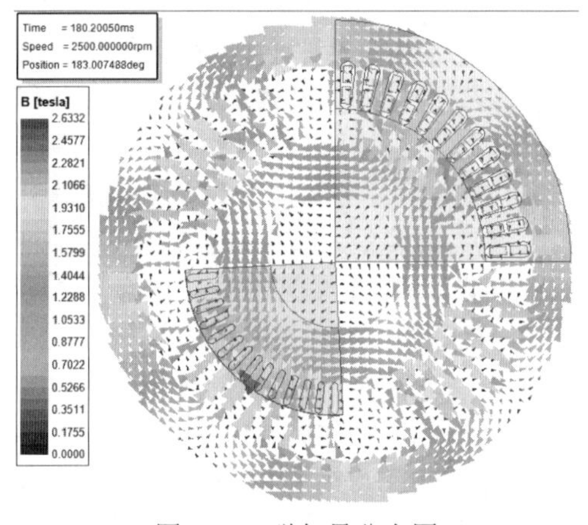

图 4-35　磁矢量分布图

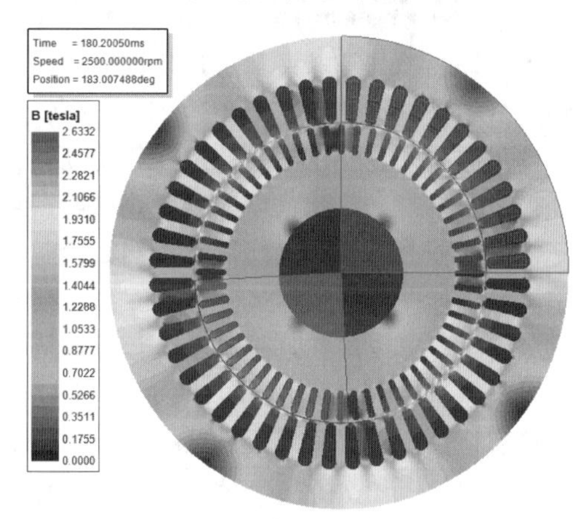

图 4-36　磁密云图

（Single variable、Parametric setup、DOE setup）。对于单一工况一般选择 Single Variable，对于参数化扫描，可以选择 Parametric setup，DOE setup 一般很少用到。此处选择 Single Variable，右侧选择 Time，下方 Select Values 包含了所有该变量的值，可以选择部分也可以选择所有值进行动画生成，此处选择默认的所有时间节点。Design Point 不用设置，保持默认即可，完成后点击 OK，等待动画生成。当动画生成完毕，会弹出动画控制面板，如图 4-38 所示，通过控制窗口可以控制动画的速度，执行正方向播放，正反向查看各帧数据。当勾选 Lable 栏中 Show 选项时，可以在绘图区动画窗口生成时间标签，标签背景颜色和字体可以在 Lable 栏中进行设置。此外该动画控制窗口还提供了导出 Export 命令，点击导出，可以将动画以 *.avi/*.gif/*.webm 格式导出到本地，导出时可以设定导出动画是采用全彩导出还是采用灰度导出（Grayscale），灰度导出动画占用内存小，但是会失去全彩特征，一般选择不勾选 Grayscale。对于 AVI 格式，还可以选择导出压缩比和压缩类型；对于 gif 格式，可以选择导出动画播放的循环次数，默认为 0，即无限循环。

不同参数下的结果查看设置比较简单，当模型中有多参数扫描计算时，不同参数下场量的查看需要右键单击 Parametric，选择 View Analysis Result，弹出参数选择窗口，选择要查看的参数，点击右侧 Apply，Results 和 Field Overlays 下的所有曲线及场量结果即会切换到相应参数工况下。

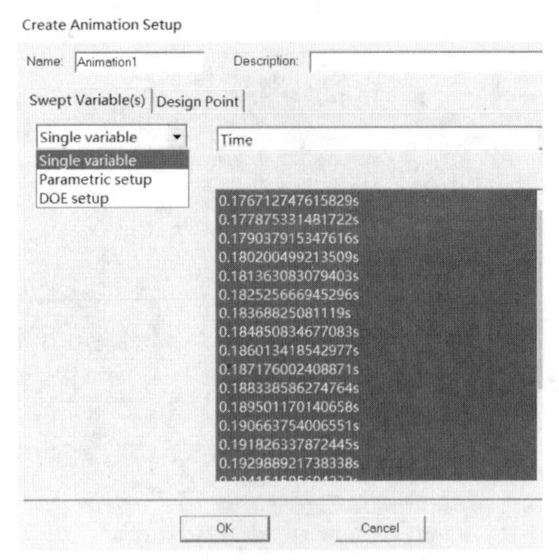

图 4-37　动画设置窗口

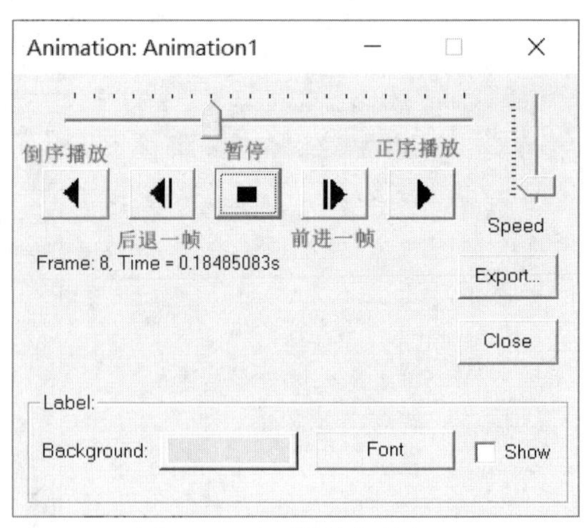

图 4-38　动画播放控制窗口

4.2.5　场计算器简介及基本操作

以上场图绘制基本采用的是常规物理量，其实在进行结果后处理时，往往会用到一些常规物理量的衍生量，比如气隙中的径向磁密分布、寻找并定位定子铁芯的最大和最小磁密点、将磁场数据写入文件、计算特定几何的场数据等，这些衍生量往往可以通过场计算器进行数学处理及变换得到。而且场计算器允许用户预先定义一系列将要对场执行的操作计算，但在实际需要数据之前并不执行计算，例如绘制气隙径向磁密曲线，在执行曲线绘制命令前，已经定义好了径向磁密表达式，只有在执行绘制曲线命令后，该表达式才会执行计算，一定程度上节省了计算资源和时间。本节将针对场处理器的界面和基本操作进行介绍。

点击菜单栏 Maxwell 3D/2D 选择 Fields/Calculator，弹出图 4-39 所示的场处理器编辑窗口。该窗口主要包含常规变量区（Named Expressions）、表达式操作区（Library）、求解工况区（Context）、寄存器显示区及栈命令区、输入命令区（Input）、运算操作区（General、Scalar、Vector）和输出命令区（Output）7 个方面的设置。

① 常规变量区（Named Expressions），也称为已命名表达式区，该模块主要包含了不同场中 Maxwell 软件预置的物理量和用户采用场计算器已经建立的已命名的衍生物理量。该处的所有物理量均可以通过 Library 的 Copy to stack 添加到栈中以参与运算。寄存器中已建立的计算表达式也可以通过 Library 的 Add 添加到 Named Expression。

② 表达式操作区（Library），该模块主要包含 Add、Copy to stack、Load From、Save To、Delete、Delete All 6 项操作。Add 和 Copy to stack 是一一对应的，Add 是将寄存器中已完成的计算表达式添加到 Named Expression，Copy to stack 则是反向添加。Load From 和 Save To 一一对应，Load From 是将本地保存的 Named Expressions 表达式文件下载到当前 Design 的场计算器的 Named Expressions 中，Save To 则是将当前场计算器中用户自定义的 Named Expressions 保存到本地。Delete/Delete All 选项为删除当前选中/删除所有自定义 Named Expressions。

③ 求解工况区（Context），主要包含 Solution、Field Type、Time（Phase）、Change Variable Values 4 项。通过 Solution 设置求解器。通过 Field Type 设置场类型［在瞬态场中，新版本增添了时均场（Time Averaged Fields），由于该场的常规物理量目前只支持 Loss_Density，实用性不高，暂不做过多介绍］。通过 Time（Phase）选择时间节点或相位。Change Variable Values 是针对存在参数化扫描时，选择不同参数值。

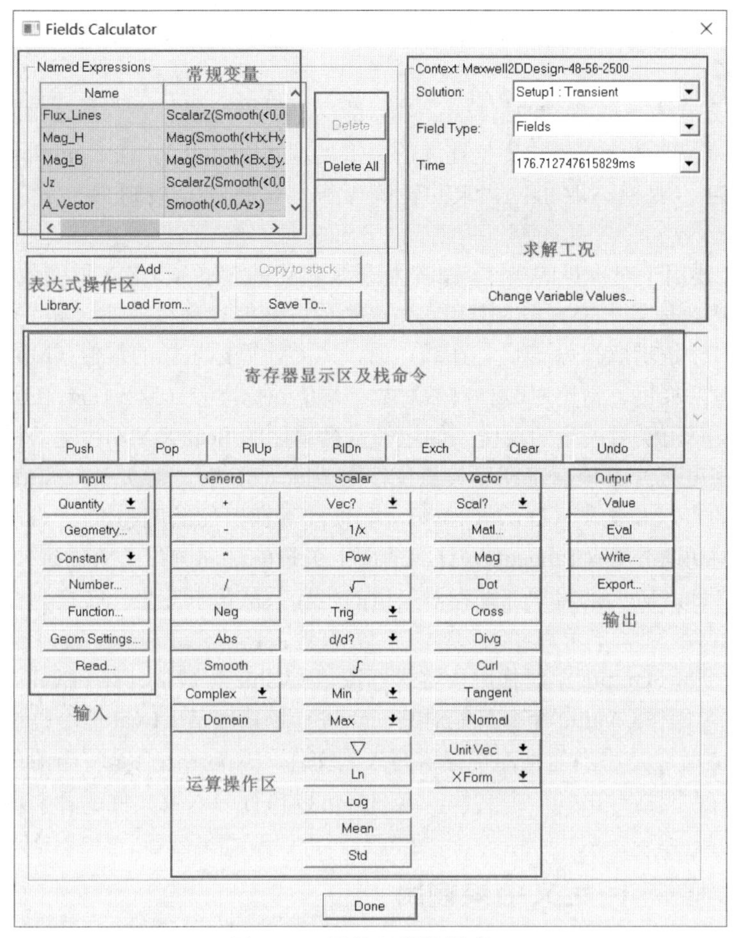

图 4-39　场处理器编辑窗口

④ 寄存器显示区及栈命令区，寄存器显示区在未执行操作时显示为空白，开始执行进栈操作时，每一步都会在显示区进行显示，而且可以通过下方的栈命令进行操作。栈命令包括 Push，Pop，RlUp，RlDn，Exch，Clear，Undo。Push 命令为复制栈寄存器顶部第一行命令内容，在执行操作之后，顶部前两行命令相同；Pop 删除栈内顶行内容；RlUp 栈顶内容移到栈底，栈内其他内容均向上移动一行；RlDn 栈底的内容移到栈顶，栈内其他内容均向下移动一行；Exch 对换栈寄存器顶部两行的内容；Clear 清空栈内所有内容；Undo 恢复顶部寄存器内最近操作，可应用到 Named Expressions 中复制到栈的常规场量，将其表达式拆解。但 Undo 命令不能直接应用在一个单一操作上，比如进栈的单一场量、恒定值、函数或者几何，只能采用 Clear 或 Pop 命令删除。

⑤ 输入命令区（Input），该操作允许用户采用不同命令将数据加载到栈内顶部寄存器。该区域命令主要包括 Quantity、Geometry、Constant、Number、Function、Geom Settings、Read。Quantity 主要包括 B、J、H、Current、Loss、Energy 等基础物理量，不同求解场参数不同。Geometry 主要是指几何模型当中的点、线、面、体及参考坐标系。Constant 主要包含一些预定义的常数（如 π、μ_0、ε_0、C）以及各单位之间的转换系数。Number 包含矢量和标量常数，包括复数。Function 中包含标量和矢量数学函数，注意函数使用前需要先定义。Geom Settings 用于设置 Line Discretization 的点数，默认设置为 1000。Read 用于读取外部保存的输入。

⑥ 运算操作区（General、Scalar、Vector），运算操作区主要是对栈中内容进行矢量、标量及常规的运算。

General 域是在有运算意义的情况下，对标量、矢量执行运算，包含加减乘除、变号（Ncg）、取绝对值（Abs）、使数值求解边界值连续的顺滑处理（Smooth）。在 Complex 下对复数进行取实部、取虚部、取模、取相位、求共轭等操作，是将计算限制在指定几何体内的操作（Domain）。

Scalar 域主要用于对标量的操作。如把标量矢量化的 Vec(X,Y,Z)，取倒数（1/x），对标量取指定幂（Pow），取算术平方根，应用三角函数，各向偏导到栈顶部标量（Trig，d/d?），在线、面、体上对标量求取积分（∫），在线、面、体上计算标量场的最值（Min，Max），计算顶部寄存器标量的梯度，常用对数、自然对数、均值、标准差（▽，Log，Ln，Mean，Std）。

Vector 域主要用于对矢量的操作。如把矢量标量化的 Scal(X,Y,Z)，基于材料特性（磁导率、电导率、密度等）对顶部寄存器矢量执行乘或除（Matl），对矢量取幅值（Mag），取顶部两个寄存器的点积和叉积（Dot，Cross），取顶部寄存器的散度和旋度（Divg、Curl），计算矢量沿直线的切向分量（Tangent），计算曲面上矢量的法向分量（Normal），计算法线或切线的单位向量（Unit Vec），将顶部寄存器矢量的坐标系从笛卡儿坐标转换为柱面坐标或者球面坐标（XForm）。

⑦ 输出命令区（Output），对栈中内容进行取值（Value）、数值计算（Eval）、写入（Write）、导出（Export）等操作。Value 命令只能对某一点进行场量取值。Eval 命令是执行数值计算并显示结果。Write 命令是将当前顶部寄存器写入到文件。Export 命令是将当前顶部寄存器中的场量按照映射的点网格导出到一个文件，点网格可以自行导入点文件或者给定坐标范围，自动生成点网格。

4.2.6 场计算器自定义结果输出

前一节对于场处理器的基本操作做了详细的介绍，本节将以实例展示利用场处理器输出自定义场量，并绘制曲线或场量图。

以前面提到的笼型异步电机的 Maxwell 2D 模型瞬态场为例，利用场处理器建立径向气隙磁密表达式，并绘制气隙径向磁密曲线。

点击【Maxwell 2D】→【Fields】→【Calculator】，打开场处理器编辑窗口，按照如下顺序操作。

① 点击 Quantity 下拉菜单选择 B，显示框中出现 Vec:<Bx,By,0>；

② 点击 Vector 区域的 Scal？下拉菜单，选择 ScalarX，显示框变为 Scl : ScalarX(<Bx,By,0>)；

③ 点击 Function 中 Scalar 栏中的 PHI，显示框中增加 Scl : PHI 行；

④ 点击 Scalar 区域的 Trig 下拉菜单选择 Cos，显示框首行显示为 Scl : Cos(PHI)；

⑤ 点击 General 区域的*，显示框中显示为 Scl : *(ScalarX(<Bx,By,0>), Cos(PHI))；

⑥ 点击 Quantity 下拉菜单选择 B，显示框首行显示为 Vec:<Bx,By,0>；

⑦ 点击 Vector 区域的 Scal？下拉菜单，选择 ScalarY，显示框首行变为 Scl : ScalarY(<Bx,By,0>)；

⑧ 点击 Function 中 Scalar 栏中的 PHI，显示框增加 Scl : PHI 行；

⑨ 点击 Scalar 区域的 Trig 下拉菜单选择 Sin，显示框首行显示为 Scl : Sin(PHI)；

⑩ 点击 General 区域的*，显示框首行显示为 Scl : *(ScalarY(<Bx,By,0>), Sin(PHI))；

⑪ 点击 General 区域的+，显示框显示为一行：Scl : +(*(ScalarX(<Bx,By,0>), Cos(PHI)), *(ScalarY(<Bx,By,0>), Sin(PHI)))；

⑫ 点击 General 区域的 Smooth，显示框变为 Scl:Smooth(+(*(ScalarX(<Bx,By,0>), Cos(PHI)), *(ScalarY(<Bx,By,0>), Sin(PHI))))，点击 Library 区域的 Add，弹出命名窗口，命名为 Br，确认后该表达式会出现在 Named Expressions 中，退出场计算器。

在工程管理栏中，右键点击 Results 选择 Create Field Report，在 Geometry 栏选择预先绘制好的气隙圆周辅助线 Air_Circle，Points 选择为 1200，在 Category 处选择 Calculator Expressions，在 Quantity 下选择刚刚建立的径向磁密表达式 Br，在 Families 中选择时间节点 0.2s，其他保持默认状态，点击 New Report，得到气隙径向磁密曲线如图 4-40 所示。

同样以该模型为例，可以通过场处理器，确定模型在任一时刻的磁密最大值及相应位置点。

① 点击 Named Expressions 中 MagB，选择 Copy to Stack，显示框显示为 Scl: Mag_B；

② 点击 Gemotry，选择 Volume 下的 AllObjects，显示框增加 Vol: Volume(AllObjects)行；

③ 点击 Scalar 中的 Max 下的 Value，显示框显示为 Scl: Maximum(Volume(AllObjects), Mag_B)；

④ 点击 Output 中 Eval，显示框增加最大值行：Scl : 2.59379181871778；

⑤ 点击栈命令 RlUp，继续点击 Undo 两次，撤销求最大值命令；

⑥ 点击 Scalar 中的 Max 下的 Position，再点击 Eval，显示当前最大值的位置坐标为 Vec : 〈-0.0687844898202739, -0.00599329293537338, 0〉。

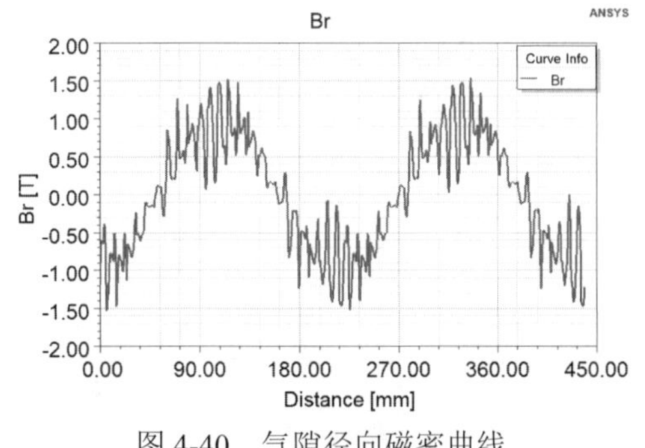

图 4-40　气隙径向磁密曲线

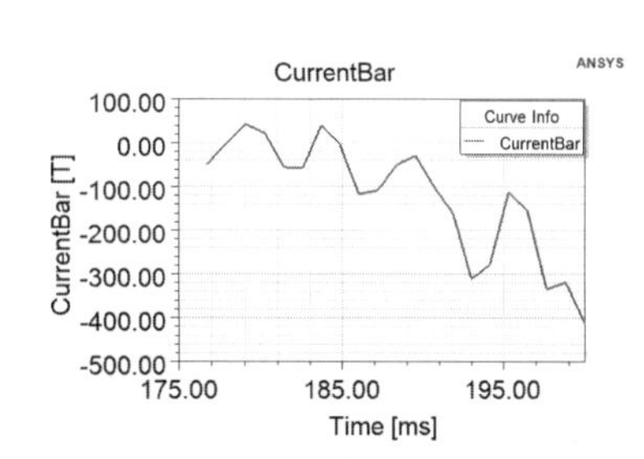

图 4-41　某一导条面的瞬时电流

仍以该模型为例，通过场处理器，绘制导条瞬时电流曲线。

① 点击 Quantity 中 J，点击 Smooth。

② 点击 Vector 区域的 Scal? 下拉菜单，选择 ScalarZ。

③ 点击 Gemotry，选择 Surface 下的 Bar。

④ 点击 Scalar 下积分按钮∫，显示框显示为 Scl : Integrate(Surface(Bar), ScalarZ (Smooth (<0,0,Jz>)))。

⑤ 点击 Add，命名为 currentbar，添加到 Named Expression，退出场处理器。在工程管理栏中，点击右键 Results 选择 Create Field Report，在弹出窗口中选择 Geometry 为 None，在 Category 处选择 Calculator Expressions，在 Quantity 下选择刚刚建立的导条面的电流表达式 currentbar，在 Families 中选择所有时间节点，其他保持默认状态，点击 New Report，得到该导条在保存的时间点的变化曲线，如图 4-41 所示。其他导条瞬时电流也可以按照该方式得到。

以上几个实例相对都比较基础简单，而场处理器的后处理功能却远非于此，对场处理器感兴趣的读者可以自行摸索研究。

本章小结

本章主要介绍 AnsysMaxwell 在完成前处理过程后的求解器参数设置和结果后处理的基本方法。针对求解场激励的类别，把求解器参数设置分为稳态场、频域场和瞬态场 3 类，并以实际电机设置为例，对每一类求解场的设置方法和特点进行了详细介绍，同时对三种场求解器的差异也进行了说明。结果后处理从基础设置展开，引入电机实例，详细介绍了如何查看求解数据、生成结果报表、绘制场量图及生成动画，如何使用场处理器及利用场处理器输出自定义结果。

ANSYS Maxwell

+

Workbench 2021

下篇

工程实例专题分析篇

第5章 静磁场仿真分析

扫码观看本章视频

5.1 实例描述

本章采用二维静磁场分析通电线圈中铁磁材料的受力，三维模型及简化的绕 Z 轴旋转的二维模型如图 5-1 所示；采用三维静磁场分析永磁体与通电线圈的相互作用力，模型如图 5-2 所示。

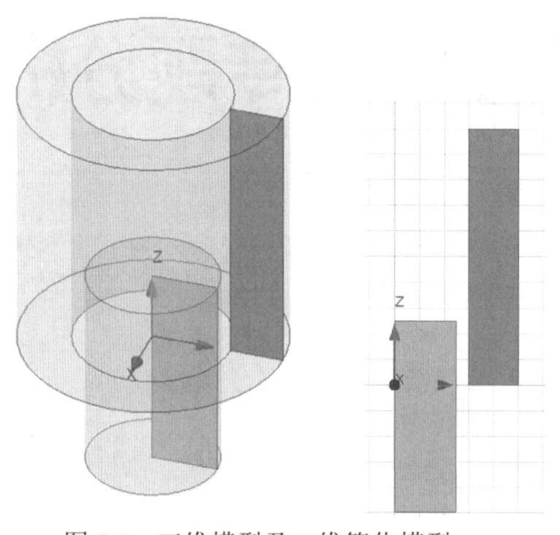

图 5-1 三维模型及二维简化模型

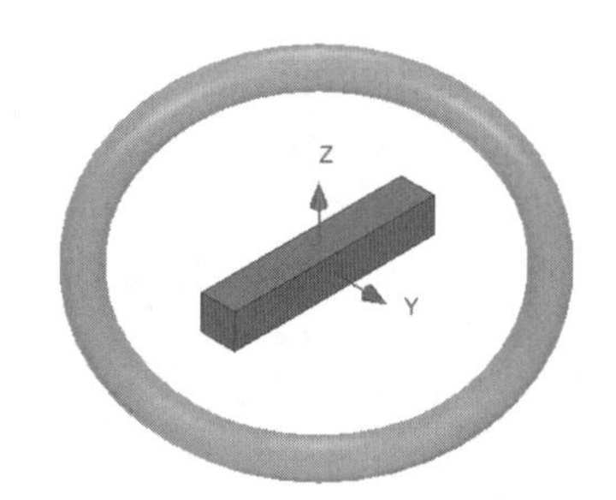

图 5-2 三维静磁场模型

5.2 二维静磁场

5.2.1 模型创建

Step1：建立工程文件。在菜单栏点击【Project】→【Insert Maxwell 2D Design】或点击快捷菜单栏【Desktop】→【Maxwell】，选择【Maxwell 2D】插入设计，如图 5-3 所示。

Step2：选择场计算类型。在菜单栏中点击【Maxwell 2D】→【Solution Type】，打开求解类型对话框，设置几何模型为 Cylindrical about Z，选择磁场类型为 Magnetostatic，如图 5-4 所示，点击【OK】确认。

Step3：绘制模型并赋予材料。选择快捷菜单【Draw】→【Rectangle】创建金属块，使用坐标输入字段，输入矩形的 X，Y，Z 起点坐标【0,0,-10mm】，按 Enter 键；使用坐标输入字段，输入对角相对坐标 dX，dY，dZ【5mm,0,15mm】，如图 5-5 所示，按 Enter 键，将生成的矩形的名称更改为 Sug，在属性窗口将颜色更改为灰色，并将材料（Material）改为 Steel1008（图 5-6）。

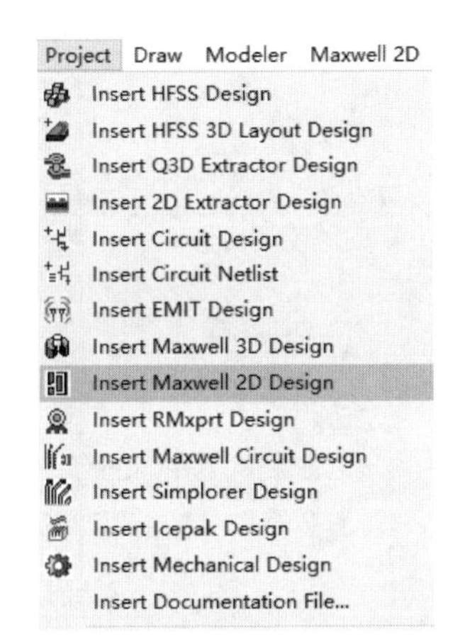

图 5-3　插入 Maxwell 2D 项目

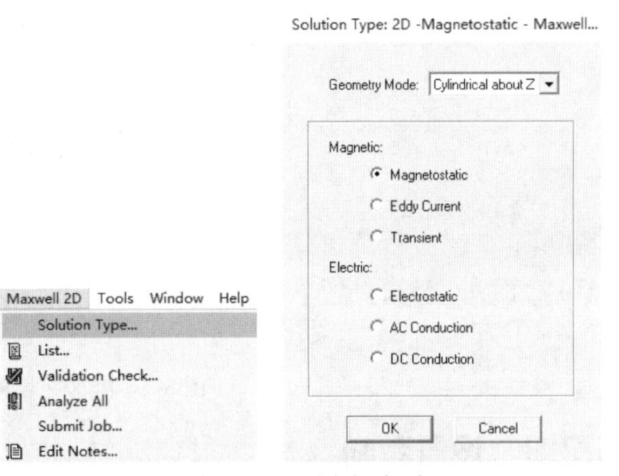

图 5-4　设置求解类型

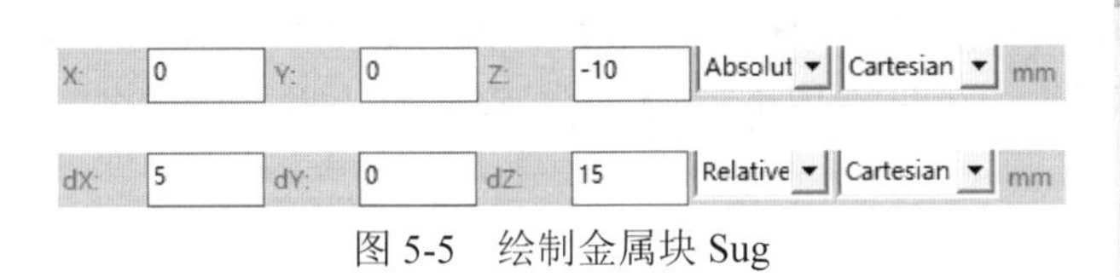

图 5-5　绘制金属块 Sug

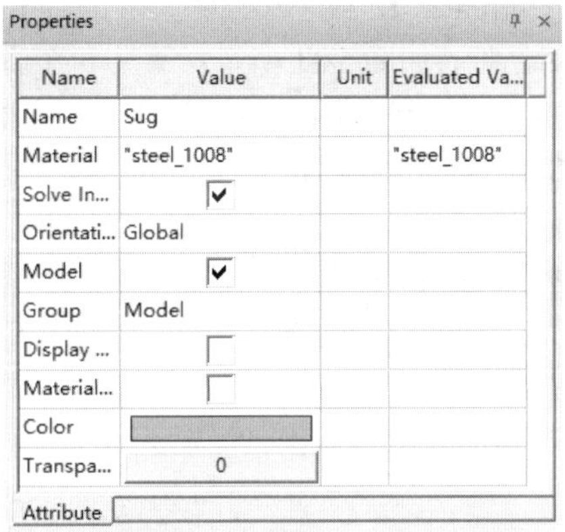

Properties

Name	Value	Unit	Evaluated Va...
Name	Sug		
Material	"steel_1008"		"steel_1008"
Solve In...	☑		
Orientati...	Global		
Model	☑		
Group	Model		
Display ...	☐		
Material...	☐		
Color			
Transpa...	0		

Attribute

图 5-6　设置 Sug 属性

同样地，选择快捷菜单【Draw】→【Rectangle】创建线圈，使用坐标输入字段，输入矩形的起点坐标【6mm, 0, 0】，按 Enter 键；使用坐标输入字段，输入对角相对坐标 d*X*，d*Y*，d*Z*【4mm,0,20mm】，如图 5-7 所示，按 Enter 键，将生成的矩形的名称更改为 Coil，在属性窗口将颜色更改为黄色，并将材料改为 Copper（铜）（图 5-8）。

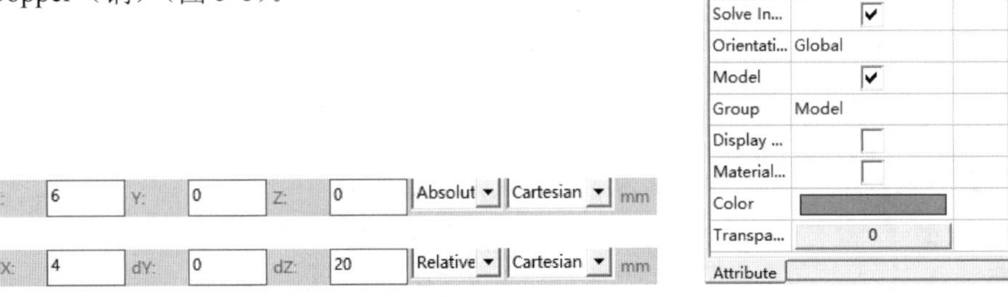

图 5-7　绘制 Coil

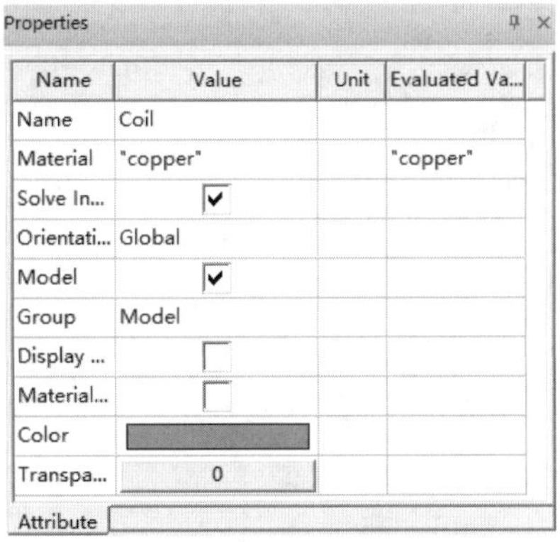

Properties

Name	Value	Unit	Evaluated Va...
Name	Coil		
Material	"copper"		"copper"
Solve In...	☑		
Orientati...	Global		
Model	☑		
Group	Model		
Display ...	☐		
Material...	☐		
Color			
Transpa...	0		

Attribute

图 5-8　设置 Coil 属性

5.2.2　设置求解域

在快捷菜单栏【Draw】中点击【Create Region】图标或在菜单栏选择【Draw】→【Region】创建求解域，打开图 5-9 所示的对话框，在 Padding Data 项选择把所有方向填充起来（Pad all directions similarly）；填充类型（Padding Type）为偏移百分比（Percentage Offset）；数值为 100，按【OK】键确认。

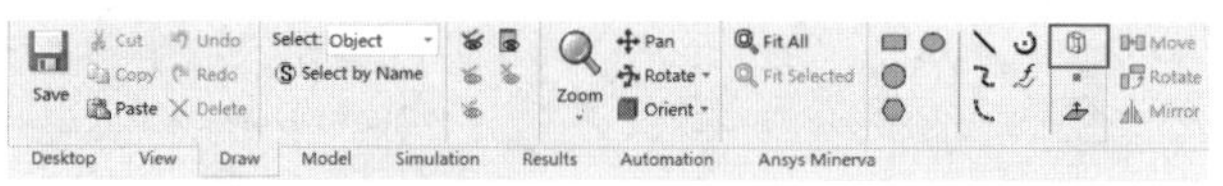

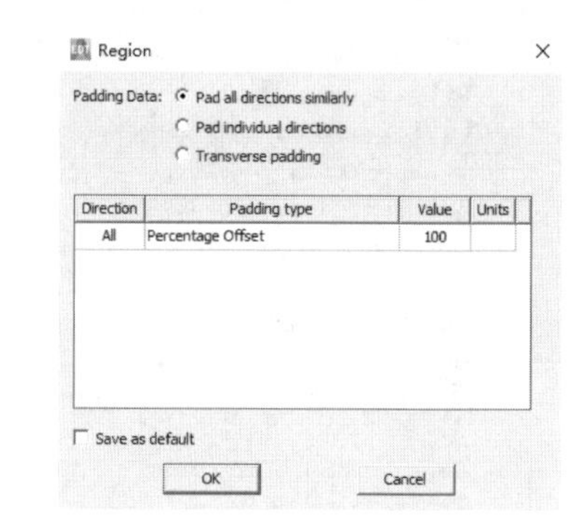

图 5-9　添加并设置 Region

5.2.3　设置激励

如图 5-10，在绘图区中选中 Coil，选择菜单【Maxwell 2D】→【Excitations】→【Assign】→【Current...】，或者在绘图区点击右键选择【Assign Excitation】→【Current...】打开激励设置对话框，如图 5-11 所示，设置电流激励名称为 Current1，【Value】为 1000A，【Ref. Direction】参考方向为 Negative（电流将在负 *Y* 方向）。在激励下的项目管理器窗口中，出现了一个名为 Current1 的新项目。

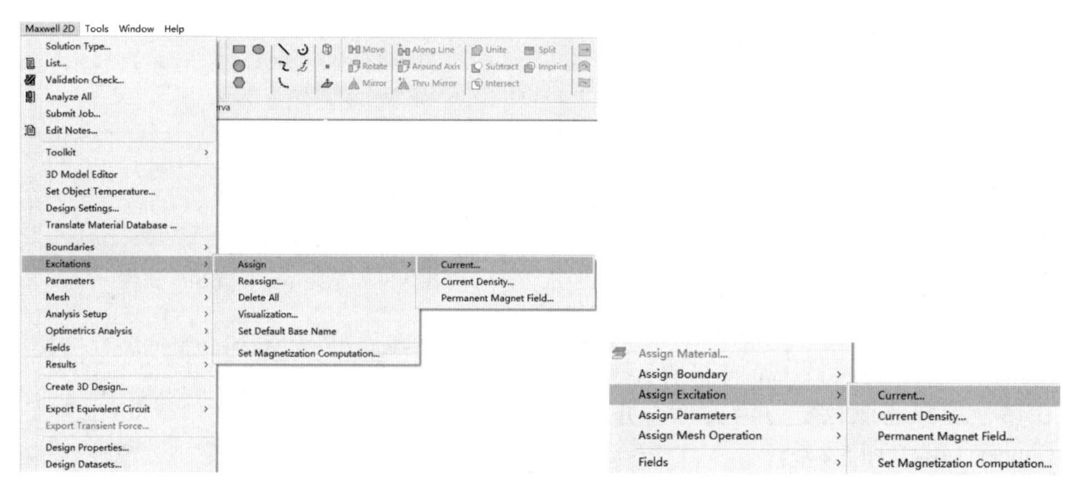

图 5-10　添加电流激励

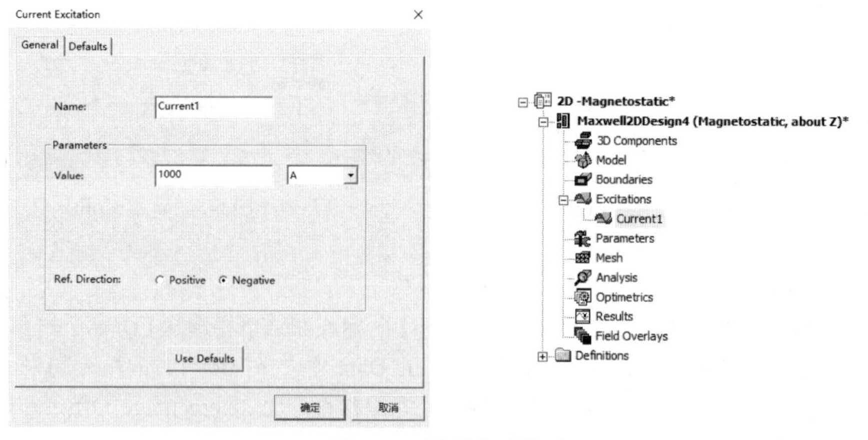

图 5-11　设置电流激励

5.2.4 边界条件和力参数设置

Step1：设置边界条件。首先选择菜单项【Edit】→【Selection Mode】→【Edges】，然后选择 Region 的三条外边，如图 5-12 所示，在绘图区点击右键选择菜单【Maxwell 2D】→【Assign Boundary】→【Balloon】，打开气球边界设置对话框，按【OK】确认。

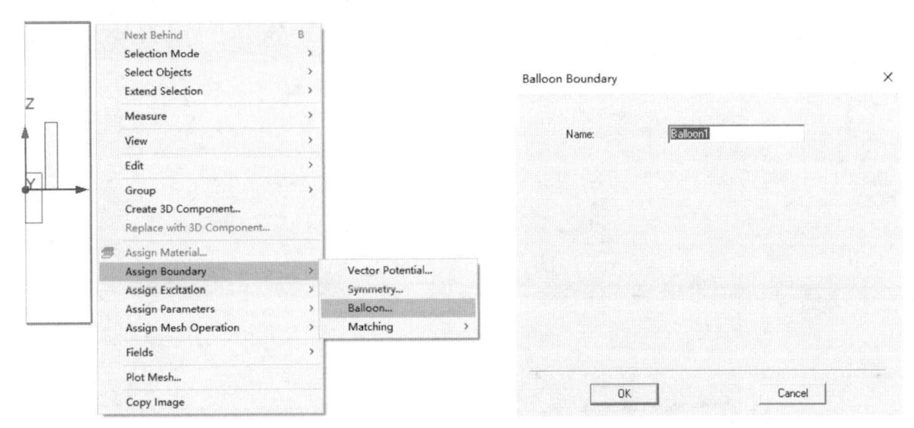

图 5-12 设置气球边界条件

Step2：设置力计算。选中对象 Sug，选择菜单【Maxwell 2D】→【Assign Parameters】→【Force】，打开力设置对话框，按【OK】确认，如图 5-13 所示。

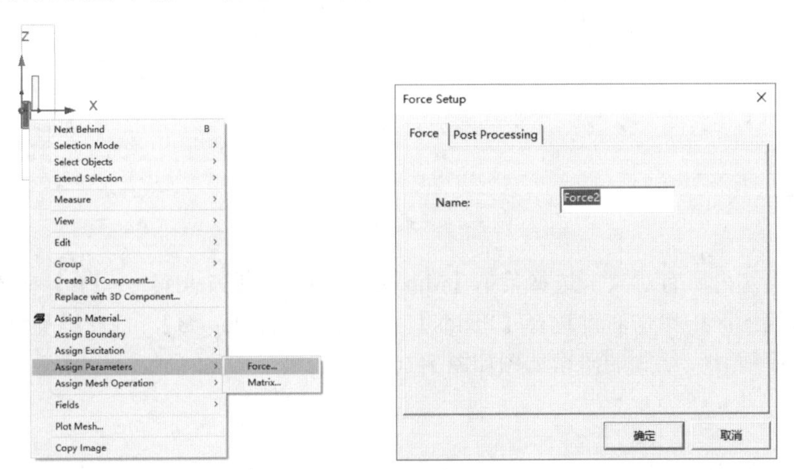

图 5-13 设置力求解

5.2.5 求解设置

在菜单栏中选择【Maxwell 2D】→【Analysis Setup】→【Add Solution Setup】，在求解设置窗口 General 选项卡中设置最大迭代次数 15，完成后点击【Use Default】按钮，如图 5-14 所示。

在工程管理窗口中右击 Setup1，打开菜单，并点击 Analyze 开始仿真计算。

5.2.6 求解数据

选择菜单【Maxwell 2D】→【Results】→【Solution Data】或选择【Results】快捷菜单栏，点击【Solution Data】打开对话框，在【Convergence】选项卡中可查看迭代相关数据，在【Force】选项卡中可查看力的数值，如图 5-15。

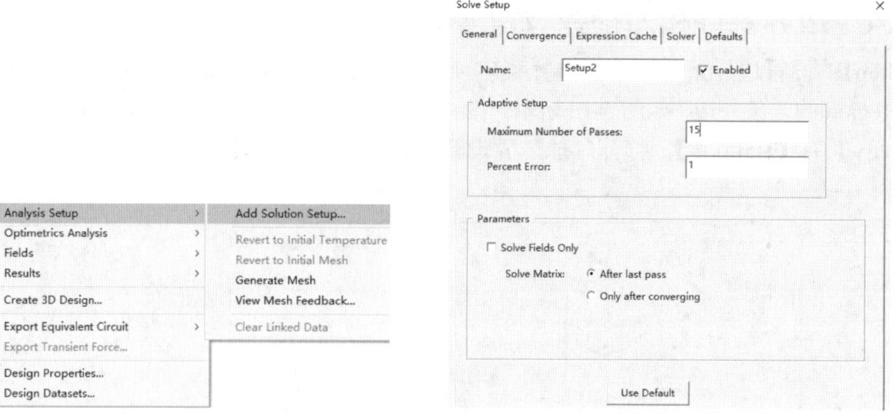

图 5-14　求解设定

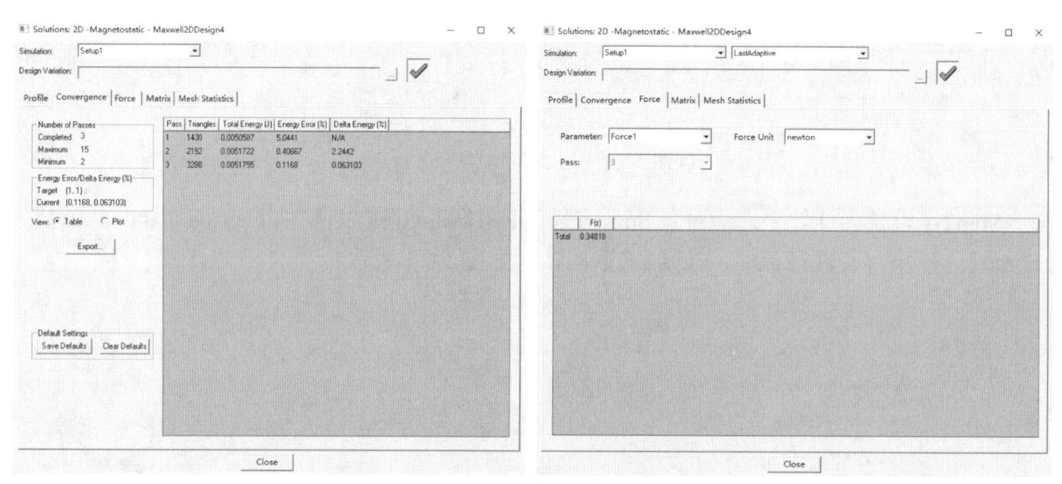

图 5-15　求解数据查看

选中绘图区内所有对象，选择菜单【Maxwell 2D】→【Fields】→【B】→【Mag_B】，或选中后在绘图区中单击右键选择【Fields】→【B】→【Mag_B】，打开绘制场图对话框，点击【Done】确认，绘制的磁密云图如图 5-16 所示。

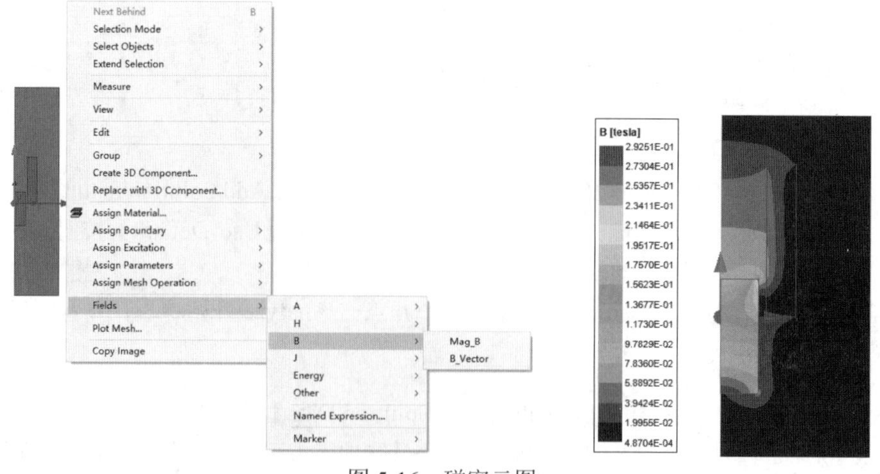

图 5-16　磁密云图

5.3 三维静磁场

5.3.1 模型设置

Step1：建立工程文件。同样地，在菜单栏中点击【Project】→【Insert Maxwell 3D Design】或点击【desktop】快捷菜单栏中的【Maxwell】，选择【Maxwell 3D】插入设计，如图 5-17 所示。

Step2：选择场计算类型。选择菜单项【Maxwell 3D】→【Solution Type】，打开求解类型对话框，选择磁场类型为【Magnetostatic】静磁场，点击【OK】确认，如图 5-18 所示。

Step3：绘制 3D 模型并赋予材料。选择菜单【Draw】→【Circle】或在快捷菜单栏【Draw】中点击【Create Circle】创建圆，使用坐标输入字段，输入矩形的 X，Y，Z 起点坐标【0,5mm,0】，按 Enter 键，使用坐标输入字段，输入对角相对坐标【0,0.5mm,0】，如图 5-19 所示，按 Enter 键，将生成的矩形名称更改为 Coil，展开 Coil 并点击 Create Circle，在属性栏设置圆的段数为 36（图 5-20）。

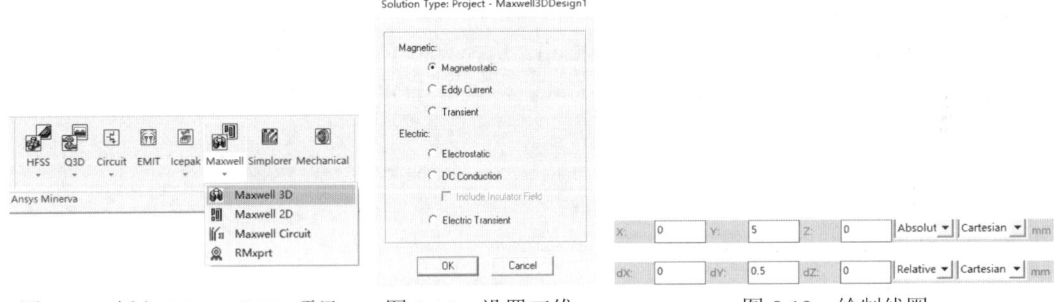

图 5-17　插入 Maxwell 3D 项目　　图 5-18　设置三维场求解类型　　图 5-19　绘制线圈

选择菜单【Draw】→【Sweep】→【Around Axis】，打开绕轴扫掠窗口，设置扫掠中心轴（Sweep axis）为 X 轴，角度（Angle of sweep）为 360°，段数（Number of segments）为 36 段，如图 5-21 所示，点击【OK】确认，生成如图 5-22 所示的三维 Coil，在属性栏将颜色设置为红色，材料设置为 Copper。

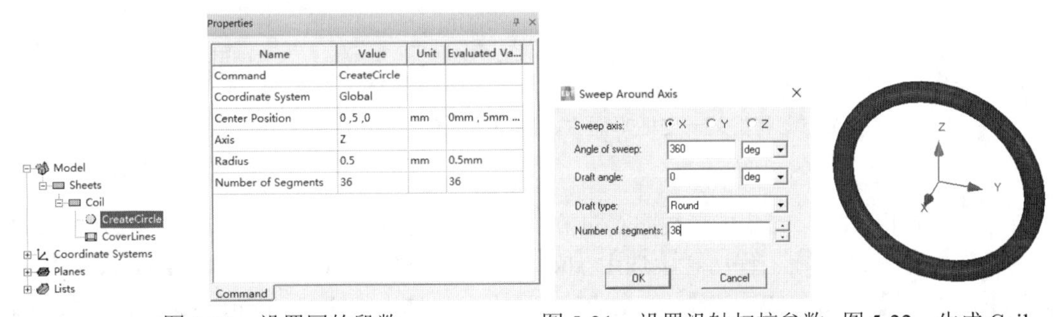

图 5-20　设置圆的段数　　图 5-21　设置沿轴扫掠参数　图 5-22　生成 Coil

在快捷菜单【Draw】中选择【Create box】，创建长方体，使用坐标输入字段，输入矩形的起点坐标【-3mm,-0.5mm,-0.5mm】，按 Enter 键，使用坐标输入字段，输入对角相对坐标 dX，dY，dZ【6mm, 1mm, 1mm】，按 Enter 键，将生成的长方体名称更改为 Magnet，在属性窗口将颜色更改为蓝色，并将材料改为 NdFe35（钕铁硼），添加完后永磁体的模型如图 5-23 所示。

右键单击 NdFe35，并选择属性，打开选择定义对话框，选择【View/Edit Materials…】，打开对话框，在如图 5-24 所示的材料属性窗口确认 *X* 分量为 1，*Y* 分量和 *Z* 分量都为 0。默认情况下，Maxwell 将磁化方向设定为指定的坐标系统的 *X* 轴。用户可以修改方向或在所需方向上创建坐标系以改变磁化方向。一般不建议在系统材料中直接修改材料属性，可先复制材料，再在复制后的材料上修改。

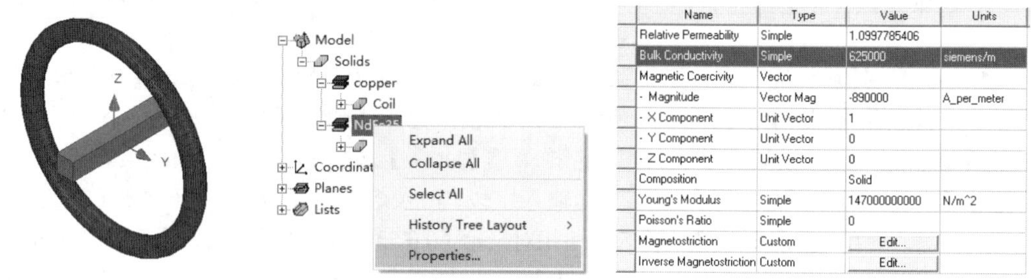

Name	Type	Value	Units
Relative Permeability	Simple	1.0997785406	
Bulk Conductivity	Simple	625000	siemens/m
Magnetic Coercivity	Vector		
- Magnitude	Vector Mag	-890000	A_per_meter
- X Component	Unit Vector	1	
- Y Component	Unit Vector	0	
- Z Component	Unit Vector	0	
Composition		Solid	
Young's Modulus	Simple	147000000000	N/m^2
Poisson's Ratio	Simple	0	
Magnetostriction	Custom	Edit...	
Inverse Magnetostriction	Custom	Edit...	

图 5-23　含永磁体模型　　　　图 5-24　永磁体设置

5.3.2　激励设置

首先在线圈中创建激励面：选中线圈 Coil，选择菜单【Edit】→【Surface】→【Section】，打开【Section】对话框，选择 *XY* 平面作为截面，点击【OK】，如图 5-25、图 5-26 所示。

图 5-25　利用某一坐标平面生成截面

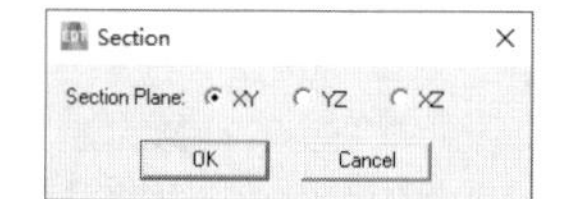

图 5-26　利用某一坐标平面生成截面

上一步使用【Section】生成了线圈 Coil 在 *XOY* 平面上的两个界面，还需要使用【Boolean】运算删除其中一个：在工程树栏中选中 sheet 下 Coil_Section1，选择菜单【Modeler】→【Boolean】→【Separate Bodies】，将生成的截面分开，选中 Coil_Section1_Separatel，按 Del 键删除，生成的截面如图 5-27 所示。

选中 Coil_Section1，选择菜单【Maxwell 3D】→【Excitations】→【Assign】→【Current】，打开电流激励设置对话框，设置电流值为 100A，类型设置为绕组（Stranded），点击【OK】确认，如图 5-28 所示。此处需要注意：静态场中电流激励值所表示的是安匝数，不是单纯的电流值。

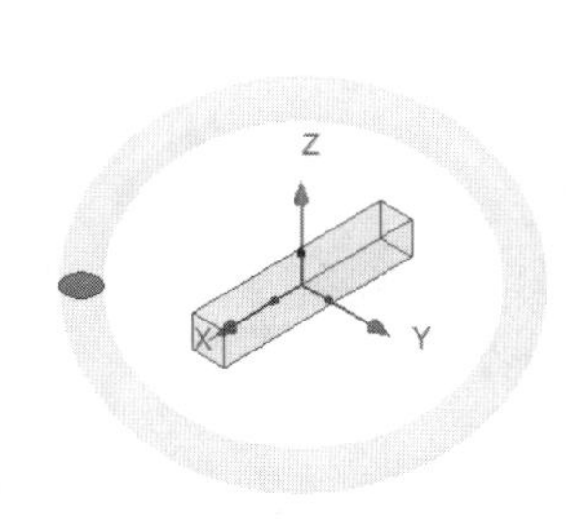

图 5-27　生成的激励截面

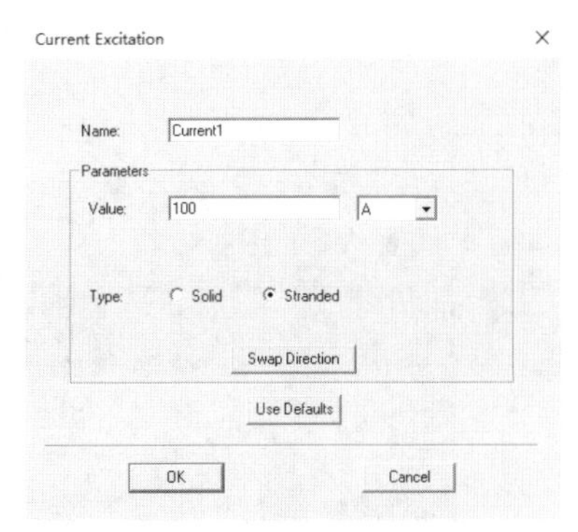

图 5-28　电流激励设置

5.3.3　设置求解域

为了使受力永磁体属于线圈的轴向，首先需要旋转线圈：选中 Coil 和 Coil_Section1，选择【Edit】→【Arrange】→【Rotate】，打开如图 5-29 所示的旋转对话框，设置旋转轴为 *Z* 轴，旋转角度为 45°，按【OK】键确认，如图 5-30 所示。

然后建立求解域，在快捷菜单栏【Draw】中点击【Create Region】图标，在 Padding Data 项中选择把所有方向填充起来（Pad all directions similarly），填充类型（Padding Type）为偏移百分比（Percentage Offset），数值为 100，按【OK】键确认。

5.3.4　设置扭矩参数

选中 Magnet 对象，选择菜单【Maxwell 3D】→【Parameters】→【Assign】→【Torque】，打开如图 5-31 所示的转矩设置对话框，名称为 Torque1，类型为【Virtual】(系统采用虚功原理来计算物体上扭矩)，轴心为 Global::Z，并勾选【Positive】，按【OK】确认。

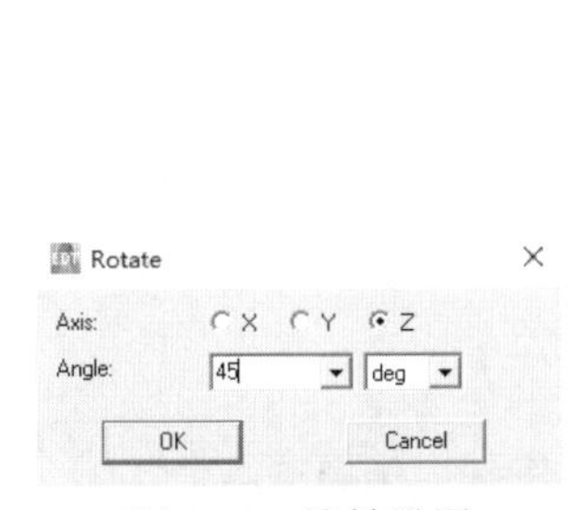

图 5-29　旋转设置

图 5-30　旋转后模型

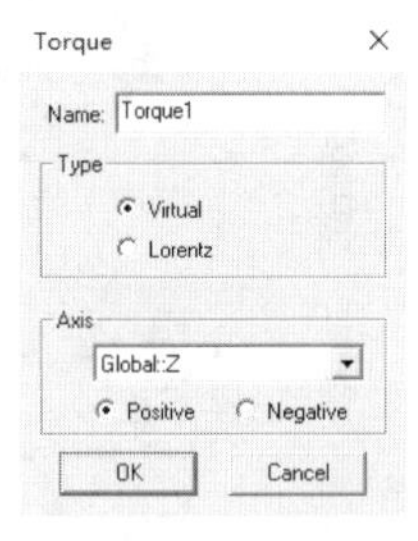

图 5-31　转矩设置

5.3.5　分析和结果

选择菜单【Maxwell 3D】→【Analysis Setup】→【Add Solution Setup】，在求解设置窗口 General 选项卡中设置最大迭代次数 15，点击【确定】按钮。

在工程管理窗口中右击 Setup1，打开菜单，并点击【Analyze】开始仿真计算。

选择菜单【Maxwell 3D】→【Results】→【Solution Data】或选择【Results】快捷菜单栏，点击【Solution Data】图标打开对话框，在【Convergence】选项卡可查看迭代相关数据，在【Force】选项卡可查看力的数值，如图 5-32 所示。

在绘图区选中 Coil，选择菜单【Maxwell 3D】→【Fields】→【Fields】→【J】→【J_Vector】，打开绘制场图对话框，点击【Done】确认，绘制线圈的电密矢量图。

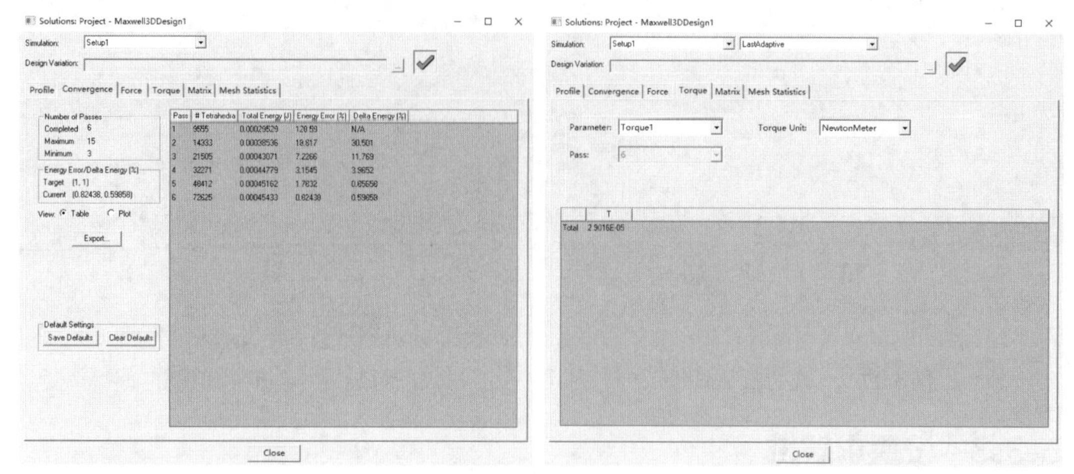

图 5-32　查看结果

在绘图区选中 Magnet，选择菜单【Maxwell 3D】→【Fields】→【Fields】→【B】→【Mag_B】，打开绘制场图对话框，点击【Done】确认，绘制永磁体的磁密矢量图，如图 5-33 所示。

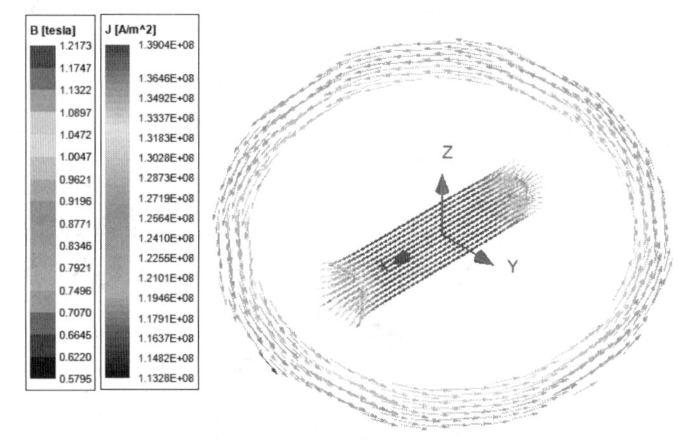

图 5-33　线圈电密和永磁体磁密矢量图

本章小结

本章分别在二维静磁场和三维静磁场中建立仿真模型，详述了求解域设置、激励设置、边界条件设置以及力/转矩等参数的设置方法，给出了查看计算结果的方法。

第6章 油浸式变压器不同工况下电磁及 Simplorer 场路耦合仿真

扫码观看本章视频

6.1 实例描述及仿真策略

以 10kV 三相油浸式变压器为例，基于 Maxwell 3D 建立变压器的有限元仿真模型，结合电路仿真 Simplorer，搭建变压器的空载、短路、负载工况的电路场路联合仿真模型，并给出了相应的电压/电流波形、损耗曲线以及场分布，变压器模型如图 6-1 所示。

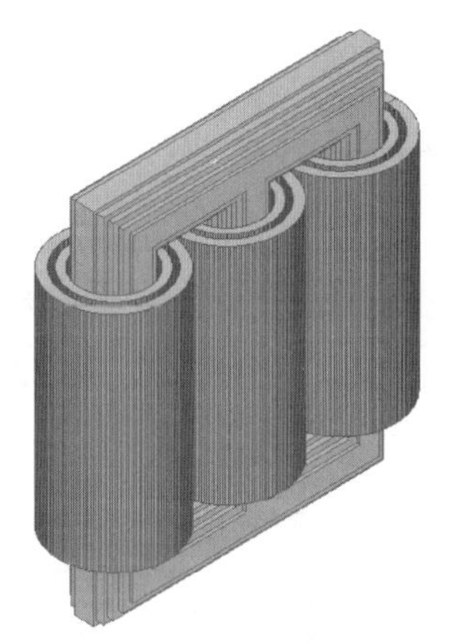

图 6-1 变压器模型

6.2 变压器电磁场仿真分析

6.2.1 模型建立及前处理

Step1：建立工程文件项目，选择求解类型。菜单栏中点击【Project】→【Insert Maxwell 3D Design】，或在快捷菜单栏中点击【Desktop】→【Maxwell】图标，选择【Maxwell 3D】插入设计，如图 6-2 所示。

在菜单栏中选择【Maxwell 3D】→【Solution Type】，打开求解类型对话框，设置求解类型为【Magnetic】→【Transient】瞬态场，点击【OK】确认，如图 6-3 所示。

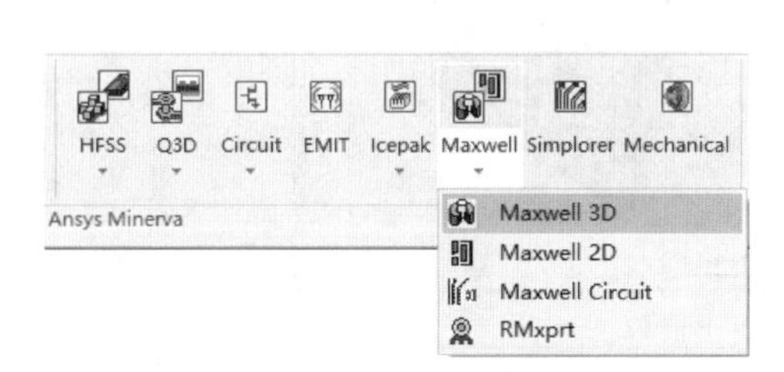

图 6-2 插入 Maxwell 3D 项目

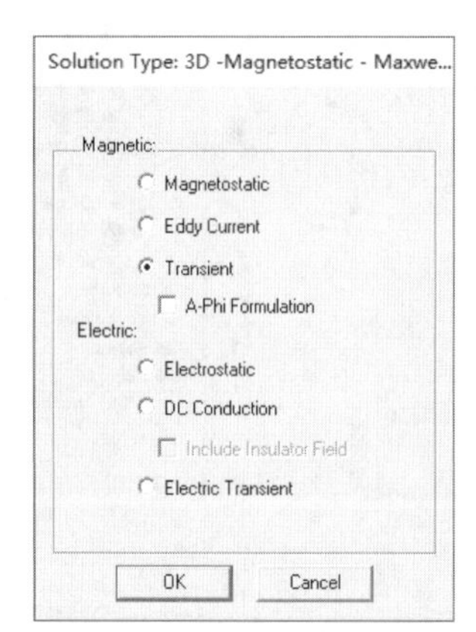

图 6-3 设置三维场求解类型

Step2：绘制模型。首先绘制变压器铁芯。此处利用 RMxprt 模型库进行快捷建模：在菜单栏中执行【Draw】→【User Defined Primitive】→【RMxprt】→【Trans Core】，打开如图 6-4 所示的对话框，按照图中所示设置变压器铁芯的尺寸，点击【OK】确认，绘制的变压器铁芯如图 6-5 所示，并将颜色设置为灰色，在工程管理树中将绕组材料设置为硅钢片材料 35W270。

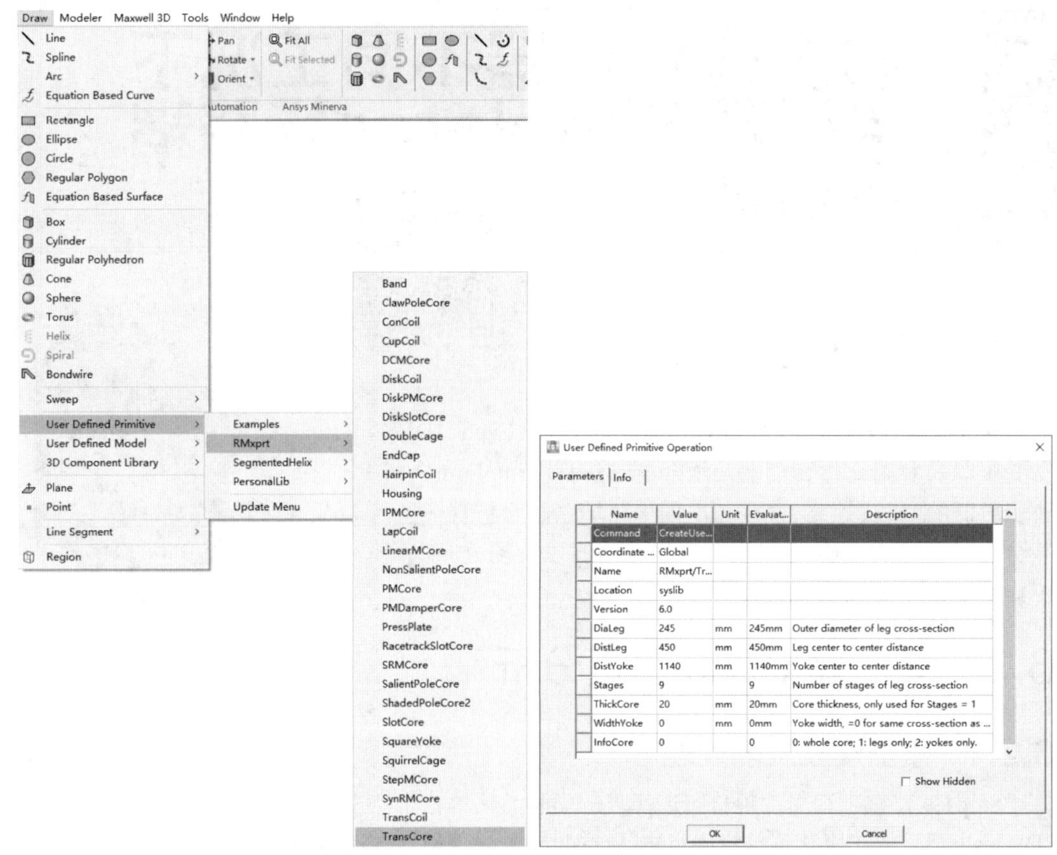

图 6-4　变压器铁芯绘制

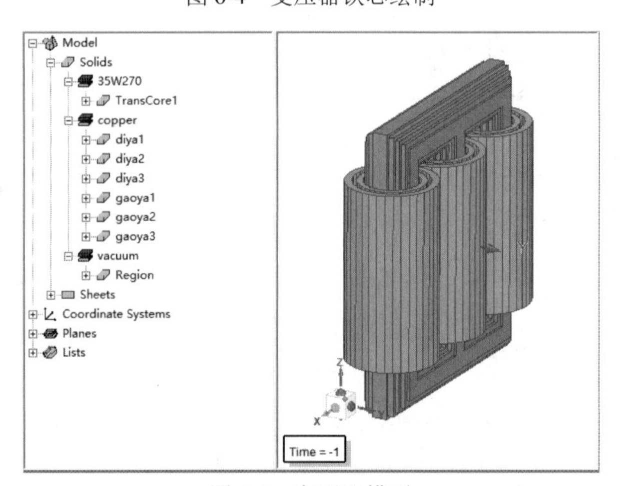

图 6-5　变压器模型

绕组的绘制使用快捷菜单栏中的绘制功能：首先绘制位于中心的 B 相低压侧绕组，在快捷菜单栏中执行【Draw】→ 【Draw cylinder】绘制圆柱，圆柱的起点位置为【0,0,-427.5mm】，圆柱的半径（Radius）为 135mm，高度（Height）为 855mm，段数（Number of Segments）设置为 36；在相同的起点绘制半径为 165mm、高度相同的圆柱。选中半径为 165mm 和 135mm 的圆柱，执行布尔减（Subtract）操作，得到 B 相低压侧绕组，将其命名为 SecondaryB，并在工程管理树中将绕组材料设置为 Copper。

相同的方法，以【0,0，-427.5mm】为起点，绘制高度为855mm，半径分别为186mm和221mm的圆柱，并执行布尔减（Subtract）操作，得到B相高压侧绕组，将其命名为PrimaryB，并将材料设置为Copper。

同样地，按照上述方法，分别以【450mm,0，-427.5mm】、【-450mm,0，-427.5mm】为起点，按照上述尺寸绘制A相、C相高低压侧绕组。或者选中B相绕组，执行AlongLine操作，线性阵列生成A相、C相高低压侧绕组，并将低压侧绕组命名为SecondaryA、SecondaryC，将高压侧绕组命名为PrimaryA、PrimaryC，并将材料设置为Copper，如图6-5所示。

Step3：激励设置。首先利用Section方法生成绕组激励面：如图6-6所示，在绘图区中选中所有绕组，在菜单栏中执行【Modeler】→【Surface】→【Section】，或选中绕组后在绘图区单击右键选择【Edit】→【Surface】→【Section】，打开Section截面生成对话框，并选择截取平面*XZ*，此时每套绕组都会生成与*XOZ*坐标平面相交的两个截面，还需要删除其中一个。选中生成的所有平面，执行【Modeler】→【Boolean】→【Separate Bodies】将平面分离，并删除，保证每个线圈上只有一个激励面，如图6-7所示。

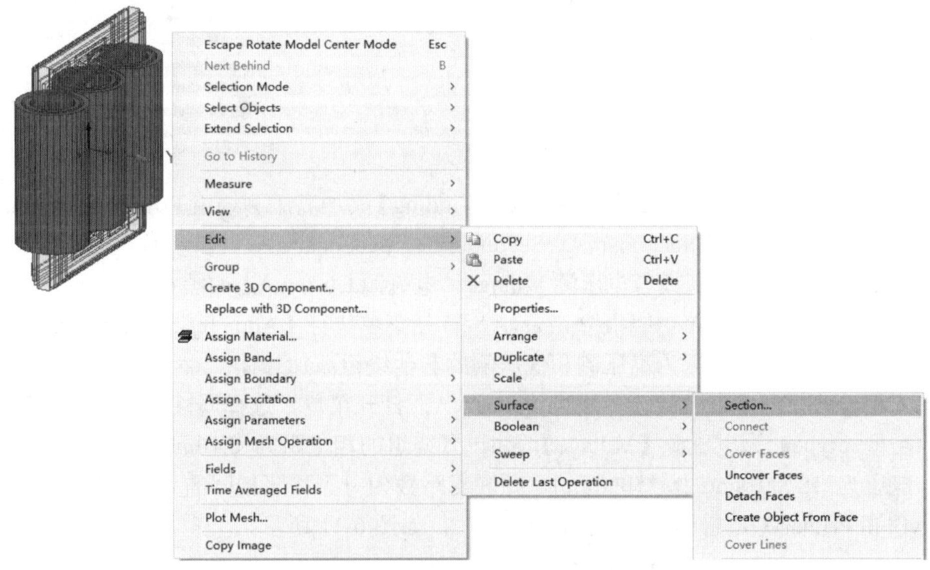

图6-6　利用Section截取绕组截面

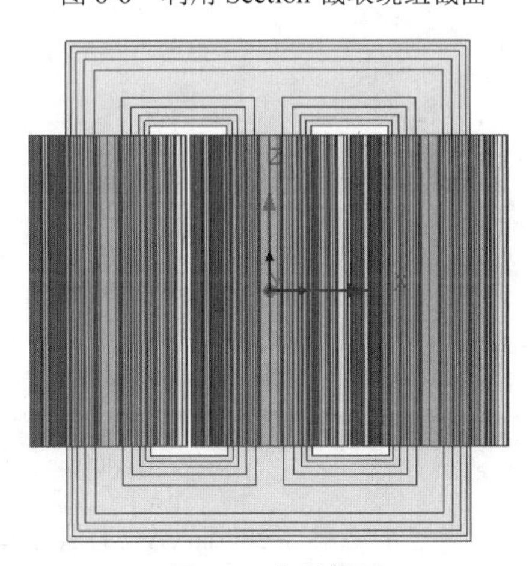

图6-7　绕组截面

分别选中绕组激励面，在菜单栏中选择【Modeler】→【Excitations】→【Assign】→【Coil Terminal…】，或在绘图区选中某一截面后单击右键选择【Assign Excitations】→【Coil Terminal…】，弹出绕组设置窗口，如图 6-8 所示，此处修改绕组名称并设置【Number of Conductor】高压侧绕组导体数为 626，同样地对其他绕组进行设置，其中高压侧绕组导体数为 626，低压侧绕组导体数为 25。设置完成后，可以在工程管理栏所处项目文件的【Excitations】下观看所建立的绕组，如图 6-9 所示。

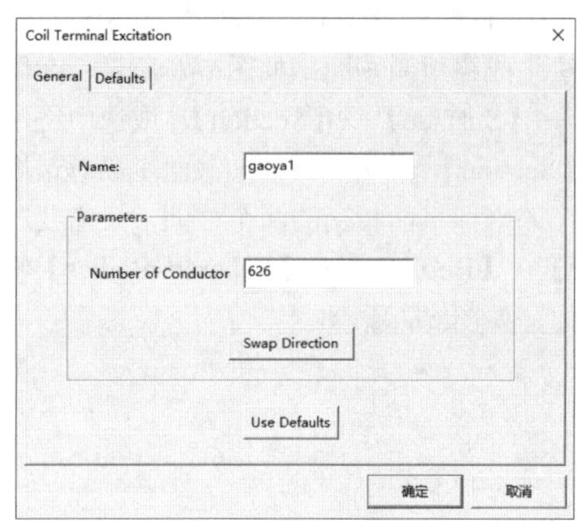

图 6-8　绕组添加

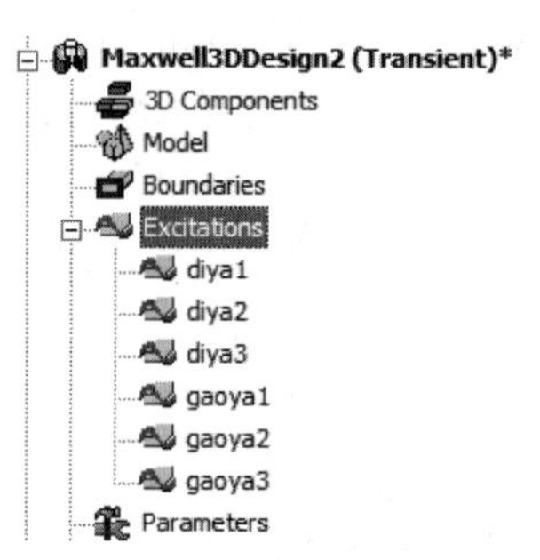

图 6-9　观看生成的绕组

执行【Modeler】→【Excitations】→【Add Winding】添加高压侧绕组 PrimaryA、PrimaryB、PrimaryC 以及低压侧绕组 SecondaryA、SecondaryB、SecondaryC，并将参数栏的类型（Type）设置为外电路（External）（或者电压源 Voltage、电流源 Current），如图 6-10 所示。

在工程管理栏中右键单击绕组 PrimaryA，打开菜单执行【Add Terminals】，添加属于 A 相高压侧绕组的导体，同理为高压侧和低压侧的其他绕组添加导体。

在工程管理栏中单击右键选择绕组 PrimaryA，打开菜单，选择属性【Properties】，设置绕组的类型（type）为电压源【Voltage】，并设置绕组的相电阻为 0.16mΩ，端部漏感设置为 0mH，电压为 10000*sin(2*pi*50*time)，并联支路数为 1。按照相同的方法设置高压侧绕组 PrimaryB 和 PrimaryC，它们两两之间相差 120°，如图 6-11 所示。

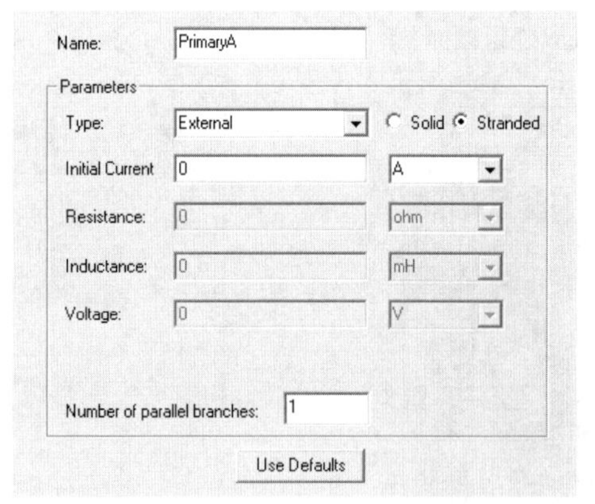

图 6-10　绕组设置为外电路

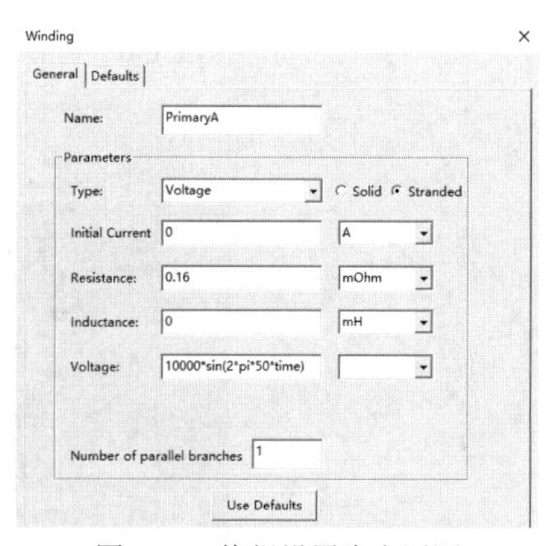

图 6-11　绕组设置为电压源

同样地，在工程管理栏中右键点击绕组 SecondaryA，打开菜单，选择属性【Properties】，设置绕组的类型（type）为电压源【Voltage】，并设置绕组的相电阻为 1Ω（包括次级的相电阻和负载电阻），端部漏感设置为 0mH，电压为 0，并联支路数为 1。按照相同的方法设置其他两相绕组，三相绕组间相位依次相差 120°。

Step4：添加求解域。在快捷菜单栏点击【Draw】→【Create Region】，打开 region 设置对话框，在【Padding type】项中选择【Percentage Offset】，并设置【Value】为 20（%）。

Step5：网格剖分设置。选中剖分对象，在菜单栏中依次选择【Maxwell 3D】→【Mesh】→【Assign Mesh Operation】→【On Selection】→【Length Based...】设置剖分，变压器铁芯、绕组、Region 的最大网格长度（Set maximum element length）分别设置为 50mm、25mm、90mm。

Step6：求解设置。执行【Maxwell 3D】→【Analysis Setup】→【Add Solution Setup...】添加求解设置，设置仿真时间长度为 0.1s，仿真步长为 1ms，并设置保存场的时刻，然后开始计算。

6.2.2 计算结果查看

首先生成初级绕组和次级绕组电流随时间变化的曲线，选择【Maxwell 3D】→【Results】→【Create Transient Report】→【Rectangular Plot】，在【Category】栏选择 Winding，在 Quantity 栏选择 Current(SecA)、Current(SecB)和 Current(SecC)，点击 New Report 生成曲线，如图 6-12 所示。同样的方法，选择 InducedVoltage(SecA)，点击【New Report】生成曲线，在 *Y* 坐标栏输入 InducedVoltage(SecA)-InducedVoltage(SecB)，点击【Add Trace】生成次级线电压，如图 6-13 所示。

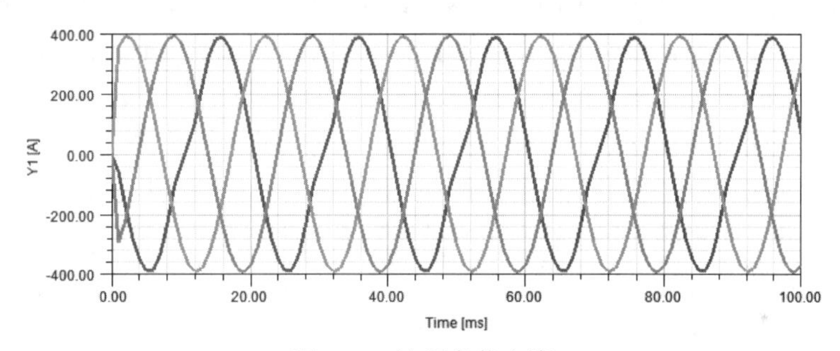

图 6-12 次级负载电流

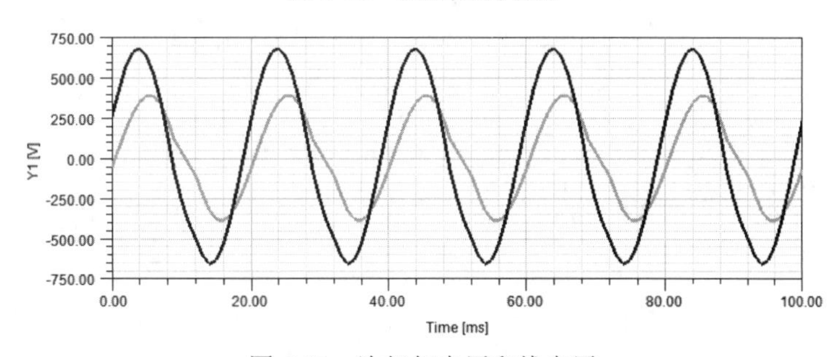

图 6-13 次级相电压和线电压

6.3 基于 Simplorer（Twin Builder）的变压器场路耦合仿真

ANSYS Simplorer 是直观易用、多物理域、多层次的系统仿真软件，能够帮助工程师实现复杂的高精度快速设计、仿真分析与优化设计，包括电机、电磁、电源和其他机电一体化系统。随着产品设计层次的提升，部件、组件直至整个系统的融合越来越紧密。Simplorer 具有无缝集成的多种系统级建模技术（包括电路、框图、状态机、等式等）和建模语言，能够在同一个原理图中实现复杂的系统设计，是高精度系统建模和仿真分析的理想工具。这里需要注意，在 ANSYS Electronics Desktop 2021 版本中，已经将 Simplorer 软件功能集成至 Twin Builder 系统级多物理域数字孪生平台中。用户可以在 Ansys Electronics Desktop 主界面快捷菜单栏中选择【Desktop】→【Simplorer】或者直接打开 Ansys Twin Builder 2021 R1 软件来新建 Simplorer 项目，如图 6-14、图 6-15 所示。

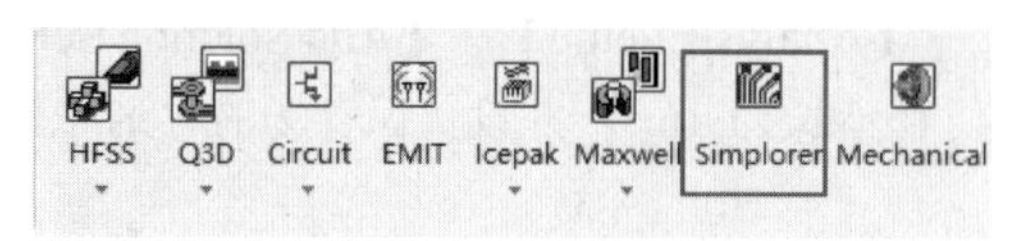

图 6-14　插入 Simplorer 项目

图 6-15　打开 Ansys Twin Builder 平台

本节主要利用 Simplorer 模块搭建变压器的场路耦合模型，计算变压器在不同工况下的性能。

6.3.1　Simplorer 基本运行界面

图 6-16 为 Simplorer 的操作界面示意图，在菜单工作栏下，主要有图示的 9 个工作区域。

菜单栏： 包含文件、编辑、查看、项目、绘图等所有操作命令。

快捷菜单栏： 布局了一些针对视图、绘图、仿真、结果等模块的常见操作，便于快速执行。

工程管理栏： 可以管理多个工程文件或者一个工程文件下多个 Design 项目文件。

属性栏： 选中不同模块时，此处会显示相关属性信息。

电路绘制区： 用户可在此绘制要计算的电路，也可在此显示计算后的场图结果和数据曲线等信息，绘制时可以直接使用右侧元器件库中的元器件，方便用户绘制电路模型。

元器件库： 包含了电源、电容、电阻等多种基本元件，用以绘制电路。

信息管理栏： 显示工程文件在操作时的一些详细信息，如警告提示、错误提示、求解完成信息等。

进度栏： 主要显示的是求解进度、参数化计算进度等。

状态栏： 在对某一部件的属性操作时，可在此看到操作信息。

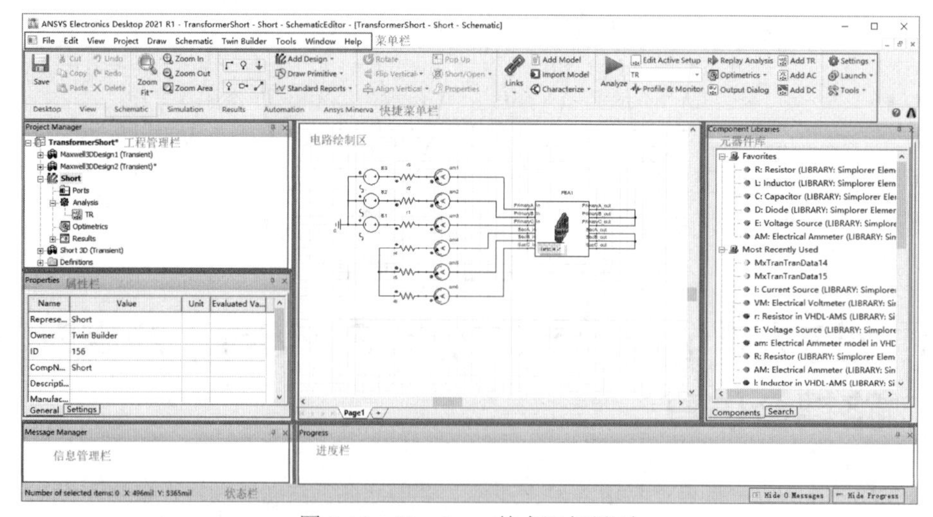

图 6-16　Simplorer 基本运行界面

6.3.2 空载工况仿真分析

Step1：在 Maxwell 中设置外电路激励。复制上一节的工程项目并重新命名，然后在菜单栏中执行【Maxwell 3D】→【Analysis Setup】→【Add Solution Setup…】修改求解设置，设置仿真时间长度 0.5s，步长为 0.5ms，并添加需要保存场的时刻。

在菜单栏中打开【Maxwell 3D】→【Design Setting】，勾选选项卡【Advanced Product Coupling】内【Enable transient-transient link with Twin Builder】选项，打开场路耦合瞬态求解链接，如图 6-17 所示。然后在项目管理栏中将【Excitation】下所有绕组的激励类型（type）设置为外电路【External】，如图 6-18 所示。

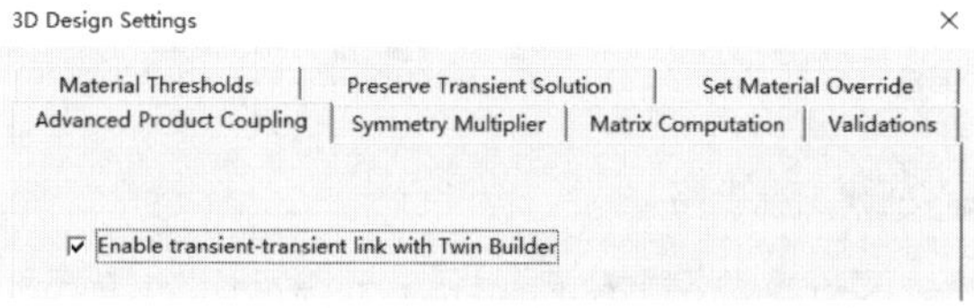

3D Design Settings
Material Thresholds | Preserve Transient Solution | Set Material Override
Advanced Product Coupling | Symmetry Multiplier | Matrix Computation | Validations
Enable transient-transient link with Twin Builder

图 6-17 打开场路耦合瞬态求解功能

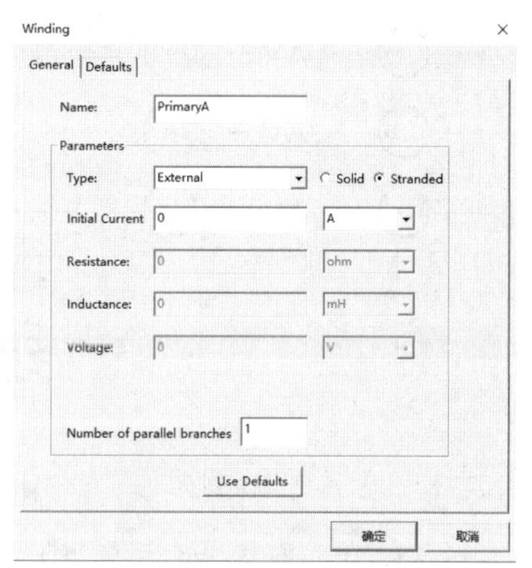

图 6-18 设置激励为外来电路

Step2：添加 Simplorer 路算项目。在菜单栏中执行【Project】→【Insert Simplorer Design】，打开 Simplorer 编辑界面。

继续在材料中执行【Twin Builder】→【SubCircuit】→【Maxwell Component】→【Add Transient Cosimulation】，打开瞬态场耦合菜单，如图 6-19 所示。选择联合仿真模型的来源【Source Project & Design】为 Current Project，选择【Design】为上节中绘制模型的名称，选择【Solution】为上节添加的求解设置，如图 6-20 所示，并修改名称。

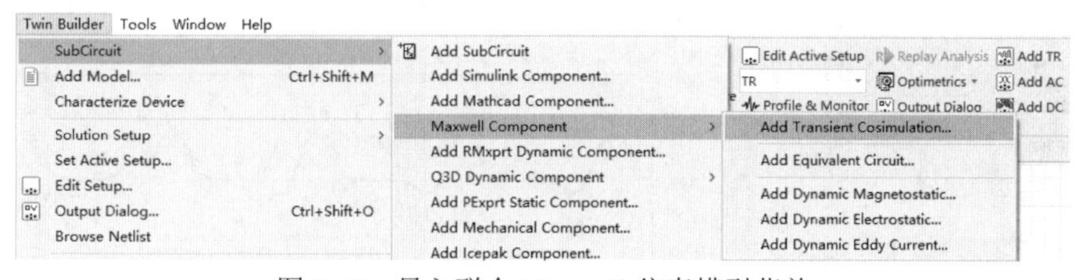

图 6-19 导入联合 Maxwell 仿真模型菜单

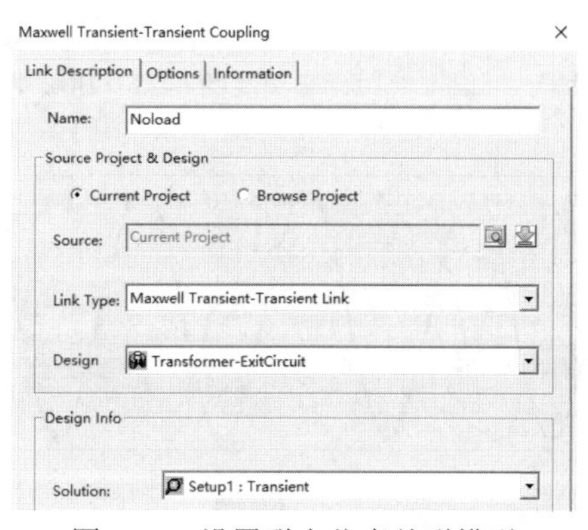

图 6-20 设置联合仿真关联模型

Step3：搭建仿真电路。在绘图区按照图 6-21 搭建变压器的空载仿真电路，其中 r1～r3 为初级绕组的相电阻（1.1mΩ），r4～r6 为次级绕组的相电阻（1.1mΩ），初级绕组的电源 ABC 相相电压幅值为 8165V（线电压 10kV），电源频率为 50Hz，相位角互差 120°，并将名称修改为 Noload。

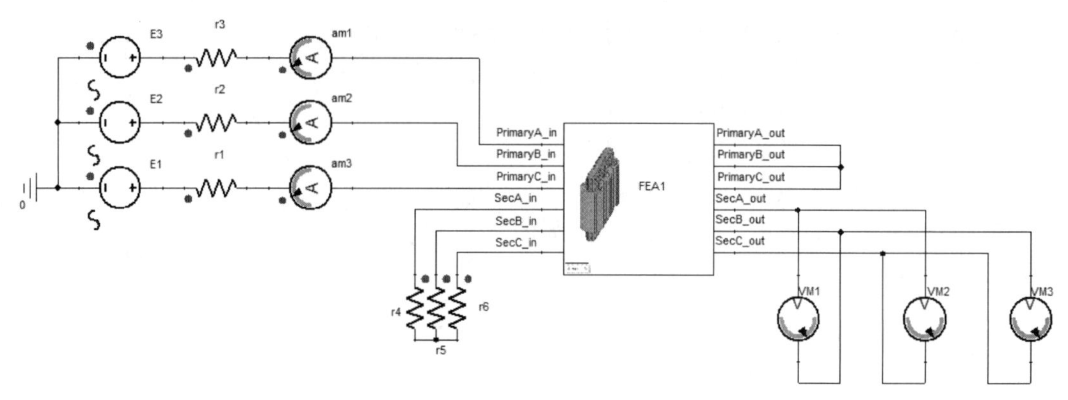

图 6-21　空载工况电路

Step4：求解设置。在工程管理栏，点击 simplorer 项目中【Analysis】前的“+”展开，并双击【TR】打开设置对话框，设置仿真时间长度、仿真最大步长和最小步长，如图 6-22 所示。

Step5：计算结果查看。仿真计算完成后，可在 simplorer 中【Results】内添加绘图。初级绕组的空载电流（电流表 am1～am3）波形如图 6-23 所示，次级绕组的空载电压（电压表 VM1～VM3）波形如图 6-24 所示。除了在 simplorer 中查看电压表和电流表的波形外，还可在 Maxwell 3D 设计中查看变压器的绕组损耗、铁芯损耗等，如图 6-25、图 6-26 所示。

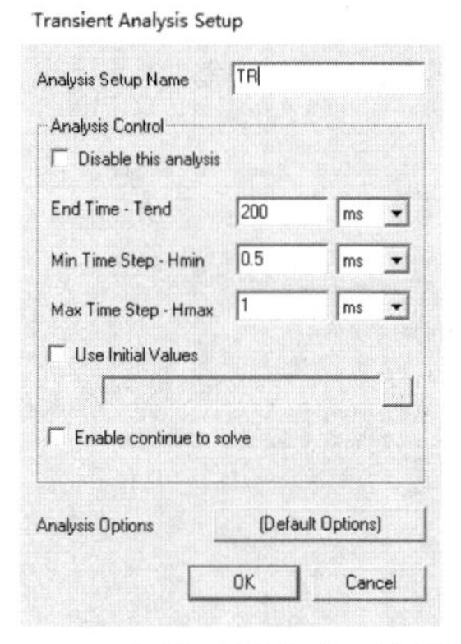

图 6-22　空载工况仿真时间设置

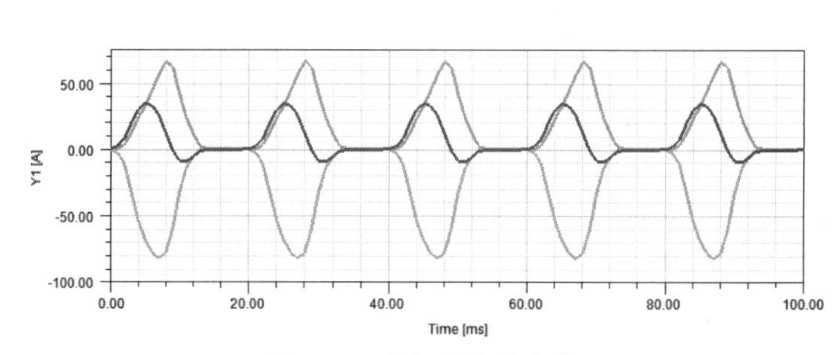

图 6-23　初级空载相电流

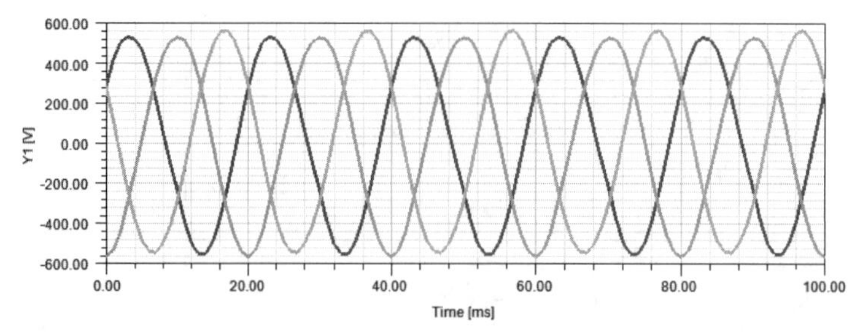

图 6-24　次级空载线电压

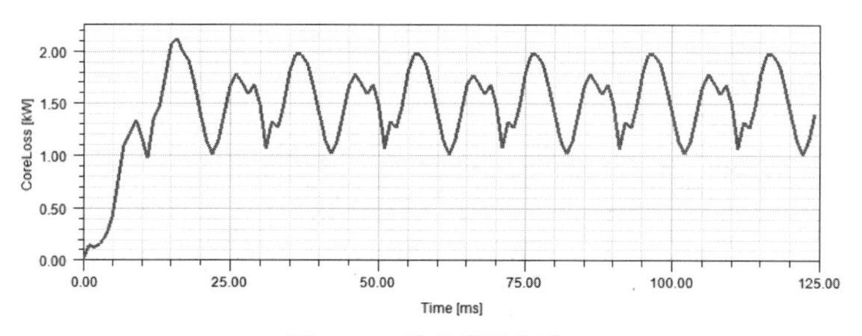

图 6-25　铁芯损耗曲线

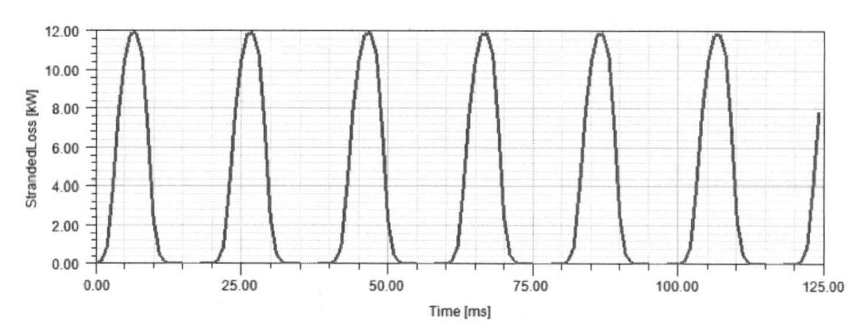

图 6-26　绕组铜耗曲线

6.3.3　短路工况仿真分析

根据图 6-27 所示搭建变压器短路时的外电路，将变压器次级绕组的输出端短接，并将名称修改为 Short。需要注意，电流表只能通过阻抗短接，不能直接短接。类似变压器空载工况，可以查看变压器的短路电流等波形，短路工况下变压器铁芯的磁密分布如图 6-28 所示。

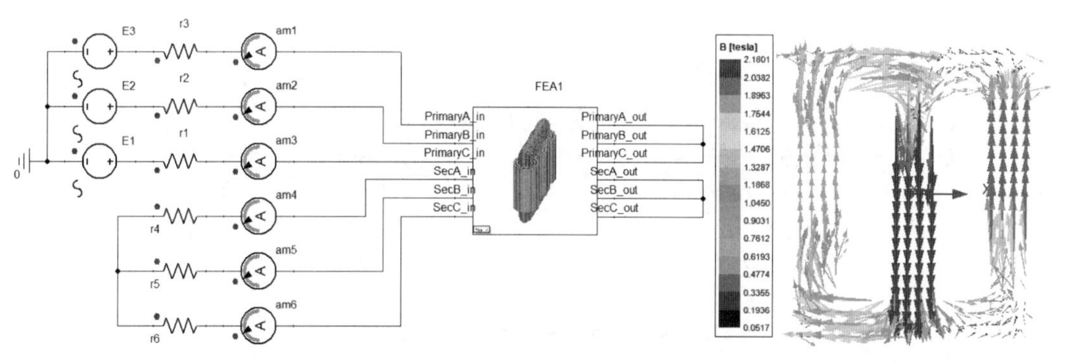

图 6-27　短路工况电路　　　　图 6-28　短路工况铁芯磁密分布

6.3.4　负载工况仿真分析

根据图 6-29 所示搭建变压器负载工况时的外电路，将变压器次级绕组的输出端连接阻性负载，并在电路中串联电流表，使用电压表测量线电压，并将名称修改为 Load。

次级绕组的输出电压（电压表 VM1～VM3）波形如图 6-30 所示，次级绕组的负载电流（电流表 am4～am6）波形如图 6-31 所示，三相电流之和为 0。也可以根据需要查看电源电压波形、初级电流波形以及在 Maxwell 设计中查看变压器的感应电势、损耗、场图分布等。

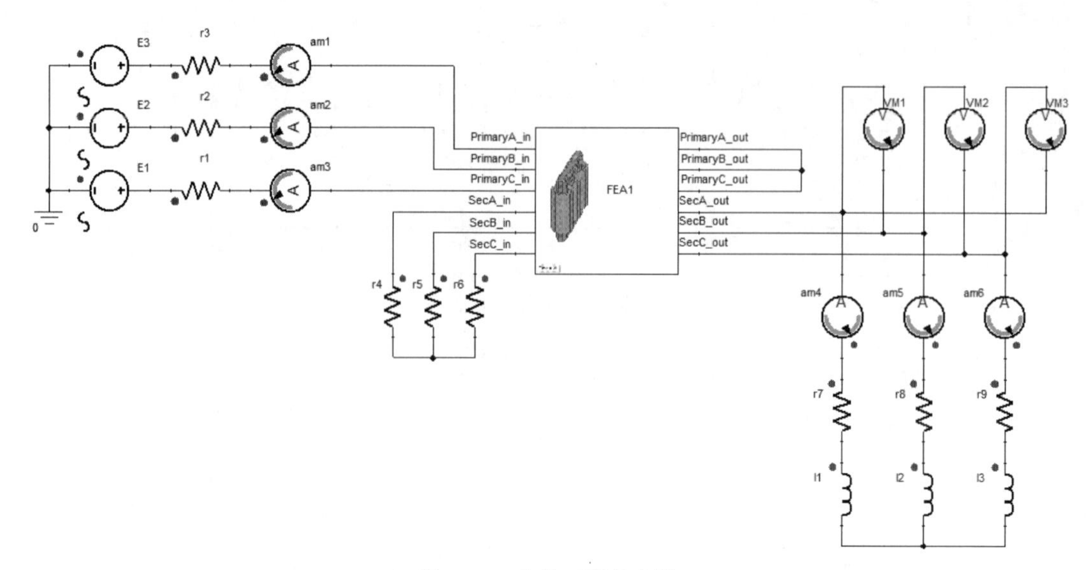

图 6-29　负载工况外电路

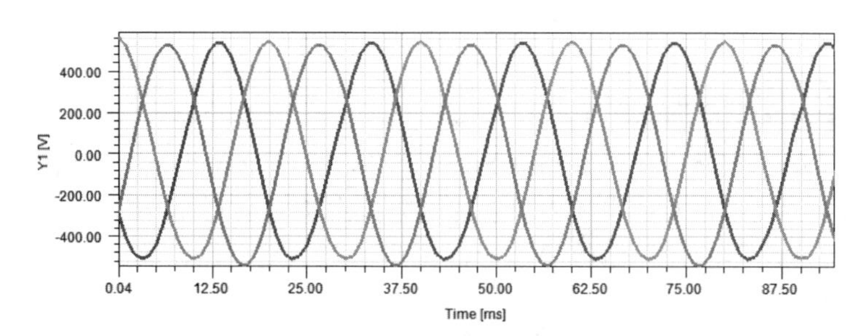

图 6-30　次级绕组输出线电压波形

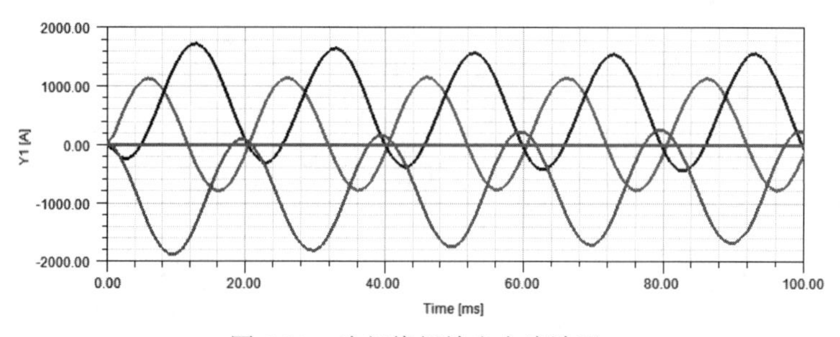

图 6-31　次级绕组输出电流波形

本章小结

本章主要以 10kV 三相油浸式变压器为例，搭建了变压器的 3D 有限元仿真模型，并结合电路仿真 Simplorer，搭建变压器的空载、短路、负载工况的电路场路耦合仿真模型，仿真计算出了变压器在不同工况下的电压/电流波形、损耗曲线以及场分布。

第7章 笼型转子感应电机快速电磁计算及电磁-温度场耦合仿真

扫码观看本章视频

7.1 实例描述及仿真策略

本章以一台4极30kW笼型转子感应电机(图7-1)为实例对象，系统学习如何使用RMxprt进行快速的电磁性能计算，并以此为基础完成2D和3D场笼型感应电机的模型搭建，材料、边界设置等前处理进程，以及气隙磁密求取、效率Map图生成、转矩等特性曲线输出的后处理过程，最终结合Motor-CAD对其电磁温度场进行耦合仿真计算。

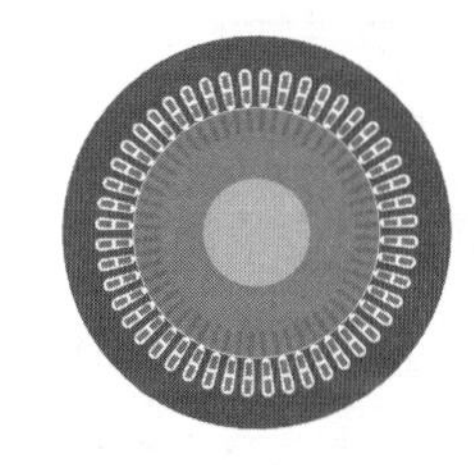

图7-1 笼型转子感应电机轴向截面及3D模型示意图

7.2 RMxprt快速建模及电磁性能计算

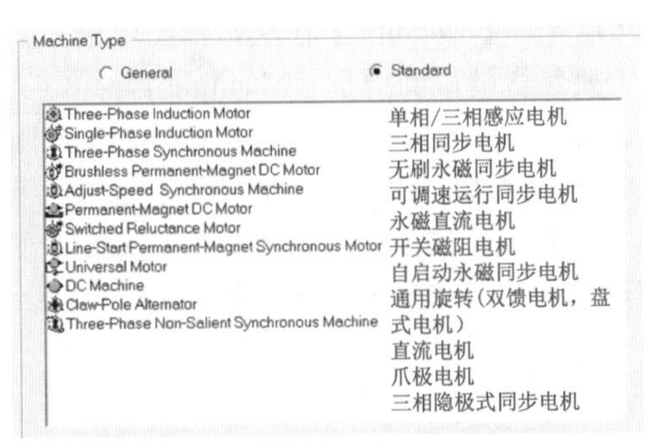

图7-2 RMxprt工具包中电机种类

RMxprt作为一个能够快速分析计算电机性能并可一键生成二维和三维有限元计算模型的模板化电机设计工具包，大大提升了电机初步设计和快速优化设计的效率。RMxprt工具包提供了19种常用电机类型，如图7-2所示，其中感应电机包括单相和三相感应电机。本章以三相笼型感应电机为例，进行相关的建模和仿真介绍。

7.2.1 模型选择及基础参数设置

本节主要介绍具体尺寸参数的设置方法，对于设计参数的求取不做详细分析。

Step1：建立RMxprt工程项目。如图7-3所示，首先打开ANSYS Electronics Desktop软件，选中【Desktop】快捷菜单栏，点击【New】按钮建立项目文件，默认命名为Project1，可点击右键重命名，本项目在此统一命名为Project_IM。然后在Maxwell按钮下选中RMxprt工具包，弹出如图7-4所示的【Design Flow】窗口，其中Maxwell Model Wizard属于利用RMxprt工具包建立Maxwell有限元模型，并不能进行快速性能分析，所以一般选择Generate RMxprt Solutions。电机类型如果选择General，则属于普通通用旋转电机建模方法，一般在电机类型选择库中没有需要的电机类型的话可以选择这个。如果属于常见电机，可以选择Standard，然后选择下面的具体电机类型，我们在这里选择第一个三相感应电机【Three-Phase Induction Motor】，工程树管理栏如图 7-5 所示，包含定子槽和绕组、转子槽和绕组以及转轴设置模块。

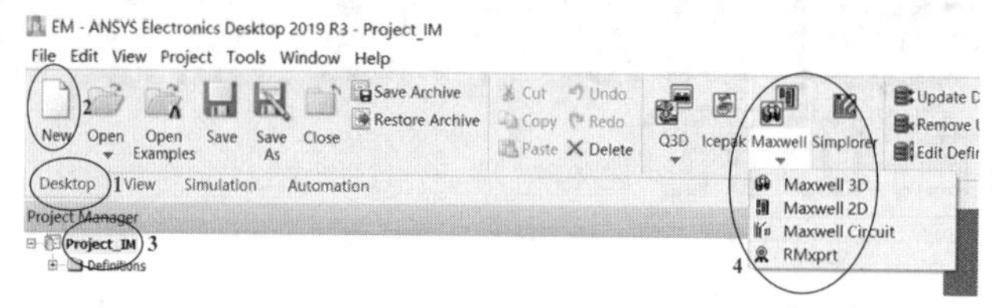

图 7-3　项目新建及 RMxprt 工具包加载步骤图

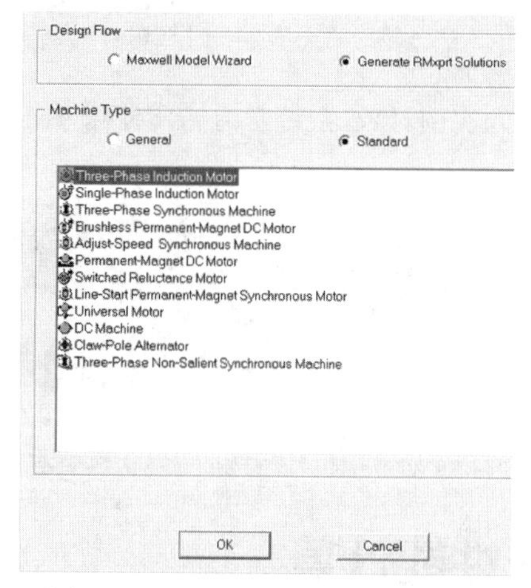

图 7-4　RMxprt 工具包中电机种类

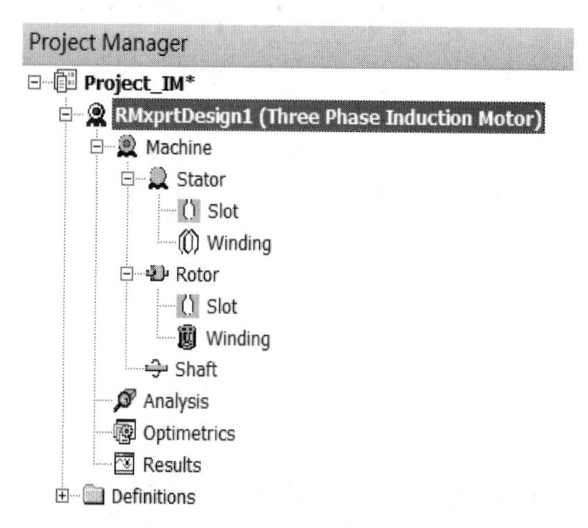

图 7-5　RMxprt 感应电机模型工程树示意图

Step2： 电机默认选项设定。双击 RMxprtDesign1 下的【Machine】模块，弹出电机基本属性窗口，赋予具体参数，如图 7-6 所示。该模块主要包含电机的类别（Machine Type）、极数（Number of Poles）、附加损耗因子（Stray Loss Factor）、摩擦损耗（Frictional Loss）、风阻损耗（Windage Loss）、参考速度（Reference Speed）。此处需要注意，附加损耗因子是相对于额定功率而言的，而风磨损耗与电机的尺寸和散热方式有关，该模块设置值为该参考速度下的损耗值，在进行性能计算时，系统会自动按照实际运行转速和参考转速的差值进行换算。

Machine

Name	Value	Unit	Evaluate...	Description	Read-o...
Machine Type	Three Phase Induction Motor				☑
Number of Poles	4			Number of poles of the mac...	☐
Stray Loss Factor	0.005		0.005	Stray Loss Factor	☐
Frictional Loss	40	W	40W	The frictional loss measured...	☐
Windage Loss	30	W	30W	The windage loss measured ...	☐
Reference Speed	3000	rpm		The reference speed at whic...	☐

☐ Show Hidden

图 7-6　Machine 模块参数设置窗口

Step3： 定子主要尺寸设定。双击工程树中【Machine】模块下的【Stator】模块，弹出图 7-7 所示的窗口，与基础篇中一致，该模块主要包括定子内外径尺寸（Outer Diameter、Inner Diameter）、轴长（Length）、铁芯叠压系数（Stacking Factor）、硅钢材料（Steel Type）、定子槽数（Number of Slots）和定子槽类型（Slot Type）、定子扇区数（Lamination Sectors）、压板厚度（Press Board Thickness）、斜槽宽度（Skew Width）。其中在设置相关参数时注意以下几点：①在选择硅钢材料时，可以选择材料库中自带的材料，也可以根据需求自行导入设定好的材料，注意在考虑铁磁材料的铁芯损耗时，需要给定铁芯损耗参数。②定子槽类型系统自带了 6 种参数化槽形（如图 7-8 所示），用户可根据电机设计需求选择，当自带槽形无法满足需求时，可根据系统提供模块自定义槽形设置。③斜槽宽度代表的不是实际的倾斜宽度，而是斜槽宽度对一个齿槽的占比。本章案例定子的主要参数值如图 7-7 所示。

Stator

Name	Value	Unit	Evaluat...	Description
Outer Diameter	220	mm	220mm	Outer diameter of the stator core
Inner Diameter	140	mm	140mm	Inner diameter of the stator core
Length	165	mm	165mm	Length of the stator core
Stacking Factor	0.975			Stacking factor of the stator core
Steel Type	35W270			Steel type of the stator core
Number of Slots	48			Number of slots of the stator core
Slot Type	2			Slot type of the stator core
Lamination Sectors	1			Number of lamination sectors
Press Board Thickness	0	mm		Magnetic press board thickness, 0 for non-magnetic press board
Skew Width	0.8		0.8	Skew width measured in slot number

图 7-7　Stator 模块参数设置窗口

Step4： 定子槽形设定。双击【Stator】模块下的【Slot】模块，进入槽形尺寸编辑窗口，如图 7-9 所示，该模块包括自动设计槽形尺寸（Auto Design）、平行齿（Parallel Tooth）、槽口高度（H_{s0}）、槽楔斜边高（H_{s1}）、槽高（H_{s2}）、槽口宽（B_{s0}）、槽上部宽（B_{s1}）、槽下部宽（B_{s2}）、槽底圆弧半径（R_s）。此处槽形尺寸的设计有两种选择：第一，不勾选 Auto Design 选项，自定义设计相关尺寸，如图 7-9 所示；第二，勾选 Auto Design 选项执行半自动化设计，槽形尺寸中只需要给定 H_{s0}、H_{s1}、B_{s0} 尺寸即可，其余参数自动设计，如图 7-10 所示。本章案例模型中槽形尺寸如图 7-9 所示的自定义槽形设置。

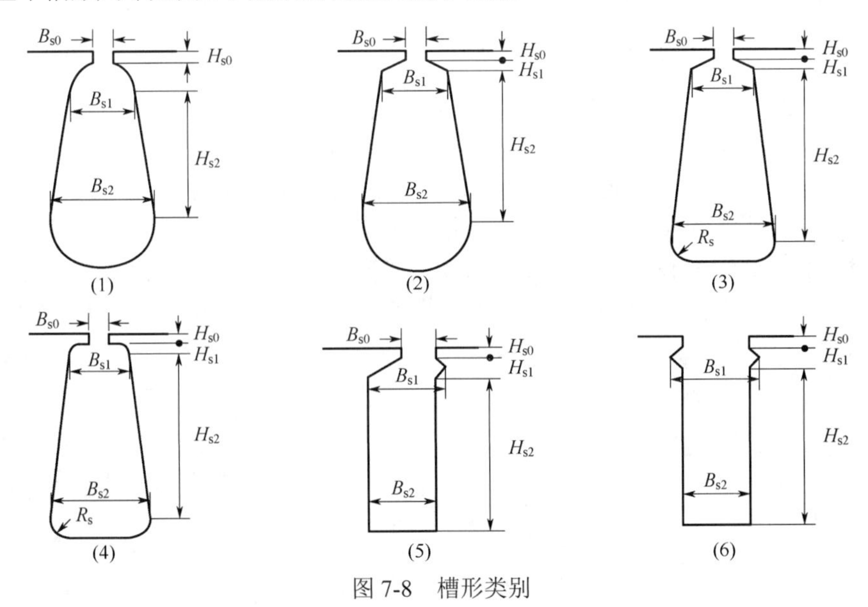

图 7-8　槽形类别

Slot

Name	Value	Unit	Evaluated...	Description
Auto Design	☐			Auto design Hs2, Bs1 and Bs2
Parallel Tooth	☐			Design Bs1 and Bs2 based on Tooth Width
Hs0	0.5	mm	0.5mm	Slot dimension: Hs0
Hs1	0.8	mm	0.8mm	Slot dimension: Hs1
Hs2	16.8	mm	16.8mm	Slot dimension: Hs2
Bs0	2.3	mm	2.3mm	Slot dimension: Bs0
Bs1	4.8	mm	4.8mm	Slot dimension: Bs1
Bs2	7	mm	7mm	Slot dimension: Bs2

图 7-9　自定义槽形尺寸设置

Slot

Name	Value	Unit	Evaluated...	Description	Read-o...
Auto Design	☑			Auto design H...	☐
Hs0	0.5	mm	0.5mm	Slot dimensio...	☐
Hs1	0.8	mm	0.8mm	Slot dimensio...	☐
Bs0	2.3	mm	2.3mm	Slot dimensio...	☐

图 7-10　槽形尺寸半自动化设计

Step5：定子绕组设定。双击【Stator】模块下的【Winding】模块，进入绕组编辑窗口，如图 7-11 和图 7-12 所示，图 7-11 模块包括绕组层数（Winding Layers）、绕组类型（Winding Type）、并联支路数（Parallel Branches）、每槽导体数（Conductors per Slot）、线圈节距（Coil Pitch）、并绕根数（Number of Strands）、漆膜厚度（Wire Wrap）、线径（Wire Size）。其中绕组类型可以根据设计需求选择自定义编辑，有全极式绕组（Whole Coiled）和半极式绕组（Half Coiled）。全极式绕组（图 7-13）是指每相线圈组数和极数相同，半极式绕组（图 7-14）是指每一对极下每相只有一个线圈组。本章案例模型中绕组的具体参数值如图 7-9 和图 7-12 所示。

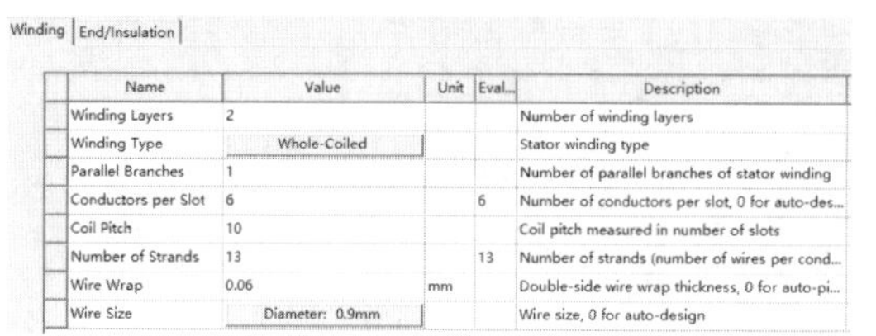

Winding | End/Insulation

Name	Value	Unit	Eval...	Description
Winding Layers	2			Number of winding layers
Winding Type	Whole-Coiled			Stator winding type
Parallel Branches	1			Number of parallel branches of stator winding
Conductors per Slot	6		6	Number of conductors per slot, 0 for auto-des...
Coil Pitch	10			Coil pitch measured in number of slots
Number of Strands	13		13	Number of strands (number of wires per cond...
Wire Wrap	0.06	mm		Double-side wire wrap thickness, 0 for auto-pi...
Wire Size	Diameter: 0.9mm			Wire size, 0 for auto-design

图 7-11　绕组设置

Winding | End/Insulation

Name	Value	Unit	Evaluated Va...	Description	Read-only
Input Half-turn Length				Input half Turn Length	
End Extension	12	mm	12mm	One-side end extended length	
Base Inner Radius	0	mm		Inner radius of the base corner	
Tip Inner Diameter	0	mm		Inner diameter of the coil tip	
End Clearance	0	mm		End clearance between two adjacent coils	
Slot Liner	0.35	mm		Insulation: slot liner thickness	
Wedge Thickness	2	mm		Insulation: wedge thickness	
Layer Insulation	0.35	mm		Insulation: layer insulation thickness	
Limited Fill Factor	0.8			Limited slot fill factor for wire design	

图 7-12　端部绕组设置

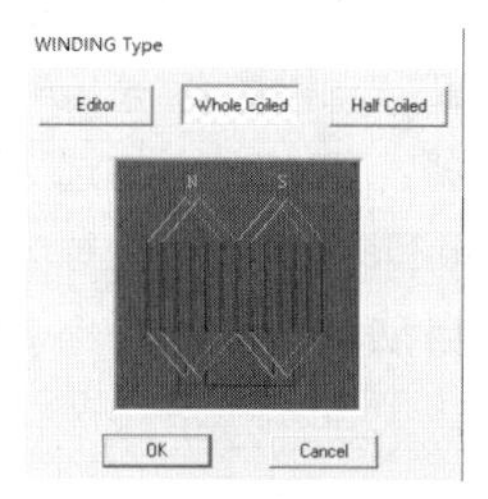

图 7-13　全极式绕组

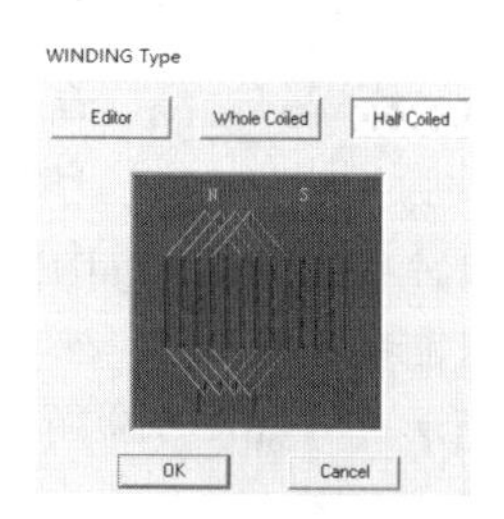

图 7-14　半极式绕组

线径设置如图 7-15～图 7-17 所示。当所需线径在线径库中存在时，则直接选择相关型号即可，如图 7-15 所示。当线径库中没有相关尺寸时，则可以直接在 Wire Diameter 栏输入所需线径尺寸，点击确定即可，如图 7-16 所示。当所需线径为混合线径，则可以在 Gauge 下拉框中选中 MIXED，并点击左下角【Add】按钮，添加输入框，输入所需的线径及对应的并绕根数，最后确定即可，如图 7-17 所示。一般默认线径为圆形截面，如果所需为矩形截面，可以在 Wire Type 处选择 Rectangle，然后再添加相应的长宽值。另外需注意的是：①每槽导体数、并绕根数、漆膜厚度和线径如果都设置为 0，则由系统自行设计；②线圈的节距值代表的是槽数，不是具体的距离值。

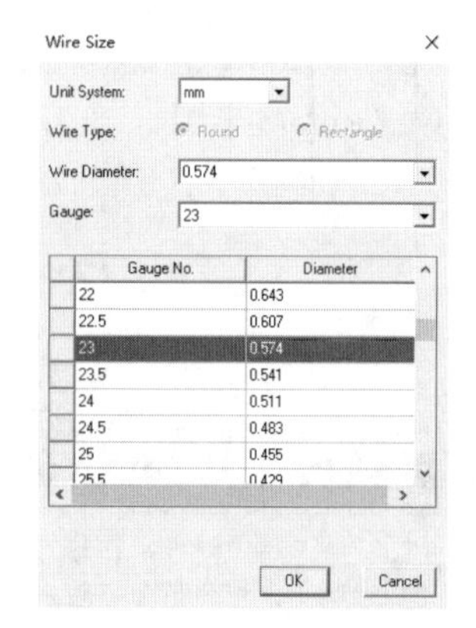

图 7-15　选择线径库已有尺寸

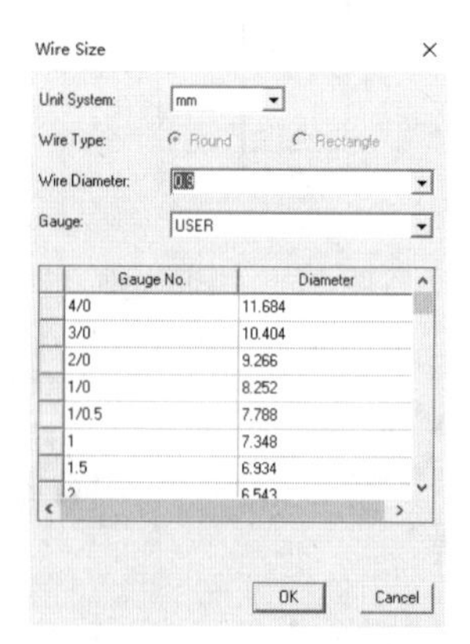

图 7-16　自定义线径尺寸

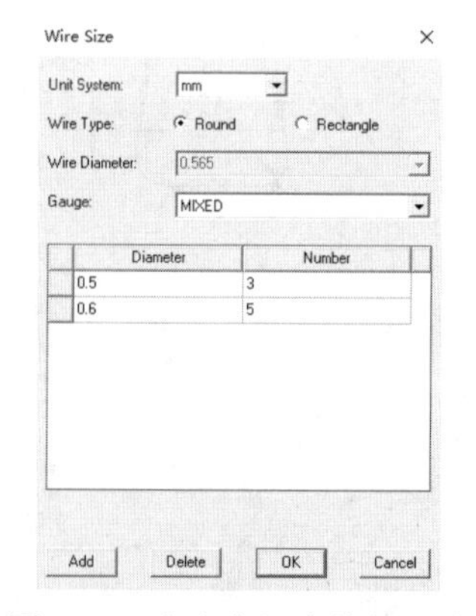

图 7-17　自定义混合线径尺寸

图 7-12 所示模块包括输入半匝长（Input Half-turn Length）、端部伸出铁芯垂直长度（End Extension）、端部绕组底角内半径（Base Inner Radius）、线圈顶部内半径（Tip Inner Diameter）、两个相邻线圈距离（End Clearance）、槽绝缘（Slot Liner）、层间绝缘（Layer Insulation）、槽楔厚度（Wedge Thickness）、最大槽满率（Limited Fill Factor）。绕组端部结构和槽中绝缘结构如图 7-18 和图 7-19 所示。Base Inner Radius、Tip Inner Diameter 和 End Clearance 3 个参数一般选择默认设置即可，软件会根据其他参数自行计算调整，不需要人为设置。对于已经确认半匝长度的，可以选中 Input Half-turn Length，图 7-12 模块中的 End Extension 输入框将会被替换为 Half-turn Length，输入具体半匝长度即可。

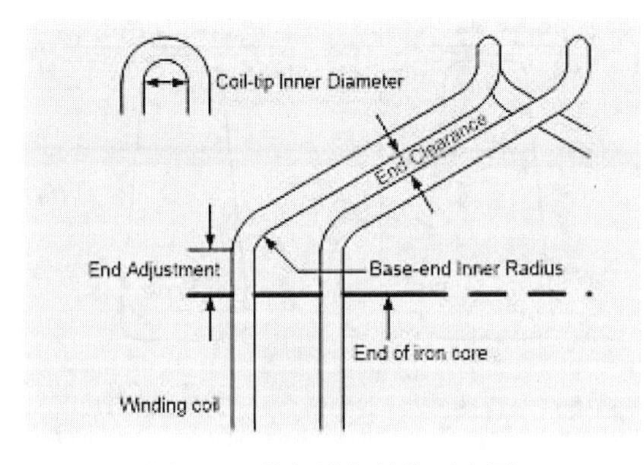

图 7-18　绕组端部结构示意图

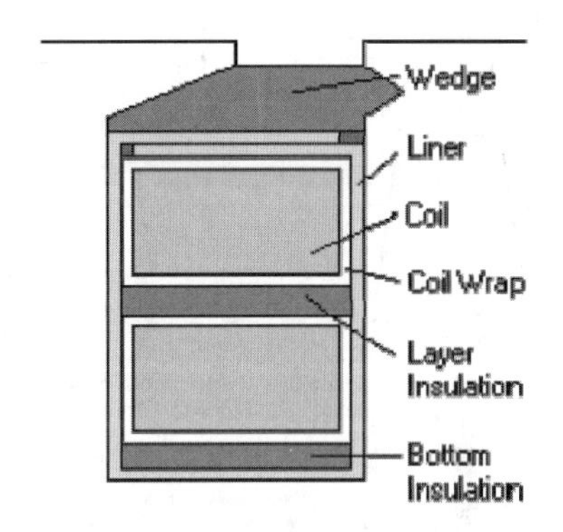

图 7-19　槽中绝缘结构示意图

完成定子铁芯及绕组的相关设置后，在 RMxprt 中可以查看设置好的定子铁芯模型及绕组连接，如图 7-20～图 7-22 所示。

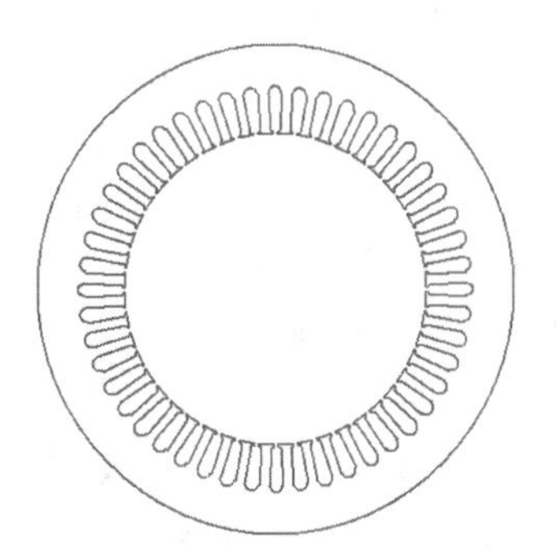

图 7-20　定子铁芯模型图

	Phase	Turns	In Slot	Out Slot
Coil_1	A	3	1T	11B
Coil_2	A	3	2T	12B
Coil_3	A	3	3T	13B
Coil_4	A	3	4T	14B
Coil_5	-C	3	5T	15B
Coil_6	-C	3	6T	16B
Coil_7	-C	3	7T	17B
Coil_8	-C	3	8T	18B
Coil_9	B	3	9T	19B
Coil_10	B	3	10T	20B
Coil_11	B	3	11T	21B
Coil_12	B	3	12T	22B

图 7-21　绕组连接表

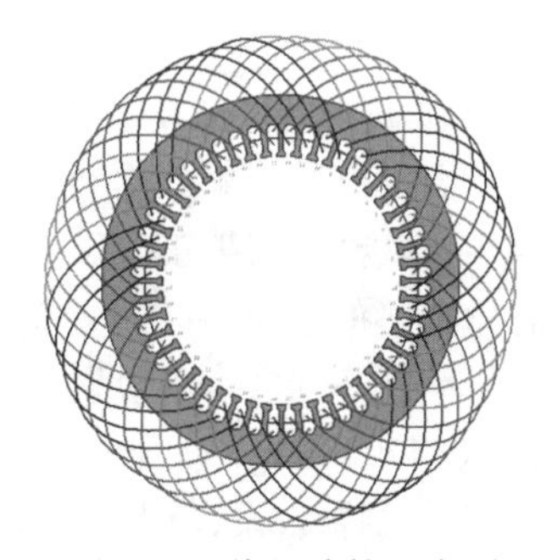

图 7-22　绕组连接示意图

Step6： 转子主要尺寸设定。双击工程树中【Machine】模块下的【Rotor】模块，弹出如图 7-23 所示窗口，该模块主要包括转子内外径尺寸（Outer Diameter、Inner Diameter）、轴长（Length）、铁芯叠压系数（Stacking Factor）、硅钢材料（Steel Type）、转子槽数（Number of Slots）和转子槽类型（Slot Type）、斜槽宽度（Skew Width）、铸造转子（Cast Rotor）、半槽结构（Half Slot）、双笼结构（Double Cage）。内外径、轴长、叠压系数等基础设置和定子类似，不同的是槽形的设置和转子的绕组设置。当转子为铸造时，须勾选 Cast Rotor 选项，如果是双笼结构的话还需要勾选 Double Cage。本章案例模型中转子的具体参数值如图 7-23 所示。

转子槽形可以选择自定义槽或者系统自带的 4 种常见槽形结构，如图 7-24 所示，各槽形尺寸标注和定子槽类似，不同点是相比于定子槽形多了一个槽口到转子外缘的距离参数（H_{s01}），用于调节槽为开口槽（H_{s01}=0）或者闭口槽（H_{s01}>0）。

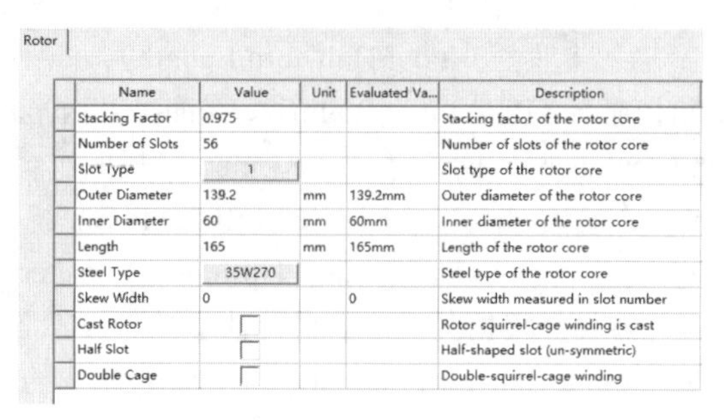

Rotor

Name	Value	Unit	Evaluated Va...	Description
Stacking Factor	0.975			Stacking factor of the rotor core
Number of Slots	56			Number of slots of the rotor core
Slot Type	1			Slot type of the rotor core
Outer Diameter	139.2	mm	139.2mm	Outer diameter of the rotor core
Inner Diameter	60	mm	60mm	Inner diameter of the rotor core
Length	165	mm	165mm	Length of the rotor core
Steel Type	35W270			Steel type of the rotor core
Skew Width	0		0	Skew width measured in slot number
Cast Rotor	☐			Rotor squirrel-cage winding is cast
Half Slot	☐			Half-shaped slot (un-symmetric)
Double Cage	☐			Double-squirrel-cage winding

图 7-23　转子铁芯参数设置

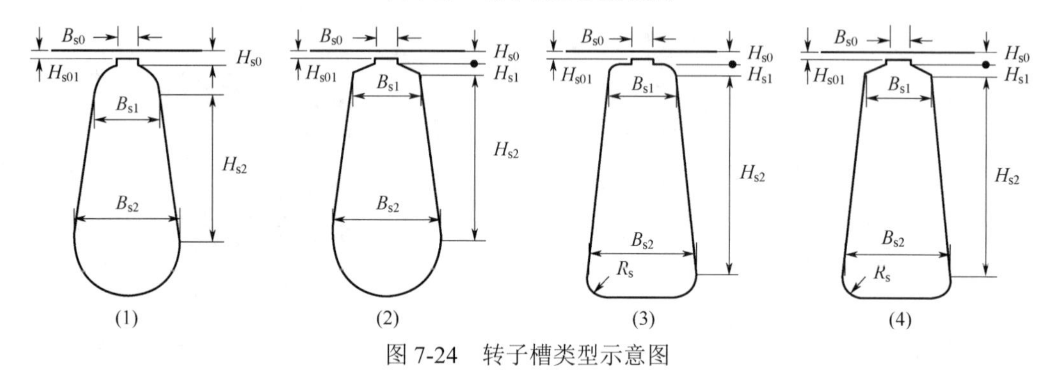

图 7-24　转子槽类型示意图

Step7：转子槽形设定。双击【Rotor】模块下的【Slot】模块，进入槽形尺寸编辑窗口，输入本章案例模型的转子槽形尺寸，具体如图 7-25 所示。

Step8：转子笼条设定。双击工程树【Rotor】模块下的【Winding】模块，弹出如图 7-26 所示的窗口，该模块主要包括导条材料类型（Bar Conductor Type）、端部长度（End Length）、端环宽度（End Ring Width）、端环高度（End Ring Height）、端环材料类型（End Ring Conductor Type）。其中端环和导条的材料设置直接双击编辑栏进行材料选择即可，由于导体材料的电导率和温度有关，此处需要注意的是由于 RMxprt 在后续计算设置中需要输入工况温度，在计算中，软件会根据工况温度和默认材料温度（75℃）进行相应的换算。以铜材料为例，库中有常温下 Copper（电导率为 58000000S/m）和 Copper_75C（电导率为 46000000S/m），二者电导率是不同的，当设置工况为 120℃时，如果选择 Copper，则参与计算的铜材料的电导率为 50647900S/m，如果选择 Copper_75C，则参与计算的铜材料的电导率为 40169000S/m，显然其中选择 Copper 时，参与计算的铜的电导率是不对的，这是由系统默认把 Copper 的温度作为 75℃进行计算导致的。所以解决的方法有两种，第一种是选择 Copper_75C；第二种是设置工况温度为 75℃，然后选择任意一种铜材料，将其电导率直接修改为 120℃下的属性值。

End Ring Width 代表的是一侧端环的轴向厚度，End Ring Height 代表的是径向宽度，End Length 是一侧端环和导条之间的轴向距离，可根据实际工艺进行调整。本章案例中模型的转子绕组具体参数值如图 7-26 所示。

Slot

Name	Value	Unit	Evaluated Va...	Description	Read-only
Hs0	0.5	mm	0.5mm	Slot dimension: Hs0	☐
Hs01	0.5	mm	0.5mm	Slot dimension: Hs01	☐
Hs2	11	mm	11mm	Slot dimension: Hs2	☐
Bs0	0	mm	0mm	Slot dimension: Bs0	☐
Bs1	3.3	mm	3.3mm	Slot dimension: Bs1	☐
Bs2	3	mm	3mm	Slot dimension: Bs2	☐

图 7-25　转子槽尺寸参数

Winding

Name	Value	Unit	Evaluated Va...	Description
Bar Conductor Type	copper_75C			Select bar conductors Type
End Length	0	mm	0mm	Single-side end extended bar length
End Ring Width	15	mm	15mm	One-side width of end rings (in axial direction)
End Ring Height	18	mm	18mm	Height of end rings (in radian direction)
End Ring Conductor Type	copper_75C			Select End ring conductor Type

图 7-26　转子绕组参数设置

Step9：转轴设定。双击工程树中【Machine】模块下的【Shaft】模块，弹出如图 7-27 所示的窗口，当采用磁性轴时，需要勾选图中 Value 的复选框，普通轴保持默认不勾选状态即可。本章案例模型中的轴为普通非磁性轴，保持不勾选状态。

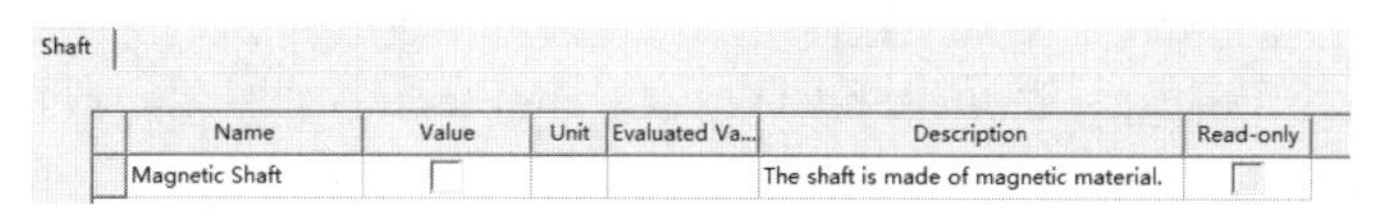

图 7-27　轴设置

完成转子的相关参数设置后，在 RMxprt 中点击【Rotor】，在右侧可以查看设置好的转子模型，如图 7-28 所示，点击 Machine，在右侧可以查看定转子模型，如图 7-29 所示。

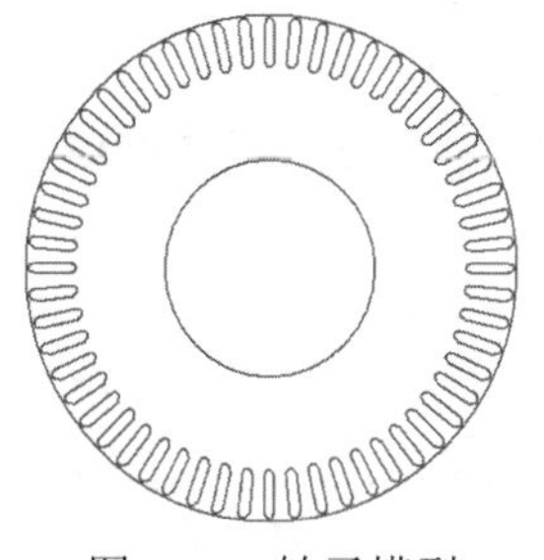

图 7-28　转子模型

图 7-29　定转子模型

7.2.2　激励及求解参数设定

完成基础的尺寸参数和材料设定后，需要进行激励和求解参数的设置。

右键点击工程树中【Machine】模块下的【Analysis】模块，点击其中的 Add Solution Setup，弹出如图 7-30 所示的求解设定窗口。其中 General 栏包含求解名称（Setup Name）、运行类型（Operation Type）、负载类型（Load Type）、额定输出功率（Rated Output Power）、额定电压（Rated Voltage）、额定转速（Rated Speed）、运行温度（Operating Temperature）、分布式运算求解设定（HPC and Analysis Options）。Three-Phase Induction Motor 栏包含工作频率（Frequency）、绕组连接方式（Winding Connection）。此处的需要注意的是，在【Analysis】模块下可以通过点击 Add Solution Setup 添加多个求解设定，以便于进行不同工况的计算，其计算结果可以在输出结果栏分别查看。

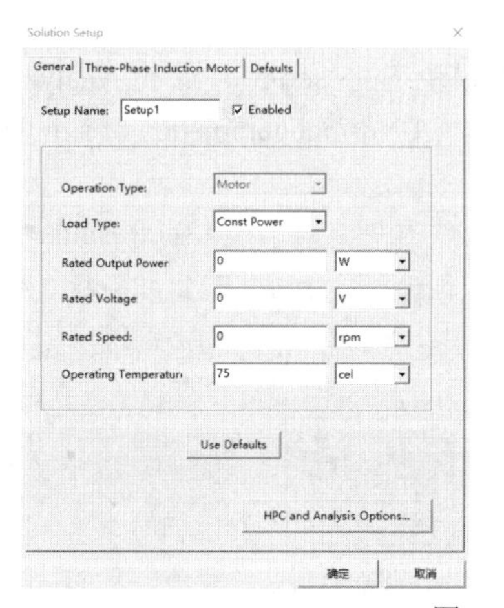

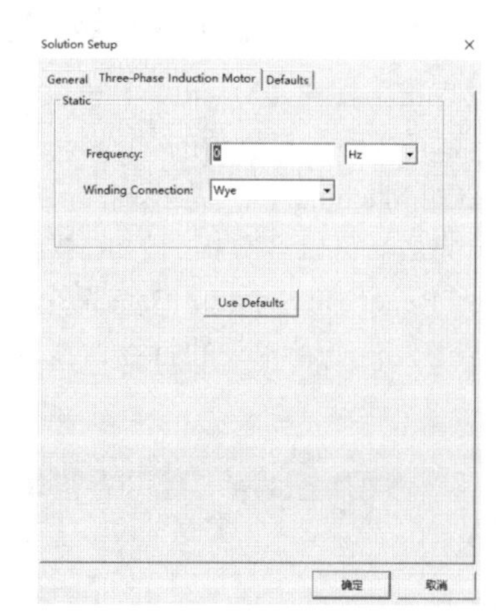

图 7-30　求解参数设定

负载类型（Load Type）下拉菜单中一共有 5 种类型的负载：恒功率（Const Power）负载、恒转速（Const Speed）负载、恒转矩（Const Torque）负载、线性转矩（Linear Torque）负载和通风机负载（Fan Load）。常见的电机一般工作模式有恒转矩和恒功率两种模式。恒转矩模式时，转矩不变，电压和转速基本呈线性关系；在恒功率模式时，电压保持不变，转矩随转速增加而下降。恒转速负载是负载速度保持恒定；线性转矩负载是指转矩和速度成正比；通风机负载是指转矩和速度的二次方成正相关。

额定输出功率和额定电压是指在额定转速下的功率和线电压的有效值。运行温度为需要计算的工况点的温度。频率栏输入的频率为定子绕组激励的频率，绕组连接方式分为 Wye 和 Delta 两种，可根据实际连接需求选择。分布式运算求解设定（HPC and Analysis Options）一般是在参数化的多模型多工况仿真时才用得到，在 RMxprt 中的计算一般运行较快，不需要用到 HPC 的分布式计算。本章案例模型的负载选择恒功率负载，绕组连接方式为 Wye 连接，运行工况以额定工况进行求解，其他工况只需修改对应的电压、功率、转速和频率等特性参数即可，额定工况的具体参数如图 7-31 所示。

在完成所有的设置后，则可以进行计算求解，但一般在求解之前，为防止模型尺寸存在错误或者存在其他设置问题，会进行模型检测。点击快捷菜单栏【Simulation】中的【Validate】，软件会进行自检，并弹出如图 7-32 所示的窗口。当模型没有问题时，自检窗口均为绿色对号。当某模块出现红色叉号时，说明该模块存在问题，可以按照错误提示进行修改并重新检测。

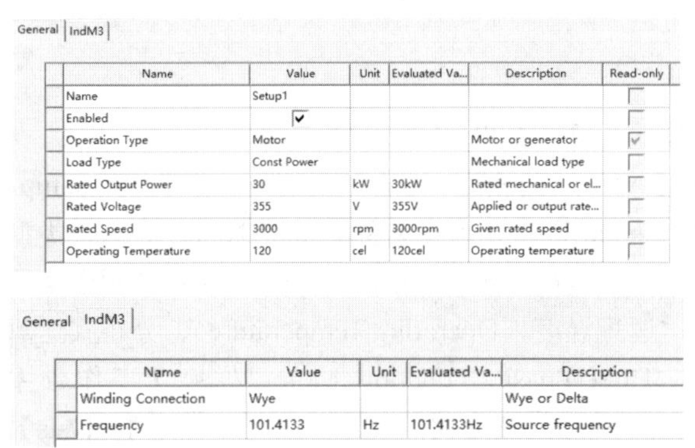
General | IndM3

Name	Value	Unit	Evaluated Va...	Description	Read-only
Name	Setup1				
Enabled	✓				
Operation Type	Motor			Motor or generator	✓
Load Type	Const Power			Mechanical load type	
Rated Output Power	30	kW	30kW	Rated mechanical or el...	
Rated Voltage	355	V	355V	Applied or output rate...	
Rated Speed	3000	rpm	3000rpm	Given rated speed	
Operating Temperature	120	cel	120cel	Operating temperature	

General | IndM3

Name	Value	Unit	Evaluated Va...	Description
Winding Connection	Wye			Wye or Delta
Frequency	101.4133	Hz	101.4133Hz	Source frequency

图 7-31　求解参数值

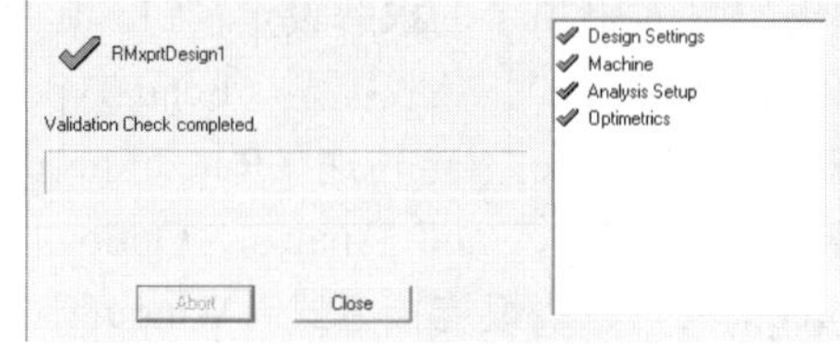

图 7-32　模型自检图

7.2.3　电磁计算结果及特性曲线查看

右键点击工程树【Machine】模块中【Analysis】模块下的 Setup1，点击 Analyze，执行计算。计算完成后在左下角的 Message Manager 中会出现【Normal completion of simulation on server: Local Machine.】的提示，表示仿真计算完成。

计算完成后可以查看相关的 RMxprt 的路算结果，点击快捷菜单栏中的 Results 栏，其中有 RMxprt Report 和 Solution Data 两个结果查看模块，如图 7-33 所示。RMxpt Report 模块（见图 7-34）主要是查看相关的特性曲线及 3D 曲面，其中 2D 模板主要是绘制 2D 特性曲线，

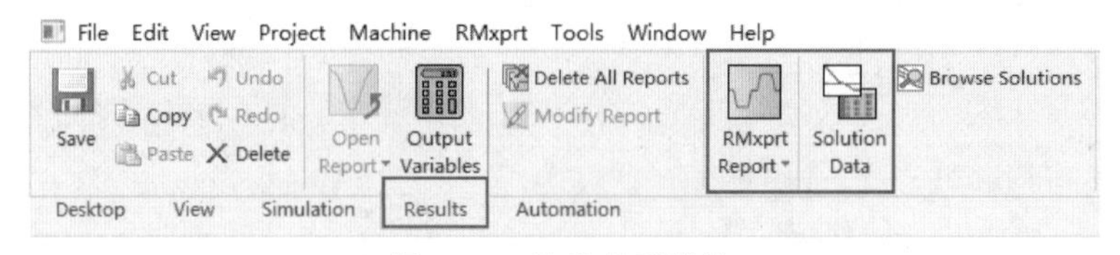

图 7-33　结果查看模块

Stacked 模板是绘制同类型特性曲线对比图，Data Table 是以表的形式呈现相关数据，3D 类型模板则是绘制多变量多参数特性曲面，2D Contour 是绘制等高线的模板。

在 RMxprt 中，为了便于查看所有结果，一般在 Solution Data 中查看其相关的结果，本节也主要以 Solution Data 中的结果查看方法为主。Solution Data 模块（见图 7-35）是查看几种特殊工况下计算的具体参数值，点击 Solution Data，弹出如图 7-35 所示的结果查看框，选择 Data 下拉框，可以查看 Break-Down Operation（峰值工况）、有限元计算输入数据（FEA Input Data）、堵转工况（Locked-Rotor Operation）、材料需求（Material Consumption）、空载工况（No-LoadOperation）、额定工况电参数（Rated Electric Data）、额定工况磁参数（Rated Magnetic Data）、额定工况参数（Rated Parameters）、额定工况性能（Rated Performance）、定子槽数据（Stator Slot）、定子绕组数据（Stator Winding）等相关数据，能够快速地查询各工况下的性能参数，本章案例模型的相关计算结果如图 7-36 所示。

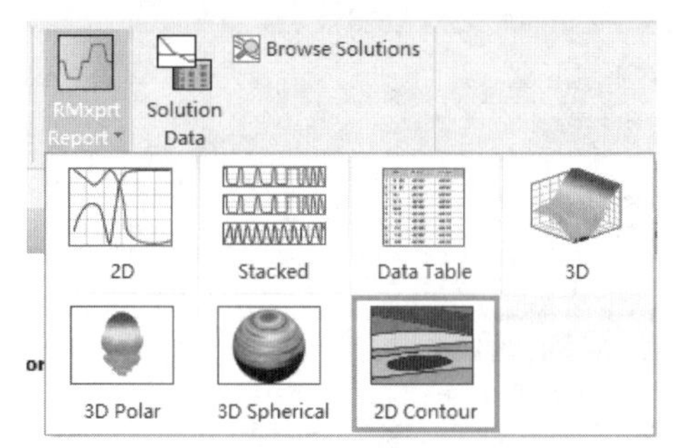

图 7-34　RMxprt Report 模板

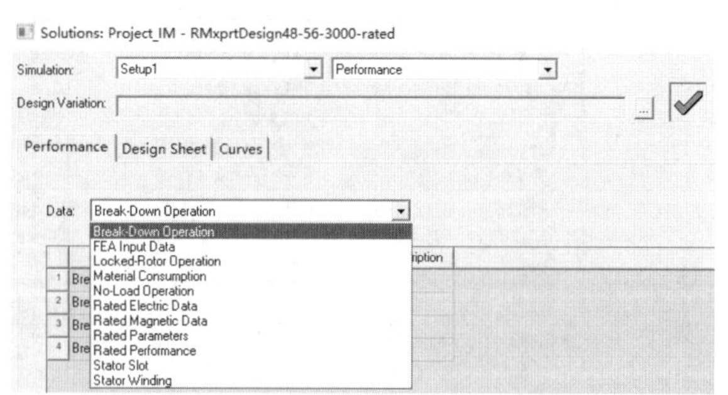

图 7-35　Solution Data 结果模块

Data: Break-Down Operation

	Name	Value	Units
1	Break-Down Slip	0.16	
2	Break-Down Torque	444.049	NewtonMeter
3	Break-Down Torque Ratio	4.65089	
4	Break-Down Phase Current	387.977	A

(a)

Data: FEA Input Data

	Name	Value	Units
1	Armature Parallel Branches	1	
2	Equivalent Model Depth	165	mm
3	Equivalent Stator Stacking Factor	0.975	
4	Equivalent Rotor Stacking Factor	0.975	
5	Region Depth	311.076	mm
6	Unit Fractions	4	

(b)

Data: Locked-Rotor Operation

	Name	Value	Units
1	Locked-Rotor Torque	224.501	NewtonMeter
2	Locked-Rotor Phase Current	589.323	A
3	Locked-Rotor Torque Ratio	2.35138	
4	Locked-Rotor Current Ratio	9.89049	
5	Stator Resistance	0.0897317	ohm
6	Stator Leakage Reactance	0.183595	ohm
7	Rotor Resistance	0.070829	ohm
8	Rotor Leakage Reactance	0.127374	ohm

(c)

Data: Material Consumption

	Name	Value	Units
1	Armature Copper Density	8900	kg_per_m3
2	Rotor Bar Material Density	8900	kg_per_m3
3	Rotor Ring Material Density	8900	kg_per_m3
4	Armature Core Steel Density	7650	kg_per_m3
5	Rotor Core Steel Density	7650	kg_per_m3
6	Armature Copper Weight	6.59428	kg
7	Rotor Bar Material Weight	3.49181	kg
8	Rotor Ring Material Weight	1.81484	kg
9	Armature Core Steel Weight	20.6099	kg
10	Rotor Core Steel Weight	12.3231	kg
11	Total Net Weight	44.8339	kg
12	Armature Core Steel Consumption	42.2561	kg
13	Rotor Core Steel Consumption	18.9451	kg

(d)

图 7-36

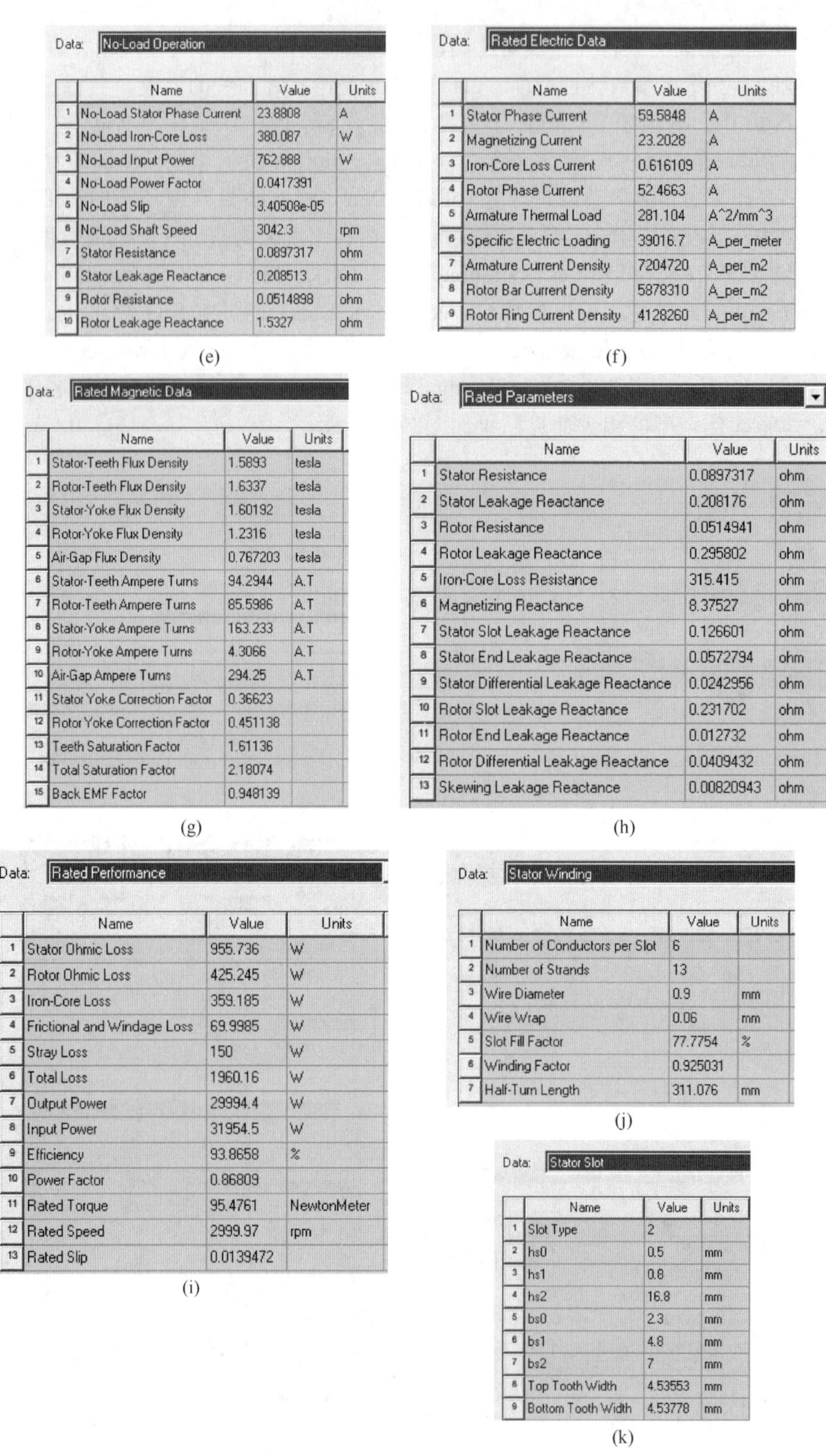

Data: No-Load Operation

	Name	Value	Units
1	No-Load Stator Phase Current	23.8808	A
2	No-Load Iron-Core Loss	380.087	W
3	No-Load Input Power	762.888	W
4	No-Load Power Factor	0.0417391	
5	No-Load Slip	3.40508e-05	
6	No-Load Shaft Speed	3042.3	rpm
7	Stator Resistance	0.0897317	ohm
8	Stator Leakage Reactance	0.208513	ohm
9	Rotor Resistance	0.0514898	ohm
10	Rotor Leakage Reactance	1.5327	ohm

(e)

Data: Rated Electric Data

	Name	Value	Units
1	Stator Phase Current	59.5848	A
2	Magnetizing Current	23.2028	A
3	Iron-Core Loss Current	0.616109	A
4	Rotor Phase Current	52.4663	A
5	Armature Thermal Load	281.104	A^2/mm^3
6	Specific Electric Loading	39016.7	A_per_meter
7	Armature Current Density	7204720	A_per_m2
8	Rotor Bar Current Density	5878310	A_per_m2
9	Rotor Ring Current Density	4128260	A_per_m2

(f)

Data: Rated Magnetic Data

	Name	Value	Units
1	Stator-Teeth Flux Density	1.5893	tesla
2	Rotor-Teeth Flux Density	1.6337	tesla
3	Stator-Yoke Flux Density	1.60192	tesla
4	Rotor-Yoke Flux Density	1.2316	tesla
5	Air-Gap Flux Density	0.767203	tesla
6	Stator-Teeth Ampere Turns	94.2944	A.T
7	Rotor-Teeth Ampere Turns	85.5986	A.T
8	Stator-Yoke Ampere Turns	163.233	A.T
9	Rotor-Yoke Ampere Turns	4.3066	A.T
10	Air-Gap Ampere Turns	294.25	A.T
11	Stator Yoke Correction Factor	0.36623	
12	Rotor Yoke Correction Factor	0.451138	
13	Teeth Saturation Factor	1.61136	
14	Total Saturation Factor	2.18074	
15	Back EMF Factor	0.948139	

(g)

Data: Rated Parameters

	Name	Value	Units
1	Stator Resistance	0.0897317	ohm
2	Stator Leakage Reactance	0.208176	ohm
3	Rotor Resistance	0.0514941	ohm
4	Rotor Leakage Reactance	0.295802	ohm
5	Iron-Core Loss Resistance	315.415	ohm
6	Magnetizing Reactance	8.37527	ohm
7	Stator Slot Leakage Reactance	0.126601	ohm
8	Stator End Leakage Reactance	0.0572794	ohm
9	Stator Differential Leakage Reactance	0.0242956	ohm
10	Rotor Slot Leakage Reactance	0.231702	ohm
11	Rotor End Leakage Reactance	0.012732	ohm
12	Rotor Differential Leakage Reactance	0.0409432	ohm
13	Skewing Leakage Reactance	0.00820943	ohm

(h)

Data: Rated Performance

	Name	Value	Units
1	Stator Ohmic Loss	955.736	W
2	Rotor Ohmic Loss	425.245	W
3	Iron-Core Loss	359.185	W
4	Frictional and Windage Loss	69.9985	W
5	Stray Loss	150	W
6	Total Loss	1960.16	W
7	Output Power	29994.4	W
8	Input Power	31954.5	W
9	Efficiency	93.8658	%
10	Power Factor	0.86809	
11	Rated Torque	95.4761	NewtonMeter
12	Rated Speed	2999.97	rpm
13	Rated Slip	0.0139472	

(i)

Data: Stator Winding

	Name	Value	Units
1	Number of Conductors per Slot	6	
2	Number of Strands	13	
3	Wire Diameter	0.9	mm
4	Wire Wrap	0.06	mm
5	Slot Fill Factor	77.7754	%
6	Winding Factor	0.925031	
7	Half-Turn Length	311.076	mm

(j)

Data: Stator Slot

	Name	Value	Units
1	Slot Type	2	
2	hs0	0.5	mm
3	hs1	0.8	mm
4	hs2	16.8	mm
5	bs0	2.3	mm
6	bs1	4.8	mm
7	bs2	7	mm
8	Top Tooth Width	4.53553	mm
9	Bottom Tooth Width	4.53778	mm

(k)

图 7-36　各模块计算结果

Solution Data 结果查看模块中的 Design Sheet 模块则是将 Performance 中所有计算结果以报告的形式呈现，供打印输出后查看，本章案例模型计算的相关结果如图 7-37 所示，其中

TRANSIENT FEA INPUT DATA 中的数据是 2D 模型仿真时需要的主要数据。

File: Setup1.res	**ROTOR DATA**	**RATED-LOAD OPERATION**
GENERAL DATA	Number of Rotor Slots: 56	Stator Resistance R1 (ohm):0.0897317
Given Output Power (kW): 30	Air Gap (mm): 0.4	Stator Resistance at 20C (ohm):0.0644552
Rated Voltage (V): 355	Inner Diameter of Rotor (mm): 60	Stator Leakage Reactance X1 (ohm):0.208176
Winding Connection: Wye	Type of Rotor Slot: 1	Slot Leakage Reactance Xs1 (ohm):0.126601
Number of Poles: 4	Rotor Slot	End Leakage Reactance Xe1 (ohm):0.0572794
Given Speed (rpm): 3000	hs0 (mm): 0.5	Harmonic Leakage Reactance Xd1 (ohm):
Frequency (Hz): 101.413	hs01 (mm): 0.5	0.0242956
Stray Loss (W): 150	hs2 (mm): 11	Rotor Resistance R2 (ohm):0.0514941
Frictional Loss (W): 40	bs0 (mm): 0	Rotor Leakage Reactance X2 (ohm):0.295802
Windage Loss (W): 30	bs1 (mm): 3.3	Resistance Corresponding to Iron-Core Loss
Operation Mode: Motor	bs2 (mm): 3	Rfc (ohm):315.415
Type of Load: Constant Power	Cast Rotor: No	Magnetizing Reactance Xm (ohm):8.37527
Operating Temperature (C): 120	Half Slot: No	Stator Phase Current (A): 59.5848
STATOR DATA	Length of Rotor (mm): 165	Current Corresponding to Iron-Core Loss (A):
Number of Stator Slots: 48	Stacking Factor of Rotor Core:0.975	0.616109
Outer Diameter of Stator (mm): 220	Type of Steel: 35W270	Magnetizing Current (A): 23.2028
Inner Diameter of Stator (mm): 140	Skew Width: 0.685714	Rotor Phase Current (A): 52.4663
Type of Stator Slot: 2	End Length of Bar (mm): 0	Copper Loss of Stator Winding (W):955.736
Stator Slot	Height of End Ring (mm): 18	Copper Loss of Rotor Winding (W):425.245
hs0 (mm): 0.5	Width of End Ring (mm): 15	Iron-Core Loss (W): 359.185
hs1 (mm): 0.8	Resistivity of Rotor Bar at	Frictional and Windage Loss (W):69.9985
hs2 (mm): 16.8	75 Centigrade (ohm.mm^2/m): 0.0217391	Stray Loss (W): 150
bs0 (mm): 2.3	Resistivity of Rotor Ring at	Total Loss (W): 1960.16
bs1 (mm): 4.8	75 Centigrade (ohm.mm^2/m): 0.0217391	Input Power (kW): 31.9545
bs2 (mm): 7	Magnetic Shaft: No	Output Power (kW): 29.9944
Top Tooth Width (mm): 4.53553	**USER DEFINED DATA**	Mechanical Shaft Torque (N.m):95.4761
Bottom Tooth Width (mm): 4.53778	fractions: 4	Efficiency (%): 93.8658
Length of Stator Core (mm): 165	**MATERIAL CONSUMPTION**	Power Factor:0.86809
Stacking Factor of Stator Core:0.975	Armature Copper Density (kg/m^3):	Rated Slip:0.0139472
Type of Steel: 35W270	8900	Rated Shaft Speed (rpm):2999.97
Number of lamination sectors 1	Rotor Bar Material Density(kg/m^3):	**NO-LOAD OPERATION**
Press board thickness (mm): 0	8900	No-Load Stator Resistance (ohm):0.0897317
Magnetic press board No	Rotor Ring Material Density	No-Load Stator Leakage Reactance (ohm):
Number of Parallel Branches: 1	(kg/m^3): 8900	0.208513
Number of Layers: 2	Armature Core Steel Density (kg/m^3):	No-Load Rotor Resistance (ohm):0.0514898
Winding Type: Whole Coiled	7650	No-Load Rotor Leakage Reactance
Coil Pitch: 10	Rotor Core Steel Density(kg/m^3): 7650	(ohm):1.5327
Number of Conductors per Slot: 6	Armature Copper Weight (kg): 6.59428	No-Load Stator Phase Current (A):23.8808
Number of Wires per Conductor: 13	Rotor Bar Material Weight (kg): 3.49181	No-Load Iron-Core Loss (W):380.087
Wire Diameter (mm): 0.9	Rotor Ring Material Weight (kg): 1.81484	No-Load Input Power (W):762.888
Wire Wrap Thickness (mm): 0.06	Armature Core Steel Weight (kg): 20.6099	No-Load Power Factor:0.0417391
Wedge Thickness (mm): 2	Rotor Core Steel Weight (kg): 12.3231	No-Load Slip:3.40508e-05
Slot Liner Thickness (mm): 0.35	Total Net Weight (kg): 44.8339	No-Load Shaft Speed (rpm):3042.3

图 7-37

<table>
<tr>
<td>Layer Insulation (mm): 0.35
Slot Area (mm^2): 122.352
Net Slot Area (mm^2): 92.4261
Slot Fill Factor (%): 77.7754
Limited Slot Fill Factor (%):80
Wire Resistivity (ohm.mm^2/m): 0.0217
Conductor Length Adjustment (mm): 12
End Length Correction Factor: 1
End Leakage Reactance Correction Factor:1</td>
<td>Armature Core Steel Consumption (kg): 42.2561
Rotor Core Steel Consumption (kg): 18.9451</td>
<td></td>
</tr>
<tr>
<td>BREAK-DOWN OPERATION
Break-Down Slip:0.16
Break-Down Torque (N.m):444.049
Break-Down Torque Ratio:4.65089
Break-Down Phase Current (A):387.977
LOCKED-ROTOR OPERATION
Locked-Rotor Torque (N.m):224.501
Locked-Rotor Phase Current (A):589.323
Locked-Rotor Torque Ratio:2.35138
Locked-Rotor Current Ratio:9.89049
Locked-Rotor Stator Resistance (ohm):0.0897317
Locked-Rotor Stator Leakage Reactance (ohm): 0.183595
Locked-Rotor Rotor Resistance (ohm): 0.070829
Locked-Rotor Rotor Leakage Reactance (ohm):0.127374
DETAILED DATA AT RATED OPERATION
Stator Slot Leakage Reactance (ohm): 0.126601
Stator End-Winding Leakage Reactance (ohm):0.0572794
Stator Differential Leakage Reactance (ohm):0.0242957
Rotor Slot Leakage Reactance (ohm): 0.231759
Rotor End-Winding Leakage Reactance (ohm):0.0149472
Rotor Differential Leakage Reactance (ohm):0.0409433
Skewing Leakage Reactance (ohm): 0.00820946</td>
<td>Stator Winding Factor:0.925031
Stator-Teeth Flux Density (Tesla): 1.5893
Rotor-Teeth Flux Density (Tesla): 1.6337
Stator-Yoke Flux Density (Tesla): 1.60192
Rotor-Yoke Flux Density (Tesla): 1.2316
Air-Gap Flux Density (Tesla): 0.767203
Stator-Teeth Ampere Turns (A.T): 94.2944
Rotor-Teeth Ampere Turns (A.T): 85.5986
Stator-Yoke Ampere Turns (A.T): 163.233
Rotor-Yoke Ampere Turns (A.T): 4.3066
Air-Gap Ampere Turns (A.T):294.25
Correction Factor for Magnetic Circuit Length of Stator Yoke: 0.36623
Correction Factor for Magnetic Circuit Length of Rotor Yoke: 0.451138
Saturation Factor for Teeth:1.61136
Saturation Factor for Teeth & Yoke: 2.18074
Induced-Voltage Factor: 0.948138
Stator Current Density (A/mm^2): 7.20472
Specific Electric Loading (A/mm): 39.0167
Stator Thermal Load (A^2/mm^3): 281.104</td>
<td>Rotor Bar Current Density (A/mm^2): 5.8783
Rotor Ring Current Density (A/mm^2): 4.12825
Half-Turn Length of Stator Winding (mm): 311.076
WINDING ARRANGEMENT
The 3-phase, 2-layer winding can be arranged in 12 slots as below:

AAAAZZZZBBBB

Angle per slot (elec. degrees): 15
Phase-A axis (elec. degrees): 97.5
First slot center (elec. degrees): 0
TRANSIENT FEA INPUT DATA
For one phase of the Stator Winding:
Number of Turns: 48
Parallel Branches: 1
Terminal Resistance (ohm): 0.0897317
End Leakage Inductance (H): 8.98926e-05
For Rotor End Ring Between Two Bars of One Side:
Equivalent Ring Resistance (ohm): 6.21744e- 07
Equivalent Ring Inductance (H): 2.15837e- 09
2D Equivalent Value:
Equivalent Model Depth (mm): 165
Equivalent Stator Stacking Factor: 0.975
Equivalent Rotor Stacking Factor: 0.975</td>
</tr>
</table>

图 7-37 各模块计算结果报告单

除了数据表和报告的结果呈现形式外，在 Solution Data 的 Curves 模块还可以查看相关的特性曲线图。选中 Curves 栏，点击 Name 下拉菜单，可以查看相电流-速度特性曲线（Phase Current vs Speed）、频率-速度特性曲线（Frequency vs Speed）、输出机械功率-速度特性曲线（Output Mechanical Power vs Speed）、功率因数-速度特性曲线（Power Factor vs Speed）、滑差-输出功率（Slip vs Output Power）、转矩-输出功率（Torque vs Output Power）、漏阻抗-滑差（Leakage Impedance vs Slip）、转矩-滑差（Torque vs Slip）、弱磁控制下输入电流-速度特性曲线（Input Current with Flux-Weakening Control）、弱磁控制下频率-速度特性曲线（Frequency with Flux-Weakening Control）、弱磁控制下输出功率-速度特性曲线（Output Power with Flux-Weakening Control）、弱磁控制下转差-速度特性曲线（Slip with Flux-Weakening Control）、弱磁控制下输出转矩-速度特性曲线（Output Torque with Flux-Weakening Control）、弱磁控制下不同工况的转矩-速度曲线（Torque Curves with Flux-Weakening Control）、弱磁控制下相电压-速度特性曲线（Phase Voltage with Flux-Weakening Control）。可以看出，Curves 模块中基本包含了所有常见的特性曲线类型，并对考虑弱磁控制的特性曲线也给出了相关的结果，双击绘图区的曲线或者坐标轴可以对其显示状态进行相关的修改，如曲线粗细、颜色、线型等，坐标轴的范围和显示格式等，在此不再展开讲解。本章案例模型计算得到的基本特性曲线结果如图 7-38 所示，弱磁控制下的结果如图 7-39 所示。

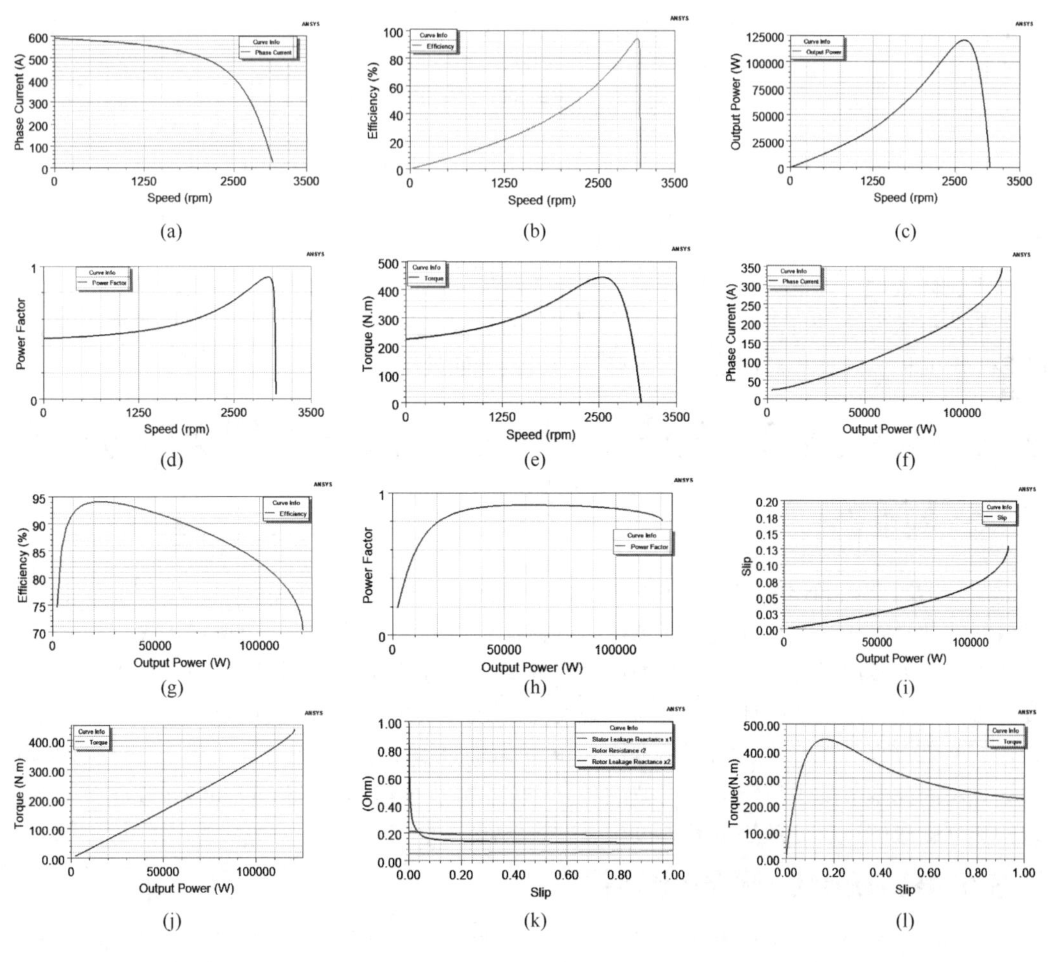

图 7-38　基本特性曲线

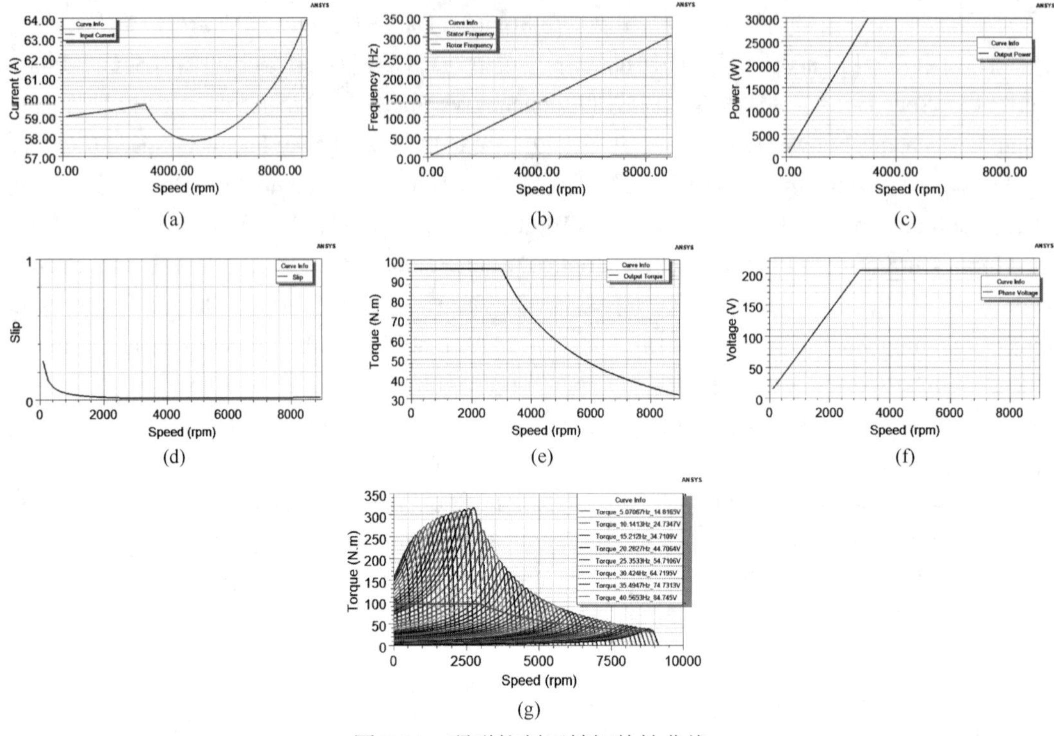

图 7-39 弱磁控制下转矩特性曲线

以上求解的过程和展示结果，即为采用 RMxprt 快速建模和进行电磁分析计算的全过程。可以看出，采用 RMxprt 电机模型和求解工具包，可以快速地进行电机的建模和电磁性能的基本分析。由于采用路算的方式，所以大大节省了电机设计的时间。当设计结果不满足要求，可以迅速修改设计方案，并快速计算得到相关结果。对于多方案的模型，还可以采用参数化建模和分析的方法，将需要的参数值赋予变量的形式，采用对变量进行多级赋值来执行多参数多工况的横纵向计算对比，大大提升了电机设计的效率。

7.3 ANSYS Maxwell 2D 有限元模型电磁场仿真分析

前一节对 RMxprt 快速建模和电磁性能计算做了详细介绍，RMxprt 电机电磁设计工具包是依托等效电路的形式进行快速计算，所以其计算的特点主要是能够快速得到设计结果，但是该工具包的底层设计对于非线性和饱和的处理是采用经验公式和经验系数，所以在计算精度上必然没有有限元法的计算精度和准确度高，所以一般 RMxprt 设计方法主要应用在电磁设计的前期过程，能够快速确定基本尺寸和大致的性能，然后再采用有限元法进行更为精确的计算。因此本节基于前一节的模型，对三相笼型异步电机的 ANSYS Maxwell 2D 有限元模型的建立、求解、后处理等一系列过程进行讲解。

7.3.1 RMxprt 一键导出建模

在 ANSYS Maxwell 中建模的方法主要有 3 种，按照尺寸在草图中绘制，外部模型文件导入或者 RMxprt 工具包一键导出建模。本章采用第三种方式，利用 RMxprt 导出 2D 有限元模型。在执行导出前，有两点需要注意：

① 如图 7-40（a）所示，点击菜单栏中 RMxprt 按钮，在下拉菜单中选中并单击 Design Settings，弹出如图 7-40（b）所示的窗口，选择红色框 User Defined Data 栏，有一个 Enable 选项，默认该选项未勾选。如果保持默认未勾选状态，则导出模型为默认最优的周期几何模型，即假设槽数和极数的最大公约数为 k，则导出 $1/k$ 模型。如果在 Enable 前的复选框中打钩，会出现空白输入栏，可在其中输入“Fractions”+空格+“数字”，注意 Fractions 首字母必须大写，空格不能丢失。通过该数字可以控制输出几何模型的完整度，如本章案例的笼型电机为 4 极 48 槽，输入 4，则导出模型为全模型的 1/4，输入 1 则导出完整模型。但是 Fractions 的值必须满足未勾选 Enable 时的导出原则，例如 4 极 42 槽，即使设置 Fractions 为 4，模型也只能导出 1/2 模型。此外还有一点需要说明的是，不管是否在 RMxprt 中设置 Fractions 的值，在导出的 2D 模型中均会自动生成一个全局参数 Fractions，可以通过修改该全局参数来调整模型的完整度，但是会导致已经设置的边界条件丢失，需要重新设置，而且激励源的添加面和端环面均需要重新调整。所以一般在选择导出模型时，常采用在 RMxprt 中设置好 Fractions 的值，如此可以省去在 2D 中设置边界条件的步骤。本章案例中设置 Fractions 的值为 4。

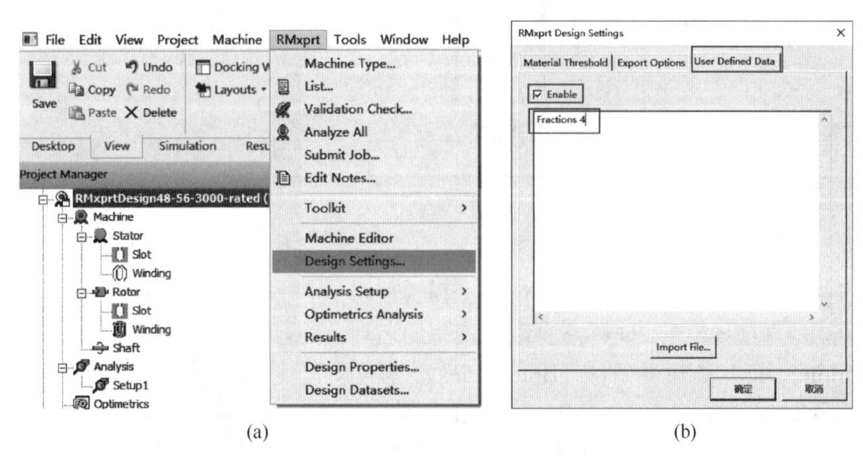

(a) (b)

图 7-40 RMxprt Design Settings

② 在导出前，必须先点击 Analyze 进行计算，然后才能执行导出 Create Maxwell Design 命令，不然该命令行为灰色状态，无法选中执行。

完成导出准备后，如图 7-41 所示，右键点击【Analysis】下的【Setup1】，在弹出框中点击 Create Maxwell Design 命令，弹出导出设定窗口，如图 7-42 所示，在 Type 栏可以选择导出模型类型：Maxwell 2D Design 和 Maxwell 3D Design，在 Solution Setup 中可以选择不同的求解设定（Setup），Variation 保持默认状态即可。本章案例选择 Maxwell 2D Design，点击确定，执行导出。

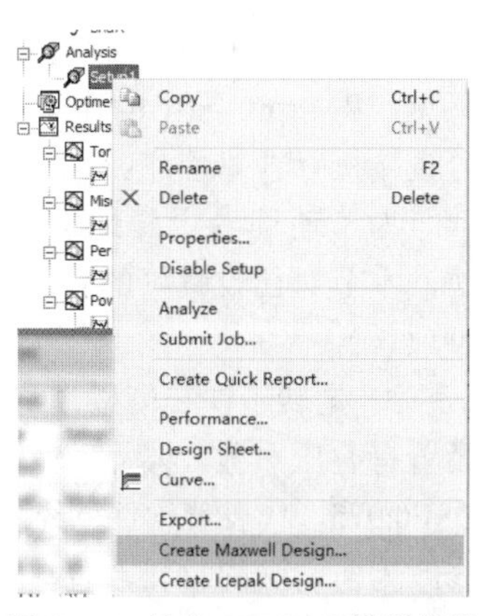

图 7-41 导出 Maxwell 模型设置

导出完成后，如图 7-43 所示，在项目工程管理栏除了已存在的 RMxprt 模型外，还会生成两个新的 Design 模型，分别为 MaxCir1 等效电路模型（见图 7-44）和 Maxwell 2D Design1（Transient，XY）2D 瞬态有限元模型（见图 7-45），其中等效电路模型主要是作为 2D 或 3D 有限元仿真时的外电路

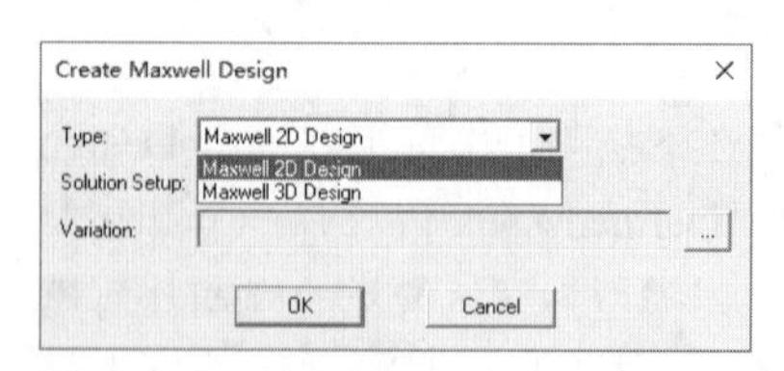

图 7-42　Create Maxwell Design 设置

激励源使用，本节暂不介绍。点击工程管理栏中 Maxwell 2D Design1，在属性栏中可以看到上文提到的 Fractions，其值为 4，代表着模型为 1/4 模型。右键点击 Maxwell 2D Design1 下 Model 模块，在下拉菜单中选择 Set Symmetry Multiplier，可以看到弹出框中对称乘子的参数为 Fractions。

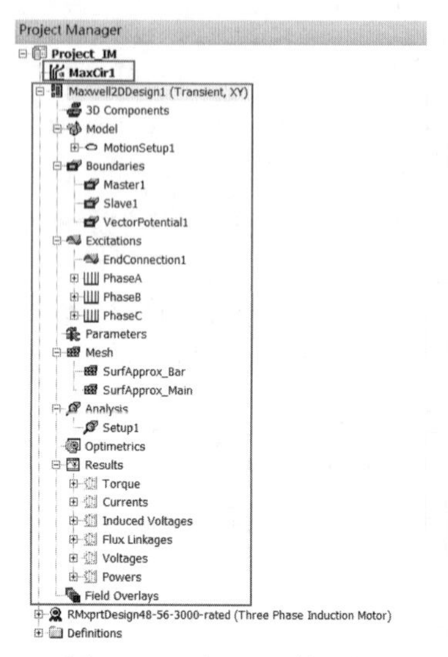

图 7-43　项目工程管理栏

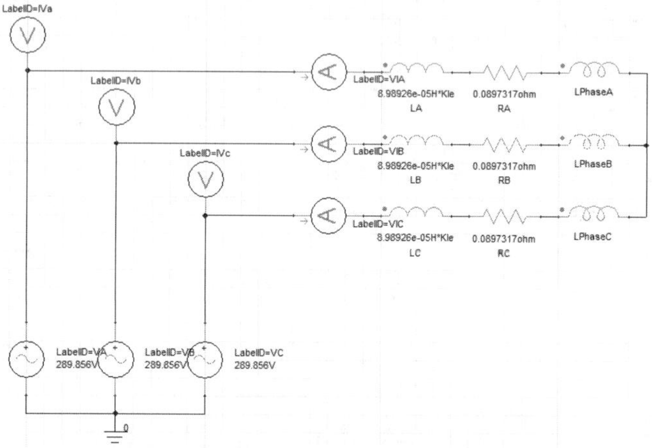

图 7-44　等效电路模型

从图 7-44 中的 Maxwell 2D Design1 的工程管理栏的展开树可知，直接导出的 2D 瞬态有限元模型的运动模块（Motion Setup1）、边界条件（Boundaries）、激励源（Excitations）、剖分（Mesh）、求解（Analysis）、结果（Results）均已自动生成并完成相关的设置。如图 7-46 所示，在模型树管理栏也可以看到已经生成了相应的各部分模型，并且材料也已经设置完成。由此可见，RMxprt 导出的模型不需要再进行额外设置即可直接执行计算程序。

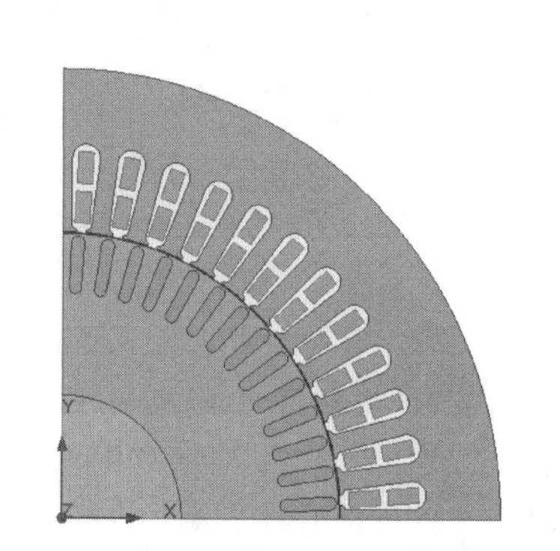
图 7-45　Maxwell 2D 瞬态有限元模型

为了使读者更好地掌握 RMxprt 导出模型的方法，本节对已设置好的各部分模型进行逐个展开，说明如何进行参数修改以及有哪些注意事项。

① 定转子铁芯模型　定转子铁芯是由 35WW270 硅钢薄片叠压而成，由于在 RMxprt 中设置有叠压系数，本章为 0.975，所以导出的 2D 模型定转子的铁芯材料的名字后有一个 DSF0.975，代表着软件已经自动将材料的密度和铁芯损耗系数进行了相关的换算，如果需要修改为自定义的材料，直接点击右键材料进入材料属性栏进行修改或者替换即可。

展开定转子铁芯模型树，其模型树下均存在一个或多个 CreateUserDefinedPart 模块，以模型树栏中 Stator 铁芯为例，其下属操作模块中有两个 CreateUserDefinedPart 模块，整个定子铁芯模型就是通过这两个模块进行布尔运算得到的。双击 Stator 下的 CreateUserDefinedPart 模块，弹出如图 7-47（b）所示的窗口，该窗口主要包含了坐标系、定子铁芯尺寸和槽参数等重要尺寸参数。当需要对模型进行修改时，可直接在该窗口进行修改，不用再通过 RMxprt 修正，但需要注意，模型主要采用布尔运算建立，所以修改参数时要注意将所有受此参数影响的模块统一修改，不然模型会无法建立。本章案例模型的定转子模型及参数设置分别如图 7-47 和图 7-48 所示。

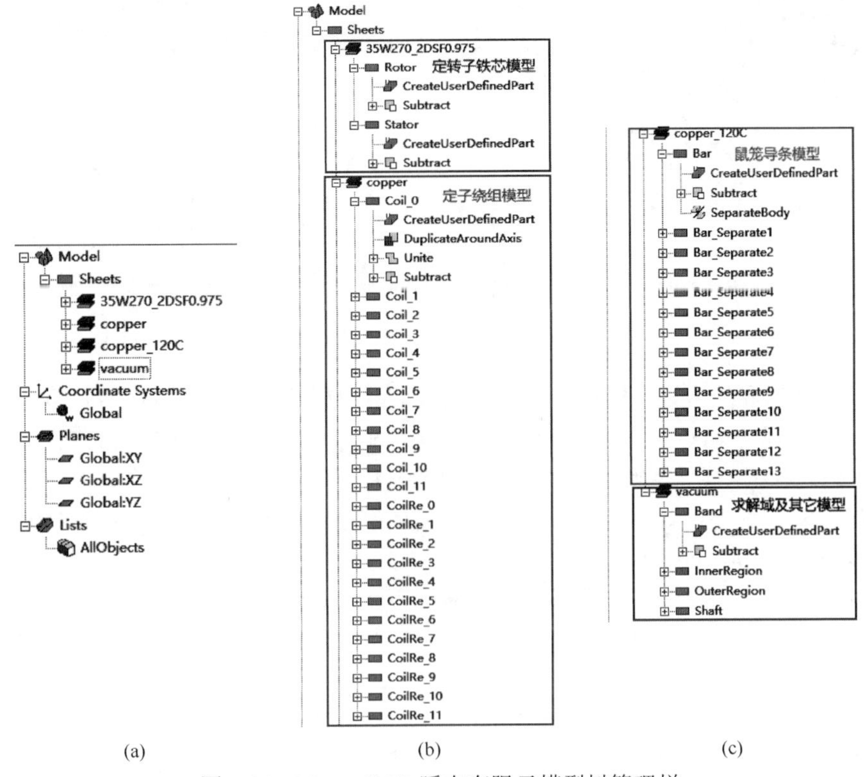

图 7-46 Maxwell 2D 瞬态有限元模型树管理栏

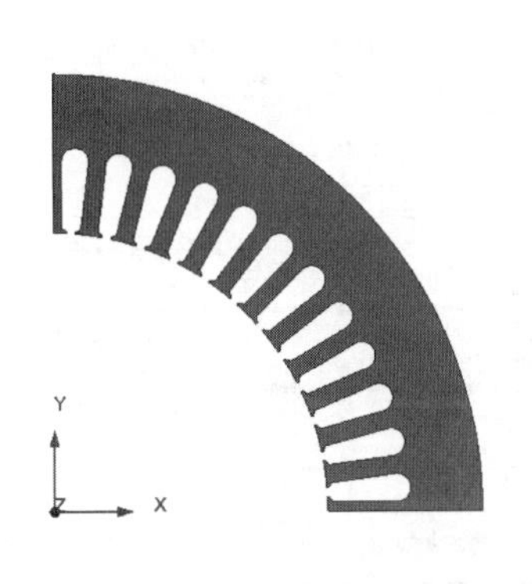

(a)

Name	Value	Unit	Eva...	Description
Command	CreateUserDef... Value			
Coordinate System	Global			
Name	RMxprt/SlotCore			
Location	syslib			
Version	12.1			
DiaGap	140	mm	140...	Core diameter on gap side, DiaGap<DiaYoke for outer cores
DiaYoke	220	mm	220...	Core diameter on yoke side, DiaYoke<DiaGap for inner cores
Length	0	mm	0mm	Core length
Skew	0	deg	0deg	Skew angle in core length range
Slots	48		48	Number of slots
SlotType	2		2	Slot type: 1 to 6
Hs0	0.5	mm	0.5...	Slot opening height
Hs01	0	mm	0mm	Slot closed bridge height
Hs1	0.8	mm	0.8...	Slot wedge height
Hs2	16.8	mm	16....	Slot body height
Bs0	2.3	mm	2.3...	Slot opening width
Bs1	4.8	mm	4.8...	Slot wedge maximum width
Bs2	7	mm	7mm	Slot body bottom width, 0 for parallel teeth
Rs	3.5	mm	3.5...	Slot body bottom fillet
FilletType	0		0	0: a quarter circle; 1: tangent connection; 2&3: arc bottom.
HalfSlot	0		0	0 for symmetric slot, 1 for half slot
SegAngle	15	deg	15...	Deviation angle for slot arches (10~30, <10 for true surface).
LenRegion	0	mm	0mm	Region length
InfoCore	0		0	0: core; 1: solid core; 100: region.

(b)

图 7-47 Stator 模型及参数表

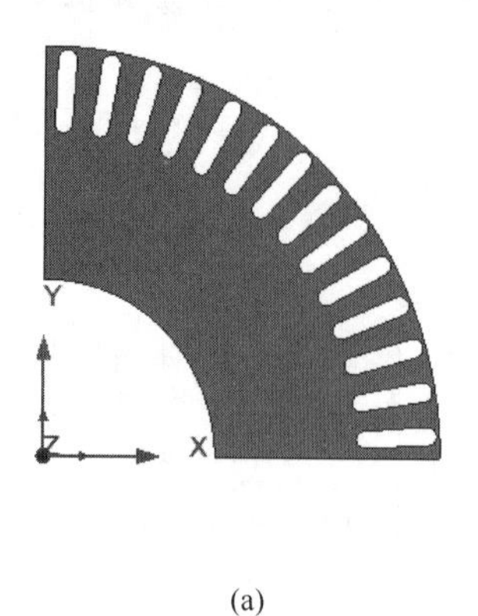

(a)

Name	Value	Unit	Eva...	Description
Command	CreateUserDefin...			
Coordinate System	Global			
Name	RMxprt/SlotCore			
Location	syslib			
Version	12.1			
DiaGap	139.2	mm	139...	Core diameter on gap side, DiaGap<DiaYoke for outer cores
DiaYoke	60	mm	60...	Core diameter on yoke side, DiaYoke<DiaGap for inner cores
Length	0	mm	0mm	Core length
Skew	0	deg	0deg	Skew angle in core length range
Slots	56		56	Number of slots
SlotType	1		1	Slot type: 1 to 6
Hs0	0.5	mm	0.5...	Slot opening height
Hs01	0.5	mm	0.5...	Slot closed bridge height
Hs1	0	mm	0mm	Slot wedge height
Hs2	11	mm	11...	Slot body height
Bs0	0	mm	0mm	Slot opening width
Bs1	3.3	mm	3.3...	Slot wedge maximum width
Bs2	3	mm	3mm	Slot body bottom width, 0 for parallel teeth
Rs	0	mm	0mm	Slot body bottom fillet
FilletType	0		0	0: a quarter circle; 1: tangent connection; 2&3: arc bottom.
HalfSlot	0		0	0 for symmetric slot, 1 for half slot
SegAngle	15	deg	15...	Deviation angle for slot arches (10~30, <10 for true surface).
LenRegion	0	mm	0mm	Region length
InfoCore	0		0	0: core; 1: solid core; 100: region.

(b)

图 7-48　Rotor 模型及参数表

② 定子绕组和笼型转子模型　定转子绕组采用的都是铜材料，但是不同的是转子导条在 RMxprt 中选择的是 75℃的铜材料，由于工况设置为 120℃，所以在导出的 2D 模型中，其材料的电导率已经进行了换算，但是定子绕组的材料，默认为铜，在 RMxprt 中没有设置选项，所以在 2D 仿真中，其材料依然默认为 25℃的铜材料，如果需要考虑定子绕组温度对材料的影响，直接右键 Copper 进入属性栏进行相关的属性修改即可。

本章案例模型中定子绕组模型和参数设置如图 7-49 所示。定子绕组的参数设置表除绕组层数、端部长度等特定参数外，基本和定子铁芯一致，至于绕组的并联支路数、每槽导体数、并绕根数等在该参数表中无法设置，需要在工程管理栏中的激励源位置进行相关设置，在下文中会提到具体的设置方法。此外在 RMxprt 中有槽满率、槽绝缘、层绝缘等设置，但在导出的 2D 有限元模型中，这些参数并未体现，而且 2D 模型绕组的截面大小无法通过图 7-49 所示的内置参数表改变，其截面积也不是在 RMxprt 中设定的每槽导体的有效面积（不包含

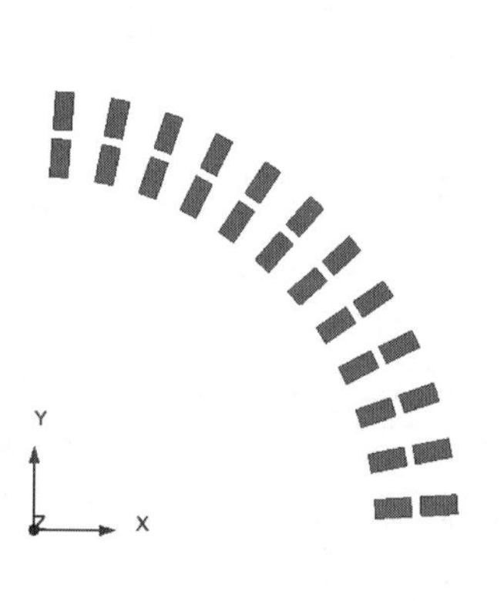

(a)

Name	Value	Unit	Eva...	Description
Command	CreateUserDefin...			
Coordinate System	Global			
Name	RMxprt/LapCoil			
Location	syslib			
Version	16.0			
DiaGap	140	mm	140...	Core diameter on gap side, DiaGap<DiaYoke for outer cores
DiaYoke	220	mm	220...	Core diameter on yoke side, DiaYoke<DiaGap for inner cores
Length	0	mm	0mm	Core length
Skew	0	deg	0deg	Skew angle in core length range
Slots	48		48	Number of slots
SlotType	2		2	Slot type: 1 to 7
Hs0	0.5	mm	0.5...	Slot opening height
Hs1	0.8	mm	0.8...	Slot wedge height
Hs2	16.8	mm	16....	Slot body height
Bs0	2.3	mm	2.3...	Slot opening width
Bs1	4.8	mm	4.8...	Slot wedge maximum width
Bs2	7	mm	7mm	Slot body bottom width, 0 for parallel teeth
Rs	3.5	mm	3.5...	Slot body bottom fillet
FilletType	0		0	0: a quarter circle; 1: tangent connection.
Layers	2		2	Number of winding layers
CoilPitch	10		10	Coil pitch measured in slots
EndExt	12	mm	12...	One-side end extended length
SpanExt	0	mm	0mm	Axial length of end span; 0 for no span.
BendAngle	0	deg	0deg	Bending angle viewd in the rz plane.
SegAngle	10	deg	10...	Deviation angle for end span (5~15, <5 for true surface).
LenRegion	0	mm	0mm	Region length
InfoCoil	2		2	0: winding; 1: coil; 2: terminal1; 3: terminal2; 4: insulation; 100: region.

(b)

图 7-49　定子绕组模型及参数表

漆膜)，因此在计算中需要注意：当绕组通入的是电压激励时，由于相电阻是人为设定的实际电阻，因此2D模型绕组截面积大小不影响计算结果；当采用电流源计算时，相电阻无法设置，软件会根据导体截面自动计算电阻值，如果绕组截面积与实际不符，则计算出的定子铜耗值是不准确的，须自行计算电阻，并代入计算。

本章案例模型中笼型导条及端环模型和参数设置如图7-50所示，由于导条是全填充，所以可以通过调整图7-50（b）中的槽参数和红色框中端环参数来调整其值，但是有一点需要注意的是，在工程管理栏中的激励源位置存在一个End Connection1设置，该选项是设置端环的电阻和电感的，所以如果在参数表中调节了笼型端环数据，需要同步更正激励源中End Connection1的数据，具体数值可以通过在原RMxprt中更改端环尺寸获得。

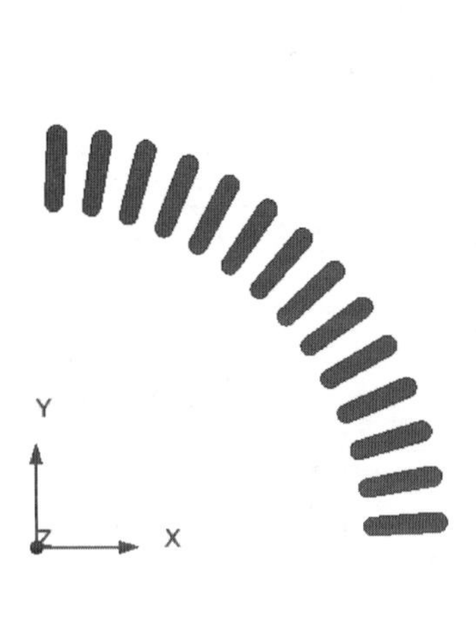

(a)

Name	Value	Unit	Eva...	Description
Command	CreateUserDefinedP...			
Coordinate System	Global			
Name	RMxprt/SquirrelCage			
Location	syslib			
Version	12.11			
DiaGap	139.2	mm	139...	Core diameter on gap side, DiaGap<DiaYoke for outer cores
DiaYoke	60	mm	60...	Core diameter on yoke side, DiaYoke<DiaGap for inner cores
Length	0	mm	0mm	Core length
Skew	0	deg	0deg	Skew angle in core length range
Slots	56		56	Number of slots
SlotType	1		1	Slot type: 1 to 4
Hs0	0.5	mm	0.5...	Slot opening height
Hs01	0.5	mm	0.5...	Slot closed bridge height
Hs1	0	mm	0mm	Slot wedge height
Hs2	11	mm	11...	Slot body height
Bs0	0	mm	0mm	Slot opening width
Bs1	3.3	mm	3.3...	Slot wedge maximum width
Bs2	3	mm	3mm	Slot body bottom width, 0 for parallel teeth
Rs	0	mm	0mm	Slot body bottom fillet
FilletType	0		0	0: a quarter circle; 1: tangent connection; 2&3: arc bottom.
HalfSlot	0		0	0: symmetric slots; 1: half slots.
BarEndExt	0	mm	0mm	One-side bar end extended Length
RingLength	15	mm	15...	One-side axial ring length
RingHeight	18	mm	18...	Radial ring height
RingDiaGap	0	mm	0mm	Ring diameter on gap side
CastRotor	0		0	0: insert-bar; 1: cast-rotor.
SegAngle	15	deg	15...	Deviation angle for slot arches (10~30, <10 for true surface).
LenRegion	0	mm	0mm	Region length
InfoCoil	0		0	0: bars & rings; 1: bars; 2: rings; 100: region.

(b)

图7-50　笼型导条、端环模型及参数表

③ 轴、运动域及其他求解域　如图7-46（c）所示，除了具有实际物质形态的轴、铁芯及绕组模型外，导出的2D模型中系统还自动生成了一些求解域：运动域（Band）、内部域（InnerRegion）、外部域（OuterRegion），并将其材料设置为真空（vacuum）。

运动域是Maxwell有限元瞬态计算必不可少的一部分，由于电机旋转的部件（转子铁芯，转轴，笼型导条）较多，因此为了便于网格处理计算，模型采用一个包裹所有运动部件的运动域来代替，运动域需要满足以下几点：a. 完全分离静止和运动物体，静止的物体和运动的物体均不能穿过该运动域；b. 在其运动方向上运动域内不能有洞；c. 可以存在多个运动域，但运动域不能交叉或重叠。

由于在进行数值计算时，差分方程是通过节点传递求解，如果气隙等空气域内无节点，则方程无法传递，也就无法进行计算，所以空气位置也应该在求解域的覆盖之内，保证整个求解域应该是连通的。考虑到气隙、定子槽内、电机的转子槽或转轴和转子铁芯之间均会存在空气域，因此系统生成了内部域和外部域作为连通域。对于轴，由于本章案例模型中的轴是非磁性轴，在电磁过程中类似真空存在，因此系统将其默认设置为真空材料，如果轴为导电或导磁材料，则不能按真空材料处理。本章案例模型的运动域、内外连通域、转轴的模型及其参数设置表分别如图 7-51～图 7-54 所示。

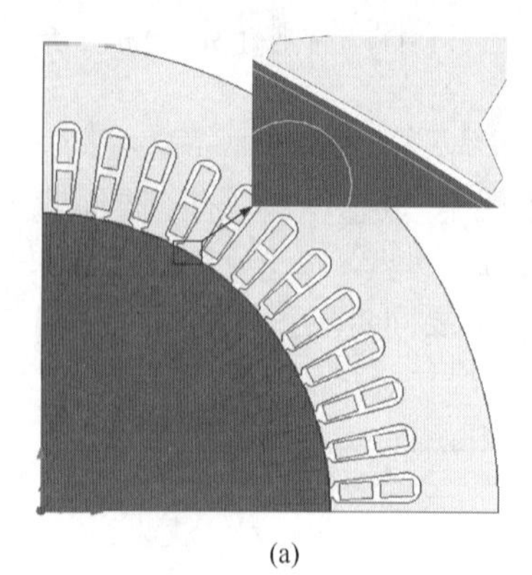

(a)

Name	Value	Unit	Evaluated Va...	Description
Command	CreateUserDefinedPart			
Coordinate System	Global			
Name	RMxprt/Band			
Location	syslib			
Version	12.1			
DiaGap	139.6	mm	139.6mm	Band diameter in gap center, DiaGap<DiaYoke for outer band
DiaYoke	60	mm	60mm	Band diameter on yoke side, DiaYoke<DiaGap for inner band
Length	0	mm	0mm	Band length
SegAngle	0	deg	0deg	Deviation angle for band (0.1~5 degrees).
Fractions	1		1	Number of circumferential fractions, 1 for circular region.
HalfAxial	0		0	0: full model; 1: half model in axial direction.
InfoCore	0		0	0: band; 1: tool; 2: master; 3: slave; 100: region.

(b)

图 7-51 Band 模型及参数表

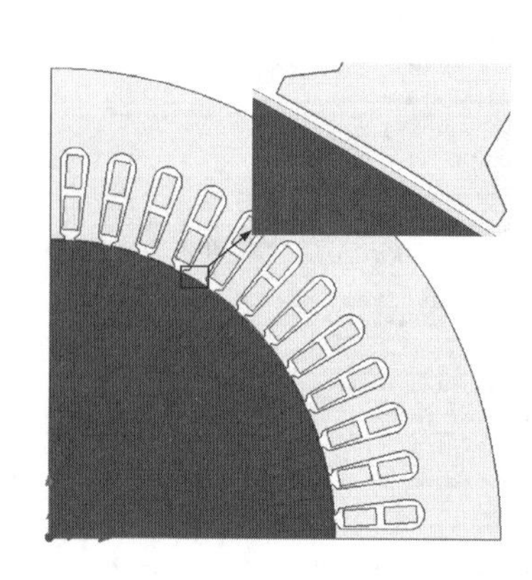

(a)

Name	Value	Unit	Evaluated Va...	Description
Command	CreateUserDefinedPart			
Coordinate System	Global			
Name	RMxprt/SlotCore			
Location	syslib			
Version	12.1			
DiaGap	139.2	mm	139.2mm	Core diameter on gap side, DiaGap<DiaYoke for outer
DiaYoke	60	mm	60mm	Core diameter on yoke side, DiaYoke<DiaGap for inne
Length	0	mm	0mm	Core length
Skew	0	deg	0deg	Skew angle in core length range
Slots	56		56	Number of slots
SlotType	1		1	Slot type: 1 to 6
Hs0	0.5	mm	0.5mm	Slot opening height
Hs01	0.5	mm	0.5mm	Slot closed bridge height
Hs1	0	mm	0mm	Slot wedge height
Hs2	11	mm	11mm	Slot body height
Bs0	0	mm	0mm	Slot opening width
Bs1	3.3	mm	3.3mm	Slot wedge maximum width
Bs2	3	mm	3mm	Slot body bottom width, 0 for parallel teeth
Rs	0	mm	0mm	Slot body bottom fillet
FilletType	0		0	0: a quarter circle; 1: tangent connection; 2&3: arc bott
HalfSlot	0		0	0 for symmetric slot, 1 for half slot
SegAngle	15	deg	15deg	Deviation angle for slot arches (10~30, <10 for true su
LenRegion	0	mm	0mm	Region length
InfoCore	100		100	0: core; 1: solid core; 100: region.

(b)

图 7-52 Inner Region 模型及参数表

(a)

Name	Value	Unit	Evalu...	Description
Command	CreateUserD...			
Coordinate System	Global			
Name	RMxprt/Band			
Location	syslib			
Version	12.1			
DiaGap	139.6	mm	139.6...	Band diameter in gap center, DiaGap<DiaYoke for outer b...
DiaYoke	220	mm	220m...	Band diameter on yoke side, DiaYoke<DiaGap for inner b...
Length	0	mm	0mm	Band length
SegAngle	0	deg	0deg	Deviation angle for band (0.1~5 degrees).
Fractions	fractions		4	Number of circumferential fractions, 1 for circular region.
HalfAxial	0		0	0: full model; 1: half model in axial direction.
InfoCore	100		100	0: band; 1: tool; 2: master; 3: slave; 100: region.

(b)

图 7-53 Out Region 模型及参数表

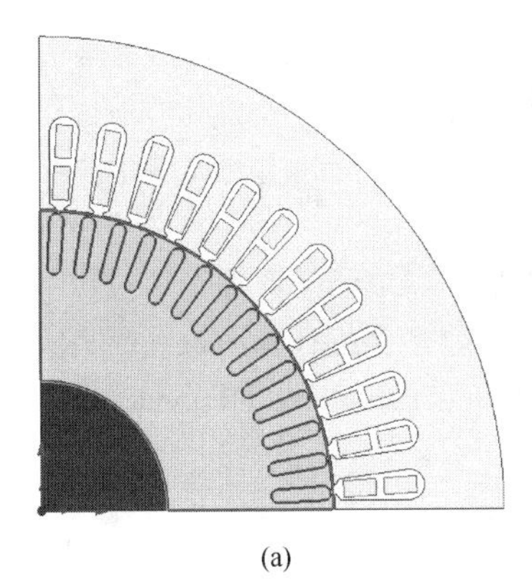

(a)

Name	Value	Unit	Evalu...	Description
Command	CreateUserD...			
Coordinate System	Global			
Name	RMxprt/Band			
Location	syslib			
Version	12.1			
DiaGap	139.6	mm	139.6...	Band diameter in gap center, DiaGap<DiaYoke for outer
DiaYoke	60	mm	60mm	Band diameter on yoke side, DiaYoke<DiaGap for inner b
Length	0	mm	0mm	Band length
SegAngle	0	deg	0deg	Deviation angle for band (0.1~5 degrees).
Fractions	1		1	Number of circumferential fractions, 1 for circular region.
HalfAxial	0		0	0: full model; 1: half model in axial direction.
InfoCore	100		100	0: band; 1: tool; 2: master; 3: slave; 100: region.

(b)

图 7-54　Shaft 模型及参数表

从以上各部分模型的参数表中可以发现，模型的长度 Length 均为 0，与 RMxprt 中的设置不符。这是由于 2D 模型是一个二维平面，必然没有厚度，所以此处保持默认设置即可。至于 2D 仿真中电机轴长的设置，则由全局模型参数控制，右键点击项目工程管理栏中 Maxwell 2D Design1 下的 Model，在弹出的菜单中选择 Set Model Depth 选项，在弹出的设置框口中有一项 Model 设置，即为全局轴长控制参数。RMxprt 自动导出的模型中，该参数值已经自动设置，无须手动操作，如需改动，直接修改即可。

7.3.2　边界条件、激励设置、网格划分等前处理

上节已经详细介绍了导出的 2D 有限元模型的各个部分、修改各部分模型参数的方法及注意事项，本节主要介绍其边界条件、网格划分，激励设置等前处理过程的设置及修改方法。

Step1：运动域的设定及修改方法。RMxprt 导出的 2D 模型已经自动绘制运动域 Band 并设定好参数，本章案例模型的运动域设置具体如图 7-55 所示。图 7-55（a）栏设置的是运动方式（旋转）和运动方向（绕 Z 轴正向旋转）。图 7-55（b）栏主要设置初始位置（默认初始位置为 0，一般在永磁同步电机中用得较多）和运动范围限制（旋转运动一般不做限制）。图 7-55（c）栏设置运行速度（工况速度）和是否考虑机械瞬态（在不考虑启动过程时，一般不考虑机械瞬态，不用勾选）。图 7-55（d）栏为考虑机械瞬态时各参数值，转动惯量、阻尼可以通过右侧 Calculate 自动计算，如果无法计算需要自行采用转动惯量公式计算，负载转矩依据需求自行定义。

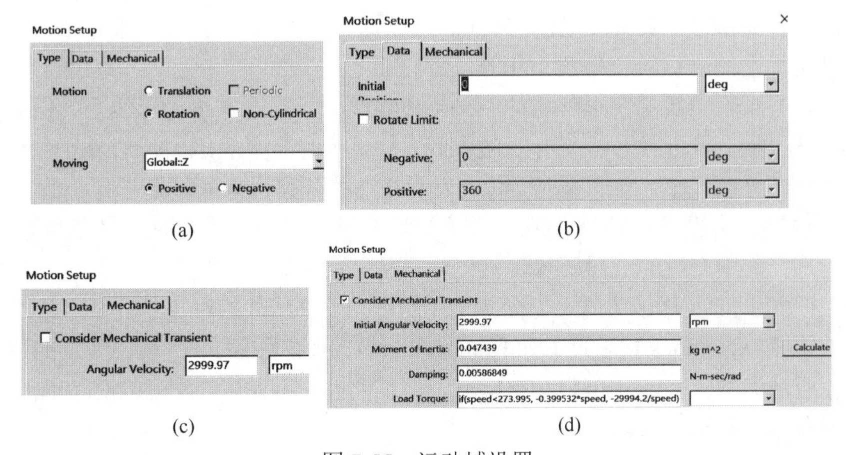

图 7-55　运动域设置

至于 Band 尺寸的具体修改方法在上节已经介绍，不再赘述。但如果运动域被修改或者重新自定义绘制后，则需要重新设定 MotionSetup1，选中新的 Band 模型，右键点击项目工程管理栏中 Maxwell 2D Design1 项目中【Model】下的 MotionSetup1，在弹出的菜单中选中并单击 Reassign 即可更新 Band。

Step2：边界条件设定及修改方法。电机常用的边界条件在基础篇中已经详细论述过，不再一一赘述。该部分只针对本案例中 RMxprt 导出的 2D 模型的边界条件进行介绍，本章案例的边界条件如图 7-56 所示，主要包含主从边界条件（Master Boundary，Slave Boundary）和磁矢势边界（Vector Potential Boundary）条件。

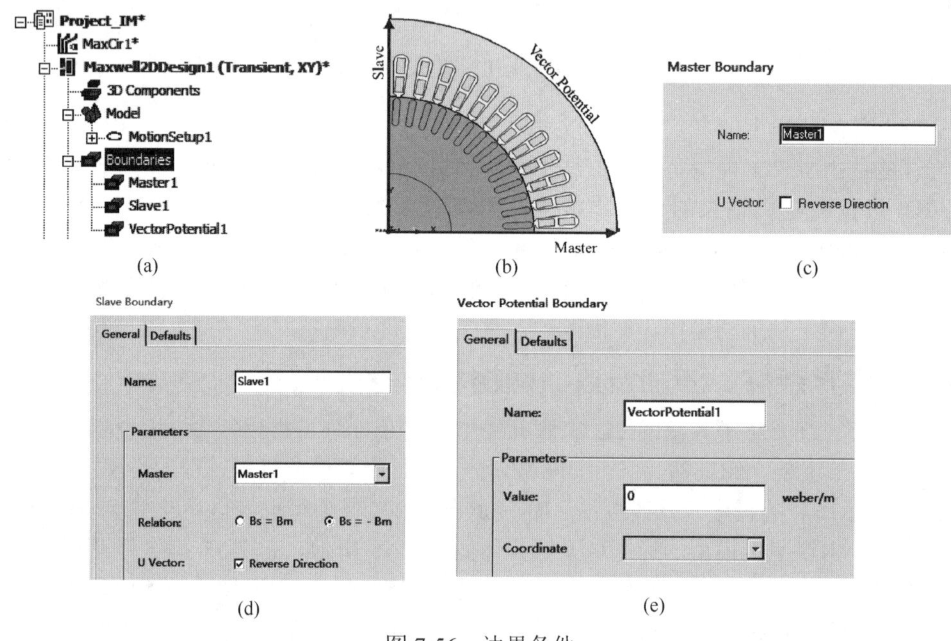

图 7-56　边界条件

主从边界条件一般配合模型的几何周期边界使用，是通过规定主从边界上磁场的关系来进行约束的。以本章案例为例，生成的 2D 模型为 1/4 模型，也就是一对极下的几何模型，按照如图 7-56（b）所示的主从边界方向，主从边界上的磁场应该满足 $B_{\text{Master}}+B_{\text{Slave}}=0$，即大小相等，方向相反，如图 7-56（c）、图 7-56（d）所示；需要注意的是，如果导出一对极下的模型，则主从边界上的磁场应该是大小相等，方向相同。

磁矢位边界条件一般用在求解域的最外侧边缘线上，来固定该边缘线上的磁矢位数值，当设置其值为 0 时，表示磁力线平行于边界线，本章案例模型的磁矢位边界［见图 7-56（e）］设置在定子铁芯外圆线上，磁矢位值为 0，表明在铁芯外圆边界处磁场平行于边界。

如果需要进行边界条件的修改或重新设定，选择新的边界模型，右键菜单选择 Assign Boundary，选择其中合适的边界即可，具体可参见前文边界条件设置。

Step3：激励设定及修改方法。如图 7-57 所示，导出的 2D 模型已经完成了绕组分相及参数设定。双击【Excitations】下的【EndConnection1】，弹出如图 7-57（f）所示的窗口，该模块主要设置端环参数，即端环电阻和电感值，但需要注意的是，该处的电阻和电感均是表示两个转子导条之间的局部值。

双击【Excitations】下的【PhaseA】，弹出如图 7-57（c）所示的绕组激励设置窗口，该窗口主要包括激励类型（电压源，电流源，外电路）、绕组线圈形态（散线式，实心式）、初始电流、单相绕组电阻及端部漏感、激励函数表达式、并联支路数等参数，这些参数根据选择的激励源的不同而略有变化，具体可参见前面章节的激励源设置。有一点需要注意的是，当激励源选择为电流源时，软件会根据绕组截面积自行计算电阻值，当线圈截面与实际模型不一致时，会导致电阻值计算不准确，进而影响其输出的定子铜损。双击【PhaseA】下的【PhA_0】线圈截面，弹出如图 7-57（d）所示的绕组激励设置窗口，该模块主要设置导体数目和激励源方向两个参数。以上即是以【PhaseA】为例对激励源的设置进行的说明，其他两相【PhaseB】和【PhaseC】与【PhaseA】设置一致，不同的就是在激励源函数表达式中，三者相位互差 120°。

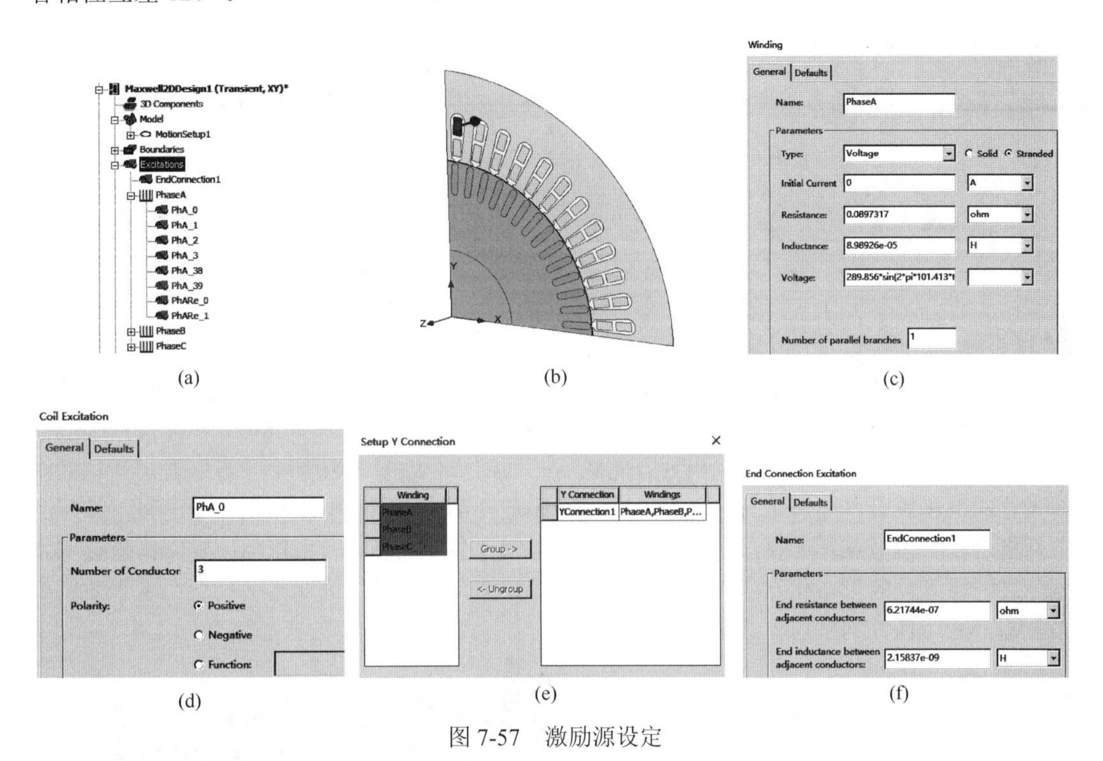

图 7-57　激励源设定

右键点击【Excitations】，在弹出的菜单栏中，有一项 Setup Y Connection，点击打开，如图 7-57（e）所示，由于该电机在 RMxprt 中设置为 Y 型连接，所以在导出模型中自动设置了 Y 型连接。如果是非 RMxprt 导出模型，绕组连接方式为 Y 型连接，在完成三相绕组设置后，需要按上述步骤进行 Y 连接设置，不然计算结果会出现三相不对称等错误。有一点需要说明的是，该选项仅在采用电压源激励时有效，采用电流源激励和外电路时无效。

除了以上设置外，在激励设置模块还有两项较为重要的设置，右键【Excitations】，弹出的菜单栏中有 Set Eddy Effects（涡流效应设置）和 Set Core Loss（铁芯损耗设置）两项设置。涡流效应设置是考虑交变磁场下实心导电物体中产生的涡流现象，铁芯损耗设置是考虑铁磁材料中的铁损。这两项设置对于电机性能计算非常重要，但在 RMxprt 导出的模型中并未自动完成设置，需要手动完成。点击 Set Eddy Effects，弹出如图 7-58 所示的设置窗口（默认打开时 Eddy Effect 为未勾选状态），点击 Eddy Effect 将执行全部勾选，确定即可。点击 Set Core Loss，弹出如图 7-59 所示的设置窗口（默认打开时 Core Loss Setting 为未勾选状态），根据 Defined in Material 栏下的勾选提示，在 Core Loss Setting 勾选对应的项目，确定即可。在 Set Core Loss 窗口的 Advanced 高级栏中，有一项 Consider core loss effect on field，通过该选项可以考虑铁芯损耗对于磁场的影响，默认未勾选，如须考虑该因素的影响，可以勾选上。

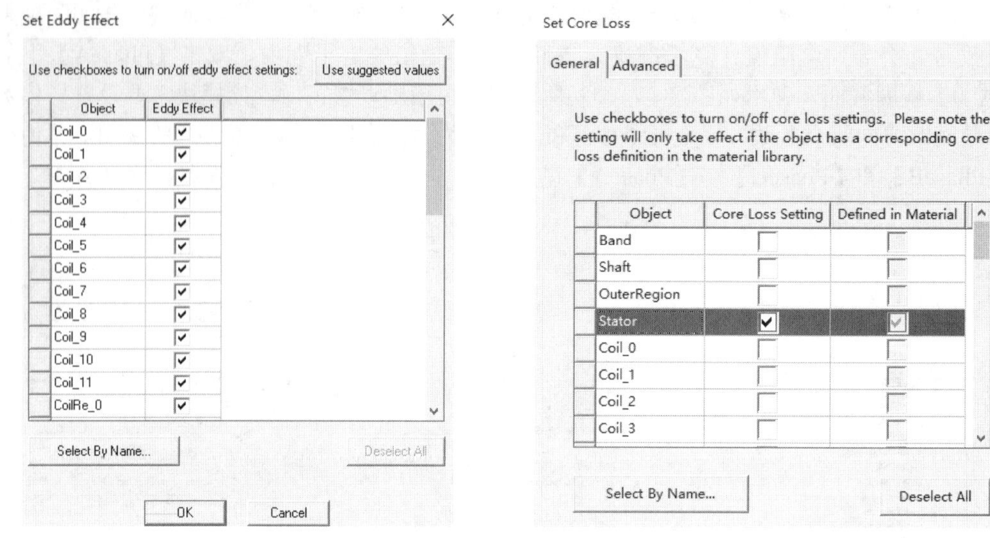

图 7-58　涡流效应设置　　　　图 7-59　铁芯损耗设置

Step4：网格划分。如图 7-60 所示，RMxprt 导出模型对网格自动进行了剖分设置，按照其设置，选中绘图区所有模型，右键选择 Plot Mesh，在弹出的 Create Mesh Plot 窗口中点击 Done，选中的绘图区模型将绘制出划分完成的网格结构。如图 7-61 所示，可以看出默认的网格设置的网格质量不高，尤其在气隙、定子齿和定转子槽周围，网格质量较差。虽然按照当前网格可以对模型执行计算，但是计算结果的准确性会受到影响，所以需要对网格进行重新划分。网格划分的策略和方法，前面章节中已经详细介绍过了，因此本节只介绍本章案例模型各部分采用何种网格划分方法。

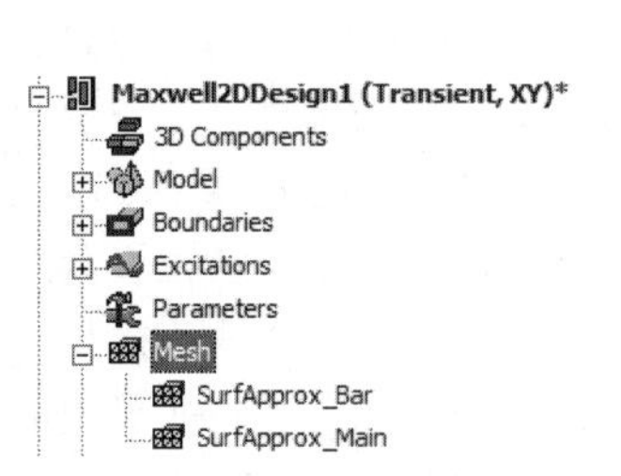

图 7-60　默认导出模型网格设置

图 7-61　默认网格划分结果

首先右键点击【Mesh】，选择 Initial Mesh Settings 初始化网格设置，弹出如图 7-62 所示的窗口，保持默认勾选状态即可。

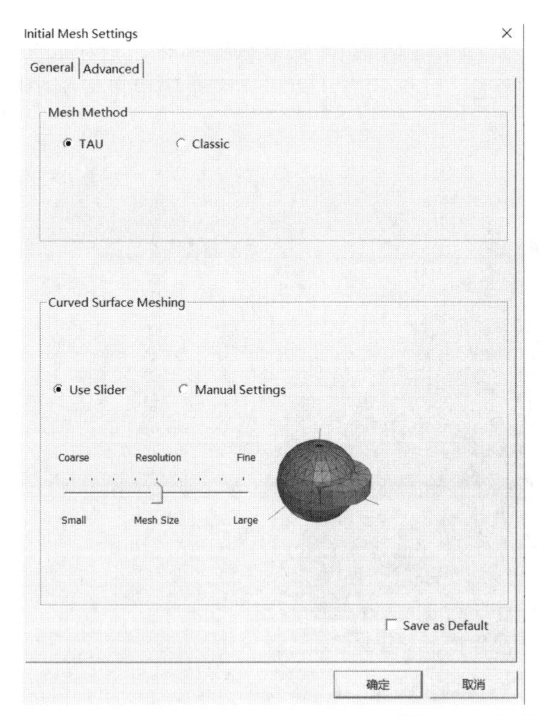

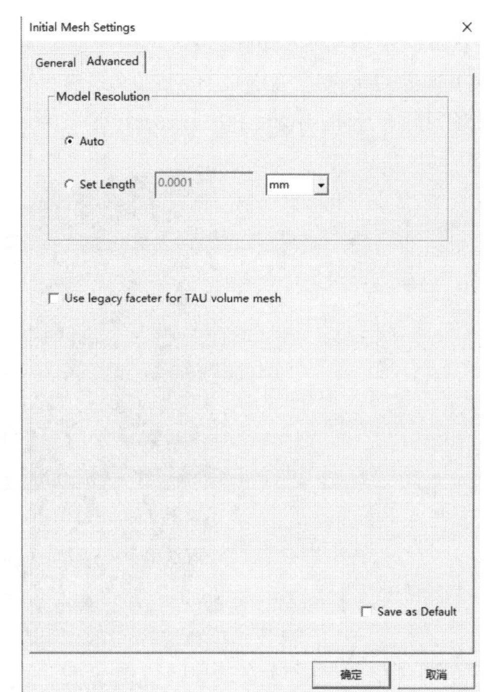

图 7-62　初始化网格设置

在绘图区选中定转子铁芯，右键选择 Assign Mesh Operation/Inside Selection/Length Based，在弹出窗口中将 Name 修改为 Length_Main，Set maximum element length 的值修改为 4mm，其余保持默认选择，点击确定即可。

在绘图区选中所有定子绕组，右键选择 Assign Mesh Operation/Inside Selection/Length Based，在弹出窗口中将 Name 修改为 Length_Coil，Set maximum element length 的值修改为 1.5mm，其余保持默认选择，点击确定即可。

在绘图区选中所有转子导条，右键选择 Assign Mesh Operation/Inside Selection/ Length Based，在弹出窗口中将 Name 修改为 Length_Bar，Set maximum element length 的值修改为 1.5mm，其余保持默认选择，点击确定即可。

在绘图区选中 Band 和 InnerRegion，右键选择 Assign Mesh Operation/Inside Selection/Length Based，在弹出窗口中将 Name 修改为 Length_Band，Set maximum element length 的值修改为 1mm，其余保持默认选择，点击确定即可。

在绘图区选中 Shaft 和 OuterRegion，右键选择 Assign Mesh Operation/Inside Selection/Length Based，在弹出窗口中将 Name 修改为 Length_Out，Set maximum element length 的值修改为 2.3mm，其余保持默认选择，点击确定即可。

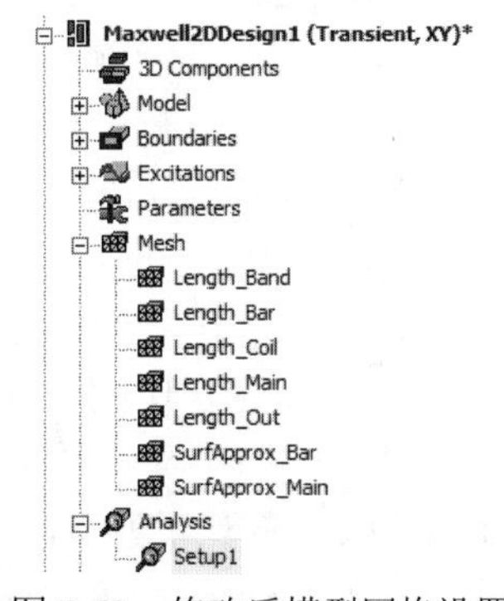

图 7-63　修改后模型网格设置

由于 TAU 网格生成器默认执行 Clone Mesh，因此本模型未单独设置网格克隆。完成剖分设置后，在工程管理栏可以看到新的剖分设置（见图 7-63），右键点击 Setup1，先选择 Revert to Initial Mesh，执行后再次右键点击 Setup1，选择 Generate Mesh，此时生成的网格模型如图 7-64 所示，网格质量明显高于导出模型自动设置的网格。此外对于一些特殊计算工况，如需要对气隙或者定子齿部网格进行加密的案例，可以选择对气隙和齿部进行加密，具体的方法可以参考永磁电机案例中的网格划分方法和第 5 章中网格划分的策略。

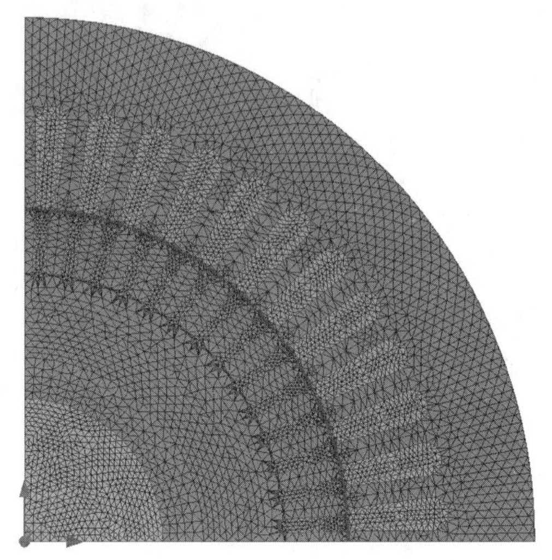

图 7-64　修改后网格划分结果

7.3.3　电感及二维斜槽求解设定

电感参数是电机电磁场计算的必要参数，在 RMxprt 导出的模型中，并没有对电感的计算进行设定，需要在执行求解前自行设定，设定方法可参考基础篇中电感参数设定章节，本节选择 Apparent 电感计算方法。斜槽作为削减谐波的重要手段，对斜槽模型的仿真也尤为重要。对于电机斜槽的设置，导出的 2D 模型已经自动完成了相关设置，右键点击工程项目管理栏 Maxwell 2D Design1 中的【Model】，在下拉菜单中选择 Set Skew Model，弹出斜槽设置窗口，本章案例的斜槽设置如图 7-65 所示。

在图 7-65 中，Skew Type 表示斜槽类型，有 Continuous（连续型斜槽）和 Step（阶梯型斜槽）两种，一般感应电机的斜槽采用连续型，永磁电机的斜槽采用阶梯型（见永磁电机章节）。Skew Angle 代表斜槽角度，No. of Slices 代表切片数目，Maxwell 默认切片数为 5 片，Plot Field on Slice 代表绘制场图所选择的切片位置。在 Maxwell 2D 有限元仿真中，无论是定子斜槽还是转子斜槽，其模拟方法均是通过计算 Band 运动域在不同旋转角度下的性能，然后求均值来实现其斜槽效应的，其等效示意图如图 7-66 所示。假设倾斜角度为 α，片数为 N，（一般选取 N 为奇数），则意味着将电机在轴向长度上分为 N 段，每一段的倾斜角跨度为 α/N，定义中间段的倾斜角度范围为（$-\alpha/2N$，$\alpha/2N$），则该段中心位置等效的 Slice0 的角度为 0，则 Slice-1（角度为$-\alpha/N$）和 Slice1（角度为 α/N）所代表的区段的倾斜角度范围分别为（$-\alpha/2N-1\cdot\alpha/N$，$-\alpha/2N$），（$\alpha/2N$，$\alpha/2N+1\cdot\alpha/N$），Slice-2（角度为$-2\alpha/N$）和 Slice2（角度为 $2\alpha/N$）所代表的区段的倾斜角度范围分别为（$-\alpha/2N-2\cdot\alpha/N$，$-\alpha/2N-1\cdot\alpha/N$,），（$\alpha/2N+1\cdot\alpha/N$，$\alpha/2N+2\cdot\alpha/N$），后面切片以此类推。以本章案例模型为例，在 RMxprt 中设置了斜槽为 0.8 个齿槽距，换算为角度即为 6deg，因此导出模型中 Skew Angle 为 6deg，选择默认设置为 5 片，分别为 Slice-2，Slice-1，Slice0，Slice1，Slice2。其对应角度分别为-2.4deg、-1.2deg、0deg、1.2deg、2.4deg，对应区段的倾斜角范围为（-3deg，-1.8deg），（-1.8deg，-0.6deg），（-0.6deg，0.6deg），（0.6deg，1.8deg），（1.8deg，3deg）。

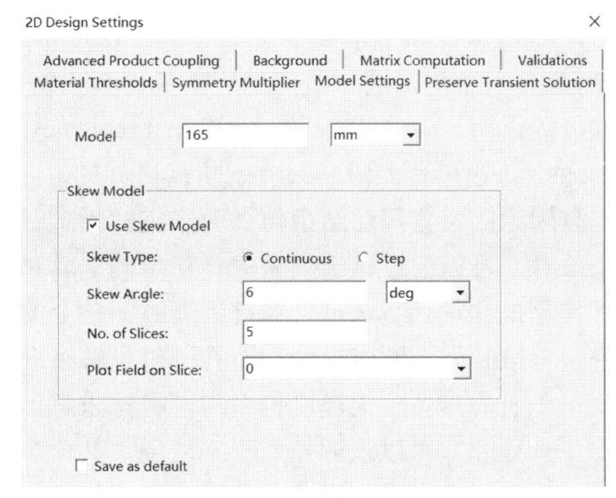

图 7-65 斜槽模型设置

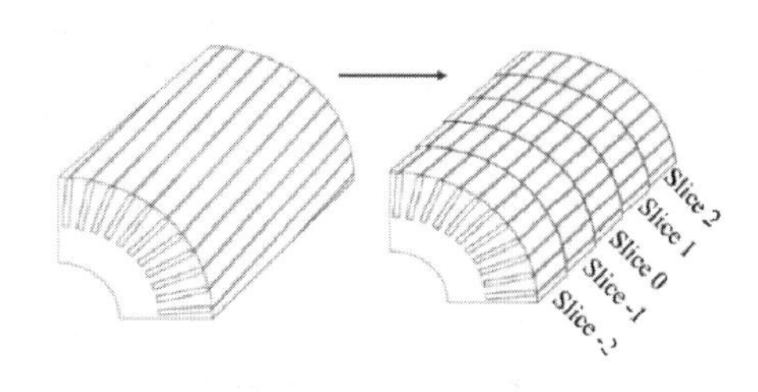

图 7-66 斜槽等效示意图

7.3.4 求解设置及常规结果查看

Step1：求解设置。完成模型的前处理过程后，需要添加求解器，具体添加方法在前文已经有所介绍。本章案例模型是 RMxprt 一键导出的，其自动设定的求解器如图 7-67 所示。Solve Setup 中常用的设定模块主要有 3 个，General、Save Fields、Solver。

General 模块［图 7-67（a）］主要是设置仿真的终止时间（Stop time）和时间步长（Time step）。对于一般旋转电机的计算，Stop Time 的长短和添加的激励源形式有关，当激励源为电压源时，需要较长的时间才能达到稳态，一般选择仿真时间为 10 个周期以上；当激励源为电流源时，仿真能快速达到稳定状态，一般选择仿真时间为 3～5 个周期即可。仿真步长不管何种激励，一般选择一个周期内 50～100 个点。

Save Fields 模块［图 7-67（b）］用于设置计算结果的保存时间点，可以按照自定义设置保存的时间节点，或者定义一段时间范围内，保存每一个时间步长的结果。但是需要注意的是，保存的时间节点必须是仿真时间步长的整数倍，不然无法保存。

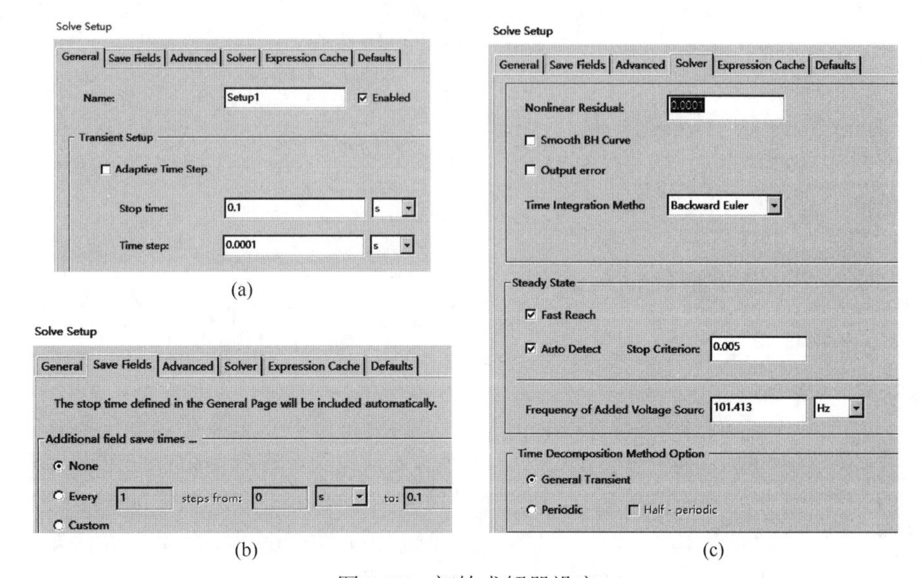

图 7-67 初始求解器设定

Solver 模块［图 7-67（c）］包含非线性的处理、稳态加速收敛设置、时间分布式求解设置。Nonlinear Residual、Time Integration Method、Output error 保持默认设置即可，Smooth BH Curve 一般针对手动输入材料的 BH 曲线数据有用，可不用勾选。重点说一下 Steady State 下的几项设置，该设置在电压源激励下有加快收敛的作用。勾选 Fast Reach，在 Frequency of Added Voltage Source 填入激励源频率，Auto Detect 是通过残差限定来控制仿真进程的，一般不勾选，尤其在设置了保存场点的时候，可能会因为该设置提前结束仿真而未完成指定时间节点的场数据保存。在前期不确定仿真时间总长时，可以通过该选项来进行初步确定。时间分布式算法（TDM）是 Maxwell 独有的针对大模型的快速计算方法，通过沿着时间轴上的区域进行计算任务分解，可以让用户不用再一个一个按时间点顺序求解，而是同时求解多个时间点，主要配合 HPC 设置提升计算速度，大大降低计算成本。该模块包含常规瞬态求解器和周期性求解器两种。常规瞬态求解器（General Transient）可以求解任何瞬态问题，其分布式计算是采用将时间轴分为很多时间区间，在每个时间区间内再分成多个时间节点子任务，同时求解一个时间区段的多个子任务，完成后求解下一个时间区段，依次向后求解的方式。周期性求解（Periodic）主要应用在稳态仿真，同时求解一个周期内的所有时间节点，所以要求所有周期频率必须相同，因此无法在感应电机中使用。TDM 虽然能加速仿真，缩短工程计算时间，但在使用时也有诸多限制，如考虑机械瞬态时，采用 PWM 控制电路时，考虑退磁现象时，考虑铁芯损耗对磁场影响时均不支持 TDM 算法。

本章案例模型的求解器经修改后的设置如图 7-68 所示。

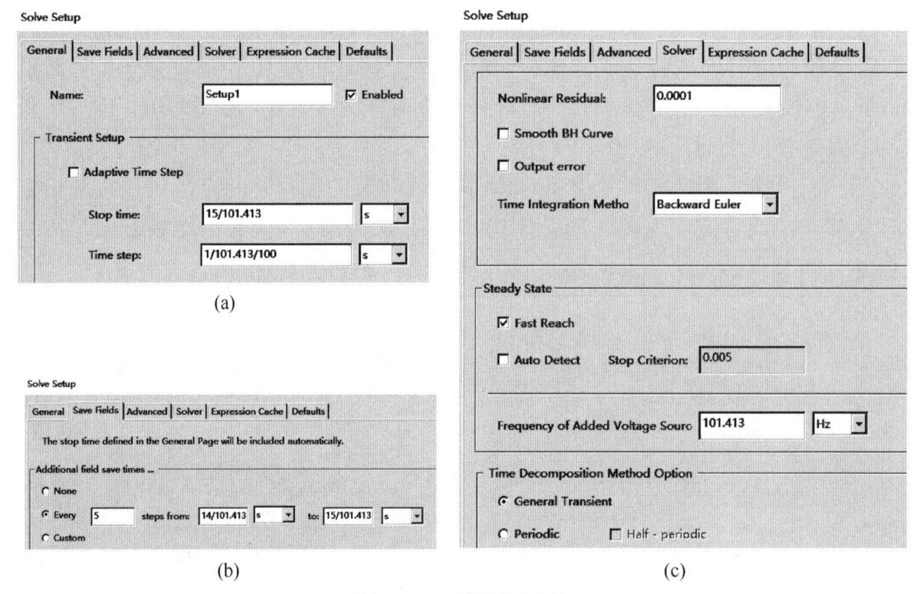

(a) (b) (c)

图 7-68　求解器设定

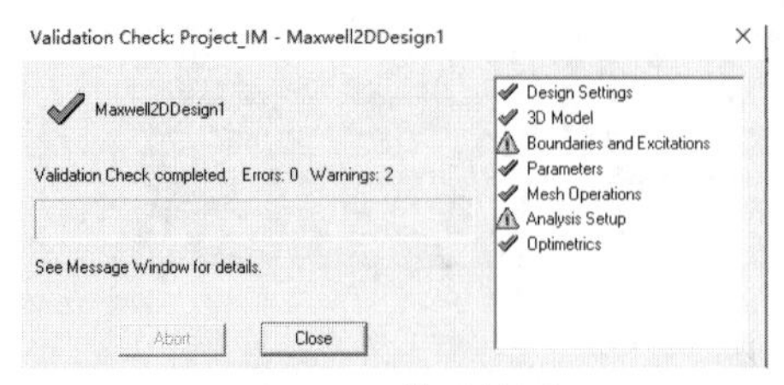

图 7-69　模型检测

完成求解器设定后，在执行求解前需要进行前处理检查，查看是否存在错误，点击快捷菜单栏中的 Simulation，单击 Validate 进行检测，检测结果如图 7-69 所示，表示检测正常，可以执行计算。

分析流程:

一般警告不影响仿真计算，可以忽略。

Step2：常规结果监测设置。在进行瞬态计算时，对于一些常规的瞬时结果，可在计算过程中进行实时监测。由于本节感应电机模型采用 RMxprt 导出，所以在导出模型的工程树管理栏的【Results】模块中已自动设置好部分监测量，如图 7-70 所示，包含了常见的电磁转矩、电流、感应电压、磁链、端电压、功率 6 项输出结果。在执行仿真命令后，可以实时查看该输出结果随仿真时间的变化，一旦仿真结果出现错误趋势就能够随时终止仿真并进行纠正。如果自动生成的常规变量不满足需求，则可以右键单击 Results，在弹出的菜单中选择 Create Transient Report 下的 Rectangular Plot，弹出如图 7-71 所示的窗口。该瞬时曲线输出报告设置窗口包含了【Context】、【Trace】、【Families】、【Families Display】4 大块。其中【Context】模块中 Solution 栏主要进行 Setup 求解选择；Domain 栏用于选择数据处理方法，包含 Sweep（扫描）、Spectral（频谱）、Average and RMS（平均值和有效值）、Transient D-Q（交直轴变换）4 种类型，Sweep 一般输出随时间变化的曲线，Spectral 一般输出 FFT 报告，Average and RMS 输出时域内均值和有效值，Transient D-Q 输出交直轴变换量；Parameter 栏用于求解参数和求解对象的选择。【Trace】模块中，可以设置 *X*、*Y* 坐标轴的物理量，Category 栏可以选择时间，转矩，转速，位置，感应电机的端环的电参数，定子绕组的电压、电流、磁链、电感等，电机的铜耗和定转子铁耗等输出参数；Function 栏可以对所选择的 *Y* 轴物理量进行数据处理及变换。【Families】和【Families Display】主要是进行参数化仿真时，进行参数选择的模块。

针对本节笼型感应电机，模型中额外添加了电感和损耗变量。添加操作如下：在图 7-71 所示的窗口的 Category 栏下选择 Winding，在右侧 Quantity 栏下选择三相绕组的自感和互感参数（Ctrl+左键可进行多选），具体选择如图 7-72 所示，点击 New Report 后将在工程管理栏的【Results】下产生 Winding Plot1 结果报告单，单击右键修改其名称为 Winding Inductance。

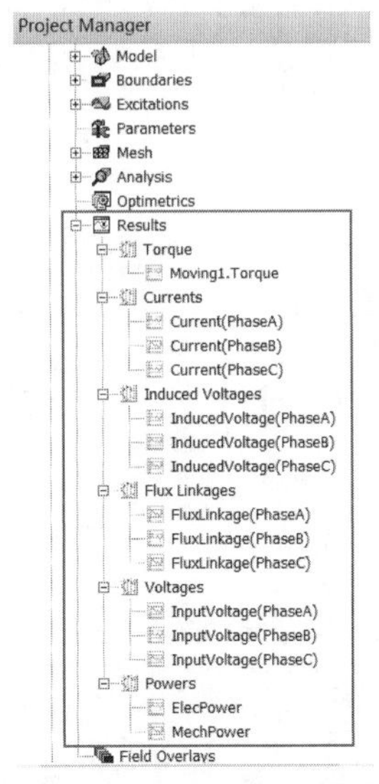

图 7-70　自动导出模型 Results 项

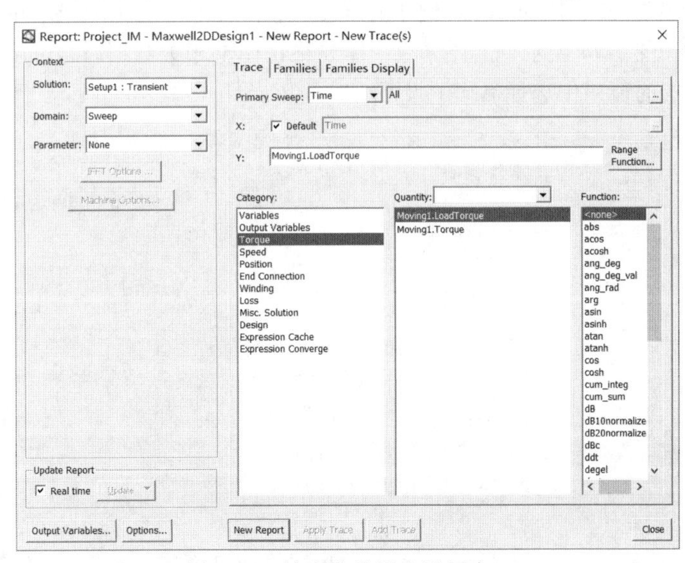

图 7-71　输出曲线报告设置窗口

损耗输出曲线的添加和绕组电感是类似的，在图 7-71 所示窗口的 Category 栏下选择 Loss，右侧 Quantity 下的状态栏中包含了由涡流损耗（Eddy Current Loss）、磁滞损耗（Hysteresis Loss）、附加损耗（Excess Loss）组成的定转子铁芯损耗（CoreLoss），大块实心导体的损耗（Solid Loss），不同激励源下的定子绕组铜损（StrandedLoss-电流源、StrandedLossR-电压源）。在此选择 CoreLoss、SolidLoss、StrandedLossR 3 项，点击 New Report 生成损耗报告单，并修改名称为 Loss。添加完成后的 Results 列表如图 7-73 所示。

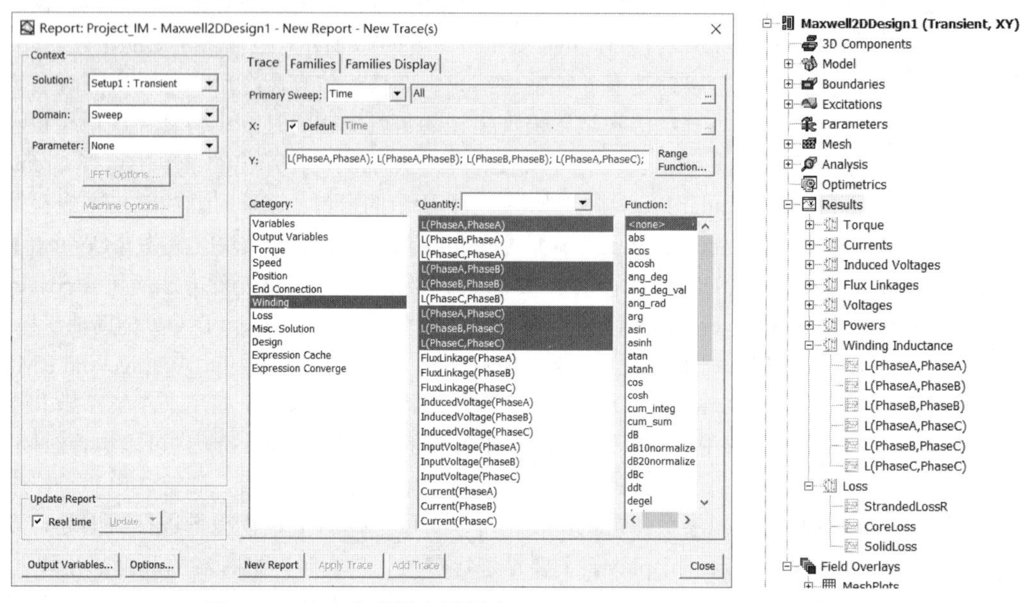

图 7-72 输出电感报告设置窗口

图 7-73 设置完成的 Results 列表

模型检测完成，并设置好需要时时监测的输出结果后，即可执行计算。在工程管理栏中右键单击项目 Analysis 下的 Setup1，选择菜单中的 Analyze 并单击执行，计算过程中监测状态如图 7-74 所示。当计算途中需要终止调整相关数据时，可以点击进度条右侧的小三角，在弹出的窗口中选择 Abort 即可。

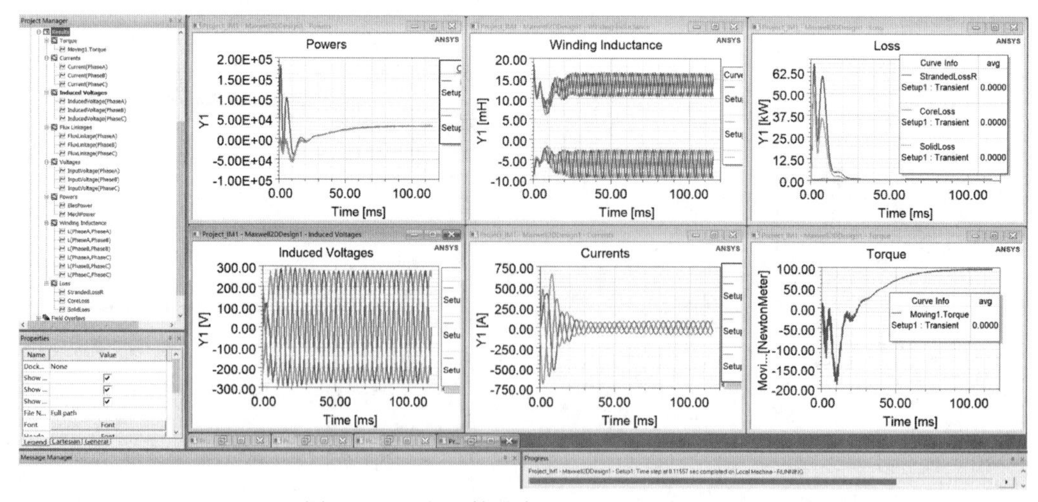

图 7-74 工程计算进度及 Results 监测状态

Step3：常规输出曲线结果查看。计算完成后，在 Results 列表下可以查看相关的计算结果。本节笼型电机的部分输出结果曲线如图 7-75 所示。

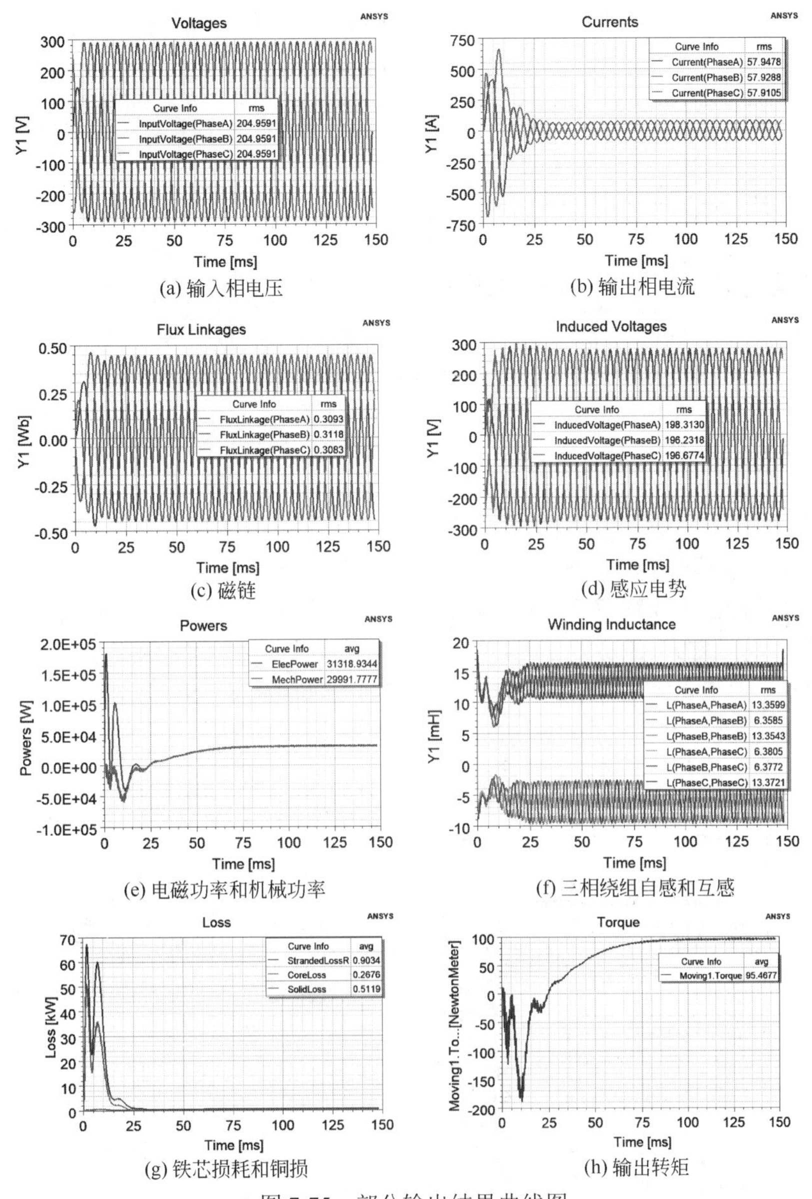

(a) 输入相电压　(b) 输出相电流

(c) 磁链　(d) 感应电势

(e) 电磁功率和机械功率　(f) 三相绕组自感和互感

(g) 铁芯损耗和铜损　(h) 输出转矩

图 7-75　部分输出结果曲线图

Step4：常规场量输出结果查看。在 Maxwell 中，场量（电密、磁密、损耗分布等）的结果无法像输出电压电流、转矩等曲线结果一样可以进行实时监测，而是在完成仿真计算后才能查看。另外还有一点需要注意的是，由于仿真采用多切片等效斜槽法来模拟斜槽效应，而且软件对于多场数据保存的局限性，所有场量的结果均为 7.3.3 节中所设置的切片对应的场数据，本节选择的是 0° 切片，即为不考虑斜槽时的场数据。

在绘图区，Ctrl+A 选中所有实体，如图 7-76（a）所示，右键依次选择【Fields】→【A】→【Flux_Lines】，弹出如图 7-76（b）所示的设置窗口。该设置窗口的 Quantity 栏中包含了磁力线、磁密、电密等常见的场量，此处选择 Flux Lines，In Volume 选择栏中包含所有实体，保持默认则是保持在绘图区自行选择的实体，如果需要更改，在此栏中选择需要的实体即可，此处保持默认。该栏下还有 Plot on edge only（仅绘制边线）、Streamline（绘制流线）、Full Model（全模型绘制）3 个选项，此处选择勾选全模型绘制，其余两项保持未选择状态。

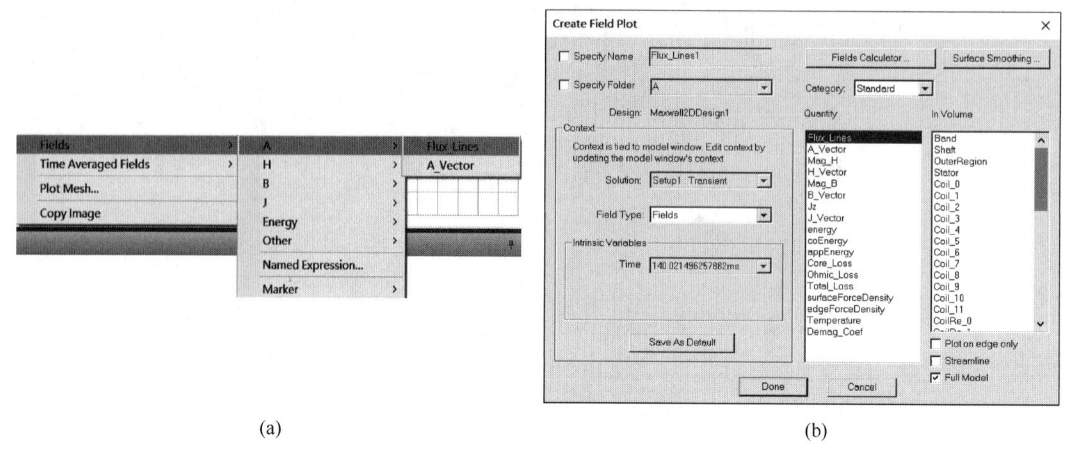

(a) (b)

图 7-76　磁力线分布生成设置

点击 Done，在项目管理栏的 Field Overlays 下会产生如图 7-77（a）所示名称的磁力线分布图报告，在绘图区生成图 7-77（c）所示的磁力线图，双击图中的颜色图例，可以详细设置磁力线的疏密、磁力线显示方式等。绘图区左下角默认给出如图 7-77（b）所示的时间、位置工况信息，双击该信息框，可以查看不同时刻下的磁力线分布。

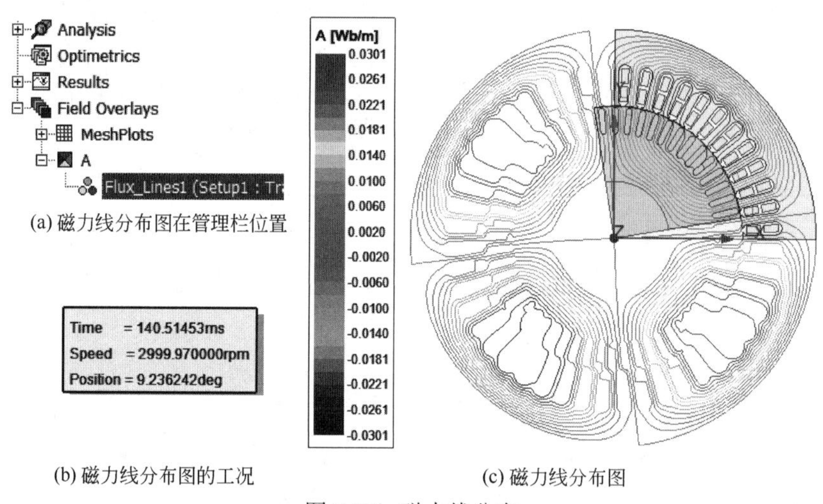

(a) 磁力线分布图在管理栏位置

(b) 磁力线分布图的工况　(c) 磁力线分布图

图 7-77　磁力线分布

采用类似的方法，可以得到感应电机的磁矢量分布图、磁密云图、电密分布图、铁芯损耗云图，如图 7-78 所示。

7.3.5　气隙磁密求取及 FFT 分析

气隙磁密的分布和大小是电机电磁场分析计算中重点关注的，通过场图分布可以看出电机整体的磁密分布及某些位置磁密的粗略值，如果需要得到整个气隙的磁密具体数值，则需要借助辅助线，具体操作如下。

Step1：绘制辅助线。点击快捷菜单栏中【Draw】中弧线绘制 按钮，因模型已求解完成，所以弹出对话框，如图 7-79（a）所示，这里选择【是】（非 Model 部件的增添不会影响已完成的剖分和求解结果），然后绘制辅助弧线，使辅助弧线圆心位于原点，外径等于气隙外径，考虑取其一对极下的气隙磁密，所以绘制半圆弧段，如图 7-79（b）所示。

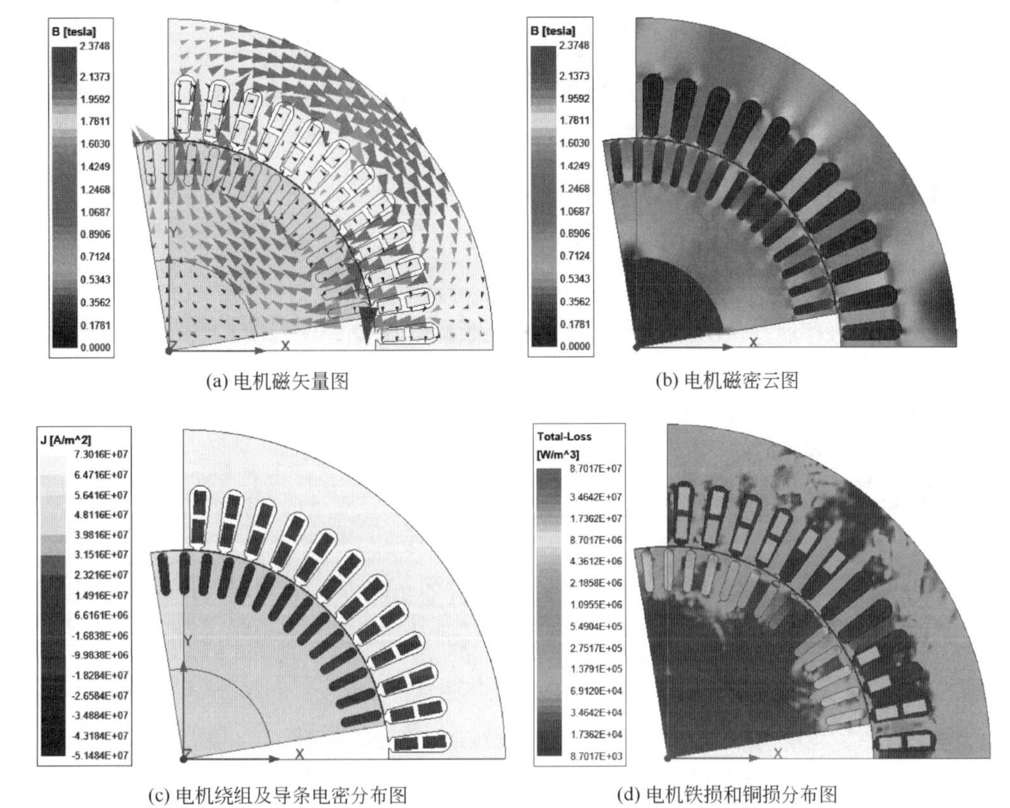

(a) 电机磁矢量图　　(b) 电机磁密云图

(c) 电机绕组及导条电密分布图　　(d) 电机铁损和铜损分布图

图 7-78　场量图部分输出结果

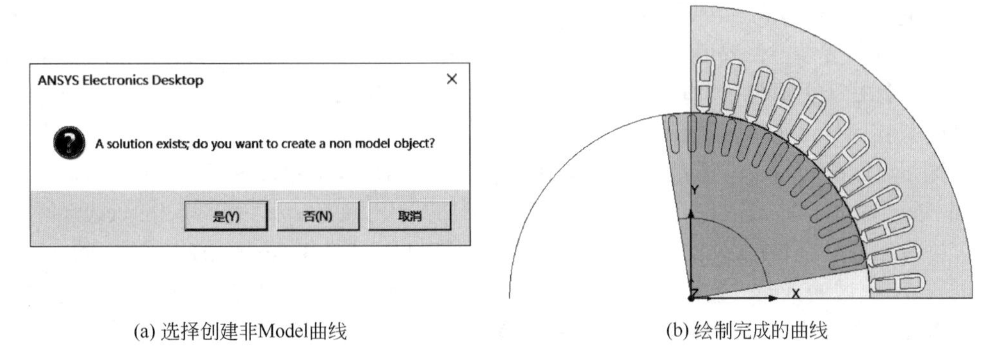

(a) 选择创建非Model曲线　　(b) 绘制完成的曲线

图 7-79　绘制气隙磁密提取曲线

Step2： 绘制磁力线结果曲线。辅助线绘制完成后，在工程管理栏中选中【Result】，右击后在下拉菜单中选择【Create Fields Report/Rectangle Plot】，弹出如图 7-80 所示的对话框。在【Geometry】中选择刚绘制的弧线 Polyline1，Point 保持默认；【Trace】选项卡【X】选择 Default，【Y】选择 Mag_B；在【Families】选项卡的【Time】变量中选择想要绘制的时间（可多选或全选），如图 7-81 所示，设置完成后单击 New Report 按钮，得到如图 7-82 所示的一对极下气隙磁密幅值曲线。

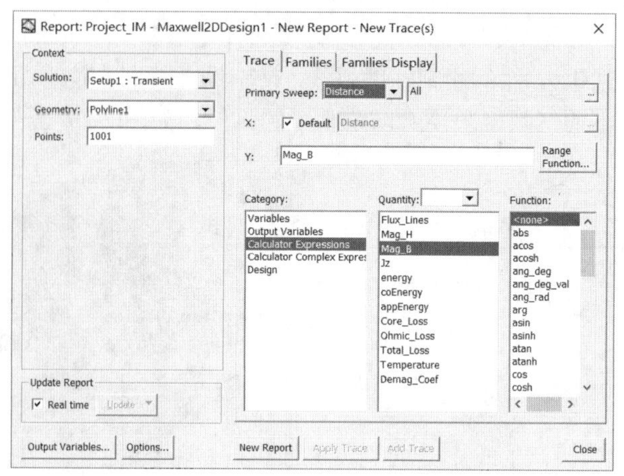

图 7-80　选择输出物理量及绘制位置

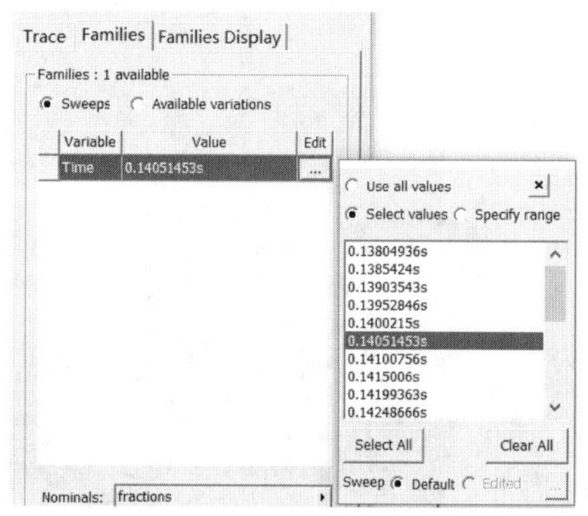

图 7-81　选择绘制时间点

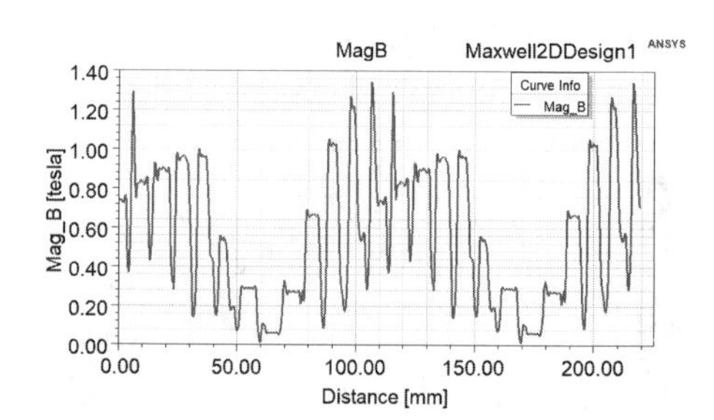

图 7-82　一对极下气隙磁密幅值曲线

Step3： 利用场计算器定义径向磁密计算。图 7-82 所示的气隙磁密为其幅值 MagB，而且包含了切向分量 B_t，无法对其进行傅里叶分析（FFT）。为了提取出气隙磁密的径向分量 B_r，并进行 FFT 谐波分解，需要借助场处理器建立自定义的径向气隙磁密表达式，绘制其 B_r 曲线。右键单击管理栏中 Field Overlays，选择 Calculator…打开场处理器操作窗口（见图 7-83），场处理器的具体操作在 6.2.3、6.2.4 节已经有了详细介绍，本节不再赘述。建立 B_r 表达式的具体操作如下，点击 Quantity 下拉菜单选择 B，显示框中出现 Vec:<Bx,By,0>；点击 Vector 区域的 Unit Vec 下拉菜单，选择 Normal，显示框中增加 Vec:LineNormal 行；点击 Vector 区域的 Dot，点击 General 区域的 Smooth，显示框中显示为 Scl:Smooth(Dot(<Bx,By,0>,LineNormal))，点击 Library 区域的 Add，弹出命名窗口，命名为 Br，确认后，如图 7-84 所示，该表达式会出现在 Named Expressions 中。如果需要将该表达式在其他项目中使用，则需要点击 Save To 保存到本地。

Step4： 利用场计算器绘制气隙径向磁力线曲线。创建 Br 表达式后，类似 MagB 的曲线绘制方法，在图 7-80 所示的 quantity 选择框中将会增加一个自定义的 Br 输出物理量，选择该物理量并选择所需要的时间点，此处与 MagB 选择相同的时间点，点击 New Report 生成如图 7-85 所示的一对极下径向气隙磁密曲线。

右键点击项目管理栏的 Results，选择 Perform FFT On Report，弹出如图 7-86 所示的 FFT 设置窗口，在报告选择区选中 Br 曲线，FFT Window Type 保持默认设置，在 Apply Function To

Complex Data 下拉框选择 mag，点击 OK，可以得到如图 7-87 所示的气隙磁密谐波分解图。可见由于是直槽下的气隙磁密，所以高次谐波较多，如果需要得到斜槽下的气隙磁密，可以通过仿真保存多个切片模型下的磁场数据进行合成，然后对合成后的气隙磁密进行 FFT 分解。

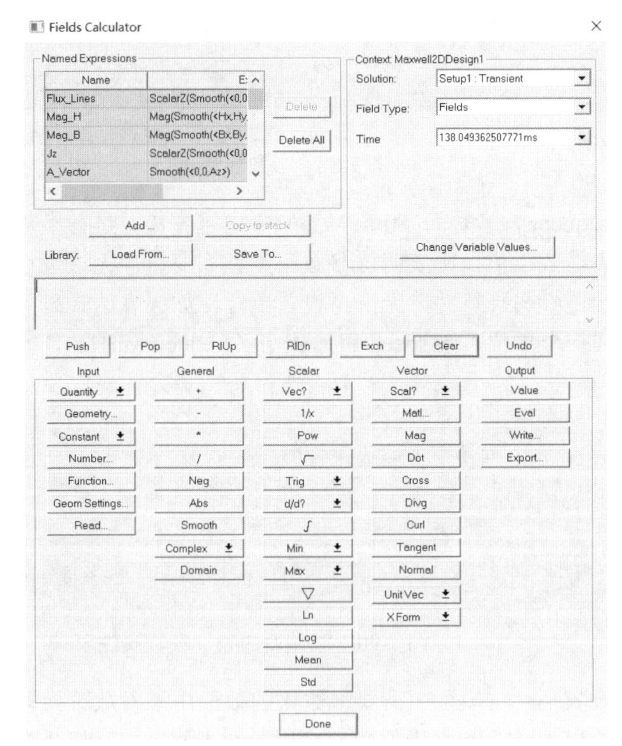

图 7-83　场处理器操作窗口

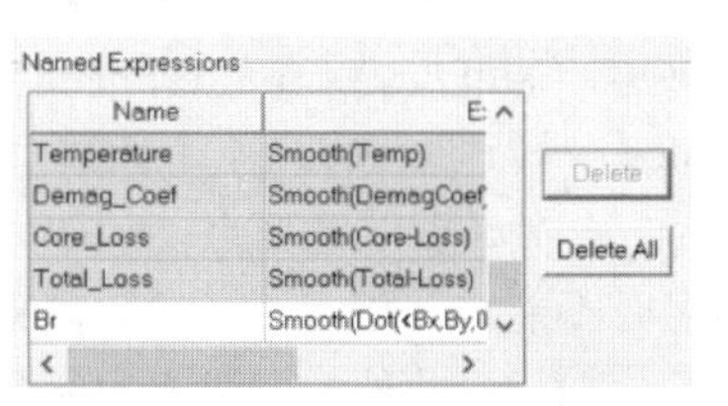

图 7-84　自定义 Br 表达式

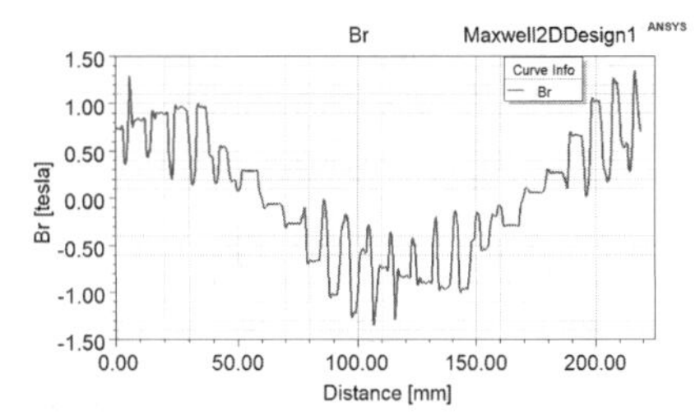

图 7-85　一对极下径向气隙磁密曲线

图 7-86　FFT 设置窗口

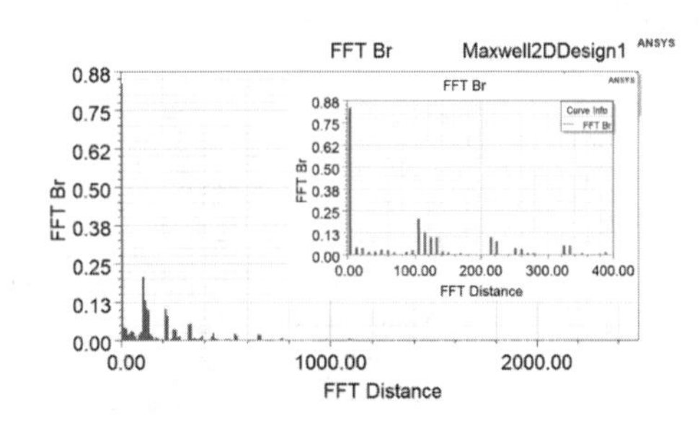

图 7-87　气隙磁密的 FFT 分解

7.3.6　多模型多工况参数化批量求解方法

在基于 Maxwell 有限元仿真软件的电机电磁场计算中，对于多种工况计算和不同结构参数对性能影响的分析计算，通常采用参数扫描法，本节以笼型异步电机的转差参数化计算为例进行说明。

Step1： 复制工程项目。为了不影响已经完成计算的 Project（Maxwell 2D Design1）的结果，可以复制出一个新的 Project（Maxwell 2D Design2）进行参数化计算。右键点击工程管理栏中的 Maxwell 2D Design2，在下拉菜单中选择 Design Properties，弹出如图 7-88 所示的参数属性窗口，该窗口显示当前所有设计参数的详细数据，并可以在此进行增添、修改和删除等操作。

Step2：添加参数化变量。点击左下角Add，弹出如图7-89所示的参数设置窗口，包含了参数名称、参数属性、单位、初始值，其中初始值可以直接赋予数值，也可以利用已有的参数进行变量赋值。

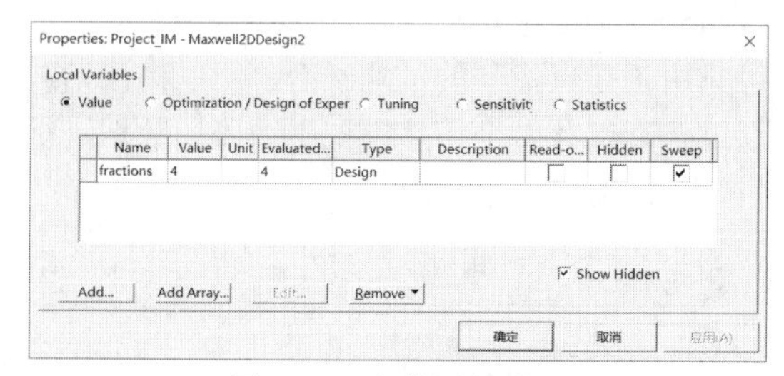

图7-88 参数属性窗口

利用图7-89所示的参数设置窗口，添加转差（slip）、频率（frequency）、极数（poles）、转速（speed）4个参数，如图7-90所示。此处需要注意两点：①如频率（frequency）、时间（time）等属于内置变量，进行参数命名时不能与其相同；②参数如果采用表达式赋值，则表明该参数不是独立变量，无法进行参数化扫描，此外，表达式中参数的单位是参与计算的，无法再设置单位，如果表达式只需要提取参数的数值，可以将该参数除以其一个单位，如speed表达式中（frequency/1Hz），如需要赋予单位，可以直接乘以一个单位。

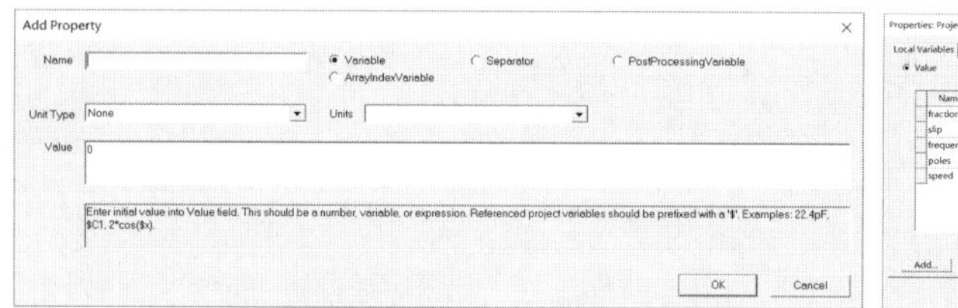

图7-89 增添参数窗口

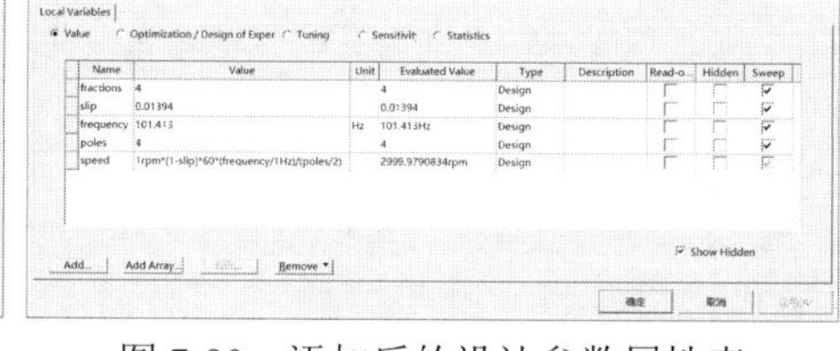

图7-90 添加后的设计参数属性表

Step3：设定变量。完成需要的参数设置后，将模型中需要参数化的数值用该参数替换即可。如图7-91所示，将project运动设置MotionSetup1中的角速度用speed替换；三相绕组激励源，Solver求解设置中的仿真时间、时间步长、保存时间点以及电压源激励下快速达到稳态设置中所涉及的频率均用frequency替换。

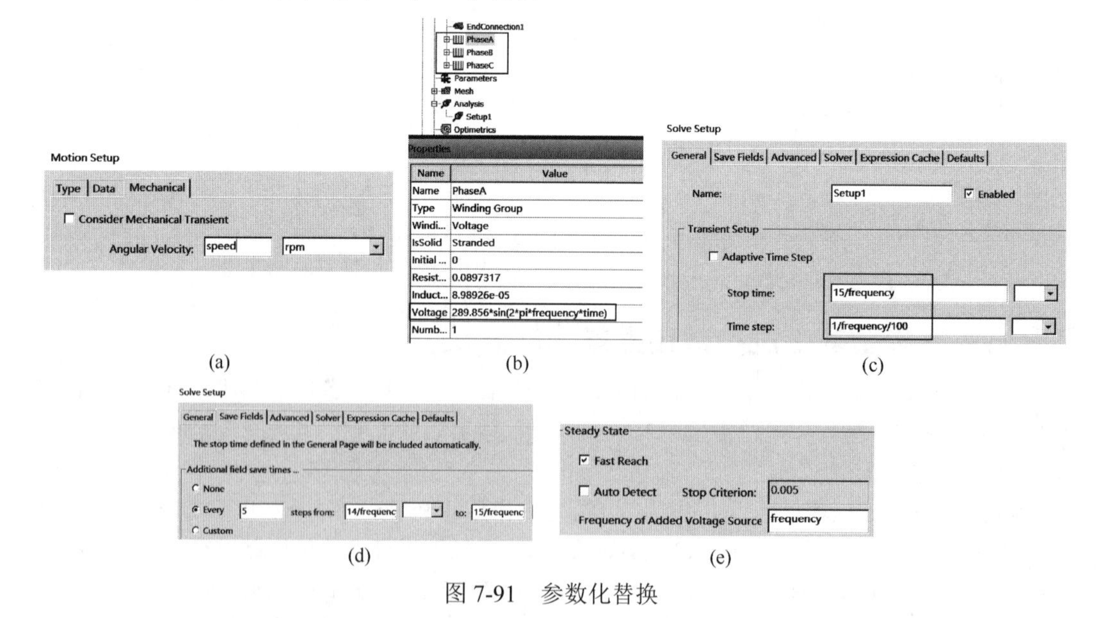

图7-91 参数化替换

Step4：添加参数化扫描。参数替换完成后，右键点击工程管理栏的Optimetrics，选择

Add/Parametric 打开参数扫描设置窗口，点击窗口右上角的 Add 按钮，弹出如图 7-92 所示的参数选择设置窗口，点击 Variable 下拉菜单选择 slip，步长选择 Linear step（线性步长），起始值（Start）设置为 0.01，终止值（Stop）设置为 0.1，步长（Step）选择 0.01，点击中间位置的 Add 按钮，将其添加至右侧空白区。如果需要修改右侧已存在的参数扫描范围，只需要选中右侧参数，然后在左侧修改扫描范围后点击中间的 Updata 进行更新即可。如果扫描的参数值存在不规律的点，可以通过左侧 Single Value 进行添加。本节主要是介绍参数化的方法，所以在此只设置了转差率（slip）一个扫描参数。如果需要扫描多个参数，比如既要扫描一定范围内的转差，还要扫描不同的频率，在设置完 slip 的扫描范围后，继续选择 frequency，设置其扫描范围，然后添加到右侧区域即可。当所有需要扫描的参数和范围设置完成后，点击【OK】确认，回到参数扫描设置窗口（见图 7-93）。该窗口将会出现已经设置完成的扫描变量和范围，此处需要注意一点，该窗口中的 Options 选项卡下有两个选项，即 Save Fields And Mesh 和 Copy geometrically cquivalcnt mcshcs，前者代表着是否保存扫描点的场和剖分数据，默认不勾选，如果需要保存所有扫描工况的场数据，则须勾选上，后者表示进行多个仿真时是否复制相同几何的网格以加快仿真速度，默认不勾选，可根据需求自行勾选。此外该窗口左下角有一个 HPC and Analysis Options 选项，点击进入可以设置本地和服务器的并行计算，当扫描参数特别多时，可以采用 HPC 设置实现并行计算，提升计算速度，具体设置见 HPC 设置章节，在此不再多赘述。完成设置后点击【确定】关闭图 7-93 所示的窗口即可。

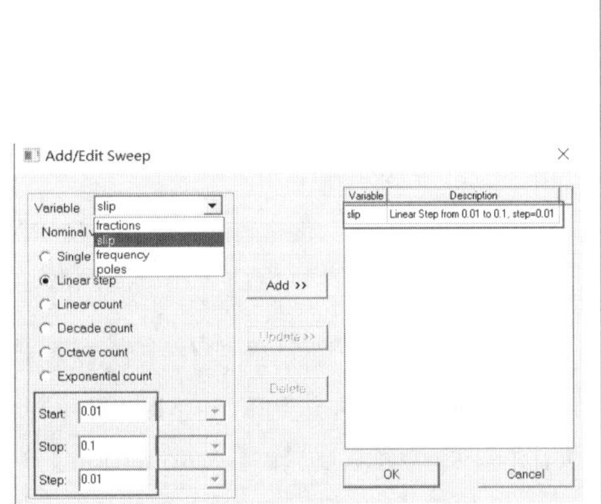

图 7-92　参数选择及设置

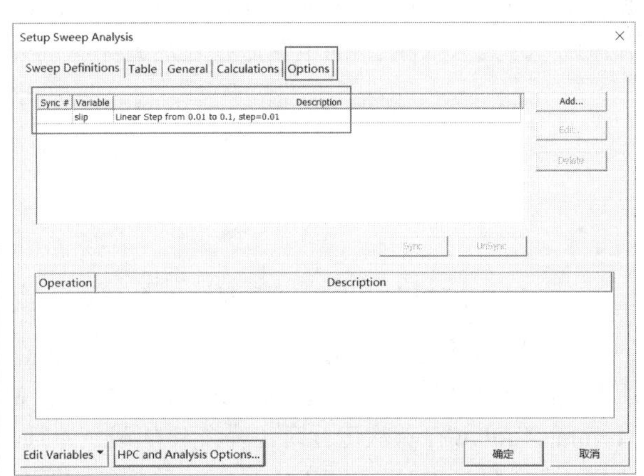

图 7-93　参数化扫描设置

Step5: 参数化求解。设置完成后，在工程管理栏的 Optimetrics 下将会增加一项 Parametric Setup1 设置。右键点击 Parametric Setup1，选择 Analyze 执行仿真计算。计算完成后，可以查看不同转差下的相关结果，如转矩（见图 7-94）、径向磁密（见图 7-95）等。

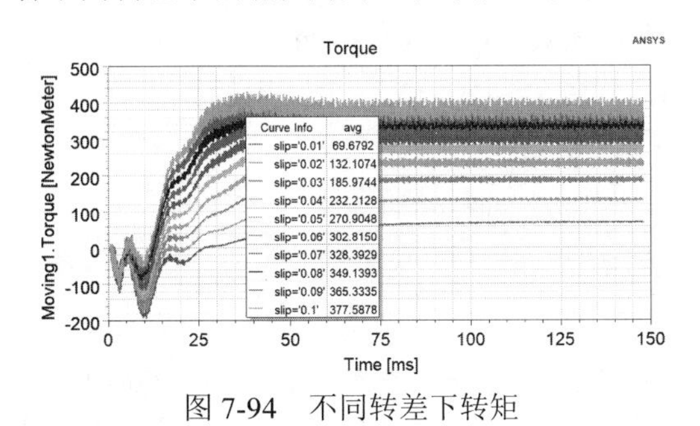

图 7-94　不同转差下转矩

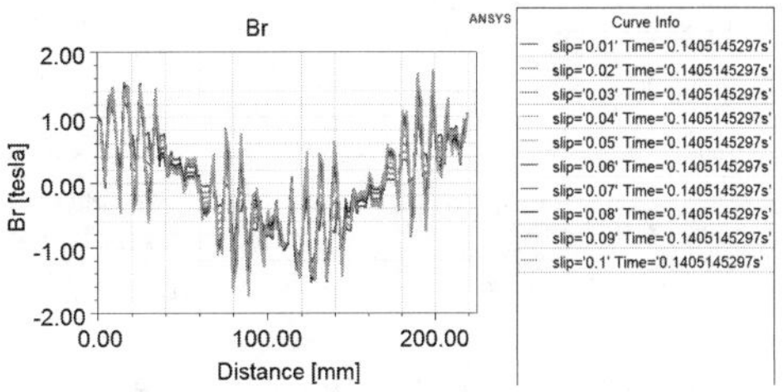

图 7-95　不同转差下径向磁密

其他电磁参数（电压、电流、匝数等）或者模型结构参数（轴长、槽尺寸、气隙宽度等）的批量参数化计算均可按此进行，读者可自行尝试。

7.3.7 基于ACT插件生成效率Map图

效率Map图是电机设计和电磁场分析计算中的主要性能指标，从该图中能够直观地看出电机在整个工作区间的效率分布情况。本节以笼型感应电动机为例来介绍如何利用 Maxwell 所集成的 ACT 拓展插件库中的 Machine Toolkit 插件进行效率 Map 图的绘制。

由于效率 Map 的计算涉及电机的整个运行区间，所以其计算必然是多工况的批量计算，需要用到参数扫描的方法，因此在打开 Machine Toolkit 插件之前，需要添加一些参数，将其激励源参数化。

Step1：新建工程项目。在项目管理栏，复制 Maxwell 2D Design1，粘贴一个新的 Project（Maxwell 2D Design3）。参考上一节参数扫描的方法，增添频率（Frequency）、相电流幅值（Im）、初始角度（Gamma）几个参数变量（见图 7-96），参数的初始值可以自定义，不影响 Map 图的计算。设置完参数后，点击工程管理栏的三相绕组激励，记录下相电阻和端部漏感（也可在 RMxprt 中重新计算），以备在 Machine Toolkit 中使用。然后将三相绕组激励由电压源修改为电流源激励，A、B、C 三相的电流激励表达式如图 7-97 所示。

Properties

Name	Value	Unit	Evaluated...	Type
fractions	4		4	Design
Im	50	A	50A	Design
Frequency	100	Hz	100Hz	Design
Gamma	10	deg	10deg	Design

图 7-96 增添参数属性表

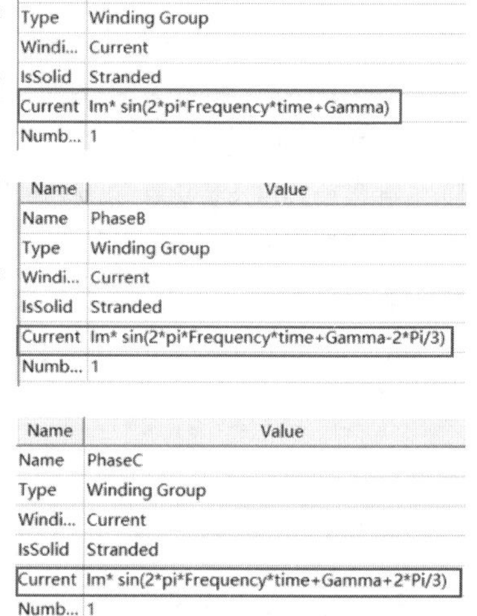

Name	PhaseA
Type	Winding Group
Windi...	Current
IsSolid	Stranded
Current	Im* sin(2*pi*Frequency*time+Gamma)
Numb...	1

Name	Value
Name	PhaseB
Type	Winding Group
Windi...	Current
IsSolid	Stranded
Current	Im* sin(2*pi*Frequency*time+Gamma-2*Pi/3)
Numb...	1

Name	Value
Name	PhaseC
Type	Winding Group
Windi...	Current
IsSolid	Stranded
Current	Im* sin(2*pi*Frequency*time+Gamma+2*Pi/3)
Numb...	1

图 7-97 参数化的三相电流源激励

Step2：加载 ACT 插件。三相绕组激励参数化设置完成后，由于激励的变化，铁耗和涡流效应的设置需要重新勾选，勾选完成后即可运行 Machine Toolkit 插件进行效率 Map 的计算。Machine Toolkit 在首次运行时，需要先加载到本地。如图 7-98 所示，选择【Automation】快捷栏，找到【Show/Hide ACT Extensions】，单击打开，在绘图区右侧会打开 ACT 插件主页［见图 7-99（a）］。点击 Manage Extensions 打开插件管理库［图 7-99（a）］，找到【Machine Toolkit】插件［图 7-99（b）］，点击右下角的小三角，在弹出的菜单栏中选择【Load as default】。当加载完成并传输到 Launch Wizards 中后，该插件背景会变为浅绿色，表示完成。点击最上方的返回箭头，回到如图 7-99（a）所示的主页，点击【Launch Wizards】。打开已加载到本地的插件［见图 7-99（c）］，可以看到 Machine Toolkit 已加载。点击【Machine Toolkit】插件，弹出默认设置窗口［见图 7-99（d）］，可以看出插件默认设置为永磁电机参数。

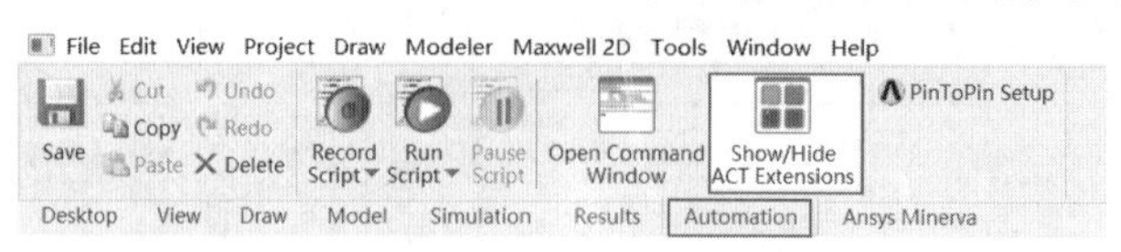

图 7-98 选择 ACT 拓展插件

Step3：Machine Toolkit 设定。根据本章笼型感应电机的设计要求，Machine Toolkit 的具体设置如图 7-100 所示。图 7-100（a）中，项目选择当前工程项目名称 Project_IM；项目设计名称选择参数化激励源的 Maxwell 2D Design3；电机类型选择感应电机，给定极数、相数、连接方式、电机工作方式；选择电压控制类型为 Line-Line RMS Voltage 和控制算法 MTPA，根据设计要求给定最大线电压有效值和最大线电流有效值。

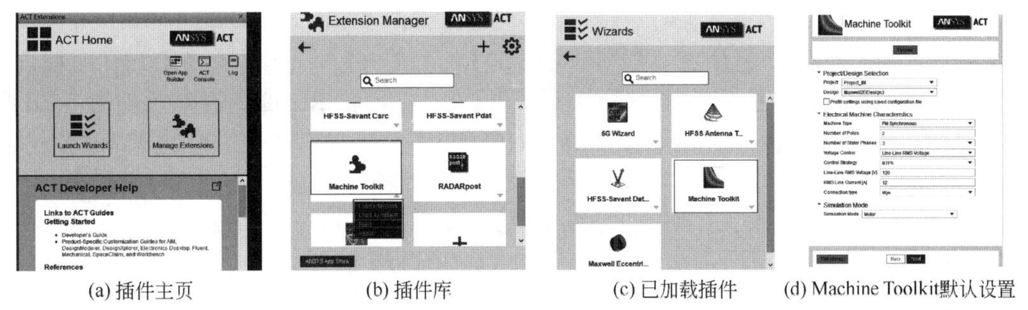

(a) 插件主页　　(b) 插件库　　(c) 已加载插件　　(d) Machine Toolkit默认设置

图 7-99　加载 Machine Toolkit 插件

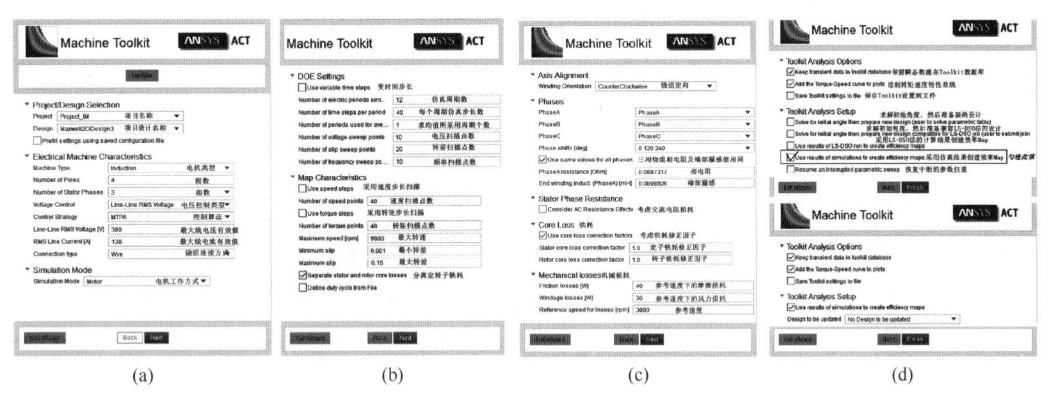

(a)　　(b)　　(c)　　(d)

图 7-100　本节感应电机 Machine Toolkit 设置

在图 7-100（b）中，DOE Settings 主要是设置仿真的总周期数、步长以及需要扫描的电压、转差、频率的数量。仿真周期和步长决定了单个工况仿真的时间，电压、转差、频率的扫描点数的乘积决定了仿真的工况数，如图 7-100（b）所示，软件需要求解 2000（10×20×10）个工况，每个工况仿真 12 个周期，每个周期内仿真步长数为 40。此处需要注意几点：①仿真的总周期数可以适当大一些，因为感应电机和永磁同步电机不同，永磁同步电机在电流源激励下的仿真，2～3 个周期就可以到稳态，但是由于感应电机转子频率和激励差了一个转差倍数，所以其周期相对较大，因此其达到稳态的时间相对较长。另外即使给定的总周期数较大，由于软件在后期计算过程中会自行执行稳态检测，当计算结果达到设定误差，未到仿真时间也会结束仿真，因此仿真的总周期数可以适当大一些。②周期内仿真步长不能过大，过大将会导致计算结果不准确。③电压、转差、频率的扫描点既不能设置太多（工况数太多，计算成本较高），也不能设置太少（太少无法反映整个运行区间的结果），所以需要读者根据实际需求和硬件的计算能力进行合理设置。Map 绘制的主要特性是设置速度和转矩的显示数量（可采用步长或点数设置），最大转速值，最大和最小转差值，是否选择将定转子铁耗分离显示。

在图 7-100（c）中，设定三相绕组的排布及相位差，给定相电阻（相电阻不同可分开设置）和端部漏感（注意单位是 mH），此处也可考虑交流绕组损耗。对于铁耗，提供了铁耗修正因子（修正因子为 1.0，即为不修正），可以进行计算修正。如果如图 7-100（b）所示勾选分离定转子铁耗，铁耗修正因子也可以按照定转子分开设置。由于计算效率 Map，必须给出电机的机械损耗（风阻和摩擦损耗），此处可按照参考速度给定损耗值，软件在计算中会自动执行不同速度下的损耗换算。图 7-100（d）中，主要是工具包的设置，主要勾选图中勾选的 3 项即可。

Step4： MAP 求解及结果查看。设置完成后，点击图 7-100（d）中的 Finish，开始执行计算。软件会在项目管理栏生成一个 Maxwell 2D Design3_IM_MotorMode_EffMap1 工程设计文件，当所有计算完成后，相关的 Map 结果报告会在该文件的 Results 下生成，如图 7-101 所示。双击图 7-101 中 Results 下的 Efficiency，右侧绘图栏弹出效率 Map 图，如图 7-102 所示，默认的 Map 图中并未绘制效率等高线。需要双击其中的彩色图例条，弹出图形设置窗口，如图 7-103 所示。在其中可以选择绘制等高线和显示数据标记并进行详细的设置，具体设置如图 7-103 所示。设置完成后，可以得到带有等高线和数据标记的效率 Map 图，如图 7-104 所示。

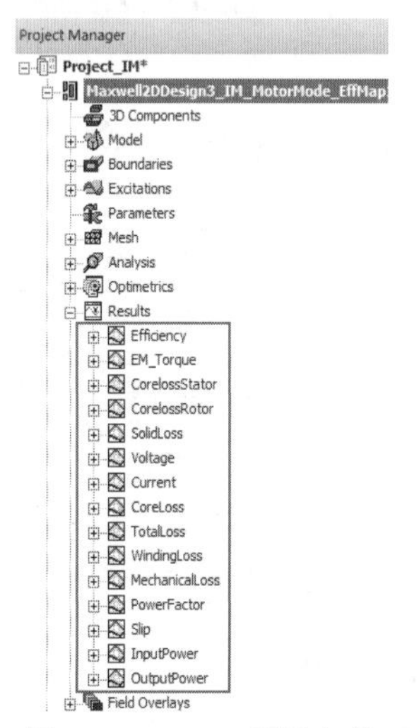

图 7-101　Map 项目文件

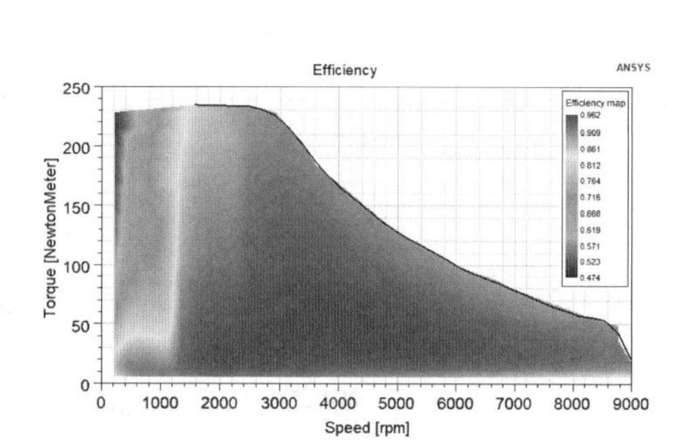

图 7-102　效率 Map 图

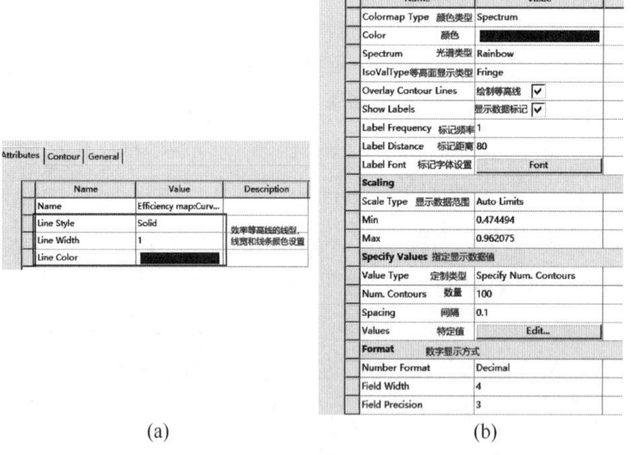

图 7-103　Map 图显示设置窗口

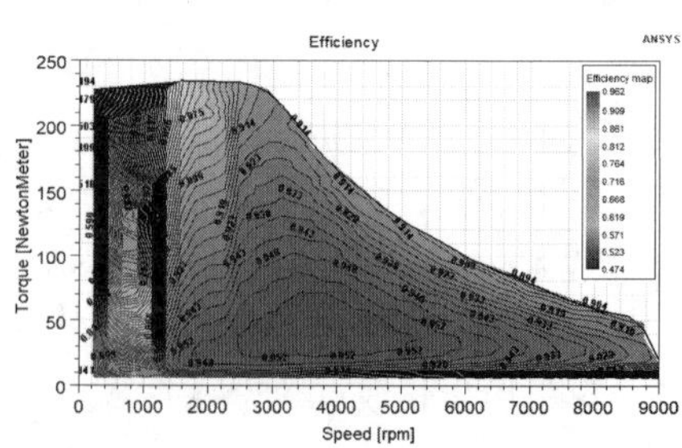

图 7-104　带有等高线的效率 Map 图

双击 Results 列表中的其他结果，可以得到相电流、相电压、输出功率、损耗、转矩、转差、功率因数等的 Map 图，具体如图 7-105 所示。如果需要显示等高线和数据标记，参考效率 Map 图的设置方法即可。

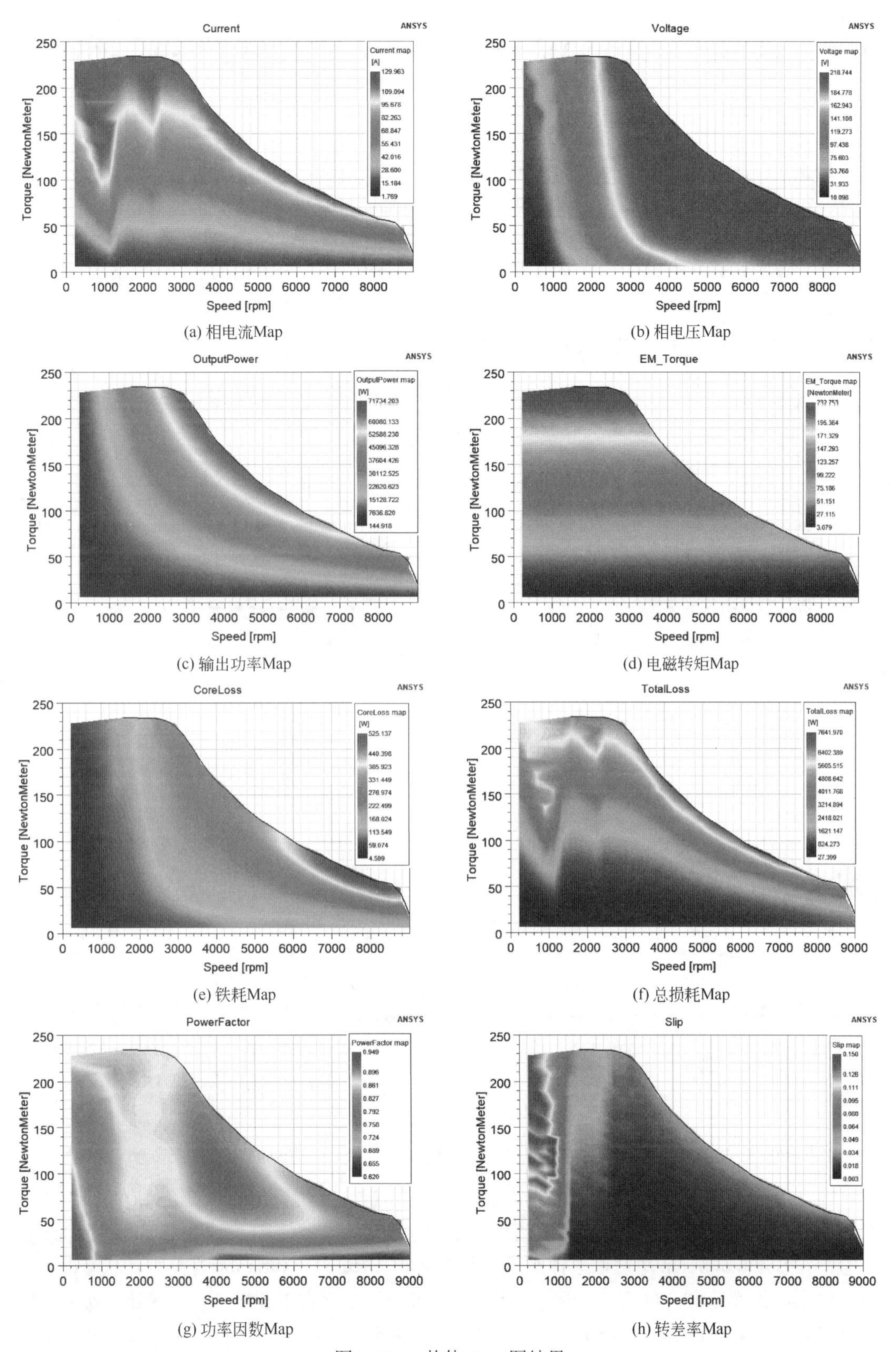

(a) 相电流Map

(b) 相电压Map

(c) 输出功率Map

(d) 电磁转矩Map

(e) 铁耗Map

(f) 总损耗Map

(g) 功率因数Map

(h) 转差率Map

图 7-105　其他 Map 图结果

7.4 ANSYS Maxwell 3D 有限元模型电磁场仿真分析

ANSYS Maxwell 3D 有限元模型仿真相比于 2D 有限元模型有更高的自由度，模型更为精细，求解结果精度相对较高，但是求解时间大大增加。因此对于常规的旋转电机，一般采用 ANSYS Maxwell 2D 有限元仿真就能得到精度较高的仿真结果，不需要采用 3D 模型。对于一些无法简化到二维场计算的模型，才采用 3D 模型求解。本节仍以本章的 30kW 笼型感应电机为例，简单介绍一下其 3D 仿真方法以及需要注意的问题。

7.4.1 RMxprt 一键导出建模

与 2D 有限元仿真一键导出建模一样，在导出前需要按照需求设置 Fractions，并执行 Analyze，完成计算后才能导出。有一点不同的是，由于本章案例的笼型电机设置了定子斜槽，当采用 RMxprt 导出 1/Fractions 模型时，定子槽和部分定子绕组在轴向的切割将会导致模型的几何周期性变得复杂，不利于周期性边界条件的设置，因此针对斜槽和非斜槽模型，设置和后续剖分策略都略有不同。当模型采用斜槽时，Fractions 值设为 1，保证导出的模型为完整模型。当模型采用直槽时，Fractions 值设为 4（本案例设置），采用周期模型求解。

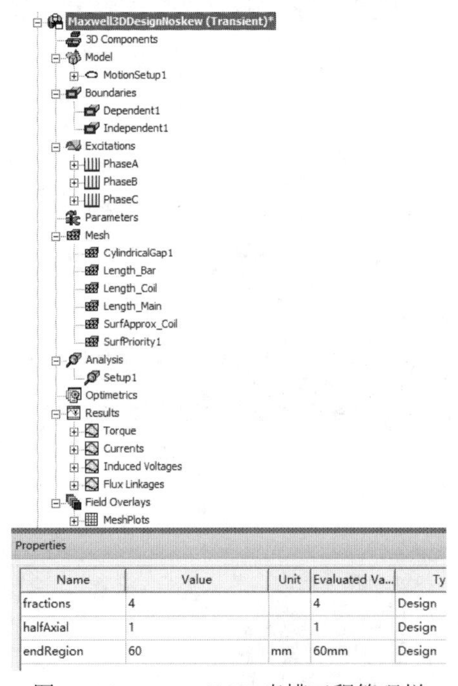

图 7-106　Maxwell 3D 直槽工程管理栏

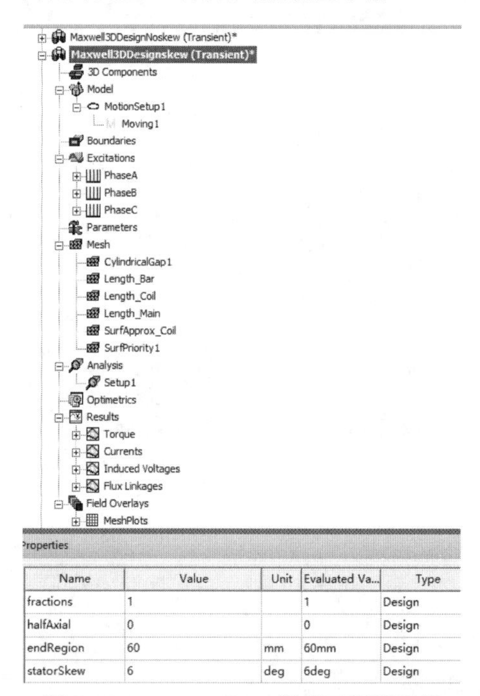

图 7-107　Maxwell 3D 斜槽工程管理栏

在完成 RMxprt 的设置和仿真计算后，右键点击【Analysis】下的【Setup】，在弹出的窗口点击 Create Maxwell Design 命令，在弹出的导出设定窗口中选择导出 Maxwell 3D Design 类型，在 Solution Setup 中可以选择不同的求解设定（Setup），Variation 保持默认状态即可，点击确定，执行导出。和 2D 模型的导出一样，导出后在工程管理栏将会生成导出模型文件和外电路文件。导出后的 Maxwell 3D 直槽模型和斜槽模型的工程管理栏分别如图 7-106 和图 7-107 所示。从图中可以看出，RMxprt 导出后的 3D 工程文件自动生成了 factions、halfAxail、 endRegion 3 个参数，斜槽模型还有一个 statorSkew 参数。其中 factions 和 2D 模型一致，代表着导出模型的几何完整度，halfAxail 表示轴向模型几何完整度，0 表示完整模型，1 表示半模型。二者通过表达式 1/（factions*（1+halfAxial））共同决定导出模型的几何完整度。endRegion 表示模型端部边界超出铁芯的长度，如果导出模型自动设置的该值较大，可直接手动修改即可，本案例修改为 60mm。statorSkew 表示斜槽的角度。最终导出的笼型感应电机的直槽和斜槽 3D 模型分别如图 7-108、图 7-109 所示。

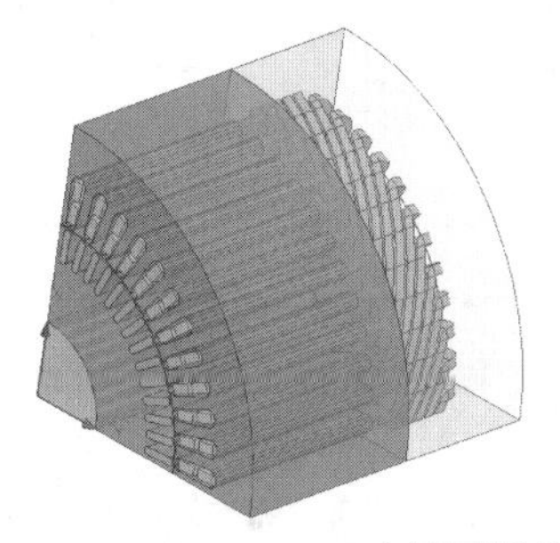

图 7-108　Maxwell 3D 直槽周期模型

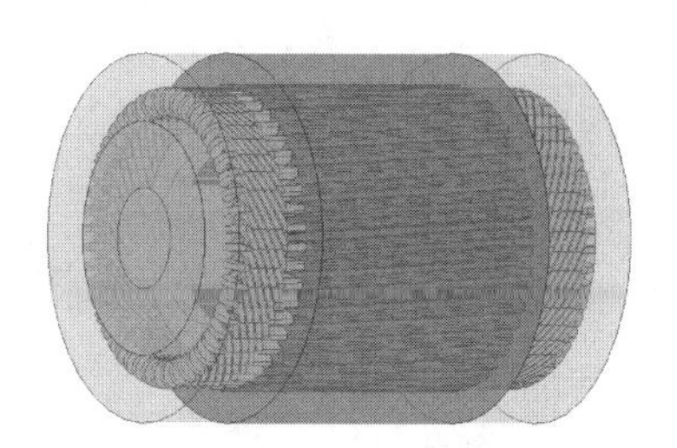

图 7-109　Maxwell 3D 斜槽完整模型

7.4.2　前处理及求解设置

由于模型采用 RMxprt 一键导出，因此基本的前处理已经自动完成，因此本节就以直槽和斜槽 Maxwell 3D 模型为例，针对各部分的前处理和求解设置进行简要说明。

Step1：周期模型处理。点击菜单栏 Maxwell 3D 下的 Design Settings，弹出设置窗口如图 7-110 所示，分别设置对称乘子、电感计算和模型验证。在 Symmetry Multiplier 属性栏下，设置对称乘子，目前支持两种模式。第一种是比较成熟常规的，通过设置 factions*（1+halfAxial）为模型对称乘子，由于模型中需要添加主从边界条件，不适合斜槽模型，本案例的直槽模型使用的即为第一种方式，设置如图 7-110 所示。第二种是 Maxwell 新增添的功能，即基于全周期几何模型自动创建和求解周期性部分模型，只在前处理和后处理过程中使用全周期完整模型。其设置参数有 3 个，即周期个数：圆周模型对周期模型的倍数；轴向是否为半模型；在周期模型中的场是周期性的还是半周期性的（如果周期模型为一对极下模型，则场分布选择周期性，如果是一极或者奇数极下模型，则场分布选择半周期性）。相较于第一种方式，

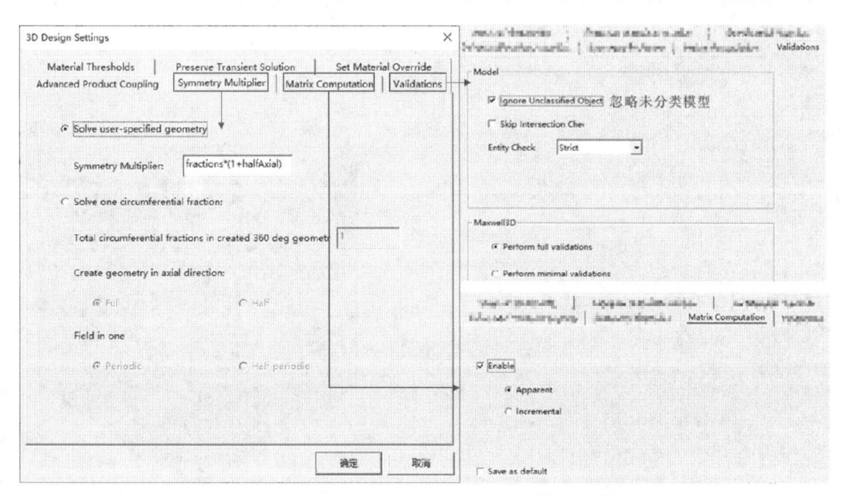

图 7-110　3D Design Settings 设置（直槽）

第二种方式不需要设定主从边界条件，可以应用在任何具有几何周期性的模型中，不过需要注意的是，如果采用该种方式，在利用 RMxprt 导出模型时，RMxprt 的 Design Settings 中的 Factions 值必须设置为 1。本案例的斜槽模型采用该方法仿真，设置如图 7-111 所示。

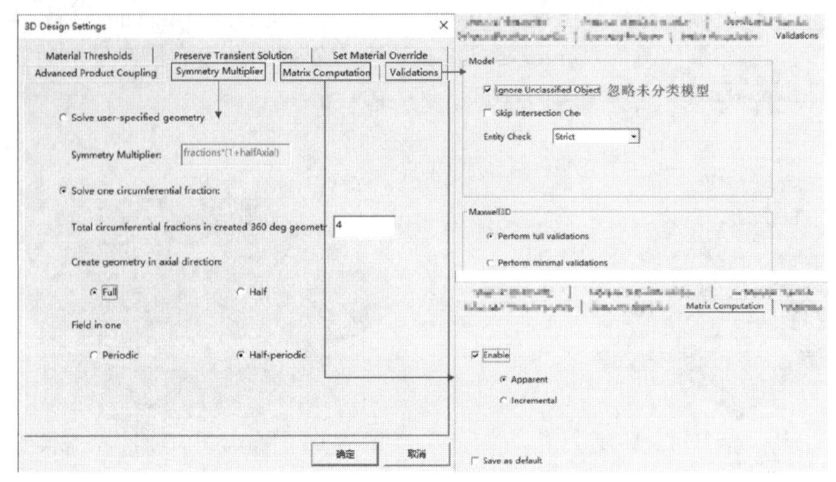

图 7-111　3D Design Settings 设置（斜槽）

电感计算激活后选择 Apparent（视在电感）或者 Increment（增量电感）均可。在导出的直槽 Maxwell 3D 模型管理栏中，会出现一些 Unclassified 模型，这是由于导出的 1/8 周期模型切割出的绕组模型和激励端面，可以不用处理，因为在图 7-110 已经勾选了 Ignore Unclassified Object，所以不影响计算结果，当然也可以做删除处理。

Step2：运动域及边界条件设置。和 2D 仿真类似，双击工程管理栏 Model 下的运动设置（MotionSetup1），进入运动参数修改界面，由于导出模型已自行设置，在此保持默认即可，如果后续需要对速度做参数化扫描，此处将速度用变量代替即可。边界条件也是自动由 RMxprt 导出，对于直槽模型，由于导出的为 1/8 模型，因此已自动添加主从边界条件（Master、Slave 也称为 Independent、Dependent），如图 7-112 所示。对于斜槽模型，由于导出为完整模型，不需要额外添加边界条件。此外和 2D 模型不同的是，3D 模型的主从边界条件是添加在面上，如图 7-113 所示。在轴向方向上，由于存在系统变量 half Axial 控制其轴向几何完整度，

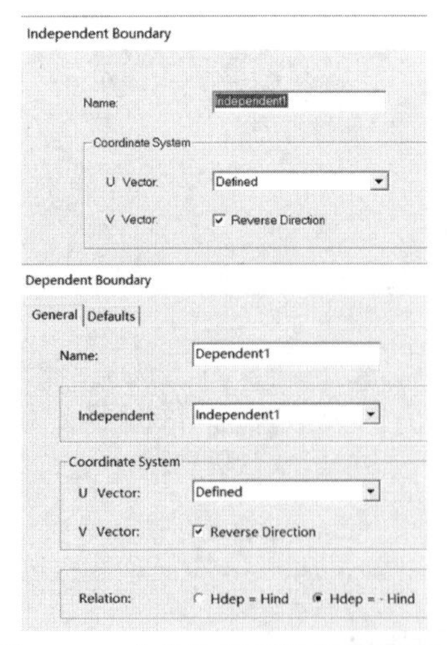

图 7-112　主从边界面设置（直槽）

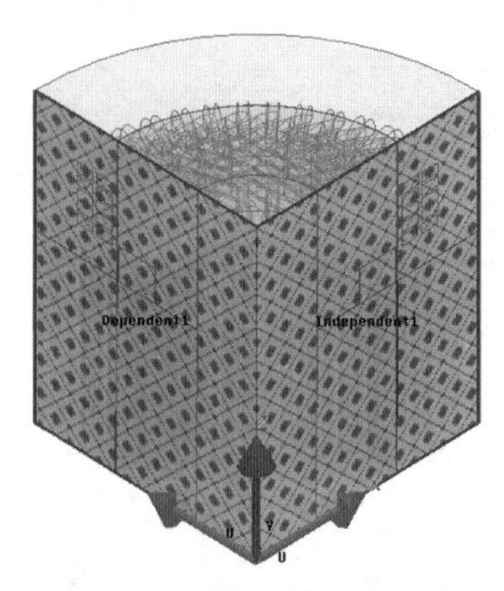

图 7-113　主从边界面（直槽）

因此不需要在轴向界面设置 Symmetry 边界，如果该模型是自行绘制的完整模型并手动进行了 1/8 几何分割，除了需要设置主从边界面外，还需要对轴向界面设置 Odd Symmetry 边界条件。

Step3：激励设置及网格划分。激励设置主要分为 3 种形式，有电压源、电流源和外电路的形式，采用 RMxprt 导出的模型均是自动采用外电路的激励形式并加载到仿真模型绕组中。在 Maxwell 2D 仿真中已经详细讲述了如何修改激励源为电压源，因此本节 Maxwell 3D 仿真采用外电路的形式并以此为例进行介绍。双击打开工程管理栏的外电路文件，如图 7-114 所示。该外电路为基本的三相电压源激励外电路，包含了正弦电压源、相电压 x 相电流监测元件、接地、绕组端部漏感、相电阻以及与外电路耦合的 Maxwell 三相绕组。如果需要修改其中电气元件的参数，可双击打开进行参数修改，例如双击电压源，弹出电压源设置窗口（见图 7-115），窗口中罗列了相关的参数，在不了解 ANSYS Simplorer 中电气元件参数的定义时，可点击窗口下方的 Info（信息）索引按钮，会弹出如图 7-116 所示的帮助文件，帮助读者快速了解并进行设置。其他元器件也是如此，不再一一赘述。

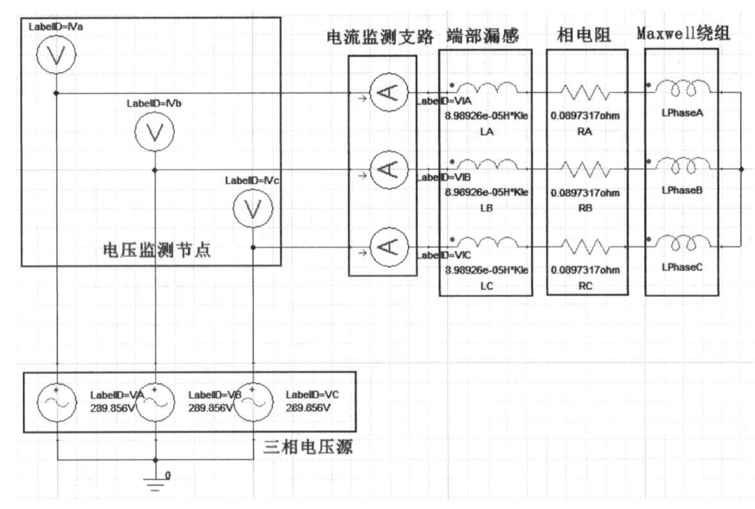

图 7-114　外电路模型

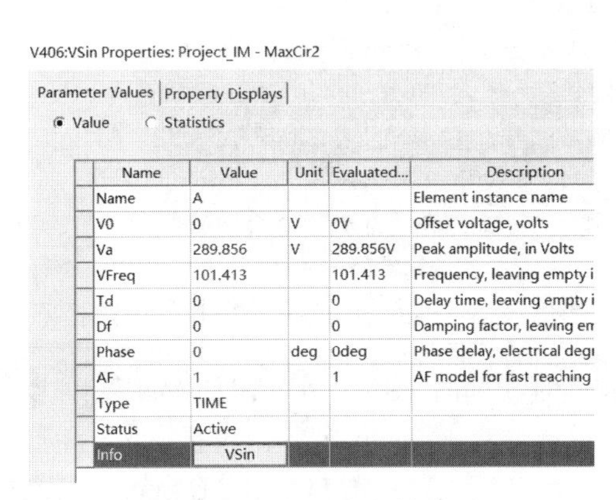

V406:VSin Properties: Project_IM - MaxCir2

Parameter Values | Property Displays

Value　Statistics

Name	Value	Unit	Evaluated...	Description
Name	A			Element instance name
V0	0	V	0V	Offset voltage, volts
Va	289.856	V	289.856V	Peak amplitude, in Volts
VFreq	101.413		101.413	Frequency, leaving empty i
Td	0		0	Delay time, leaving empty i
Df	0		0	Damping factor, leaving em
Phase	0	deg	0deg	Phase delay, electrical degi
AF	1		1	AF model for fast reaching
Type	TIME			
Status	Active			
Info	VSin			

图 7-115　电压源参数设置

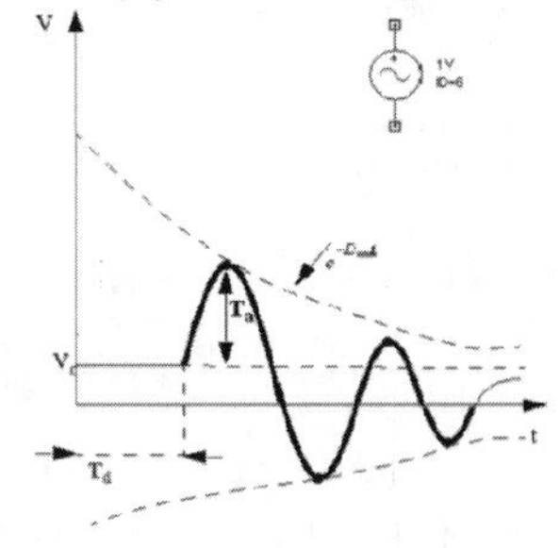

图 7-116　VSin 帮助文件

如果修改绕组后需要重新导入外电路文件，在完成外电路参数修改后，点击工程管理栏中外电路工程文件，右键选择 Export Netlist，命名并保存。然后选择工程管理栏中需要导入的 Maxwell 项目文件下的 Excitations，右键选择 External Circuit/Edit External Circuit，弹出外电路导入窗口，点击 Import Circuit Netlist，选择保存的外电路文件，导入即可。

RMxprt 导出的 Maxwell 3D 模型也自动完成了网格设置，如图 7-117 所示，包含了针对 Band 的 Cylindrical Gap Mesh，针对绕组、导条和定转子铁芯的 Element Length Based Refinement，针对绕组的 Surface Approximation 以及优先使用 TAU 网格划分器的 Surface Representation Priority for TAU 设置。但是由自动设置生成的网格，质量一般较差，此外默认导出网格设置虽然包含 Cylindrical Gap Mesh 项，但是该设置窗口中的 Clone Mesh 默认并未勾选。考虑到直槽模型可以执行 Clone 命令，因此勾选 Clone Mesh，设置 Mapping Angle 角为 3deg，静止和运动侧网格层数均为 1 层，完成后生成直槽网格，如图 7-118 所示。如果需要进一步对克隆网格进行加密，可参考前面网格划分相关内容，继续执行加密，在此不再赘述。因斜槽模型的特殊结构无法使用网格克隆，但由于采用了周期模型求解整体模型的方法，因此其整体模型的网格是周期模型网格克隆而成的。对于斜槽模型网格，可以通过增加整体模型的表面近似网格划分设置，并且降低基于内部网格的单元最大长度值的方法来加密网格，斜槽模型的网格设置列表和网格模型如图 7-119、图 7-120 所示。

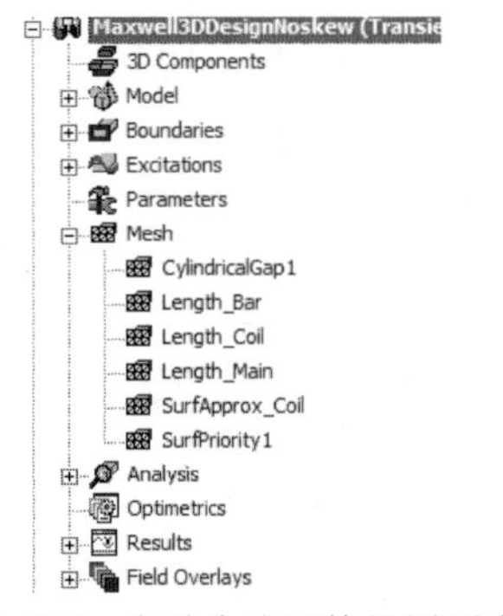

图 7-117　自动生成网格设置列表

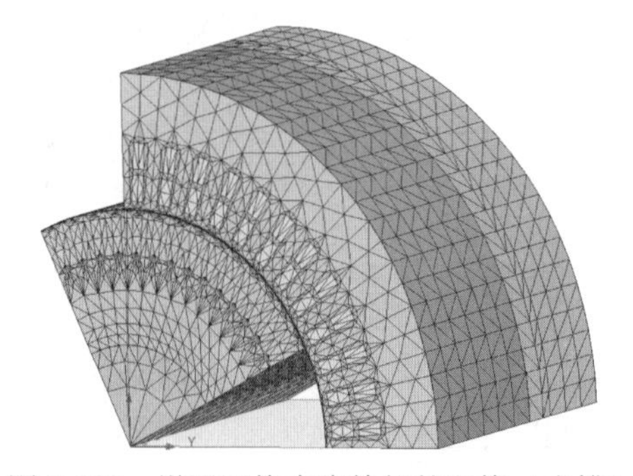

图 7-118　增添网格克隆特征的网格（直槽）

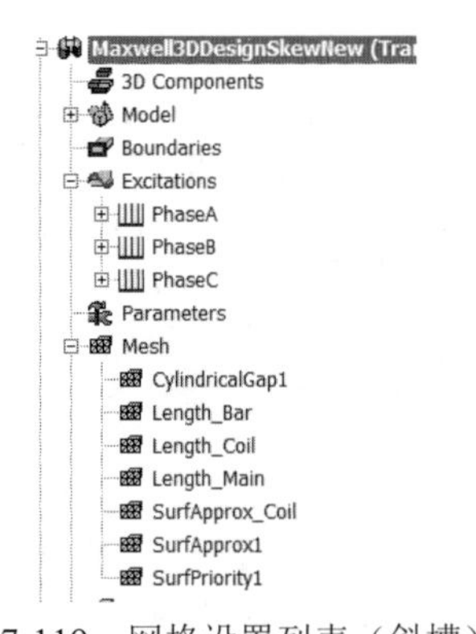

图 7-119　网格设置列表（斜槽）

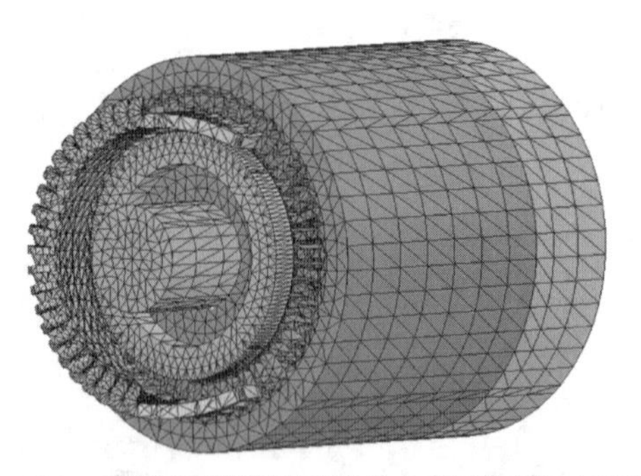

图 7-120　克隆周期模型网格的全模型网格（斜槽）

Step4：求解设置。直槽和斜槽模型的求解设置是相同的。RMxprt 导出的 Maxwell 3D 的 Setup1 的仿真时间和步长均是默认的，需要进行修改，双击 Setup1，弹出设置窗口，主要设置仿真时间、步长、场保存时间节点等，具体的设置方法可以参考 Maxwell 2D Setup 的设置。本案例中设置仿真时间为 15 个周期（15s/101.413），仿真步长为一个周期内 100 个点

（1s/101.413/100），场保存时间节点选择在最后一个仿真周期内每 5 步保存一个点。在求解器设置菜单 Solver 下，Scalar Potential 项选择 First Order，稳态设置勾选 Fast Reach 和 Auto Detect，自动监测稳态设定临界误差为 0.001，电压源频率为 101.413Hz，求解器选择 General Transient。对于 Maxwell 3D 仿真，尤其是感应电机，不建议采用 HPC 下的 TDM 算法，部分模型会出现计算误差较大的现象，一般采用直接求解器较为稳妥。

Results 中已经自动导出部分输出结果检测报告，如果需要额外增加其他输出结果的监测报告，参考 Maxwell 2D 部分的设置即可。完成求解器设置后，还需要右键工程管理栏中的 Excitations，点击 Set Eddy Effects 和 Set Core Loss，检查需要计算涡流效应和铁芯损耗的模型是否勾选，确认勾选后即可右键 Setup1，选择 Analyze 执行仿真。

7.4.3 结果输出及后处理

仿真完成后即可查看各输出结果曲线和场量分布图。在此不再一一进行展示，只给出转矩曲线、电流曲线、总损耗曲线和气隙磁密曲线，场图部分给出磁密和损耗相关分布图。为了直观地看到直槽模型和斜槽模型的对比，将二者的曲线图绘制在一张图中，以转矩曲线为例，具体操作如下。右键单击斜槽模型 Results 下的转矩曲线（Torque），选择 Export Report，在保存窗口可自定义保存名称和存放位置，存放格式选择默认的 csv 格式，其他保持默认即可。Options 选项区有两项设置，Use Separate Columns For Curves 表示在导出多条曲线时，使用独立的列存放；Export Uniform Points 表示指定导出范围，其中 Export with Full Sweep Range 表示导出所有扫描范围，不勾选该项时可以在下面的导出范围控制参数中自定义导出起止点和步长。Options 选项区默认设置均不勾选，导出范围为所有扫描范围。导出完成后，右键单击直槽模型 Results 下的转矩曲线（Torque），选择 Import Report，打开窗口选择导出的 csv 表格，打开即可。如此就可以得到直槽和斜槽模型的转矩对比曲线，如图 7-121 所示。同理可以得到其相电流、损耗，某位置气隙磁密的对比曲线分别如图 7-122～图 7-124 所示。图 7-124 中气隙磁密曲线的绘制方法和 2D 中完全相同，不再过多描述。需要说的一点是，图中的 X 轴默认是绘制圆弧或圆周的长度（Distance），可以通过弧长除以半径进行圆心角的换算，换算过程注意单位。

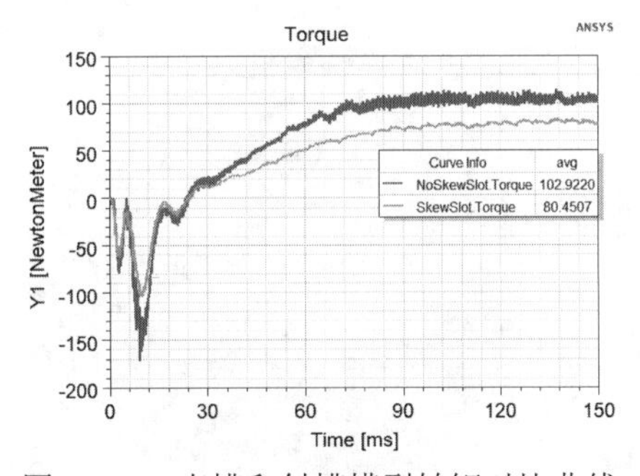

图 7-121　直槽和斜槽模型转矩对比曲线

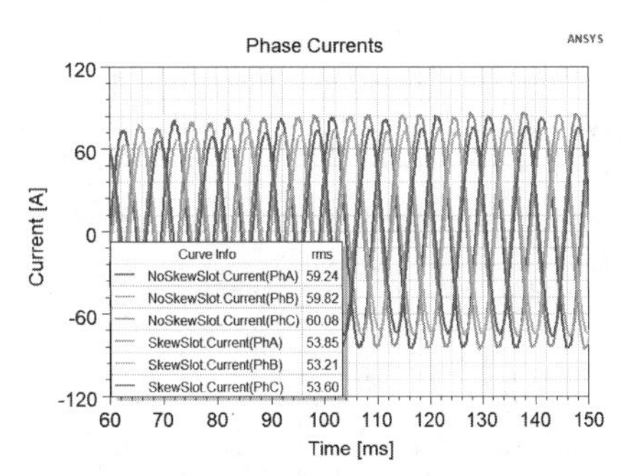

图 7-122　直槽和斜槽模型相电流对比曲线

完成曲线绘制后，进行场分布的绘制，以磁密为例，说明 3D 场图的绘制方法（也可参见第 6 章的后处理部分）。在 Maxwell 3D 中，场分布图主要显示在面上或者体中，在绘制图形时，可以选择已有模型或者已有模型的面进行绘制，也可以和绘制气隙磁密曲线一样自行绘制 Non-Model 的面或体，进而生成场分布图。

首先采用已有模型的面绘制气隙磁密云图，在绘图区单击右键选择 Selection Mode/ Faces，选中 Band 模型的外圆周表面，右键选择 Fields/B/Mag_B，弹出图形绘制窗口（见图 7-125），

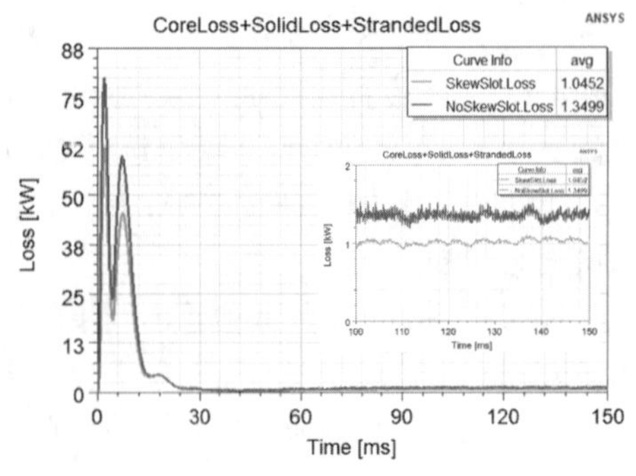

图 7-123　直槽和斜槽模型损耗对比曲线

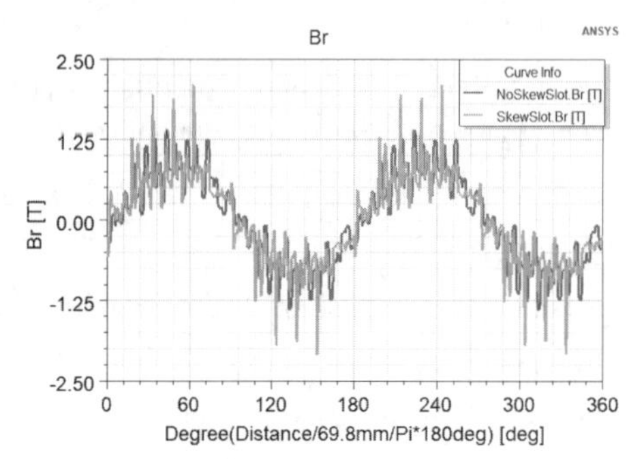

图 7-124　直槽和斜槽模型气隙磁密对比曲线

点击 Done，绘图区即会出现如图 7-126 所示的 Band 圆周面的气隙磁密幅值分布（如果未看到分布图，只有彩色图例，双击图例进入图像显示设置进行调整即可）。图 7-125 所示的窗口与 2D 绘制窗口基本相同，在 Category 栏可以选择绘制物理量为 Standard 或利用 Fields Calculator 自定义的物理量，在 In Volume 中可以显示所有体模型。如果需要在全模型上绘制，勾选 Full Model；如果选择的是体，只需要在其面上绘制，勾选 Plot on Surface only；如果需要绘制流线，勾选 StreamLine（只能绘制矢量物理量）。选中 Band 圆周表面，在图 7-125 所示窗口中选择绘制物理量 B_Vector，同时勾选 StreamLine 和 Full Model，得到 Band 圆周面上的磁密矢量流线图，如图 7-127 所示，双击图中彩色图例，可以设置流线线条的粗细、标记、疏密等显示细节。将模式切换到 object（体）模式，选择所有模型，在图 7-125 所示的绘制窗口选择 B_Vector，勾选 Full Model，生成全模型磁矢量分布云图，并调整为俯视图，得到如图 7-128 所示的磁矢量分布云图。选择 Stator，在图 7-125 所示的绘制窗口选择 Mag_B，勾选 Plot on Surface only 和 Full Model，生成定子铁芯全模型磁密云图，然后选择定子绕组、转子、导条，绘制 Mag_B，只勾选 Plot on Surface only，生成该部分模型的局部磁密云图，可以得到如图 7-129 所示的磁密分布云图。类似地可以得到总电磁损耗分布云图，如图 7-130 所示。

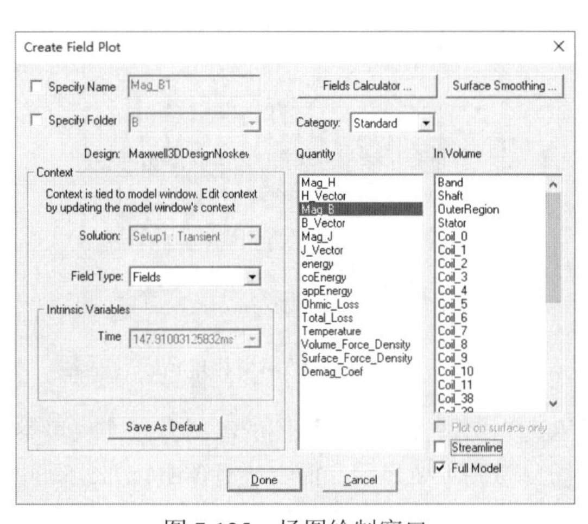

图 7-125　场图绘制窗口

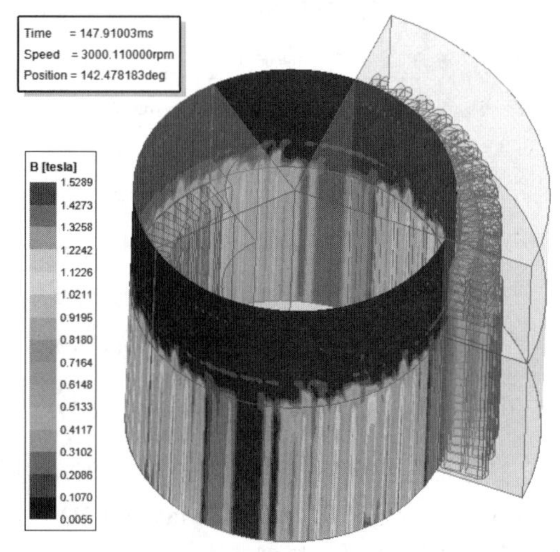

图 7-126　气隙圆周面磁密幅值分布图（直槽）

以上是以直槽模型为例生成的相关场量分布图，斜槽模型的绘制方法与其类似，不再一一举例说明。

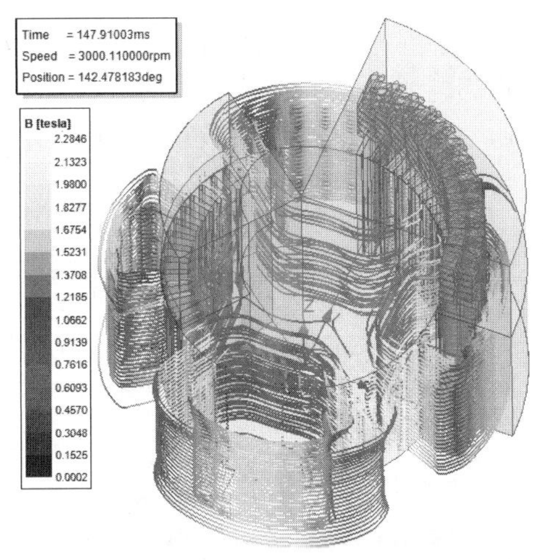

图 7-127　气隙圆周面磁密矢量流线图（直槽）

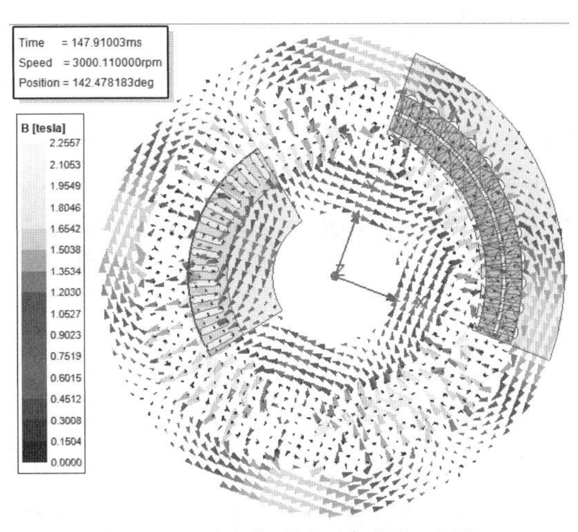

图 7-128　磁密矢量分布云图（直槽）

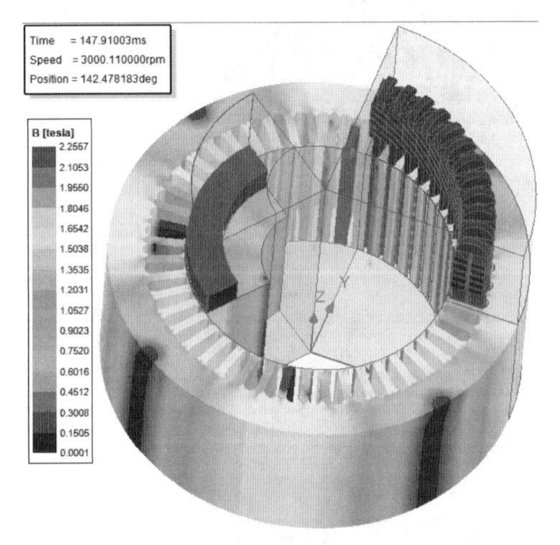

图 7-129　磁密分布云图（直槽）

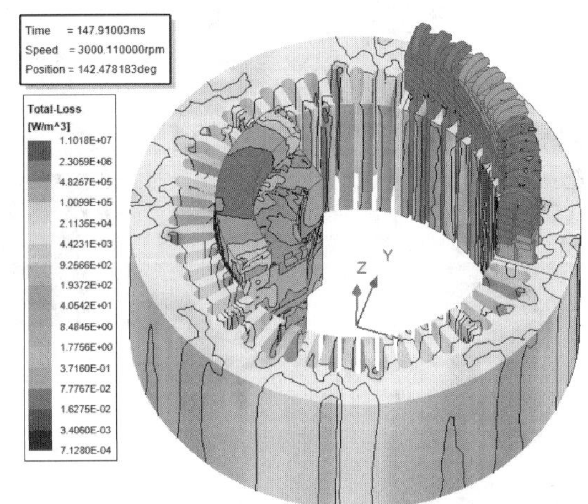

图 7-130　总电磁损耗分布云图（直槽）

7.5　基于 Motor-CAD 的感应电机电磁、热分析和效率 Map 图计算

电机设计不仅需要考虑电磁性能，还需考虑温升性能、机械设计等多物理场性能，能够快速地基于多物理场耦合来进行电机电磁、热设计软件的研发，成为电机产品研发的首要需求。Motor-CAD 是全球唯一的电机电磁、热及磁热互耦设计软件，用于对电机的电磁特性和热特性进行优化设计。开发至今，已被全球主要的电机生产商、科研机构及高校广泛使用。

Motor-CAD 软件集成了磁路法、热路法、热网络法、有限元分析法、智能优化算法，经过 20 年积累的丰富电磁热计算经验数据，有效提升了不同种类、不同冷却形式的电机电磁与热的计算精度，可在设计阶段快速、高效、精确地对电机电磁和热性能进行设计计算。软件包括电磁（EMag）、热（Thermal）和虚拟实验室（Lab）、机械（Mechanical）、优化（Opt）5 个模块，可在几分钟内精确计算电磁和热特性。输出结果丰富、直观、易于掌握。而且新版本的 Motor-CAD 软件更是可直接导出 ANSYS-Maxwell 2D 工程文件，并支持非模板几何模型的导出，增加了 Maxwell 2D 工程文件效率图的导出和对循环路况的分析等功能。

本节主要利用 Motor-CAD 软件搭建笼型感应电机模型，利用 Thermal 模型的热网络法快速计算电机在额定工况下的稳态温升和瞬态温升性能，并利用 Lab 虚拟实验室模块快速计算电机的效率 Map 图和路谱图（针对电动汽车电机）。

7.5.1 Motor-CAD 基本界面及介绍

如图 7-131 所示，Motor-CAD 软件界面主要包括菜单栏、操作栏、属性栏和模型结构窗口。其中菜单栏主要包括【File】工程文件的保存/新建/导出、【Edit】编辑、【Model】物理场选择、【Motor Type】模型计算类型、【Options】选项、【Defaults】字体等默认设定、【Tools】其他软件的导出工具和【Help】帮助文件等。

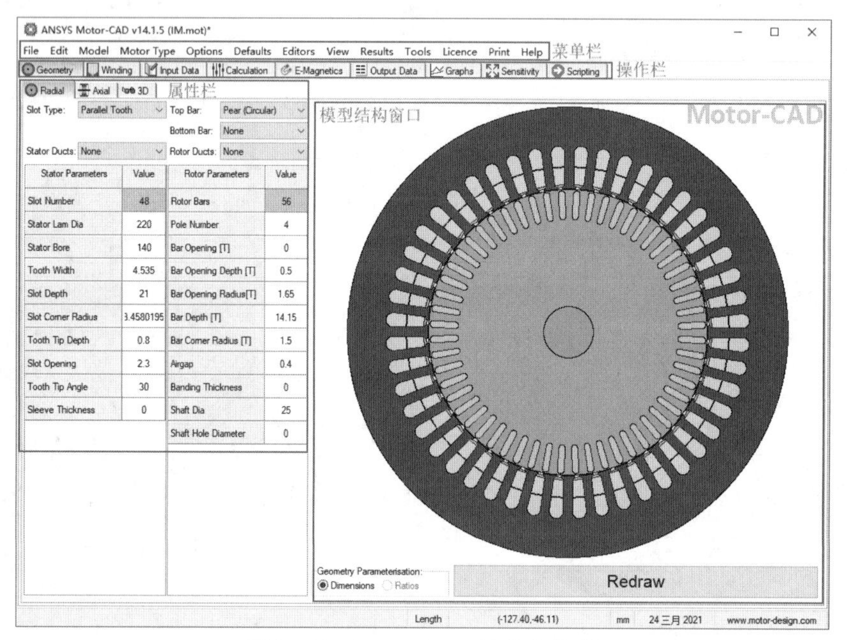

图 7-131 Motor-CAD 软件主界面

点击菜单栏中的【Model】可对模型的计算类型进行修改，如图 7-132 所示。Motor-CAD 提供了【E-Magnetic】电磁场、【Thermal】温度场、【Lab】虚拟实验室和【Mechanical】结构场 4 种计算类型。其中【E-Magnetic】电磁场主要利用磁路和 FEM 结合的方法对电机的转矩、损耗、磁链、效率等电磁性能进行计算；【Thermal】温度场主要利用热网络法和 FEM 对电机各部件的稳态和瞬态温升进行计算；【Lab】虚拟实验室用以快速计算电机在一定电压和电流限制下效率、损耗等的 Map 图，还可以计算电机在循环路况的路谱图（针对电动汽车驱动电机）；【Mechanical】结构场用以计算转子在高速状态和高负荷状态下的应力分布和形变情况。选择不同的 Model 计算类型，软件界面中的操作栏会随之改变，如图 7-133 所示。

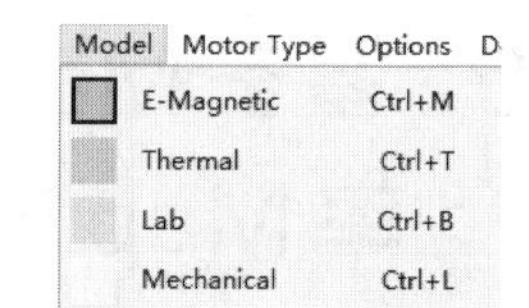

图 7-132 Model 计算类型的选择

其中，选择【E-Magnetic】电磁场模式时，操作栏从左到右依次为【Geometry】几何参数输入、【Winding】绕组参数输入、【Input Data】材料参数输入、【Calculation】计算参数输入（稳态场和瞬态场选择、瞬态场计算时间）、【E-Magnetics】电磁场有限元计算输出、

【Output Data】计算结果输出、【Graphs】计算图形输出、【Sensitivity】参数化计算以及【Scripting】脚本。用户可根据电机结构和计算参数从左到右依次在属性栏中输入并计算电机电磁性能。

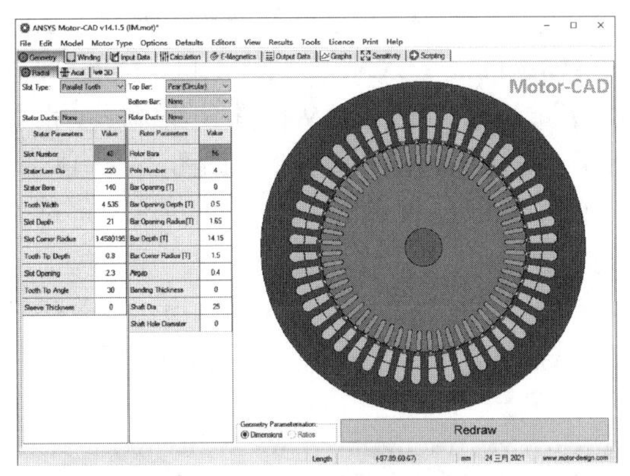

(a)【E-Magnetic】电磁场模块

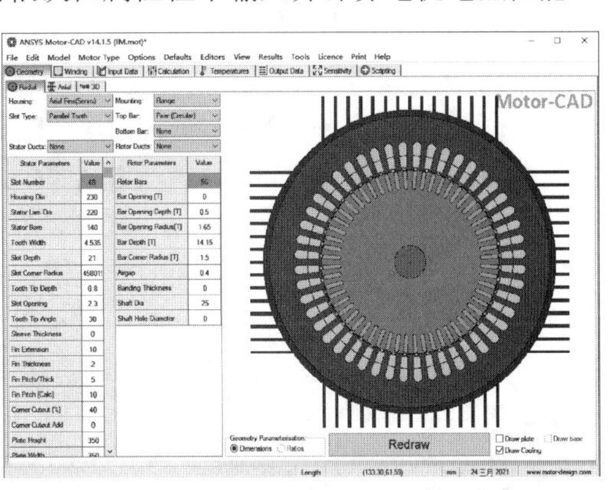

(b)【Thermal】温度场模块

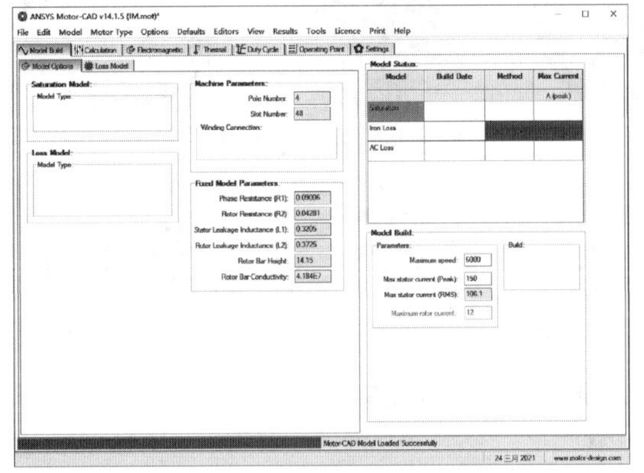

(c)【Lab】虚拟实验室模块

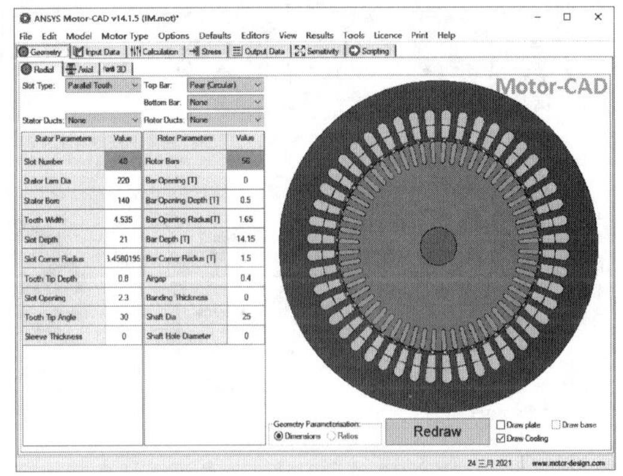

(d)【Mechanical】结构场模块

图 7-133　不同 Model 计算类型的软件界面

选择【Thermal】温度场模式时，操作栏从左到右依次为【Geometry】几何参数输入、【Winding】绕组参数输入、【Input Data】冷却方式/损耗/材料参数/接触面参数/自然对流等输入、【Calculation】计算参数输入（相当于 Maxwell 中的 Setup）、【Temperatures】热网络计算结果和有限元温度场结果输出、【Output Data】计算结果输出（热阻、热容和散热系数等值）、【Transient Graphs】瞬态温升计算图形输出、【Sensitivity】参数化计算以及【Scripting】脚本。这里需要注意，与【E-Magnetic】电磁场模式不同，在【Thermal】温度场模式下的【Geometry】几何参数需要输入电机的散热结构尺寸。

选择【Lab】虚拟实验室时，操作栏从左到右依次为【Model Build】饱和模型和损耗模型建立、【Calculation】计算参数输入、【Eleromagnetic】电磁性能计算（Map 图和外特性曲线）、【Thermal】温升 Map 计算、【Duty Cycle】循环路况计算（针对电动汽车驱动电机）、【Operating Point】单一工况点计算和【Settings】设定。

选择【Mechanical】结构场模式时，操作栏从左到右依次为【Geometry】几何参数输入、【Input Data】材料参数输入、【Calculation】计算参数输入（转速）、【Stress】应力有限元结果输出、【Output Data】计算结果输出、【Forces】受力谐波分析、【Sensitivity】参数化计算以及【Scripting】脚本。

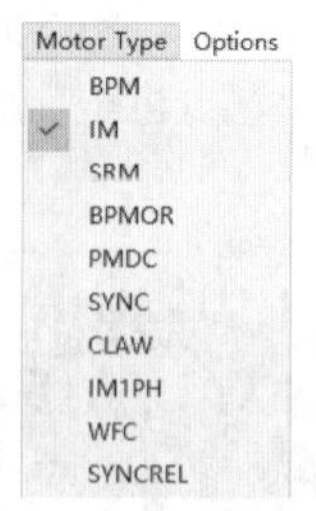

图 7-134 电机类型的选择

点击菜单栏中【Motor Type】可对电机类型进行修改，如图 7-134 所示。Motor-CAD 提供了【BPM】无刷永磁电机、【IM】感应电机、【SRM】磁阻电机、【BPMOR】外转子无刷永磁电机、【PMDC】永磁直流电机、【SYNC】同步电机、【CLAW】爪机电机、【IM1PH】单相感应电机、【WFC】绕组激励换相电机和【SYNCREL】同步磁阻电机 10 种类型，如图 7-135 所示。

点击菜单栏中【Defaults】→【Interface Language】可对软件的交互语言进行更改，如图 7-136 所示。软件为用户提供了中文和日文两个交互语言，选择其中一种语言点击打开即完成了交互语言的替换，更改完的中文软件界面如图 7-137 所示。因为语言翻译的不准确性，可能某些设定与英文表达不一致，这里笔者还是建议使用英文界面。

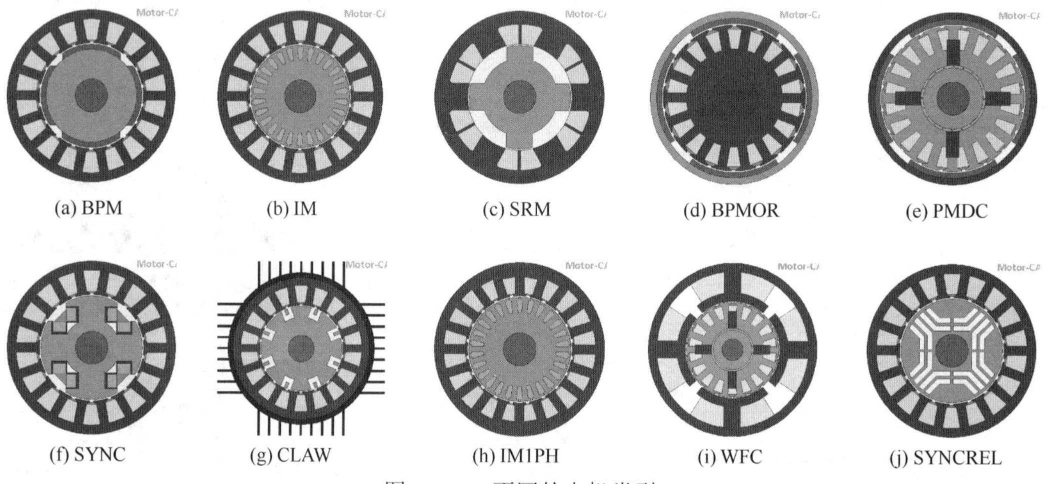

图 7-135 不同的电机类型

点击菜单栏中【Tools】可使电机模型以其他软件格式导出，如图 7-138 所示。Motor-CAD 主要提供了 ANSYS Electronics Desktop 和 SPEED 两种软件格式导出方式。依次点击【Tools】→【ANSYS Electronics Desktop】→【Export】，弹出导出窗口，如图 7-139 所示。可以发现 Motor-CAD 可以导出 DXF、STL、Motor-CAD FEA Script、Matlab FEA Script、ANSYS Electronics Desktop、ANSYS Design Modeler 等格式的 2D 和 3D 几何模型。

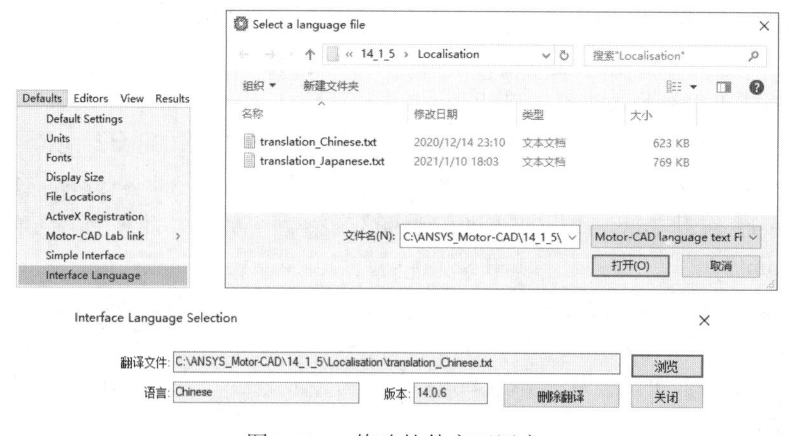

图 7-136 修改软件交互语言

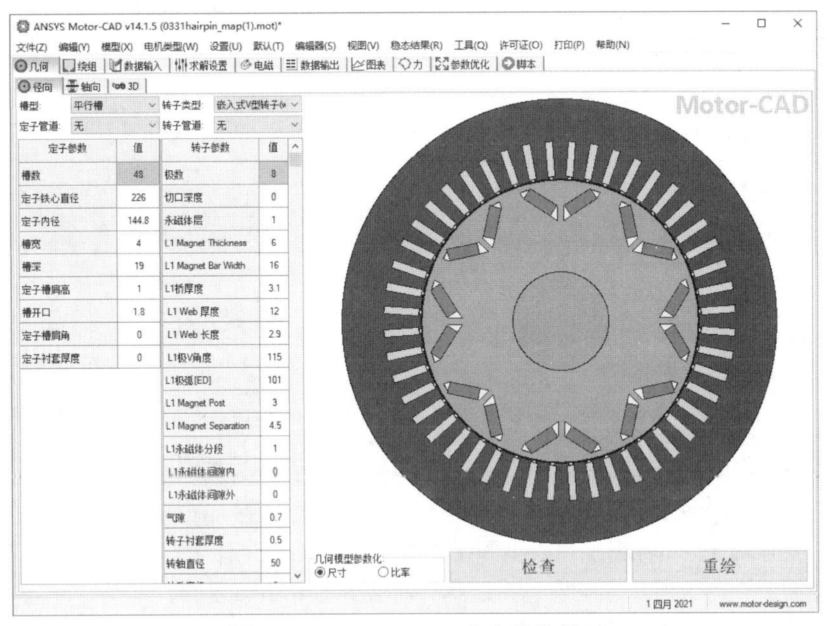

图 7-137　Motor-CAD 中文软件界面

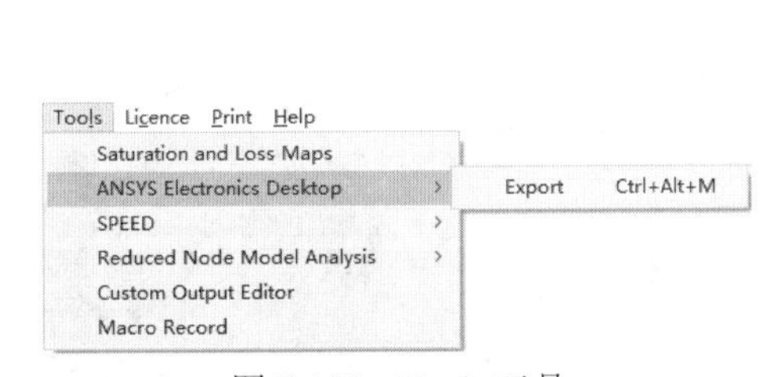

图 7-138　Tools 工具

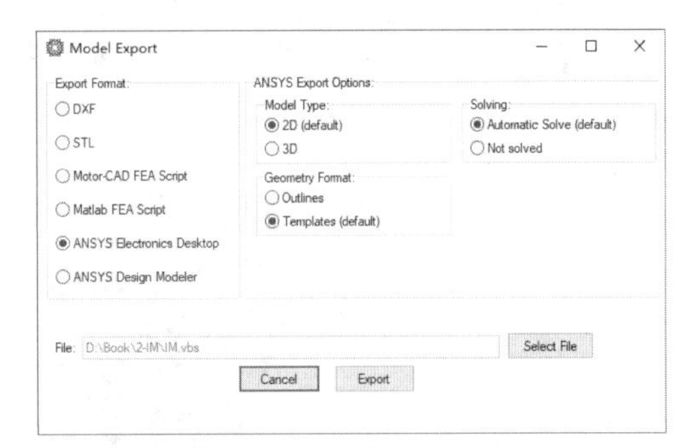

图 7-139　电机模型导出

7.5.2　电磁性能求解

本小节利用 Motor-CAD 软件对本章所描述的 30kW 笼型异步电机进行电磁性能求解。根据上一小节内容在菜单栏【Model】中选择【E-Magnetics】,【Motor Type】电机类型选择【IM】异步电机。

依次按照【Geometry】几何结构参数输入、【Winding】绕组参数输入、【Input Data】材料参数输入、【Calculation】计算参数输入，输入电机的结构参数和计算参数，具体如下。

Step1：电机结构参数输入。首先是【Geometry】几何结构参数的输入，主要包括【Radial】径向尺寸、【Axial】轴向尺寸和【3D】三维效果观看。其中【Radial】径向尺寸和【Axial】轴向尺寸的输入界面和各参数代表的含义如图 7-140 和图 7-141 所示。这里主要为定转子槽类型、槽结构、绕组结构参数的输入，与 RMxprt 参数输入方式基本一致，不做过多赘述。

结构参数输入完成后，可点击【Geometry】→【3D】来观测所输入结构尺寸对应的电机三维示意图，如图 7-142 所示。此处在【Component Selection】中可选择想要观测的部件，也可点击【3D Geometry Export】按钮进行三维模型的导出，还可以点击【Animation Export】按钮进行电机三维图画和视频的导出。

Slot Type: Parallel Tooth 槽类型　Top Bar: Pear (Circular) 转子导体类型　Bottom Bar: None
Stator Ducts: None 定子开孔　Rotor Ducts: None 转子开孔

Stator Parameters	Value	Rotor Parameters	Value
Slot Number 定子槽数	48	Rotor Bars 转子槽数	56
Stator Lam Dia 定子外径	220	Pole Number 转子极数	4
Stator Bore 定子内径	140	Bar Opening [T] 转子槽开口	0
Tooth Width 定子槽宽	4.535	Bar Opening Depth [T] 开口深度	0.5
Slot Depth 槽深	21	Bar Opening Radius[T]	1.65
Slot Corner Radius 底槽半径	3.4580195	Bar Depth [T] 开口深度 导条深	14.15
Tooth Tip Depth 齿尖高度	0.8	Bar Corner Radius [T]	1.5
Slot Opening 槽开口	2.3	Airgap 导条槽底半径 气隙厚度	0.4
Tooth Tip Angle 齿尖角度	30	Banding Thickness 转子套管厚度	0
Sleeve Thickness 套管厚度	0	Shaft Dia 转轴外径	25
		Shaft Hole Diameter 转轴孔外径	0

图 7-140　径向结构尺寸输入

Shaft Type: Solid 转轴类型
Radial Ducts: None 径向孔

Radial Dimensions	Value	Axial Dimensions	Value
Stator Lam Dia 定子外径	220	Motor Length 电机轴长	165
Stator Bore 定子内径	140	Stator Lam Length 定子轴长	165
Airgap 气隙厚度	0.4	Rotor Lam Length 转子轴长	165
Banding Thickness 转子套管厚度	0	EWdg Overhang [F] 绕组端部长[前端]	30
Sleeve Thickness 定子套管厚度	0	EWdg Overhang [R] 绕组端部长[尾]	30
EndRing Add [Outer F] 端环外径增加[前]	0	Wdg Extension [F] 绕组伸出长[前]	5
EndRing Add [Inner F] 端环内径增加[前]	0	Wdg Extension [R] 绕组伸出长[尾]	5
EndRing Add [Outer R] 端环外径增加[尾]	0	EndRing Thickness [F] 端环厚度[前]	18
EndRing Add [Inner R] 端环内径增加[尾]	0	EndRing Thickness [R] 端环厚度[尾]	18
Shaft Dia 转轴外径	25	EndRing Extension [F] 导条伸出长[前]	0
Shaft Dia [F] 转轴外径[前]	25	EndRing Extension [R] 导条伸出长[尾]	0
Shaft Dia [R] 转轴外径[尾]	25	Shaft Extension [F] 转轴伸出长[前]	30
Shaft Hole Diameter 转轴内径	0	Shaft Extension [R] 转轴伸出长[尾]	0

图 7-141　轴向结构尺寸输入

Step2：绕组结构参数输入。接着对绕组结构参数进行设置，在操作栏中点击【Winding】，绕组设定主要包括【Pattern】绕组类型和【Definition】槽内导体设定两个部分。【Pattern】绕组类型定义如图 7-143 所示，主要包括绕组连接方式、相数、匝数、节距、并联支路数等的设置。设置完成后，还可在界面右下方选择【Radial Pattern】径向模式、【Linear Pattern】线性模式、【Phasors】相量图、【MMF】绕组磁动势、【Harmonic】绕组谐波、【Factors】绕组系数以在示意窗口中观测所绘制绕组的性能参数，如图 7-144～图 7-148 所示。

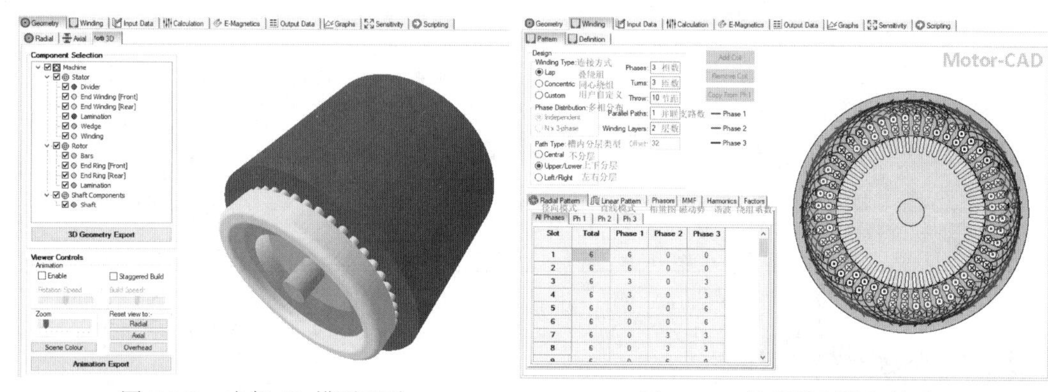

图 7-142　电机 3D 模型观看　　图 7-143　绕组类型输入界面

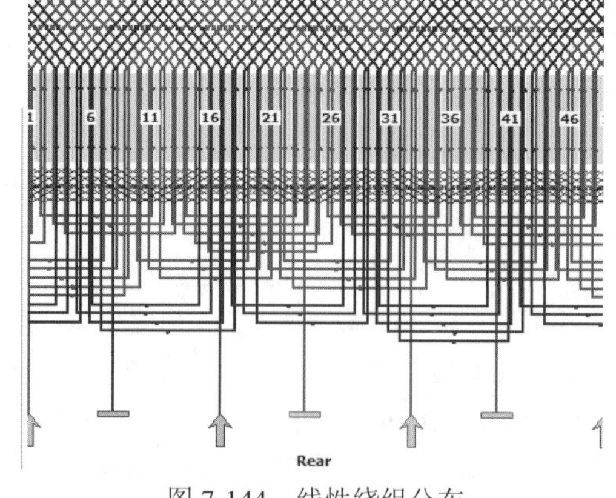

图 7-144　线性绕组分布

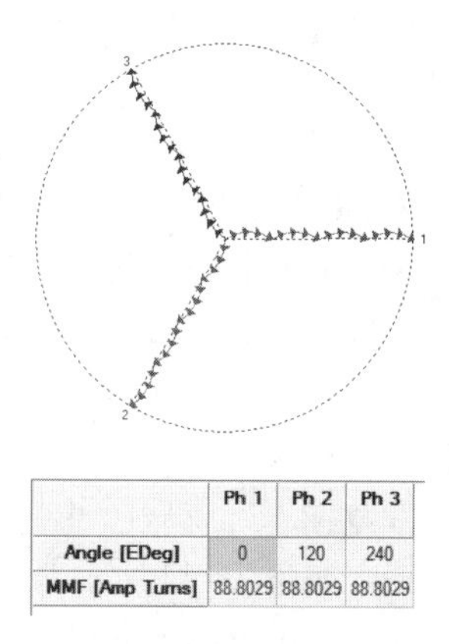

	Ph 1	Ph 2	Ph 3
Angle [EDeg]	0	120	240
MMF [Amp Turns]	88.8029	88.8029	88.8029

图 7-145　绕组相量图

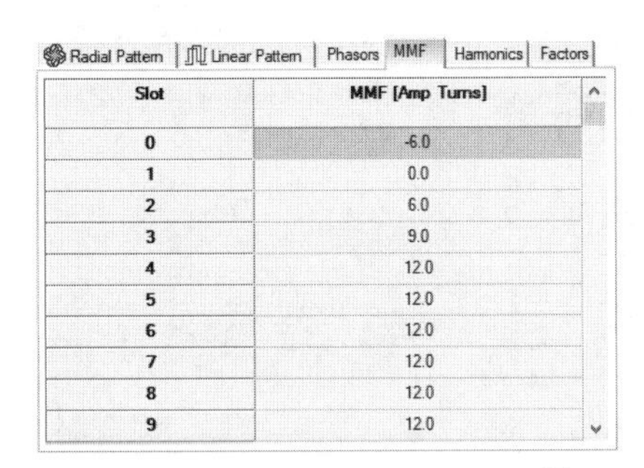

Radial Pattern | Linear Pattern | Phasors | MMF | Harmonics | Factors

Slot	MMF [Amp Turns]
0	-6.0
1	0.0
2	6.0
3	9.0
4	12.0
5	12.0
6	12.0
7	12.0
8	12.0
9	12.0

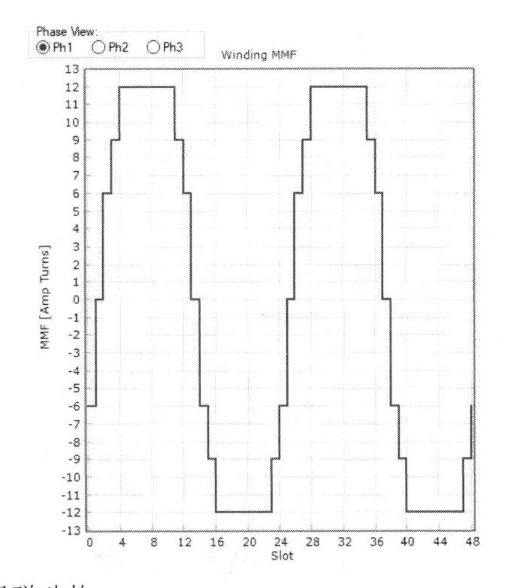

图 7-146　绕组磁动势

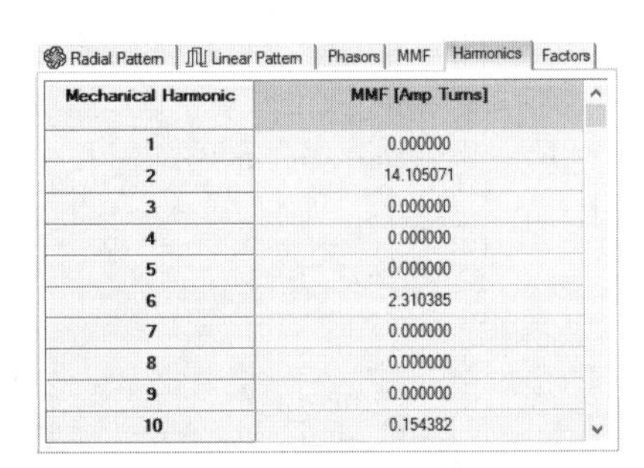

Radial Pattern | Linear Pattern | Phasors | MMF | Harmonics | Factors

Mechanical Harmonic	MMF [Amp Turns]
1	0.000000
2	14.105071
3	0.000000
4	0.000000
5	0.000000
6	2.310385
7	0.000000
8	0.000000
9	0.000000
10	0.154382

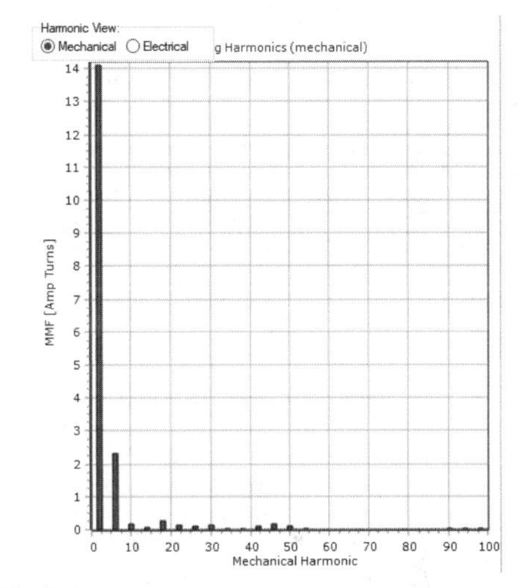

图 7-147　绕组谐波分布

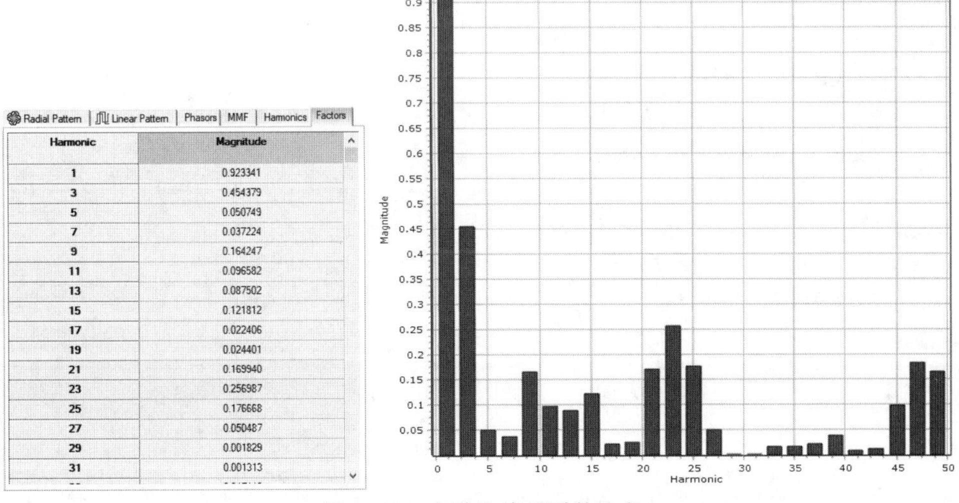

Radial Pattern | Linear Pattern | Phasors | MMF | Harmonics | Factors

Harmonic	Magnitude
1	0.923341
3	0.454379
5	0.050749
7	0.037224
9	0.164247
11	0.096582
13	0.087502
15	0.121812
17	0.022406
19	0.024401
21	0.169940
23	0.256987
25	0.176668
27	0.050487
29	0.001829
31	0.001313

图 7-148　各阶次绕组系数分布

【Defintion】槽内导体设定如图 7-149 所示，主要包括绕组类型（散线、扁铜线）、线径、并联股数等绕组参数的设定，还可观测槽满率、净槽满率、平均半匝长等绕组性能。

Step3： 材料设定。在操作栏中点击【Input Data】→【Matcrials】，可对电机的各部件材料进行设定，如图 7-150 所示。如果现有材料库不满足用户的使用需求，还可在【Material database】中自定义材料，与 Maxwell 软件的定义方法基本相同，这里不再过多赘述。

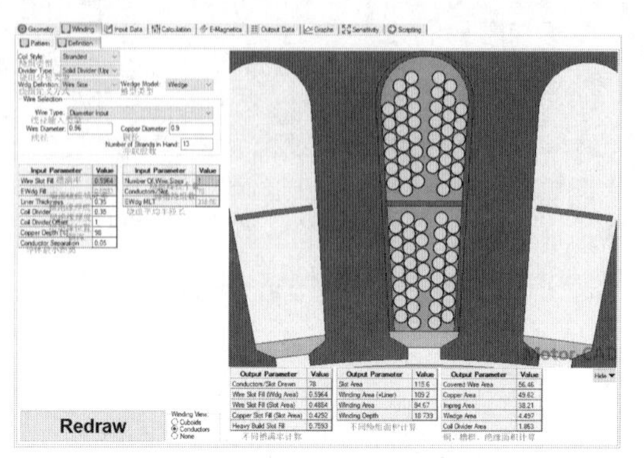

图 7-149　槽内导体定义界面

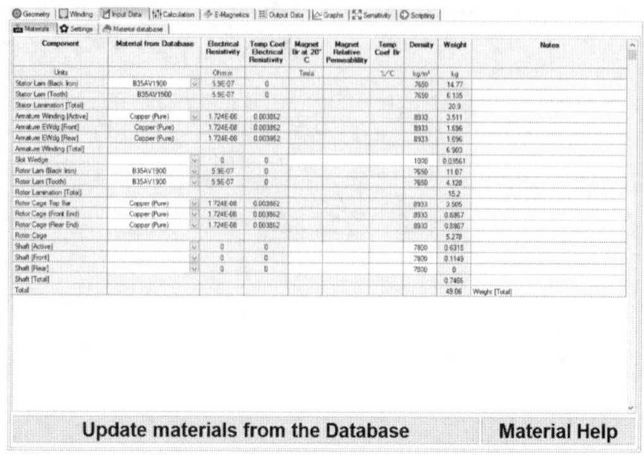

图 7-150　材料定义界面

Step4： 求解设定。在操作栏中点击【Input Data】→【Settings】，可对电机的其他求解设定进行设置，如图 7-151 所示。主要包括制造修正系数、电感计算方式、FEM 剖分、铁耗修正系数、曲线计算等参数的设定，如图 7-151～图 7-154 所示。不同的求解设定直接决定了计算结果的精确度，所以这里一定要按照电机的实际参数进行设定。

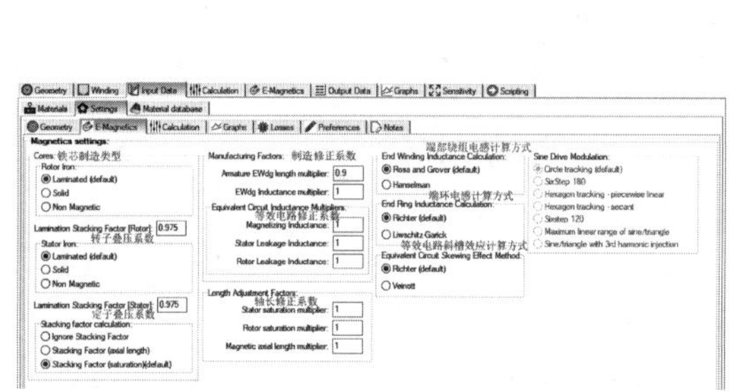

图 7-151　E-Magnetics 设定界面

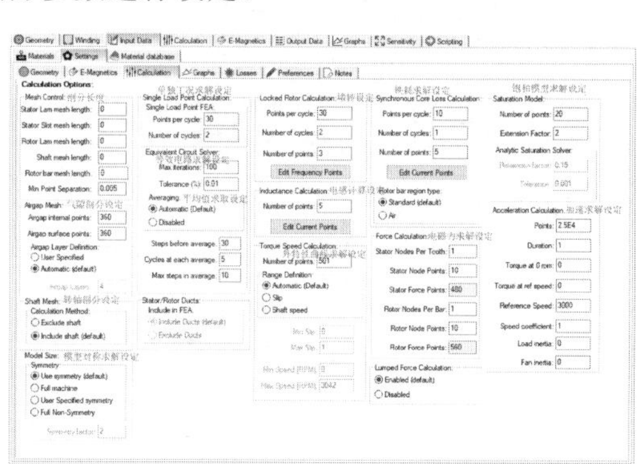

图 7-152　Calculation 设定界面

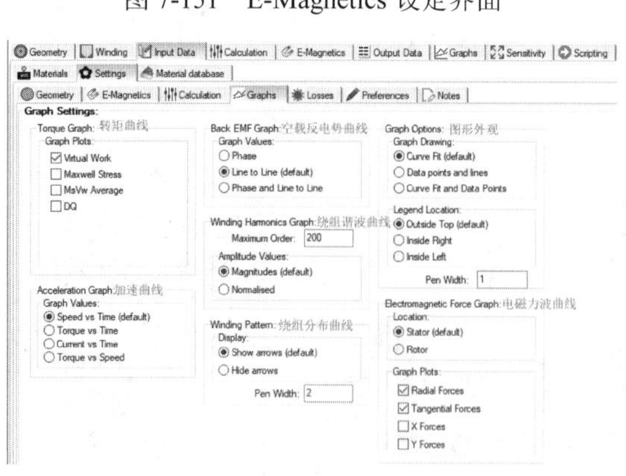

图 7-153　Graphs 求解设定界面

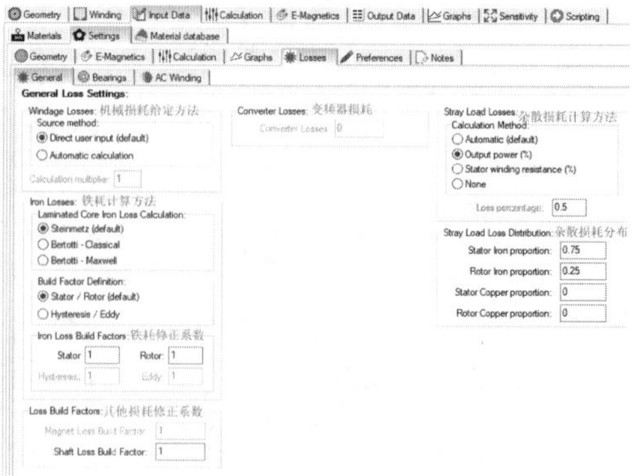

图 7-154　Losses 求解设定界面

Step5：计算求解。在操作栏中点击【Calculation】，可对电机进行计算求解设置，如图 7-155 所示，这里主要包括以下内容。

① 输入电机的驱动类型，包括发电和电动状态。

② 电机工况点给定方式，包括给定速度/转差、转矩/频率、速度/频率、功率/频率和转差/频率 5 种方式。

③ 电机供电方式，包括交流供电和变频器供电两种方式；电压和电流驱动时峰值电压/电流和有效值电压/电流。

④ 绕组连接方式，包括星接和角接两种。

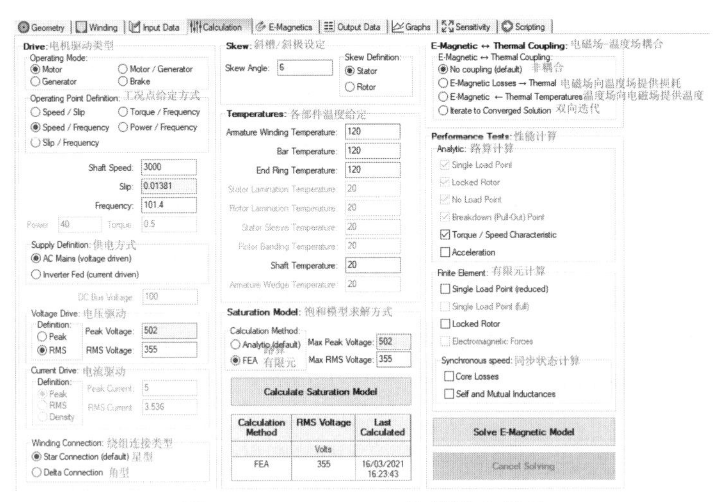

图 7-155　Calculation 计算设定界面

⑤ 电机斜极方式和角度，包括定子斜槽和转子斜极两种。

⑥ 各部件的计算温度，主要包括绕组、导条、端环和轴承的温度给定。

⑦ 饱和模型求解，用以计算效率 Map 图和外特性曲线。

⑧ 电磁-热耦合计算方式，包括不耦合计算、电磁场计算完成后向温度场输出的损耗、温度场计算完成后向电磁场输出各部件温度和迭代计算 4 种耦合计算方式；这里需要注意，选择耦合求解时，当某一物理场求解完成后在【Model】更改求解模式即可将求解结果（损耗/温度）传输至另一场。

⑨ 性能计算设定，主要用于勾选需要求解的参数。

计算求解设定完成后，点击右下方的【Solve E-Magnetic Model】按钮就可以开始求解。

Step6：计算结果查看。计算完成后，点击操作栏【E-Magnetics】，可以观测由 FEA 有限元方法计算的异步电机的场分布，如磁场密度云图、磁势云图、磁力线、电流密度云图、涡流密度云图，图 7-156 为所计算的磁场密度云图。

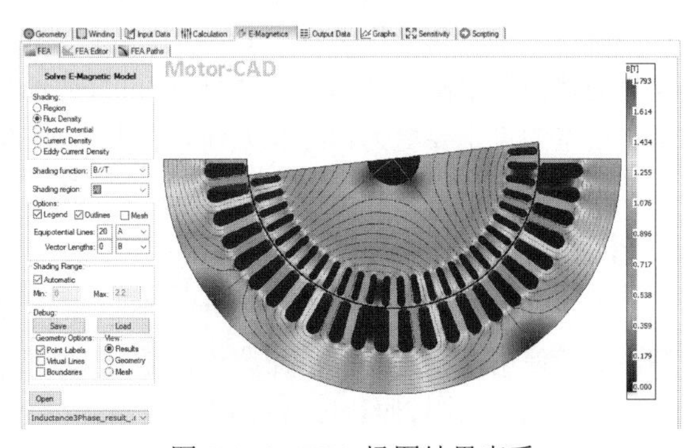

图 7-156　FEA 场图结果查看

在 Motor-CAD 的【Output Data】中查看计算结果，为了便于查看结果，将结果主要分为【Drive】驱动性能结果、【E-Magnetics】电磁性能结果、【Equivalent Circuit】等效电路参数、【Flux Densities】磁密结果、【Losses】各部件损耗、【Winding】绕组参数等几类，用户可以根据需求　　查看结果，如图 7-157、图 7-158 所示（这里不再列举所有结果）。

Geometry | Winding | Input Data | Calculation | E-Magnetics | Output Data | Graphs | Sensitivity | Scripting

Drive | E-Magnetics | Equivalent Circuit | Flux Densities | Losses | Winding | Convergence | Lookup | Miscellaneous

Variable	Value	Units	Variable	Value	Units
Line-Line Supply Voltage (rms)	355	Volts	Skew factor of first harmonic	0.9982	
Phase Supply Voltage (rms)	205	Volts	---		
---			Locked rotor airgap torque	141.2	Nm
No Load Line Current (rms)	18.79	Amps	Locked rotor line current (rms)	463.5	Amps
No Load Phase Current (rms)	18.79	Amps	Locked rotor phase current (rms)	463.5	Amps
No Load Phase Current (peak)	26.57	Amps	Locked rotor input power	1.032E005	Watts
No Load Input active power	540.9	Watts	---		
---			Breakdown airgap torque	363.2	Nm
Fundamental Frequency	101.4	Hz	Breakdown shaft torque	361.4	Nm
Synchronous speed	3042	rpm	Breakdown line current (rms)	299.1	Amps
Shaft Speed	3000	rpm	Breakdown phase current (rms)	299.1	Amps
Slip (Motoring)	0.01381		Breakdown slip	0.1	p.u.
Drive frequency	101.4	Hz	Breakdown speed	2738	rpm
Slip Frequency	100	Hz	Breakdown input active power	1.401E005	Watts
Mechanical Frequency	50	Hz	Breakdown output active power	1.036E005	Watts

图 7-157　驱动性能结果查看

Geometry | Winding | Input Data | Calculation | E-Magnetics | Output Data | Graphs | Sensitivity | Scripting

Drive | E-Magnetics | Equivalent Circuit | Flux Densities | Losses | Winding | Convergence | Lookup | Miscellaneous

Variable	Value	Units	Variable	Value	Units
Airgap Torque (on load)	111.7	Nm	Back EMF Line Voltage (rms)(on load)(T	338.42	Volts
Shaft Torque	111.14	Nm	Back EMF Line Voltage (rms) (on load)(L	345.61	Volts
Output Mechanical Power	34915	Watts	Back EMF Phase Voltage (rms)(on load)(T	195.38	Volts
Input Active Electrical Power (from Power	37093	Watts	Back EMF Phase Voltage (rms) (on load)(L	199.54	Volts
Input Active Electrical Power (ideal)	37108	Watts	Stator Terminal Line Voltage (rms) (on	355	Volts
Input Reactive Power (on load)	14554	VA	Stator Terminal Phase Voltage (rms) (on	204.96	Volts
Apparent Power	39860	VA	Voltage drop across stator phase	5.8383	Volts
Power Factor (on load) (Phasor)	0.93096		Voltage drop across rotor leakage	14.581	Volts
Power Factor (on load) (from Power	0.93056		Ideal Back EMF Phase Voltage (rms)	212.78	Volts
System Efficiency	94.129	%	---		
---			Line Current (rms) (on load)	64.826	Amps
Rotor Inertia	0.051197	kg.m²	Phase Current (rms) (on load)	64.826	Amps
Shaft Inertia	5.833E-005	kg.m²	Referred Rotor Current (rms) (on load)	60.876	Amps
Total Inertia	0.051255	kg.m²	Rotor Bar Current (rms) (on load)	289.07	Amps
Torque per rotor volume	44.482	kNm/m³	Endring Current (rms) (on load)	1290.9	Amps
Rotor peripheral velocity (on load)	21.865	m/s	Magnetizing Current (no load)	13.947	Amps
---			Magnetizing Current (rms) (on load)	16.413	Amps
Magnetic symmetry factor	2		Core Loss Current (rms) (on load) (T circuit)	0.64075	Amps
Magnetic Axial Length	165	mm	Core Loss Current (rms) (on load) (L circuit)	0.62742	Amps
Magnetic Axial Length Multiplier	1				

Stator Carter Coefficient	1.1551				
Rotor Carter Coefficient	1				
Total Carter Coefficient	1.1551				

图 7-158　电磁性能结果查看

除了数据表的结果呈现形式外，在操作栏【Graphs】下还可以查看相关的特性曲线图。选中【Graphs】，点击需要观察的曲线即可，可以查看相电流-速度特性曲线、转矩-速度特性曲线、损耗-速度特性曲线、功率-速度特性曲线、功率因数-速度特性曲线和效率-转速特性曲线，如图 7-159、图 7-160 所示。

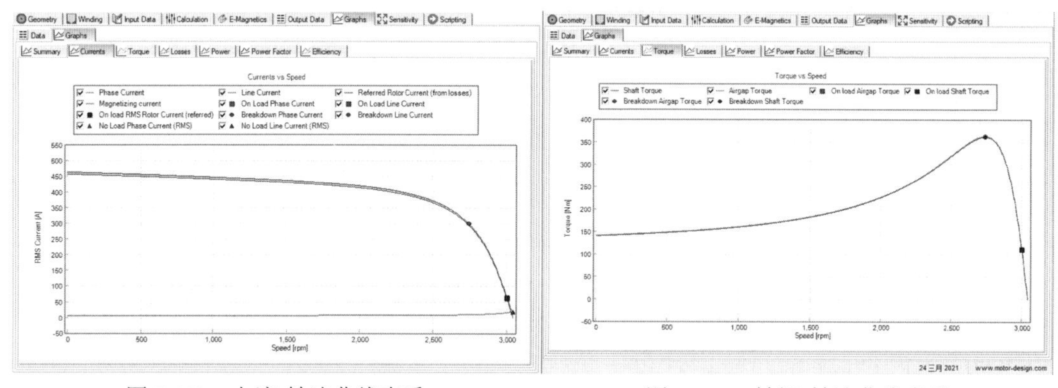

图 7-159　电流-转速曲线查看　　　　图 7-160　转矩-转速曲线查看

以上求解过程和展示的结果，即为采用 Motor-CAD 快速建模和进行电磁分析计算的全过程。可以看出，与采用 RMxprt 电机模型和求解工具包相同，Motor-CAD 不仅可以快速进行电机的建模和电磁性能的基本分析，还可方便地观察绕组分布系数、相量图等，而且比 RMxprt 电机模型的设定要更为详细和方便。除此之外，Motor-CAD 软件还可利用磁路和热网络实现电机电磁-温度场的迭代计算，无疑大大增加了电机求解计算的精度。

7.5.3　稳态温升求解

本节利用 Motor-CAD 软件对本章所描述的 30kW 笼型异步电机进行额定工况稳态温升求解。继续使用上一节模型，在菜单栏【Model】中将求解模型更改为【Thermal】。

同样地，依次按照【Geometry】几何结构参数输入、【Winding】绕组参数输入、【Input Data】材料/冷却/损耗等参数输入、【Calculation】计算参数输入对电机的结构参数和计算参数进行输入，具体如下。

Step1：电机结构参数输入。与上一节相同，首先输入电机的结构参数【Geometry】，主要包括【Radial】径向尺寸、【Axial】轴向尺寸和【3D】三维效果观看。其中【Radial】径向尺寸和【Axial】轴向尺寸的输入界面和各参数代表的含义如图 7-161 和图 7-162 所示。与图 7-140 和图 7-141 对比可知，在温度场的几何结构输入参数中，不仅包含了电磁场输入的电机有效部分结构参数，还包括了电机的机壳、底座、绕组端部封装、端部风扇类型、风扇盖类型的设定以及轴承、水道等参数的设定。这里电机有效部分尺寸参数保持不变，只需要修改电机的机壳、外道、轴承、绕组端部等参数即可。

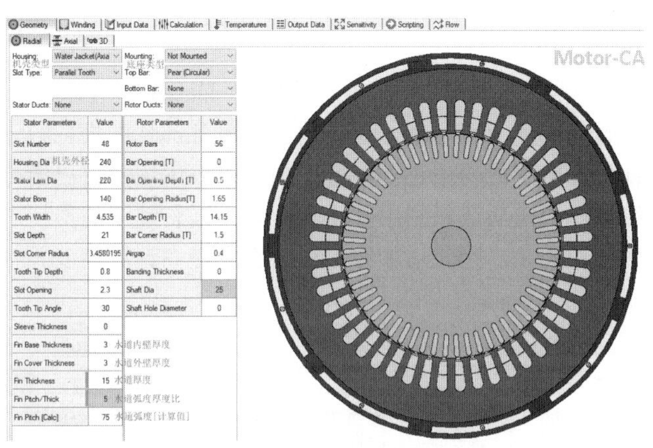

图 7-161　径向结构尺寸输入

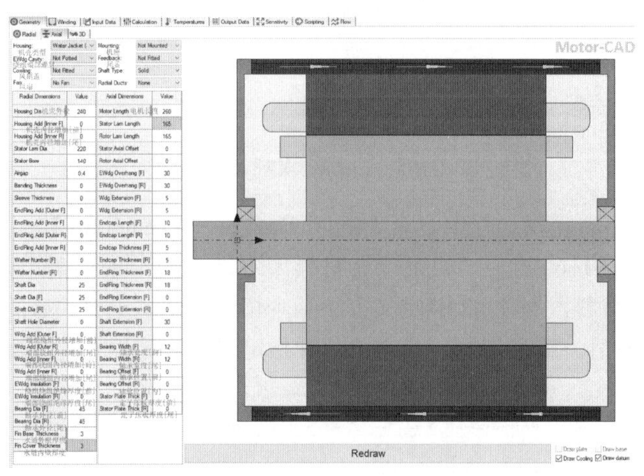

图 7-162　轴向结构尺寸输入

电机机壳类型可点击【Geometry】→【Radial】→【Housing】进行更改，如图 7-163 所示，Motor-CAD 软件提供了【Round】圆形、【Squre】方形、【Servo】伺服形、【Radial Fins】径向散热片形、【Axial Fins】轴向散热片形、【Water Jacket】内部水道形以及无外壳等机壳形状。其中【Water Jacket】内部水道形还分为轴向水道和螺旋水道两种结构。本例电机选择轴向水道机壳形式。

Step2：绕组结构参数输入。绕组设置与 7.5.2 节基本一致，无须修改，这里不再赘述。

Step3：冷却方式设定。在操作栏中点击【Input Data】→【Cooling】，可对电机冷却方式进行设置，本例设定参数如图 7-164 所示，主要包括机壳外表面散热方式、电机放置方向、冷却系统类型、叠压系数、环境温度和固定温度等的设定。

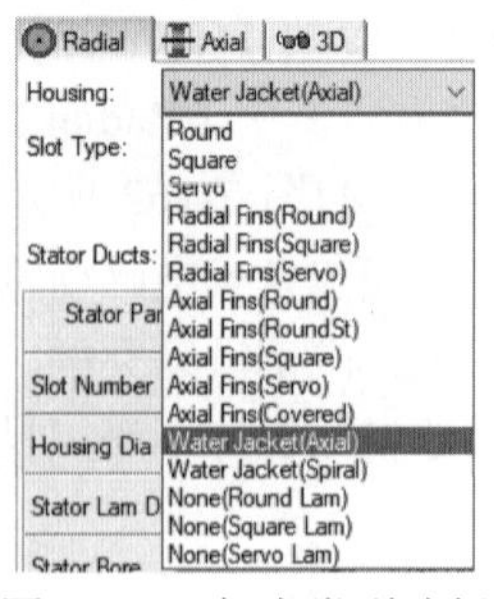

图 7-163　机壳类型选择

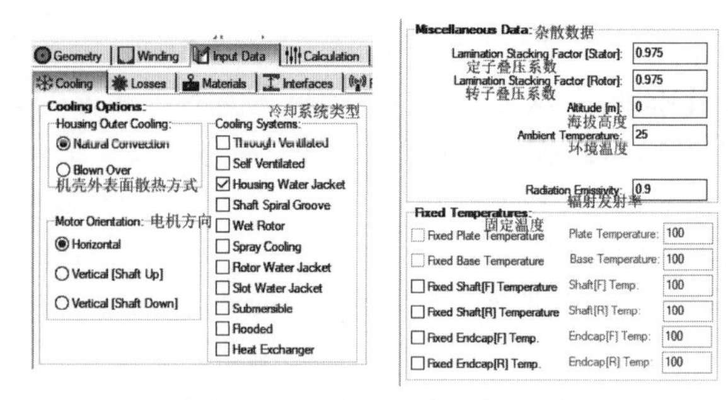

图 7-164　冷却方式设定界面

Step4： 各部件损耗设定。在操作栏中点击【Input Data】→【Losses】，可对电机损耗进行设置，本例设定参数如图 7-165 所示。主要包括电机各部件的损耗给定、损耗随转速的修正，铜耗、杂散损耗随温度变化的修正等，其中损耗可以由用户自己给定，也可由 7.5.2 节中电磁场耦合计算给定，给定后还可利用修正方程对不同转速下的损耗进行修正；而铜耗、电阻的电阻率和温度密切相关，因此增加修正后会大大提高计算精度。

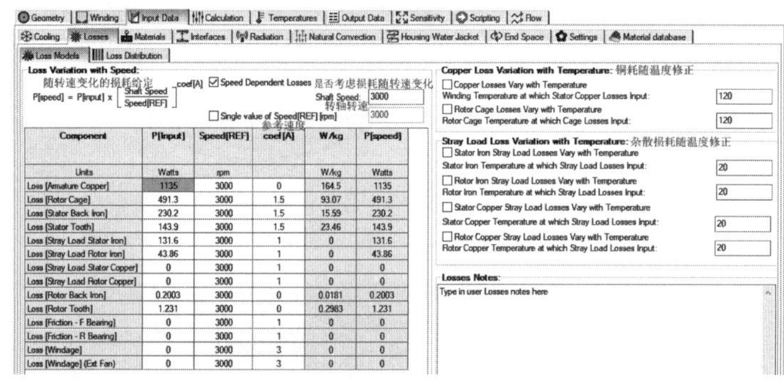

Component	P[Input]	Speed[REF]	coef[A]	W/kg	P[speed]
Units	Watts	rpm		W/kg	Watts
Loss [Armature Copper]	1135	3000	0	164.5	1135
Loss [Rotor Cage]	491.3	3000	1.5	93.07	491.3
Loss [Stator Back Iron]	230.2	3000	1.5	15.59	230.2
Loss [Stator Tooth]	143.9	3000	1.5	23.46	143.9
Loss [Stray Load Stator Iron]	131.6	3000	1	0	131.6
Loss [Stray Load Rotor Iron]	43.86	3000	1	0	43.86
Loss [Stray Load Stator Copper]	0	3000	1	0	0
Loss [Stray Load Rotor Copper]	0	3000	1	0	0
Loss [Rotor Back Iron]	0.2003	3000	0	0.0181	0.2003
Loss [Rotor Tooth]	1.231	3000	0	0.2983	1.231
Loss [Friction - F Bearing]	0	3000	1	0	0
Loss [Friction - R Bearing]	0	3000	1	0	0
Loss [Windage]	0	3000	3	0	0
Loss [Windage] (Ext Fan)	0	3000	3	0	0

图 7-165　Losses 求解设定界面

Step5： 材料设定。在操作栏中点击【Input Data】→【Materials】，可对电机各部件的材料进行设定，如图 7-166 所示。如果现有材料库不满足用户使用需求，还可在【Material database】中自定义材料，与 7.5.2 节定义方法基本相同，但这里更关心的是每一部件材料属性中的热导率和比热容，需要对每一个电机部件指定材料，这里不再过多赘述。

Component	Material from Database	Thermal Conductivity	Specific Heat	Density	Weight Internal	Weight Multiplier	Weight Addition	Weight Total	Notes
Units		W/m/℃	J/kg/℃	kg/m³	kg		kg	kg	
Housing [Active]	Aluminium (Alloy 195 Cast)	168	833	2790	2.244	1	0	2.244	
Housing [Front]	Aluminium (Alloy 195 Cast)	168	833	2790	0.5101	1	0	0.5101	
Housing [Rear]	Aluminium (Alloy 195 Cast)	168	833	2790	0.5101	1	0	0.5101	
Housing [Total]					3.265			3.265	
Endcap [Front]	Aluminium (Alloy 195 Cast)	168	833	2790	0.725	1	0	0.725	
Endcap [Rear]	Aluminium (Alloy 195 Cast)	168	833	2790	0.725	1	0	0.725	
Stator Lam (Back Iron)	B35AV1900	30	460	7650	14.77	1	0	14.77	
Inter Lam (Back Iron)		0.02723	1007	1.127	5.578E-05	1	0	5.578E-05	
Stator Lam (Tooth)	B35AV1900	30	460	7650	6.135	1	0	6.135	
Inter Lam (Tooth)		0.02723	1007	1.127	2.318E-05	1	0	2.318E-05	
Stator Lamination [Total]					20.9			20.9	
Armature Winding [Active]	Copper (Pure)	401	385	8933	3.511	1	0	3.511	
Armature EWdg [Front]	Copper (Pure)	401	385	8933	1.696	1	0	1.696	
Armature EWdg [Rear]	Copper (Pure)	401	385	8933	1.696	1	0	1.696	
Armature Winding [Total]					6.903			6.903	
Wire Ins. [Active]		0.21	1000	1400	0.07581	1	0	0.07581	
Wire Ins. [Front End-Wdg]		0.21	1000	1400	0.03662	1	0	0.03662	
Wire Ins. [Rear End-Wdg]		0.21	1000	1400	0.03662	1	0	0.03662	
Wire Ins. [Total]					0.1491			0.1491	
Impreg. [Active]		0.2	1700	1400	0.3389	1	0	0.3389	
Impreg. [Front End-Wdg.]		0.2	1700	1400	0.06247	1	0	0.06247	
Impreg. [Rear End-Wdg.]		0.2	1700	1400	0.06247	1	0	0.06247	
Impreg. [Total]					0.4639			0.4639	
Coil Divider		0.2	1200	1000	0.01475	1	0	0.01475	
Slot Wedge		0.2	1200	1000	0.03561	1	0	0.03561	
Slot Liner		0.21	1000	700	0.0808	1	0	0.0808	
Housing WJ Duct Wall		0.2	1700	1400	0	1	0	0	
Rotor Lam (Back Iron)	B35AV1900	30	460	7650	11.07	1	0	11.07	
Rotor Inter Lam (Back Iron)		0.02723	1007	1.127	4.182E-05	1	0	4.182E-05	

Update materials from the Database　　Material Help

图 7-166　材料定义界面

Step6：接触面设定。在操作栏中点击【Input Data】→【Interfaces】，可对电机各部件之间的接触关系进行设定，如图 7-167 所示。部件之间的接触面设定会直接影响温度场稳态计算的结果，如铁芯和机壳之间的接触面，这里不仅需要给定接触面的等效间隙，还需要给定接触间隙对应的材料。

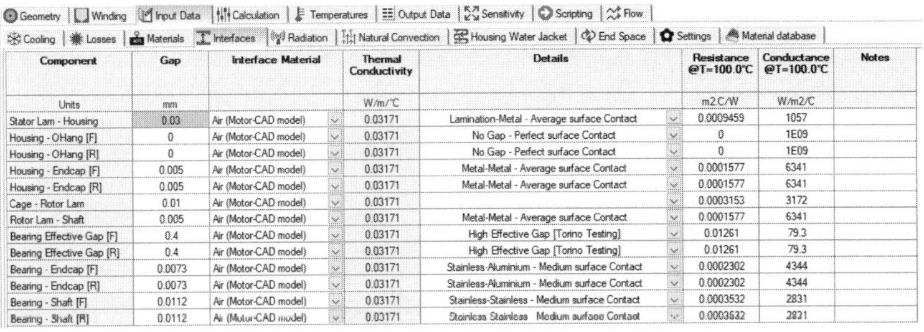

Geometry | Winding | Input Data | Calculation | Temperatures | Output Data | Sensitivity | Scripting | Flow

Cooling | Losses | Materials | Interfaces | Radiation | Natural Convection | Housing Water Jacket | End Space | Settings | Material database

Component	Gap	Interface Material	Thermal Conductivity	Details	Resistance @T=100.0℃	Conductance @T=100.0℃	Notes
Units	mm		W/m/℃		m2.C/W	W/m2/C	
Stator Lam - Housing	0.03	Air (Motor-CAD model)	0.03171	Lamination-Metal - Average surface Contact	0.0009459	1057	
Housing - OHang [F]	0	Air (Motor-CAD model)	0.03171	No Gap - Perfect surface Contact	0	1E09	
Housing - OHang [R]	0	Air (Motor-CAD model)	0.03171	No Gap - Perfect surface Contact	0	1E09	
Housing - Endcap [F]	0.005	Air (Motor-CAD model)	0.03171	Metal-Metal - Average surface Contact	0.0001577	6341	
Housing - Endcap [R]	0.005	Air (Motor-CAD model)	0.03171	Metal-Metal - Average surface Contact	0.0001577	6341	
Cage - Rotor Lam	0.01	Air (Motor-CAD model)	0.03171		0.0003153	3172	
Rotor Lam - Shaft	0.005	Air (Motor-CAD model)	0.03171	Metal-Metal - Average surface Contact	0.0001577	6341	
Bearing Effective Gap [F]	0.4	Air (Motor-CAD model)	0.03171	High Effective Gap [Torino Testing]	0.01261	79.3	
Bearing Effective Gap [R]	0.4	Air (Motor-CAD model)	0.03171	High Effective Gap [Torino Testing]	0.01261	79.3	
Bearing - Endcap [F]	0.0073	Air (Motor-CAD model)	0.03171	Stainless-Aluminium - Medium surface Contact	0.0002302	4344	
Bearing - Endcap [R]	0.0073	Air (Motor-CAD model)	0.03171	Stainless-Aluminium - Medium surface Contact	0.0002302	4344	
Bearing - Shaft [F]	0.0112	Air (Motor-CAD model)	0.03171	Stainless-Stainless - Medium surface Contact	0.0003532	2831	
Bearing - Shaft [R]	0.0112	Air (Motor-CAD model)	0.03171	Stainless-Stainless - Medium surface Contact	0.0003532	2831	

图 7-167　接触面定义界面

Step7：辐射设定。在操作栏中点击【Input Data】→【Radiation】，可对电机的机壳、端盖进行辐射设定，如图 7-168 所示。辐射参数对常用电机的稳态温升影响较小，这里采用默认值。

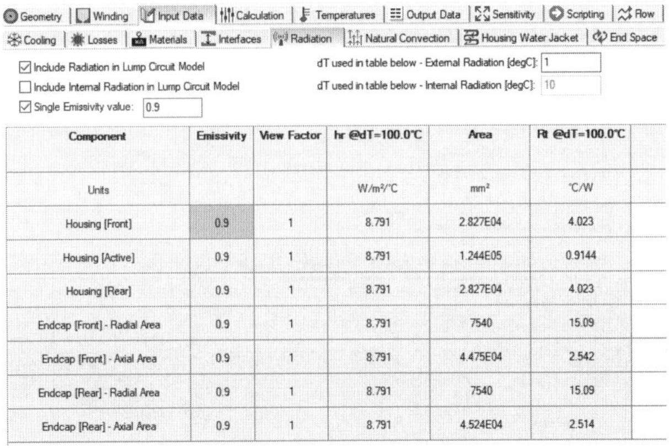

Geometry | Winding | Input Data | Calculation | Temperatures | Output Data | Sensitivity | Scripting | Flow

Cooling | Losses | Materials | Interfaces | Radiation | Natural Convection | Housing Water Jacket | End Space

☑ Include Radiation in Lump Circuit Model　　dT used in table below - External Radiation [degC]: 1

☐ Include Internal Radiation in Lump Circuit Model　　dT used in table below - Internal Radiation [degC]: 10

☑ Single Emissivity value: 0.9

Component	Emissivity	View Factor	hr @dT=100.0℃	Area	Rt @dT=100.0℃
Units			W/m²/℃	mm²	℃/W
Housing [Front]	0.9	1	8.791	2.827E04	4.023
Housing [Active]	0.9	1	8.791	1.244E05	0.9144
Housing [Rear]	0.9	1	8.791	2.827E04	4.023
Endcap [Front] - Radial Area	0.9	1	8.791	7540	15.09
Endcap [Front] - Axial Area	0.9	1	8.791	4.475E04	2.542
Endcap [Rear] - Radial Area	0.9	1	8.791	7540	15.09
Endcap [Rear] - Axial Area	0.9	1	8.791	4.524E04	2.514

图 7-168　辐射定义界面

Step8：自然对流设定。在操作栏中点击【Input Data】→【Natural Convection】，可对电机的机壳、端盖进行自然对流设定，如图 7-169 所示。机壳和端盖外部的自然对流对电机的稳态温升有一定影响，尤其是采用自然散热的电机，自然对流作为电机唯一的散热方式（忽略辐射）直接关系到电机的温升，这里用户须根据电机外部流体性质和温度进行设定。

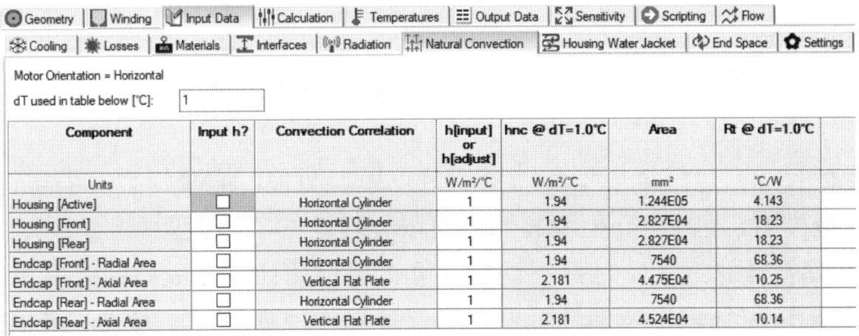

Geometry | Winding | Input Data | Calculation | Temperatures | Output Data | Sensitivity | Scripting | Flow

Cooling | Losses | Materials | Interfaces | Radiation | Natural Convection | Housing Water Jacket | End Space | Settings

Motor Orientation = Horizontal

dT used in table below [℃]: 1

Component	Input h?	Convection Correlation	h[input] or h[adjust]	hnc @ dT=1.0℃	Area	Rt @ dT=1.0℃
Units			W/m²/℃	W/m²/℃	mm²	℃/W
Housing [Active]	☐	Horizontal Cylinder	1	1.94	1.244E05	4.143
Housing [Front]	☐	Horizontal Cylinder	1	1.94	2.827E04	18.23
Housing [Rear]	☐	Horizontal Cylinder	1	1.94	2.827E04	18.23
Endcap [Front] - Radial Area	☐	Horizontal Cylinder	1	1.94	7540	68.36
Endcap [Front] - Axial Area	☐	Vertical Flat Plate	1	2.181	4.475E04	10.25
Endcap [Rear] - Radial Area	☐	Horizontal Cylinder	1	1.94	7540	68.36
Endcap [Rear] - Axial Area	☐	Vertical Flat Plate	1	2.181	4.524E04	10.14

图 7-169　自然对流定义界面

Step9：水道参数设定。因为本例电机采用水冷/内水道方式冷却，因此还需要对水道参数进行设定，点击【Input Data】→【Housing Water Jacket】，可对电机进行水道设定，如图 7-170 和图 7-171 所示。这里主要包括水道流体流速、流体参考、冷却液进口温度、水道个数等参数的设定。其中，本例采用 50%乙二醇溶液进行水冷冷却，流体流速为 5L/min。

图 7-170　水道设定界面

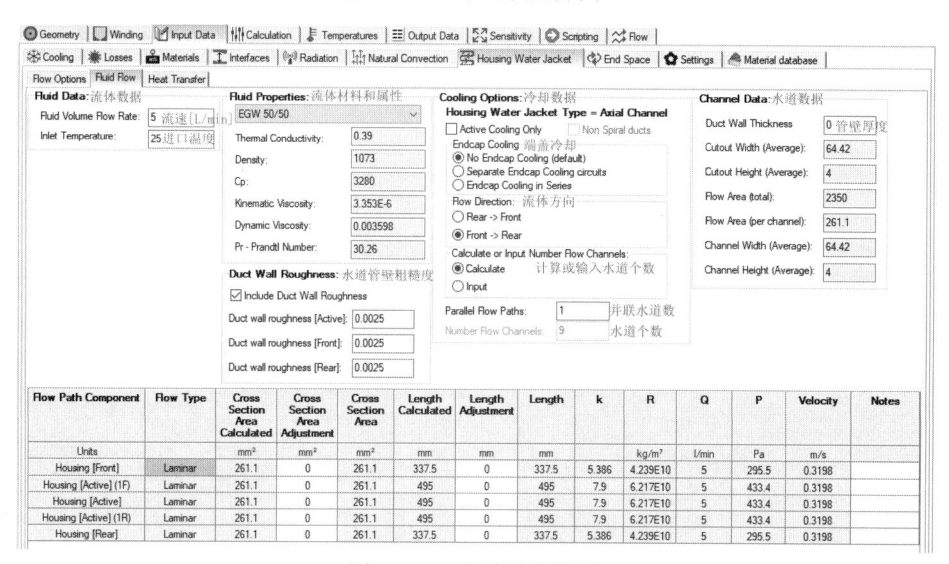

Flow Path Component	Flow Type	Cross Section Area Calculated	Cross Section Area Adjustment	Cross Section Area	Length Calculated	Length Adjustment	Length	k	R	Q	P	Velocity	Notes
Units		mm²	mm²	mm²	mm	mm	mm		kg/m⁷	l/min	Pa	m/s	
Housing [Front]	Laminar	261.1	0	261.1	337.5	0	337.5	5.386	4.239E10	5	295.5	0.3198	
Housing [Active] (1F)	Laminar	261.1	0	261.1	495	0	495	7.9	6.217E10	5	433.4	0.3198	
Housing [Active]	Laminar	261.1	0	261.1	495	0	495	7.9	6.217E10	5	433.4	0.3198	
Housing [Active] (1R)	Laminar	261.1	0	261.1	495	0	495	7.9	6.217E10	5	433.4	0.3198	
Housing [Rear]	Laminar	261.1	0	261.1	337.5	0	337.5	5.386	4.239E10	5	295.5	0.3198	

图 7-171　水道设定界面

Step10：其他设定。点击操作栏【Input Data】→【Settings】，还可进行轴向分段数、气隙等效方法、绕组计算方法、损耗分解方法等的设定，用户可根据需求自行设定，这里不再一一赘述。

Step11：计算求解设定。在操作栏中点击【Calculation】，可对电机进行计算求解设置，如图 7-172 所示，这里主要包括：

① 转轴转速设定；

② 求解的温度场类型，包括稳态温度场和瞬态温度场两种求解类型，本节勾选【Steady State】；

③ 求解模型尺寸，包括全模型和缩减的节点模型两种，缩减模型可缩短计算时间；

④ 求解模型类型，包括 3D 模型和利用有限元校准的 2D 模型；

⑤ 电磁-热耦合计算方式，包括不耦合计算、电磁场计算完成后向温度场输出损耗、温度场计算完成后向电磁场输出各部件温度和迭代计算 4 种耦合计算方式，这里需要注意选择耦合求解时，当某一物理场求解完成后在【Model】中更改求解模式即可将求解结果（损耗/

温度）传输至另一场。

计算求解设定完成后，点击右下方的【Solve Thermal Model】按钮就可以开始电机的稳态场温度场求解。

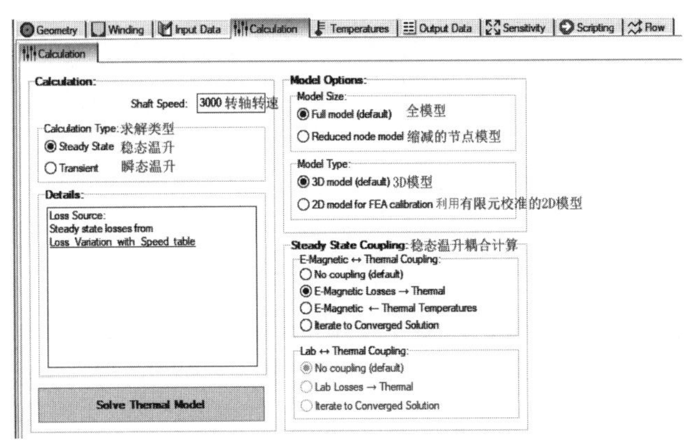

图 7-172 Calculation 计算设定界面

Step12：计算结果查看。计算完成后，点击操作栏的【Temperatures】，可以观测由热网络和 FEA 有限元方法计算的异步电机额定工况下温度场分布图，如热网络图、电机径向温度分布图、电机轴向温度分布图、定转子有限元温度分布图等。

点击【Temperatures】→【Schematic】→【Overview】，可观察计算得到的热网络分布图，如图 7-173 所示。热网络图主要由电机每一部件所代表的热阻和部件之间的节点组成，系统默认显示了每一节点的温度和每一热阻所代表部件的标签，用户还可以根据需求在左下方更改热阻和节点的显示内容。图 7-173 只显示了热网络的简化结构，忽略了非直接相连部件之间的热关系，点击【Temperatures】→【Schematic】→【Detail】，可观察详细的热网络结构，如图 7-174 所示。除此之外，点击操作栏【Temperatures】中的【Radial】或【Axial】按钮，可以更直观地观测电机径向和轴向的温度或温升分布，如图 7-175 所示。

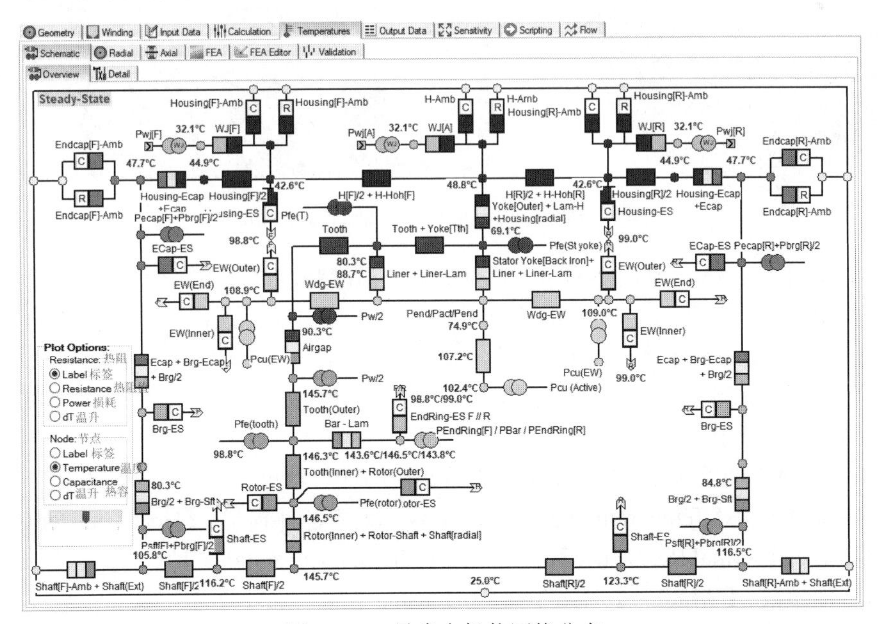

图 7-173 异步电机热网络分布

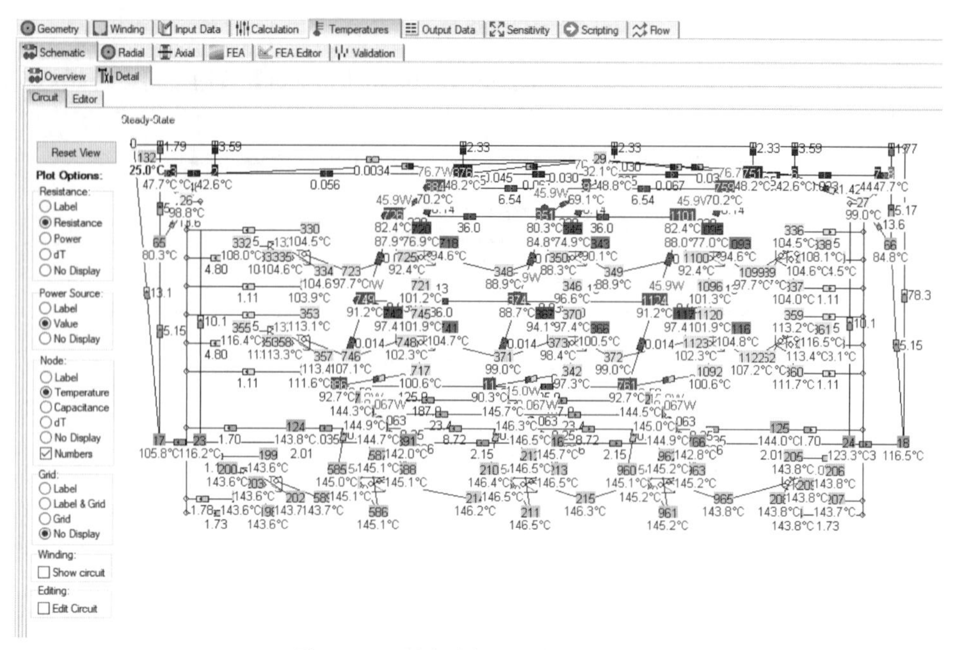

图 7-174　异步电机详细热网络分布

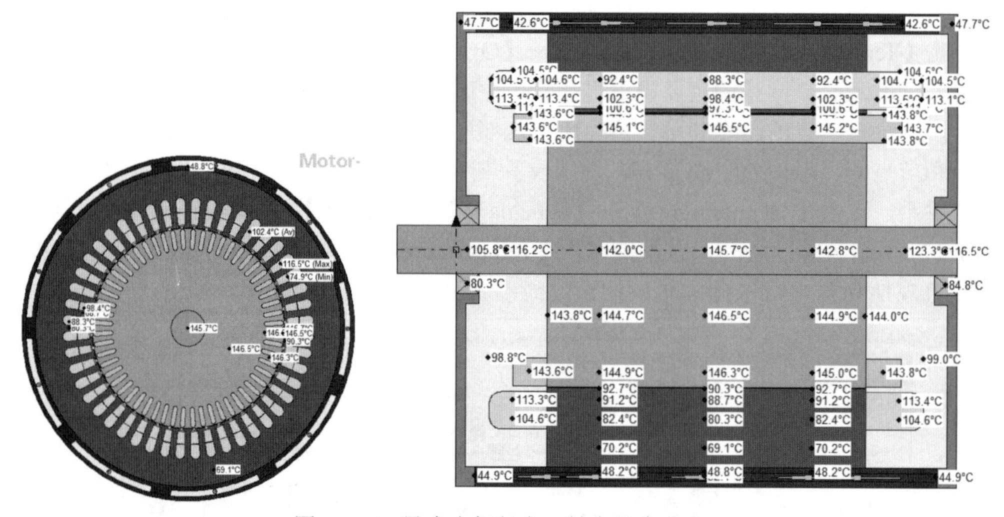

图 7-175　异步电机径向、轴向温度分布

图 7-173～图 7-175 为利用热网络法得到的电机温度和温升分布图，热网络法虽然可以快速地计算电机每一个部件的温升分布，但部件内部的温升分布无法得知，此时 Motor-CAD 还可利用 FEA 有限元法来计算定转子部件具体的温升分布。点击操作栏的【Temperatures】→【FEA】，可以利用有限元法来计算定子槽、转子导体、电机轴向、径向具体网格节点的温升分布，如图 7-176 所示。

在 Motor-CAD 的【Output Data】中可查看具体的计算结果。为了便于查看计算结果，软件将结果主要分为了【Temperatures】温度、【Losses】各部件损耗、【Heat Transfer Coeff】各部件散热系数、【Thermal Resistance】等效热阻、【Thermal Capacitance】等效热容、【End Space】端部区域等效参数、【Winding】绕组参数、【Housing Water Jacket】水道计算参数等几类，用户可以根据需求一一查看结果，如图 7-177、图 7-178 所示（这里不再列举所有结果）。

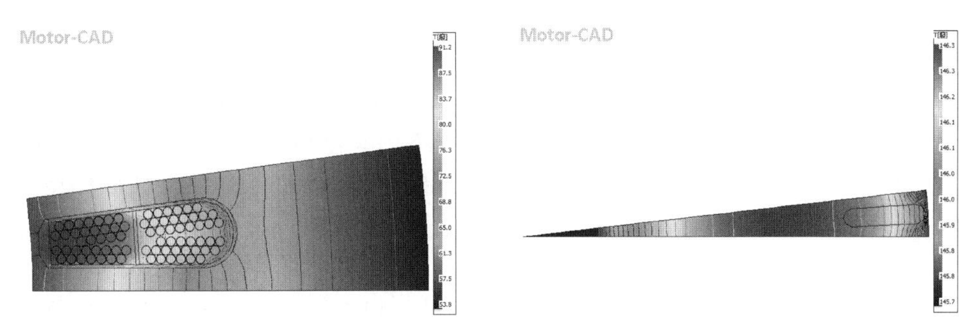

图 7-176　利用 FEA 方法计算的定转子温度分布图

Geometry | Winding | Input Data | Calculation | Temperatures | Output Data | Sensitivity | Scripting | Flow

Temperatures | Losses | Heat Transfer Coeff | Heat Transfer Coeff [2] | Thermal Resistance | Thermal Capacitance | End Space | Winding | Housing Water Jacket

Main | Axial Temperatures | Axial Temperatures Graph | Winding Temperatures | Winding Temperatures Graph

Temperature	Value [°C]	Temperature	Value [°C]	Temperature	Value [°C]
T [Housing - Overhang (F)]	42.552	T [Ambient]	25	T [Housing - Overhang (R)]	42.58
T [Housing - Front]	44.854	T [Housing - Active]	48.84	T [Housing - Rear]	44.91
T [Endcap - Front]	47.662	T [Stator Lam (Back Iron)]	69.131	T [Endcap - Rear]	47.74
T [Bearing - Front]	80.277	T [Stator Surface]	90.346	T [Bearing - Rear]	84.83
T [Shaft Ohang - Front]	116.19	T [Rotor Surface]	145.73	T [Shaft Ohang - Rear]	123.3
T [Shaft - Front]	105.84	T [Rotor Tooth]	146.3	T [Shaft - Rear]	116.5
T [End Space (F)]	98.765	T [Rotor Lamination]	146.48	T [End Space (R)]	98.98
T [Rotor (F)]	143.81	T [Shaft - Center]	145.72	T [Rotor (R)]	144
—		—		—	
T [Endring (F)]	143.65	T [Rotor Bar]	146.5	T [Endring (R)]	143.8
—		—		—	
T [EWdg (F) Maximum]	116.4	T [Winding (A) Maximum]	107.16	T [EWdg (R) Maximum]	116.5
T [EWdg (F) Average]	108.94	T [Winding (A) Average]	96.002	T [EWdg (R) Average]	109
T [EWdg (F) Minimum]	103.9	T [Winding (A) Minimum]	74.878	T [EWdg (R) Minimum]	104
		—			
		T [Winding Maximum]	116.46		
		T [Winding Average]	102.37		
		T [Winding Minimum]	74.878		
		T [End Winding Average]	108.96		
		—			
		T [Model Maximum]	146.54		
		T [Model Minimum]	25		

图 7-177　额定工况下异步电机主要部件温度值

Geometry | Winding | Input Data | Calculation | Temperatures | Output Data | Sensitivity | Scripting | Flow

Temperatures | Losses | Heat Transfer Coeff | Heat Transfer Coeff [2] | Thermal Resistance | Thermal Capacitance | End Space | Winding | Housing Water Jacket

Thermal Resistance	Value [°C/W]	Thermal Resistance	Value [°C/W]	Thermal Resistance	Value [°C/W]
Rt [Tooth (Outer)]	0.008076	Rt [Bearing (F)]	9.559	Rt [Housing - Ambient]	0.01106
Rt [Tooth (Middle)]	0.009266	Rt [Bearing (R)]	9.559	Rt [EWdg - Housing (F)]	1E009
Rt [Tooth (Inner)]	0.004633	Rt [Bearing - Endcap (F)]	0.1357	Rt [Potting - Housing (F)]	0
Rt [Tooth (Total)]	0.02197	Rt [Bearing - Endcap (R)]	0.1357	Rt [Potting (Radial) (F)]	0
Rt [Yoke Outer]	0.002977	Rt [Bearing - Shaft (F)]	0.3747	Rt [EWdg - Endcap (F)]	1E009
Rt [Yoke Inner (Slot)]	0.005268	Rt [Bearing - Shaft (R)]	0.3747	Rt [Potting - Endcap (F)]	0
Rt [Yoke Inner (Tooth)]	0.00548	Rt [Endcap (Axial Front)]	0.006105	Rt [Potting (Axial) (F)]	0
Rt [Stator Lam - Housing]	0.008507	Rt [Endcap (Axial Rear)]	0.006105	Rt [EWdg - Housing (R)]	1E009
Rt [Bore(Potting) F]	0	Rt [Endcap (Radial Front)]	0.2502	Rt [Potting - Housing (R)]	0
Rt [Bore(Potting) R]	0	Rt [Endcap (Radial Rear)]	0.2502	Rt [Potting (Radial) (R)]	0
Rt [Bore(Sleeve) F]	0	Rt [Termination (Rear)]	1E009	Rt [EWdg - Endcap (R)]	1E009
Rt [Bore(Sleeve) R]	0	Rt [Termination (Front)]	1E009	Rt [Potting - Endcap (R)]	0
Rt [EWdg Active Front]	0.08346	Rt [Airgap]	0.1674	Rt [Potting (Axial) (R)]	0
Rt [EWdg Active Rear]	0.08346	Rt [Cage - Rotor Lam]	0.00107	Rt [Liner - Lam (Slot Bottom)]	0
Rt [EWdg Ins Outer F]	0	Rt [Rotor Lam (Outer)]	0.0161	Rt [Liner - Lam (Tooth Side)]	0
Rt [EWdg Ins End F]	0	Rt [Rotor Lam (Inner)]	0.03273	Rt [Liner (Tooth Side)]	0.006511
Rt [EWdg Ins Bore F]	0	Rt [Rotor Lam - Shaft]	0.01217	Rt [Liner (Slot Bottom)]	0.04009
Rt [EWdg Ins Outer R]	0	—		Rt [Ins (Tooth Side)]	0
Rt [EWdg Ins End R]	0	Rt Shaft Active Radial	0.0371	Rt [Ins (Slot Base)]	0
Rt [EWdg Ins Bore R]	0	Rt [Shaft (Front)]	1.861	Rt [Impreg - Wdg Outer (slot bottom)]	0
Rt [EWdg Enamel Outer Front]	0.0002339	Rt [Shaft (Active)]	6.464	Rt [Impreg - Wdg Outer (tooth side)]	0
Rt [EWdg Enamel End Front]	0.0004106	Rt [Shaft (Rear)]	1.861	Rt [Ins - Wdg Outer (slot bottom)]	0
Rt [EWdg Enamel Bore Front]	0.000296	Rt [Shaft - Amb (Front)]	1E009	Rt [Ins - Wdg Outer (tooth side)]	0
Rt [EWdg Enamel Rear Front]	0.000398	Rt [Shaft - Amb (Rear)]	1E009		
Rt [EWdg Enamel Outer Rear]	0.0002339	Rt RotorCopper Active F	0.1054		
Rt [EWdg Enamel End Rear]	0.0004106	Rt RotorCopper Active R	0.1054		
Rt [EWdg Enamel Bore Rear]	0.000296				
Rt [EWdg Enamel Front Rear]	0.000398				
Rt [Housing - Active - Radial]	0.0001545				
Rt [Housing - Active - Housing OHang (F)]	0				
Rt [Housing - Active - Housing OHang (R)]	0				
Rt [Housing OHang/2 (F)]	0.02289				
Rt [Housing OHang/2 (R)]	0.02289				
Rt [Housing (Act) - Amb] - Con (S1)	1.894				

图 7-178　额定工况下异步电机主要部件等效热阻值

7.5.4 瞬态温升求解

本小节继续利用Motor-CAD软件对本章所描述的30kW笼型异步电机进行额定工况瞬态温升求解。继续使用7.5.3节模型，保持【Geometry】几何结构参数、【Winding】绕组参数、【Input Data】材料/冷却等参数的输入不变，直接更改【Calculation】计算类型为【Transient】瞬态求解，具体如下。

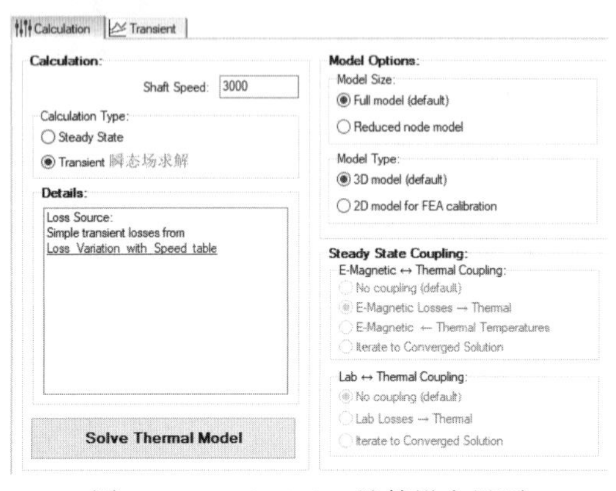

图7-179　Calculation计算设定界面

Step1：计算求解设定。在操作栏中点击【Calculation】，首先将【Calculation Type】更改为【Transient】，其他设置不变，可对电机进行瞬态温度场的求解设置，如图7-179所示。选择瞬态场求解后，会在【Calculation】右侧出现【Transient】求解设定，如图7-180所示。瞬态求解的具体设置如下。

【Transient Calculation Type】瞬态场计算方法设定，分为简单瞬态场【Simple Transient】和循环工况瞬态场【Duty-Cycle Analysis】两种，选择简单瞬态场时电机一直工作在固定的工况点（损耗不变或转矩不变）；选择循环工况需要在【Lab】实验室中选择所需计算的循环路况（默认为UDDS路况）或建立所需要计算的循环工况，此时电机工况点不固定，只是在所选择的循环工况运动，软件会利用【Lab】实验室先计算电流、转速、损耗Map数据，然后再根据循环路况每个工作点对应的损耗计算瞬态温升数据；本例选择【Simple Transient】。

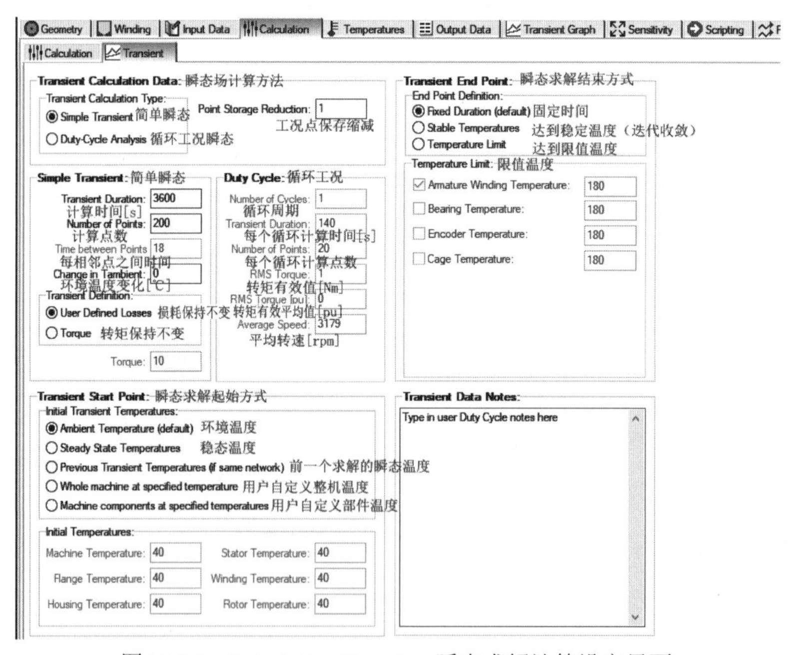

图7-180　Calculation Transient瞬态求解计算设定界面

【Point storage reduction】为代表保存结果的步长（而非计算步长），每N步保存一次结果，以缩减计算内存。

【Transient Duration】为计算时间，单位为 s，本例计算 3600s；【Number of Points】为计算点数，本例计算 200 点；【Change in Tambient】为一个计算周期内的环境温度变化，在计算周期内随时间线性变化，本例假设不变化。

【Transient Definition】瞬态场求解定义，分为【User Defined Losses】保持损耗不变和【Torque】保持转矩不变两种，因为温度的变化会引起电机转矩的变化。当选择【Torque】转矩不变时，软件会计算瞬态场此节点温度下的 *T-n* 曲线，再根据 *T-n* 曲线计算此工作点的损耗。本例选择【User Defined Losses】。

【Duty Cycle】循环工况设置主要有【Number of Cycles】循环周期、【Transient Duration】每周期计算时间、【Number of Points】计算点数、【RMS Torque】每循环周期内转矩有效平均值、【Average Speed】平均转速。

【Transient Start Point】瞬态场起始温度设定，主要包括【Ambient Temperature】起始时刻为环境温度、【Steady State Temperatures】起始时刻各部件为稳态场计算温度（前一步必须利用稳态场计算温升）、【Previous Transient Temperatures】起始时刻各部件为上一次瞬态场计算结束时刻的温升、【Whole machine at specified temperature】起始时刻用户自定义整机温度和【Machine Components at specified temperatures】起始时刻用户自定义各部件温度 5 种，本例选择【Ambient Temperature】起始时刻为环境温度。

【Transient End Point】瞬态场求解终止方式设定，主要包括【Fixed Duration】固定时间、【Stable Temperatures】各部件温度稳定（收敛）和【Temperatures Limit】各部件达到限定温度 3 种，本例选择【Fixed Duration】固定时间。

计算求解设定完成后，返回【Calculation】，点击右下方的【Solve Thermal Model】就可以开始进行电机的瞬态场温度求解。

Step2：计算结果查看。计算完成后，点击操作栏中的【Temperatures】和【Output Data】，可以观测由热网络和 FEA 有限元方法计算的异步电机额定工况下瞬态场结束时间节点的温度场分布图和具体数据，如热网络图、电机径向温度分布图、电机轴向温度分布图、定转子有限元温度分布图等。此处与稳态场一致，不再赘述。需要注意的是，此时电机的热网络温度分布图和 FEA 结果不是电机稳定后的温度，而是瞬态场求解过程结束时各部件的瞬态温度。

在菜单栏中点击【Transient Graph】→【Graphs】→【Power】或【Temperature】，可观察瞬态求解中电机各部件温度和损耗随时间的变化，如图 7-181、图 7-182 所示。图中只显示了电机主要部件的温升变化曲线，还可在【Transient Graph】→【Setup】中选择观察其他部件。

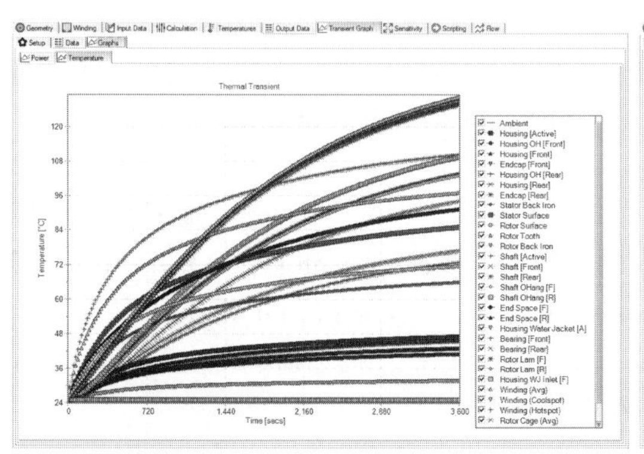

图 7-181 Calculation Transient

瞬态求解计算设定界面

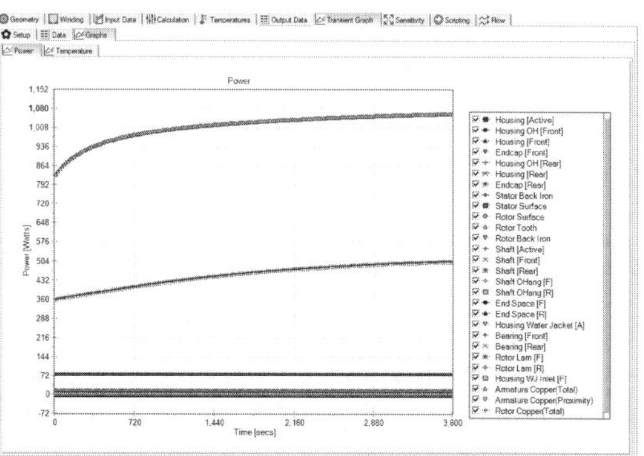

图 7-182 Calculation Transient

瞬态求解计算设定界面

以上求解的过程和展示结果，即为采用 Motor-CAD 快速建模和进行温度场稳定求解和瞬态求解分析计算的全过程。可以看出，Motor-CAD 不仅可以快速进行电机的建模和电磁性能的基本分析，还可方便地、快速地通过热网络法计算电机的稳态和瞬态温度。

7.5.5 效率 Map 图计算

除了电磁性能、温升计算外，Motor-CAD 还可以在 Lab（虚拟实验室）中利用磁路和有限元结合的方法快速地计算异步电机的损耗、电流、效率等的 Map（图）分布。

继续使用 7.5.4 节的模型，在菜单栏【Model】中将求解模型更改为【Lab】虚拟实验室。如图 7-183 所示，由操作栏可知，Motor-CAD 提供的【Lab】虚拟实验室有【Model Build】饱和模型和损耗模型的建立、【Calculation】电磁温度计算设定、【Electromagnetic】电机电磁 Map（图）性能计算、【Thermal】电机温升 Map（图）性能计算、【Duty Cycle】电动汽车驱动电机循环工况点计算、【Operating Point】单一工况点计算等功能。计算前需要按照步骤首先进行饱和模型和损耗模型的建立、计算设定等，具体如下。

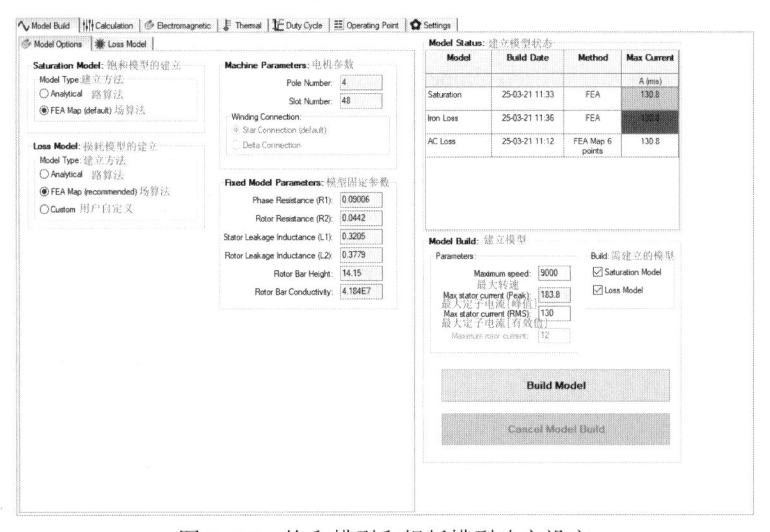

图 7-183　饱和模型和损耗模型建立设定

Step1：计算模型的建立。在操作栏中点击【Model Build】→【Model Options】，如图 7-183 所示，首先进行饱和模型【Saturation Model】和损耗模型【Loss Model】的建立。其中饱和模型使用不同幅值的定子电流值和转速（转差）来计算异步电机各个工况点的电压值、电感值、磁链值；而损耗模型用这些工况下的损耗值；Motor-CAD 为饱和模型【Saturation Model】和损耗模型【Loss Model】的建立提供了路算（Analytical）和场算（FEA Map）两种方法，默认使用场算方法来提高 Map 图的计算精度。

Model 建立方法选择完成后，建立 Model 前，在界面右下方需要输入想要计算的电机最高转速【Maximum Speed】、定子最大工作电流有效值【Max Stator Current（RMS）】，并在【Build】对话框中同时勾选【Saturation Model】和【Loss Model】，然后点击【Build Model】按钮开始建立模型。本例选择利用 FEA 场算方法建立异步电机的饱和模型和损耗模型，电机最大转速为 9000r/min，定子最大工作电流有效值为 130A。

除此之外，软件还为【Loss Model】的建立提供了用户自定义方法，在【Loss Mdel】下选择【Custom】后，可在【Model】→【Loss Model】中自定义损耗模型的计算方法，如图 7-184 所示。主要包括定子铜耗【Stator Copper Loss】的计算方法、定转子铁耗【Iron Loss】的计算方法以及定子套管【Sleeve Loss】和转子护套损耗【Banding Loss】的计算方法。其中，当不考虑转子护套损耗和定子套管损耗时，可选择【Neglect】;【Iron Loss】计算方法有路算（Analytical）和场算（FEA Map）两种方法。定子铜耗【Stator Copper Loss】的计算涉及是否考虑交流电阻损耗，主要分为只计算直流电阻损耗、用户自定义方程系数的交直流电阻损耗计算、通过用单个 FEA 计算得知交直流电阻之比、使用 FEA 计算整个转速电流范围内的交直流电阻损耗 4 种。

当定子绕组采用散线方式且电频率不高时，可以无须考虑交流电阻铜耗；当采用扁线绕组或频率较高时，必须使用 FEA 方法或自定义方法来计算电机的交流铜耗以提高 Map 图的计算精度。

Step2：计算设定。在操作栏中点击【Calculation】→【General】，进行计算的设定，如图 7-185 所示。具体设置包括:【Drive】驱动设定，主要填入电机工作的直流母线电压【DC Bus Voltage】和最大调制比【Maximum Modulation Index】，软件会根据这两个值计算电机绕组最大工作线电压限值（两值相乘）；还有电机的工作方式，主要分为【Motor】电动、【Generator】发电及【Motor/Generator】3 种。本例直流母线电压为 540V，最大调制比为 0.9，电机工作在电动状态。

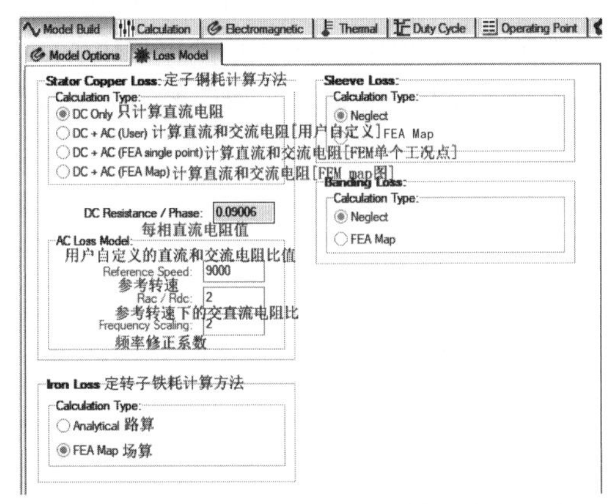

图 7-184　用户自定义的损耗模型建立设定

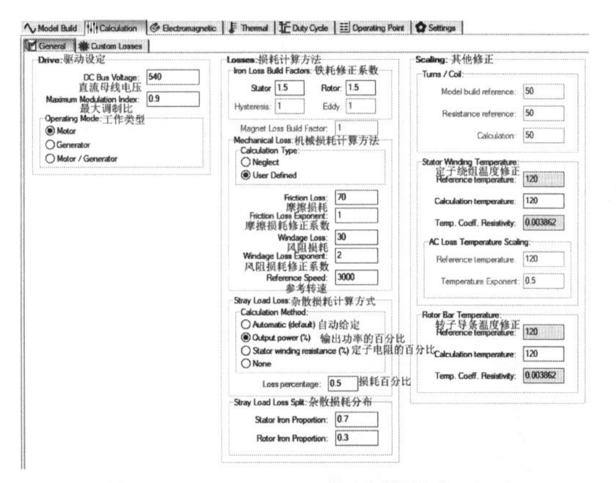

图 7-185　Calculation 计算设定界面

【Losses】损耗的计算方式，主要分为【Iron Loss Build Factors】铁耗修正系数，因损耗模型中主要计算了电机在正弦供电下的铁耗，忽略了电流高次谐波、漏磁场所引起的铁耗，因此使用此值来修正损耗模型中的定转子铁耗。本例给定的转子铁耗修正系数均为 1.5。

【Mechanical Loss】机械损耗的计算方式，主要根据给定参考转速【Reference Speed】下的【Friction Loss】摩擦损耗、【Windage Loss】风阻损耗以及【Windage Loss Exponet】风阻损耗修正因子来计算不同转速下的机械损耗。本例中参考转速为 3000r/min 时【Friction Loss】摩擦损耗为 70W、【Windage Loss】风阻损耗为 30W，各自转速修正系数分别为 1 和 2。

【Stray Load Loss】杂散损耗的计算方式，主要分为【Automatic】自动计算、【Output power (%)】输出功率的百分比、【Stator winding resistance (%)】定子绕组电阻的百分比以及不计算 4 种，还可利用【Stray Load Loss Split】杂散损耗分布来规定杂散损耗在定转子分布的百分比。本例杂散损耗的计算方法为输出功率的 0.5%。

【Scaling】主要用于对定子绕组计算温度、转子导条计算温度进行修正。本例定子绕组和转子导条的计算温度均为 120℃。

Step3：电磁 Map 图计算。模型建立和计算设定完成后，即可计算电机的电磁 Map 图，在操作栏中点击【Electromagnetic】，即可进行电磁Map的计算，如图7-186所示。在计算类型中选择【Efficieny Map】效率Map计算，并填入最大/最小转速、转速步长和最大/最小工作电流，点击【Calculation Emagnetic Performance】即可计算异步电机的电磁Map分布。本例电机最大转速为9000r/min，最大工作电流为130A。

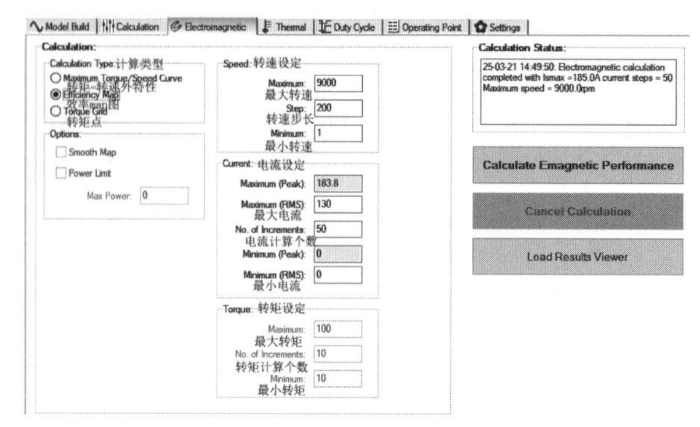

图7-186　电磁Map计算设定界面

Step4： 电磁Map图计算结果查看。计算完成后，自动弹出【Lab Results Viewer】窗口，如图7-187所示。除了效率Map图外，还可更改Z轴坐标来观测电机在自限定的电流值和母线电压下的电流、电压、输入功率、输出功率、功率因数、交直轴电感、磁链、各个损耗的Map图分布，如图7-188、图7-189所示，还可在菜单栏中点击【Analysis】观察电机的高效区分布，如图7-190所示。

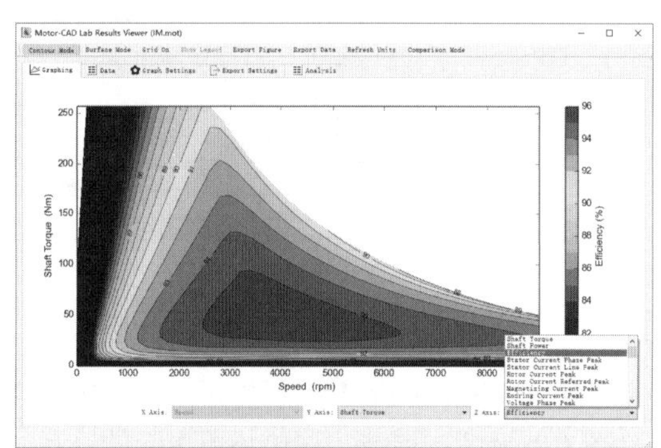

图7-187　异步电机效率Map图分布

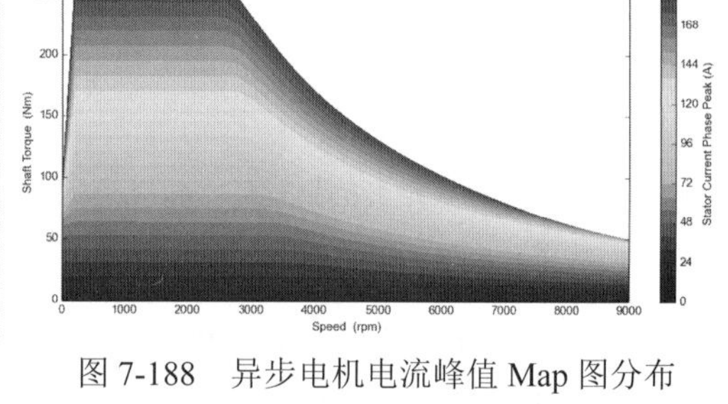

图7-188　异步电机电流峰值Map图分布

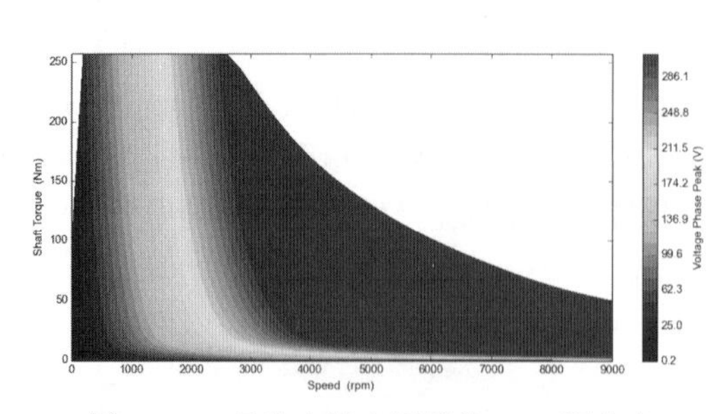

图7-189　异步电机电压峰值Map图分布

Efficiency Map Data:

	Value
Efficiency Above 96.0%	0.00
Efficiency Above 95.0%	7.55
Efficiency Above 94.0%	23.53
Efficiency Above 93.0%	37.27
Efficiency Above 92.0%	49.01
Efficiency Above 91.0%	58.39
Efficiency Above 90.0%	67.29
Efficiency Above 89.0%	72.17
Efficiency Above 88.0%	75.21
Efficiency Above 87.0%	77.71
Efficiency Above 86.0%	79.82
Efficiency Above 85.0%	81.58
Efficiency Above 84.0%	83.28
Efficiency Above 83.0%	84.61

图7-190　异步电机高效区分布

7.5.6 路谱图求解

针对电动汽车驱动电机，Motor-CAD 还可以在【Lab】虚拟实验室中利用建立的饱和模型及损耗计算自定义或现有循环工况下的电机路谱图和循环一周期内电机损耗和效率。本小节利用现有模型计算异步电机的路谱图和循环损耗。

Step1：计算设定。继续使用上一节模型，在【Lab】实验室菜单栏下保持【Model Build】中饱和/损耗模型和【Calculation】中母线电机设定不变，然后在菜单栏中选择【Duty Cycle】循环工况计算，如图 7-191 所示，循环工况计算的主要设定如下。

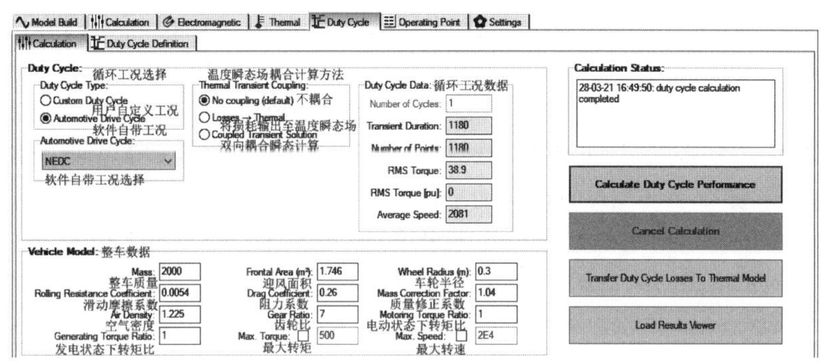

图 7-191 路谱图设定界面

首先在【Duty Cycle Type】循环工况类型中选择需要计算的循环工况类型，一种为【Custom Duty Cycle】用户自定义工况，需要用户在【Duty Cycle Definition】自行输入自定义循环工况下每个工作点对应的电动汽车车速、整车扭矩；另一种为软件自带工况，主要包括 UDDS、HWY、US06、EUDC、NEDC 等国际常用的标准汽车测试工况，软件会在【Duty Cycle Definition】自动填入循环工况下每个工作点对应的电动汽车车速、整车扭矩以及根据整车数据计算驱动电机所需的转速和扭矩，如图 7-192 所示。本例选择标准 NEDC 工况。

Period	Elapsed Time	Time	Points	Torque	Vehicle Speed [Start]	Vehicle Speed [End]	Shaft Speed [Start]	Shaft Speed [End]
148	148	1	1	6.838	50	50	3095	3095
149	149	1	1	6.838	50	50	3095	3095
150	150	1	1	6.838	50	50	3095	3095
151	151	1	1	6.838	50	50	3095	3095
152	152	1	1	6.838	50	50	3095	3095
153	153	1	1	6.838	50	50	3095	3095
154	154	1	1	6.838	50	50	3095	3095
155	155	1	1	-39.59	50	48.13	3095	2979
156	156	1	1	-39.76	48.13	46.25	2979	2863

图 7-192 循环工况每个工作点对应的汽车速度和电机数据曲线

然后选择【Thermal Transient Coupling】温度瞬态场耦合方式，参考 7.5.4 节 Step1 中【Transient Calculation Type】瞬态场计算方法，此处主要用于将循环工况下的损耗数据发送至温度瞬态场，计算循环工况下电机的温升。

【Duty Cycle Data】主要显示对应循环工况下电机的平均转矩和平均转速等。

【Vehicle Model】用以填写驱动电机所安装汽车的整车数据，如整车质量【Mass】、迎风面积【Frontal Area】、车轮半径【Wheel Radius】、齿轮比【Gear Ratio】等。这里需要注意【Motoring Torque Ratio】和【Generating Torque Ratio】这两个系数，在混动汽车中，由于还存在发动机，其提供了一定比例的扭矩，故使用这两个系数来分权得到电机所需的输出转矩。本例整车数据如图 7-191 所示。

设置完成后，在对话框中点击【Calculate Duty Cycle Performance】按钮开始计算循环工况数据。

Step2：路谱图计算结果查看。计算完成后，自动弹出【Lab Results Viewer】窗口，如图 7-193 所示，除了循环工作每个工作点对应电机输出转矩外，还可更改 Z 轴坐标来观测电机在循环工作下每个工作点对应的电流、电压、输入功率、输出功率、功率因数、交直轴电感、磁链曲线，这里不再一一列举。除此之外，还可在【Lab Results Viewer】窗口的菜单栏中点击【Analysis】来查看整个循环工况下电机的平均效率、总损耗、铜耗、铁耗等数据，如图 7-194 所示。还可返回 7.5.5 节中效率 Map 计算结果窗口，在菜单栏中点击【Show Drive Cycle】按钮以在 Map 中显示电机的路谱图，如图 7-195 所示。

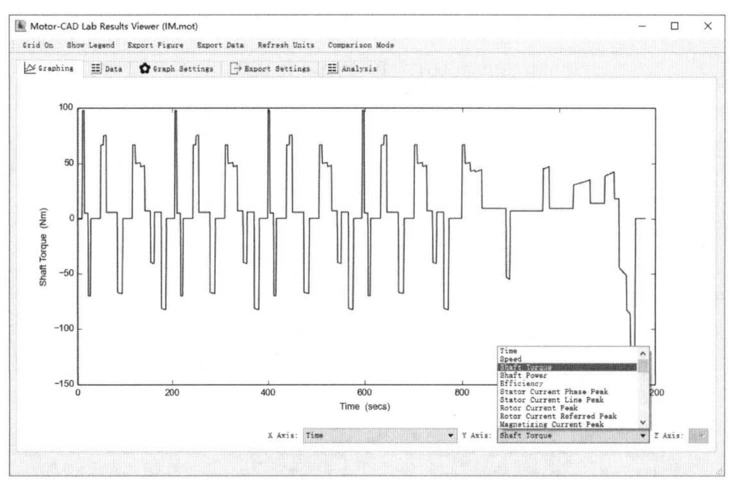

图 7-193 异步电机循环工况下的转矩曲线

Graphing | Data | Graph Settings | Export Settings | Analysis

Duty Cycle Data

	Value
Average Efficiency (Energy Use) (%)	92.46
Average Efficiency (Point by Point) (%)	67.46
Electrical Input Energy (Wh)	1352.79
Shaft Motoring Energy (Wh)	1252.89
Electrical Output (Recovered) Energy (Wh)	571.05
Shaft Generating Energy (Wh)	619.87
Total Loss (Wh)	148.72
Copper Loss (Wh)	63.07
Iron Loss (Wh)	26.33
Rotor Cage Loss (Wh)	25.19
Mechanical Loss (Wh)	24.67
Motoring Operation (%)	85.00
Generating Operation (%)	15.00

图 7-194 异步电机循环工况损耗分析

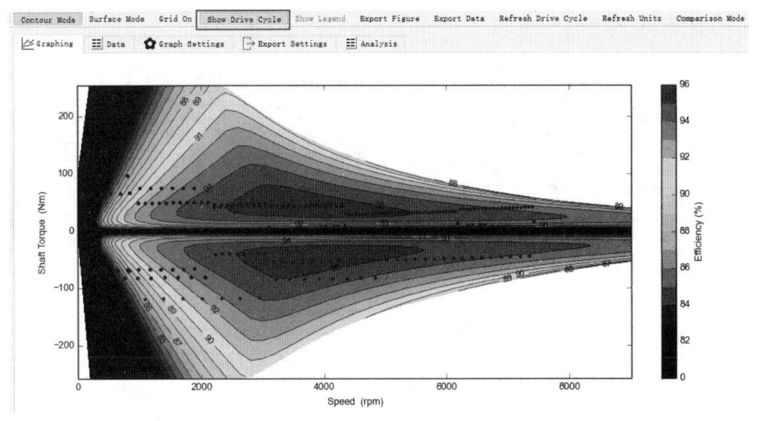

图 7-195　异步电机路谱图分布

本章小结

本章主要以一台 4 极 30kW 笼型转子感应电动机为例，系统地学习了使用 RMxprt 快速地进行电磁性能计算，并以此为基础完成 2D 和 3D 场笼型感应电机的模型搭建，材料、边界设置等前处理进程以及气隙磁密求取，效率 Map 图生成，转矩等特性曲线输出的后处理过程，最终利用 Motor-CAD 软件对其电磁温度场进行了耦合仿真计算。

第8章 内置式永磁同步电机电磁-温度-结构多场耦合仿真

扫码观看本章视频

8.1 实例描述及仿真策略

与传统电励磁电机和感应电机相比，永磁电机，特别是内置式永磁同步电机具有结构简单、运行可靠、体积小、质量轻和效率高的优点，在工农业生产、航空航天、国防和新能源汽车等领域中得到了广泛应用。图 8-1 为常见的 V 形磁钢内置式永磁同步电机结构示意图。

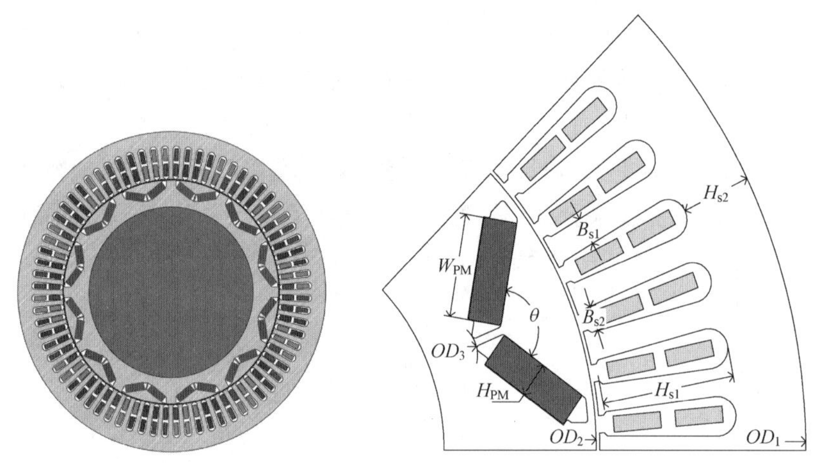

图 8-1　V 形内置式永磁同步电机结构

本章以一台新能源车用 V 形磁钢内置式永磁同步电机为例，通过 ANSYS 的 RMxprt 模块一键建模功能和 UDP 快速绘制功能，建立电机的有限元 2D 仿真模型，仿真分析永磁同步电机具体的空载和带载性能，并利用 ANSYS optiSLang 优化插件，实现电机电磁性能灵敏度分析和多目标优化。最后利用 Workbench 仿真平台，分别搭建车用永磁驱动电机的电磁-温度场和电磁-结构-声场多物理场耦合仿真模型，实现对永磁电机的温升性能和振动噪声性能分析。本章车用 V 形磁钢内置式永磁同步电机的具体结构参数和性能指标见表 8-1、表 8-2。

表 8-1　永磁同步电机主要结构参数

参数	值	参数	值
定转子铁芯材料	35WW270	定子铁芯轴向长度/mm	100
定子外径/mm	190	定子内径/mm	125
槽数/极数	48/8	每相串联导体数	80
并联支路数	2	每槽导体数	10
线规/mm	直径 0.77	并绕股数	10
绕线方式	双层叠绕组	绕组节距	5
顶部槽宽 B_{s1}/mm	3.8	底部槽宽 B_{s2}/mm	6.2

续表

参数	值	参数	值
槽口宽 B_{s0}/mm	2.5	槽深 H_{s1}/mm	21.5
转子外径/mm	123.8	转子内径/mm	70
转子铁芯轴长/mm	100	永磁体内置形式	V
永磁体宽度/mm	16	永磁体厚度/mm	5
永磁体牌号	N38EH	永磁体工作温度/℃	120
永磁体计算矫顽力/(kA/m)	856.9	永磁体计算剩磁密度/T	1.097

表 8-2　永磁同步电机主要性能指标

参数	值	参数	值
额定转速/（r/min）	3000	最高转速/（r/mim）	9000
额定转矩/N·m	95.5	峰值转矩/N·m	200
额定电流/A	100	峰值电流/A	210
额定功率/kW	30	峰值功率/kW	60
母线电压/V	336	冷却方式	水冷

8.2　RMxprt 快速建模及电磁性能计算

8.2.1　模型选择及基础参数设置

本节以内置式永磁同步电机为例，进行相关的 RMxprt 建模和仿真介绍。

Step1： 新建 RMxprt 工程项目。首先在快捷菜单栏中打开 ANSYS Electronics Desktop 软件，选中桌面【Desktop】小工具菜单，在【Maxwell】下选中 RMxprt 工具包，弹出如图 8-2 所示的【Design Flow】窗口。其中 Maxwell Model Wizard 为利用 RMxprt 工具包建立 Maxwell 有限元模型，并不能进行快速性能分析，所以一般选择 Generate RMxprt Solutions。电机类型如果选择 General，则属于普通通用旋转电机建模方法，一般在电机类型选择库中没有的话可以选择这个。本例永磁同步电机可以选择【General】，左侧工程树管理栏如图 8-3 所示，包含定子槽和绕组，转子槽和绕组以及转轴设置模块。

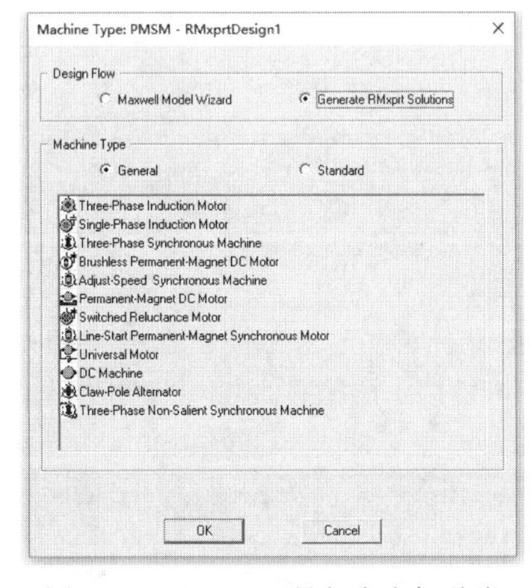

图 8-2　RMxprt 工具包中电机种类

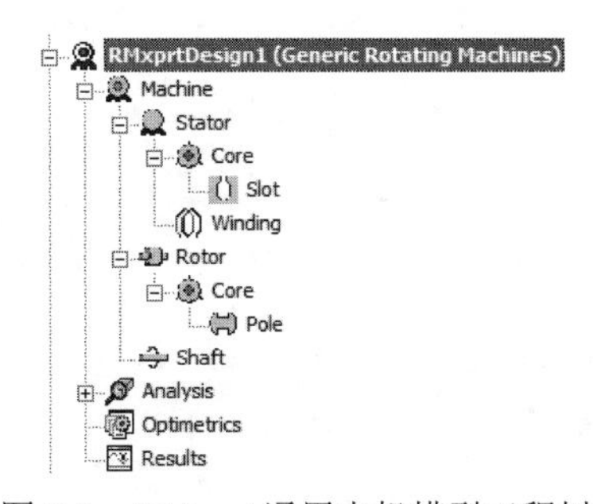

图 8-3　RMxprt 通用电机模型工程树示意图

Step2： 电机默认选项设定。双击 RMxprtDesign1 下的【Machine】模块，弹出电机基本属性窗口，设置通用电机的定转子类型，如图 8-4 所示。该模块主要包含电源类别（Source Type），包括 AC（交流）和 DC 直流两种；电机结构（Structure），包括 Inner Rotor（内转子）、Outer Rotor（外转子）和 Axial-Flux Rotor（轴向转子）三种结构；定子类型（Stator Type），包括 SLOT_AC 交流槽铁芯、Salnt_Pole 凸极铁芯和 Salnt_Step 台阶状铁芯三种结构；转子类型（Rotor Type），包括 SLOT_AC 交流槽铁芯、Salnt_Pole 凸极铁芯、Salnt_Step 台阶状铁芯、Slot_Cage 笼型铁芯、PM_Interior 内置式永磁铁芯、Solid 实心铁芯和 Nons_Relu 磁阻铁芯六种结构。本例为内置式永磁同步交流电机，各部分选择如图 8-4 所示。

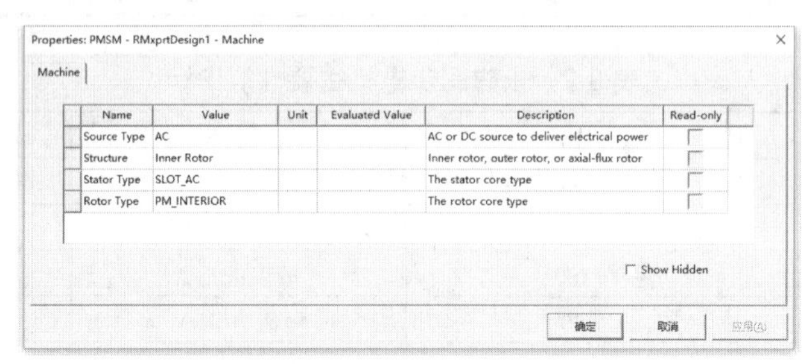

图 8-4　Machine 模块参数设置窗口

Step3：定子尺寸、槽形和绕组设定。双击工程树【Machine】模块下的【Stator】模块，弹出定子槽数和槽形选择窗口，此处定子槽形和绕组设置与感应电机相同，这里不再赘述，本例的定子和绕组具体参数如图 8-5～图 8-8 所示。

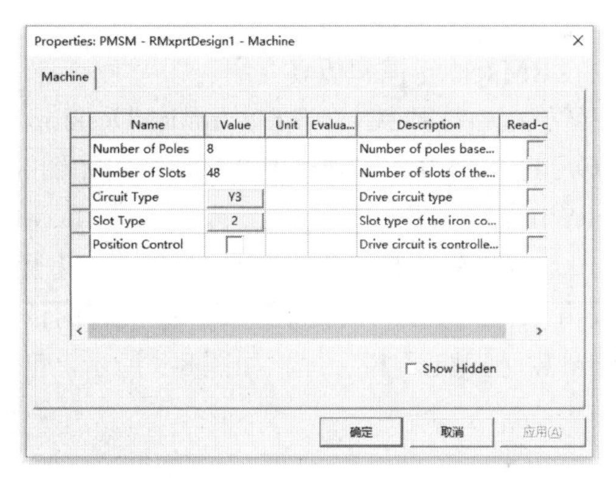

图 8-5　定子槽数和槽形设置窗口

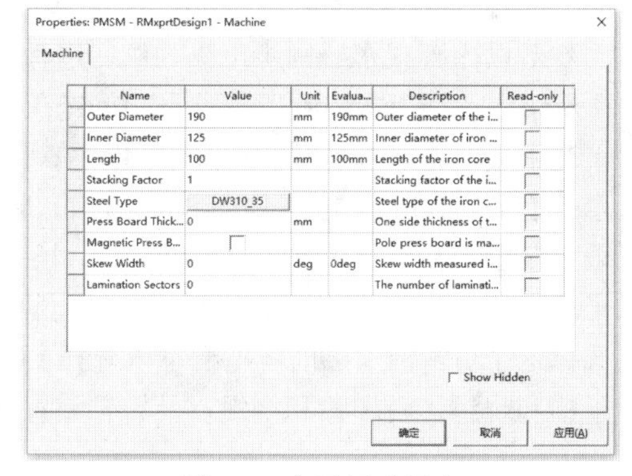

图 8-6　定子尺寸设定

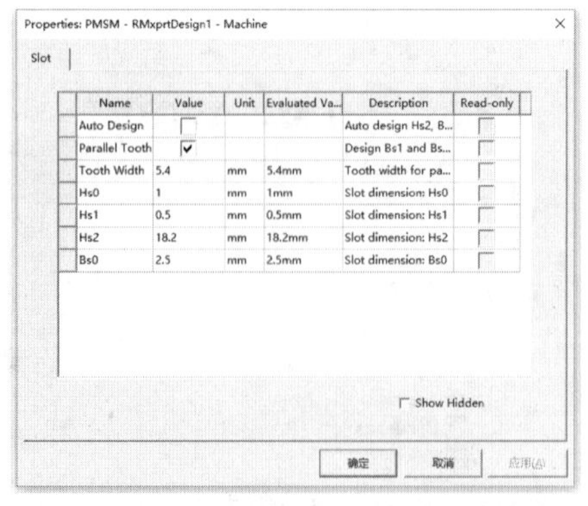

图 8-7　定子槽形尺寸设置窗口

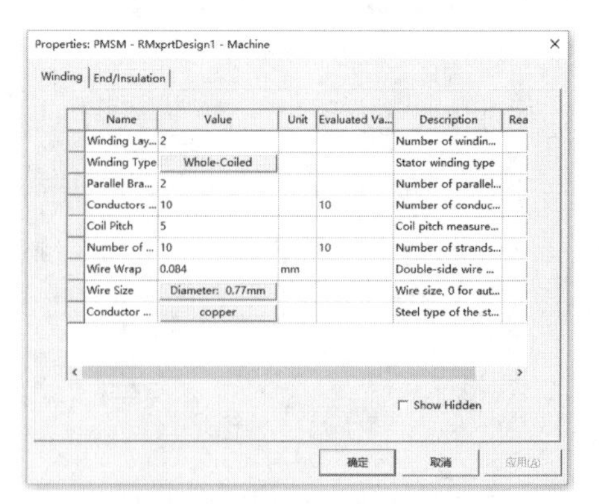

图 8-8　定子绕组设置窗口

Step4：转子尺寸、槽形和绕组设定。双击工程树【Machine】模块下【Rotor】模块的【Core】，弹出如图 8-9 所示的窗口。该模块主要包括转子内外径尺寸（Outer Diameter、Inner Diameter）、轴长（Length）、铁芯叠压系数（Stacking Factor）、硅钢材料（Steel Type）和转子槽类型（Pole Type）。内外径、轴长、叠压系数等基础设置和定子类似，案例模型中转子的具体参数值如图 8-9 所示。不同的是槽形的设置和永磁体设置。当转子为内置式永磁结构时，点击 Pole Type 选项，转子永磁体槽形系统自带 6 种常见槽形结构，各槽形和尺寸标注如图 8-10 所示，主要包括 Spoke 形、一字形、3 种不同 V 形、U 形 6 种永磁体槽形结构。本章选择第三种永磁体槽形结构。

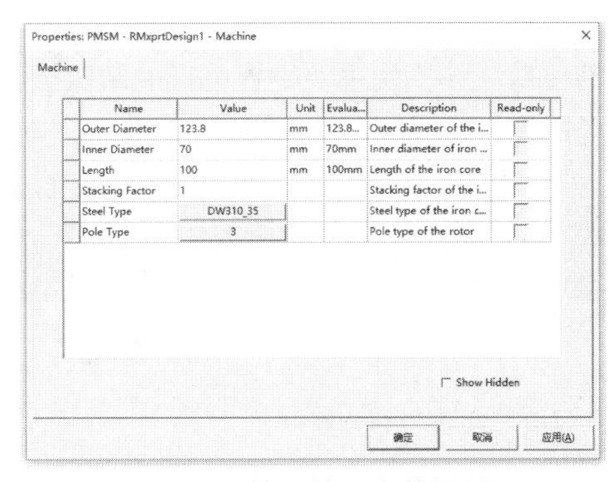
Properties: PMSM - RMxprtDesign1 - Machine

Machine

Name	Value	Unit	Evalua...	Description	Read-only
Outer Diameter	123.8	mm	123.8...	Outer diameter of the i...	
Inner Diameter	70	mm	70mm	Inner diameter of iron ...	
Length	100	mm	100mm	Length of the iron core	
Stacking Factor	1			Stacking factor of the i...	
Steel Type	DW310_35			Steel type of the iron c...	
Pole Type	3			Pole type of the rotor	

Show Hidden

确定 取消 应用(A)

图 8-9　转子铁芯参数设置

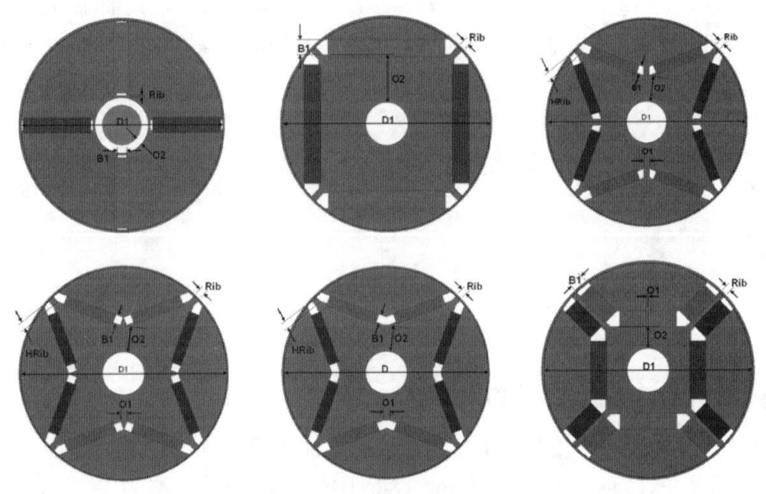

图 8-10　转子永磁体槽类型示意图

Step5：永磁体槽形和尺寸设定。双击【Rotor】模块下【Pole】模块，进入永磁体槽形尺寸编辑窗口，输入本章案例模型的转子槽形尺寸，具体如图 8-11 所示。

Properties: PMSM - RMxprtDesign1 - Machine

Pole

Name	Value	Unit	Evaluated Va...	Description	Read-only
D1	121.4	mm	121.4mm	Limited Diameter f...	
O1	1	mm	1mm	Magnet duct dime...	
O2	12	mm	12mm	Magnet duct dime...	
B1	4.2	mm	4.2mm	Magnet duct dime...	
Rib	8	mm	8mm	Magnet duct dime...	
HRib	2	mm	2mm	Magnet duct dime...	
Layers	1		1	Number of duct la...	
Layer Pitch	5	mm	5mm	Pitch between two ...	
Magnet Thickness	5	mm	5mm	Magnet thickness, ...	
Magnet Width	32	mm	32mm	Total width of all ...	
Magnet Type	N38UH			Magnet type	

Show Hidden

确定 取消 应用(A)

图 8-11　永磁体槽形尺寸参数

Step6：转轴设定。双击工程树【Machine】模块下的【Shaft】模块，弹出如图 8-12 所示的窗口。该模块主要设置电机的摩擦损耗（Frictional Loss）、风阻损耗（Windage Loss）、参考速度（Reference Speed）。设置方法与感应电机相同，输入参数如图 8-12 所示。

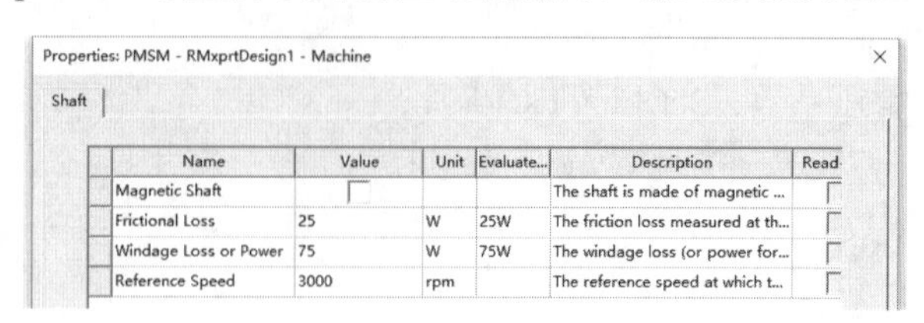

图 8-12　轴设置

8.2.2　激励及求解参数设定

右键点击工程树【Machine】模块下的【Analysis】模块，点击【Add Solution Setup】，弹出求解器设定窗口，此处与感应电机设定相同，不再赘述。本章案例模型的负载选择恒功率负载，绕组连接方式为 Wye 连接，运行工况以额定工况进行求解，其他工况只需修改对应的电压、功率、转速和频率等特性参数即可，额定工况的具体参数如图 8-13 所示。

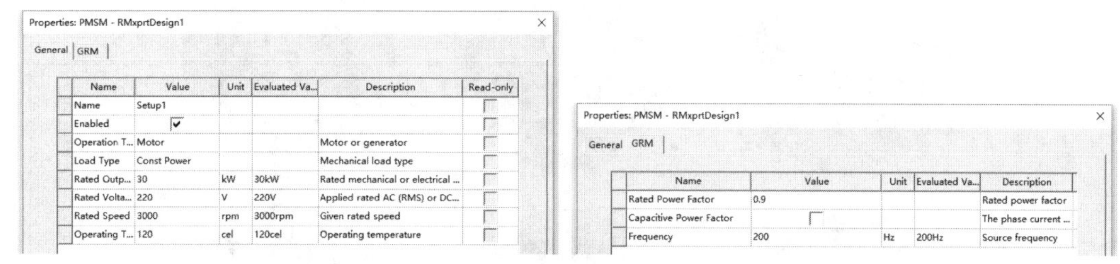

图 8-13　求解参数值

8.2.3　电磁计算结果及特性曲线查看

求解完成后，在 RMxprt 中查看计算结果，为了便于查看所有结果，一般在 Solution Data 中查看其相关结果，本节也主要以 Solution Data 中的结果查看方法为主。Solution Data 模块（见图 8-14）用于查看几种特殊工况下计算的具体参数值，点击 Solution Data，弹出如图 8-14 所示的结果查看框，选择 Data 下拉框，可以查看有限元计算输入数据（FEA Input Data）、满载工况（Full-Load Operation）、材料需求（Material Consumption）、空载磁场变量（No-Load Magnetic Variables）、永磁体参数（Permanent Magnet）、定子槽数据（Stator Slot）、定子绕组数据（Stator Winding）和电机非饱和参数（Unsaturated Parameters）等相关数据，能够快速地查询各工况下的性能参数。本章案例模型的相关计算结果如图 8-15 所示。

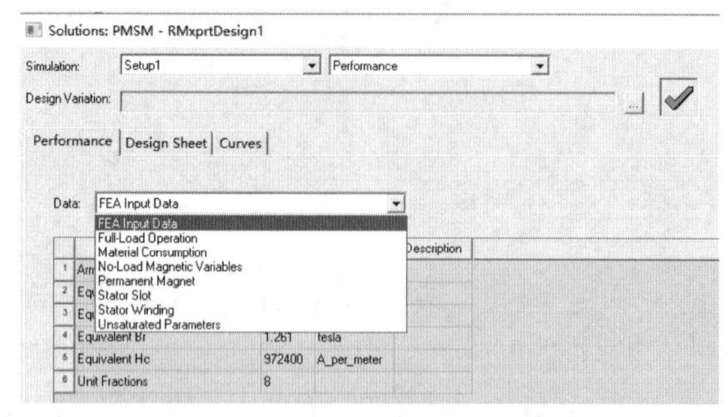

图 8-14　Solution Data 结果模块

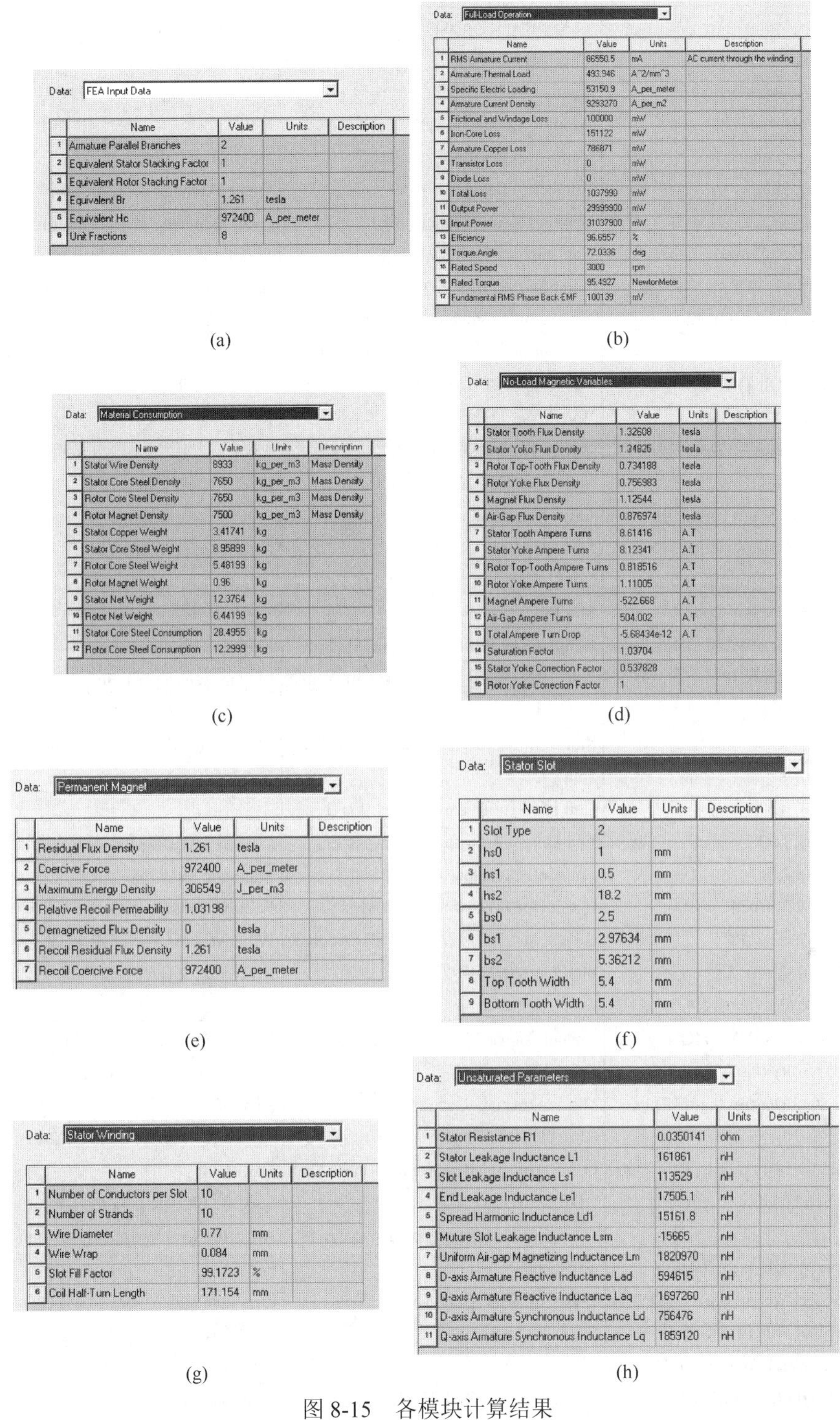

Data: FEA Input Data

	Name	Value	Units	Description
1	Armature Parallel Branches	2		
2	Equivalent Stator Stacking Factor	1		
3	Equivalent Rotor Stacking Factor	1		
4	Equivalent Br	1.261	tesla	
5	Equivalent Hc	972400	A_per_meter	
6	Unit Fractions	8		

(a)

Data: Full-Load Operation

	Name	Value	Units	Description
1	RMS Armature Current	86550.5	mA	AC current through the winding
2	Armature Thermal Load	493.946	A^2/mm^3	
3	Specific Electric Loading	53150.9	A_per_meter	
4	Armature Current Density	9293270	A_per_m2	
5	Frictional and Windage Loss	100000	mW	
6	Iron-Core Loss	151122	mW	
7	Armature Copper Loss	786871	mW	
8	Transistor Loss	0	mW	
9	Diode Loss	0	mW	
10	Total Loss	1037990	mW	
11	Output Power	29999900	mW	
12	Input Power	31037900	mW	
13	Efficiency	96.6557	%	
14	Torque Angle	72.0336	deg	
15	Rated Speed	3000	rpm	
16	Rated Torque	95.4927	NewtonMeter	
17	Fundamental RMS Phase Back-EMF	100139	mV	

(b)

Data: Material Consumption

	Name	Value	Units	Description
1	Stator Wire Density	8933	kg_per_m3	Mass Density
2	Stator Core Steel Density	7650	kg_per_m3	Mass Density
3	Rotor Core Steel Density	7650	kg_per_m3	Mass Density
4	Rotor Magnet Density	7500	kg_per_m3	Mass Density
5	Stator Copper Weight	3.41741	kg	
6	Stator Core Steel Weight	8.95899	kg	
7	Rotor Core Steel Weight	5.48199	kg	
8	Rotor Magnet Weight	0.96	kg	
9	Stator Net Weight	12.3764	kg	
10	Rotor Net Weight	6.44199	kg	
11	Stator Core Steel Consumption	28.4955	kg	
12	Rotor Core Steel Consumption	12.2999	kg	

(c)

Data: No-Load Magnetic Variables

	Name	Value	Units	Description
1	Stator Tooth Flux Density	1.32608	tesla	
2	Stator Yoke Flux Density	1.34825	tesla	
3	Rotor Top-Tooth Flux Density	0.734188	tesla	
4	Rotor Yoke Flux Density	0.756983	tesla	
5	Magnet Flux Density	1.12544	tesla	
6	Air-Gap Flux Density	0.876974	tesla	
7	Stator Tooth Ampere Turns	8.61416	A.T	
8	Stator Yoke Ampere Turns	8.12341	A.T	
9	Rotor Top-Tooth Ampere Turns	0.818516	A.T	
10	Rotor Yoke Ampere Turns	1.11005	A.T	
11	Magnet Ampere Turns	-522.668	A.T	
12	Air-Gap Ampere Turns	504.002	A.T	
13	Total Ampere Turn Drop	-5.68434e-12	A.T	
14	Saturation Factor	1.03704		
15	Stator Yoke Correction Factor	0.537828		
16	Rotor Yoke Correction Factor	1		

(d)

Data: Permanent Magnet

	Name	Value	Units	Description
1	Residual Flux Density	1.261	tesla	
2	Coercive Force	972400	A_per_meter	
3	Maximum Energy Density	306549	J_per_m3	
4	Relative Recoil Permeability	1.03198		
5	Demagnetized Flux Density	0	tesla	
6	Recoil Residual Flux Density	1.261	tesla	
7	Recoil Coercive Force	972400	A_per_meter	

(e)

Data: Stator Slot

	Name	Value	Units	Description
1	Slot Type	2		
2	hs0	1	mm	
3	hs1	0.5	mm	
4	hs2	18.2	mm	
5	bs0	2.5	mm	
6	bs1	2.97634	mm	
7	bs2	5.36212	mm	
8	Top Tooth Width	5.4	mm	
9	Bottom Tooth Width	5.4	mm	

(f)

Data: Stator Winding

	Name	Value	Units	Description
1	Number of Conductors per Slot	10		
2	Number of Strands	10		
3	Wire Diameter	0.77	mm	
4	Wire Wrap	0.084	mm	
5	Slot Fill Factor	99.1723	%	
6	Coil Half-Turn Length	171.154	mm	

(g)

Data: Unsaturated Parameters

	Name	Value	Units	Description
1	Stator Resistance R1	0.0350141	ohm	
2	Stator Leakage Inductance L1	161861	nH	
3	Slot Leakage Inductance Ls1	113529	nH	
4	End Leakage Inductance Le1	17505.1	nH	
5	Spread Harmonic Inductance Ld1	15161.8	nH	
6	Muture Slot Leakage Inductance Lsm	-15665	nH	
7	Uniform Air-gap Magnetizing Inductance Lm	1820970	nH	
8	D-axis Armature Reactive Inductance Lad	594615	nH	
9	Q-axis Armature Reactive Inductance Laq	1697260	nH	
10	D-axis Armature Synchronous Inductance Ld	756476	nH	
11	Q-axis Armature Synchronous Inductance Lq	1859120	nH	

(h)

图 8-15　各模块计算结果

Solution Data 结果查看模块中 Design Sheet 模块则是将 Performance 中所有计算结果以报告的形式呈现，供打印输出查看。本章案例模型计算的相关结果如图 8-16 所示，其中 TRANSIENT FEA INPUT DATA 中的数据是 2D 模型仿真时需要的主要数据。

<table>
<tr>
<td>Operation Type: Motor
Source Type: AC
Rated Output Power (kW): 30
Rated Power Factor: 0.9
Capacitive Power Factor: No
Frequency (Hz): 200
Rated Voltage (V): 220
Load Type: Const Power
Rated Speed (rpm): 3000
Operating Temperature (C): 120

STATOR DATA
Stator Core Type: SLOT_AC
Stator Position: Outer
Number of Poles: 8
Outer Diameter of Stator (mm): 190
Inner Diameter of Stator (mm): 125
Length of Stator Core (mm): 100
Stacking Factor of Stator Core: 1
Steel Type of Stator:DW310_35
Number of Stator Slots:48
Type of Stator Slot:2
Stator Slot
hs0 (mm): 1
hs1 (mm): 0.5
hs2 (mm): 18.2
bs0 (mm): 2.5
bs1 (mm): 2.97634
bs2 (mm): 5.36212
Top Tooth Width (mm): 5.4
Bottom Tooth Width (mm): 5.4</td>
<td>STATOR WINDING DATA

Number of Phases: 3
Winding Connection: Y3
Number of Parallel Branches: 2
Number of Layers: 2
Winding Type: Whole Coiled
Coil Pitch: 5
Winding Factor: 0.933013
Number of Conductors per Slot: 10
Number of Wires per Conductor: 10
Wire Diameter (mm): 0.77
Wire Wrap Thickness (mm): 0.084
Wedge Thickness (mm): 0.5
Slot Liner Thickness (mm): 0.25
Layer Insulation (mm): 0.25
Slot Area (mm^2): 91.0401
Net Slot Area (mm^2): 73.5403
Slot Fill Factor (%): 99.1723
Limited Slot Fill Factor (%): 75
**** Warning - Result is Unfeasable ****
Slot Fill Factor is beyond its limited value.
Coil Half-Turn Length (mm): 171.1
End Length Adjustment (mm): 8
End-Coil Clearance (mm): 0
Conductor Type of Stator: copper
Conductor Resistivity at 75C (ohm.mm^2/m): 0.020797</td>
<td>ROTOR DATA

Rotor Core Type: PM_INTERIOR
Rotor Position: Inner
Number of Poles: 8
Outer Diameter of Rotor (mm): 123.8
Inner Diameter of Rotor (mm): 70
Length of Rotor Core (mm): 100
Stacking Factor of Rotor Core: 1
Steel Type of Rotor: B35AV1900_20C

Rotor Pole Type: 3
Rotor Pole Dimensions:
D1 (mm): 121.4
O1 (mm): 1
O2 (mm): 12
B1 (mm): 4.2
Rib (mm): 8
HRib (mm): 2
Magnet Thickness (mm): 5
Magnet Width per Pole (mm): 32
Magnet Type: N38UH
Maximum Magnet Width per Pole (mm): 32.9798

SHAFT DATA
Magnetic Shaft: No
Friction Loss (W): 25
Windage Loss/Power (W): 75
Reference Speed (rpm): 3000</td>
</tr>
<tr>
<td>MATERIAL CONSUMPTION
Stator Wire Density (kg/m^3): 8933
Stator Core Steel Density (kg/m^3): 7650
Rotor Magnet Density (kg/m^3): 7500
Rotor Core Steel Density (kg/m^3): 7650
Stator Copper Weight (kg): 3.41741
Stator Core Steel Weight (kg): 8.95899
Rotor Core Steel Weight (kg): 5.48199
Rotor Magnet Weight (kg): 0.96
Stator Net Weight (kg): 12.3764
Rotor Net Weight (kg): 6.44199

Stator Core Steel Consumption (kg): 28.4955</td>
<td>Uniform Air-gap Magnetizing Inductance Lm (H):0.00182097
D-axis Armature Reactive Inductance Lad (H):0.000594615
Q-axis Armature Reactive Inductance Laq (H):0.00169726
D-axis Armature synchronous Inductance Ld (H): 0.000756476
Q-axis Armature synchronous Inductance Lq (H): 0.00185912

NO-LOAD MAGNETIC DATA
Stator Tooth Flux Density (Tesla): 1.32608
Stator Yoke Flux Density (Tesla): 1.34825</td>
<td>FULL-LOAD ELECTRIC DATA
Root-Mean-Square Armature Current (A): 86.5505
Armature Thermal Load (A^2/mm^3): 493.946
Specific Electric Loading (A/mm): 53.1509
Armature Current Density (A/mm^2): 9.29327
Frictional and Windage Loss (W): 100
Iron-Core Loss (W): 151.122
Armature Copper Loss (W): 786.871
Transistor Loss (W): 0
Diode Loss (W): 0
Total Loss (W): 1037.99
Output Power (W): 29999.9
Input Power (W): 31037.9</td>
</tr>
</table>

Rotor Core Steel Consumption (kg): 12.2999 UNSATURATED PARAMETERS Stator Resistance R1 (ohm): 0.0350141 Stator Resistance at 20C (ohm): 0.025151 Stator Leakage Inductance L1 (H): 0.000161861 Slot Leakage Inductance Ls1 (H): 0.000113529 End Leakage Inductance Le1 (H): 1.75051e-05 Spread Harmonic Inductance Ld1 (H): 1.51618e-05 Muture Slot Leakage Inductance Lsm (H): -1.5665e-05	Rotor Top-Tooth Flux Density (Tesla): 0.734188 Rotor Yoke Flux Density (Tesla): 0.756983 Magnet Flux Density (Tesla):1.125 Air-Gap Flux Density (Tesla):0.877 Stator Tooth Ampere Turns (A.T): 8.6141 Stator Yoke Ampere Turns (A.T): 8.12341 Rotor Top-Tooth Ampere Turns (A.T):0.818516 Rotor Yoke Ampere Turns (A.T): 1.1100 Magnet Ampere Turns (A.T):522.66 Air-Gap Ampere Turns (A.T):504 Total Ampere Turn Drop (A.T): -5.68434e-12 Leakage-Flux Factor: 1.24527 Saturation Factor: 1.03704	Efficiency (%): 96.6557 Torque Angle (elec. degree): 72.0336 Rated Speed (rpm): 3000 Rated Torque (N.m): 95.4927 Fundamental RMS Phase Back-EMF (V): 100.139 THD of Phase Back-EMF (%): 8.56959 TRANSIENT FEA INPUT DATA For Stator Winding: Number of Turns: 80 Parallel Branches: 2 Terminal Resistance (ohm): 0.0350141 End Leakage Inductance (H): 1.75051e-05 2D Equivalent Value: Equivalent Model Depth (mm): 100 Equivalent Stator Stacking Factor: 1 Equivalent Rotor Stacking Factor: 1

图 8-16 各模块计算结果报告单

除了数据表和报告的结果呈现形式外，在 Solution Data 的 Curves 模块还可以查看相关的特性曲线图。选中 Curves 栏，点击 Name 下拉菜单，可以查看相电流-功角特性曲线（Input RMS Current vs Torque Angle）、效率-功角特性曲线（Efficiency vs Torque Angle）、转矩电流比-功角特性曲线（Ratio of air-gap torque to DC current vs Torque Angle）、输出功率-功角特性曲线（Output Power vs Torque Angle）、输出转矩-功角特性曲线（Output Torque vs Torque Angle）、额定转速下线圈感应电动势气隙（Induced Coil Voltages at Rated Speed）、气隙磁密气隙（Air-Gap Flux Density）、额定转速下绕组感应电动势曲线（Induced Winding Voltages at Rated Speed）、带载绕组电流曲线（Winding Currents under Load）、带载绕组电压特性曲线（Winding Voltages under Load）。可以看出，Curves 模块中基本包含了所有常见的特性曲线类型，并对考虑弱磁控制的特性曲线也给出了相关的结果，双击绘图区的曲线或者坐标轴可以对其显示状态进行相关的修改，如曲线粗细、颜色、线型等，坐标轴的范围和显示格式等，在此不再展开讲解。本章案例模型计算得到的基本特性曲线结果如图 8-17 所示。

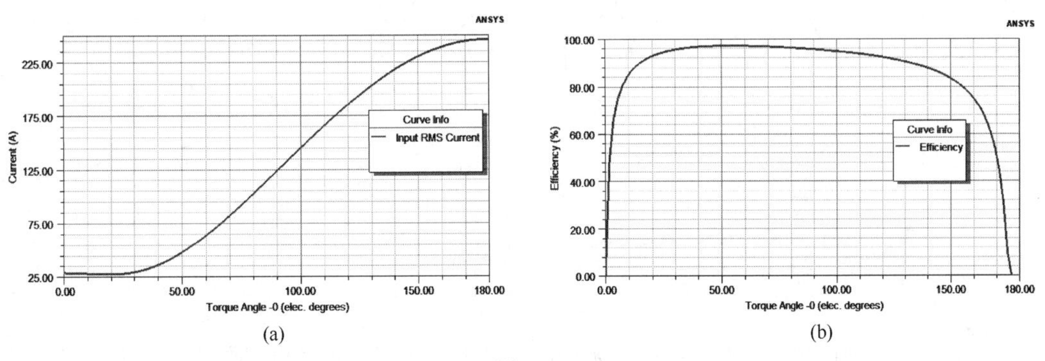

(a) (b)

图 8-17

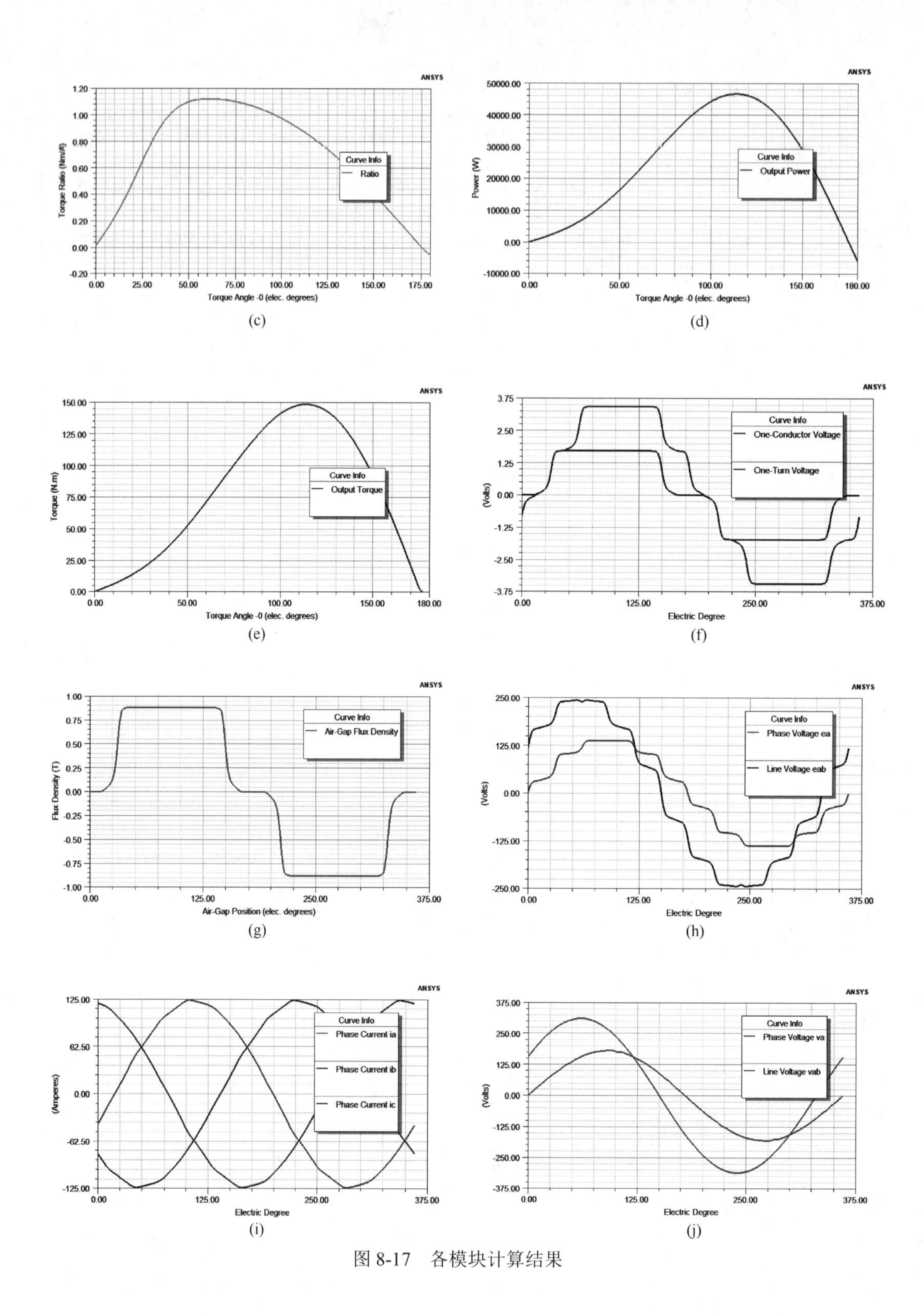

(c) (d) (e) (f) (g) (h) (i) (j)

图 8-17　各模块计算结果

以上求解的过程和展示结果，即为采用 RMxprt 对永磁同步电机快速建模和进行电磁分析计算的全过程。

8.3 ANSYS Maxwell 2D 有限元模型电磁场仿真分析

8.3.1 RMxprt 一键导出建模

与异步电机相同，可以采用 RMxprt 一键建模功能生成永磁同步电机的 Maxwell 2D/3D 有限元仿真模型，即通过建立永磁同步电机的 RMxprt 路算模型，使用求解器中【Create Maxwell Design】功能生成 2D 或 3D 有限元仿真模型。

右键点击【Analysis】下【Setup】，在弹出框口点击 Create Maxwell Design 命令，在 Type 栏可以选择导出模型类型【Maxwell 2D Design】，点击确定，执行导出。导出模型如图 8-18 所示，这里需要注意，RMxprt 导出的 Maxwell 2D 模型还需要手动确认勾选电感计算、铁耗计算，RMxprt 导出模型的剖分设置也较为粗糙，还须手动加密部件和气隙的剖分设置。除此之外，因为后续还须进行结构参数化扫描，永磁体的位置和夹角会发生变化，RMxprt 生成的永磁电机中，永磁体充磁方向所对应坐标系为相对于全局坐标系，一旦永磁体位置发生变化，其充磁方向就会与实际不符。因此还需要根据 3.3.3 节对永磁体充磁方向对应的坐标系进行重新定义（建立面相对坐标系）。

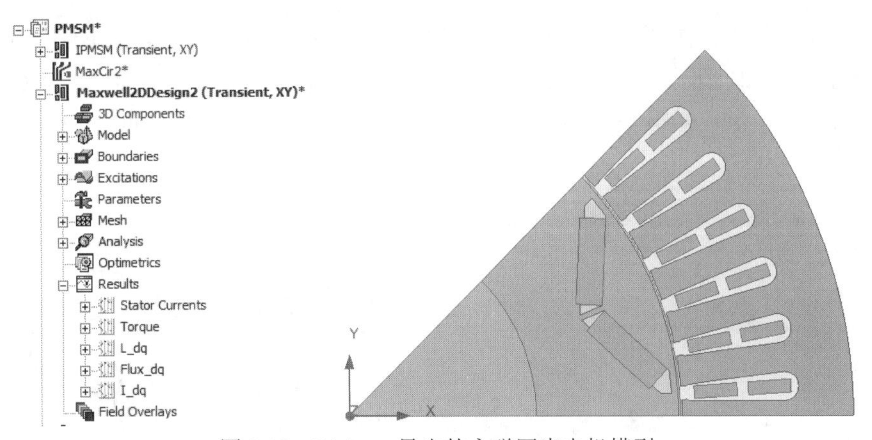

图 8-18　RMxprt 导出的永磁同步电机模型

8.3.2 基于 UDP 的永磁同步电机 Maxwell 2D 几何建模

同步电机的 Maxwell 2D 仿真模型的建模方法主要包括两种：一种是上一节所描述的通过 ANSYS RMxprt 模块建立永磁同步电机路算模型，然后通过一键建模功能建立电机的 Maxwell 2D 有限元仿真模型；另一种是通过 Maxwell 2D 中绘图功能直接绘制电机的各个部件，随后施加材料、设置对称边界、添加运动区域 Band 和绕组激励、设置剖分和求解器。这里介绍利用快速绘图功能建立永磁同步电机 Maxwell 2D 有限元模型的方法。

Step1：新建 Maxwell 2D 工程项目。首先在 ANSYS Maxwell 电磁软件窗口最上方菜单栏【Project】的下拉菜单中点击【Insert Maxwell 2D Project】新建 2D 仿真新项目，然后在项目管理器窗口右击【新建】选择【Rename】，更改仿真文件名称为 PMSM。本例是分析永磁同步电机在 2D 有限元场中的瞬态场性能，因此这里首先选择有限元仿真分析类型。单击窗口最上方菜单命令【Maxwell 2D/Solution Type】，在弹出的对话框中【Geometry Mode】选择

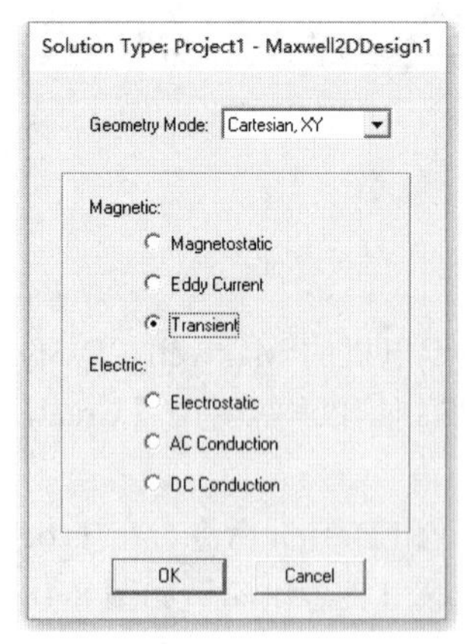

图 8-19　选择求解类型

直角坐标系【Cartesian,XY】，并选择仿真方法为【Magnetic】下的瞬态场【Transient】，如图 8-19 所示。

Step2：绘制定转子铁芯、永磁体和绕组。如图 8-20 所示，执行快捷菜单栏中命令【Draw】，利用软件自带的曲线、面绘制和布尔运算，旋转复制以及自定义局部相对坐标等功能对电机的定转子、绕组和永磁体进行绘制，还可利用自定义模型。因为本例采用 1/8 模型求解，因此此处只需将电机的 1/8 部分画出即可。这里需要注意如果要观测某些结构参数，如永磁体厚度、永磁体夹角、定子槽宽、槽深等参数对电机性能的影响，还须在绘制模型的过程中将这些结构参数设置为局部或全局变量。

除了利用绘制功能绘制外，还可利用软件 UDP（User Defined Primitive）快速建模功能建立永磁同步电机的定子、转子和永磁体模型。

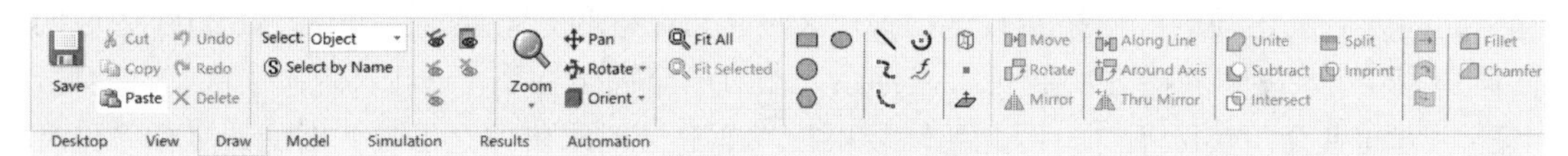

图 8-20　绘制快捷菜单栏

首先快速绘制定子铁芯，在菜单栏中依次点击【Draw】→【User Defined Primitive】→【RMxprt】，如图 8-21 所示，在下拉菜单中找到铁芯快速建模工具【SlotCore】，弹出【SlotCore】铁芯参数设置对话框，如图 8-22 所示，其中各参数的定义在【Description】栏中已经给出。需要说明的是：

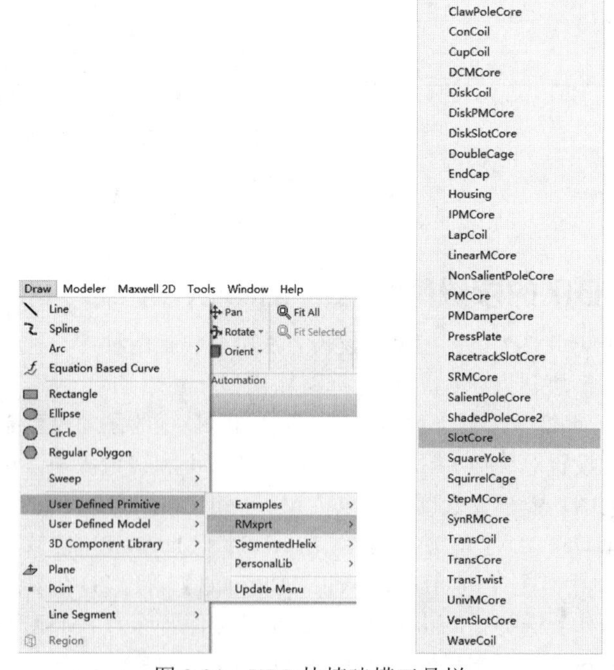

图 8-21　UDP 快捷建模工具栏

Name	Value	Unit	Evaluat...	Description
Command	CreateUserDefinedP...			
Coordinate ...	Global			
Name	RMxprt/SlotCore			
Location	syslib			
Version	12.1			
DiaGap	125	mm	125mm	Core diameter on gap side, DiaGap<DiaYoke for outer cores
DiaYoke	190	mm	190mm	Core diameter on yoke side, DiaYoke<DiaGap for inner cores
Length	0	mm	0mm	Core length
Skew	0	deg	0deg	Skew angle in core length range
Slots	48		48	Number of slots
SlotType	2		2	Slot type: 1 to 6
Hs0	1	mm	1mm	Slot opening height
Hs01	0	mm	0mm	Slot closed bridge height
Hs1	0.5	mm	0.5mm	Slot wedge height
Hs2	18.2	mm	18.2mm	Slot body height
Bs0	2.5	mm	2.5mm	Slot opening width
Bs1	2.9763378675293	mm	2.97633...	Slot wedge maximum width
Bs2	5.3621199140039	mm	5.36211...	Slot body bottom width, 0 for parallel teeth
Rs	2.681059957002	mm	2.68105...	Slot body bottom fillet
FilletType	0		0	0: a quarter circle; 1: tangent connection; 2&3: arc bottom.
HalfSlot	0		0	0 for symmetric slot, 1 for half slot
SegAngle	15	deg	15deg	Deviation angle for slot arches (10~30, <10 for true surface).
LenRegion	0	mm	0mm	Region length
InfoCore	0		0	0: core; 1: solid core; 100: region.

图 8-22　铁芯绘制参数设置对话框

① 【DiaGap】和【DiaYoke】分别代表铁芯气隙处和轭部的直径，当 DiaGap 值>DiaYoke 值时，槽在铁芯外圆上；当 DiaGap 值<DiaYoke 值时，槽在铁芯内圆上。

② 因为本例为 Maxwell 2D 仿真，因此【Length】栏输入 0mm。

③ 【SlotType】槽类型主要包括 6 种，其形状和尺寸参数在图 8-23 中给出。

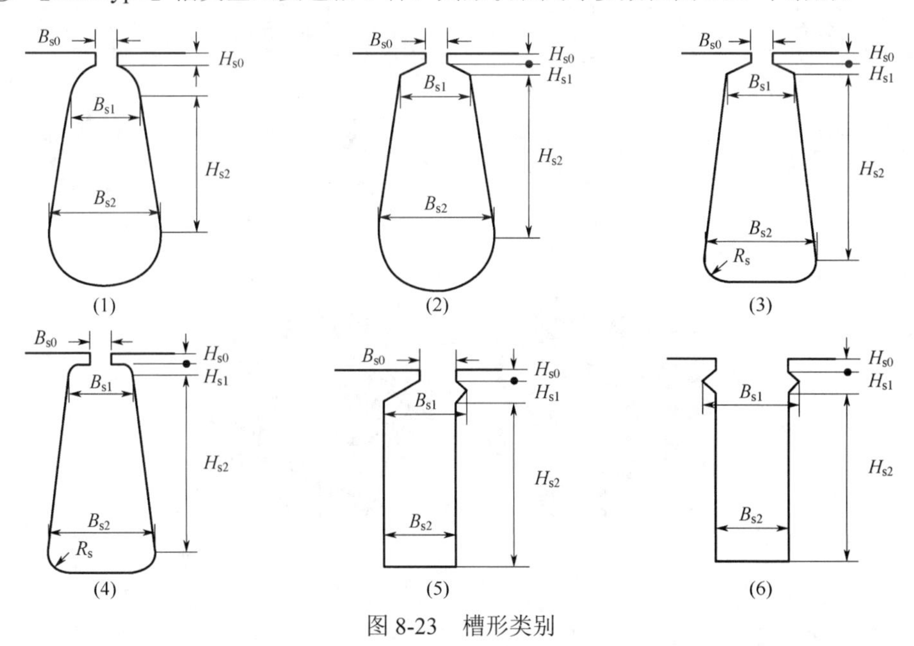

图 8-23　槽形类别

④ 【InfoCore】可设置 UDP 生成的类型，填入 0 为带槽铁芯，填入 1 为不带槽铁芯，填入 100 为以外径为铁芯所在区域（Region）。按照表 8-1 数据填入数据，如图 8-22 所示。

同样地，利用 UDP 功能快速绘制内置式永磁体转子铁芯，在菜单栏中依次点击【Draw】→【User Defined Primitive】→【RMxprt】，如图 8-21 所示，在下拉菜单中找到铁芯快速建模工具【IPMCore】。弹出【IPMCore】铁芯参数设置对话框，如图 8-24 所示，其中各参数的定义在【Description】栏中已经给出。需要说明的是：

Name	Value	Unit	Evaluat...	Description
Command	CreateUserDefinedPart			
Coordinate ...	Global			
Name	RMxprt/IPMCore			
Location	syslib			
Version	19.0			
DiaGap	123.8	mm	123.8mm	Core diameter on gap side, or outer diameter
DiaYoke	70	mm	70mm	Core diameter on yoke side, or inner diameter
Length	0	mm	0mm	Core length
Poles	8		8	Number of poles
PoleType	3		3	Pole type: 1 to 6.
D1	121.4	mm	121.4mm	Limited diameter of PM ducts
O1	1	mm	1mm	Bottom width for separate or flat-bottom duct, or duct opening ...
O2	12	mm	12mm	Distance from duct bottom to shaft surface, or Gmax-Gmin for ty...
B1	4.2	mm	4.2mm	Duct thickness
Rib	8	mm	8mm	Rib width
HRib	2	mm	2mm	Rib height (for types 1 & 3~5)
DminMag	0	mm	0mm	Minimum distance between side magnets (for types 3~5)
ThickMag	5	mm	5mm	Magnet thickness
WidthMag	32	mm	32mm	Total width of all magnet per pole
LenRegion	0	mm	0mm	Region length
InfoCore	0		0	0: core; 1: magnets; 2: ducts; 3: one-pole magnet; 100: region.

图 8-24　转子铁芯绘制参数设置对话框

①【DiaGap】和【DiaYoke】分别代表铁芯气隙处和轭部的直径，当 DiaGap 值>DiaYoke 值时，永磁体靠近铁芯外圆；当 DiaGap 值<DiaYoke 值时，永磁体靠近铁芯内圆。

② 因为本例为 Maxwell 2D 仿真，因此【Length】栏输入 0mm。

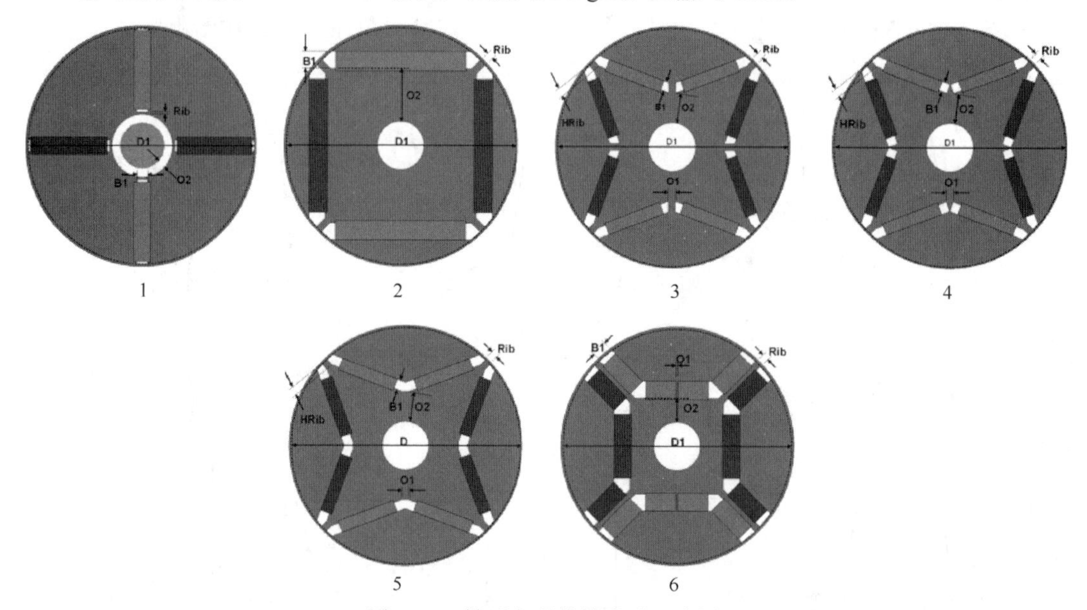

图 8-25　转子永磁体槽类型示意图

③【SlotType】槽类型主要包括 6 种，其形状和尺寸参数在图 8-25 中给出，本例选择第三种。

④ 如果采用 V 型磁钢形式，【WidthMag】为一极下永磁体的总长度，即两块对称永磁体长度之和。

⑤【InfoCore】可设置 UDP 生成的类型，填入 0 为转子铁芯，填入 1 为单块永磁体，填入 2 为通风孔，填入 3 为一极下的永磁体，填入 100 为转子所在区域（Region）。因为此处为转子铁芯绘制，因此填入 0；其他数据按照表 8-1 数据填入，如图 8-24 所示。

与建立转子铁芯相同，利用 UDP 功能快速绘制内置式永磁体转子铁芯，在菜单栏中依次点击【Draw】→【User Defined Primitive】→【RMxprt】，如图 8-21 所示。在下拉菜单中找到铁芯快速建模工具【IPMCore】，弹出【IPMCore】铁芯参数设置对话框，将【InfoCore】设置为 1，其他设置与转子铁芯相同。或者直接在绘图窗口或模型树管理栏中复制转子铁芯，在属性栏中将【InfoCore】更改为 1。除此之外，因为 V 型永磁体转子中两块永磁体充磁方向不同，因此还须将生成的一个永磁体 Object 利用布尔运算分裂为两块。

最后进行绕组的绘制，利用 UDP 功能快速绘制定子三相绕组，在菜单栏中依次点击【Draw】→【User Defined Primitive】→【RMxprt】，如图 8-21 所示。在下拉菜单中找到铁芯快速建模工具【LapCoil】，跳出【LapCoil】铁芯参数设置对话框，其参数设置与【SlotCore】完全相同，这里不再赘述。

UDP 快速建模的优势在于可以直接将模型结构参数，如定子槽深、槽宽、永磁体夹角等参数在 Object 属性栏中定义为变量，方便快捷，因此一般建议采用 UDP 快速建模功能。

定转子铁芯、永磁体和绕组绘制完成后，因为本例采用 1/8 模型仿真，模型还须利用布尔运算进行裁剪，绘制完成后的永磁同步电机如图 8-26 所示。

Step3： 绘制运动 Band 和求解区域。在电机的 Maxwell 2D 模型建立过程中，除了需要对电机的有效部件，即电机定转子、绕组和永磁体进行绘制外，还需要绘制运动区域 Band 和求解区域 Outerregion、Innerregion。它们的材料属性一般设置为真空，其中 Band 用来设定转子的运行形式，其外径一般取定子内径和转子外径之和的 1/2；Outerregion 用来填充定子中的真空部分，如定子槽和绕组之间的间隙，这样才能使模型有效剖分，否则会因为剖分不连续报错，即 Maxwell 2D 在求解过程中整个求解区域内每一处都需要有物体（object）的存在才能剖分计算；其次 Outerregion 还用以设定求解边界条件，其外径一般大于或等于定子外径。Innerregion 的功能与之相同，这里需要注意其外径必须小于 Band 外径才能求解，如图 8-27 所示。

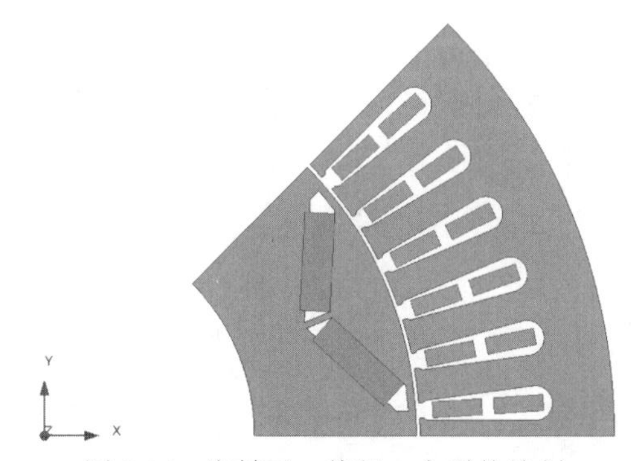

图 8-26　定转子、绕组、永磁体绘制

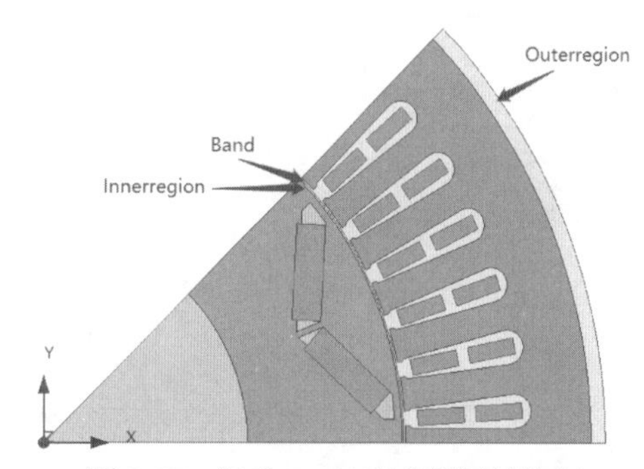

图 8-27　运动 Band 和求解区域绘制

Step4： 设置各部件材料。永磁同步电机各部件材料如表 8-3 所列，此处需参考 3.3.3 节建立永磁体新材料，并按照永磁体坐标系和温度设定方法对永磁体进行充磁方向和工作的设定；其他部件直接采用软件自带材料库即可，见图 8-28。

表 8-3　永磁同步电机主要结构参数

同步电机部件	材料
定子（Stator）铁芯	DW465_50
转子（Rotor）铁芯	DW465_50
定子导体（Coil）	铜(copper)

续表

同步电机部件	材料
永磁体（PM）	38UH
定转子求解区域（Outerregion、Innerregion）	空气（Vacuum）
转子运动区域（Band）	空气（Vacuum）

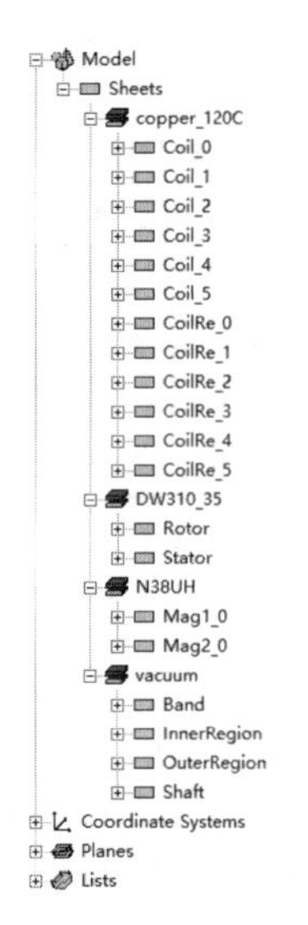

图 8-28　给定材料

Step5：轴长、对称系数和电感求解设定。执行菜单命令【Modeler/Units】，选择几何模型单位为 mm。

执行菜单命令【Maxwell 2D/Design settings】，参考表 8-1，在选项卡【Model Settings】中输入铁芯长度 100*0.975mm（0.975 代表叠压系数，这里需要注意此等效方法直接将整个电机的轴向长度等效叠压导致的轴向缩小，也可以通过更改铁芯材料属性来等效叠压），也可以通过执行菜单命令【Maxwell 2D/Model/Set Model Depth】来进行设置，见图 8-29。

因为本例电机为 48 槽 8 极结构，每极槽数为整数，因此可以采用对称边界来求解电机性能。本例采用 1/8 模型对电机进行求解，此时需要在模型【Maxwell 2D/Design settings】的【Symmetry Multiplier】菜单下设定对称求解系数=8。同时，为了求解电机电感，还需在【Maxwell 2D/Design settings】的【Matrix Computation】勾选【Compute Inductance Matrix】选项，本例采用增量法计算电机电感值，见图 8-30。

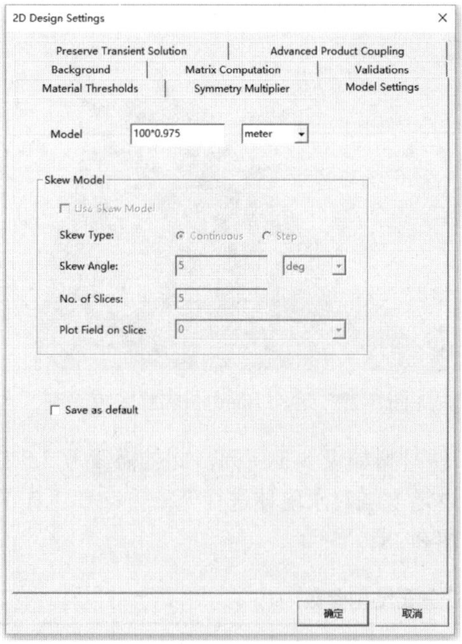

图 8-29　轴向长度设定

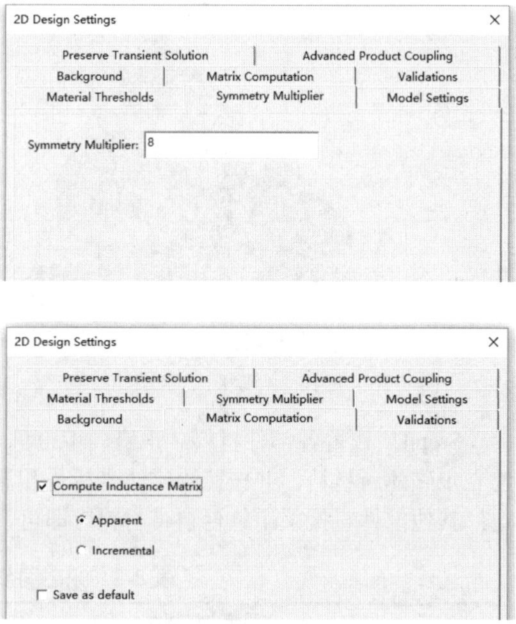

图 8-30　对称求解系数和电感矩阵求解设定

Step6：转子运动形式设定。在属性栏或模型窗口中选中 Band 部件，右击项目管理器中【Model】下的【Motion Setup】→【Assign Band】选项，然后在【Type】选项卡中的【Motion】

选项中选择【Rotation】，旋转方向为围绕全局坐标系的 Z 轴正方向转动，如图 8-31 和图 8-32 所示。

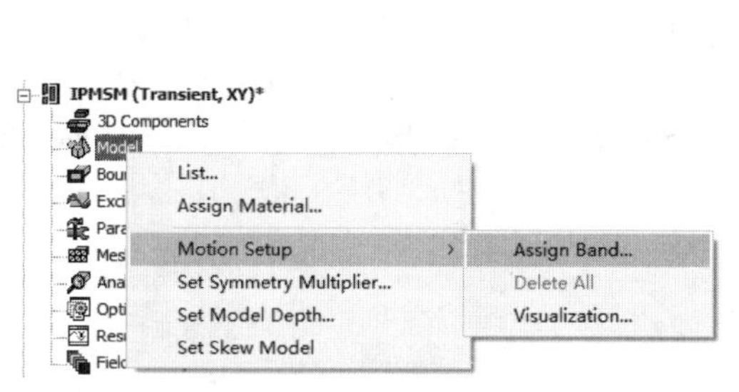

图 8-31　设定运动区域

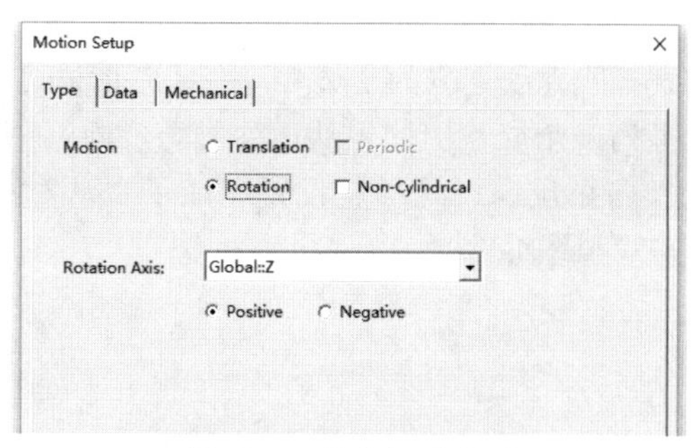

图 8-32　设定运动类型

在【Data】选项卡中将转子的初始位置【Initial Position】设为 3.75deg（对齐定转子 dq 轴，方便功角和 dq 轴电流计算），旋转限定区域不勾选，如图 8-33。而当不考虑电机运动的机械瞬态，即假定恒转速运行时，在【Mechanical】选项卡中不勾选【Consider Mechanical Transient】选项，并将电机的转速【Angular Velocity】设置为 3000r/min，如图 8-34。此处需要注意也可将电机的转速设置为变量，以方便参数化扫描电机转速。

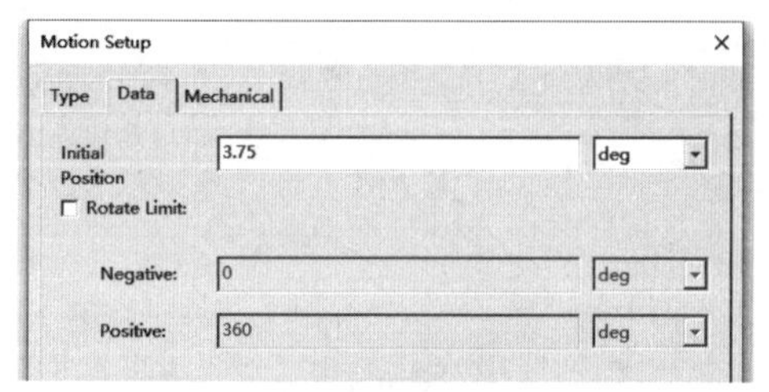

图 8-33　设定起始位置和运动范围

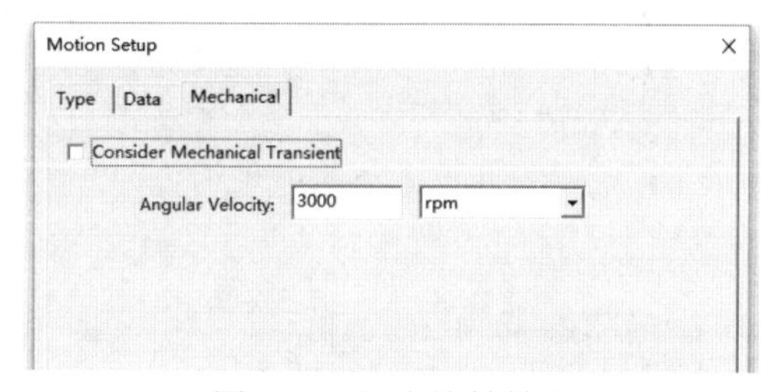

图 8-34　设定旋转转速

当需要考虑电机运动的机械瞬态时，须在【Mechanical】选项卡中勾选【Consider Mechanical Transient】选项，电机的机械瞬态设置如图 8-35 所示。注意此时仿真计算中电机的转速不再为恒定值，因此此处只可设定电机的初始位置值【Initial Angular Velocity】，此外还需要设定电机的转动惯量【Moment of Inertia】、阻尼系数【Damping】和负载转矩【Load Torque】。其中转动惯量可通过手动输入或由软件计算得知（须保证运动部件的质心在坐标原点，因此本例 1/8 对称模型无法使用），阻尼系数一般代表与转速相关的负载转矩，如机械负载转矩，而负载转矩为恒定负载转矩，如果是电动机此处为负值。当勾选考虑机械瞬态选项时，软件会根据动力学公式和上述输入参数计算电机的角加速度值和转速值。本例主要计算永磁同步电机稳定转速下的性能，此处不勾选。

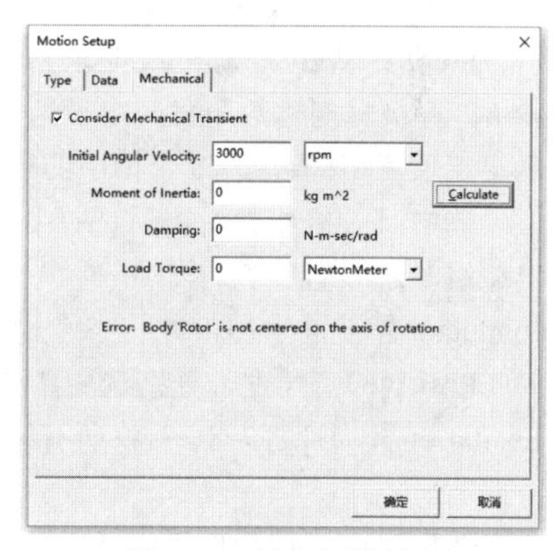

图 8-35　设定机械瞬态

Step7：设置零磁矢量边界和主从条件。执行菜单命令【Edit/Select/Edges】，选中 Outerregion 部件外圆，右击后选择【Assign Boundary/Vector Potential】，将 Value 值设定为 0，即在定子外圆上设置零磁矢量边界（磁力线平行次边界），如图 8-36 所示。

执行菜单命令【Edit/Select/Edges】，选中Outerregion部件底边，右击后选择【Assign Boundary/Master】，通过【Reverse Direction】将主边界方向设定为径向正反向，点击确定。然后选中Outerregion部件另一边，右击后选择【Assign Boundary/Slave】，在【Master Boundary】中选择刚才所建立的主边界，在【Relation】中选择【Bs=-Bm】（本例使用1/8模型，所绘制模型为一个极，因此主从边界磁场反向），并通过【Reverse Direction】将从边界方向设定为径向正反向，这样就设置完成了主从对称边界条件，磁场在两个边界处对称反向，见图8-37和图8-38。

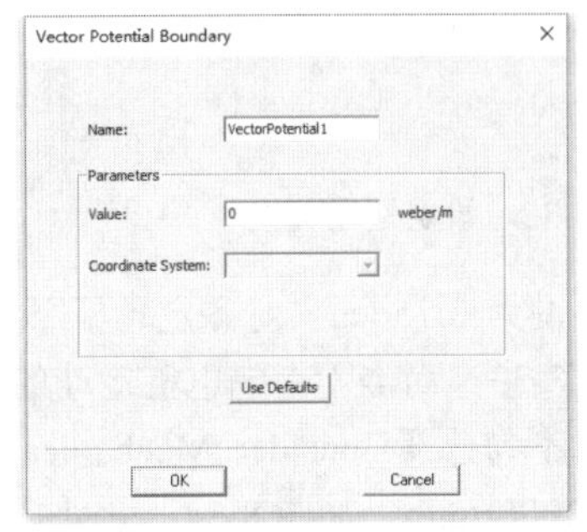

图 8-36　设定零磁矢量边界

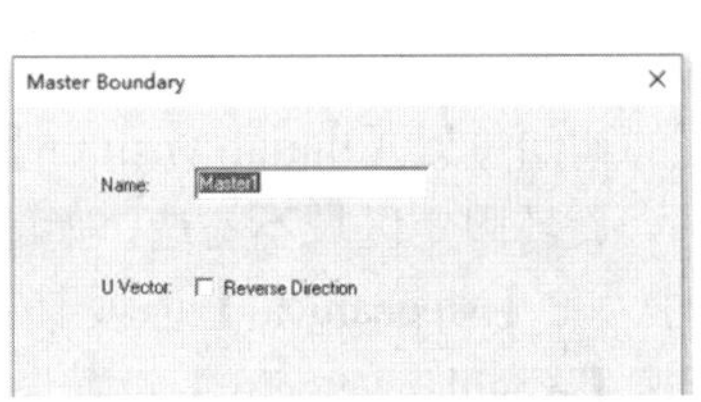

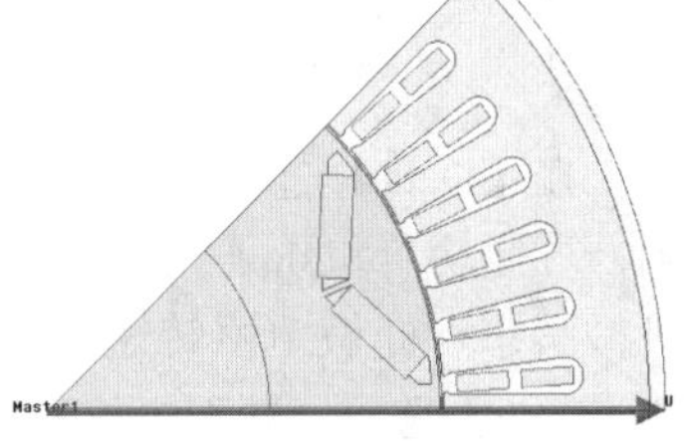

图 8-37　设定主从边界的主边界

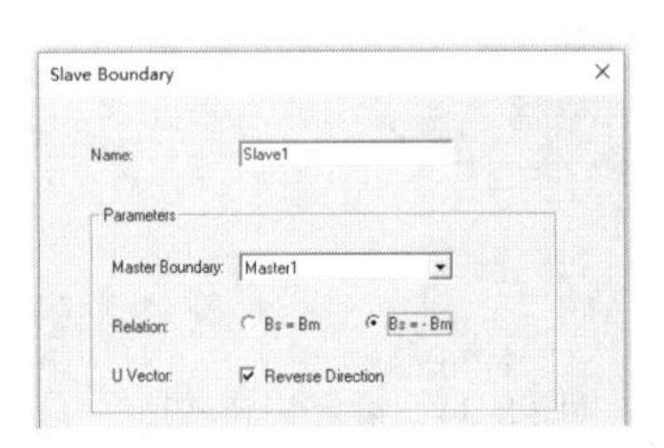

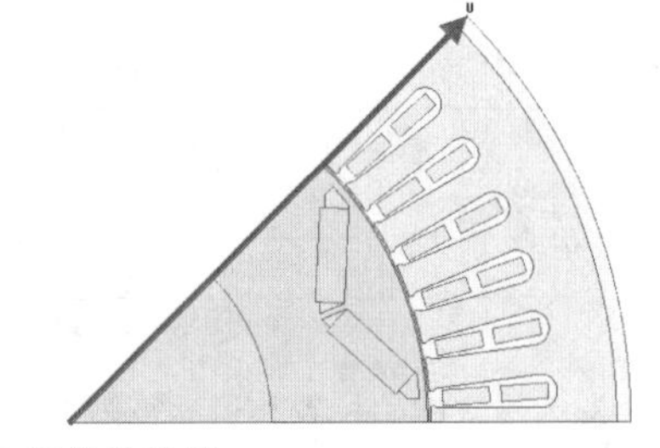

图 8-38　设定主从边界的从边界

Step8：绕组激励和铁耗求解设定。本例中电机的极距 $\tau=6$，每极每相槽数 $q=2$，定子为短距绕组，节距 $y=5$。首先确定定子三相绕组在 48 个槽中的排列，如图 8-39 所示。

选中某一绕组，右击后选择【Assign Excitation/Coil】，弹出绕组激励设置窗口，如图 8-40 所示。本例中【Number of conductor】设置为 5，并将参考极性【Polarity】设置为正方向（Positive）。同理，分别选中所有三相绕组，通过【Assign Excitation】，参照图 8-39 将所有绕组添加相应的匝数和电流方向。

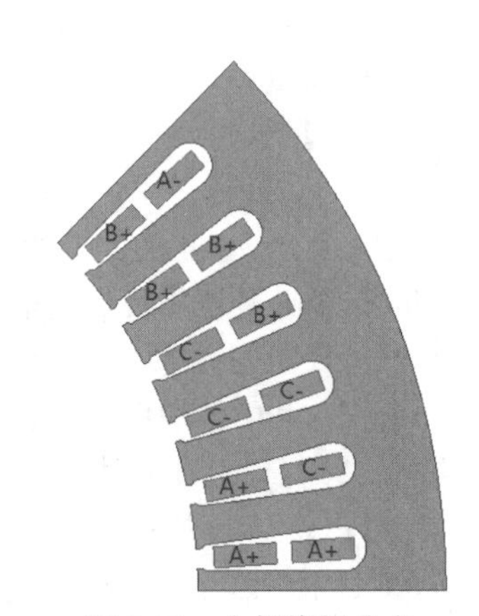

图 8-39　电机绕组分布

然后选中工程管理栏中【Excitations】，右击后选择【Add Winding】添加电机 A 相线圈，在弹出的对话框中将【Name】修改为 Winding A。当设置定子绕组为电压激励时，【Type】选为 Voltage，用散线 Stranded 结构，在【Initial Current】中设置绕组初始电流值，在【Resistance】和【Inductance】分别填入电机绕组电阻值和电机端部电感值（可由 RMxprt 或手动计算），在【Voltage】填入交流电压值 179.629*sin(2*pi*200*time+delta)，delta 为变量功角。同样地，添加 B、C 线圈；在【Number of parallel branches】填入并联支路数 2，如图 8-41 所示。

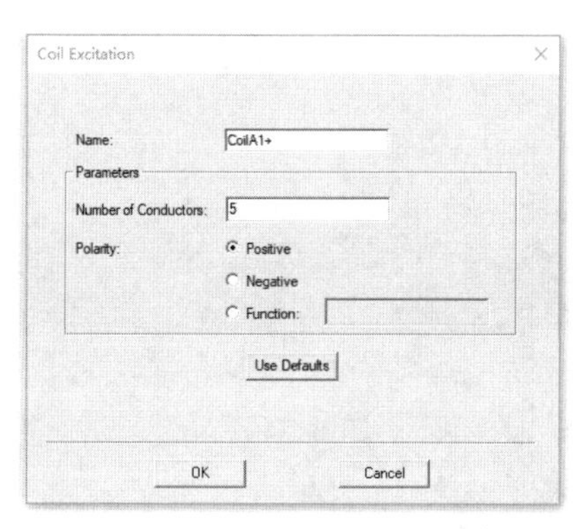

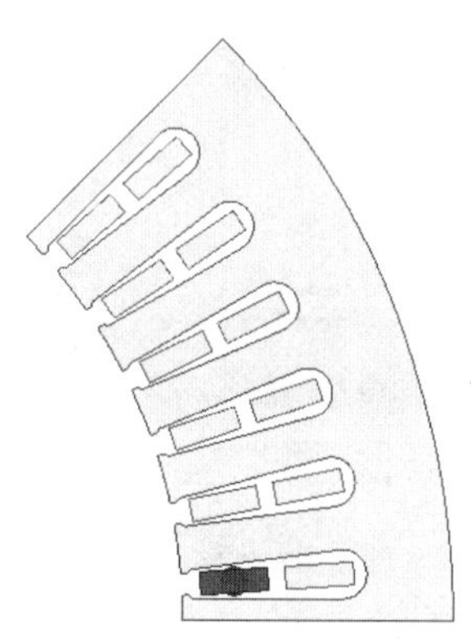

图 8-40　电机绕组激励设定

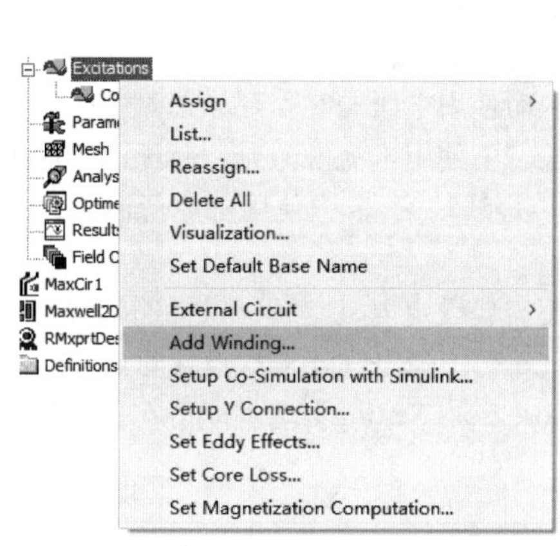

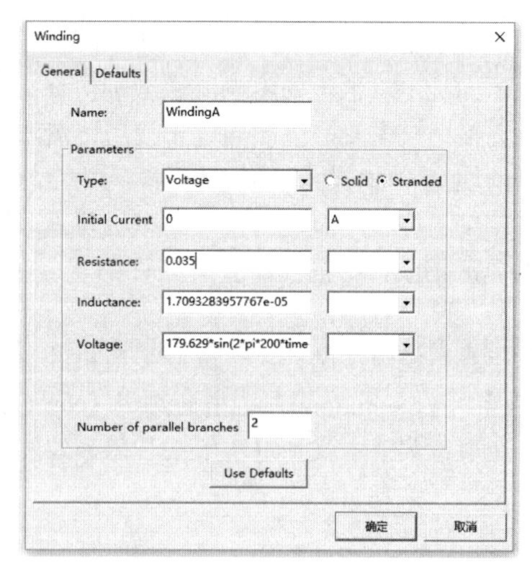

图 8-41　添加 A 相线圈

然后为 A 相绕组添加线圈，在工程管理栏中右击【WindingA】，选择【Add Coils】，弹出绕组添加窗口，如图 8-42 所示，一一选中 A 相对应的绕组，点击【OK】，即为 A 相添加绕组成功。最后采用相同的方法为 B、C 相添加绕组。

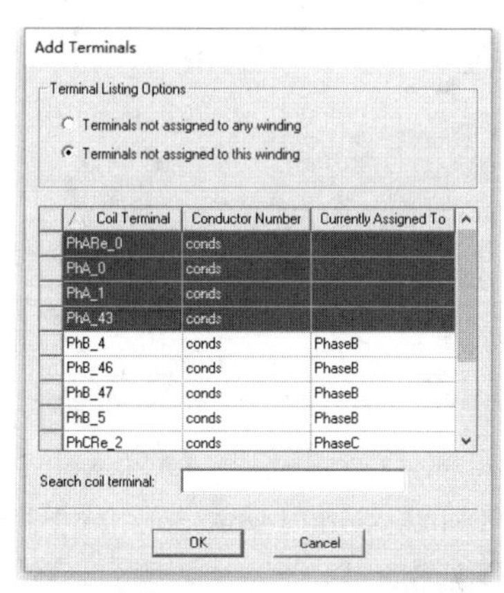

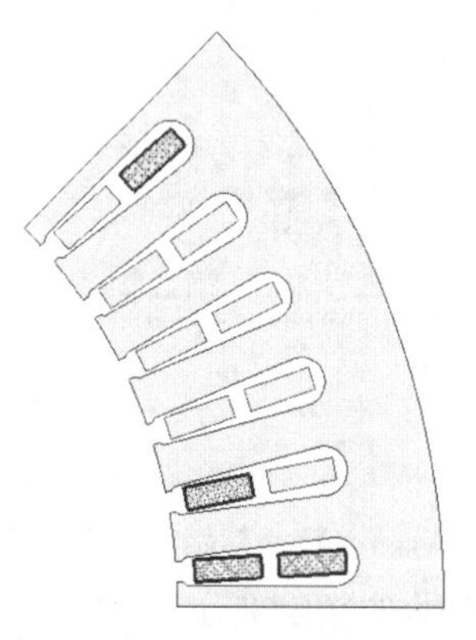

图 8-42　A 相添加绕组

这里需要注意，当电机定子绕组为 Y 接且采用电压源仿真时，软件仿真还需要设定绕组 Y 接：选中工程管理栏中【Excitation】，右击后选择【Setup Y Connection】弹出绕组 Y 接设置对话框，如图 8-43 所示，选中上一步添加的三相绕组后点击【Group->】即可为三相绕组添加外接。

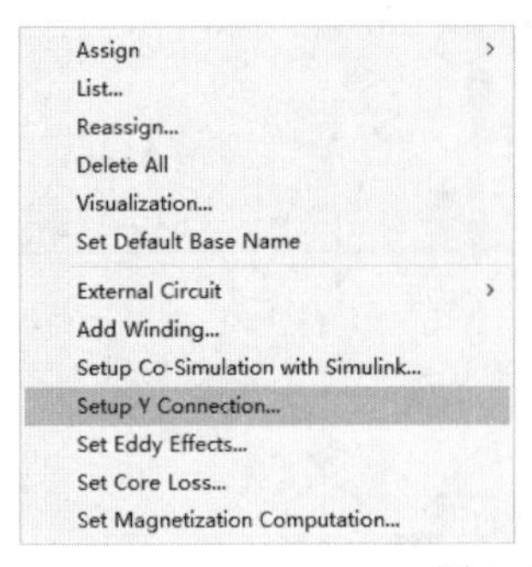

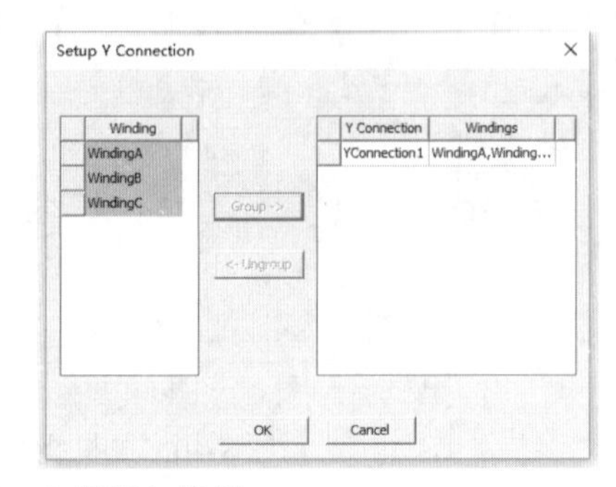

图 8-43 A 相添加绕组

永磁同步电机也可采用电流源激励仿真来减小仿真时间。与感应电机不同，永磁同步电机转子无需感应电流，因此当定子使用电流源激励时，定子绕组电流为稳态，此时电机在初始时刻的性能，如转矩、功率等，即为稳定状态；而使用电压源时，还须通过多个周期的迭代才能使定子绕组电流达到稳定，电机仿真时间长。但使用电流源激励，就无法考虑电源所引入的电流谐波，电机性能会有些许的误差（如转矩波动）。本例使用电流源激励进行仿真计算。

除了设置绕组激励外，永磁同步电机的仿真还需要设定电机定转子铁耗的求解：选中工程管理栏中【Excitation】，右击后选择【Set Core Loss】，弹出铁耗求解设置对话框如图 8-44 所示，在下拉菜单中找到定转子铁芯后，勾选【Core Loss Setting】选项即可在仿真计算过程中求解定转子铁耗。

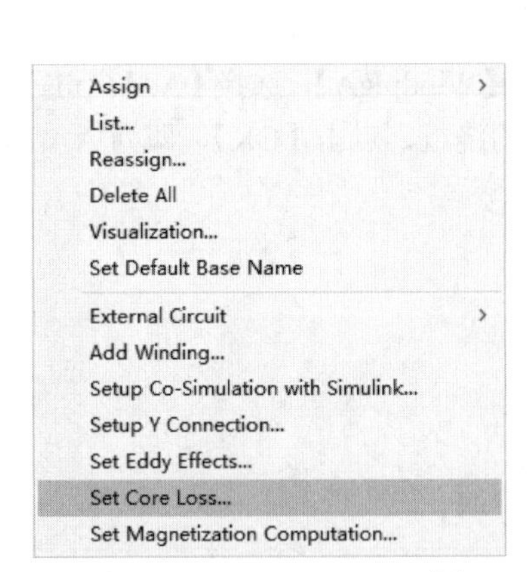

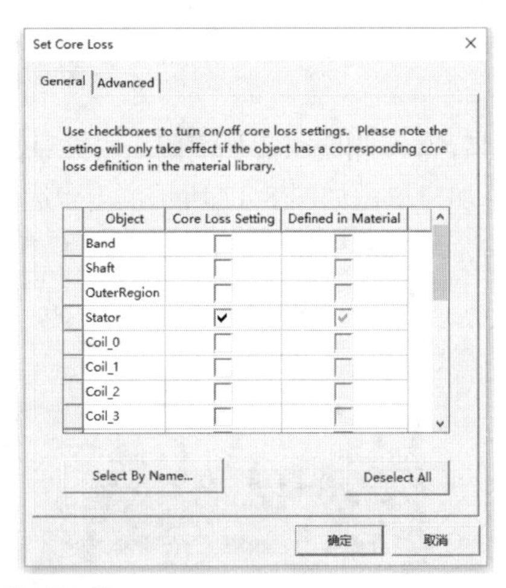

图 8-44 勾选铁芯损耗计算

Step9：网格剖分设定。在属性栏中选择相应的电机部件，执行命令【Maxwell 2D /Mesh Operations/Assign】，或选中后在工程管理栏中右击【Mesh/Assign Mesh Operation】即可为电机各个部件设定指定剖分。不同剖分设置的具体含义详见 3.5 节。

在本例电机中，各部分的剖分设置如下：

① 定子铁芯：剖分类型为【Inside Selection\Length Based】，【Maximum element length】设定为 2mm。

② 转子铁芯：剖分类型为【Inside Selection\Length Based】，【Maximum element length】设定为 2mm。

③ 定子绕组：因为本例电机采用散线形式，绕组涡流可以忽略，则绕组部分无须细剖分，定子绕组的剖分类型为【On Selection\Length Based】，【Maximum element length】设定为 3mm。

④ 转子永磁体：剖分类型为【Inside Selection\Length Based】，【Maximum element length】设定为 1mm。

除此之外，因为气隙为电机机电能量转换的关键部位，因此气隙可以通过增加多层不同外径 Band 的方法，来使气隙剖分加密，如图 8-45 所示。

网格剖分设置和求解器设置完成后，单击右键建立求解器，在下拉菜单中选择【Generate Mesh】即可生成求解网格，如图 8-46 所示。

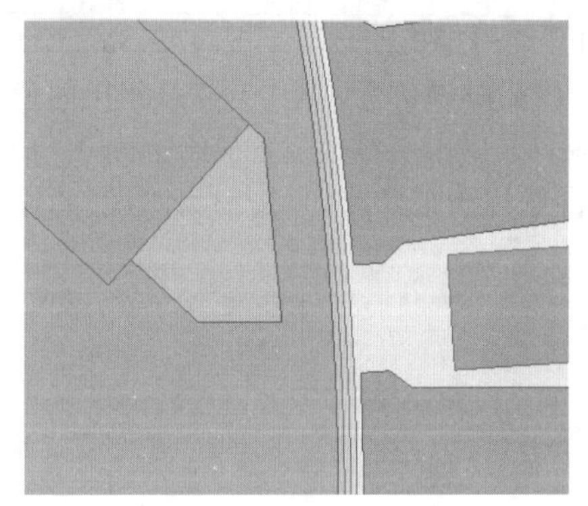

图 8-45　气隙增加多层 Band

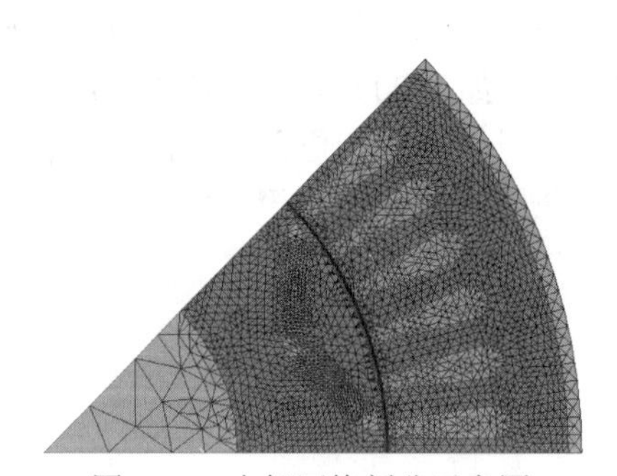

图 8-46　电机网格剖分示意图

Step10：求解器设定。设定求解参数。执行菜单命令【Maxwell 2D/Analysis Setup/Add Solution Setup】，也可以在工程管理栏中右击【Analysis】，执行【Add Solution Setup】添加求解项。在弹出的【Solve Setup】下的【General】设置对话框中，将计算时间【Stop Time】设为 1/200*2 s（200 为电频率，电流源激励情况下，永磁同步电机计算两个周期即可），步长【Time Step】设为 1/200/100 s（每周期计算 100 步）。在【Solve Setup】下的【Save Fields】保存场图对话框中勾选【Every 10 steps from 0s to 1/200*2 s】，每 10 步保存一次场图，见图 8-47 和图 8-48。

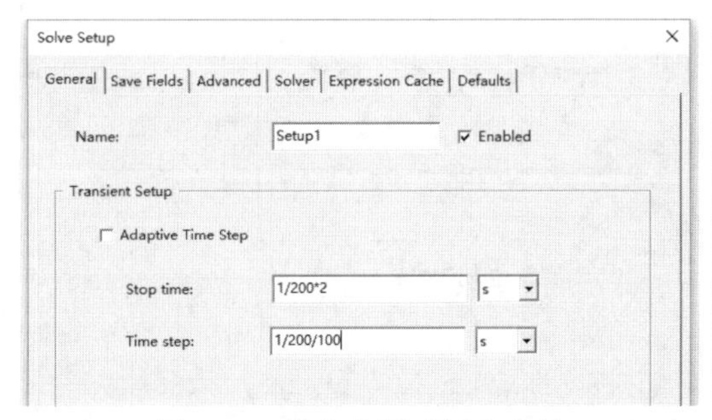

图 8-47　设定求解时间和步长

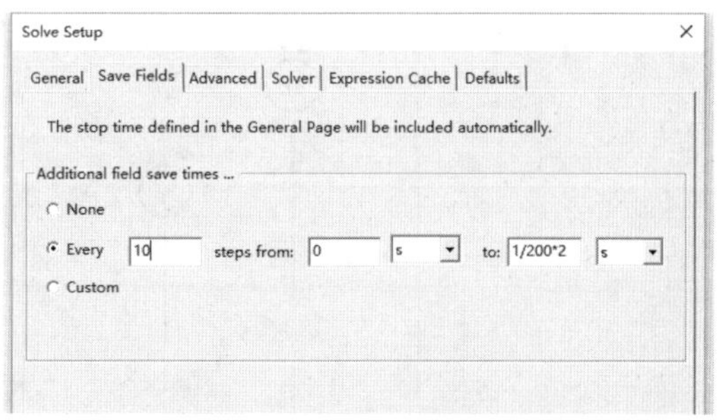

图 8-48　设定场图保存时间

有限元分析的模型、激励、边界、求解项设置均完成后，执行命令【Maxwell 2D/Validation check】，或在菜单栏中点击【Simulation/Validate】，弹出自检对话框，设置正确项前会出现对勾提示，如图8-49所示。

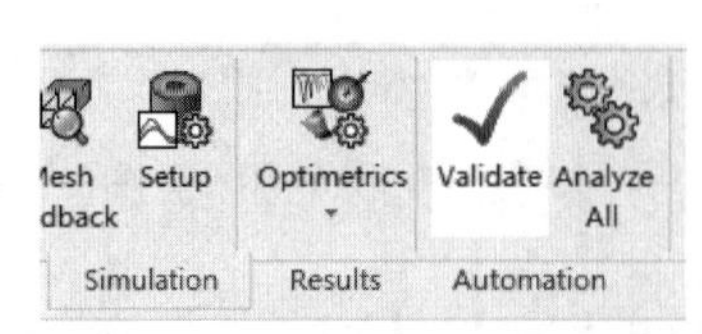

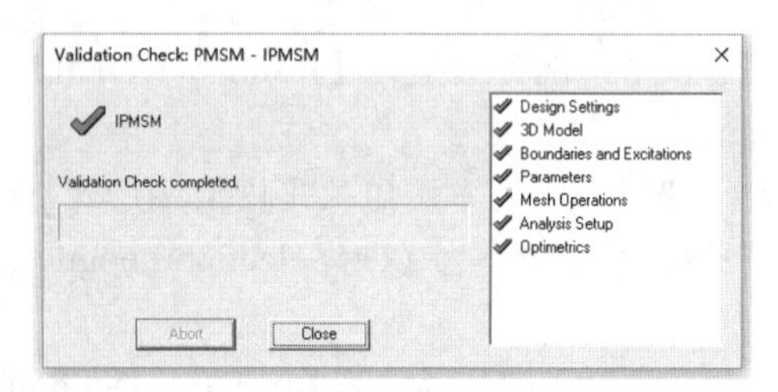

图 8-49　模型和仿真设定检测

8.3.3　空载工况气隙磁场及空载感应电势谐波提取

在计算电机的空载工况前，首先复制由 8.2.1 节或 8.2.2 节中建立的 Maxwell 2D 工程文件，在工程管理栏右击复制后的工程文件，重命名为 1_PMSM_Noload，同时参考 3.3.5 节，将永磁体的工作温度设置为常温 20℃。

永磁同步电机的空载工况一般指电机定子绕组开路时电机的运动工况，ANSYS Maxwell 2D 设置电机开路的方法主要有 3 种：一种是使用电压激励源仿真，其中须将绕组电阻值设置为无穷大（如 10000000Ω）；第二种使用电流激励源，其中电流源数值直接给定为 0；最后一种为使用外电路进行仿真计算，直接在外电路中将三相绕组开路即可。3 种方法的设置如图 8-50 所示，本例采用第二种方法。

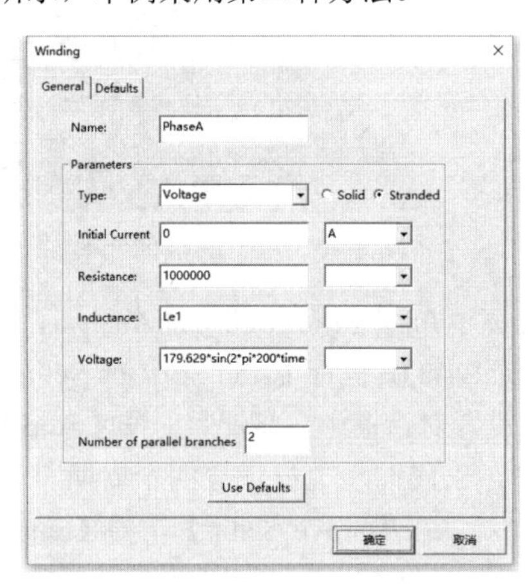

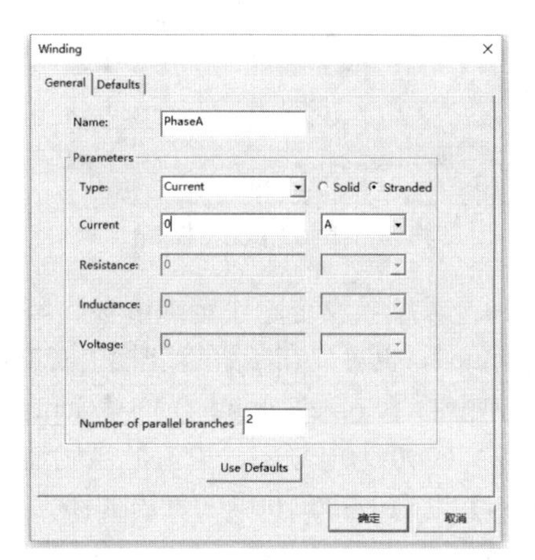

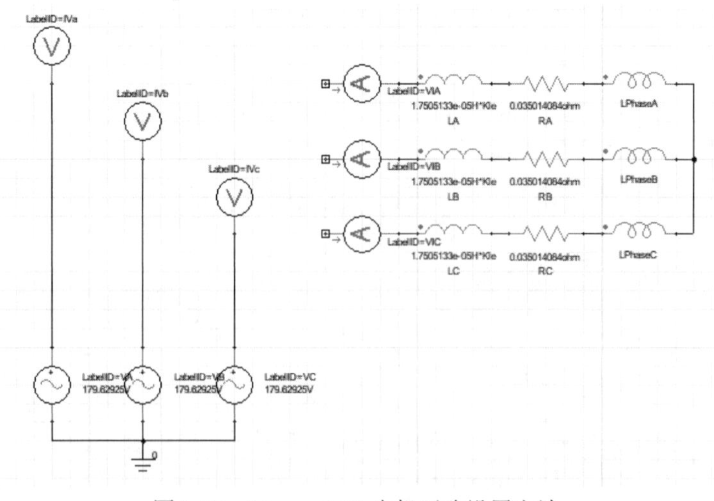

图 8-50　Maxwell 2D 电机开路设置方法

Step1：空载激励设定。按照图 8-50 在工程管理栏【Excitations】中将三相电源激励设置为电流源，电流值=0。并双击工程管理栏【Model】下的【MotionSetup】，将电机机械设置取消勾选，考虑机械瞬态，并将转速值设置为电机运行的最高转速 9000r/min（观察永磁同步电机的最高空载反电势值）。然后在工程管理栏【Analysis】下的【Setup1】中更改【Stop Time】为 1/600；步长【Time step】设置为 1/600/120，每 10 步保存一次场图，具体设置操作见 8.2.1 节。

设置完成后，右击工程管理栏【Analysis】下的【Setup1】下拉菜单中的 Analyze 即可开始求解。软件会在求解进程栏中显示求解进程，如图 8-51 所示。

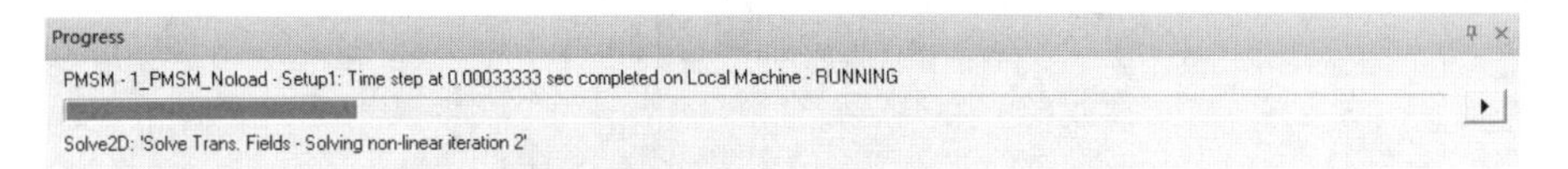

图 8-51　Maxwell 2D 求解过程

Step2：空载磁密云图查看。求解完成，这里首先观察永磁同步电机的空载电磁场分布。在绘图区选中所有 Objects，点击右键，在下拉菜单中依次选中【Fields】→【B】→【Mag_B】，弹出场图设置菜单，如图 8-52 所示，如果无须修改，点击【Done】键即可。在工程管理栏所在项目的【Field Overlays】可以看到所生成的场图设置，如图 8-53 所示。双击即可在绘图区显示电机空载下的磁密分布，如图 8-54 所示。还可以双击绘图区左下角的时间、位置显示窗口来更改需要观测的时间，如图 8-55 所示。

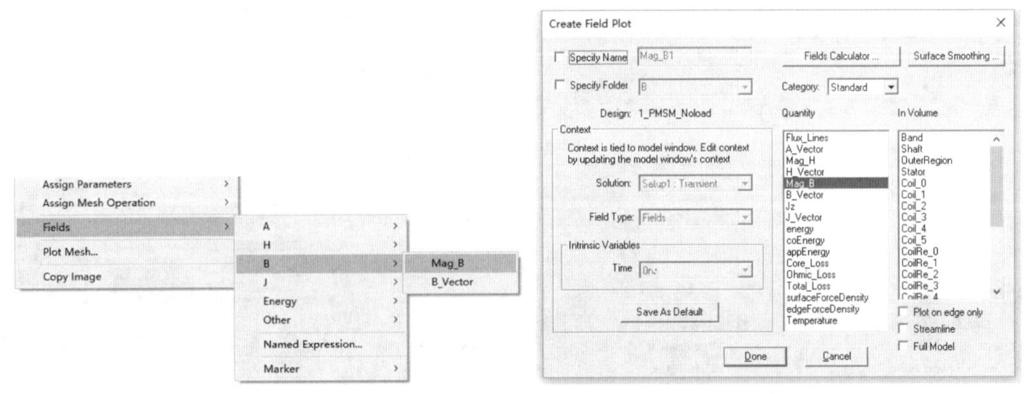

图 8-52　生成场图

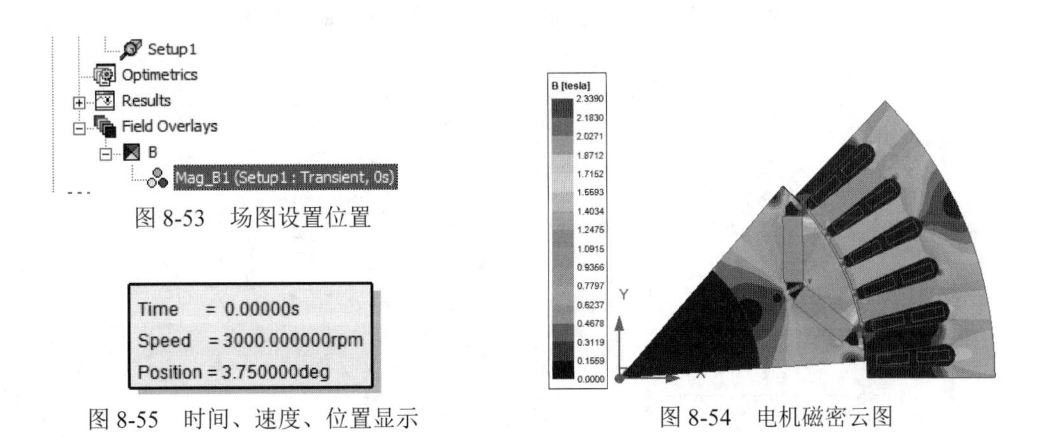

图 8-53　场图设置位置

图 8-55　时间、速度、位置显示

图 8-54　电机磁密云图

同样地，还可生成磁力线和磁矢量分布云图，如图 8-56 和图 8-57 所示。

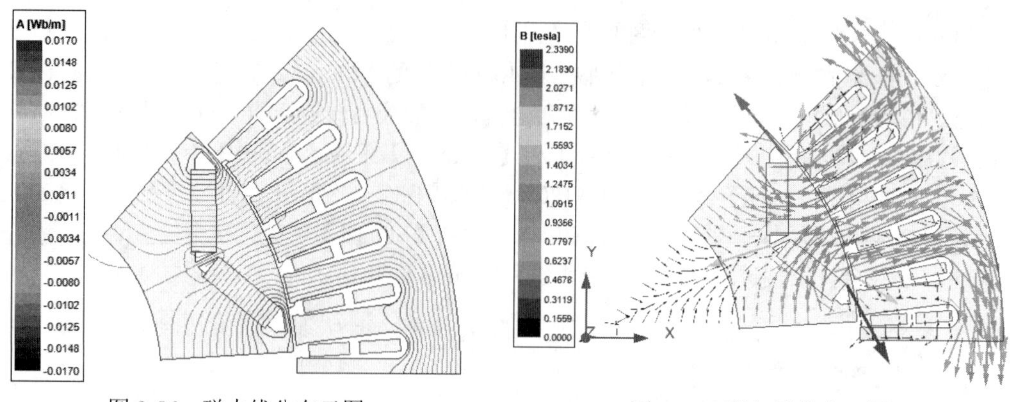

图 8-56　磁力线分布云图　　　图 8-57　磁矢量分布云图

Step3：空载反电势曲线及其 FFT 结果查看。在 ANSYS Maxwell 2D 中还可以观察气隙磁场在定子绕组中的空载感应电势值，在工程管理栏中选中【Result】，右击后选择【Create Transient Report】→【Rectangle Plot】，在弹出的选项卡中，单击【Winding】，选中 Induced Voltage（Winding A）、Induced Voltage（Winding B）、Induced Voltage（Winding C），如图 8-58 所示。单击 New Report 生成如图 8-59 所示的绕组相空载感应电势曲线。还可在 *Y* 轴上输入 Induced Voltage（Winding A）-Induced Voltage（Winding B）来生成定子绕组空载反电势曲线，如图 8-60 所示。

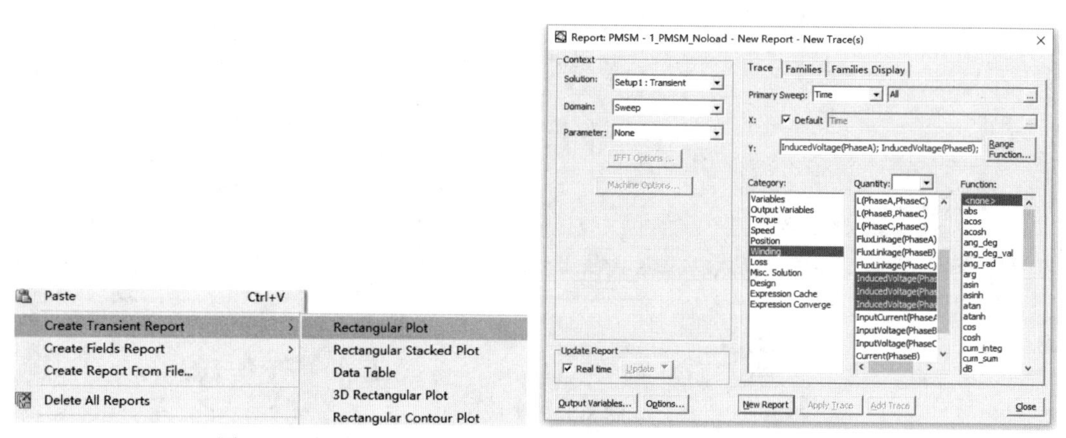

图 8-58　气隙磁场在定子绕组中的空载感应电势曲线查看操作

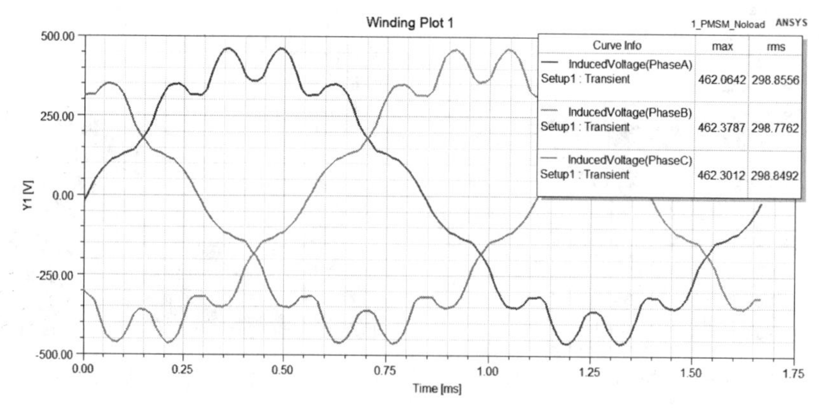

图 8-59　定子绕组相空载感应电势曲线

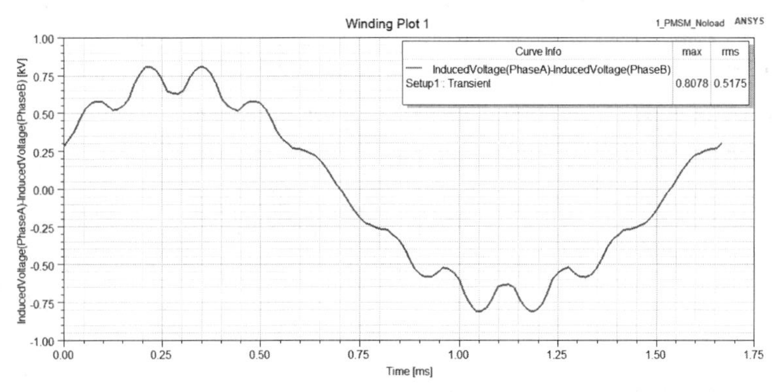

图 8-60　定子绕组空载反电势曲线（线电势）

空载反电势求解完成后，还可利用 Maxwell 软件自带的 FFT 傅里叶分解功能对空载反电势进行谐波分析。在工程管理栏中选中【Result】，右击后，在下拉菜单中选择【Perform FFT on Report】，弹出如图 8-61 所示的对话框，在窗口中选择刚绘制的线反电势曲线，在【FFT Window Type】选择直角坐标系【Rectangular】，在【Apply Function To Complex Data】选择【Mag】，点击【OK】键即可得到空载线反电势 FFT 谐波分析结果，如图 8-62 所示。

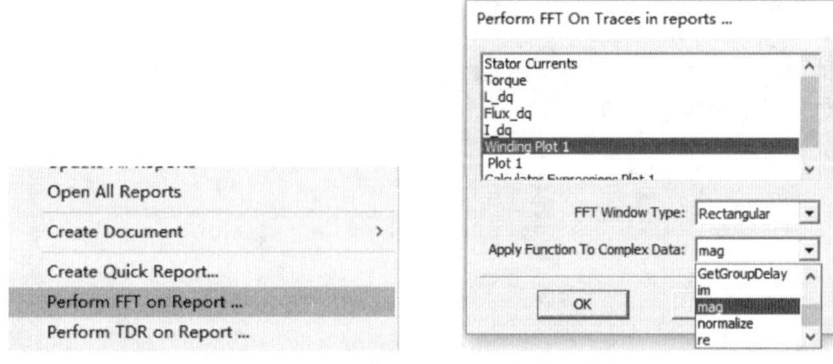

图 8-61　曲线 FFT 谐波分析

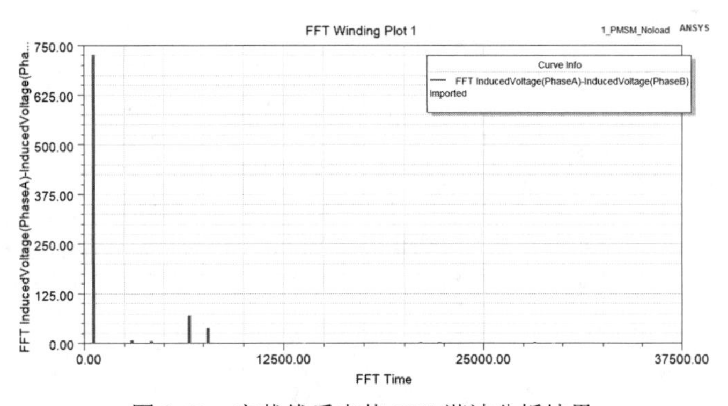

图 8-62　空载线反电势 FFT 谐波分析结果

Step4：空载气隙磁力线结果查看。在绘制空载气隙磁密曲线前，需要先在气隙处添加辅助线，点击快捷菜单栏中【Draw】中弧线绘制，因模型已求解完成，所以弹出对话框如图 8-63 所示，这里选择【是（Y）】（非 Model 部件不会影响剖分和求解结果）。然后绘制辅助弧线，使辅助弧线圆心位于原点，外径等于气隙外径，如图 8-64 所示。

辅助线绘制完成后，在工程管理栏中选中【Result】，右击后在下拉菜单中选择【Create Fields Report/Rectangle Plot】，弹出如图 8-65 所示的对话框，在【Geometry】中选择刚绘制的弧线 Polyline1，【Point Count】填写 180；【Trace】选项卡 X 选择 Default，Y 选择 Mag_B；在【Families】选项卡的【Time】变量中选择想要绘制的时间（可多选或全选），如图 8-66 所示，单击 New Report 按钮，得到如图 8-67 所示的气隙磁密曲线。

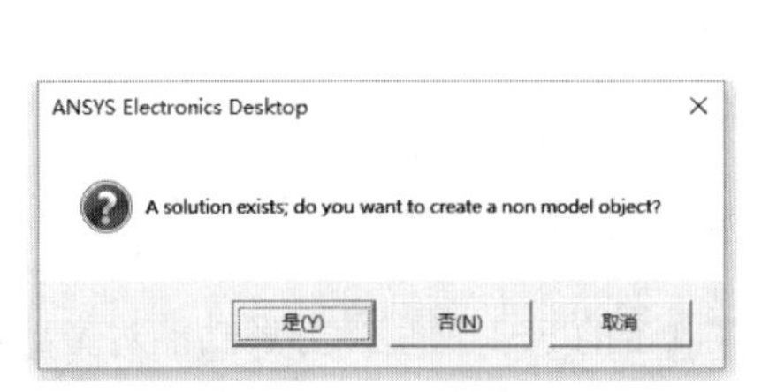

图 8-63 选择生成非 Model 部件

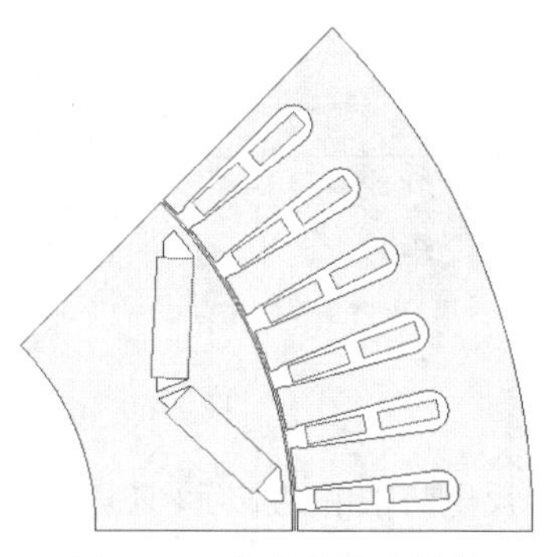

图 8-64 生成的辅助弧线

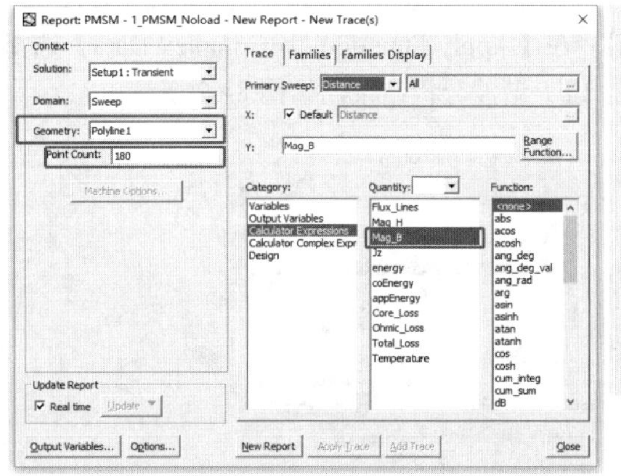

图 8-65 生成气隙磁密曲线

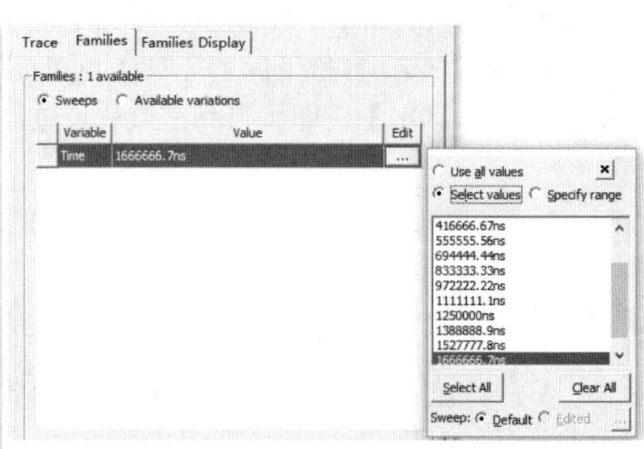

图 8-66 选择气隙磁密绘制时间

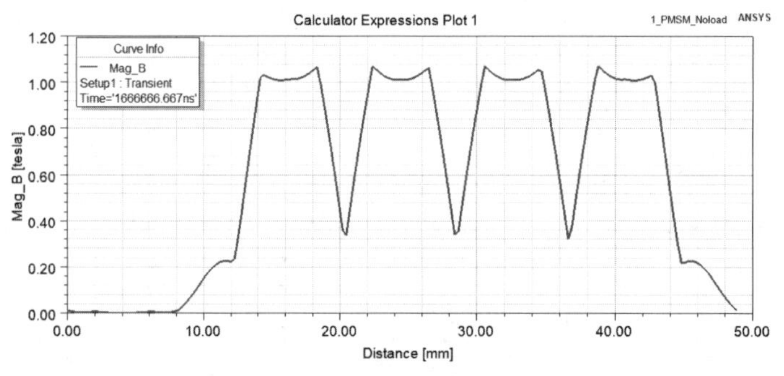

图 8-67 气隙磁密波形

8.3.4 空载齿槽转矩的计算

上述电机空载工况求解过程虽然也可得到电机的齿槽转矩值，但是因为计算步长和剖分精度问题齿槽转矩求解精度较差，本节主要讲述高精度的齿槽转矩求解方法。

首先复制 Maxwell 2D 工程模型，重命名模型为 2-Cogging Torque，按照图 8-50 在工程管理栏【Excitations】中将三相电源激励设置为电流源，电流值=0。并双击工程管理栏【Model】下的【MotionSetup】，将电机机械设置取消勾选，考虑机械瞬态，并将转速值设置为 1deg/sec

（这样生成的曲线横坐标 X 轴既代表时间又代表角度），如图 8-68 所示。然后在工程管理栏【Analysis】下的【Setup1】中更改【Stop Time】为 15（两个槽即可）；步长【Time step】设置为 7.5/60（齿槽转矩波动周期为一个槽跨距角度，本例为 7.5°，每个周期取 60 点），如图 8-69 所示，如不保存场图，此外气隙处须通过添加多层 Band 来细化剖分，完成后求解即可。

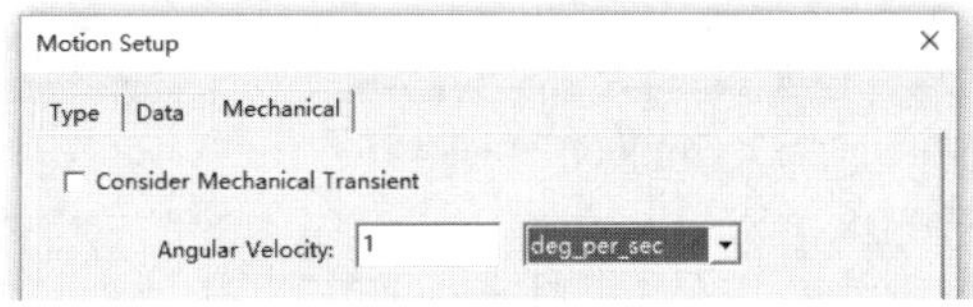

图 8-68　求解速度设定

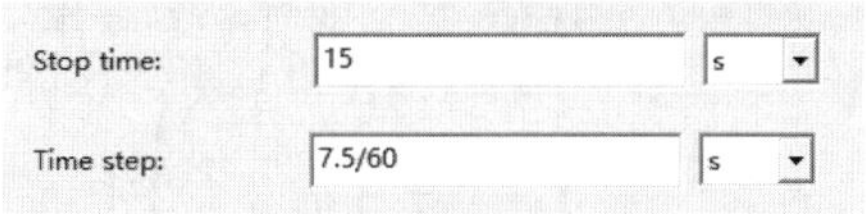

Stop time: 15 s

Time step: 7.5/60 s

图 8-69　求解步长设定

求解完成后，在工程管理栏中选中【Result】，右击后选择【Create Transient Report/Rectangle Plot】，在弹出的选项卡中，单击【Torque】，选中【Moving1.Torque】，单击【New Report】生成如图 8-70 所示的齿槽转矩曲线。

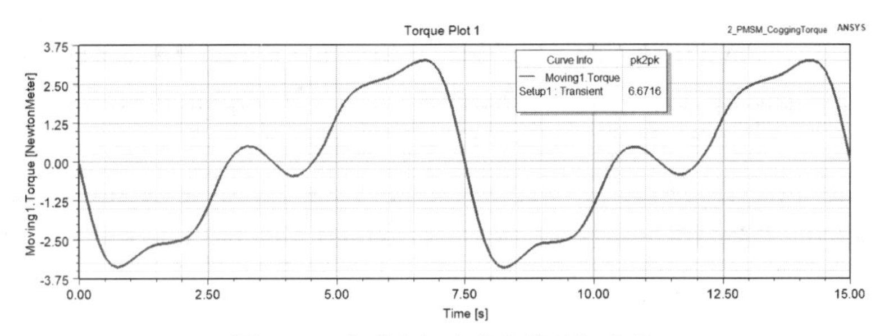

图 8-70　永磁电机空载齿槽转矩曲线

8.3.5　带载工况下电磁转矩、功率计算方法及磁场分析

本节主要讲述电机在工况下电磁转矩、功率以及磁场的求解方法。

复制 Maxwell 2D 工程空载仿真模型，重命名工程模型为 3_Ratedload。首先参照 3.3.5 节设置永磁体温度为 120℃（或者重新添加永磁体 120℃材料），然后在【Motion】中将转速设置为 3000r/min；在【Excitations】中将绕组设置为电流源，如 A 相电流值为 100*1.414*sin(2*pi*200*time+45)；其中 100 为相电流有效值，45 为功角；在【Setup】中将求解时间和步长设置为 1/200 和 1/200/120，并保存每一步场结果（用于电磁力密谐波求解），如图 8-71～图 8-73 所示。设置完成后在工程管理栏中右击【Setup】选择【Solve】开始求解。

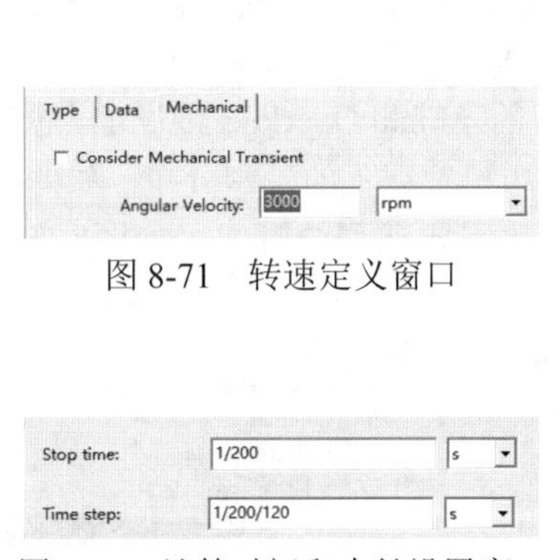

图 8-71　转速定义窗口

图 8-72　计算时间和步长设置窗口

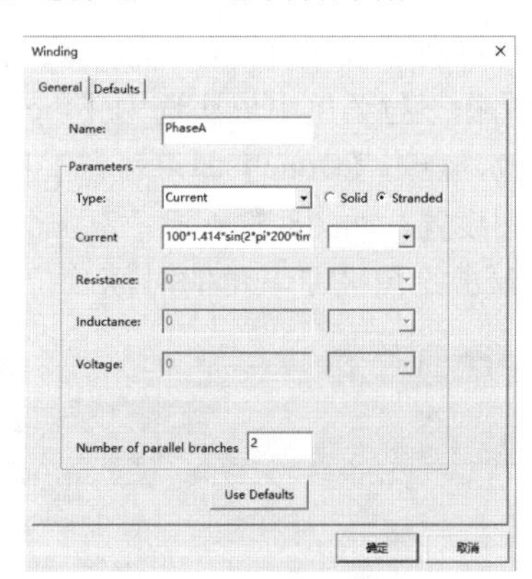

图 8-73　激励设置窗口

求解完成后在工程管理栏中选中【Result】，右击后选择【Create Transient Report/ Rectangle Plot】，在弹出的选项卡中，单击【Torque】，选中【Moving1.Torque】，单击【New Report】生成如图 8-74 所示的额定转矩曲线。

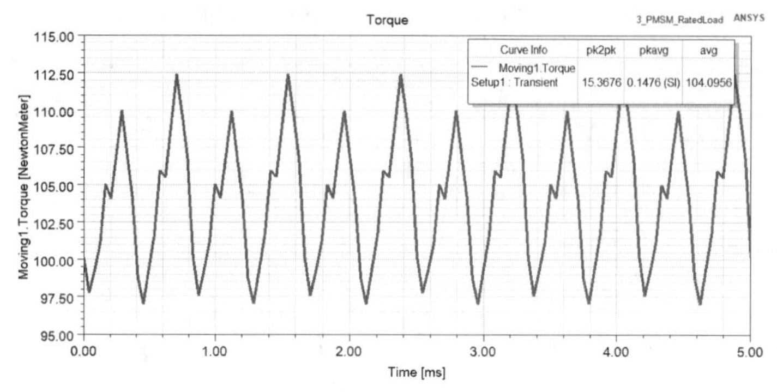

图 8-74 永磁电机额定输出电磁转矩曲线

这里需要注意，Maxwell软件所计算的输出转矩为不考虑机械损耗、附加损耗、铁耗（铁耗计算勾选与否不影响计算转矩结果）的电磁转矩，而非机械输出转矩，在计算电机效率值时一定要分清楚。

在工程管理栏中选中【Result】，右击后选择【Create Transient Report/ Rectangle Plot】，在弹出的选项卡中，在【Y】坐标中填入【Moving1.Torque* Moving1.Speed】，单击【New Report】生成如图 8-75 所示的额定电磁功率曲线。

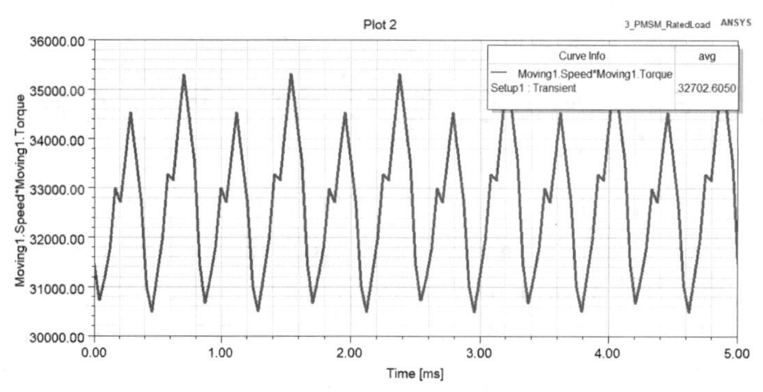

图 8-75 永磁电机额定电磁功率曲线

还可观察永磁同步电机的带载电磁场分布。在绘图区选中所有Objects，如图8-76，点击右键，在下拉菜单中依次选中【Fields】→【B】→【Mag_B】，弹出场图设置菜单，这里无须修改，点击【Done】即可。在工程管理栏所在项目的【Field Overlays】中可以看到所生成的场图设置，如图8-77所示。双击即可在绘图区显示电机空载下的磁密分布，如图8-78。还可以双击绘图区左下角的时间、位置显示窗口来更改需要观测的时间，如图8-79。

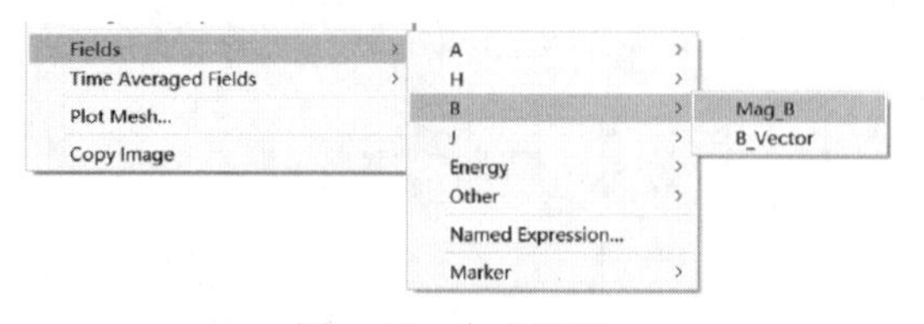

图 8-76 生成场图

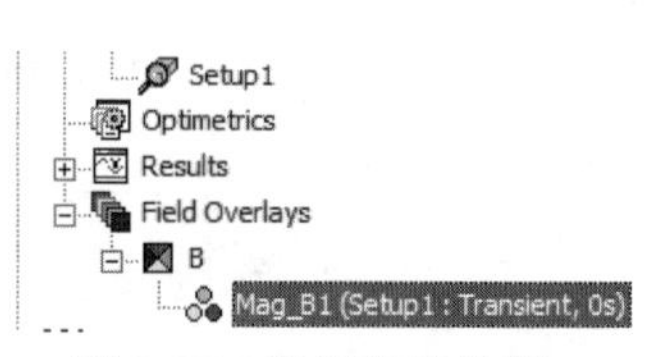

图 8-77 场图设置位置

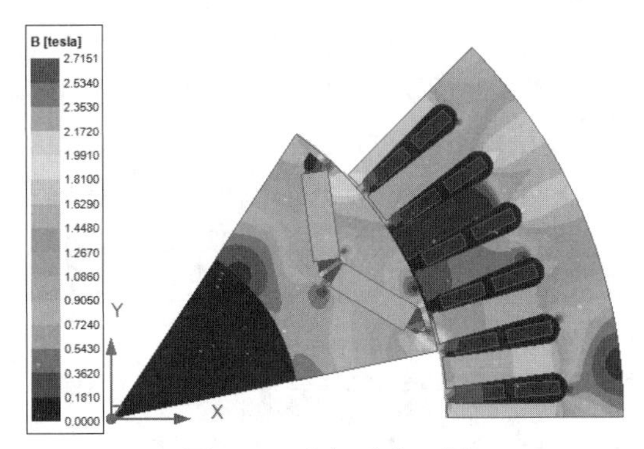

图 8-78　电机磁密云图

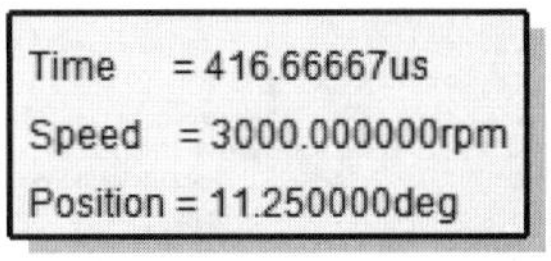

Time　= 416.66667us
Speed　= 3000.000000rpm
Position = 11.250000deg

图 8-79　时间、速度、位置显示

同样地，还可生成电机在带载工况下的磁力线和磁矢量分布云图，如图 8-80 和图 8-81 所示。可以看出，因为带载工况下电枢磁场的存在，永磁同步电机磁力线和磁矢量分布明显不规则许多，磁密也更趋于饱和。

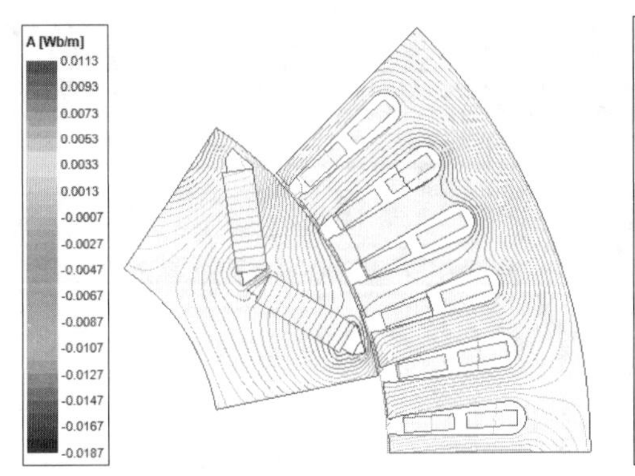

图 8-80　磁力线分布云图

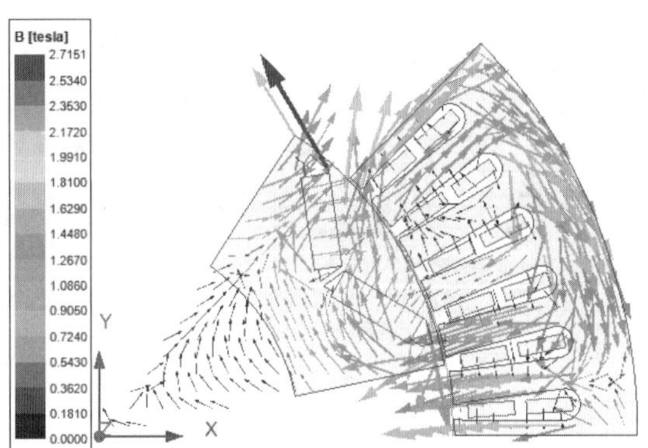

图 8-81　磁矢量分布云图

8.3.6　交直轴电流、电感、磁链计算

同步电机中，一般使用 *dq* 轴旋转坐标系来进行三相绕组的解耦，用于控制电路的设计等，因此永磁同步电机 *dq* 交直轴电流、电感、磁链的计算也尤为重要，本小节主要介绍如何在 Maxwell 软件中进行 *dq* 交直轴电流、电感、磁链的计算。

Step1：初始角度设定。直接使用 Maxwell 2D 工程额定工况模型 3-Ratedload，首先确定转子的初始角度是否和定子 A 相中心轴线对齐：在工程管理栏中依次选择【Model】→【MotionSetup1】，并选择【Data】选项卡，在【Initial Position】查看转子的初始位置（转子永磁体中心轴线代表转子 *d* 轴）是否和定子 A 相中心轴线（代表定子 *d* 轴）对齐，此步主要是确定 *dq* 轴变换准确，如果初始时刻定转子 *dq* 轴未对齐，则 *dq* 变换中需要考虑定转子 *d* 轴角度偏差，如图 8-82 所示。

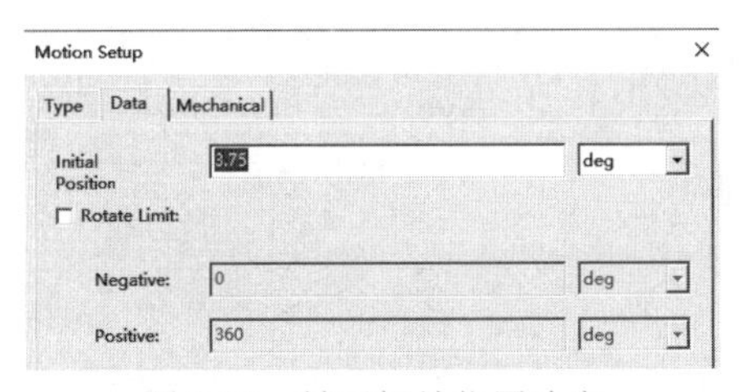

图 8-82　转子初始位置确定

Step2：输出变量设定。如图 8-83 所示，在工程管理树中右击【Results】，依次选择【Create Transient Report】→【Rectangular Plot】进入结果绘制对话框，如图 8-84 所示，点击对话框右下方【Output Variables】进入自定义输出变量窗口，如图 8-85 所示。此处我们进行 *dq* 轴

变量的定义，首先在【Expresssion】对话框输入变量公式，在【Name】对话框中输入变量名称，点击 Add 键即可。所有 *dq* 轴变量的计算公式如图 8-85 所示（根据 Park3-2 变换得出，等幅值变换）。这里需要注意当使用电压源激励时，A 绕组电流名称为“Current（PhaseA）”，当使用电流源激励时，A 绕组电流名称为“InputCurrent（PhaseA）”。所有变量定义完成后可以点击对话框最下方【Import】，对所有自定义变量导出，以便其他工程文件使用。

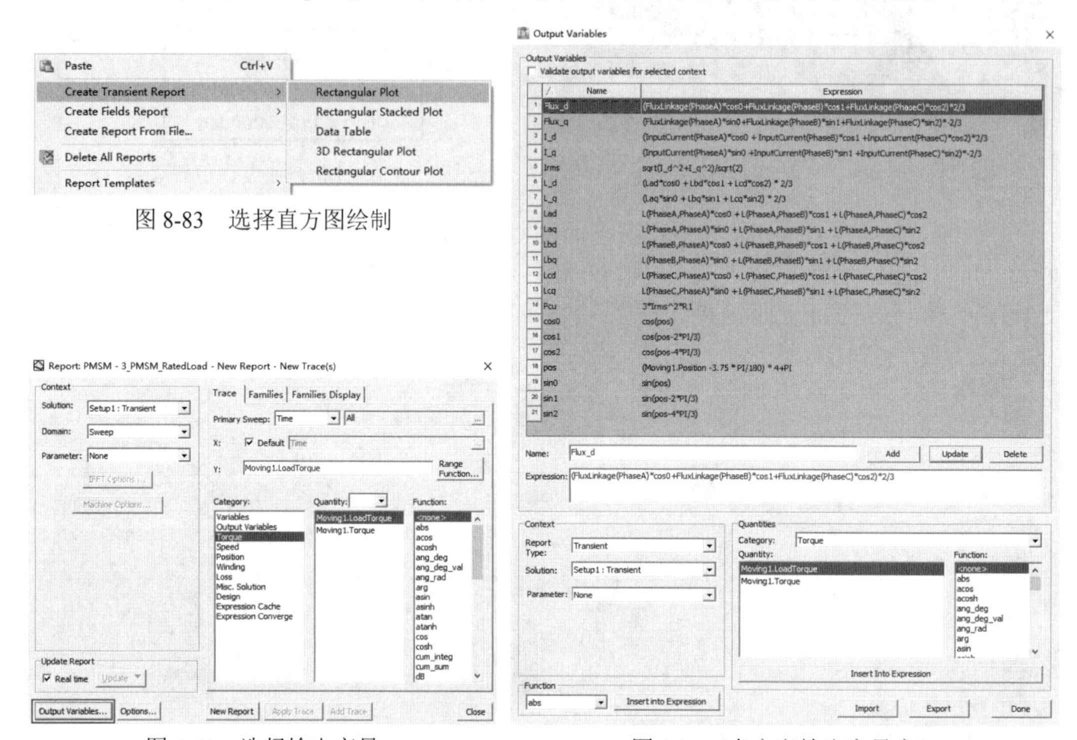

图 8-83　选择直方图绘制

图 8-84　选择输出变量

图 8-85　自定义输出变量窗口

Step3： *dq* 轴电流、电感结果查看。自定义变量设置完成后，点击【Done】返回上一对话框，在【Category】选项卡中选择【Output Variables】即可在【Quantity】找到上一步自定义的变量，选择 *dq* 轴电流、磁链、电感，点击【New Report】即可生成自定义计算结果的矩形图绘制，如图 8-86～图 8-89 所示。

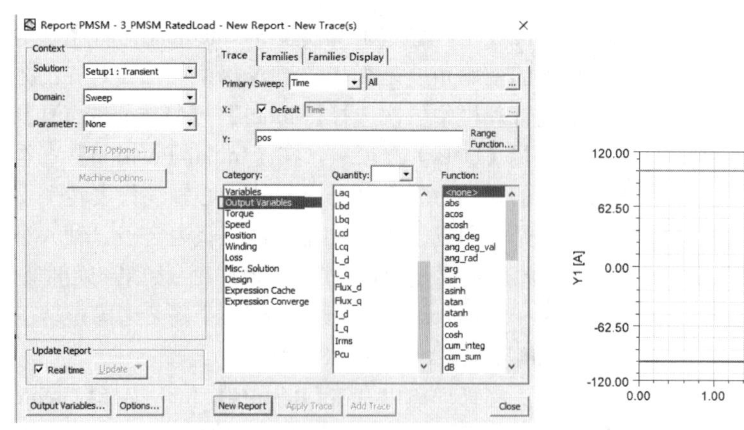

图 8-86　自定义输出变量

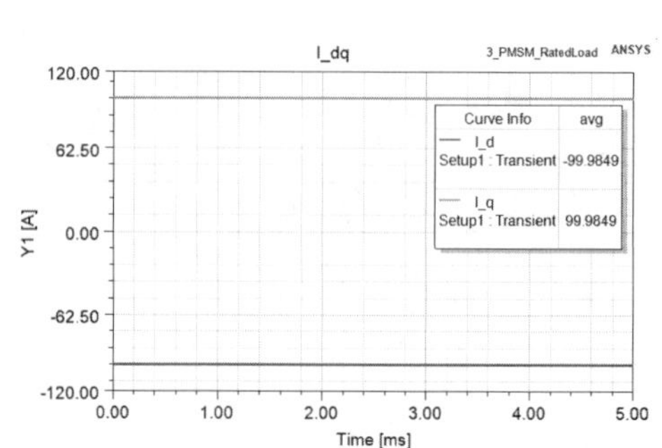

图 8-87　*dq* 轴电流

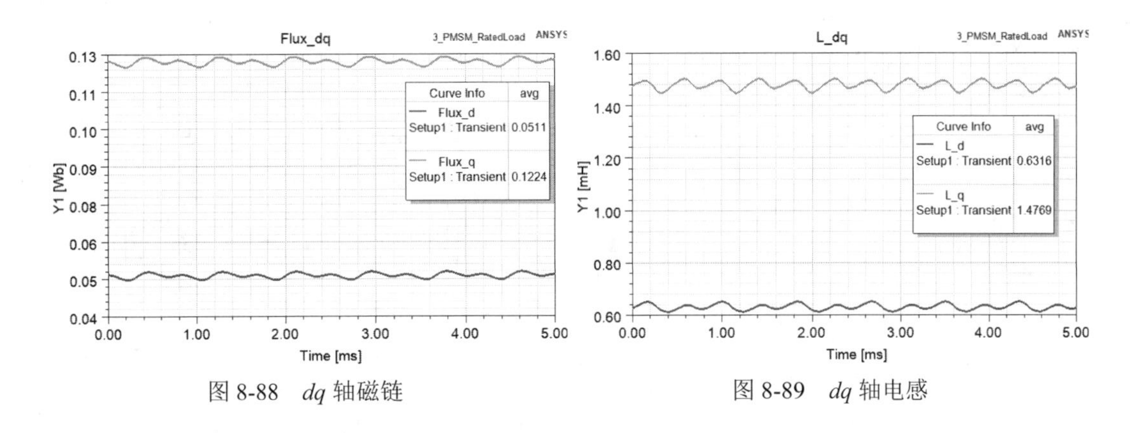

图 8-88　*dq* 轴磁链　　　　图 8-89　*dq* 轴电感

8.3.7　基于参数化扫描的电机转矩-功角特性曲线

首先参数化仿真计算永磁同步电机的转矩-功角特性。复制 Maxwell 2D 工程额定工况模型 3-Ratedload，重命名模型为 4-CurrentSweep，永磁体工作温度设置为 120℃。

Step1：参数化变量设定。将电机的转速、电流幅值、功角和电频率定义为变量。在【Motion Setup】中将转速定义为变量 Spe（见图 8-90），并添加电频率变量 fre=Spe/2/pi*4；在【Excitations】中将绕组设置为电流源，A 相电流值为 Is*1.414*sin(4*Spe*time+delta)（见图 8-91）；其中 Is 为相电流有效值，delta 为功角，同时设置其他两相，注意相位差；在【Setup】中将求解时间和步长设置为 1/fre 和 1/fre/120（见图 8-92），根据需求保存场结果（参数化求解保存全部模型的场结果容易使工程文件内存极大增加）。

在快捷菜单栏中点击【Maxwell 2D】→【Design Properties】打开模型局部变量窗口，如图 8-93 所示，可以看到上一步设置的 4 个变量：电流有效值 Is、功角 delta、转速 Spe、电频率 fre。

这里需要注意因为“Speed”为系统变量，因此转速变量定义时不要使用此单词。

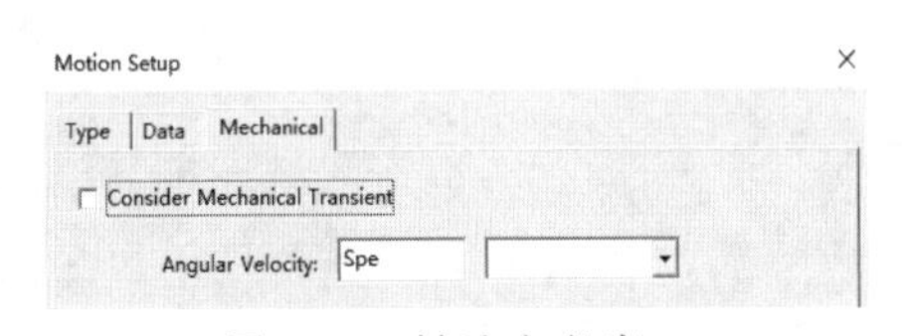

图 8-90　转速定义窗口

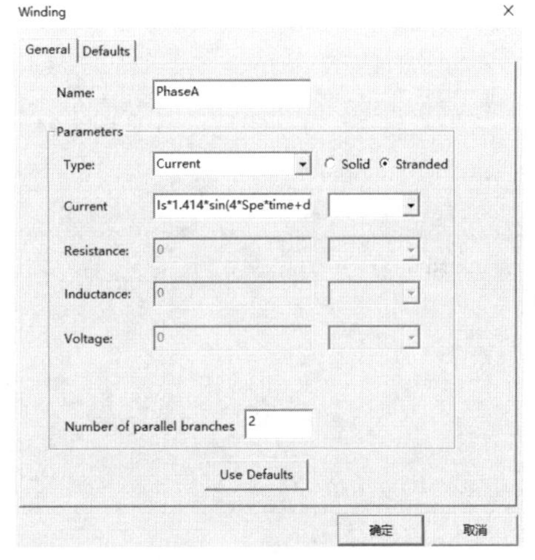

图 8-91　激励设置窗口

Step2：添加参数化计算。如图 8-94 所示，变量设置完成后，添加变量参数化计算。在工程管理栏中右击【Optimetrics】依次选择【Add】→【Parametric】，弹出参数化设置窗口，如图 8-95 所示，在【Sweep Definitions】窗口中点击 Add 按钮，弹出【Add/Edit Sweep】变量参数化添加/编辑窗口。在弹出的【Add/Edit Sweep】中【Variable】选择变量为 Is，步长方式为【Linear Step】线性步长，【Start】起始值为 50，【Stop】终止值为 200，【Step】步长为 50，设置完成后点击 Add；同样地，在同一窗口中继续添加功角扫描方式，【Variable】选择变量为 delta，步长方式选择【Line Step】线性步长，【Start】起始值为-90，【Stop】终止值为

90，【Step】步长为 5，设置完成后点击【Add】，完成后如图 8-96 所示，点击【OK】添加到参数化扫描分析计算中。

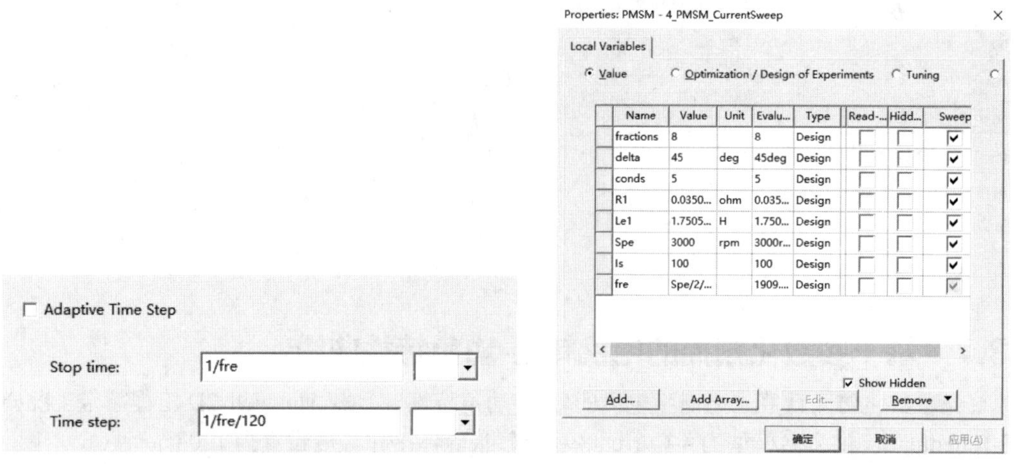

图 8-92　计算时间和步长设置窗口　　　　图 8-93　局部变量窗口

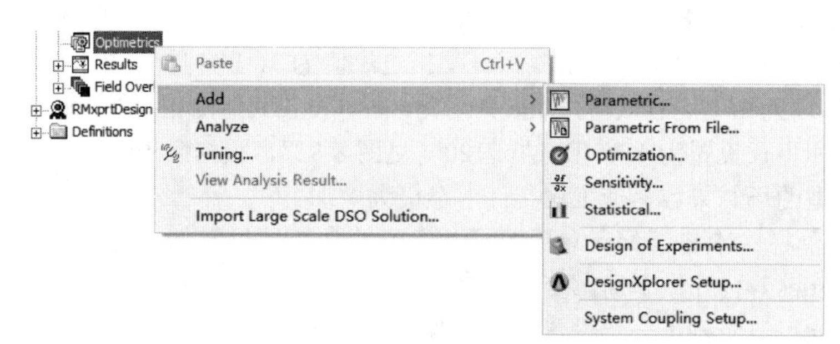

图 8-94　添加参数化计算

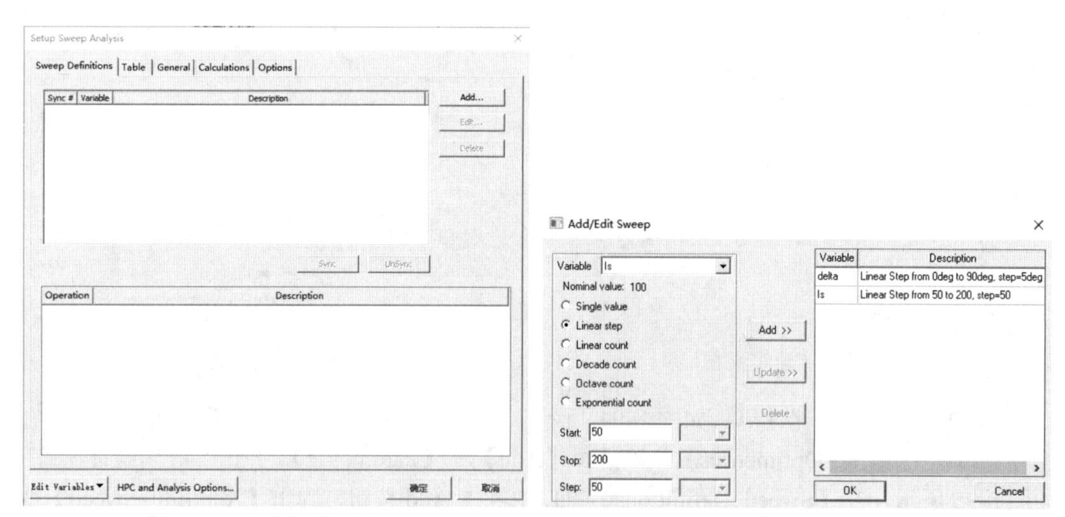

图 8-95　参数化设置窗口　　　　图 8-96　添加变量参数化方式和范围

变量设置完成后，在参数化计算分析窗口上方点击【Table】选项卡可以查看将要扫描的具体项目，如图 8-97 所示；在【Calculations】选项卡中可以通过【Setup Calculations】添加要参数化计算的项目，如图 8-98 所示（也可以计算完成后在 Results 中设置）；在【Options】

选项卡勾选【Save Fields And Mesh】保存参数化扫描过程中场结果和剖分（但会增加计算内存），勾选【Copy geometrically equivalent meshes】表示模型结构不变的情况下复制相同的剖分网格以减少剖分时间，如图 8-99 所示。

设置完成后在工程管理栏中右击【Optimetrics】→【ParameterSetup1】选择【Solve】，开始求解（参数化计算可以通过 HPC 功能设置并行运算）。

Step3： 参数化计算结果查看。在工程管理栏中选中【Result】，右击后选择【Create Transient Report/ Rectangle Plot】，在弹出的选项卡【Trace】中，在【Y】坐标中选择 avg (Moving1.Torque)，单击 *Y* 坐标右侧【Range Function】按钮添加数值运行【Math】→【avg】，点击确定返回上一窗口，【Primary Sweep】选择扫描变量功角 delta，然后在选项卡【Families】中，在变量电流有效值 Is 后选择值【All】（见图 8-100），最后点击【New Report】生成如图 8-101 所示永磁同步电机在多电流幅值下的转矩-功角特性曲线（电动状态）。

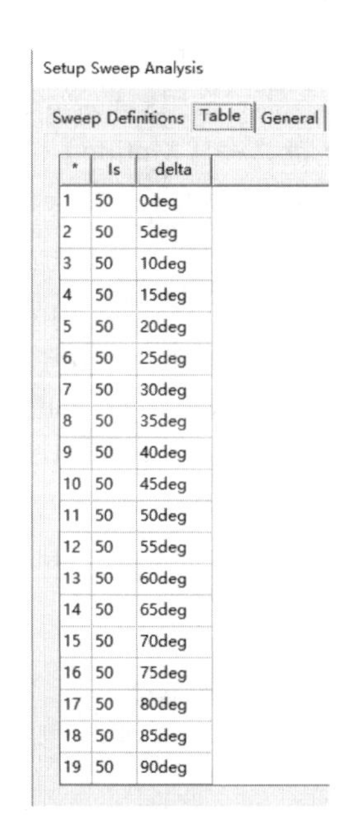

*	Is	delta
1	50	0deg
2	50	5deg
3	50	10deg
4	50	15deg
5	50	20deg
6	50	25deg
7	50	30deg
8	50	35deg
9	50	40deg
10	50	45deg
11	50	50deg
12	50	55deg
13	50	60deg
14	50	65deg
15	50	70deg
16	50	75deg
17	50	80deg
18	50	85deg
19	50	90deg

图 8-97　参数化具体项目

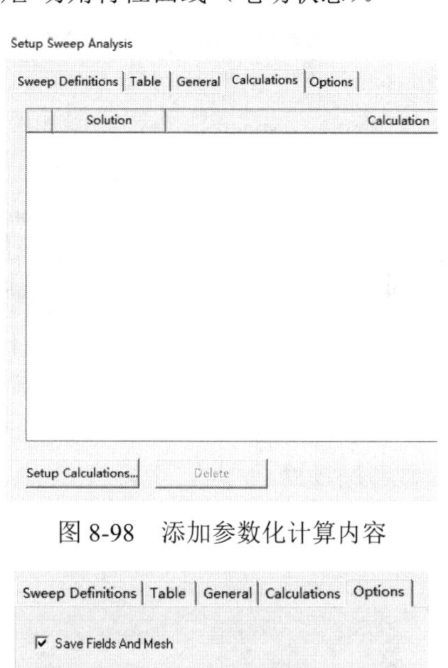

图 8-98　添加参数化计算内容

图 8-99　保存场图和复制剖分

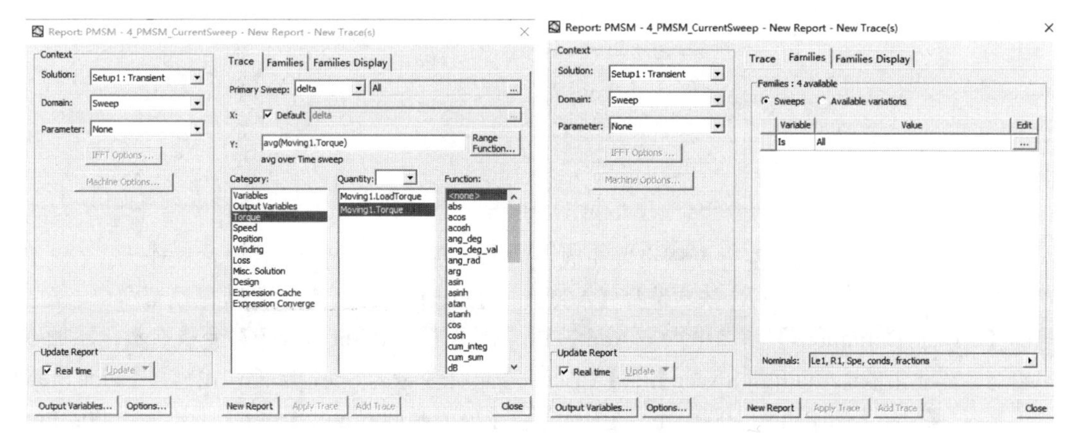

图 8-100　生成永磁同步电机转矩-功角特性曲线

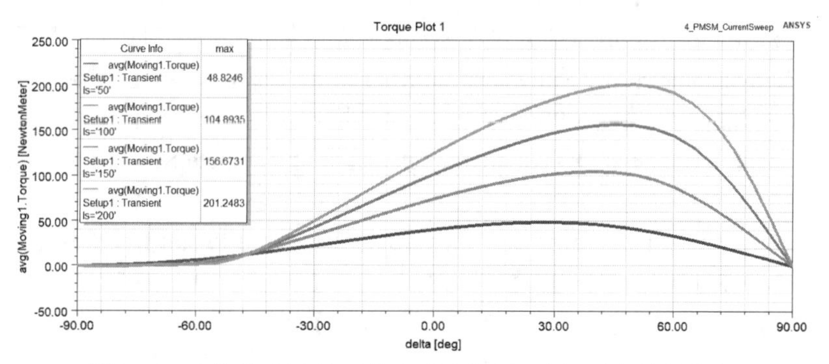

图 8-101　不同绕组电流下的永磁同步电机转矩-功角特性曲线

8.3.8　基于参数化扫描的空载反电势-转速特性曲线

同样地，参数化计算永磁同步电机在不同转速下的空载反电势值。

Step1：参数化变量设定。复制 Maxwell 2D 工程空载工况模型 1_PMSM_Noload，重命名模型为 5_PMSM_ SpeedSweep，永磁体工作温度设置为 20℃。然后将电机的转速、电流幅值、功角和电频率定义为变量，将电机的转速和电频率定义为变量。在【Motion】中将转速定义为变量 Spe，并添加电频率变量 fre=Spe/2/pi*4；在【Excitations】中将绕组设置为电流源，三相绕组激励电流值为 0；在【Setup】中将求解时间和步长设置为 1/fre 和 1/fre/120，根据需求保存场结果（参数化求解保存全部模型的场结果容易使工程文件内存极大增加）。

在快捷菜单栏中点击【Maxwell 2D】→【Design Properties】打开模型局部变量窗口，如图 8-102 所示，同样可以看到上一步设置的四个变量：电流有效值 Is、功角 delta、转速 Spe、电频率 fre。转速变量设置、计算时间和步长设置分别见图 8-103、图 8-104。图 8-105 显示的是空载激励设置。

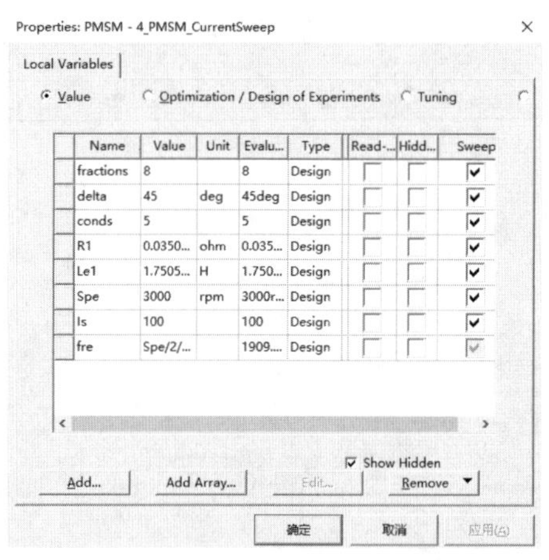

Name	Value	Unit	Evalu...	Type	Read-...	Hidd...	Sweep
fractions	8		8	Design	☐	☐	☑
delta	45	deg	45deg	Design	☐	☐	☑
conds	5		5	Design	☐	☐	☑
R1	0.0350...	ohm	0.035...	Design	☐	☐	☑
Le1	1.7505...	H	1.750...	Design	☐	☐	☑
Spe	3000	rpm	3000r...	Design	☐	☐	☑
Is	100		100	Design	☐	☐	☑
fre	Spe/2/...		1909....	Design	☐	☐	☑

图 8-102　局部变量窗口

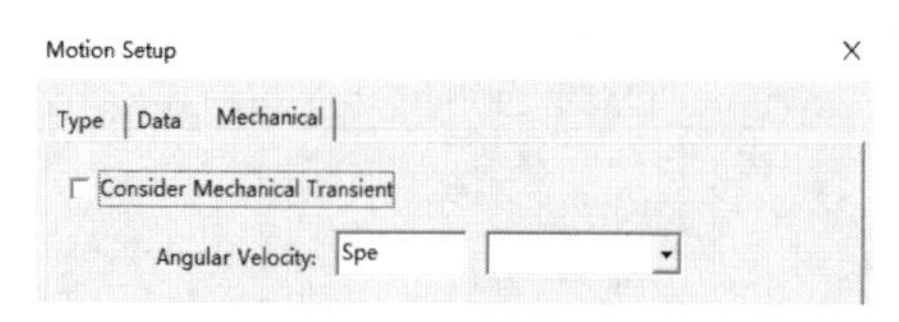

图 8-103　转速定义窗口

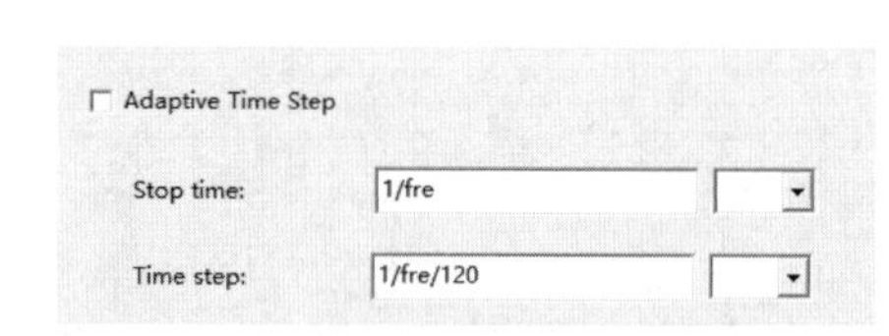

图 8-104　计算时间和步长设置窗口

Step2：添加参数化计算。变量设置完成后，添加变量参数化计算，具体操作为：在工程管理栏中右击【Optimetrics】，依次选择【Add】→【Parametric】，弹出参数化设置窗口，在弹出的【Sweep Definitions】窗口中点击 Add 按钮，弹出【Add/Edit Sweep】变量参数化添加/编辑窗口。在跳出的【Add/Edit Sweep】中【Variable】选择变量为 Spe，步长方式选择【Line Step】线性步长，【Start】起始值为 1000r/min，【Stop】终止值为 9000r/min，【Step】步长为 1000r/min，设置完成后点击 Add；完成后如图 8-106 所示，点击 OK 添加到参数化扫描分析计算中。

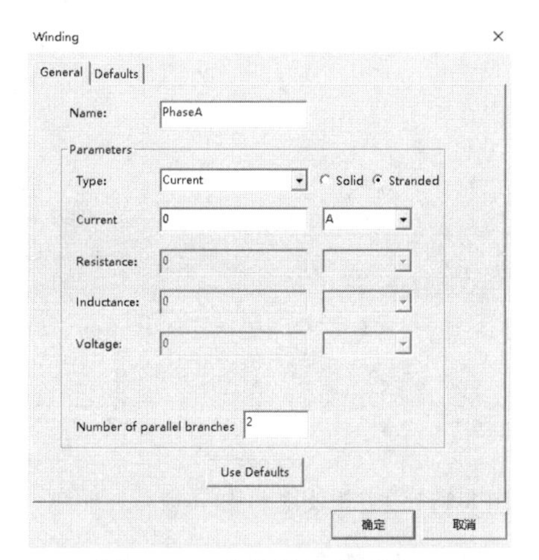

图 8-105　空载激励设置窗口

图 8-106　添加转速变量

变量设置完成后，在参数化计算分析窗口上方点击【Table】选项卡可以查看将要扫描的具体项目，添加参数化计算内容如图 8-107、图 8-108 所示；在【Calculations】选项卡中可以通过【Setup Calculations】键添加要参数化计算的项目，如图 8-108 所示（也可以计算完成后在 Results 中设置）；在【Options】选项卡勾选【Save Fields And Mesh】保存参数化扫描过程中场结果和剖分（但会增加计算内存），勾选【Copy geometrically equivalent meshes】表示模型结构不变的情况下复制相同的剖分网格以减少剖分时间，如图 8-109 所示。

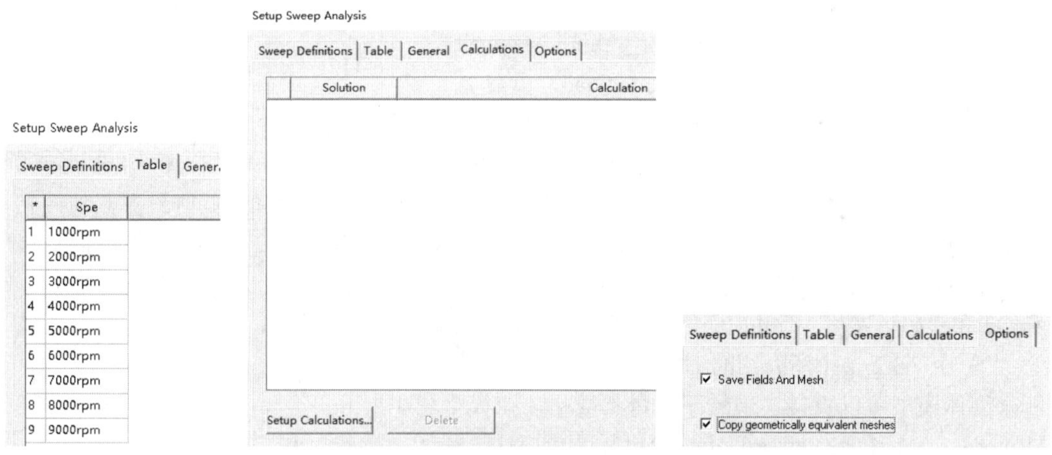

图 8-107　参数化具体项目

图 8-108　添加参数化计算内容

图 8-109　保存场图和复制剖分

设置完成后在工程管理栏中右击【Optimetrics】→【ParameterSetup1】选择【Analyze】开始求解（参数化计算可以通过 HPC 功能设置并行运算）。

Step3： 参数化计算结果查看。在工程管理栏中选中【Result】，右击后选择【Create Transient Report/Rectangular Plot】，在弹出的选项卡【Trace】中，在【Y】坐标中同时选择输入 InducedVoltage(phaseA)−InducedVoltage(PhaseB)，单击 *Y* 坐标右侧【Range Function】按钮添加数值，运行【Math】→【max】，点击确定返回上一窗口，在【Primary Sweep】后选择扫描转速 Spe，如图 8-110 所示，最后点击【New Report】生成如图 8-111 所示永磁同步电机的空载反电动势-转速特性曲线。

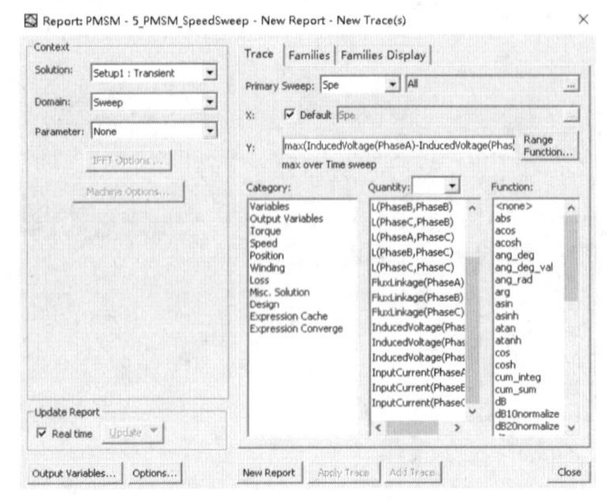

图 8-110　设置转速变量扫描

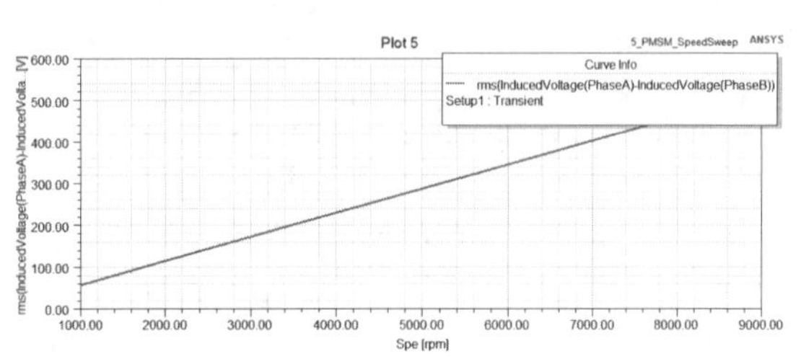

图 8-111　空载反电动势-转速特性曲线

8.3.9　基于参数化扫描的转子结构尺寸对电机性能影响分析

本节主要参数化计算永磁同步电机在不同转子结构尺寸下电机额定转矩和空载反电势值的变化趋势。如图 8-112 所示，通过参数化扫描决定电机转子 V 型永磁体夹角大小的 Rib 值和 O2 值，观测两值对电机额定转矩的影响；以及通过参数化扫描永磁体宽度 WidthMag 和永磁体厚度 ThickMag，观测两者对电机空载反电势的影响。

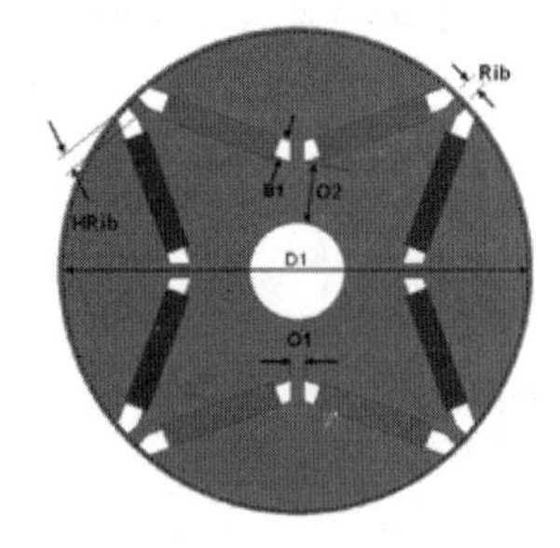

图 8-112　永磁同步电机转子结构示意图

Step1：结构尺寸参数化变量设定。复制 Maxwell 2D 工程额定工况模型 3_PMSM_ Ratedload，重命名模型为 6_PMSM_ PMAngleSweep，永磁体工作温度设置为 120℃。然后在【Motion】中将转速设置为 3000r/min；在【Excitations】中将绕组设置为电流源，如 A 相电流值为 100*1.414*sin(2*pi*200*time+45)；其中 100 为相电流有效值，45 为功角，同时设置其他两相，注意相位差变化；在【Setup】中将求解时间和步长设置为 1/200 和 1/200/120，并保存每一步场结果（用于电磁力密谐波求解），根据需求保存场结果。然后对决定永磁体夹角的变量 Rib 和 O2 和永磁体宽度 WidthMag、永磁体厚度 ThickMag 进行变量设定，这里主要有两种方法。

① 由 8.3.2 节中所介绍的 UDP 快速建模方法所建立的转子和永磁体模型可以直接实现转子变量参数化。在模型树中展开【Rotor】，点击【CreateUserDefinedPart】，如图 8-113 所示，接着在转子属性栏中找到【Rib】、【O2】、【ThickMag】及【WidthMag】，在【Value】列表下将它们的值分别赋予变量 Rib、O2、ThickMag 及 WidthMag，如图 8-114 所示。同理，在模型树中展开两块永磁体【Mag1_0】和【Mag2_0】，按上述步骤命名变量。

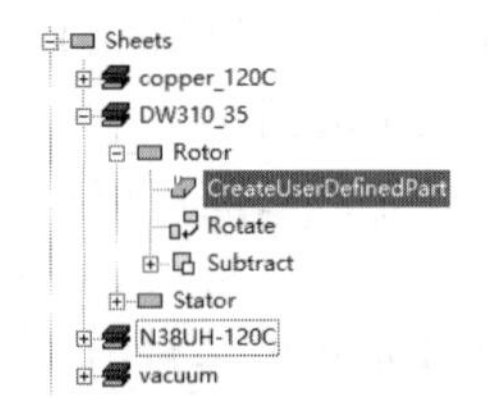

图 8-113　打开转子参数设置窗口

Properties

Name	Value	Unit	Evaluated Va...
Command	CreateUserDefinedPart		
Coordin...	Global		
Name	RMxprt/IPMCore		
Location	syslib		
Version	19.0		
DiaGap	123.8	mm	123.8mm
DiaYoke	70	mm	70mm
Length	0	mm	0mm
Poles	8		8
PoleType	3		3
D1	121.4	mm	121.4mm
O1	1	mm	1mm
O2	02	mm	12mm
B1	4.2	mm	4.2mm
Rib	Rib		8mm
HRib	HRib		2mm
DminMag	0	mm	0mm
ThickMag	ThickMag		5mm
WidthM...	WidthMag		32mm
LenRegi...	0	mm	0mm
InfoCore	0		0

Command

图 8-114　转子变量设置

② 第二种方法是在 RMxprt 中将转子和永磁体尺寸设置为变量，然后生成 Maxwell 2D 工程项目。首先复制 8.3.1 节中建立的永磁同步电机 RMxprt 模型 RMxprtDesign1，得到 RMxprtDesign2，重命名模型为 RMxprt_Sweep，在工程管理栏中依次展开【Machine】→【Rotor】→【Core】，如图 8-115 所示。双击 Pole 弹出 Pole 设置框，如图 8-116 所示，将对话框中【O2】的值 Value 设置为变量 O2，如图 8-117 所示。同样，将【Rib】的值设置为变量 Rib，如图 8-118 所示。将【Magnet Thickness】的值设置为变量 ThickMag，如图 8-119 所示。将【Magnet Width】的值设置为变量 WidthMag，如图 8-120 所示。变量设置完成后回到如图 8-116 所示的界面，点击确定即可。

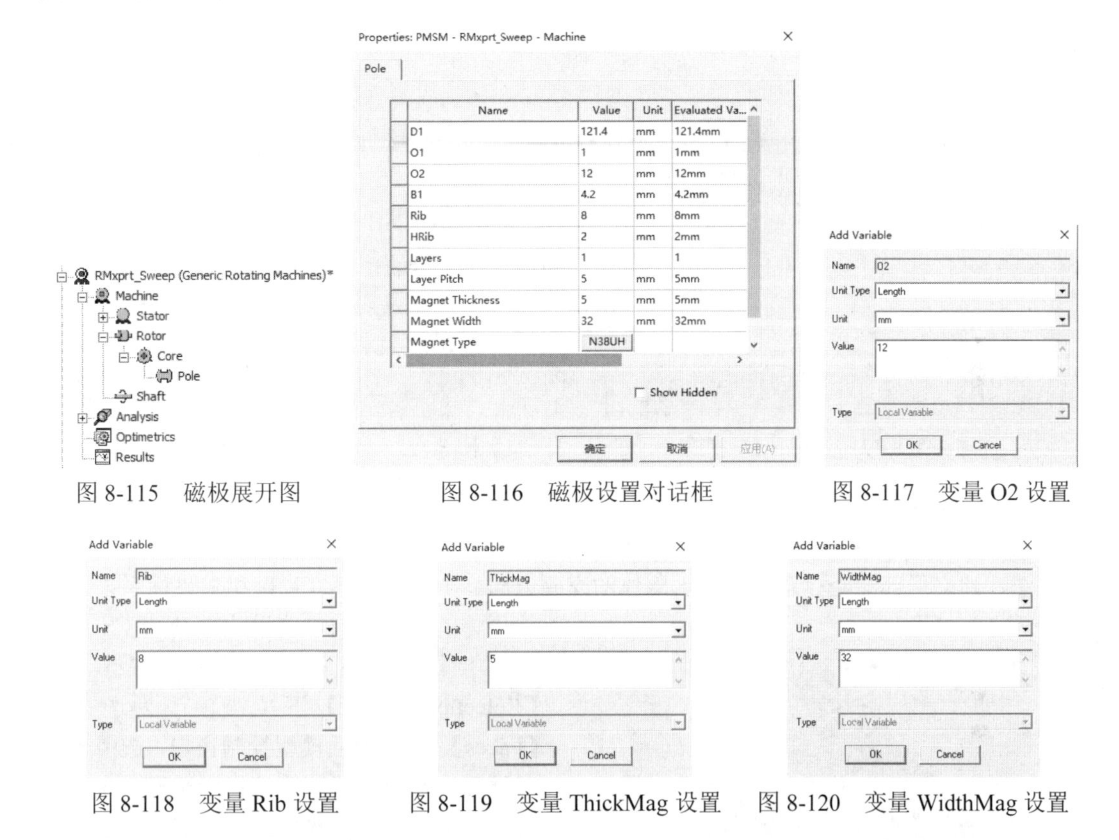

图 8-115 磁极展开图　　图 8-116 磁极设置对话框　　图 8-117 变量 O2 设置

图 8-118 变量 Rib 设置　　图 8-119 变量 ThickMag 设置　　图 8-120 变量 WidthMag 设置

设置完成后，按前述步骤分析 RMxprt_Sweep 模型并导出 Maxwell 2D 模型，并重命名为 6_PMSM_PMAngleSweep，设置永磁体材料为 N38UH，工作温度设置为 120℃。定转子材料为 DW310_35。然后在【Motion】中将转速设置为 3000r/min；在【Excitations】中将绕组设置为电流源，如 A 相电流值为 100*1.414*sin(2*pi*200*time+45)，其中 100 为相电流有效值，45 为功角，同时设置其他两相，主要相位差的变化；在【Setup】中将求解时间和步长设置为 1/200 和 1/200/120，根据需求保存场结果（因为此时 Maxwell 2D 为新生成项目，所以需要再次设定）。

Step2：添加参数化计算。变量定义完成后，在 Maxwell 2D 模型 6_PMSM_PMAngleSweep 中添加变量参数化计算。在工程管理栏中右击【Optimetrics】依次选择【Add】→【Parametric】，弹出参数化设置窗口，如图 8-121 所示，在【Sweep Definitions】窗口中点击 Add 按钮，跳出【Add/Edit Sweep】变量参数化添加/编辑窗口。在弹出的【Add/Edit Sweep】中【Variable】选择变量 O2，步长方式选择【Linear Step】线性步长，【Start】起始值为 6，【Stop】终止值为

12,【Step】步长为 2，设置完成后点击 Add；同样地，在同一窗口中继续添加变量，在【Variable】选择变量为 Rib，步长方式选择【Linear Step】线性步长，【Start】起始值为 6，【Stop】终止值为 9，【Step】步长为 1，设置完成后点击 Add，完成后如图 8-122 所示，点击【OK】添加到参数化扫描分析计算中。注意在设置变量时要考虑变量设置的范围是否合理，如果变量设置不合理，仿真时会产生错误。

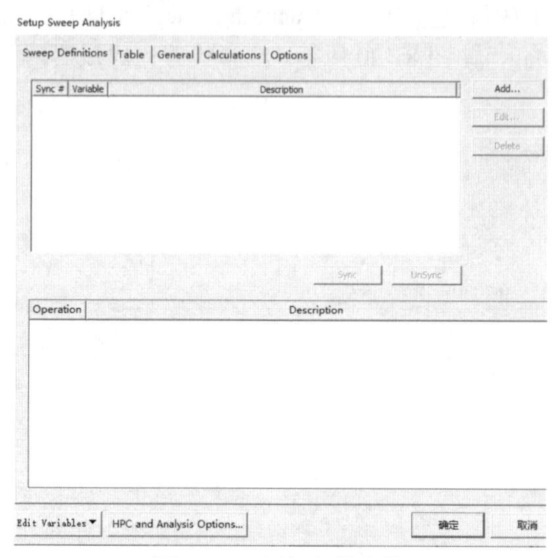

图 8-121　添加扫描参数

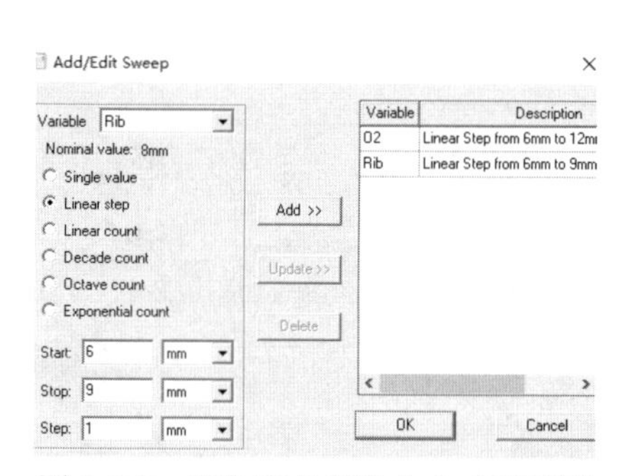

图 8-122　添加变量参数化方式和范围

Step3：永磁体充磁方向设定。另外，由于改变永磁体之间的夹角，原有的永磁体坐标系已不适用于改变后的永磁体，这里还需要对永磁体相对坐标系进行设置，按照本书 3.3.3 节的方法，建立局部面坐标系，确定永磁体的充磁方向。一般通过建立局部相对坐标系来规定永磁体的充磁方向，这里建立 Face CS 局部相对坐标系。首先在模型窗口右键，将【Selection Mode】下拉选项改为选择面【Faces】。然后返回模型绘制窗口，选中永磁体面后，在电机绘制菜单栏中选择 Draw 选项卡中的 Face CS 选项。此时在绘制窗口中选择永磁体面上任意两个点即可定义局部坐标系 Face CS，如图 8-123 所示，也可以在模型树的 Coordinate systems 中找到新建的坐标系 Face CS1。局部坐标系建立完成后，将【Selection Mode】下拉选项中重新改为选择面【Objects】，选中要设定的永磁体，并在 Properties 属性栏【Orientation】中将永磁体坐标系设置为新建立的局部坐标系 Face CS1。这样永磁体的属性设置和充磁方向设置就完成了，此时如图 8-123 所示的转子中永磁体充磁方向即为局部坐标系的 *X* 轴方向，符合实际工程应用，而且随着转子的转动，永磁体面也随之转动，因此新建立的局部坐标系也随转子转动，即永磁体的充磁方向一直垂直于某一边，不会随着运动而发生改变。

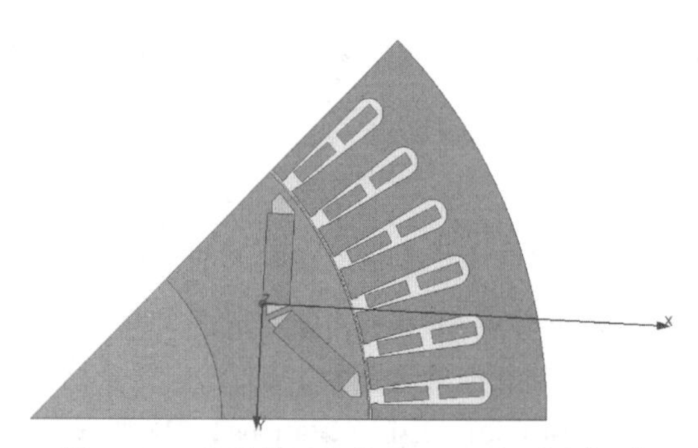
图 8-123　永磁体对应的 Face CS 相对坐标系

变量设置完成后，接着开始进行仿真计算。在工程管理栏中右击【Optimetrics】→【ParameterSetup1】选择【Analyze】开始求解。

Step4：参数化计算结果查看。仿真完成后，在工程管理栏中选中【Result】，右击后选择【Create Transient Report/ Rectangle Plot】，在弹出的选项卡【Trace】中，在【Y】坐标中选择avg（Moving1.Torque），单击 *Y* 坐标右侧【Range Function】按钮添加数值，运行【Math】→【avg】，点击确定返回上一窗口，在【Primary Sweep】后选择扫描变量 O2，如图 8-124 所示；然后在选项卡【Families】中，在变量 Rib 后选择值【All】，如图 8-125 所示，最后点击【New Report】生成如图 8-126 所示的永磁同步电机在不同永磁体夹角下的转矩曲线。

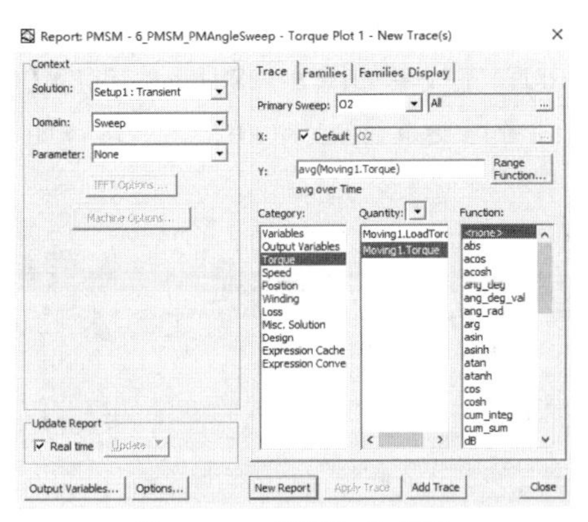

图 8-124　设置扫描变量

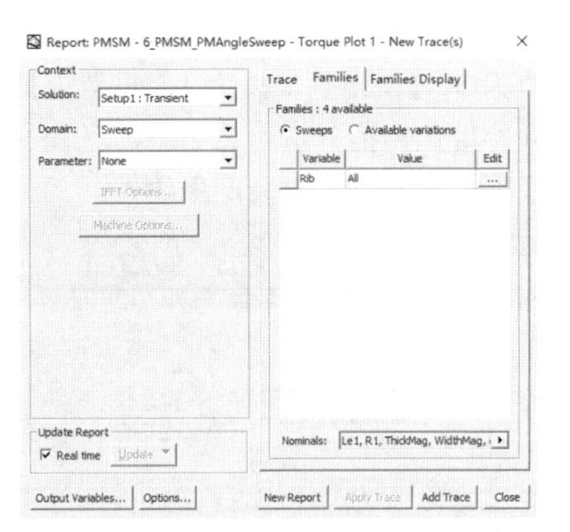

图 8-125　选取所有 Rib 值

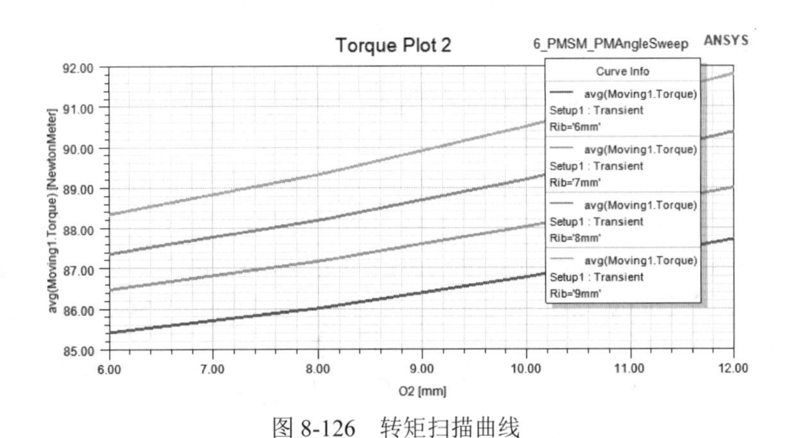

图 8-126　转矩扫描曲线

同样地，参数化计算永磁同步电机在不同永磁体尺寸下的空载反电动势。具体操作步骤如下。

Step1：结构尺寸参数化变量设定。复制 Maxwell 2D 工程模型 6_PMSM_PMAngleSweep，重命名模型为 7_PMSM_ PMMagSweep，永磁体工作温度设置为 20℃。然后在【Motion】中将转速设置为 9000r/min（观察永磁同步电机的最高空载反电势值）；在【Excitations】中将绕组设置为电流源，电流值为 0。在【Setup】中将求解时间和步长设置为 1/600 和 1/600/120，根据需求保存场结果。并按照图 8-114 将永磁体宽度和厚度定义为变量。这里注意，除了将永磁体厚度和宽度定义为变量外，还需要定义永磁体槽 B1 为变量，在工程树栏中展开【Rotor】，点击【CreateUserDefinedPart】，如图 8-127 所示，接着在工程状态栏中找到【B1】，在【Value】列表下将它们的值设置为变量【ThickMag-0.0008】，代表永磁体槽厚度比永磁体厚度小 0.8mm。同理，在工程树栏中展开【Mag1_0】和【Mag2_0】，按上述步骤设置相同的变量。

Step2：添加参数化计算。在 Maxwell 2D 模型 7_PMSM_PMMag Sweep 中添加变量参数化计算。在工程管理栏中右击【Optimetrics】，依次选择【Add】→【Parametric】，弹出参数化设置窗口，如图 8-128 所示，在【Sweep Definitions】窗口中点击 Add 按钮，弹出【Add/Edit Sweep】变量参数化添加/编辑窗口。在弹出的【Add/Edit Sweep】中【Variable】选择变量 WidthMag，步长方式选择【Linear Step】线性步长，【Start】起始值为 6，【Stop】终止值为 12，【Step】步长为 2，设置完成后点击 Add；同样地，在同一窗口中继续添加变量，在【Variable】选择变量为 ThickMag，步长方式选择【Linear Step】线性步长，【Start】起始值为 3，【Stop】终止值为 5，【Step】步长为 1，设置完成后点击 Add，完成后如图 8-128 所示，点击【OK】添加到参数化扫描分析计算中。注意在设置变量时要考虑变量设置的范围是否合理，如果变量设置不合理，仿真时会产生错误。

Name	Value	Unit	Evaluated Va...
D1	121.4	mm	121.4mm
O1	1	mm	1mm
O2	O2		12mm
B1	ThickMag-0.0008		2.2mm
Rib	Rib		8mm
HRib	2	mm	2mm
DminMag	0	mm	0mm
ThickMag	ThickMag		3mm
WidthMag	WidthMag		32mm
LenRegion	0	mm	0mm

图 8-127　变量 B1 设置

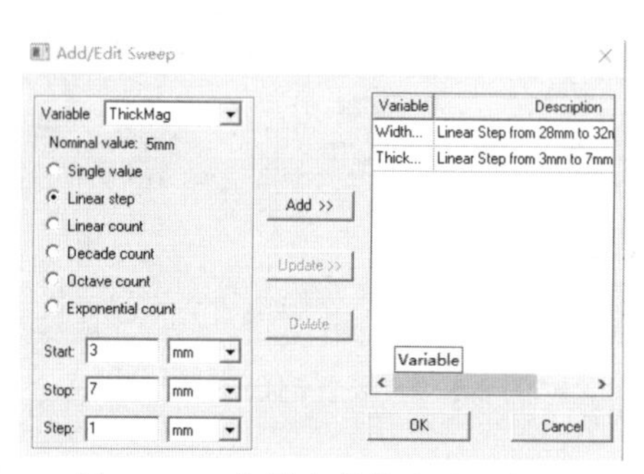

图 8-128　变量参数化方式和范围

变量设置完成后，接着开始进行仿真计算。在工程管理栏中右击【Optimetrics】→【ParameterSetup2】选择【Analyze】开始求解。

Step3：参数化计算结果查看。仿真完成后，在工程管理栏中选中【Result】，右击后选择【Create Transient Report/ Rectangle Plot】，在弹出的选项卡【Trace】中，在【Y】坐标中选择 InducedVoltage(PhaseA)- InducedVoltage(PhaseB)，单击 Y 坐标右侧【Range Function】按钮添加数值运行【Math】→【rms】，点击确定返回上一窗口，在【Primary Sweep】后选择扫描变量 WidthMag，如图 8-129 所示；然后选项卡【Families】中，在变量 O2、Rib、ThickMag 后均选择值【All】，其中 O2 只有一个值 12，Rib 只有一个值 8。如图 8-130 所示，最后点击【New Report】生成如图 8-131 所示的永磁同步电机空载情况下不同永磁体结构的反电动势曲线。

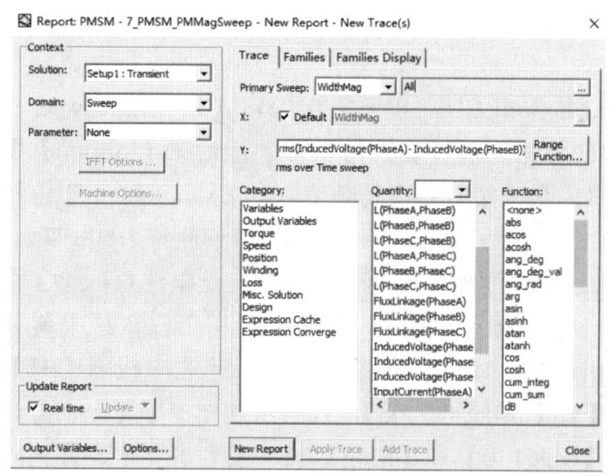

图 8-129　设置扫描变量

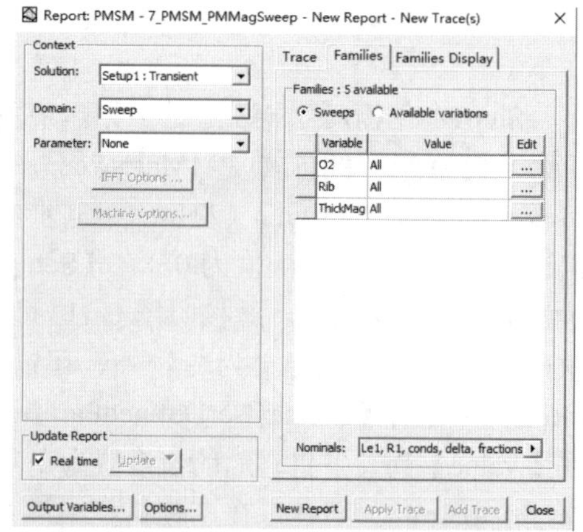

图 8-130　选取所有 ThickMag 值

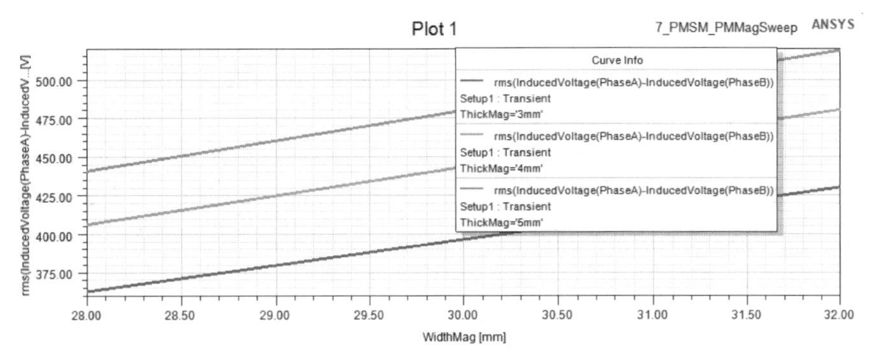

图 8-131　空载时不同永磁体结构的反电动势曲线

8.3.10　基于 ACT 插件生成效率 Map 图

ANSYS Maxwell 中利用自带 Toolkit 插件，生成电机的效率 Map 图去评估电机在较大范围内各工况下的整体性能状况，效率 Map 图是一张等值彩色云图，纵坐标为转矩、横坐标为转速，以效率作为第三维度变量。下面将具体介绍生成效率 Map 的方法。

Step1：加载 ACT 插件。Machine Toolkit 在首次运行时，需要先加载到本地。如图 8-132 所示，选择【Automation】快捷栏，找到 Show/Hide ACT Extensions，单击打开，在绘图区右侧会打开 ACT 插件主页［图 8-133（a）］。点击 Manage Extensions 打开插件管理库［图 8-133（b）］，找到 Machine Toolkit 插件，点击右下角小三角，在弹出菜单栏选择 Load as default，当加载完成并传输到 Launch Wizards 中后，该插件背景会变为浅绿色，表示完成。点击最上方返回箭头，回到如图 8-133（a）所示的主页，点击 Launch Wizards，打开已加载到本地的插件［图 8-133（c）］，可以看到 Machine Toolkit 已加载。点击 Machine Toolkit 插件，弹出默认设置窗口［图 8-133（d）］，可以看出插件默认设置为永磁电机参数。

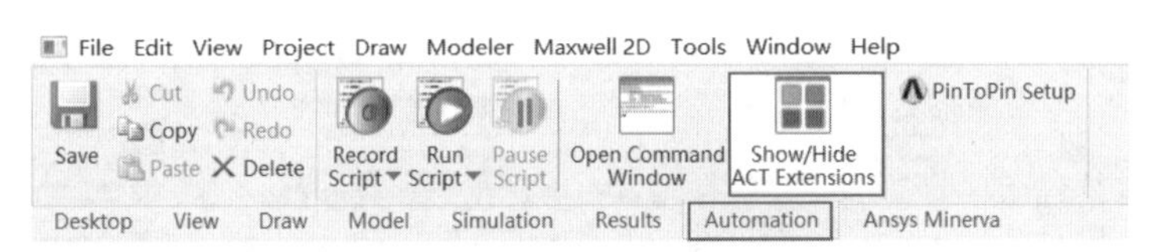

图 8-132　选择 ACT 拓展插件

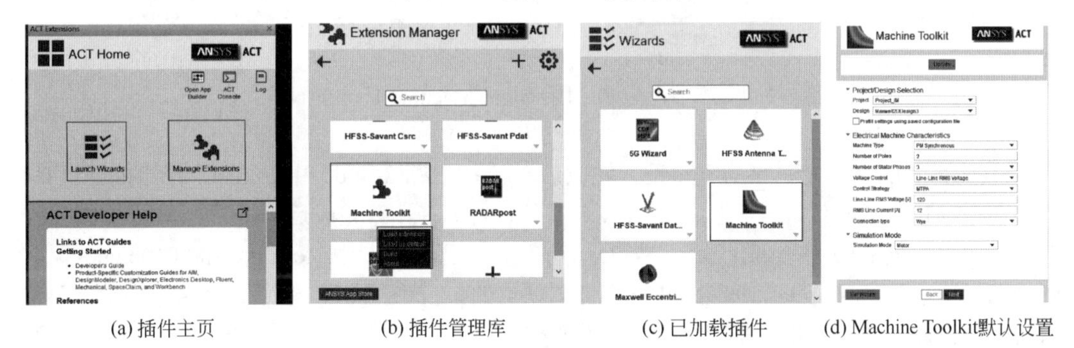

(a) 插件主页　(b) 插件管理库　(c) 已加载插件　(d) Machine Toolkit默认设置

图 8-133　加载 Machine Toolkit 插件

Step2：Machine Toolkit 设定。根据本章内置式永磁同步电机的设计要求，Machine Toolkit 的具体设置如图 8-134 所示。图 8-134（a）中，项目选择当前项目名称 PMSM，项目设计名称选择参数化激励源的 3_PMSM_RatedLoad，电机类型选择永磁电机，给定极数、相数、连接方式以及电机工作方式，选择电压控制类型 Line-Line RMS Voltage 和控制算法 MTPA，根据设计要求给定最大线电压有效值和最大线电流有效值。

图 8-134（b）中，DOE（Design of Experiments） Settings 主要是设置仿真的总周期数、步长以及需要扫描的电流、功角、转速的数量。仿真周期和步长决定了单个工况仿真的时间，电流、功角、转速的扫描点数的乘积决定了仿真的工况数，如图 8-134（b）中设置软件需要求解 480（6×10×8）个工况，每个工况仿真 2 个周期，每个周期内仿真步数为 30。此处需要注意几点：①仿真的总周期数可以适当小一些，因为永磁同步电机和感应电机不同，永磁同步电机在电流源激励下的仿真，1～2 个周期转矩和损耗就可以达到稳态。②周期内仿真步长不能过大，过大将会导致计算结果不准确。③电流、功角、转速扫描点既不能设置太多（工况数太多，计算成本较高），也不能设置太少（太少无法反映整个运行区间的结果），所以需要读者自行根据实际需求和硬件的计算能力进行合理设置。Map 绘制特性主要设置速度和转矩的显示数量（可采用步长或点数设置）、最大转速值、最大和最小转差值、是否选择将定转子铁耗分离显示。

图 8-134（c）中，设定三相绕组的排布及相位差，给定相电阻（相电阻不同可分开设置）和端部漏感（注意单位是 mH），此处也可考虑交流绕组损耗。对于铁耗，提供了铁耗修正因子（修正因子为 1.5，即修正 1.5 倍），可以进行计算修正。如果在图 8-134（b）中勾选分离定转子铁耗，铁耗修正因子也可以按照定转子分开设置。由于计算效率 Map，必须给出电机的机械损耗（风阻和摩擦损耗），此处可按照参考速度给定损耗值，软件在计算中会自动执行不同速度下的损耗换算。图 8-134（d）中，主要是工具包的设置，主要勾选图中勾选的三项即可。

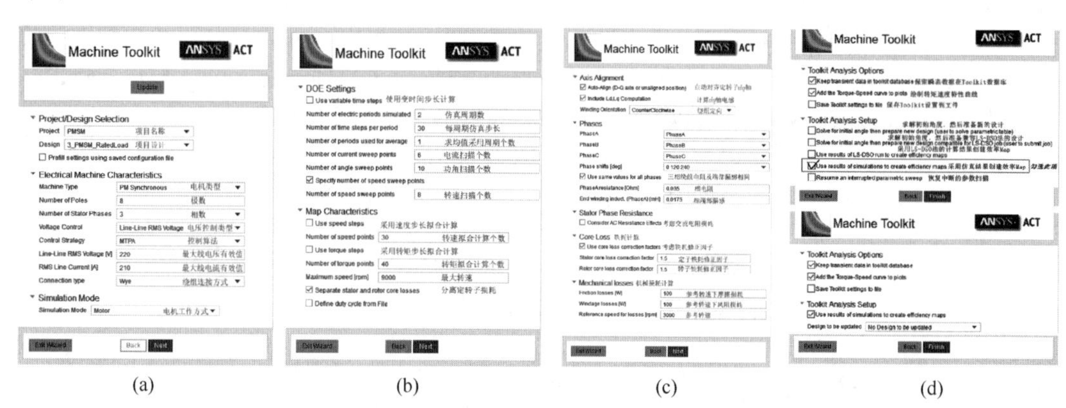

(a) (b) (c) (d)

图 8-134 本节感应永磁同步电机 Machine Toolkit 设置

Step3：Map 求解及结果查看。设置完成后，点击图 8-134（d）中 Finish，开始执行计算。软件会在项目管理栏生成一个新的工程设计文件，当所有计算完成后，相关的 Map 结果报告会在该文件的 Results 下生成，如图 8-135 所示。双击图 8-135 中 Results 下的 Efficiency，右侧绘图栏弹出效率 Map 图，如图 8-136 所示，默认的 Map 图中并未绘制效率等高线。需要双击其中彩色图例条，弹出图形设置窗口，如图 8-137 所示，在其中可以选择绘制等高线和数据标记并进行详细的设置，具体设置如图 8-137 所示，设置完成后，可以得到带有等高线和数据标记的效率 Map 图，如图 8-138 所示。

双击 Results 列表中的其他结果，可以得到相电流、相电压、输出功率、损耗、转矩、功角、功率因数等 Map 图，具体如图 8-139 所示。如果需要显示等高线和数据标记，参考效率 Map 图的设置方法即可。

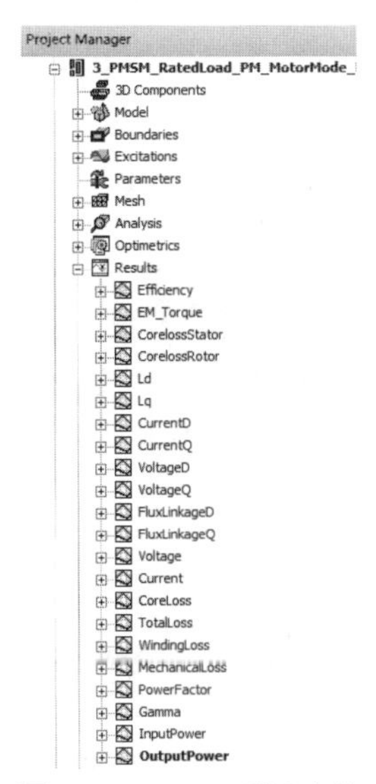

图 8-135　Map 项目文件

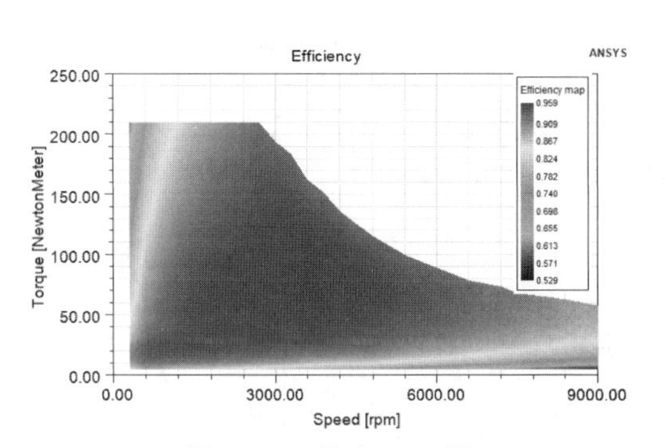

图 8-136　效率 Map 图

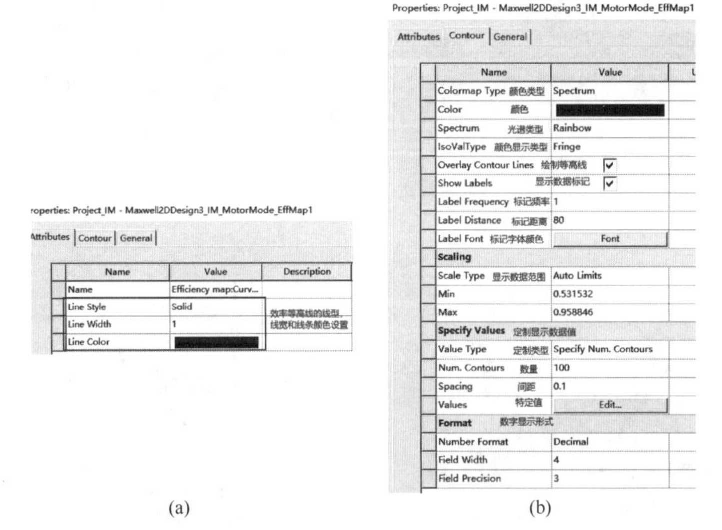

(a)　　　　(b)

图 8-137　Map 图显示设置窗口

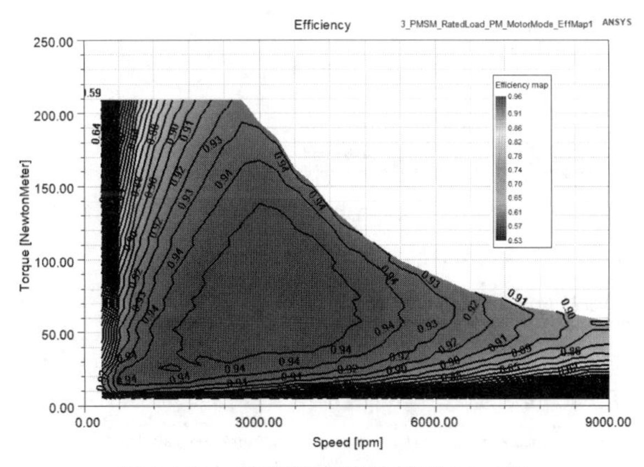

图 8-138　带有等高线的效率 Map 图

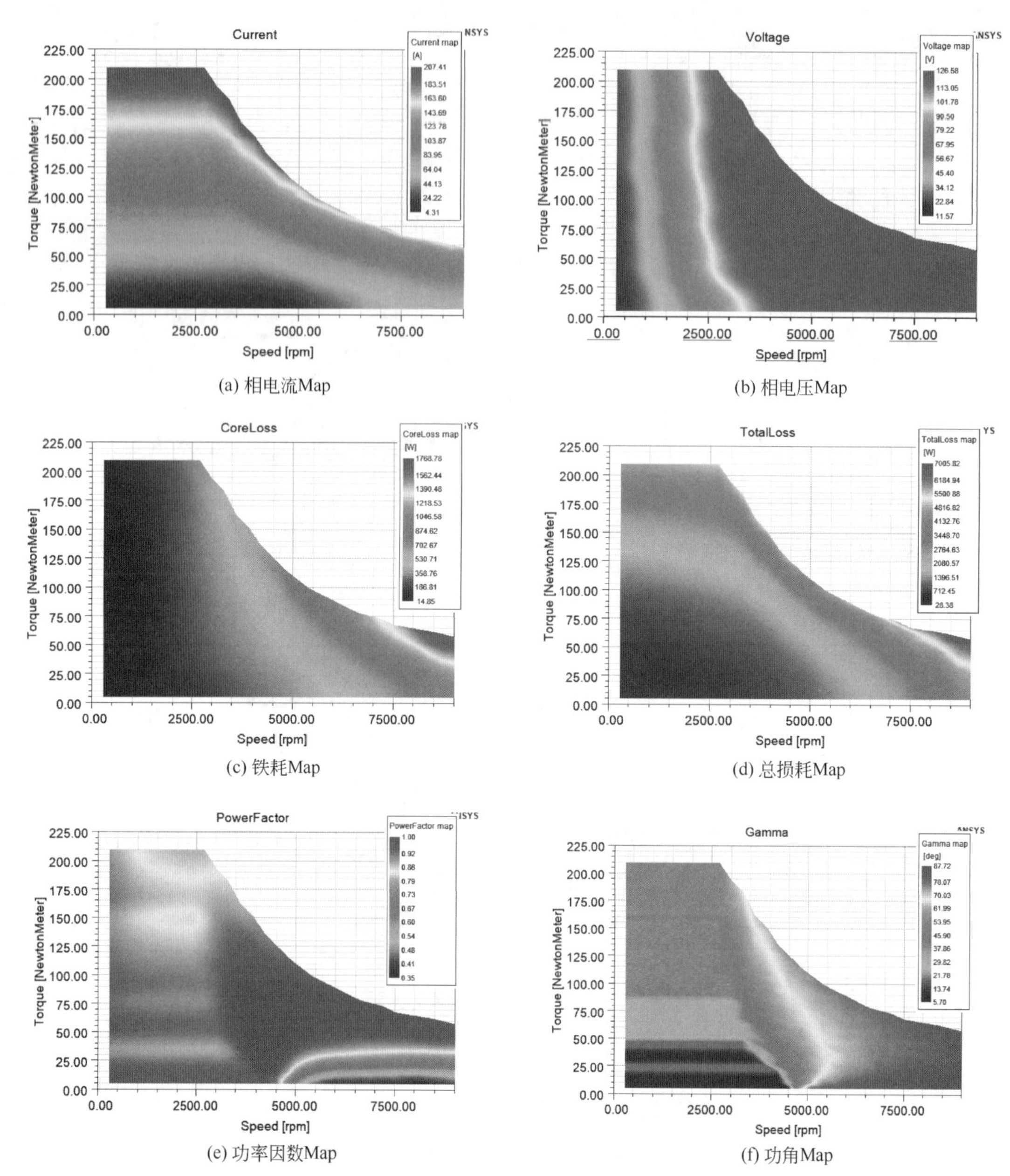

(a) 相电流Map　(b) 相电压Map

(c) 铁耗Map　(d) 总损耗Map

(e) 功率因数Map　(f) 功角Map

图 8-139　其他 Map 图结果

8.3.11　永磁体抗退磁能力模拟计算

钕铁硼等永磁材料在常温环境下，退磁曲线为一直线。但当温度升高时，退磁曲线发生变化，即退磁曲线的下半部分出现拐弯，通常称开始拐弯的点为拐点。当将退磁磁场施加到已充磁的永磁体，永磁体的磁通密度将会沿着图中的退磁曲线下降。当退磁磁场强度不超过拐点时，回复线与退磁曲线的直线段基本重合；但当退磁磁场强度超过拐点后，新的回复线就不再与退磁曲线重合了，这样当退磁磁场强度消失后，永磁体的剩余磁感应强度 B_r 将下降，此时永磁体发生不可逆退磁，此时电机性能会受到影响。图 8-140 为某厂家提供的 N38UH 不同温度下的退磁曲线和主要性能参数。

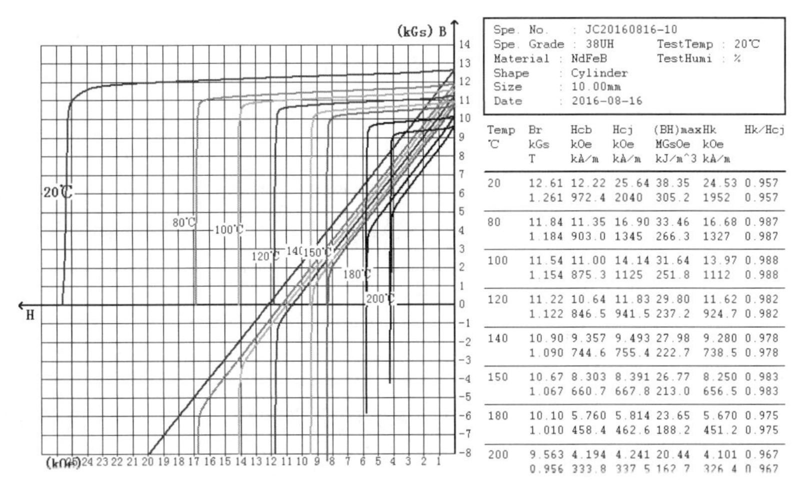

Temp ℃	Br kGs T	Hcb kOe kA/m	Hcj kOe kA/m	(BH)max MGsOe kJ/m^3	Hk kOe kA/m	Hk/Hcj
20	12.61 1.261	12.22 972.4	25.64 2040	38.35 305.2	24.53 1952	0.957 0.957
80	11.84 1.184	11.35 903.0	16.90 1345	33.46 266.3	16.68 1327	0.987 0.987
100	11.54 1.154	11.00 875.3	14.14 1125	31.64 251.8	13.97 1112	0.988 0.988
120	11.22 1.122	10.64 846.5	11.83 941.5	29.80 237.2	11.62 924.7	0.982 0.982
140	10.90 1.090	9.357 744.6	9.493 755.4	27.98 222.7	9.280 738.5	0.978 0.978
150	10.67 1.067	8.303 660.7	8.391 667.8	26.77 213.0	8.250 656.5	0.983 0.983
180	10.10 1.010	5.760 458.4	5.814 462.6	23.65 188.2	5.670 451.2	0.975 0.975
200	9.563 0.956	4.194 333.8	4.241 337.5	20.44 162.7	4.101 326.4	0.967 0.967

图 8-140　某厂家提供的 N38UH 不同温度下的退磁曲线和主要性能参数

永磁同步电机中永磁体出现不可逆退磁的主要原因一般有两个：一是在电机旋转过程中，由于涡流的存在和定子绕组的发热，导致永磁电机内部温度升高，当永磁体温度升高超过耐温标准后导致永磁体发生不可逆退磁；二是由于定子三相电枢绕组通入正弦电流，在气隙磁场中产生 d 轴负向磁场，当转子转动时，负向磁场使永磁体磁场强度退至拐点以下时，永磁体将发生不可逆退磁。永磁同步电机退磁仿真步骤如下。

Step1：新建工程文件。本节主要利用 Maxwell 退磁方法对永磁同步电机进行不同退磁磁场下的抗退磁仿真性能计算（永磁体温度=150℃）。复制 Maxwell 2D 工程额定工况模型 3-Ratedload，重命名模型为 8_PMSM_Demag，永磁体温度暂时不设定（需要使用非线性退磁曲线）。同样地，将电机的转速、电流幅值、功角和电频率定义为变量；在【Motion】中将转速设置为 3000r/min；在【Excitations】中将绕组设置为电流源，A 相电流值为 Is*1.414*sin(4*Spe*time+delta)，其中 Is 为相电流有效值，delta 为功角，同时设置其他两相，注意相位差；在【Setup】中将求解时间和步长设置为 2/200 和 1/200/100，并每五步保存一次场结果。

Step2：创建非线性永磁体材料。根据 3.3.3 节中永磁体材料属性定义方法和图 3-12 中永磁体在 150℃下的非线性退磁曲线，添加永磁体新材料，如图 8-141 和图 8-142 所示。此处需要注意，线性永磁体材料软件是无法判断永磁体退磁拐点的，因此退磁仿真必须使用非线性材料。

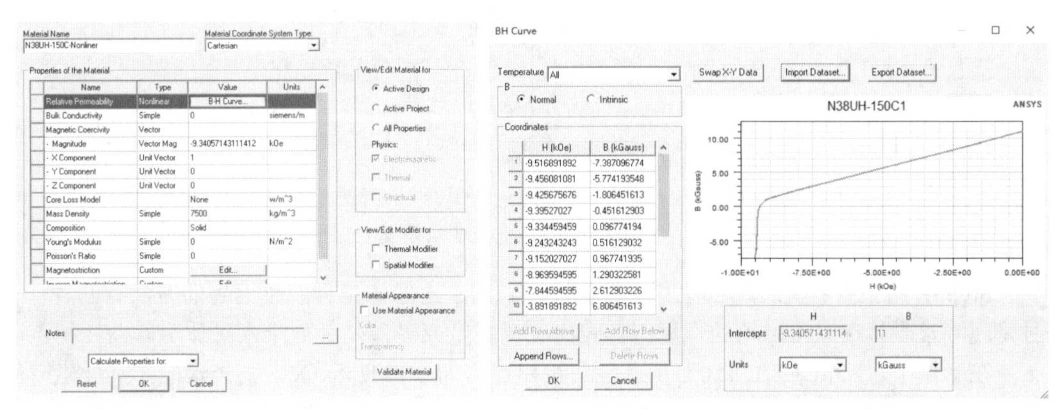

图 8-141　添加非线性永磁体新材料　　　　图 8-142　永磁体非线性退磁曲线

Step3：定义激励源变量。本例采用周期分段的方式进行永磁体抗退磁能力仿真，电流激励源的幅值和功角如表 8-4 所示，可知在仿真计算的第一个周期内为电机在正常额定工况运行（此时退磁电流 I_d 较小，永磁体不会发生退磁）；仿真计算的第二个周期永磁体幅值增加为退磁电流（此处采用变量，方便参数化计算不同退磁电流下永磁体退磁分布），电流源功角给定为 90°，即电枢绕组所产生的磁场全为 d 轴负向退磁磁场。

表 8-4　仿真设置

时间/s	I_s/A	功角(delta)/(°)	I_d/A	I_q/A
0～0.005	100	45	100	100
0.005～0.01	退磁电流变量 I_{dm}	90	$-1.414*I_{dm}$	$-1.414*I_{dm}$

电流激励源中电流有效值变量 I_s 和功角 delta 的定义如图 8-143 所示，其中使用 if 函数来满足分段需求，I_s 为“if(time>0.01,Idm,100))”，delta 为“if(time>0.01,90deg,45deg)”。

Name	Value	Unit	Evaluated Va...	Type
fractions	8		8	Design
delta	if(time>0.005,90deg,45deg)		*****	Design
conds	5		5	Design
R1	0.035014084384333	ohm	0.035014084...	Design
Le1	1.750513269968e-05	H	1.750513269...	Design
Spe	3000	rpm	3000rpm	Design
Is	if(time>0.005,Idm,100)		*****	Design
fre	Spe/2/pi*4		1909.859317...	Design
Idm	400		400	Design

图 8-143　激励源变量定义

Step4：变量参数化计算设定。在工程管理栏中右击【Optimetrics】，依次选择【Add】→【Parametric】，弹出参数化设置窗口，在【Sweep Definitions】窗口中点击【Add】按钮，弹出【Add/Edit Sweep】变量参数化添加/编辑窗口，在弹出的【Add/Edit Sweep】中【Variable】选择变量为 Idm，步长方式选择【Linear Step】线性步长，【Start】起始值为 200，【Stop】终止值为 400（2 倍峰值电流），【Step】步长为 50，设置完成后点击【Add】，如图 8-144 所示；并在【Options】选项卡中复制网格剖分和保存场图。设置完成后在工程管理栏中右击【Optimetrics】→【ParameterSetup1】选择【Solve】开始求解。

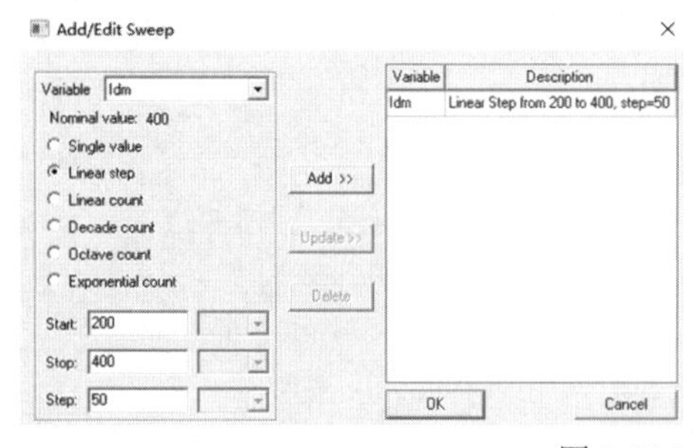

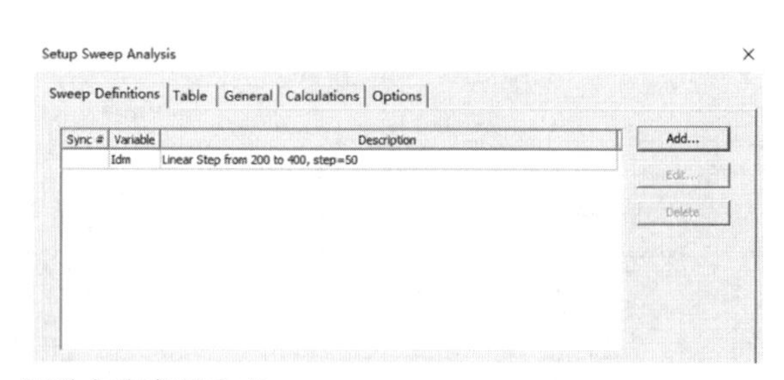

图 8-144　退磁电流变量定义

Step5：结果查看。通过软件所生成的场图来判断永磁体是否发生退磁的方法有两种，一种是观测永磁体在退磁磁场的作用下其表面磁场强度或磁密是否处于永磁体退磁曲线拐点以下（在本例中，N38UH 在 150℃下退磁曲线拐点约为 0.13T/-8kOe，则当永磁体某处磁密低于 0.13T 时，可以判断永磁体此处发生不可逆退磁）；第二种方法是通过软件新版本中退磁云图来判断（2020 R2 版本以上）。

这里介绍第二种方法。观测永磁同步电机在不同退磁电流 I_d 下的永磁体退磁云图，在绘制区选中两块永磁体，点击右键依次选择【Fields】→【B】→【Mag_B】，弹出云图设置窗口，如图 8-145 所示。在【Quantity】选项卡中选中【Demag_Coef】，在【In Volume】选项卡中选中两块永磁体，取消勾选【Full Model】，然后点击【Done】。

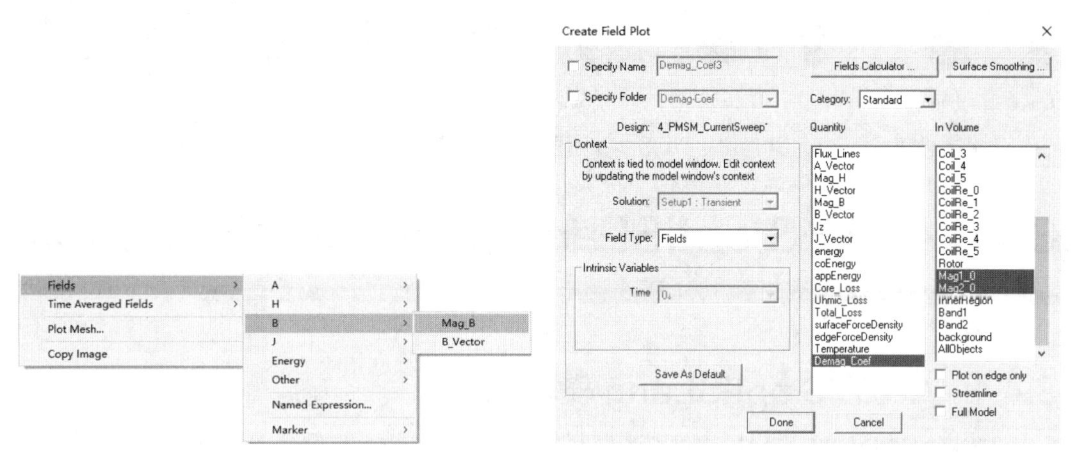

图 8-145　生成退磁云图

在工程管理栏【Field Overlays】下就可以看到生成的退磁云图项目，如图 8-146 所示，在绘图区中双击右下方时间显示框，选择第二个周期内时间即可观测永磁体的退磁云图分布，如图 8-147 所示。而如果需要观测参数化计算的场分布结果，需要在项目管理树中点击右键【Optimetrics】选择【View Analysis Result】，如图 8-148 所示，在弹出的对话框中选中需要查看的参数化项目，点击【Apply】即可观测结果（此时所有场结果都对应此参数化项目），如图 8-149 所示。

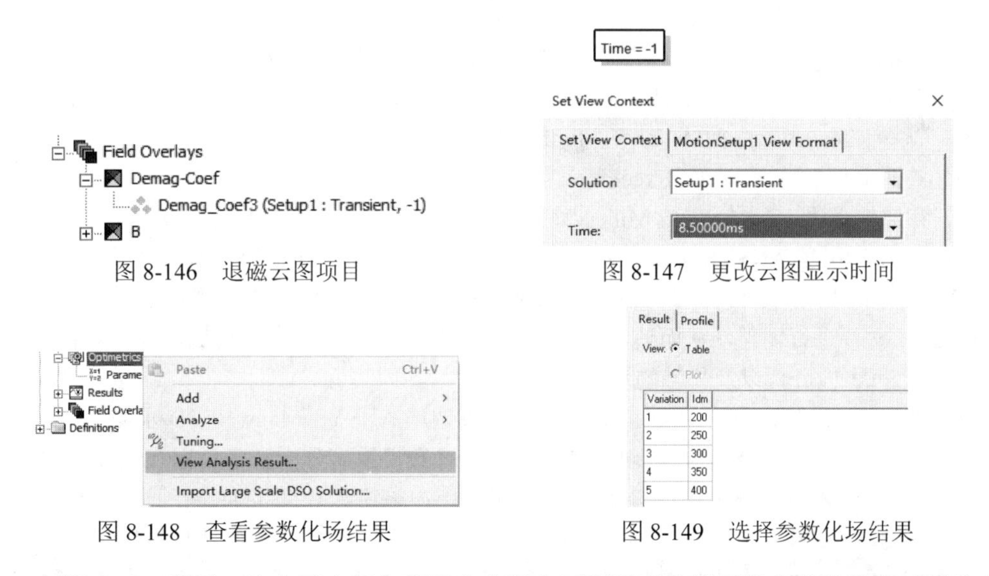

图 8-146　退磁云图项目

图 8-147　更改云图显示时间

图 8-148　查看参数化场结果

图 8-149　选择参数化场结果

如图 8-150 所示，给出了本例永磁同步电机在不同退磁电流下的永磁体退磁云图分布，其中退磁系数 Demag_Coef=1 时表明永磁体未退磁，系数越低退磁越严重，可看出随着退磁电流 I_{dm} 的增加，永磁体退磁面积增加，而且退磁主要发生在转子底部隔磁桥附近（因为隔磁桥的原因此处退磁磁场磁密较大）。

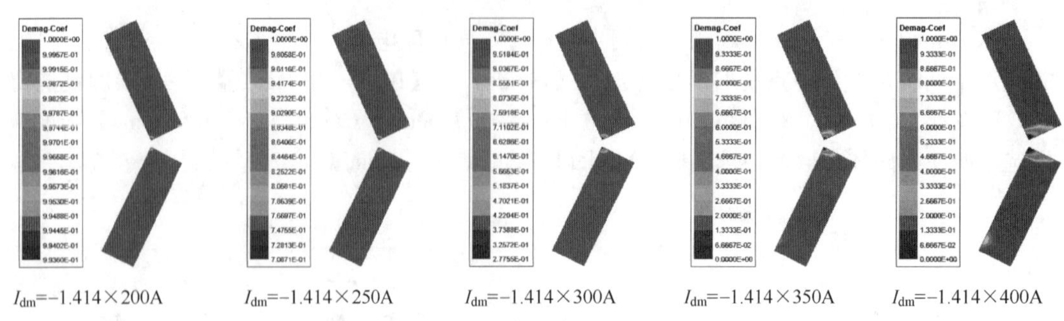

图 8-150　永磁体在不同退磁电流下退磁云图分布

8.4　ANSYS optiSLang 模块在永磁同步电机优化的应用

8.4.1　ANSYS optiSLang 模块介绍

ANSYS optiSLang 模块用于进行多学科优化、随机分析、稳健与可靠性优化设计，在参数敏感度分析、稳健性评估、可靠性分析、多学科优化、稳健与可靠性优化设计方面具有强大的分析能力，集成了 20 多种先进的算法，为工程问题的多学科确定性优化、随机分析、多学科稳健与可靠性优化设计提供了坚实的理论基础。同时，针对上述各种分析集成了强大的后处理模块，提供了稳健性评估与可靠性分析前沿研究领域中的各种先进评价方法与指标，以丰富的图例、表格展示各种分析结果。optiSLang 可与多种 CAE 软件或者求解器集成，可基于其求解器进行各种工程仿真分析或者数据处理，因此使得 optiSLang 成为各工程领域中进行参数敏感性、多学科优化、稳健可靠性分析优化的专业工具。

ANSYS optiSLang 软件模块可兼容的软件和脚本主要包括以下内容。

- CAD（CATIA、Siemens NX、PTC Creo®、SolidWorks 等）。
- CAE（ANSYS Workbench、ANSYS EDA、JMAG、Abaqus、Simcenter Amesim™等）。
- 脚本（MathWorks® Matlab®、Python™等）。
- 桌面工具（Microsoft® Excel 等）。
- 存储库/数据库（ANSYS Minerva 等）。

图 8-151 给出了 ANSYS optiSLang 软件模块可兼容的所有软件和脚本。来自不同求解器（ANSYS、Matlab、Excel、Python……）或前置和后置处理器的仿真过程可以通过图形编辑器和 ASCII 文件进行调整，从而使它们可用于参数敏感性分析、多学科优化、参数识别、稳健性评估、可靠性分析以及稳健的设计优化。

本节主要利用 ANSYS Workbench 平台，通过调用 ANSYS Maxwell 2D 永磁同步电机仿真模型和 optiSLang 优化模块，实现永磁同步电机参数灵敏度分析和多目标优化设计。

本例问题描述：本例灵敏度分析和多目标优化的电机结构变量为转子顶部隔磁桥厚度 DminMag，底部隔磁桥厚度 O_1，永磁体底部距转子内圆距离 O_2，永磁体槽厚度 B_1，相邻两极永磁体槽间隔 Rib，永磁体槽顶部宽度 HRib 以及永磁体厚度 ThickMag 和永磁体宽度 WidthMag，如图 8-152 所示。

本例灵敏度分析的目标为空载工况下的反电势峰值、空载齿槽转矩、额定工况转矩值和额定工况转矩脉动值。

图 8-151　optiSLang 模块可兼容的软件和脚本

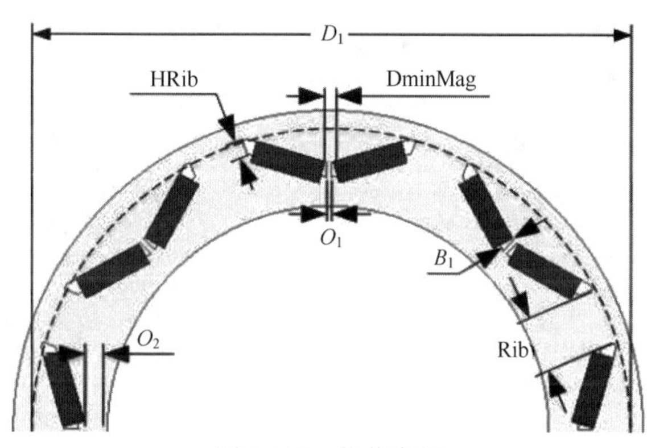

图 8-152　优化变量

本例多目标优化的目标为在满足空载反电势峰值和额定工况转矩值要求的基础上，减小空载齿槽转矩值和额定工况转矩脉动值。

8.4.2　基于 Workbench 平台的 Maxwell 参数化模型建立

虽然 optiSLang 软件自带了模型建立平台，但使用 Workbench 平台建立电机的多物理场耦合仿真和优化模型更为方便简洁，因此本节使用 Workbench 平台调用 optiSLang 模块来进行永磁同步电机灵敏度分析和多目标优化。

Step1： 工程项目建立和模型导入。首先打开 Workbench 2021 R1 平台，保存并重命名项目。然后将 8.2 节中建立的 Maxwell Project 文件（PMSM.aedt）使用鼠标拖入至平台的工程项目窗口，即可在 Workbench 平台导入 Maxwell 电磁模型，在平台内就可以编辑 Maxwell 电磁模型，如图 8-153 所示。也可在 Workbench 平台左侧工具箱中分析系统栏找到 Maxwell 2D 模块，拖入工程项目窗口，重新按照 8.2 节建立电磁模型。因为本节不使用 RMxprt 模块计算电机性能，因此可以从平台内删除 RMxprt 项目。其他 3 个 Maxwell 项目分别为最高转速下电机空载仿真模型、电机空载齿槽转矩仿真模型和电机额定工况仿真模型（电流激励）。

在平台工程项目窗口内双击任意一个 Maxwell 2D 项目，即可从 Workbench 平台打开 Maxwell 电磁分析窗口，如图 8-154，其中包含了所建立的 Workbench 平台内所有 Maxwell 电磁仿真项目。

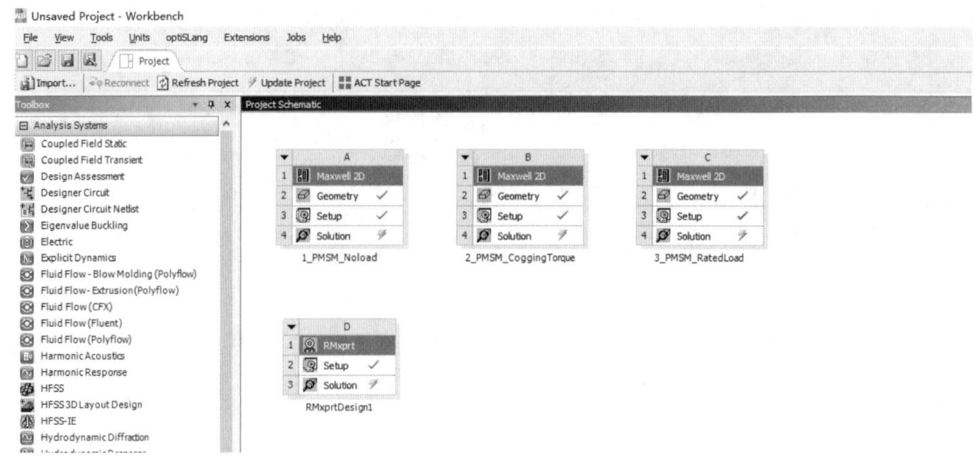

图 8-153 Workbench 平台导入 Maxwell 电磁模型

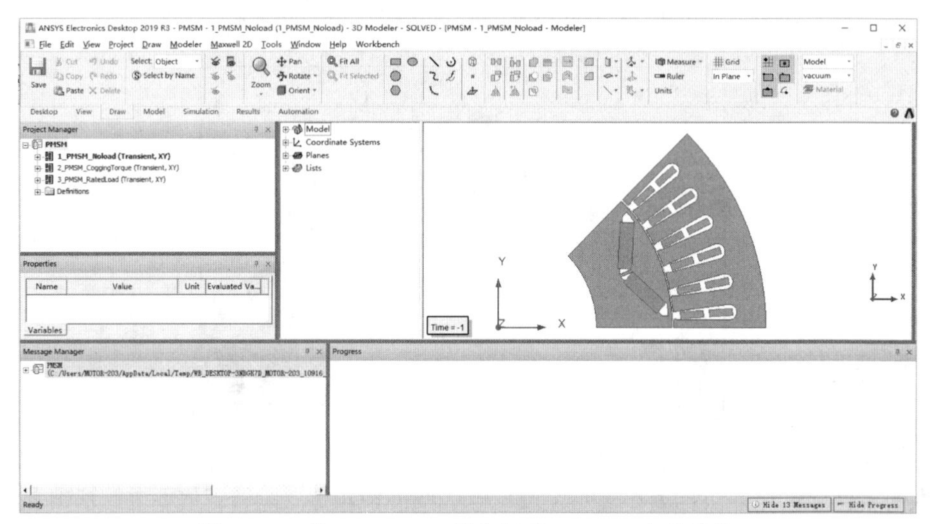

图 8-154 从 Workbench 平台打开 Maxwell 电磁模块

Step2：Maxwell 仿真模型中优化变量定义。在电磁分析窗口打开第一个项目 1_PMSM_Noload，因为本例采用模块化建模，因此在模型树管理栏点击转子 Rotor 下的【CreateUserDefine】，即可设定转子变量。点击后在属性窗口（如图 8-155）中按照图 8-152 所示变量依次将所需结构参数定义为全局变量（此处注意为全局变量），如在顶部隔磁桥厚度【D1】后 Value 值输入$D1（$代表全局变量），弹出变量设置窗口，见图 8-156，输出变量值点击【OK】即可，所有变量设置完成后如图 8-157 所示。同样地、对永磁体和其他两个模型的转子、永磁体设置相同的全局变量。点击工程管理栏 Project 文件即可在属性窗口找到设置的所有全局变量，如图 8-158 所示。

Step3：Maxwell 变量传递至 Workbench 平台。全局变量设置完成后，需要将 Maxwell 设置的全局变量传递至 Workbench 平台中才能被平台调用。如图 8-159 所示，从 Workbench 平台打开的 Maxwell 文件会在工程管理栏模型的【Optimetrics】下添加【Default DesignXplorer Setup】功能，即变量和计算目标的传递功能。双击打开后如图 8-160 所示，首先在【General】菜单下勾选需要计算的结构变量，即我们刚才定义的定子结构变量：在【Input Variables】窗口找到对应的变量名并在【include】对话框中勾选即可。

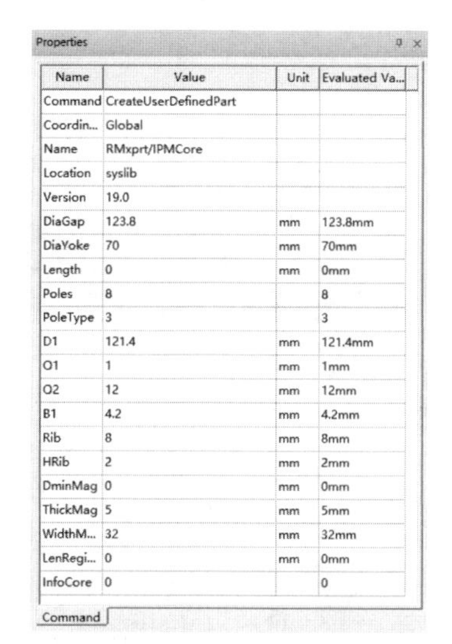

图 8-155　转子自定义结构参数属性

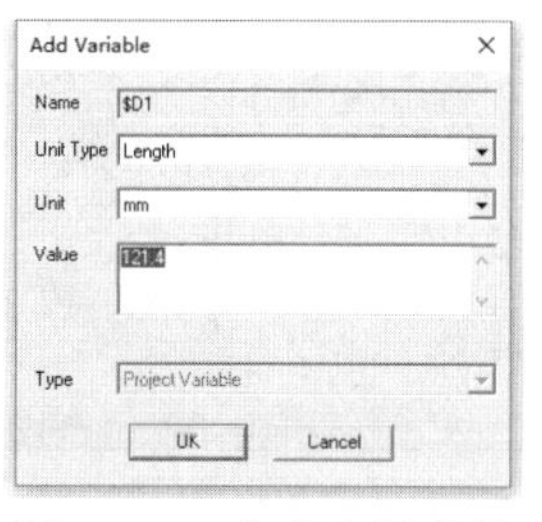

图 8-156　定义全局变量

图 8-157　将转子结构参数定义为变量

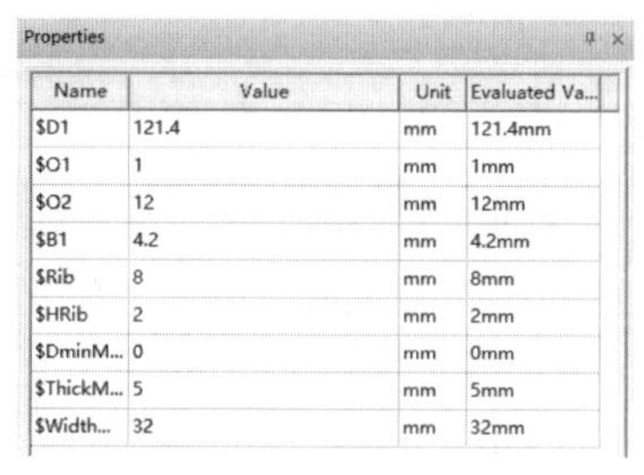

图 8-158　查看文件所有全局变量

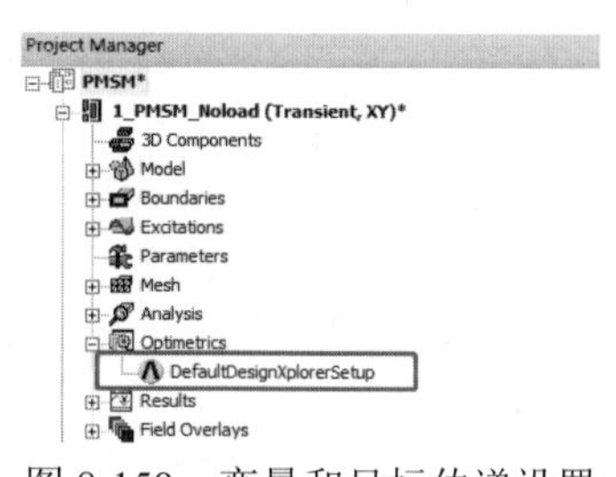

图 8-159　变量和目标传递设置

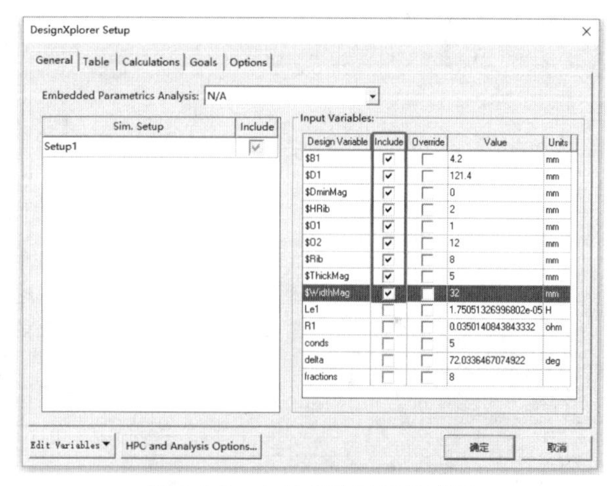

图 8-160　勾选需要计算的变量

Step4：优化目标定义。首先进行最大相空载反电势值的计算目标定义。还在第一个工程设计文件中点击【Design Xplorer Setup】窗口，选择【Calculations】菜单，如图 8-161 所示，点击左下方【Setup Calculations】按钮，弹出计算目标定义窗口，如图 8-162 所示。依次在【Category】下选择【Winding】，在【Quantity】下选择【Induced Voltage（PhaseA）】，完成后还需要计算相反电势的最大值：点击窗口右上方【Range Function】范围数学计算功能按钮，弹出窗口如图 8-163 所示［这里需要注意，必须进行范围数值计算，此功能的作用是将一组数列（如一组反电势数列）通过数学计算转换为一个值，如最大值、平均值等，这样在 Workbench 平台中计算目标才有意义，否则无法传递］。因为这里计算反电势的最大值，因此依次在【Category】下选择【Math】，在【Function】下选择【Max】，在【Time】下选择【All】。设置完成后点击【OK】键返回上一窗口，点击【Add Calculation】即可完成计算目标的定义。在【Design Xplorer Setup】即可看到新定义的计算目标，将计算目标重命名为‘EMF_MAX’，以便后续观察，如图 8-164 所示。

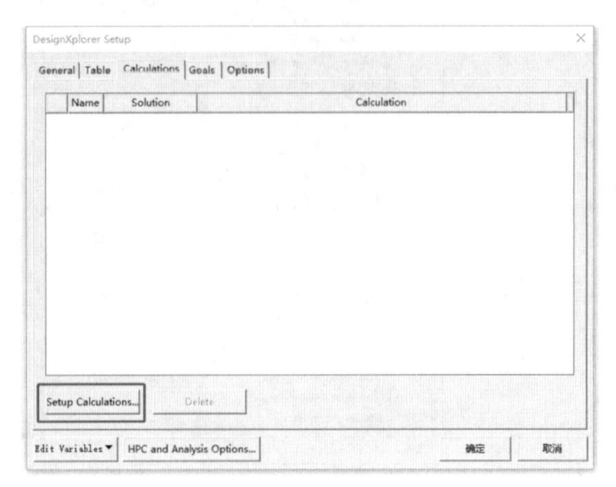

图 8-161　计算目标窗口

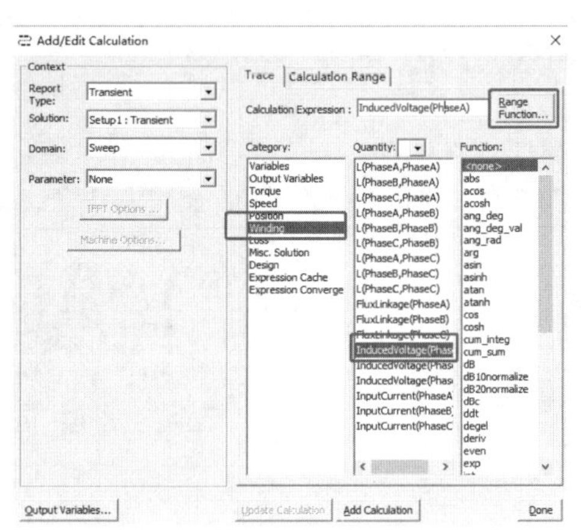

图 8-162　计算目标定义窗口

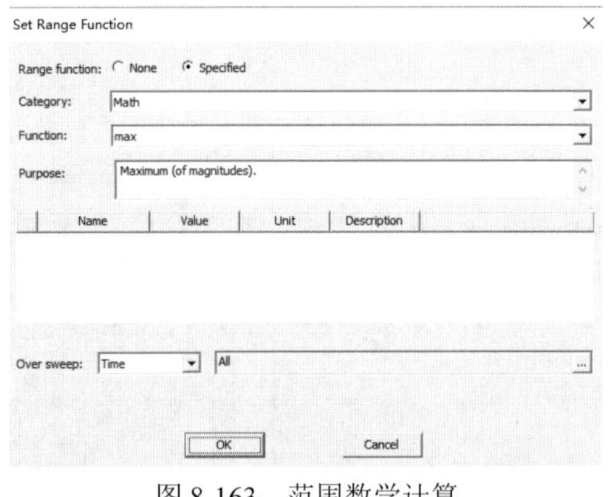

图 8-163　范围数学计算

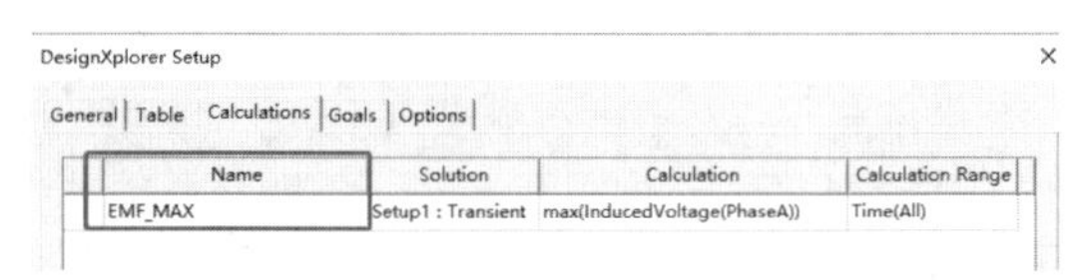

图 8-164　空载反电势最大值计算目标定义完成

同样地，分别在其他两个工程设计文件中【Default DesignXplorer Setup】功能下对齿槽转矩峰峰值 Tcog、额定输出转矩有效值 Trated、额定输出转矩脉动值 Tpkavg（注意因工况不同，一定在各自的工程设计文件下分开定义）进行计算目标定义，如图 8-165 和图 8-166 所示。

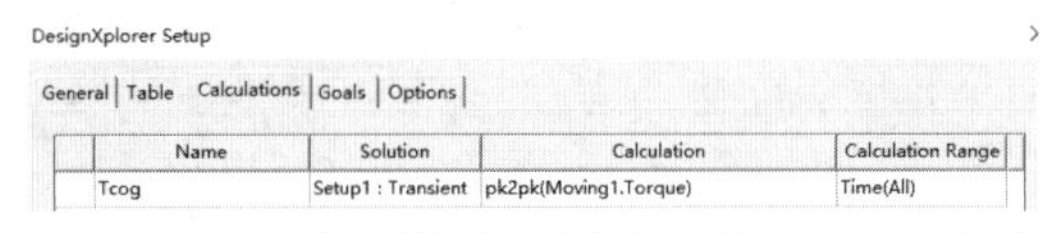

图 8-165　空载齿槽转矩峰峰值计算目标定义完成

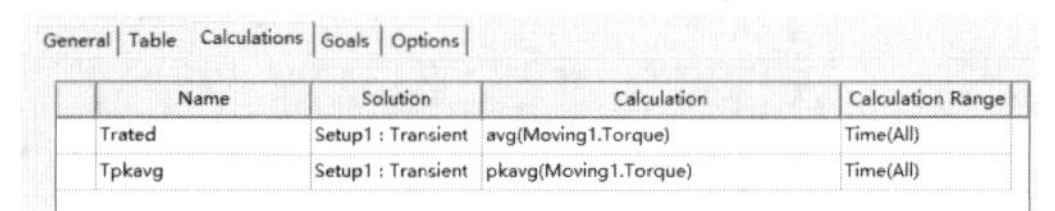

图 8-166　额定工况输出转矩有效值、额定输出转矩脉动值计算目标定义完成

Step5： 利用 Workbench 平台进行变量参数化计算。计算目标和变量设置完成后，为了加快多目标优化和灵敏度分析速度，用户还可根据需求对每个工程设计文件剖分和计算时间、步长进行修改，但一定要确保计算目标的有效输出。设置完成后，关闭 Maxwell 窗口返回 Workbench 平台。可以看到由于变量和目标的定义，在三个 Maxwell 工程模块下出现【Parameter Set】变量设定模块，如图 8-167 所示。

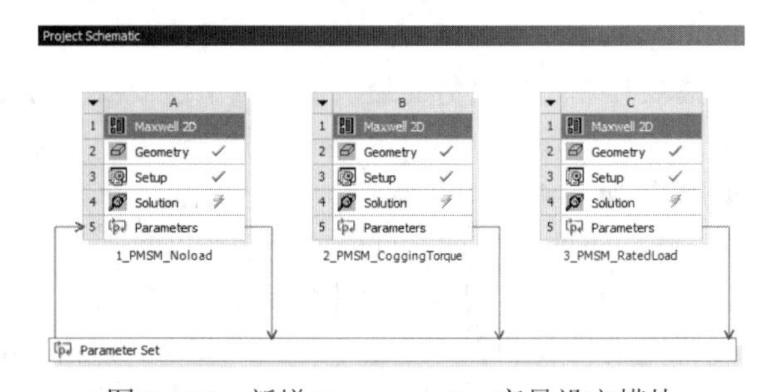

图 8-167　新增 Parameter Set 变量设定模块

双击【Parameter Set】变量设定模块

即可调整变量设定窗口，如图 8-168 所示。其中【Table of Design Points】窗口用以新增、复制、删除工程计算点（Design Points），【Outline of All Parameters】用以观察在【Table of Design Points】窗口中选中的工程设计点具体的变量和目标值。用户可以根据需求在【Table of Design Points】窗口新建一个或多个参数化设计点，参数化更改变量值后右击新建设计点，在下拉菜单中选中【Updata Selected Design Points】即可使 Workbench 对此设计点进行计算，如图 8-169 所示。计算完成后，在【Table of Design Points】窗口右键点击想要观测的设计点，选中【Set as Current】即可在【Outline of All Parameters】观测此设计点的计算目标结果，如图 8-170 所示。

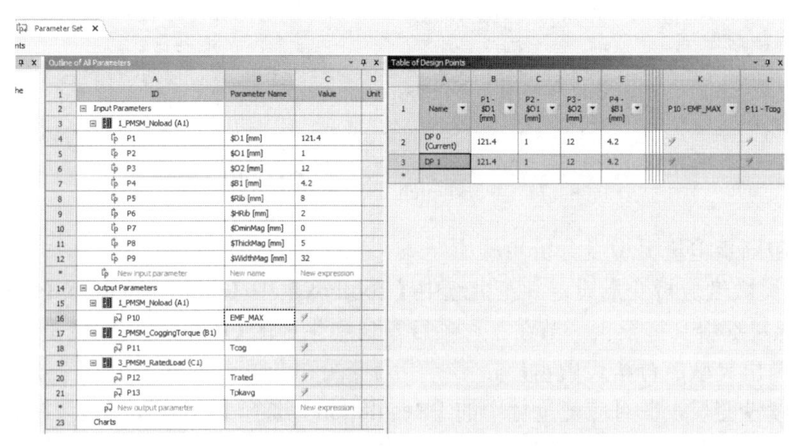

图 8-168　Parameter Set 变量设定

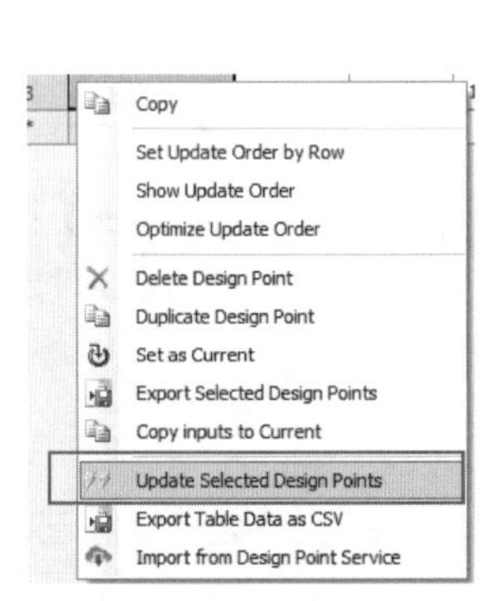

图 8-169　对设计点计算

Outline of All Parameters

	A	B	C	D
1	ID	Parameter Name	Value	Unit
2	Input Parameters			
3	1_PMSM_Noload (A1)			
4	P1	$D1 [mm]	121.4	
5	P2	$O1 [mm]	1.5	
6	P3	$O2 [mm]	12	
7	P4	$B1 [mm]	4.2	
8	P5	$Rib [mm]	8	
9	P6	$HRib [mm]	2	
10	P7	$DminMag [mm]	0	
11	P8	$ThickMag [mm]	5	
12	P9	$WidthMag [mm]	32	
*	New input parameter	New name	New expression	
14	Output Parameters			
15	1_PMSM_Noload (A1)			
16	P10	EMF_MAX	446.94	
17	2_PMSM_CoggingTorque (B1)			
18	P11	Tcog	5.8076	
19	3_PMSM_RatedLoad (C1)			
20	P12	Trated	102.93	
21	P13	Tpkavg	0.10521	
*	New output parameter		New expression	
23	Charts			

图 8-170　参数化计算结果

8.4.3 基于 optiSLang 和 Workbench 平台的电机参数灵敏度分析

灵敏度分析是研究与分析一个系统（或模型）的状态或输出变化对系统参数或周围条件变化敏感程度的方法。在最优化方法中经常利用灵敏度分析来研究原始数据不准确或发生变化时最优解的稳定性。通过灵敏度分析还可以决定哪些参数对系统或模型有较大的影响。通过电机的灵敏度分析我们可以得知哪些结构变量对目标性能有较大影响，哪些结构变量对某些电机目标性能影响较小，方便我们对永磁同步电机结构的认识和优化工作。

本节问题描述：对本节永磁同步电机变量转子顶部隔磁桥厚度 DminMag、底部隔磁桥厚度 O1、永磁体底部距转子内圆距离 O2、永磁体槽厚度 B1、相邻两极永磁体槽间隔 Rib、永磁体槽顶部宽度 HRib 以及永磁体厚度 ThickMag、永磁体宽度 WidthMag 和计算目标之间的灵敏度关系进行分析。

系统安装完成 optiSLang 插件并将插件与 Workbench 软件关联后，在 Workbench 平台左侧工具箱【Toolbox】中即可找到 optiSLang 模块，如图 8-171 所示。optiSLang 模块主要包括 3 个功能：单/多目标设计优化、鲁棒性分析和灵敏度分析。

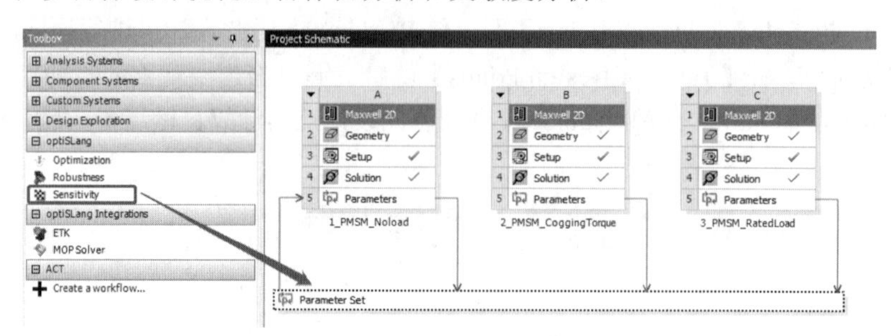

图 8-171　workbench 下的 optiSLang 模块

本节永磁同步电机灵敏度分析步骤如下。

Step1：灵敏度分析变量设定。左键选中【Toolbox】中【optiSLang】下【Sensitivity】模块，点击鼠标左键将其拖至上一节在工程项目窗口中生成的【Parameter Set】模块，如图 8-171 所示。此时弹出灵敏度分析设置窗口，第一步为变量和变量范围设置，如图 8-172 所示。如果变量为连续性变量，在对应变量行中的【Resolution】选择【Continuous】，并将结构参数变量的参数化范围（最小值和最大值）输入至【Range】内，软件会根据算法自动在此范围内选择数值进行灵敏度分析。如果变量为离散变量，在对应变量行中的【Resolution】选择【Discrete by value】，并将结构参数变量的具体值输入【Range】内。如果给出的变量无须进行灵敏度分析，勾选变量对应的【Constant】行，在【Reference type】中填入固定值。变量和变量范围设置完成后，点击【Next】进行计算目标的设置。这里需要注意变量扫描范围一定要合理，否则模型建立会报错。

Step2：灵敏度分析目标设定。计算目标设定如图 8-173 所示。在【Responses】栏中可以看到我们在 Maxwell 电磁模型中设定的计算目标。因为本节做灵敏度分析，无须设定其他求解条件【Criteria】，因此此处直接点击【Next】。

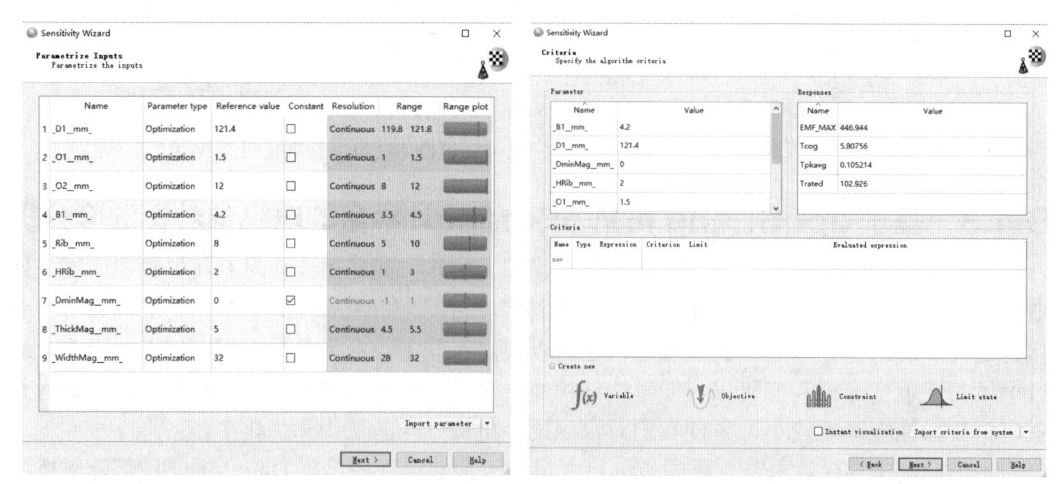

图 8-172　灵敏度分析变量和变量范围设置　　　图 8-173　计算目标和限制条件设置

Step3：取样方法设定。灵敏度分析中，取样方法直接决定了计算速度和精度，optiSlang

软件主要提供了 4 种取样方法：Adaptive Metamodel Of Optimal Prognosis 最佳预测元模型自适应取样、Full Factorial 权因子取样、Advanced Latin Hypercube Sampling 改进拉丁超立方体取样和 Space Filling Latin Hypercube Sample 空间填充拉丁超立方体取样，每种方法的详细介绍可见 optiSlang 帮助文件，这里不再赘述。本例采用 Advanced Latin Hypercube Sampling 改进拉丁超立方体取样最佳预测元模型自适应取样，如图 8-174 所示。

取样方法设置完成后，在 Workbench 平台工程项目窗口的【Parameter Set】下生成基于灵敏度分析模块，如图 8-175 所示。其中 DOE（Design of Experiment）模块为实验设计模块，即采用上述的 DOE 方法来设计一系列实验，获知变量和目标之间的关系（即灵敏度）。双击灵敏度分析模块的【2-DOE】即可重新进入灵敏度分析设置窗口，其中【Parameter】栏与 Step1 中的变量设置相同，【Criteria】栏与 Step2 中目标设置相同，在【Sampling type】中还可对取样方法进行更改，而【Number of Samples】栏可设置取样数，如图 8-176 所示。

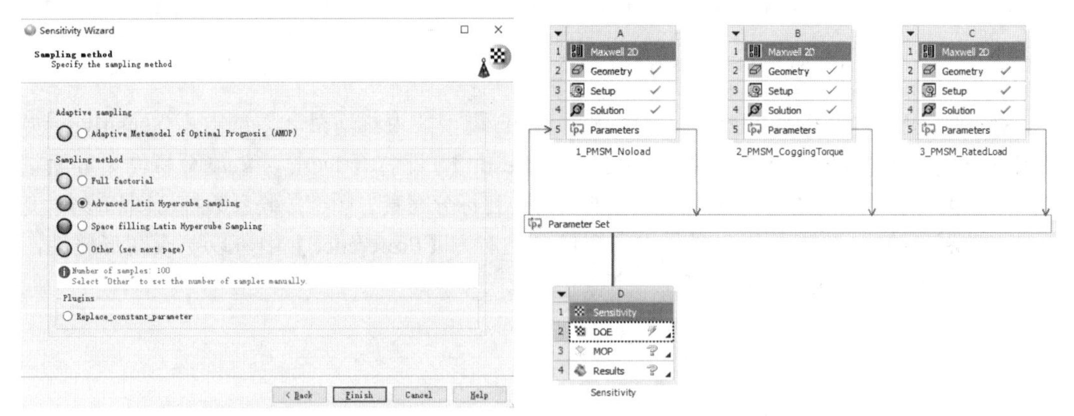

图 8-174　取样方法设置　　　　图 8-175　新增灵敏度分析模块

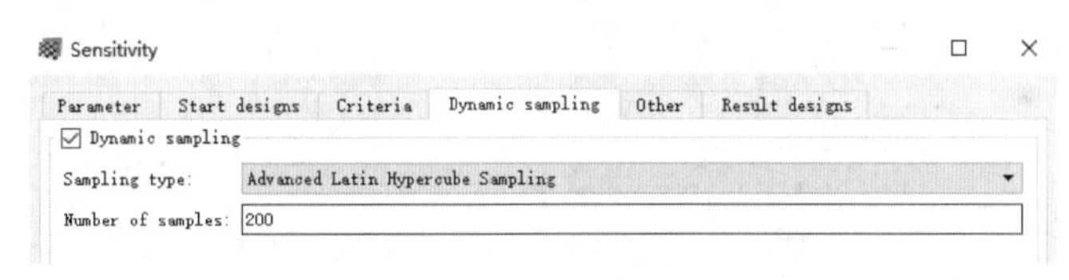

图 8-176　取样方法设置

而 MOP（Metamodel of Optimal Prognosis）模块为采用最佳元预测模型数学拟合响应参数与输入的函数关系，建立响应曲面，即通过 DOE 实验设计模块和计算模块，利用 MOP 模型建立目标和变量的响应曲面，得到两者的函数关系（拟合方法），MOP 模型具有自动搜索最佳参数子集以及最佳模型［即 COP（预测系数）最大的参数子集和拟合模型］为每个响应变量建立高质量响应面的优势，但这里需要注意拟合质量随着输入参数的增加而降低。MOP 模型所建立的响应曲面可用于多目标优化，比如可以将电机的电磁场有限元计算通过拟合方法转化为数值函数计算来加快优化过程，但计算精度会随着变量的增加而降低，故本例不采用此方法进行多目标优化。

Step4：求解设定与计算。在求解前首先设置并行计算来减少计算时间，左键点击 Sensitivity 灵敏度分析模块的【2-DOE】，在 Workbench 属性栏中勾选【12 Use Simultaneous Execution Mode】，并在【13 Number of Design Points sent to Parameter Set】填入合适的并联计算数（取决于电脑核数和 Workbench 计算核数）即可完成并行计算设置，如图 8-177 所示。

然后右键点击灵敏度分析模块的【2-DOE】，在下拉菜单中点击【Updata】即可开始计算，如图 8-178 所示。

	A	B
1	Property	Value
2	⊟ General	
3	Component ID	AMOP (optiSLang) 1
4	Directory Name	AMOP-1
5	⊟ Notes	
6	Notes	
7	⊟ Design Points	
8	Preserve Design Points After optiSLang Run	☑
9	Retain Data for Each Preserved Design Point	☐
10	⊟ Update Settings	
11	Specify Maximum Runtime per Job	☐
12	Use Simultaneous Execution Mode	☑
13	Number of Design Points sent to Parameter Set	10
14	Run Python Script for Update	☐
15	⊟ optiSLang Project Directory	
16	Save Selected Files	Choose Files
17	File List	

图 8-177　设置并行计算

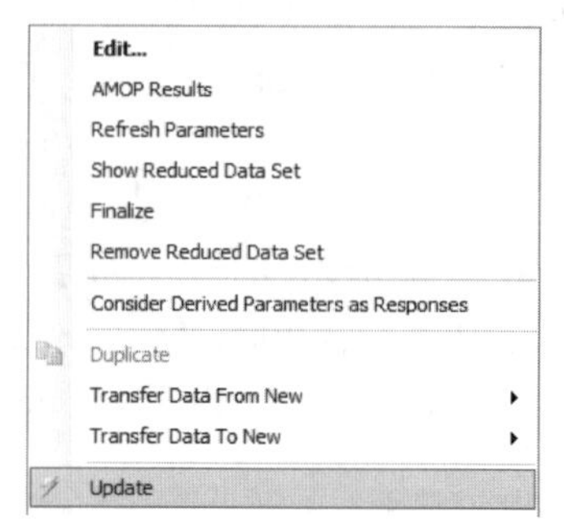

图 8-178　开始求解

Step5：灵敏度分析结果查看。首先查看 DOE 模型的求解结果。右键点击 Sensitivity 灵敏度分析模块【2-DOE】下拉菜单中的【DOE Result】，即打开 DOE 灵敏度分析结果界面，如图 8-179 所示，主视图主要包括关联矩阵、变量\目标分布直方图、关联系数柱形图和参数-变量（参数-变量）二维散点分布图。点击图像，在右方【Preference】中可以更改图形属性，还可在右下方【Visuals】中拖入想要观测的图形。

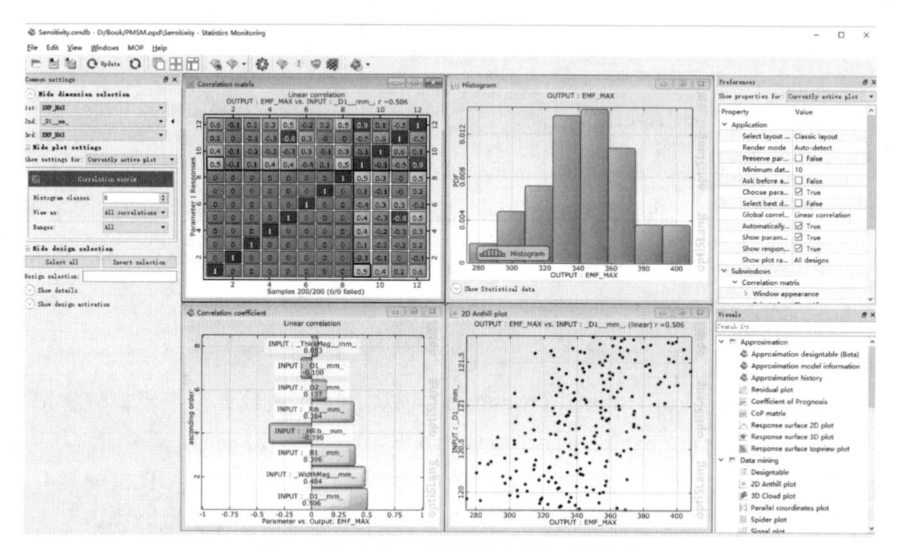

图 8-179　DOE 灵敏度求解结果界面

下面介绍 DOE 灵敏度分析结果中主要图形的具体含义。关联矩阵为结果 DOE 设计实验计算后输入参数和目标之间的灵敏度关联系数矩阵图，灵敏度的计算方法如下。

软件依据 DOE 设计实验模型所计算的结果通过上式计算出输入参数和目标之间的灵敏度，并通过图 8-180 的灵敏度系数关联矩阵展示灵敏度分析结果，可见图中左上方为输入-输出参数之间的关联矩阵、右上方为输出-输出参数之间的关联矩阵、左下方为输入-输入参数之间的关联矩阵。点击图 8-180 左侧任一一列即可在关联系数柱形图中得知此列变量和所有目标之间的灵敏度关联系数。如图 8-181 所示为底部隔磁桥厚度 O1 结构参数和所有目标的关联系数，从图中我们可以得知底部隔磁桥厚度 O1 对齿槽转矩的影响较大，对空载反电势的影响较小。点击图 8-180 右侧任一一列即可在关联系数柱形图中得知此列目标和所有变量之间的灵敏度关联系数。如图 8-182 所示为齿槽转矩 Tcog 和所有结构变量之间的关联系数，从图中我们可以得知齿槽转矩 Tcog 受底部隔磁桥宽度 O1 和磁钢槽厚度 B1 的影响较大，受磁钢厚度 ThickMag 的影响较小。那我们在优化齿槽转矩时，着重关注隔磁桥宽度 O1 和磁钢槽厚度 B1 值即可，这也是进行灵敏度分析的作用。

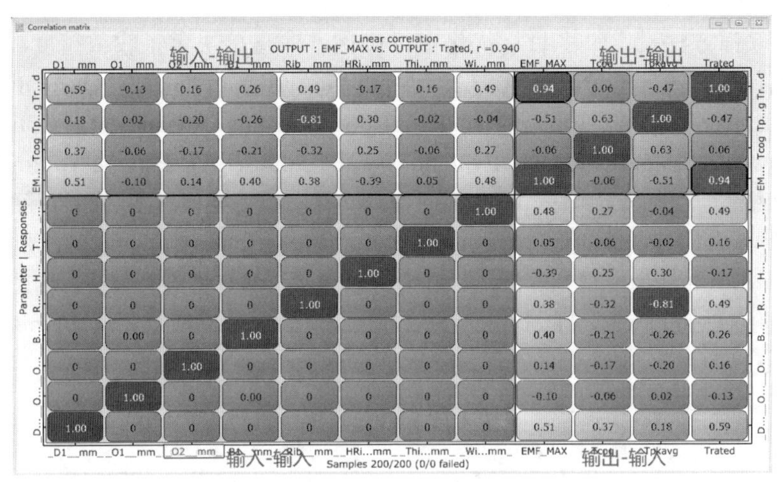

图 8-180　灵敏度关联系数矩阵

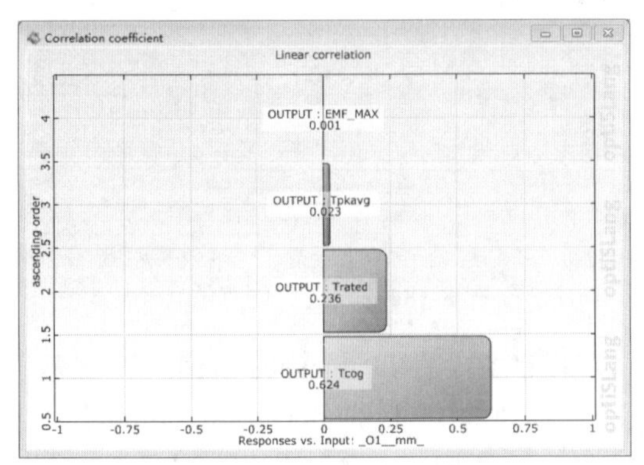

图 8-181　O1 结构参数和所有目标的关联系数

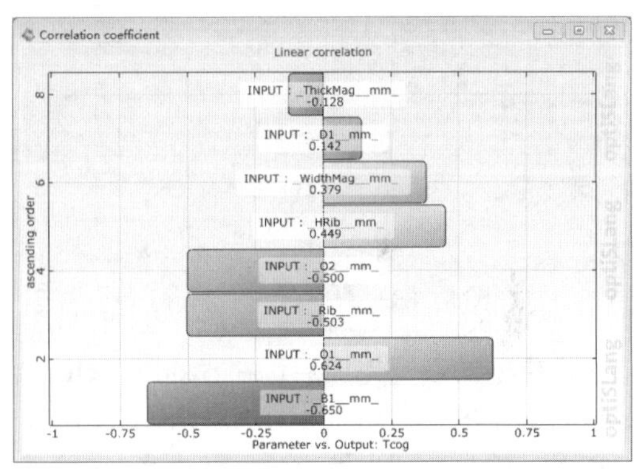

图 8-182　齿槽转矩 Tcog 和所有结构参数的关联系数

8.4.4　基于 optiSLang 和 Workbench 平台的电机多目标优化设计

问题描述：本节永磁同步电机的优化目标为在满足空载反电势要求和峰值转矩要求的情况下，优化电机在额定工况下的转矩脉动以及空载工况下的齿槽转矩值。

本节永磁同步电机多目标分析步骤如下。

Step1：建立工程项目和设定优化变量。在原有 Workbench 模型基础上，左键选中【Toolbox】中【optiSLang】下【Optimization】模块，点击鼠标左键将其拖动至 8.3.2 节在工程项目窗口中生成的【Parameter Set】模块。此时弹出多目标优化设计设置窗口，第一步为变量和变量范围的设置，与上一节灵敏度分析中变量设置的 Step1 相同，这里还采用相同的变量和变量范围，不再赘述，设置完成后，点击下一步。

Step2：优化目标设定。计算目标设定如图 8-183 所示。在【Responses】栏中可以看到，我们在 Maxwell 电磁模型中设定的计算目标。首先对计算目标空载反电势峰值进行目标限定，右键点击【Rcsponses】栏中 EMF_MAX 目标，在弹出的菜单中依次选中【Use as】→【Constraint less】，在【Criteria】栏中找到目标 EMF_MAX，在【Limit】栏填入限定值 420，即完成空载反电势峰值的限定。同样地，对齿槽转矩峰峰值 Tcog、额定转矩平均值 Trated、额定转矩脉动 Tpkavg 分别限定目标最小 Min、目标最小 Min 和目标最大 Max，如图 8-183 所示。设置完成后，点击【Next】。

Step3：取样方法设定。多目标优化中，优化方法直接决定了收敛精度和收敛速度，optiSLang 软件主要提供了 6 种优化方法：Nonlinear Programming by Quadratic Lagrangian (NLPQL)、Adaptive Response Surface Methods(ARSM)、Adaptive Metamodel of Optimal Prognosis (AMOP)、Downhill Simplex Method、Evolutionary algorithms(EA)、Particle Swarm Optimization (PSO)，每种方法的详细介绍可见 optiSLang 帮助文件。系统会根据变量和目标的个数、取值范围、优化目标来推荐合适的优化方法。软件在优化方法设置右侧，使用红绿灯方式来推荐合适的算法，其中红灯为不推荐算法，黄灯为合理算法，绿灯为推荐算法，如图 8-184 所示。本列采用推荐的 Evolutionary Algorithms (EA)进化算法，选择完成后点击【Finish】。

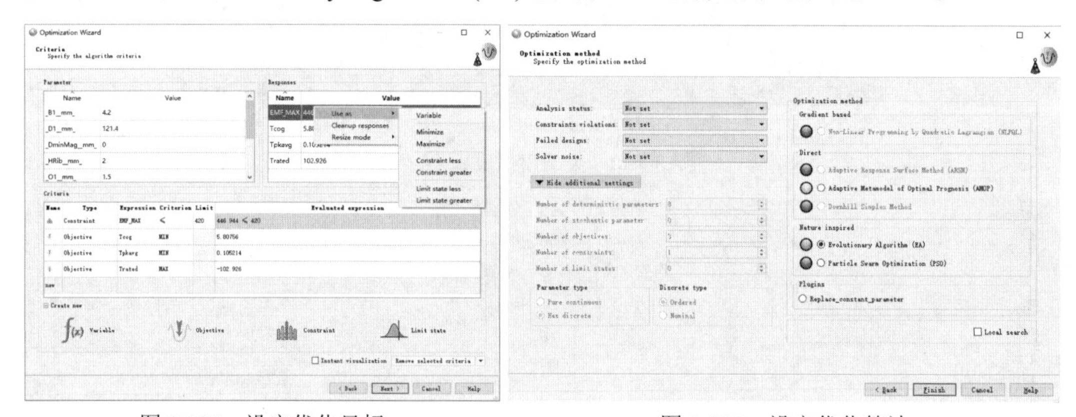

图 8-183　设定优化目标　　　　图 8-184　设定优化算法

优化方法设置完成后，在 Workbench 平台工程项目窗口的【Parameter Set】下生成基于多目标优化模块，如图 8-185 所示，双击多目标优化模块的【2 Evolutionary Algorithm】即可重新进入优化算法设置窗口，其中【Parameter】栏与 Step1 中的变量设置相同，【Criteria】栏

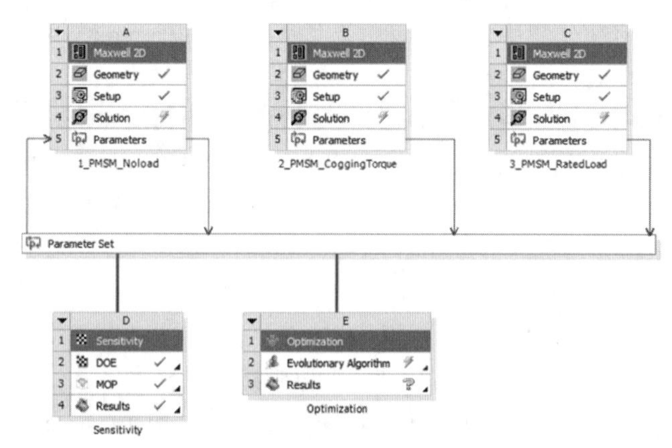

图 8-185　新增优化设计模块

与 Step2 中目标设置相同，在【Initialization】窗口设置进化算法的族群数和最大、最小进化代数，增加族群数和代数可以增加优化方法的优化效果，但会使计算时间增加。在【Selection】窗口设置进化算法中母系的选择方式和个数（用于交叉）；在【Crossover】窗口设置进化算法的交叉点和交叉方式；在【Mutation】窗口设置进化算法的变异方式和变异比，如图 8-186～图 8-189 所示。

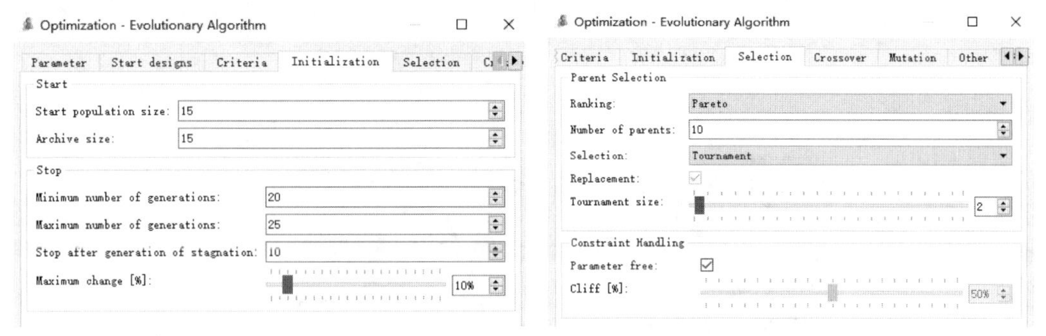

图 8-186　进化算法族群数和族群代数设置

图 8-187　进化算法父母选择方式

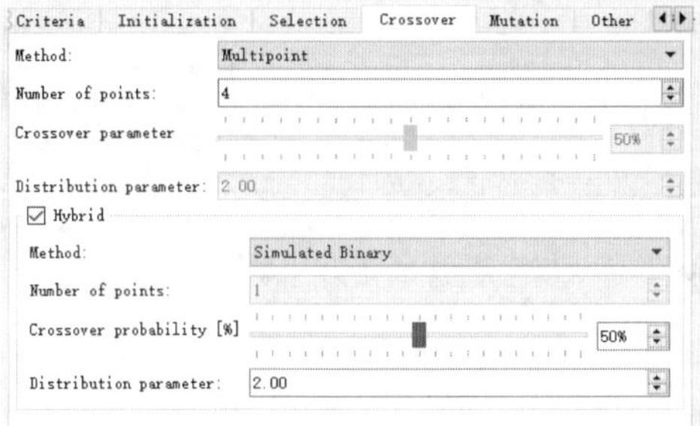

Criteria　Initialization　Selection　Crossover　Mutation　Other

Method: Multipoint

Number of points: 4

Crossover parameter　50%

Distribution parameter: 2.00

Hybrid

Method: Simulated Binary

Number of points: 1

Crossover probability [%]　50%

Distribution parameter: 2.00

图 8-188　进化算法交叉方式设置

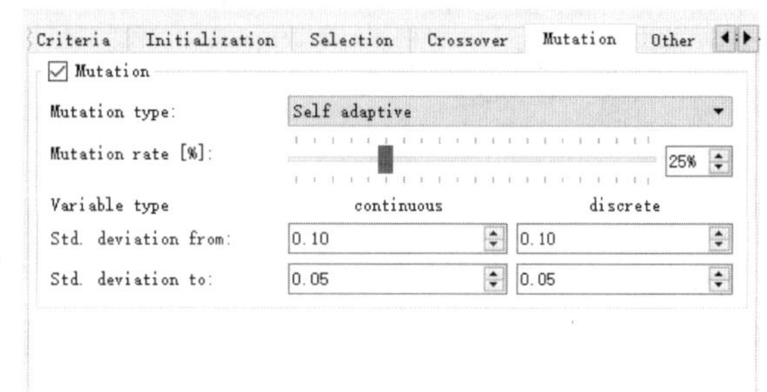

图 8-189　进化算法变异方式设置

Step4：多目标优化结果查看。双击多目标优化模块【3 Results】，即打开多目标优化结果界面，如图 8-190 所示，主视图主要包括 2D-Pareto 结果散点分布图、某优化点对应的优化目标结果数据柱形图、某优化点对应的结果目标柱形图（在 Maxwell 2D 中设定的计算目标，可以不是优化目标）和某优化点对应的输出参数值柱形图，点击图像，在右方【Properties】中可以更改图形属性，还可在右下方【Visuals】中拖入想要观测的图形。

下面介绍多目标优化结果中主要图形的具体含义。2D Pareto 结果散点分布图以优化的两个目标为横纵坐标（在界面【Common Settings】中可更改横纵坐标），所有的优化计算结果以散点形式分布在图形中，图形中红线部分为 Pareto Front 解集（即求解过程中的最优解集），灰色点为不满足设定目标的结果点（本例为不满足反电势要求），黑色点为其他求解结果，如图 8-191 所示。点击 2D-Pareto 结果散点分布图中的任意一个求解结果点，可在优化目标结果数据柱形图、结果目标柱形图和输出参数值柱形图中分别观测此结果点对应的优化目标值、结果目标值和输入变量参数值，如图 8-192～图 8-194 所示。

除此之外，如果优化结果为三个或以上时，可以在【Visuals】中拖入【Pareto 3D】分布图，更能直观地找到最优解，如图 8-195 所示。

从结果分析可知，optiSLang 提供的多目标优化方法通过现代优化算法进行多次迭代，使多个优化目标趋近于最优解，因此其得出的优化结果以 Pareto Front 最优解集，而非单个最优解的形式给出，用户可根据需求在最优解集中选取最优解。

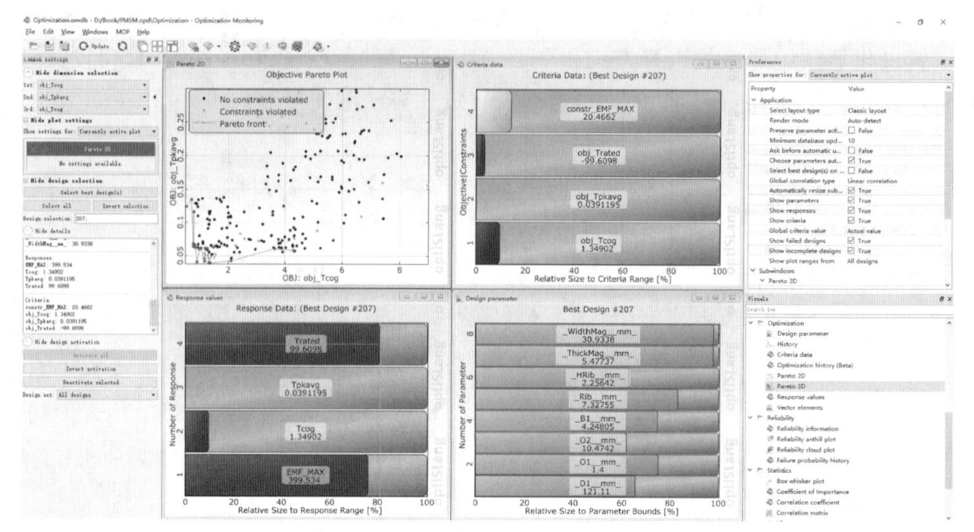

图 8-190　多目标优化设计结果界面

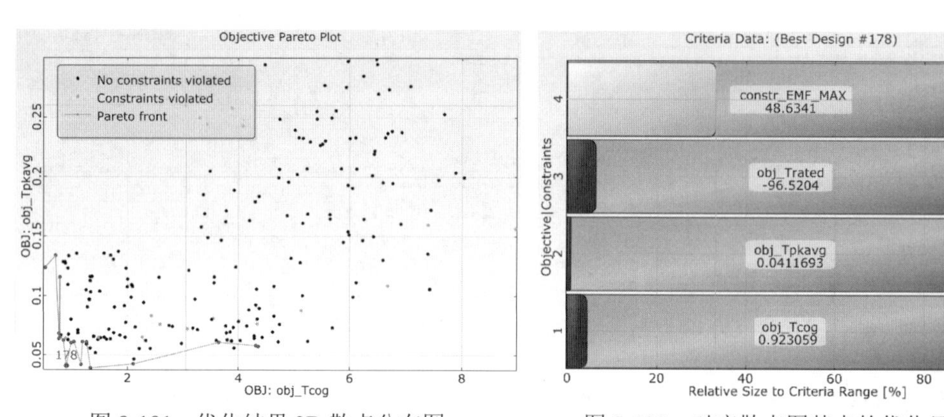

图 8-191　优化结果 2D 散点分布图

图 8-192　对应散点图某点的优化目标值

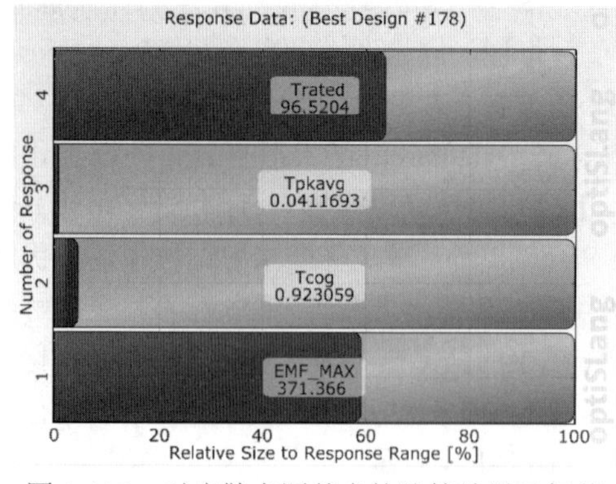

图 8-193　对应散点图某点的计算结果目标值

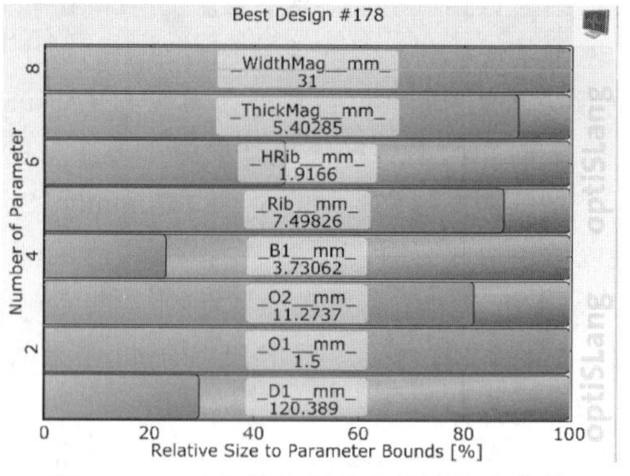

图 8-194　对应散点图某点的输入参数值

除此之外，还可以利用 optiSLang 软件构建多场和多软件之间的多目标优化设计，如电机的电磁-振动噪声性能优化、电磁-结构优化等，用户还可利用 Matlab 来编制现代优化算法，供 optiSLang 使用来提高优化算法的精度。

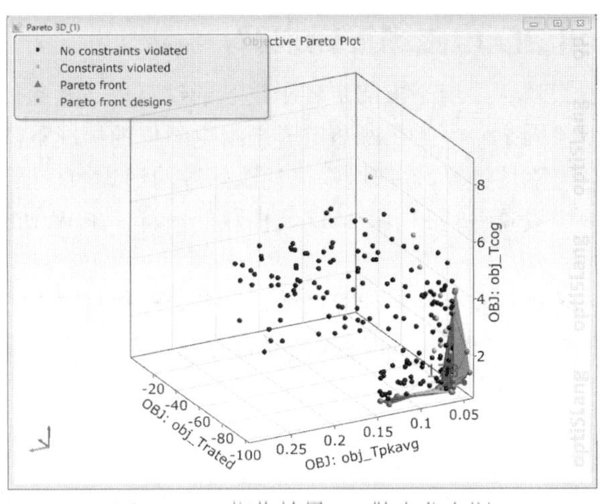

图 8-195 优化结果 3D 散点分布图

8.5 基于 Maxwell-Fluent 的永磁同步电机电磁-热耦合仿真方法

本节主要利用 Workbench 平台中 Maxwell-Fluent 耦合模块来计算永磁同步电机在额定工况下的稳态温升分布。本例永磁同步电机的冷却方式为水冷，即在电机机壳中开有螺旋式冷却水道，通入冷却液冷却，其中冷却液为 50%乙二醇水溶液（防冻），电机工作环境温度为 25℃，冷却液进口温度也为 25℃。

8.5.1 电磁-热耦合仿真模型的建立

首先打开 Workbench 平台，保存并重命名项目 PMSM_Thermal。然后将 8.2 节中建立的 Maxwell Project 文件（PMSM.aedt）使用鼠标拖入平台的工程项目窗口，在 Workbench 平台导入 Maxwell 电磁模型，即可在平台内编辑 Maxwell 电磁模型。本节在平台只保留电机额定工况电磁仿真模型即可；同时在 Workbench 平台工具箱中【Analysis Systems】下找到【Fluid Flow(Fluent)】，拖入工程项目窗口中，并将电磁模块结果【4 Solution】拖入流体场模块【4 Setup】中，如图 8-196 所示。最后保存并重命名该工程文件为 PMSM_Thermal。

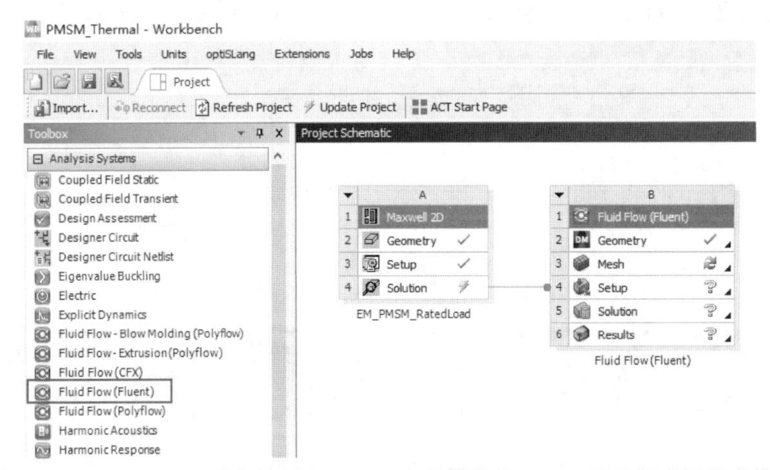

图 8-196 Workbench 平台导入 Maxwell 电磁模块和 Fluent 流体温度场仿真模块

8.5.2 Maxwell 2D 电磁场损耗求解

Maxwell 电磁仿真模块主要用于求解定转子铁芯的铁耗以及永磁体的涡流损耗（因为本例使用电流源，电流幅值固定，因此在得知定子绕组电阻值的情况下，定子绕组铜耗可以通过计算得出，无须通过电磁场计算），把这些损耗以热源的形式加载至 Fluent 流体场模块中。因此需要在电磁场模块中设置铁耗和永磁体涡流损耗的求解，在 Workbench 平台中双击电磁模块进入 Maxwell 界面。

首先确保定转子铁芯材料具有铁耗计算属性，以及永磁体材料的电导率是否正确（这里假设额定工况下永磁体温度=120℃），材料属性设置方法已在本书第 3 章讲述，这里不再重复，设置完成后如图 8-197、图 8-198 所示。

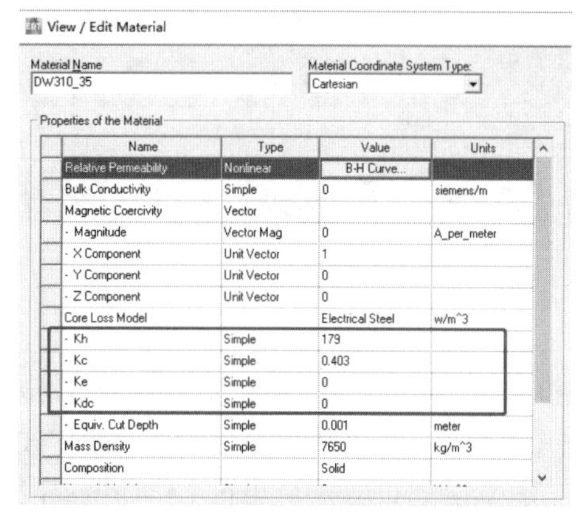

图 8-197　铁芯材料损耗设置

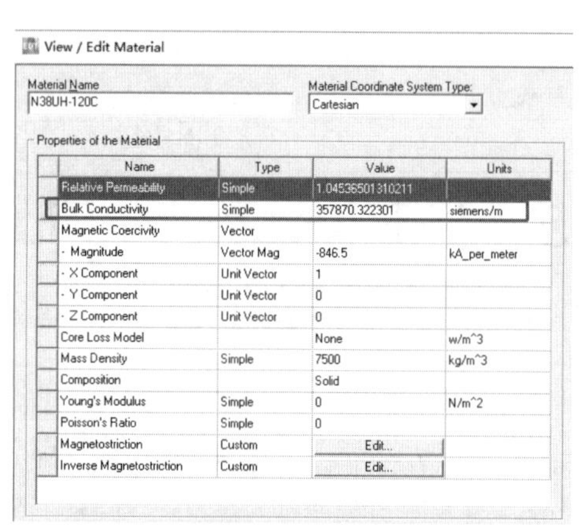

图 8-198　永磁体材料磁导率设置

材料属性设置完成后，在工程管理栏中右击【Excitations】，在下拉菜单中选择【Set Core Loss】，如图 8-199 所示。弹出铁耗求解选择窗口，在选择框中找到定转子铁芯，勾选【Core Loss Setting】，如图 8-200 所示。同样地，在工程管理栏中右击【Excitations】，在下拉菜单中选择【Set Eddy Effect】，弹出涡流损耗求解选择窗口，在选择框中找到两块永磁体，勾选【Eddy Effect】，如图 8-201 所示。

然后按照 3.6 节、3.7 节将电机激励源、运动状态设置完成，并将仿真步长设置为两个电周期（确保铁耗计算稳定），保存所有场结果，右击【Setup】开始求解即可。求解完成后，可在工程管理栏【Results】查看损耗求解结果，定转子铁耗和永磁体涡流损耗如图 8-202 所示。

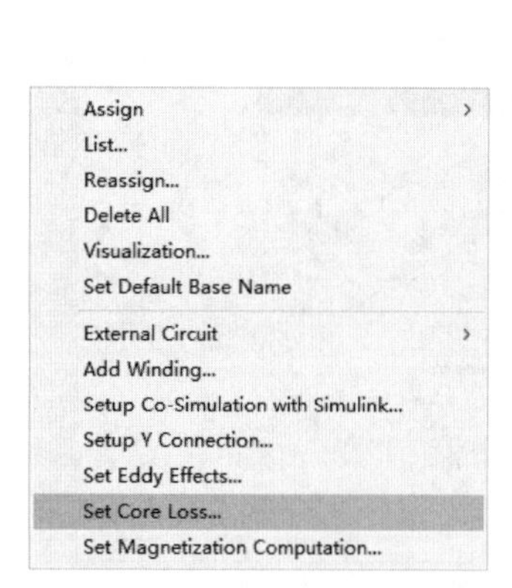

图 8-199　损耗设置菜单

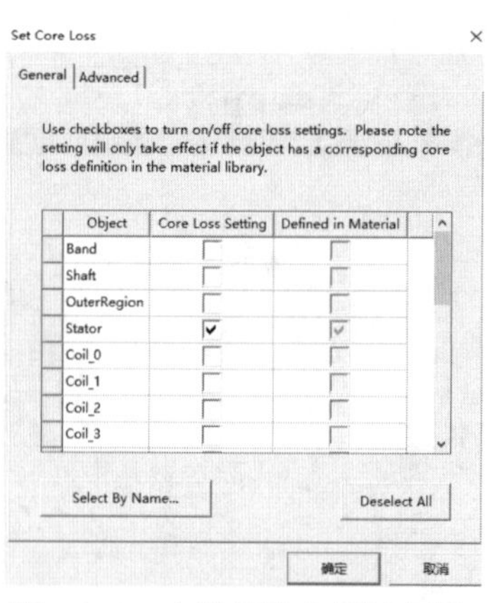

图 8-200　定转子铁芯损耗求解

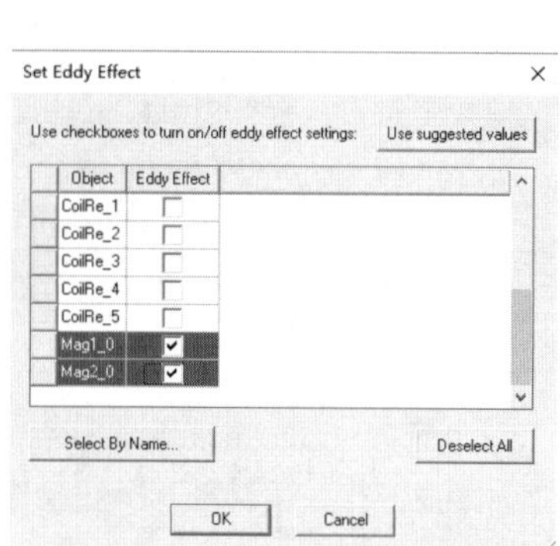

图 8-201　永磁体涡流损耗求解

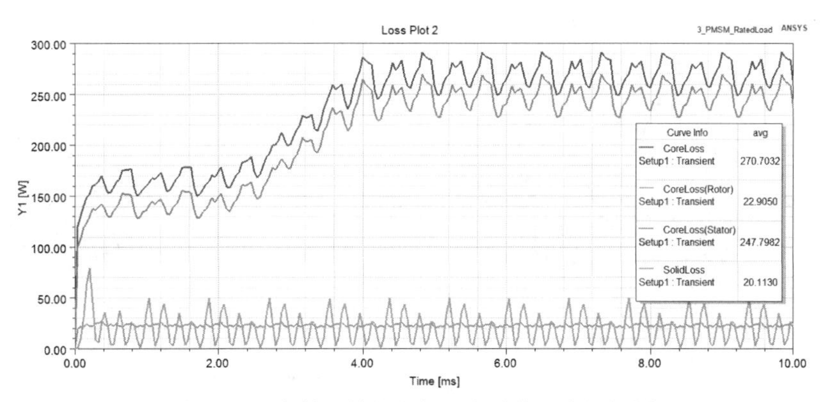

图 8-202　定转子铁芯损耗和永磁体涡流损耗图

8.5.3　流体场模型导入和剖分设置

Step1：几何模型导入。返回 Workbench 平台主界面，在建立的流体场模块中右击【2 Geometry】几何模型选项，选择【Edit Geometry in DesignModeler】，弹出模型绘制窗口【Design Modeler】，如图 8-203 所示，可以在窗口中利用绘制功能进行定子和机壳总成的绘制，也可以使用模型导入或者脚本功能，本例使用模型导入功能。本例电机为水冷，因此在所建立的模型中不仅要将定转子这些固体画出，还需要将气隙、冷却液这些流体介质画出。模型导入完成后，需要将其重新命名，并使用【Form New Part】功能将绕组、永磁体等部件形成整体，这样做减小了后续接触面的设置，如图 8-204 所示（Parts 表示一个整体部件）。

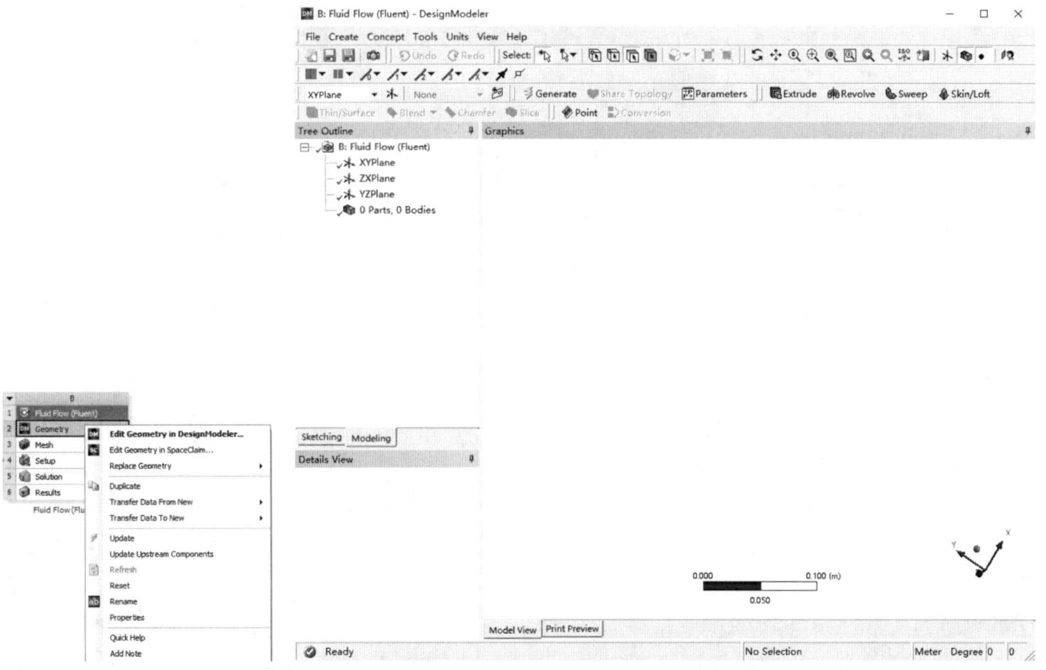

图 8-203　打开模型编辑界面

模型建立完成后，关闭 DM 模块，在 Workbench 平台主界面中双击流体场分析模型中【3 Mesh】打开剖分设置模块，如图 8-205 所示。这里无须对材料属性进行赋值（后续在 Fluent 中进行材料的赋予）。

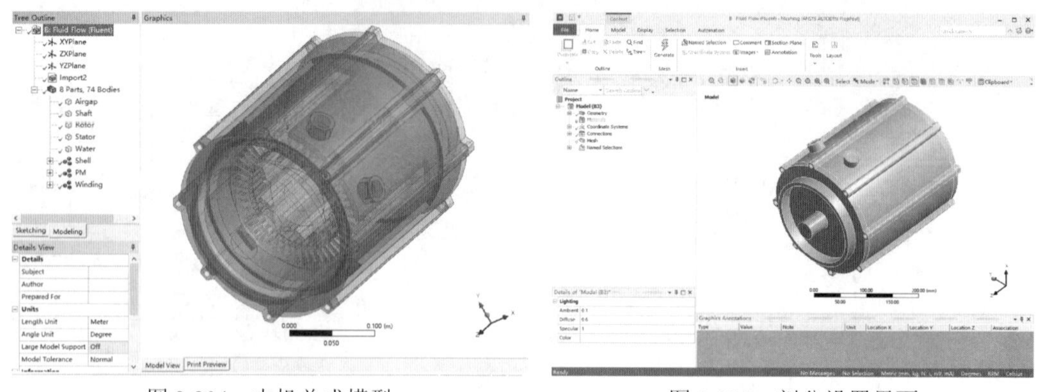

图 8-204　电机总成模型　　　　图 8-205　剖分设置界面

Step2：接触面设定。机壳和水道、机壳和定子铁芯、定子绕组和空气、绕组和定子铁芯、定子铁芯和气隙、气隙和转子、转子和永磁体、转子和转轴的接触面之间都存在接触条件，只有设定正确接触条件才能使流体和热传导、热对流正常传播计算，在左侧【Outline】窗口中【Connections】下，软件自动生成了模型中相关接触面的接触条件，如本例中所有接触条件均使用系统默认【Banded】接触方式，如图 8-206 所示。可以在【Detail of Contact】窗口中找到【Definition】→【Type】，更改接触类型。

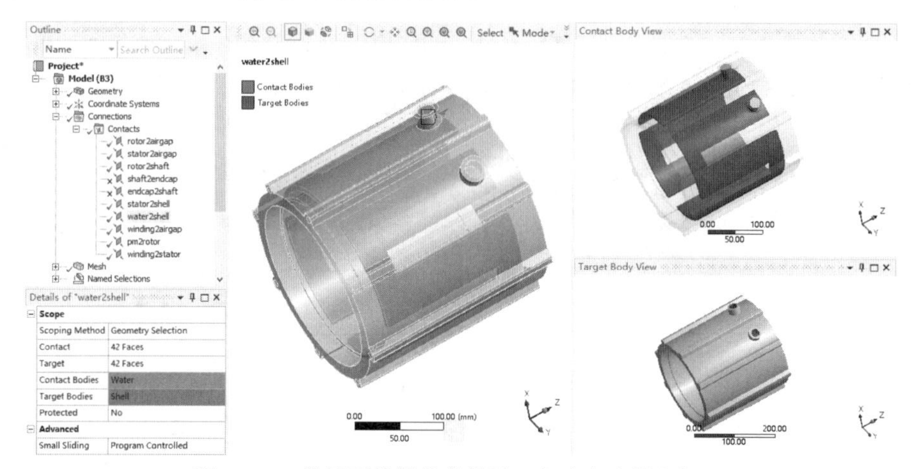

图 8-206　接触面接触条件设置（机壳和水道之间）

这里一定要注意所有需要接触的面必须设定接触条件，否则在流体-温度场计算过程中热流无法传播。

Step3：部件和接触表面命名。网格剖分前需要在 Meshing 中对电机各个对流面（机壳表面、定子轴向表面等）以及冷却液的入口及出口面分别命名，利于 Fluent 中的参数设置。除此之外，为了便于在 Fluent 中设置每个部件的材料属性和热源等，还需要重新对每个 Part 进行重新命名，具体操作为选中某一部件或某一表面，右击选择【Create Named Selection】即可，如图 8-207 所示。命名完成后可以在工程树【Named Selections】中查看所命名的区域，如图 8-208 所示。

Step4：网格剖分设定。利用 Meshing 划分网格时，在左侧【Outline】窗口中点击【Mesh】，在【Detail of Mesh】窗口中将【Physics Preference】物理类型设定为【CFD】，【Solver Preference】求解器设定为【Fluent】，在【Element Size】中填入最大剖分长度 10.0mm，如图 8-209 所示。

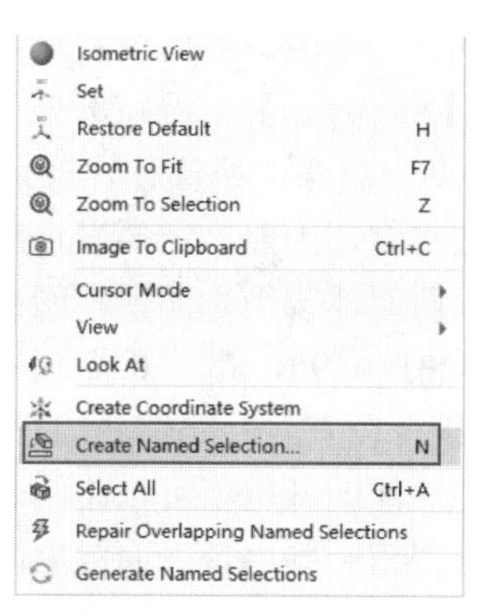

图 8-207　命名操作

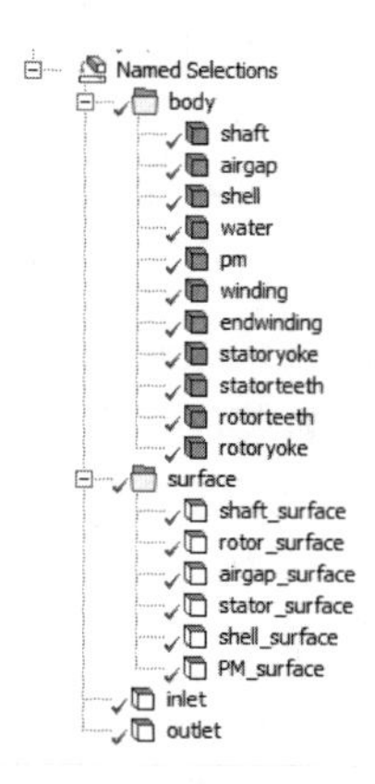

图 8-208　对流面、各部件、进出口命名

然后设定部件的剖分类型，如选中定子铁芯截面，右键选择【Insert】→【Sizing】来手动添加定子截面剖分长度条件，如图 8-210 所示。在左侧【Outline】窗口中【Mesh】下找到新添加的剖分条件【Face Sizing】，在【Detail】窗口中将【Type】剖分类型设定为【Element】，在【Element Size】中填入最大剖分长度 3.0mm，如图 8-211 所示。此外，因为定子铁芯轴向相同，因此还可选中定子铁芯，右键选择【Insert】→【Method】来手动添加定子铁芯剖分方法，如图 8-212 所示，在【Detail】窗口中将【Method】剖分方法设定为【Sweep】。同样地，为电机所有部件设置剖分条件。这个主要是控制网格疏密的，其他可以保持默认值。

Details of "Mesh"

Display	
Display Style	Use Geometry Setting
Defaults	
Physics Preference	CFD
Solver Preference	Fluent
Element Order	Linear
Element Size	10.0 mm
Export Format	Standard
Export Preview Surface Mesh	No
Sizing	
Quality	
Inflation	
Assembly Meshing	
Advanced	
Statistics	

图 8-209　设定全局剖分

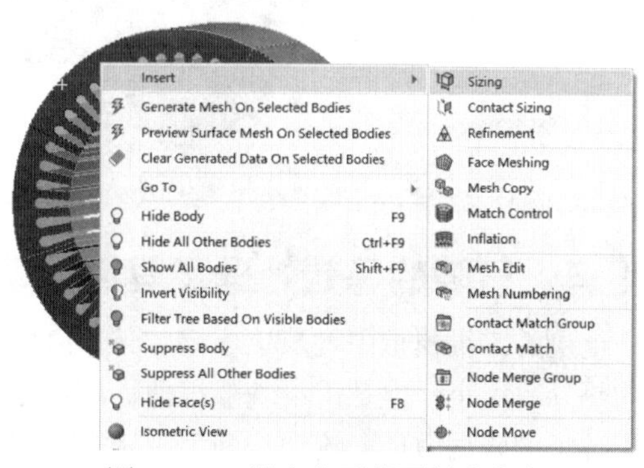

图 8-210　设定定子截面剖分大小

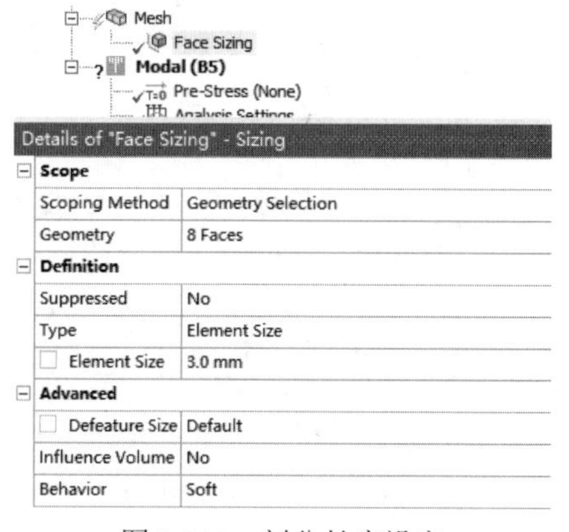

Details of "Face Sizing" - Sizing

Scope	
Scoping Method	Geometry Selection
Geometry	8 Faces
Definition	
Suppressed	No
Type	Element Size
Element Size	3.0 mm
Advanced	
Defeature Size	Default
Influence Volume	No
Behavior	Soft

图 8-211　剖分长度设定

Mesh
Face Sizing
Sweep Method
Modal (B5)

Details of "Sweep Method" - Method

Scope	
Scoping Method	Geometry Selection
Geometry	8 Bodies
Definition	
Suppressed	No
Method	Sweep
Algorithm	Program Controlled
Element Order	Use Global Setting
Src/Trg Selection	Automatic
Source	Program Controlled
Target	Program Controlled
Free Face Mesh Type	Quad/Tri
Type	Number of Divisions
Sweep Num Divs	Default

图 8-212　设定定子铁芯剖分方法

Step5：网格剖分结果查看。剖分设定完成后，右击【Mesh】→【Generate Mesh】，软件开始剖分。剖分完成后即可在图形操作窗口中观察模型剖分示意图，电机模型整体网格的剖分如图 8-213 所示。还可以在左侧【Details of Mesh】中【Statistics】下得知剖分节点数和网格数，如图 8-214 所示；在【Quality】中可得知网格的剖分质量、纵横比、倾斜度等，如图 8-215 所示。网格剖分质量直接关系到计算时间和收敛精度，因此一定要设定准确的剖分方式。网格的质量数值越接近 1，说明网格更加接近于正四面体或正六面体；网格的质量越好，网格扭曲度数值越接近于 0，扭曲度最大值最好不要超过 0.95，超过 0.98 时，在 Fluent 中就无法计算。如果网格的扭曲度过大，可以点击下方的统计图查看是哪部分的扭曲度过大，然后回到 Geom 中优化模型或手动划分网格。对于非重点关注的部位，可以将网格划分得稀疏一点，减小计算量；对于想要重点观察的对象可以划分得密一些，使表面温度的过渡更加自然。例如本例的水道是重点考察对象，所以网格可以采用 inflation 膨胀层，这样可以方便观察每一层的变化。定子齿部是铁耗最大的区域，网格也要划分仔细一些；转轴以及转子内侧由于损耗不是很大，网格可以划分稀疏一些。一般情况下，能用六面体结构的尽量使用六面体网格剖分，因为六面体网格相对于四面体网格，节点的数量更少，可以节约计算时间。

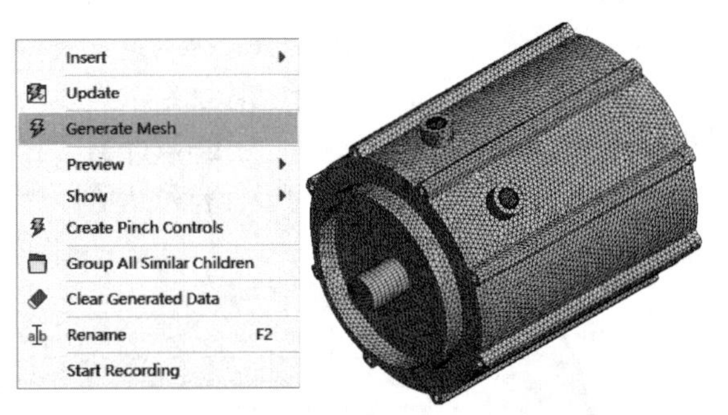

图 8-213　生成剖分和模型剖分示意图

Statistics	
Nodes	2268772
Elements	3185421

图 8-214　剖分网格数据

Quality	
Check Mesh Quality	Yes, Errors
Target Skewness	Default (0.900000)
Smoothing	Medium
Mesh Metric	Element Quality
Min	4.1018e-004
Max	1.
Average	0.70786
Standard Deviation	0.26283

图 8-215　剖分质量

8.5.4　气隙的等效处理及其热导率的计算

电机的三维模型中气隙位于定、转子之间，是定、转子之间实现热交换的桥梁，虽然空气的热导率很小，但是由于气隙很薄，所以定、转子之间的热效应不可忽略。气隙中的空气随着转子的转动做周向流动。利用雷诺数判定电机的空气层流动状态时，假定定、转子之间的表面是光滑的，然而实际中定子表面开有很多的凹槽，凹槽的存在增加了表面的粗糙程度，使气隙中的空气流速相对更大，增加了定、转子之间的散热能力，当电机只存在定子开槽时，散热有 10%的提升，所以还需要考虑凹槽的影响。定、转子之间的气隙等效热导率的计算一直是电机温度场计算的难点。

为了比较准确地计算定、转子之间的传热情况以及降低仿真的难度，本例引入气隙的等效热导率 λ_g，利用静止的转子代替运动的转子，用静止流体的等效热导率来替代运动流体的热导率。确保气隙中的空气在静止状态与运动状态传递的能量相等。此时，气隙的雷诺数用下式计算：

$$Re = \pi D_2 g \frac{n_z}{60\gamma}$$

式中，D_2 为电机转子外径，m；g 为气隙厚度，m；n_z 为转子的转速，r/min；γ 为空气的运动黏度系数，m^2/s。

气隙的临界雷诺数为

$$Re_{\mathrm{Cr}} = 41.2\sqrt{\frac{D_1}{g}}$$

式中，D_1 为定子铁芯内径，m。

当 $Re \leqslant Re_{\mathrm{Cr}}$，可以判定气隙中的空气为层流，此时气隙的等效热导率近似为空气的热导率；$Re > Re_{\mathrm{Cr}}$ 时，气隙中空气的状态为湍流，此时热导率按照下式计算。

$$\lambda_g = 0.0019\left(\frac{D_2}{D_1}\right)^{-2.9084} Re^{0.4614\ln\left[3.33361\left(\frac{D_2}{D_1}\right)\right]}$$

本节所研究的电机经过计算得到临界雷诺数为 $Re_{\mathrm{Cr}}=580$，所以可以得到如表 8-5 所示的各种工况气隙的等效热导率（计算过程中忽略空气的运动黏度随温度的变化）。

表 8-5　气隙等效热导率

工况	雷诺数（*Re*）	等效热导率/［W/(K · m)］
额定工况（3000r/min）	327	0.024
最大转速（9000r/min）	1278	0.101

8.5.5 定子绕组、漆膜及槽绝缘层热导率等效、装配间隙热阻等效

由于电机内定、转子端部与腔体内空气接触，而腔体内部的空气又与电机的外部空气相隔离，此时的换热方式是一个不彻底的对流换热，再考虑到转子的转动会带动周边空气的流动以及定子表面的凹槽和端部绕组的不平整等因素，确定定、转子表面的对流换热系数是一件非常困难的工作，主要考虑电机内部定、转子端面的对流换热以及端部绕组的对流换热，将永磁体表面的对流换热系数近似为转子表面的对流换热系数。考虑到腔体内部的辐射换热状态以及各方面参数难以确定，而且辐射换热相对于强制对流换热的影响很小，忽略掉腔体内部的辐射换热；机壳外表面温度与环境温度差距较小，辐射能的大小又与机壳温度的四次方与环境温度的四次方的差值成正比，所以忽略掉机壳表面的辐射换热；由于忽略了转轴上面的摩擦损耗，所以转轴上不产生热量，所以忽略转轴上的一切散热。本节采用以下经验公式确定端部对流换热系数。

机壳表面的散热系数 α_{k}：

$$\alpha_{\mathrm{k}} = 9.73 + 14v^{0.62}$$

式中，v 为机壳表面的风速，m/s。

绕组端部的散热系数 α_{rd} 为

$$\begin{cases} \alpha_{\mathrm{rd}} = \dfrac{Nu_{\mathrm{rd}}\lambda_{\mathrm{air}}}{R_1 + R_2} \\ Nu_{\mathrm{rd}} = 0.456Re_{\mathrm{rd}}^{0.6} \\ Re_{\mathrm{rd}} = \dfrac{R_1 + R_2}{v_{\mathrm{a}}} \times \dfrac{2\pi R_3 n_1}{60} \end{cases}$$

式中，Nu_{rd} 为端部的努赛尔数；Re_{rd} 为定子绕组端部的雷诺数；R_1 为定子的外半径，m；R_2 为定子的内半径，m；R_3 为转子的外半径，m；n_1 为转子的转速，rad/s；λ_{air} 为空气的热导率，W/（K • m）；v_{a} 为空气的黏度，kg/(s • m)。

定子铁芯端部的散热系数 α_d 为

$$\alpha_d = 15 + 6.5v_r^{0.7}$$

转子铁芯端部的散热系数 α_z 为

$$\begin{cases} \alpha_z = \dfrac{Nu_z \lambda_{air}}{R_3} \\ Nu_z = 1.67Re_z^{0.385} \\ Re_z = \dfrac{2\pi R_3^2 n_1}{60v_a} \end{cases}$$

式中，v_r 为转子表面的线速度，m/s；Nu_z 为转子铁芯端面的努赛尔数；Re_z 为转子铁芯端面空气的雷诺数。

如表 8-6 所示为不同工况下电机各表面的散热系数，可以看出额定工况与峰值转矩工况的散热系数比较接近，最大转速工况与其他两种工况的散热系数差距很大。利用有限元计算永磁同步电机各工况下电机的温度场分布时，需要分别为与空气接触的各个表面添加散热系数，这些边界条件就来源于表 8-6。

表 8-6　不同工况下电机表面的散热系数

电机部位	额定散热系数/［W/(K · m)］		
	额定工况	峰值转矩工况	最大转速工况
机壳外表面	10	10	10
定子端部	57	53	124
端部绕组	63	58	143
转子端部	28	27	47
永磁体表面	28	27	47

利用 Fluent 分析电机的温度场，需要知道电机每部分的材料属性以及各材料的热导率。仿真的过程中如果要求建立的电机模型与电机实体完全一致，将对后期的网格划分是一个很大的考验。对于较薄的材料，比如槽绝缘，网格划分比较稀疏时，网格的质量达不到要求，无法准确计算温度场，网格划分比较密集时，网格的数量会急剧增加，对于计算的要求是一个极大的考验。通常情况下，在对结果影响不是很大的前提下，完全没有必要 1∶1 地复制实体模型，仿真模型建立之前需要大体判断哪些部分可以做出等效处理，哪些部分完全可以去掉。比如电机定子绕组部分，实体模型中槽内有铜绕组、漆膜、空气、浸漆、槽绝缘这些部件，一根一根地画出各个线圈及漆膜会很复杂，而且每两根导线之间的空隙也无法准确把握，所以可以将槽内的所有部件等效为一个实体处理，只不过需要计算出其径向以及轴向的等效热导率。

假定槽内空间被等体积的导线、漆膜、绝缘层、浸漆以及空气均匀填充，同一种材料内部导热性能相同；此时定子槽内部的绝缘层、浸漆、漆膜导线可以等效为一个导热体。这时槽内绕组等效的实体结构径向热导率完全相同，轴向的热导率完全相同，如图 8-216 所示。

电机径向热导率计算：

$$\lambda_j = \frac{S}{\dfrac{S_{Cu}}{\lambda_{Cu}} + \dfrac{S_{qm}}{\lambda_{qm}} + \dfrac{S_{jy}}{\lambda_{jy}} + \dfrac{S_{jq}}{\lambda_{jq}} + \dfrac{S_{air}}{\lambda_{air}}}$$

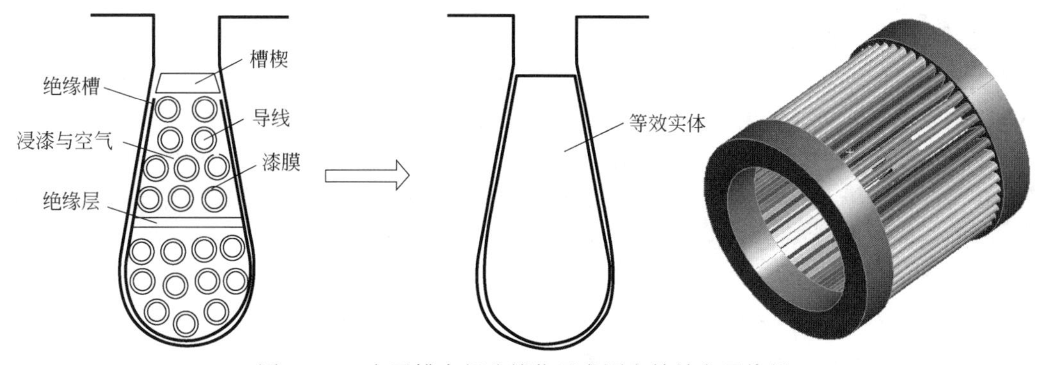

图 8-216　定子槽内部分简化示意图和等效定子绕组

式中，λ_j、λ_{Cu}、λ_{qm}、λ_{jy}、λ_{jq}、λ_{air} 分别为槽内等效实体径向热导率、铜的热导率、漆膜的热导率、槽绝缘的热导率、浸漆的热导率、空气的热导率，单位均为 W/（K • m）。

S、S_{Cu}、S_{qm}、S_{jy}、S_{jq}、S_{air} 分别为等效实体的截面积、单个槽内铜的总面积、单个槽内漆膜的总截面积、单个槽内槽绝缘的总截面积、单个槽内浸漆的总截面积、单个槽内剩余空气的截面积，单位均为 m^2。

轴向热导率的计算：

$$\lambda_z = \lambda_{Cu} S_f$$

硅钢片的轴向热导率：

$$\lambda_{dg} = \frac{100}{\dfrac{100K_C}{\lambda_g} + \dfrac{100(1-K_C)}{\lambda_{air}}}$$

端部铜的热导率的确定：

$$\lambda_{dCu} = \varphi_{Cu} \lambda_{Cu}$$

式中，λ_z、λ_g、λ_{dg}、λ_{dCu} 分别为轴向等效热导率、硅钢片的热导率、轴向等效硅钢片的热导率、端部铜的热导率，单位为 W/(K • m)；S_f 为实际槽满率；K_C 为硅钢片的叠压系数；φ_{Cu} 为端部实际用铜的体积比。本例电机各个部分的热导率如表 8-7 所示。

表 8-7　电机各部分材料的基本参数

电机各部件	材料	热导率 / [W/（m · ℃）]	比热容 / [J/（kg · ℃）]	密度 / （kg/m³）	黏度 /Pa · s
机壳	铝合金	168	830	2700	—
定转子铁芯	硅钢片叠片	35/35/1.21	460	7800	—
槽绝缘	槽绝缘	0.2	1000	1400	—
磁钢	N40UH	9	420	7600	—
转轴	45 钢	60.5	460	7800	—
槽内绕组	铜（等效）	0.13/0.13/198.5	400	8954	—
端部绕组	铜（等效）	84.9	400	8954	—
冷却液	50%乙二醇水溶液	0.37	3364	1065	0.002396
气隙	空气	0.0242	1006.43	1.225	1.789×10^{-5}
绕组填充	油漆	0.17	1700	950	—
导线漆膜	漆膜	0.15	1800	800	—
铜导线	铜	401	400	8954	—

电机实际装配的过程中，每两个部件之间都会存在装配间隙，比如机壳与定子之间。由于装配间隙之间通常为空气，空气的热导率很小，对于热传导的影响很大，所以不能忽略装配间隙的影响。本例研究的电机主要考虑 3 个接触面的装配间隙，分别为机壳外套与机壳内套的装配间隙、机壳与定子之间的装配间隙以及转子支架与转子铁芯之间的装配间隙。为了简化模型的温度场计算，将绕组与定子之间的槽绝缘以及定、转子之间的气隙也等效为热阻处理。装配间隙以及等效热阻的基本数据如表 8-8 所示。

表 8-8　装配间隙以及热导率

部件一	部件二	热阻类别	厚度/mm	密度/(kg/m^3)	比热容/[J/(kg·℃)]	热导率/[W/(m·℃)]
机壳外套	机壳内套	空气	0.0017	1.225	1006	0.025
定子铁芯	外壳	空气	0.03	1.225	1006	0.025
转子铁芯	转子支架	空气	0.03	1.225	1006	0.025
定子	绕组	槽绝缘	0.35	1400	1000	0.2
定子	转子	空气	0.6	1.225	1006	—

8.5.6　Fluent 3D 仿真计算设置

返回 Workbench 平台主界面，在建立的流体场模块中双击【4 Setup】设置选项，此时弹出 Fluent 启动设置对话框，保持默认设置即可，如图 8-217 所示，点击【OK】按钮，进入 Fluent 仿真平台界面，如图 8-218 所示。

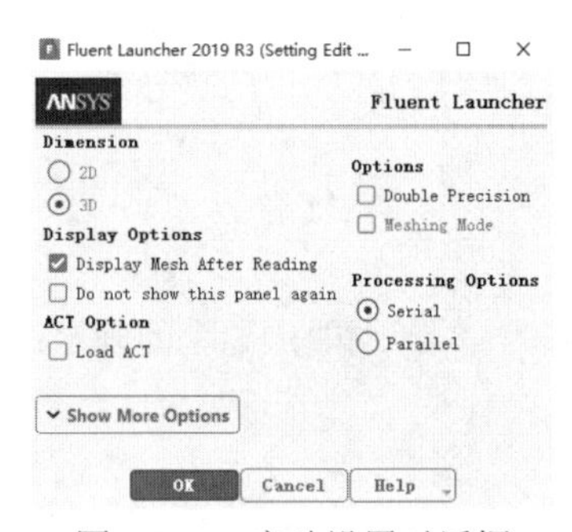

图 8-217　启动设置对话框

Step1： 检查网格和设置默认单位。点击命令树中【General】命令，在【Task Page】窗口中点击【Check】按钮进行网格检查，如图 8-219 所示，检查网格最小体积是否出现负数；然后点击【Units】按钮，在弹出的对话框【Quantities】下找到【temperature】，将其单位改为摄氏度℃（C），如图 8-220 所示。

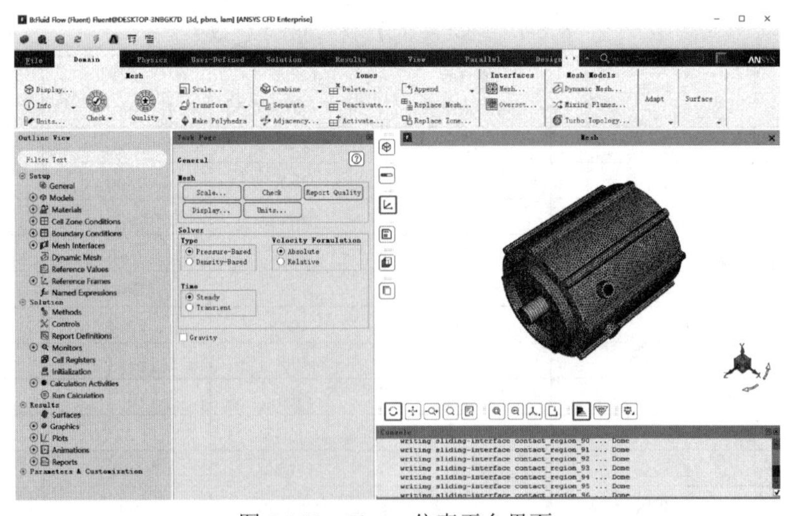

图 8-218　Fluent 仿真平台界面

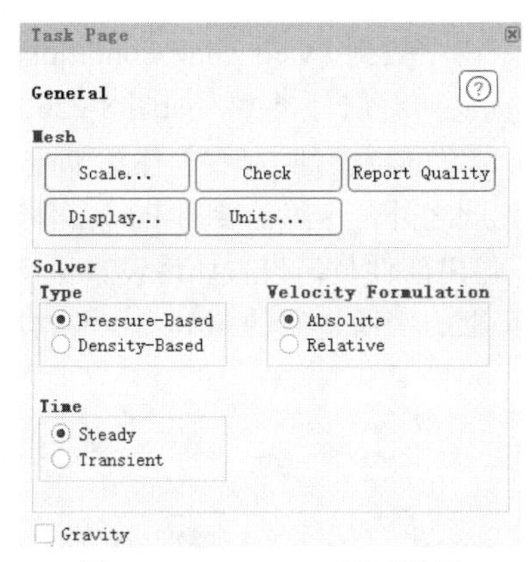

图 8-219　General 通用设置

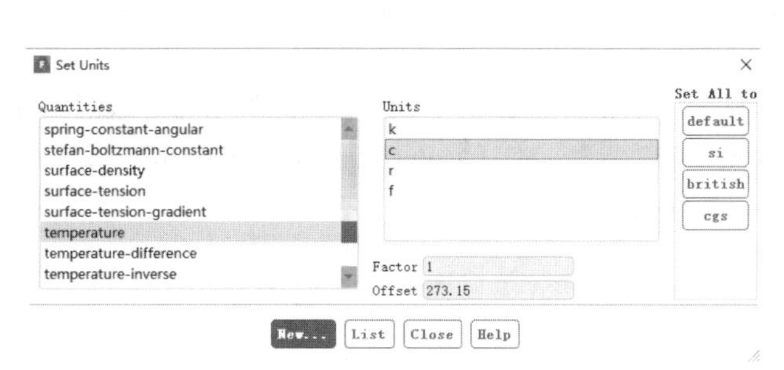

图 8-220　更改温度单位

Step2：计算模型设置。如图 8-221 所示，在命令树中找到【Models】命令，在下拉菜单中选择需要求解的计算模型。双击【Energy（On）】按钮，在弹出的 Energy 对话框中勾选【Energy Equation】选项，点击【OK】键，表示打开能量求解模型，如图 8-222 所示；双击【Viscous】按钮，在弹出的湍流计算模型对话框中勾选【K-epsilon】选项，点击【OK】键，表示打开湍流求解模型，如图 8-223 所示。

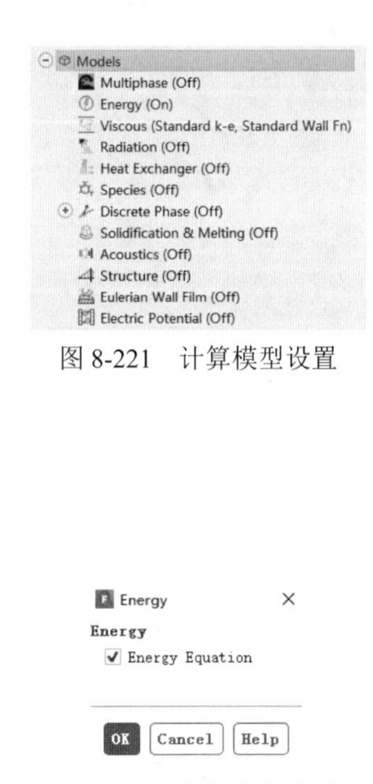

图 8-221　计算模型设置

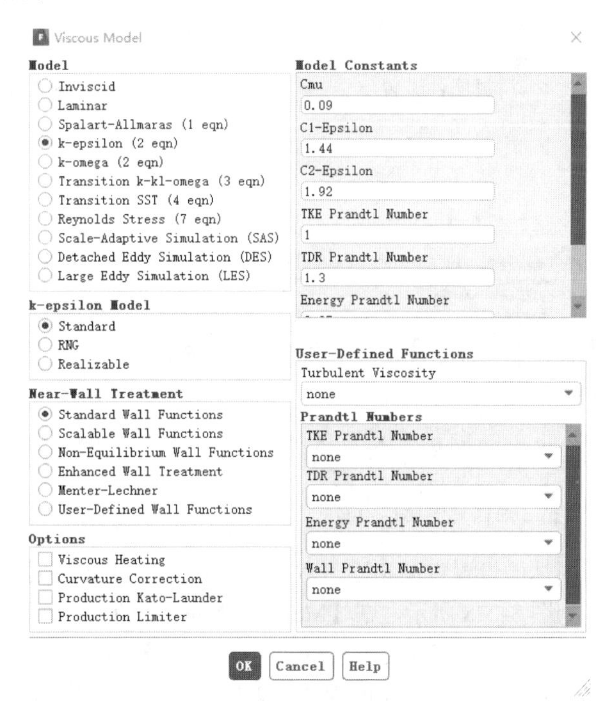

图 8-222　能量求解模型

图 8-223　湍流求解模型

Step3：添加材料。在命令树中找到【Materials】命令，在下拉菜单中分为【Fluid】液体和【Solid】固体两种材料类型，如图 8-224 所示；右击【Fluid】按钮，选择【New】添加新材料，在弹出如图 8-225 所示的【Create/Edit Materials】窗口中按照表 8-7 依次添加电机各部件材料。也可以在【Fluent Database】库中找到对应材料进行添加。

所有材料添加完成后，可以使用【User-Defined Database】对自定义的材料库进行保存，以便后期其他工程项目使用。

Step4：设置各部件材料、物理属性及绕组热源。在命令树中找到【Cell Zone Conditions】命令，在下拉菜单中也主要分为【Fluid】液体和【Solid】固体两种属性类型，如图 8-226 所示，所有部件均为上一节在 Mesh 模块中所定义的（Mesh 定义的重要性）。右击任意 Part，在【Type】选项中可更改 Part 的物理属性（Fluid/Solid）；除此之外，这里需要对 Part 部件进行材料赋予和热源赋值，双击【Fluid】下【Water】部件，弹出部件几何设置属性设置窗口，如图 8-227 所示。在【Material Name】的下拉选项卡中选择上一步所建立的 50%乙二醇材料（Water50），其他无须设置，点击【OK】即可。

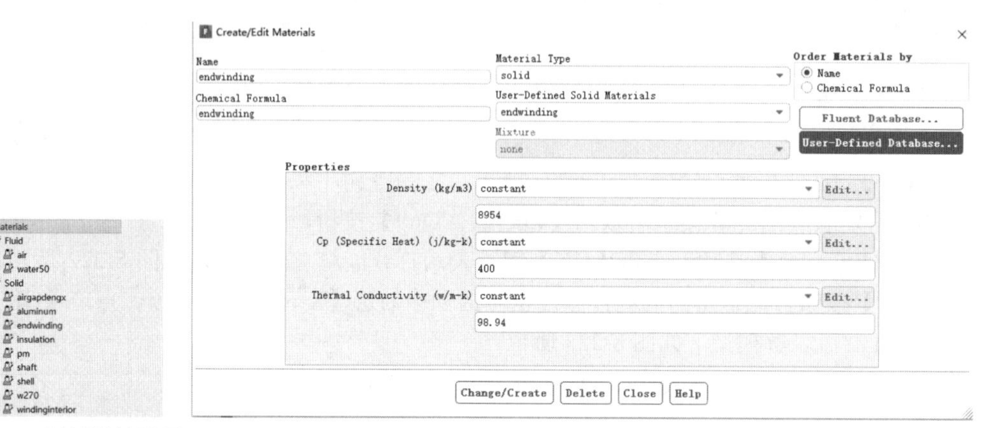

图 8-224　材料属性设置

图 8-225　添加新材料

图 8-226　部件几何属性设置

图 8-227　液体几何属性设置

固体的设置方法相同，双击【Solid】下【airgap】部件，弹出气隙部件几何属性设置窗口，如图 8-228 所示，在【Material Name】的下拉选项卡中选择上一步所建立的等效气隙材料（Water50），其他无须设置，点击【OK】即可。

而对于有内部热源的固体（如定转子铁芯、绕组）来说，还需要在几何设置窗口中首先勾选【Source Terms】，如图 8-228 所示，并在【Source Terms】选项卡下点击【Edit】进行热源的添加，如图 8-229 所示。其中定转子铁芯损耗、永磁体涡流损耗采用 Maxwell 耦合导入形式，因此无须修改。而绕组有效部分和绕组端部的铜耗使用欧姆公式即可计算得知。

但是这里需要注意，铜耗和绕组的温度密切相关，因此这里绕组有效部分铜耗所代表的热源使用变量形式输入，如图 8-230、图 8-231 所示。其中变量 Twinding 为绕组有效部分平均温度，1030159 为绕组有效部分在 120℃下的损耗密度，0.00833 为等效变换系数（1/120）。同样地，对绕组端部进行热源赋值。

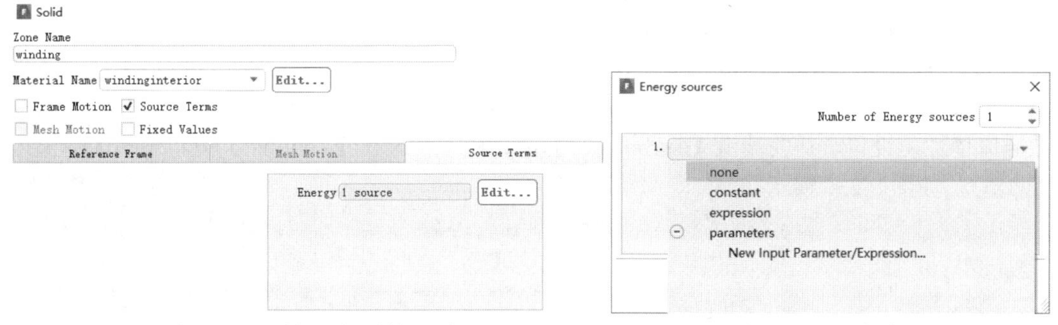

图 8-228　固体几何属性设置　　　　图 8-229　添加热源

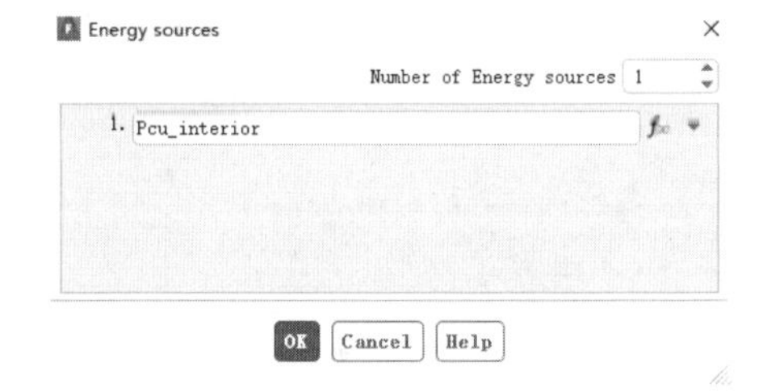

图 8-230　绕组以变量形式输入热源

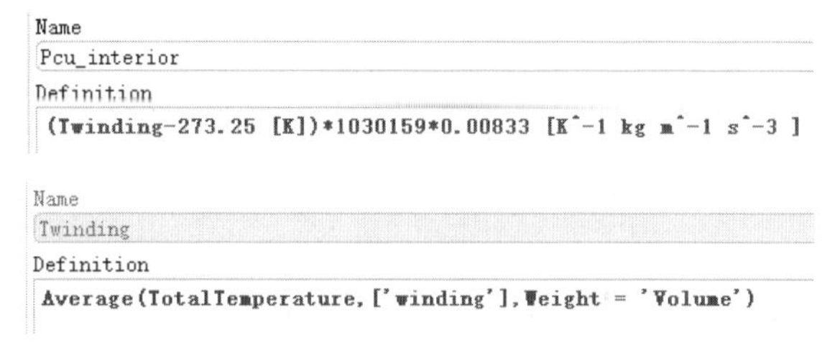

图 8-231　热源变量

Step5： Maxwell 耦合计算热源导入。单击 File 菜单栏中【EM Mapping】→【Volumetric Energy Source】命令，进行电磁场热源导入，如图 8-232。在弹出的 Maxwell Mapping Volumetric 对话框中设置损耗平均求解时间，并在【Fluent Cell Zones】中选择定子铁芯、转子铁芯和永磁体，点击【OK】按钮即可完成电磁场热源导入，如图 8-233 所示。

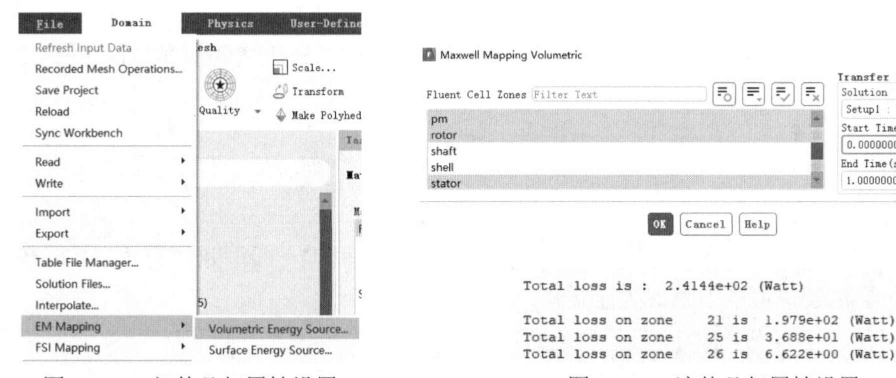

图 8-232　部件几何属性设置　　　　图 8-233　液体几何属性设置

Step6： 流体边界设置。在命令树中找到【Boundary Conditions】命令，在下拉菜单中也主要分为【Inlet】流体进口、【Interface】交界面、【Internal】内部、【Outlet】流体出口和【Wall】部件外表面 5 个边界条件设置，如图 8-234 所示。

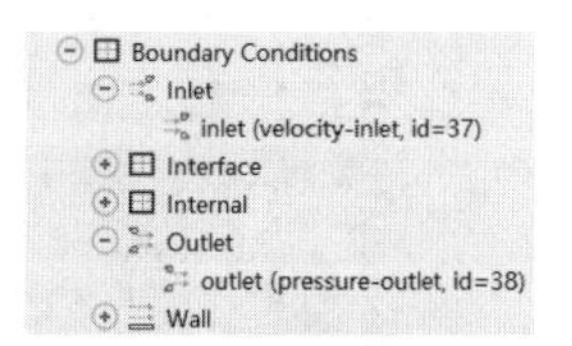

图 8-234　边界条件设置

首先设置水道进水口的流体流速。在【Boundary Conditions】的【Inlet】边界条件下双击【inlet】（此进口为我们在 Mesh 中定义的进口面，如果未定义还需要在【Wall】中找到进口面），打开流体进口设置，如图 8-235 所示。在【Velocity Specification Method】进口流速指定方法中选择【Magnitude, Normal to Boundary】方式，并在【Velocity Magnitude】填入指定的流速。还须按照流体性质设置合适的湍流

【Turbulence】计算模型。在【Thermal】设置进口流体温度为25℃。

然后进行水道出水口的流体流速设置。在【Boundary Conditions】的【Outlet】边界条件下双击【outlet】，打开流体出口设置。这里我们定义为自然出流，因此无须修改设置，只需按照流体性质设置合适的湍流【Turbulence】计算模型，并在【Thermal】设置出口流体温度为25℃，如图8-236所示。

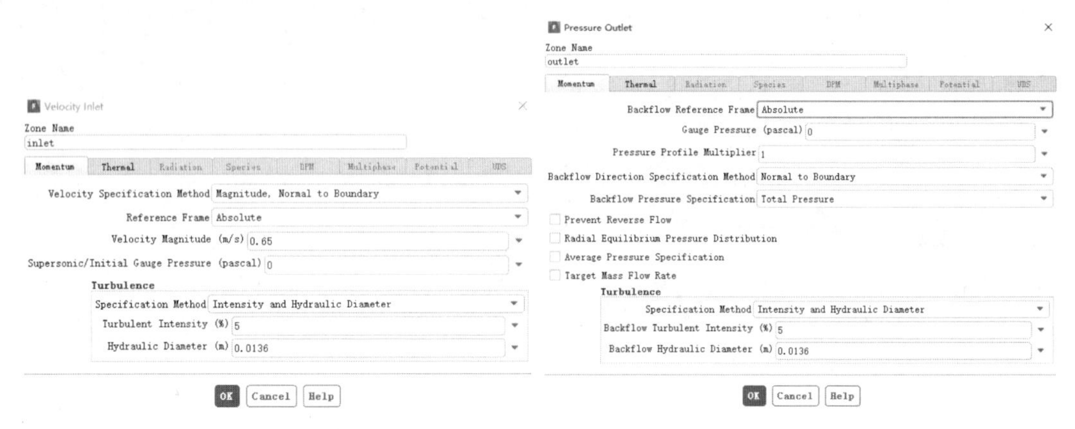

图8-235　进口流体边界条件设置　　　　图8-236　出口流体边界条件设置

接着按照表8-8对固体之间的接触面进行条件设置。如图8-237所示，在【Boundary Conditions】的【Interface】边界条件下，首先找到机壳和定子之间的接触面【stator 2 shell】（此进口为我们在Mesh中定义的两者接触面，如果未定义还需要在【Wall】中找到进口面），双击打开接触面设置，如图8-238所示。在【Thermal Conditions】热条件中选择【Heat Flux】热流，【Material Name】选择【airdeng】材料（这里必须为固体，注意与airgap气隙材料区分），并在【Wall Thickness】填入计算的装配间隙0.03mm，点击【OK】即可。同样地，对其他接触面进行条件设定。

分析流程：

因为电机中固体和固体之间存在接触间隙，而接触间隙一般等效为空气，其阻热能力较强，因此接触面的设置尤为重要。

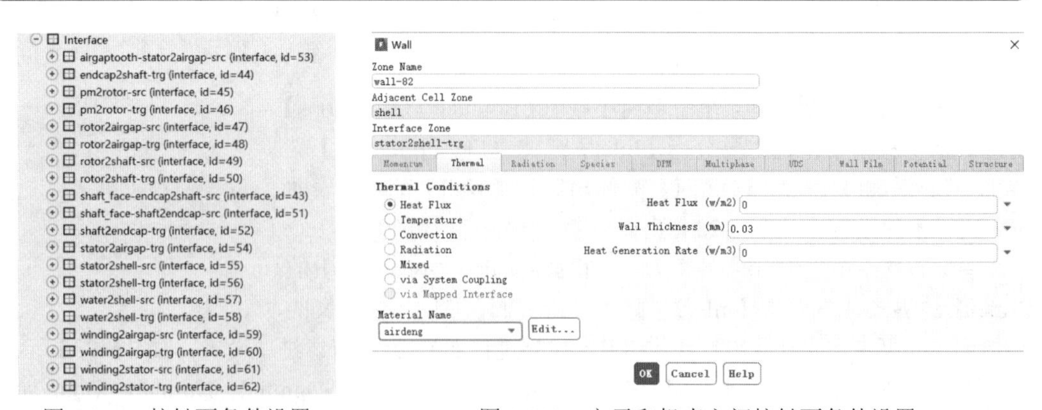

图8-237　接触面条件设置　　　　图8-238　定子和机壳之间接触面条件设置

最后，因为机壳外表面、端部绕组外表面、定转子铁芯和永磁体轴向外表面存在自然对流散热，所以需要按照表 8-6 对这些部件的外表面进行自然对流散热条件设置。如图 8-239，在【Boundary Conditions】的【Wall】边界条件下，首先找到机壳的外表面【shell_surface】(此进口为我们在 Mesh 中定义的外表面，如果未定义还需要在【Wall】中找到进口面)，双击打开表面散热设置，如图 8-240 所示；在【Thermal Conditions】热条件中选择【Convection】热对流，【Material Name】选择【airdeng】材料（这里必须为固体，注意与 airgap 气隙材料区分），并在【Heat Transfer Coefficient】填入等效对流散热系数 10，【Free Stream Temperature】等效对流气体温度为 25℃。同样地，对其他接触面进行条件设定。

图 8-239　外表面散热条件设置　　　　图 8-240　机壳外表面自然散热条件设置

Step7：求解器设置。如图 8-241 所示，在命令树中找到【Solution】→【Methods】命令，双击此命令，在【Solution】中的【Methods】菜单下的【Scheme】方案选择【SIMPLE】，其他保持默认，如图 8-242 所示。在命令树中找到【Solution】→【Initialization】命令，双击此命令，在【Solution Initialization】窗口中选择标准初始化【Standard Initialization】，并填入初始化温度和湍流系数（以便快速收敛），完成后，点击【Initialize】初始化，如图 8-243 所示。

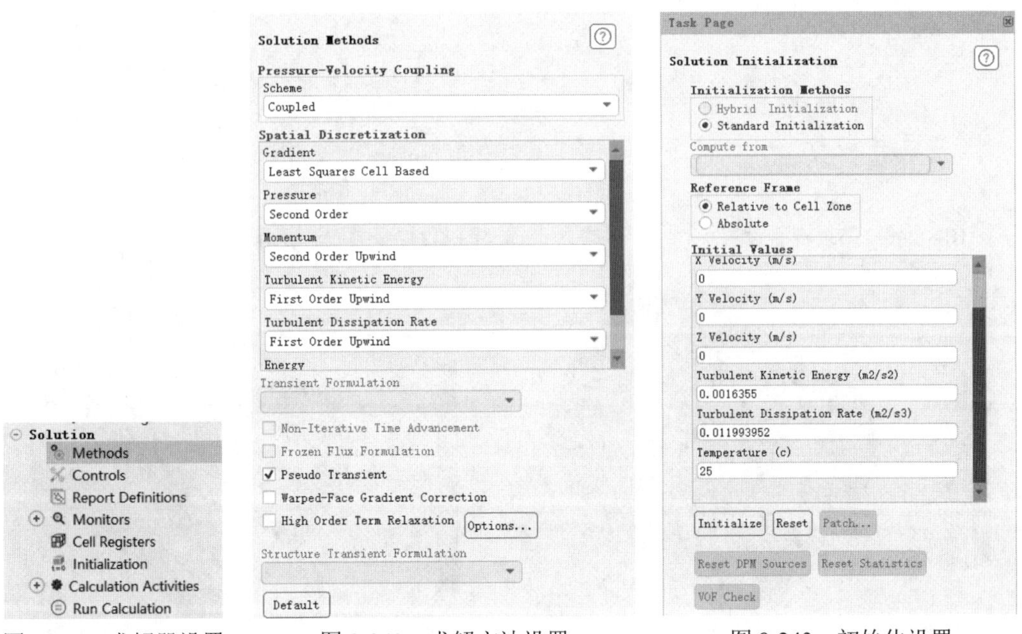

图 8-241　求解器设置　　　图 8-242　求解方法设置　　　图 8-243　初始化设置

初始化完成后，在命令树中找到【Solution】→【Run Calculation】命令，双击此命令在【Run Calculation】菜单下的【Number of Iterations】迭代步数填入 200，其他保持默认，如图 8-244 所示。完成后，点击【Calculate】开始计算。图 8-245 为正在求解迭代的过程。

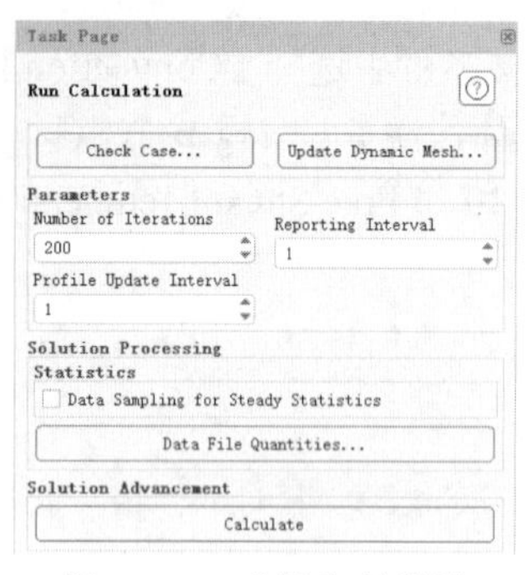

图 8-244　求解步长设置

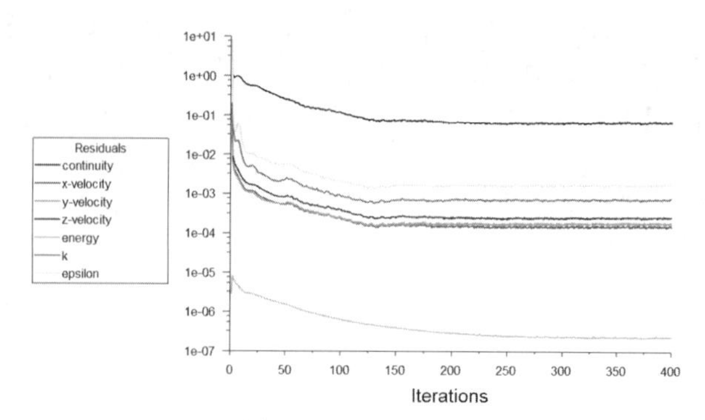

图 8-245　求解过程

8.5.7　计算结果及后处理

求解完成后，如图 8-246 所示。可以在 Fluent 平台命令树中【Results】下【Graphics】中右键点击【Contours】，在弹出的对话框中，【Contours of】选择【Temperature】，在【Surfaces】中勾选想要观察的面，点击【Save/Display】生成温度场计算结果图，如图 8-247、图 8-248 所示。同样地，还可观察水道中冷却液流体分布，如图 8-249 所示。

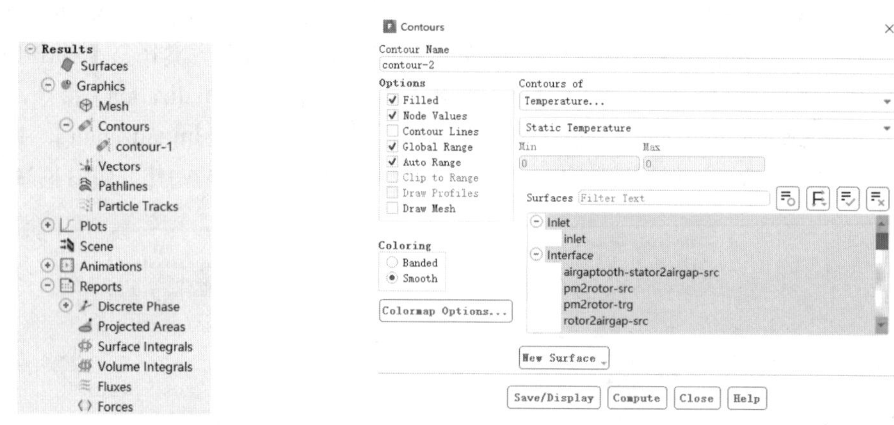

图 8-246　结果查看设置

图 8-247　生成温度分布示意图

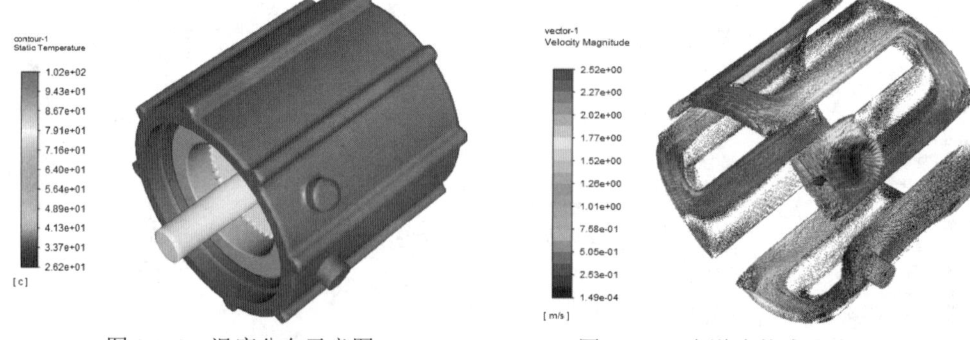

图 8-248　温度分布示意图

图 8-249　水道流体流速分布示意图

除了利用 Fluent 平台观察计算结果外，还可返回 Workbench 平台，利用 CFD-Post 后处理软件对 Fluent 流体温度场计算结果进行观察。返回 Workbench 平台，双击建立的【Fluent】模块下【6 Results】，即可进入 CFD-Post 后处理界面，如图 8-250 所示。

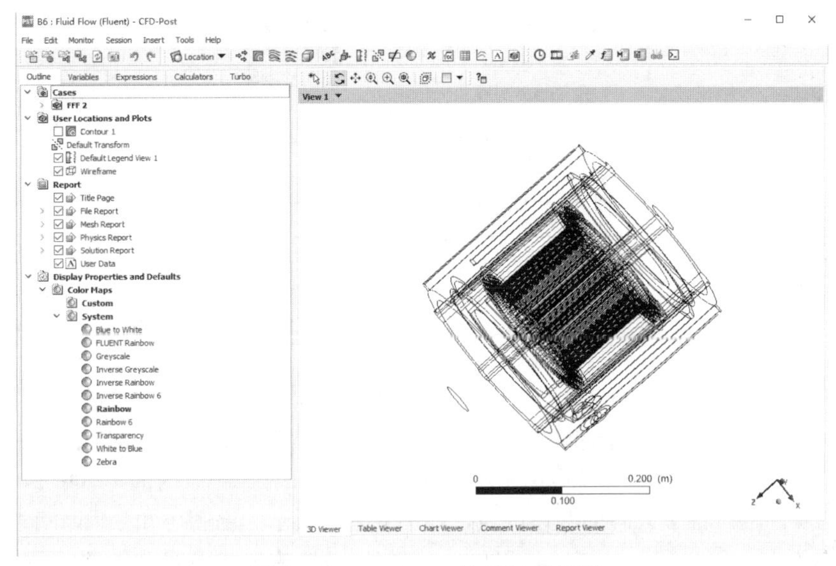

图 8-250　CFD-Post 结果查看界面

同样地，可以利用 CFD-Post 查看电机的温度场分布和流体分布，如图 8-251、图 8-252 所示。这里与 Fluent 结果后处理不同的是，Fluent 只能观察部件表面结果，而 CFD-Post 可以观测部件体和内部结果；CFD-Post 还可以通过生成平台来观测电机某一截面的温度场等仿真计算，整体来看，利用 CFD-Post 查看结果要更方便一些。

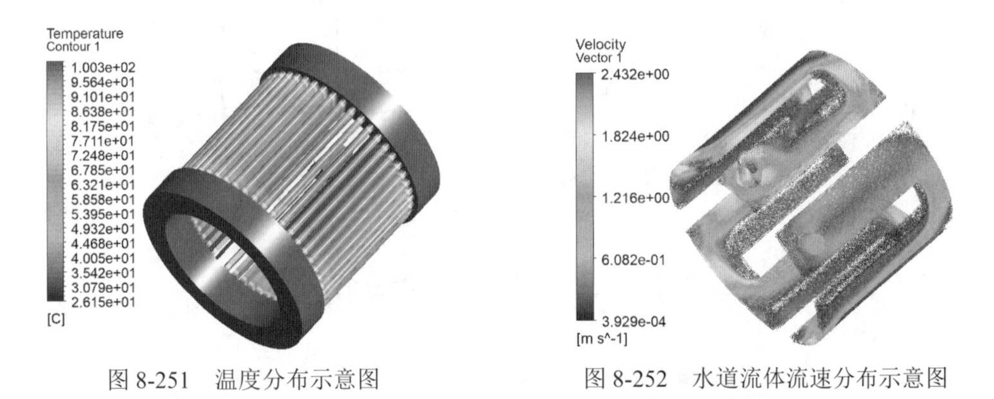

图 8-251　温度分布示意图　　　　图 8-252　水道流体流速分布示意图

8.6　基于 Workbench 永磁同步电机振动噪声特性多物理场耦合仿真

8.6.1　电机振动噪声的产生方式及分类

电机的振动和噪声问题随其高功率密度化、轻量化的发展而产生。根据电机噪声的来源，电机噪声主要可以分为三类：机械噪声、流体噪声和电磁噪声，如图 8-253 所示。

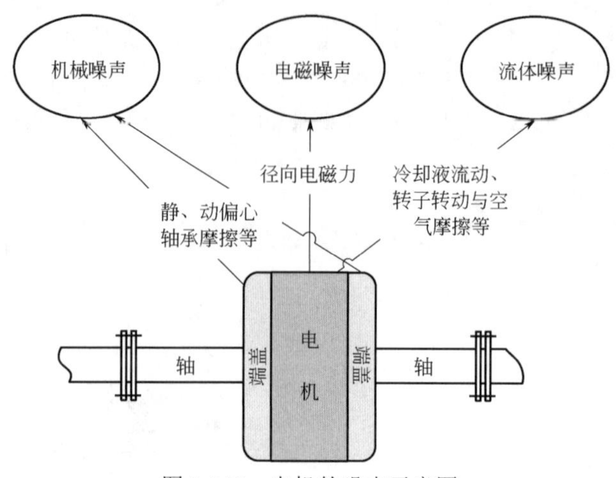

图 8-253　电机的噪声示意图

机械噪声为电机在运转过程中转子与轴承等装备摩擦产生的噪声，流体噪声主要由电机的冷却液在流动过程中与水道壁间的摩擦、空气与转子等运动部件的摩擦所产生，二者均为2000Hz 以下的低频段噪声，难以传递到电机的外部且人耳对该频段内的声音敏感度较低，而高频的电磁噪声刚好位于人耳的敏感区域，如图 8-254 所示。由图可知，人耳可以捕捉到的声音频率约为 16～20000Hz，其中，对 2000～5000Hz 范围内的声音最为敏感，而对在 5000～10000Hz 频率范围内的声音敏感度随着频率的增加而下降。

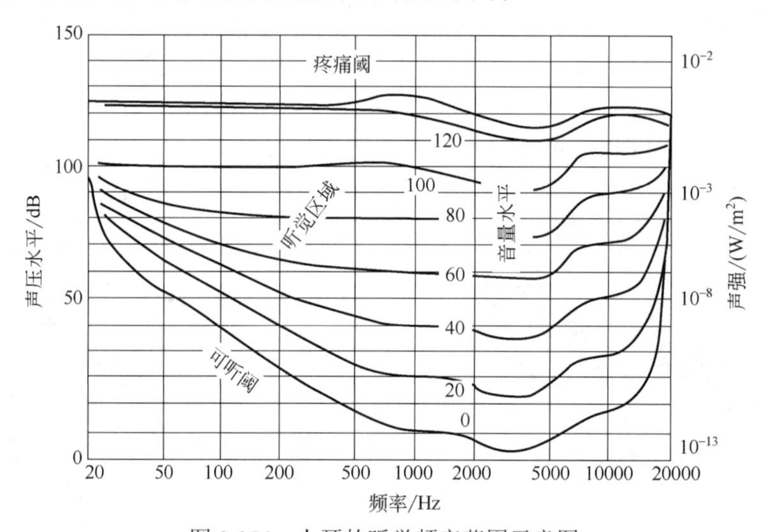

图 8-254　人耳的听觉频率范围示意图

内置式永磁同步电机在宽转速范围内运行时，发出的噪声频率范围主要位于 4000～8000Hz，因此电机所发出的高频电磁啸叫噪声会使使用者有严重的不适感。

从激励方面来讲，电磁振动和噪声为内置式永磁同步电机的径向电磁力波作用于定子结构所产生，而电磁力波近似与电机的径向气隙磁密平方成正比，同时，电机的输出转矩与径向气隙磁密也成正比，因此电磁振动和噪声是电机的一种固有属性，只要电机需要输出转矩，电磁振动必然存在。在内置式永磁同步电机设计中，一方面我们希望输出转矩更大，另一方面要求电磁振动和噪声越小越好，在电机的初始设计阶段，考虑电机的电磁、机械强度、温升等性能的同时，必须兼顾优化电磁以及结构参数对振动、噪声的影响，改善电磁力波的空间阶次和时间阶次，可以在基本保证其他性能不变的前提下，得到振动与噪声特性更优的高品质电机。

综上所述，针对内置式永磁同步电机的电磁、结构模态、噪声等多物理场域展开研究，揭示电磁振动噪声产生的内在机理，指导电机的优化设计，对推动内置式永磁同步电机的工程应用具有重要的意义。

8.6.2 振动和噪声特性多物理场仿真流程

电机电磁振动、噪声特性的仿真分析涉及电磁场、结构场以及声场多个物理场域。本节主要介绍内置式永磁同步电机电磁振动噪声仿真模型的建立过程，侧重于对多个物理场间耦合过程中的一些数据的处理以及中间物理量的传递展开分析。

图 8-255 为利用 Workbench 平台的电机电磁振动和噪声多物理场耦合仿真方法示意图，由电磁力所引起的振动幅值在微米（10^{-3}mm）数量级，而本节所研究的内置式永磁同步电机气隙厚度为 0.6mm，因此在电磁场与结构场之间以及结构场与声场之间的仿真均采用单向耦合的方式。本例主要计算永磁同步电机在恒功率多转速下的电磁振动噪声特性，具体模型主要可以分为如下几部分。

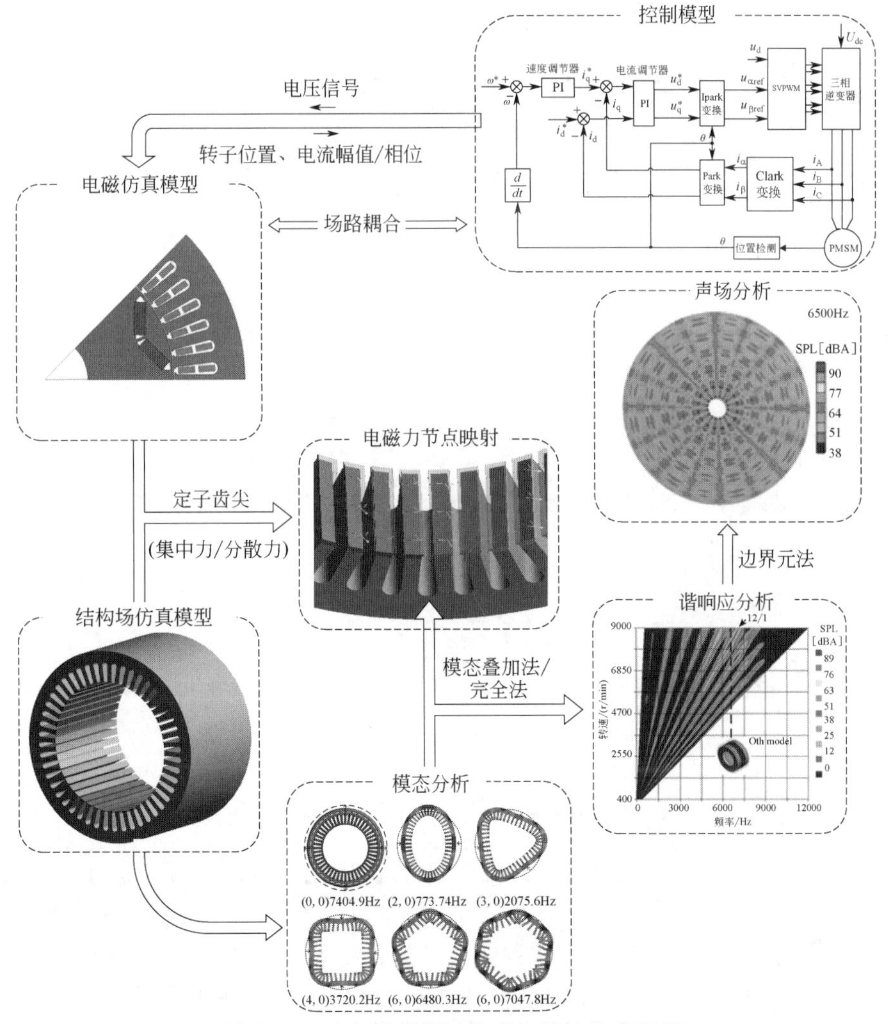

图 8-255 电机电磁振动和噪声特性仿真流程

① 首先在Maxwell-2D电磁场中建立内置式永磁同步电机的二维电磁有限元瞬态仿真模型，根据电机在不同运行工况下所需要的转速和转矩（恒功率运行），采用合适的电流矢量控制策略（MTPA控制策略和FW弱磁控制磁链），得到电机在不同转速下对应的电流幅值和相位（也可由Toolkit效率Map图直接得知）；

② 利用内置式永磁同步电机的二维电磁有限元瞬态参数化仿真模型，计算电机在恒功率和不同转速下电机各个定子齿尖的电磁力密；

③ 在结构场中建立电机定子和机壳总成三维仿真模型，并通过模态仿真计算电机定子总成的模态分布；

④ 利用电磁-结构场耦合模型进行谐响应分析，由Maxwell电磁场计算的电机定子齿部径向电磁力密、电磁场计算结果，以集中力或者分散力的形式映射至结构场仿真模型的定子齿内表面，由模态叠加法或者完全求解法计算电机机壳表面的振动加速度、形变量以及速度等；

⑤ 以电机的几何中心点为球心，建立半径为1m的球状空气域，并将结构场计算的机壳表面速度传递至声场模型中，基于边界元法仿真电机声场辐射特性；

⑥ 除此之外，还可利用Simporer或Simulink搭建电机控制电路模型，计算控制电路或者控制策略在绕组中产生的电流谐波所引起的电磁振动噪声，控制电路的引入会使整个多物理场仿真模型变得复杂（尤其是电流基波和载波频率相差较大时），本节不再搭建控制电路。

8.6.3 电磁场定子齿部电磁力密求解方法

Step1：建立工程项目。首先打开Workbench 2019 R3平台，保存并重命名项目PMSM_NVH。然后将8.2节中建立的Maxwell Project文件（PMSM.aedt）使用鼠标拖至平台的工程项目窗口，即可在Workbench平台导入Maxwell电磁模型，在平台内就可以编辑Maxwell电磁模型，如图8-256所示。也可在Workbench平台左侧工具箱中分析系统栏找到Maxwell 2D模块，拖入工程项目窗口，重新按照8.2节建立电磁模型。因为本节通过参数化仿真电机在不同转速下的齿部电磁力密分布，所以在平台可以只保留电机额定工况电磁仿真模型即可，重命名为PMSM_NVH。

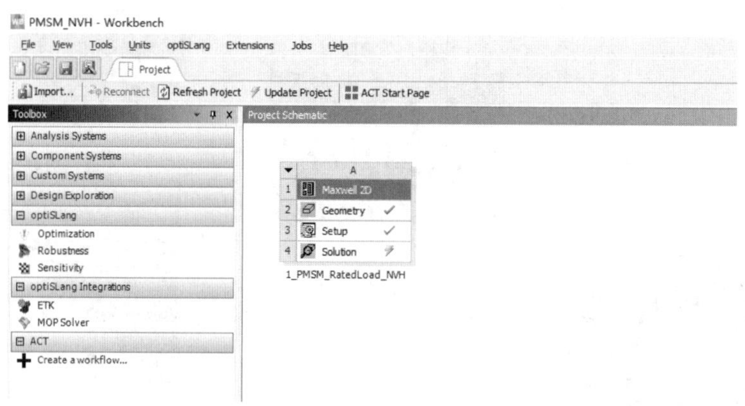

图8-256 Workbench平台导入Maxwell电磁模型

在平台工程项目窗口内双击Maxwell 2D项目，即可在Workbench平台打开Maxwell电磁分析窗口。

Step2：Maxwell 2D中定子齿部单独取出并加密剖分。因为电机的电磁振动主要为气隙内电磁力谐波作用于定子齿部，使齿部发生位移，进而引起整个定子铁芯和机壳的共振。在电机振动噪声计算中，需要在电磁场中计算电机定子齿部的电磁力密。因此，需要在电磁场计算模型中利用布尔运算工具将定子齿部模型单独取出并利用 On Selection 方法对齿部表面进行网格加密，如图 8-257 所示。

Step3：激活瞬态电磁场与谐响应分析耦合分析选项。如图 8-258 所示，在菜单栏【Maxwell 2D】下拉菜单中点击【Enable Harmonic Force Calculation】，激活软件内置的谐波电磁力计算功能，该功能用于计算时域电磁力并转换到频域，用于谐响应分析。将电磁力谐波加载至结构场中，Maxwell 软件将会在最后一个完整周期，计算每一个选中物体的瞬时电磁力，并通过傅里叶分析，转化成频域的电磁力数据，频率范围是从直流到 DC to 1/(2*dT)。打开界面如图 8-259 所示，在选项框中勾选所有的定子齿。而【Type】选项中为电磁力计算的形式，其中 Object Based 方式为计算整个齿部的集中电磁力谐波，Element Based（Surface）方式为计算定子齿部每一个网格节点的节点电磁力密。两者的区别在于 Object Based 方式更为直接方便，导入结构场中计算电机振动收敛速度快，计算时间少，但相对来说误差也较大（因为实际中齿部受到的谐波力为节点力，集中力计算会忽略掉很多谐波），Element Based（Surface）方式计算精度高，但加载方式复杂，计算速度慢。本例采用 Element Based（Surface）方式。

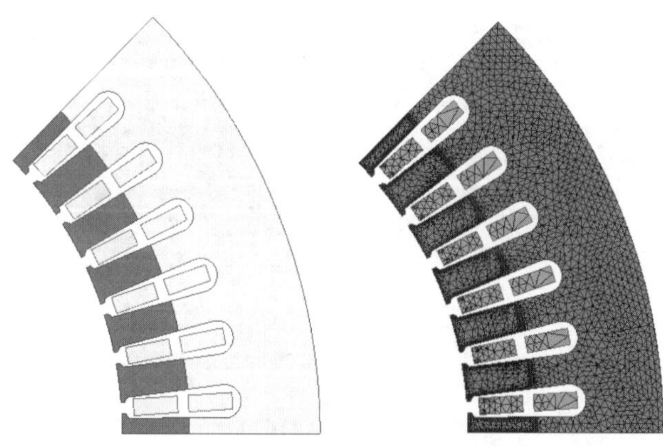
图 8-257　利用 On Selection 方法对齿部表面进行网格加密

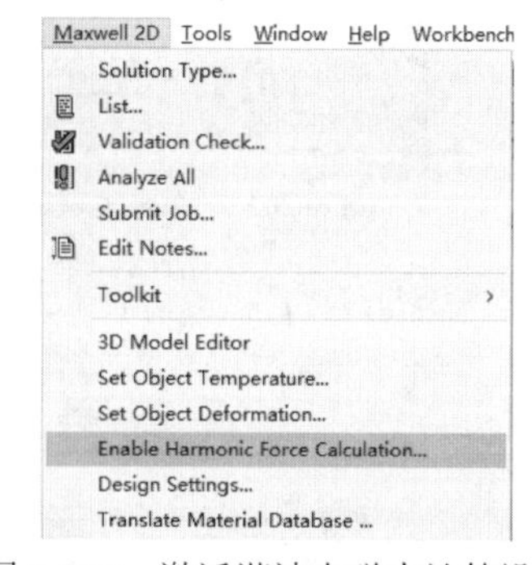

图 8-258　激活谐波电磁力计算设置

而【Advanced】窗口设置从停止时间开始收集电磁力数据的周期数。例如，如果一个周期等于 1s，而求解的时间为 3.5s，设置周期数【Number of cycles from stop time】为 2，那么将导致在 1.5～3.5s 的周期内收集数据。另外，还可以指定一个时间范围来收集数据。

而在谐波力频域，基频由数据采集的时间范围决定($f=1/\Delta T$)。为了得到更低的基频，必须增加数据采集的时间范围，这意味着增加仿真时间。当在瞬态场求解稳态解时（如永磁同步电机的电流激励源计算），这样做浪费计算资源。相反，可以设置重复采样窗口的数量【Number of repeated sample windows】如图 8-260 所示，在不增加模拟时间的情况下，在进行 DFT 之前重复采集数据 n 次，扩大数据采集时间窗口的范围。通过应用此选项，可以获得较低的基频和较高的频率分辨率。

Step4：转速和电频率等变量定义。为了后文中多转速的电磁力波和振动参数化计算，需要将电机的转速、电流幅值、功角和电频率定义为变量。如图 8-261 所示，在【Motion Setup】中将转速定义为变量 Spe，并添加电频率变量 fre=Spe/2/pi*4；在【Excitations】中将绕组设置为电流源，如 A 相电流值为 Is*1.414*sin(4*Spe*time+delta)，其中 Is 为相电流有效值，delta 为功角，如图 8-262 所示；在【Setup】中将求解时间和步长设置为 1/fre 和 1/fre/120，并保存每一步场结果（用于电磁力密谐波求解），如图 8-263 所示。设置完成后开始求解。

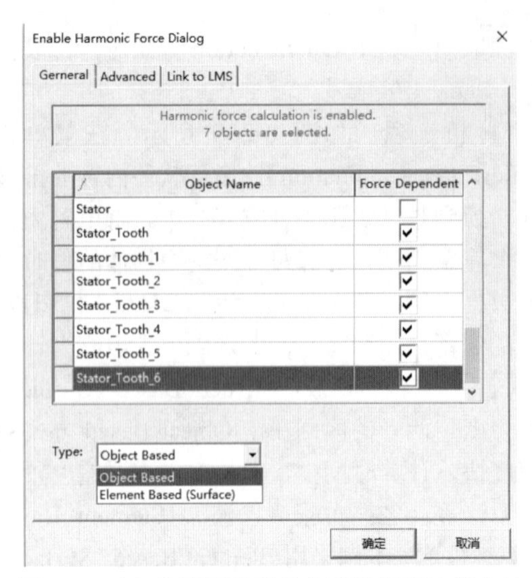

图 8-259　勾选需要计算的定子齿部和计算方法

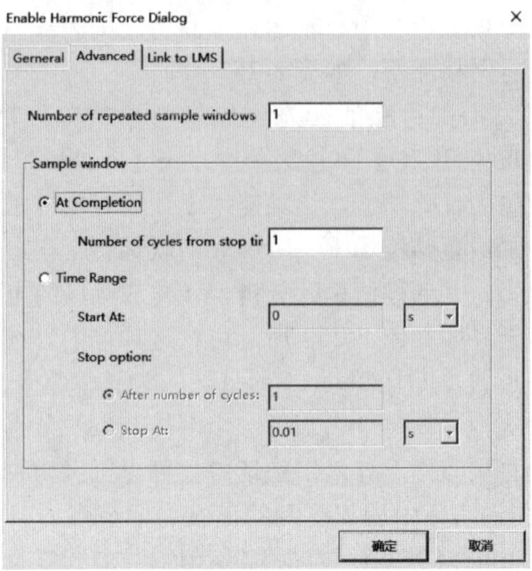

图 8-260　谐波电磁力计算周期设置

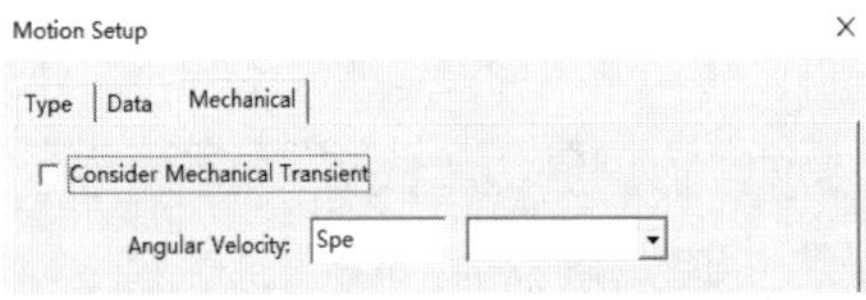

图 8-261　转速定义窗口

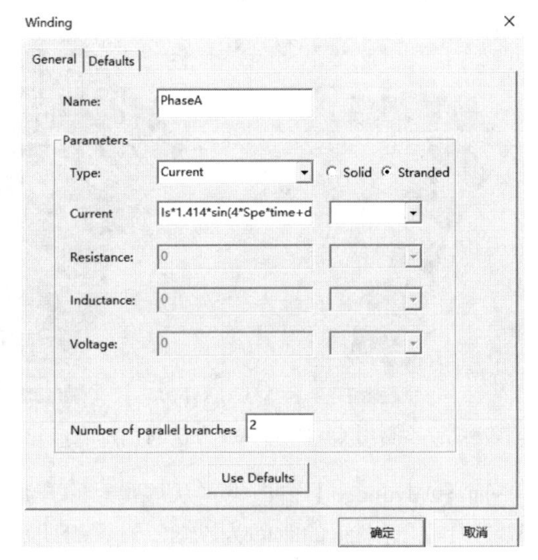

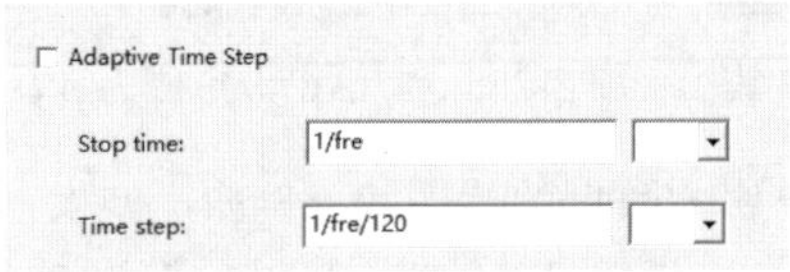

图 8-263　计算时间和步长设置窗口

图 8-262　激励设置窗口

Step5：场计算器定义电磁力波求解函数。为了求解电机气隙内电磁力谐波分布，首先需要在场计算器中定义电磁力密度的求解。气隙内径向电磁力波 F_r 的求解公式为

$$F_r = \frac{1}{2\mu_0}(B_r^2 - B_t^2) \approx \frac{B_r^2}{2\mu_0}$$

式中，B_r 为气隙径向磁密；B_t 为气隙切向磁密；μ_0 为真空磁导率。从公式可知求解气隙电磁力密前需要求解出气隙的径向磁密。在工程管理栏右击【Field Overlays】，在下拉菜单中打开【Calculator】场计算器，如图 8-264 所示，场计算界面如图 8-265 所示，通过场计算器定义气隙径向磁密 B_r，其定义公式为

Expression('+(*(ScalarX(<Bx,By,0>), Cos(PHI)), *(ScalarY(<Bx,By,0>), Sin(PHI)))')

场计算的用法已在第 4 章中介绍，这里不再赘述，定义完成后点击【Add】添加径向磁密场计算函数，同样的方式按照上述公式建立 F_r 场计算函数，并保存在用户文件夹内。

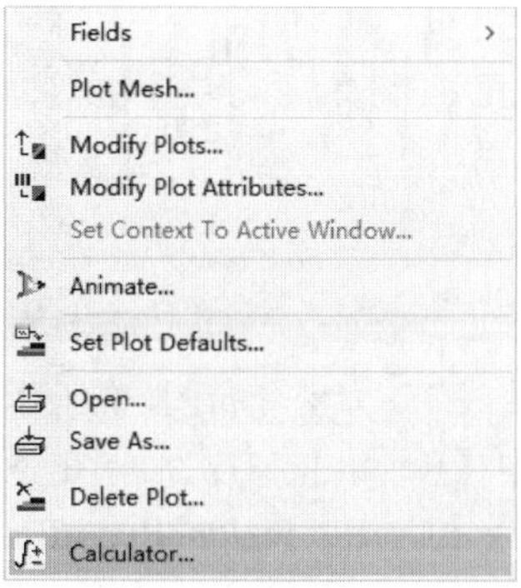

图 8-264　打开场计算器

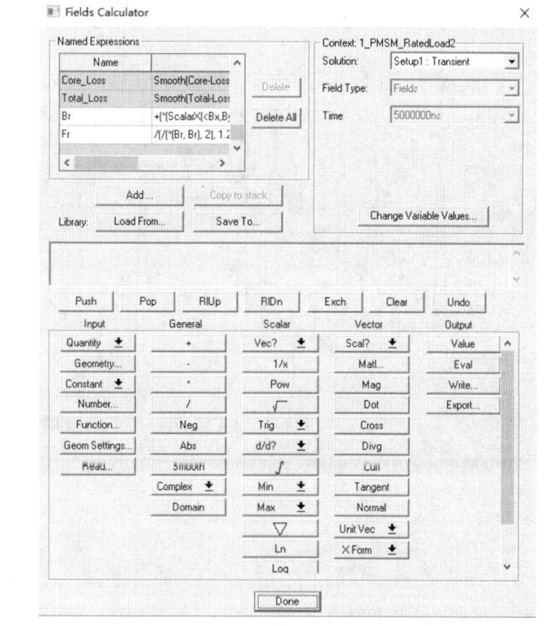

图 8-265　建立场计算函数

Step6： 查看电磁力波结果。在绘制气隙电磁力密曲线前，需要先在气隙处添加辅助线。点击快捷菜单栏中【Draw】，用弧线绘制外径等于气隙外径的圆环。

辅助线绘制完成后，在工程管理栏中选中【Result】，右击后，在下拉菜单中选择【Create Fields Report/Rectangle Plot】，弹出曲线绘制对话框，在【Geometry】中选择刚绘制的圆线，Point Count 填写 360；【Trace】选项卡 X 选择 Default，Y 选择【Br】；在【Families】选项卡的【Time】变量中选择想要绘制的时间（可多选或全选），单击 New Report 按钮，得到气隙磁密曲线，如图 8-266 所示。

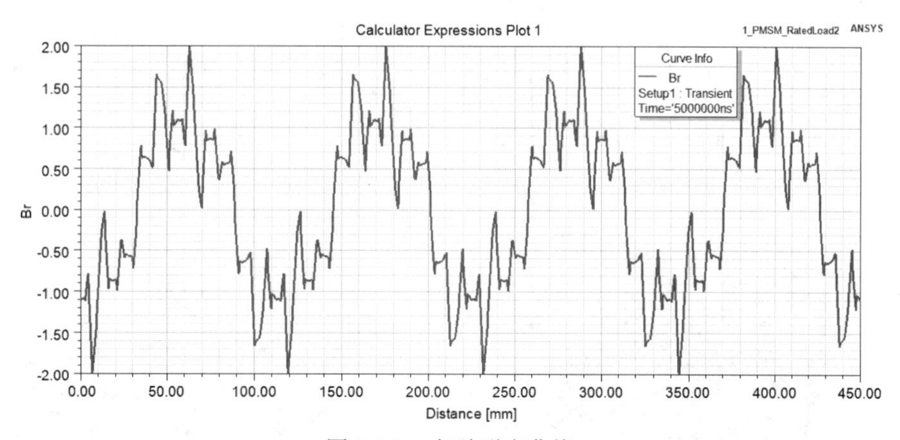

图 8-266　气隙磁密曲线

在工程管理栏中选中【Result】，右击后，在下拉菜单中选择【Create Fields Report/Rectangle Plot】，弹出曲线绘制对话框，在【Geometry】中选择刚绘制的圆线，Point Count 填写 360；【Trace】选项卡 X 选择 Default，Y 填入【Fr】；在【Families】选项卡的【Time】变量中选择想要绘制的时间（可多选或全选），单击 New Report 按钮，得到如图 8-267 所示的气隙电磁力密曲线。

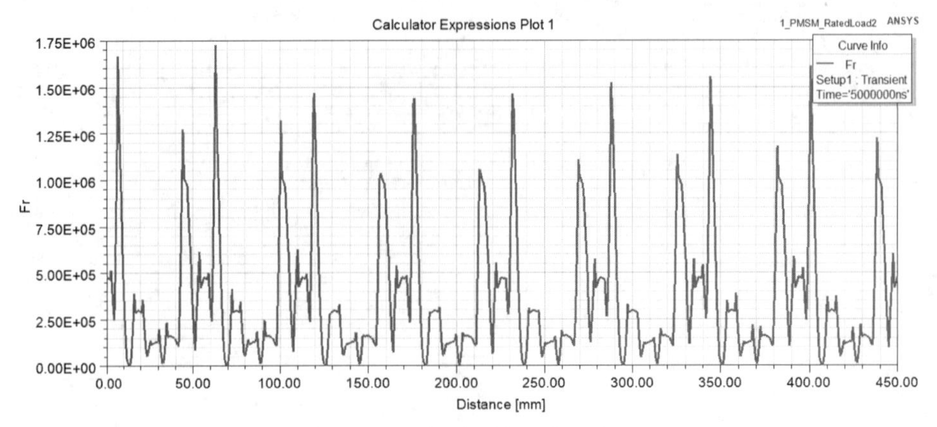

图 8-267 气隙电磁力密曲线

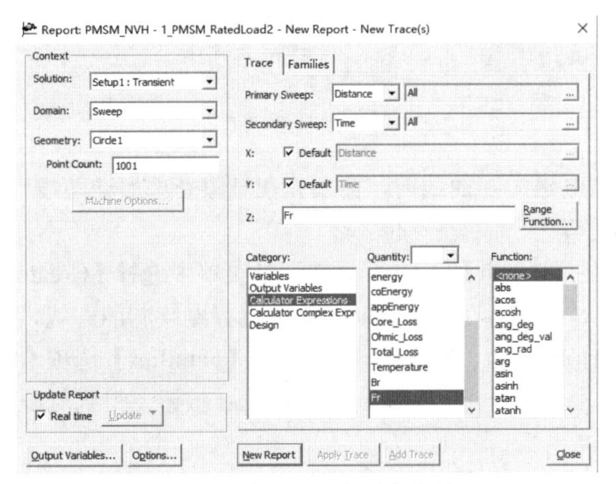

图 8-268 生成 3D 电磁力密波形

还可生成 3D 力密分布图，在工程管理栏中选中【Result】，右击后，在下拉菜单中选择【Create Fields Report/ 3D Rectangle Plot】，弹出曲线绘制对话框，如图 8-268 所示，在【Geometry】中选择刚绘制的圆线，Point Count 填写 360；【Trace】选项卡【Primary Sweep】和 X 坐标选择 Distance，【Secondary Sweep】和 Y 坐标选择 Time；Z 坐标选择【Fr】，单击 New Report 按钮，得到如图 8-269（a）所示的 3D（空间-时间）气隙电磁力密曲线，可以通过导出数据用 Matlab 对其进行二维 FFT 分解，得到其空间-时间谐波分布，如图 8-269（b）所示。

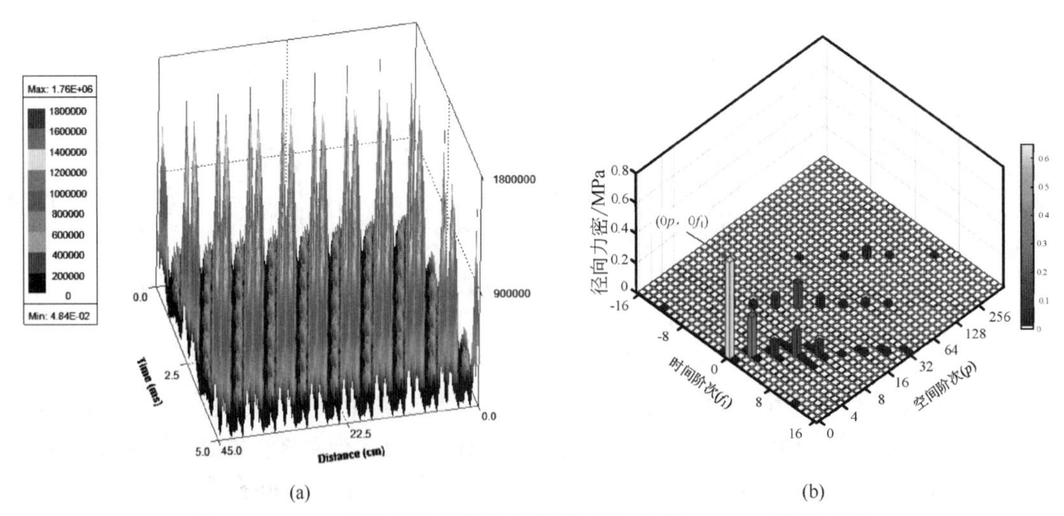

(a) (b)

图 8-269 3D 时间-空间电磁力密曲线（a）及其 2D-FFT 结果（b）

8.6.4 电机结构场模态求解方法

在进行电机振动、噪声分析前，需要对电机的定子和机壳总成进行模态分析。模态分析的目的在于获得振动物体的结构动态特征参数，包括固有频率、阻尼和振型，即每一个固有模态都对应一个固定的振动频率、阻尼比及振动形式，模态分析方法是通过坐标变换将多自由度系统解耦成为模态空间中的一系列单自由度系统，通过坐标变换可将模态空间中的坐标变换为实际物理坐标，得到多自由度系统各个坐标的时域位移解，即将多自由度问题分解成为一系列单自由度问题，最后通过模态叠加的方法得到最终模态结果。

而本章电机定子总成在自由边界条件下的模态分析，参考文献[11]中提到之所以进行自由模态分析，在于从模态分析难易程度上而言，自由模态比约束模态更容易实现。不管是试验模态还是计算模态，约束边界都要更困难些。实际约束边界在有限元计算中难于实现，而自由模态在有限元计算中很容易实现，不需要施加任何约束。约束边界条件下的试验模态需要夹具，而夹具也是弹性体，因此，相比自由模态边界，试验模态的约束边界也更难于实现。另一方面，自由模态不仅有弹性模态，还有刚体模态，而约束模态只有弹性模态。除此之外，为了方便计算，还忽略了定子绕组对定子总成模态的影响。模态分析的具体步骤如下。

Step1：建立模型和添加材料。继续使用项目 PMSM_NVH。在【Toolbox】工具箱中找到【Modal】模态分析模块，点击左键拖入工程项目窗口中，如图 8-270 所示。双击模态分析模块【2 Engineering Data】，弹出材料属性编辑窗口，如图 8-271 所示。本例模态分析和 NVH 分析中主要分析电机定子和机壳总成的模态分布和振动噪声特性，两个部件的材料属性如表 8-9 所示，其中定子铁芯是使用硅钢片叠压而成，因此其弹性模量和剪切模量各向异性（材料各向异性的参数主要通过实验修正获取）。

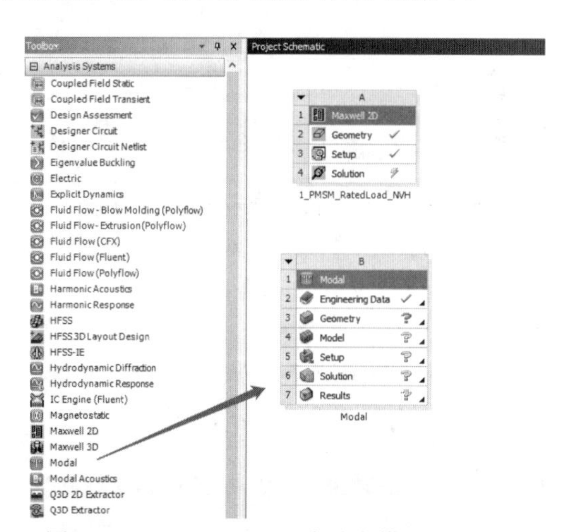

图 8-270 Workbench 平台建立模态分析模块

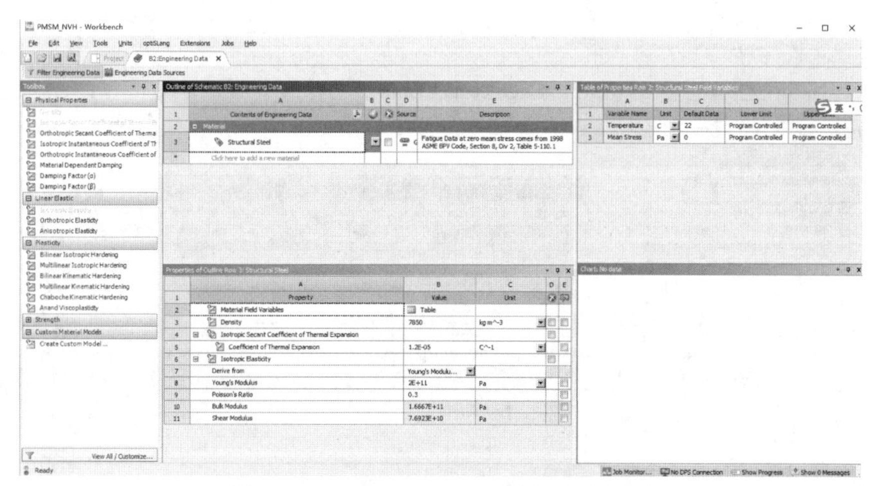

图 8-271 Engineering Data 应用程序界面

在 Engineering Data 窗口右上方点击【Engineering Data Sources】，窗口内会显示工程数据，如图 8-272 所示。在 Engineering Data Sources 数据表中选择 A 并选择【Data Source】后，在【Outline of General Materials】基本材料列表中会出现相应的材料库。材料库中保存了大量常用材料数据，选中相应的材料后，在选定的材料性能中可看到默认的材料属性值，对该属性值可以进行修改以便选用。在【Generarl Materials】中找到材料【Aluminum Alloy】铝合金（机壳材料），点击 B 列 添加按钮就将材料铝合金添加至模态分析模块中了。

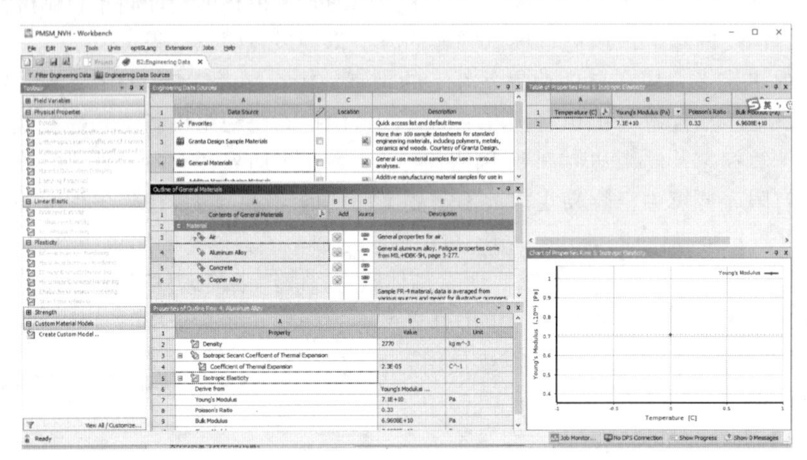

图 8-272　Engineering Data Sources 应用程序界面

而因为硅钢片材料在材料库中并没有，这里需要添加新材料。返回 Engineering Data 应用程序界面，在【Outline of Schematic B2：Engineering Data】最下一行点击灰色文字【Click here to add a new material】填入名称 SiliconSteel，此时列表中添加了一种新材料，如图 8-273 所示。然后选中此材料，在左侧工具栏中双击想要添加的材料属性（此处选择 Density 和 Orthotropic Elasicity 两个属性），在【Properties of Outline Row】中按照表 8-9 对相应的属性进行赋值，如图 8-274 所示。

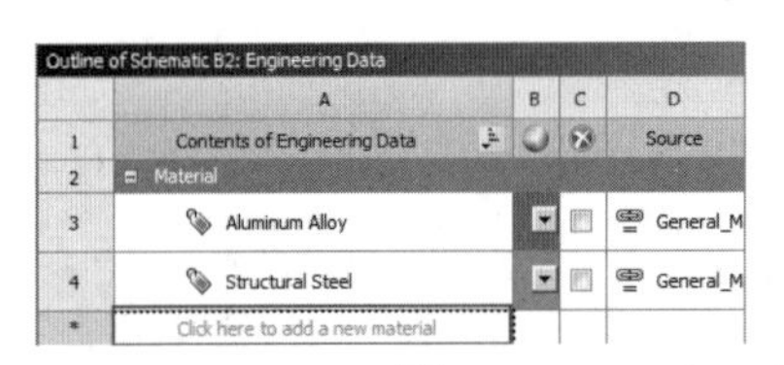

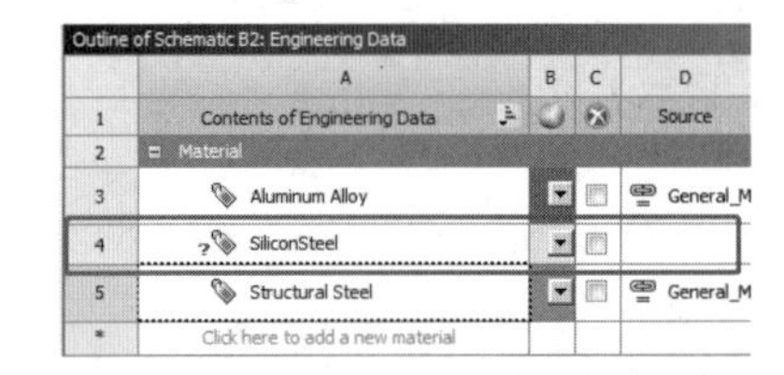

图 8-273　Engineering Data 中建立新材料

Toolbox
- Field Variables
- Physical Properties
  - Density
  - Isotropic Secant Coefficient of Thermal E
  - Orthotropic Secant Coefficient of Therma
  - Isotropic Instantaneous Coefficient of Th
  - Orthotropic Instantaneous Coefficient of
  - Material Dependent Damping
  - Damping Factor (α)
  - Damping Factor (β)
- Linear Elastic
  - Isotropic Elasticity
  - Orthotropic Elasticity
  - Anisotropic Elasticity
- Plasticity
- Strength
- Custom Material Models
  - Create Custom Model...

Properties of Outline Row 4: SiliconSteel

	A	B	C	D	E
1	Property	Value	Unit		
2	Material Field Variables	Table			
3	Density	7600	kg m^-3		
4	Orthotropic Elasticity				
5	Young's Modulus X direction	206	Pa		
6	Young's Modulus Y direction	206	Pa		
7	Young's Modulus Z direction	105	Pa		
8	Poisson's Ratio XY	0.3			
9	Poisson's Ratio YZ	0.3			
10	Poisson's Ratio XZ	0.3			
11	Shear Modulus XY	73	Pa		
12	Shear Modulus YZ	73	Pa		
13	Shear Modulus XZ	480	Pa		

图 8-274　定义新材料属性

表 8-9　模态分析材料

结构部件	密度/（kg/m³）	弹性模量/GPa	剪切模量/GPa	泊松比
定子铁芯（材料）	7600	E_X=E_Y=206 E_Z=105	G_{XZ}=G_{YZ}=73 G_{XY}=480	0.3
机壳（铝）	2700	71	26.7	0.33

Step2：定子总成几何模型导入。材料建立完成后，返回 Workbench 平台主界面，在建立的模态分析模块中右击【3 Geometry】几何模型选项，选择【New DesignModeler Geometry】弹出模型绘制窗口【DesignModeler】，如图 8-275 所示，可以在窗口中利用绘制功能进行定子和机壳总成的绘制，也可以使用模型导入或者脚本功能。本例使用模型导入功能，导入的模型如图 8-276 所示，其中机壳为水冷机壳，不考虑端盖对其影响，因此为圆环结构。

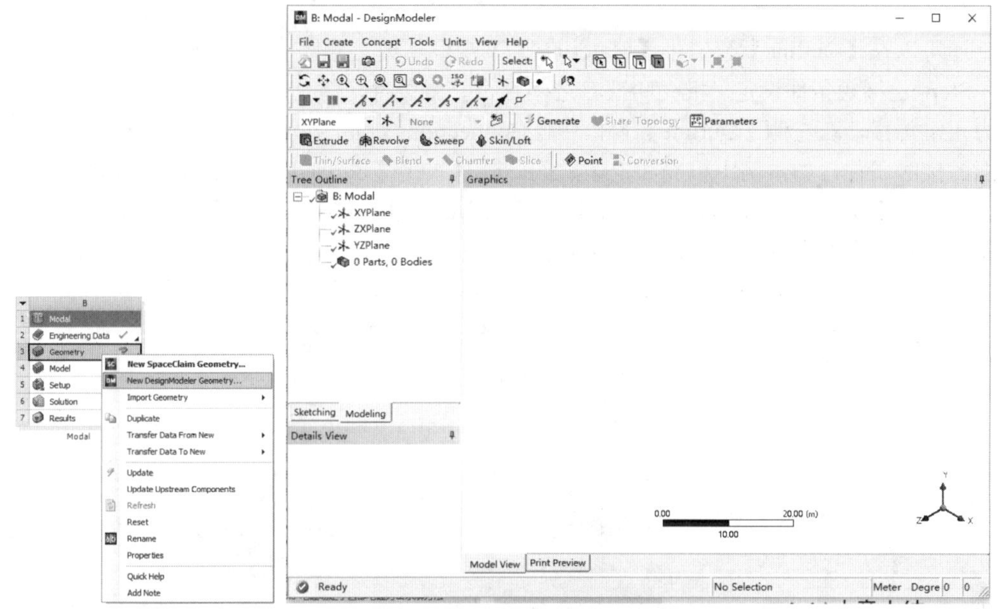

图 8-275　打开模型编辑界面

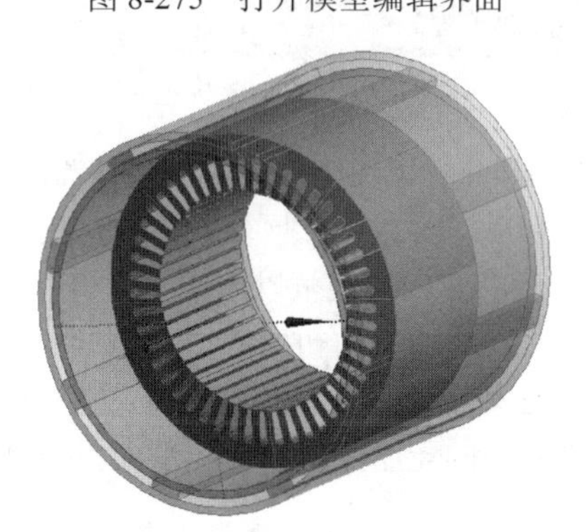
图 8-276　定子和机壳总成模型

Step3：部件材料定义。关闭 DM 模块，在 Workbench 平台主界面中双击模态分析模型中【Model B4】，打开模态分析模块，如图 8-277 所示。首先在左侧【Outline】窗口中【Geometry】下找到机壳模型，选中后，在下方【Details of “Shell”】对话框中找到【Definition】→【Assignmnet】，选择上一步中建立的材料【Aluminum Alloy】铝合金，即完成机壳的材料赋定，同样地，为定子铁芯赋定相应材料，如图 8-278 所示。

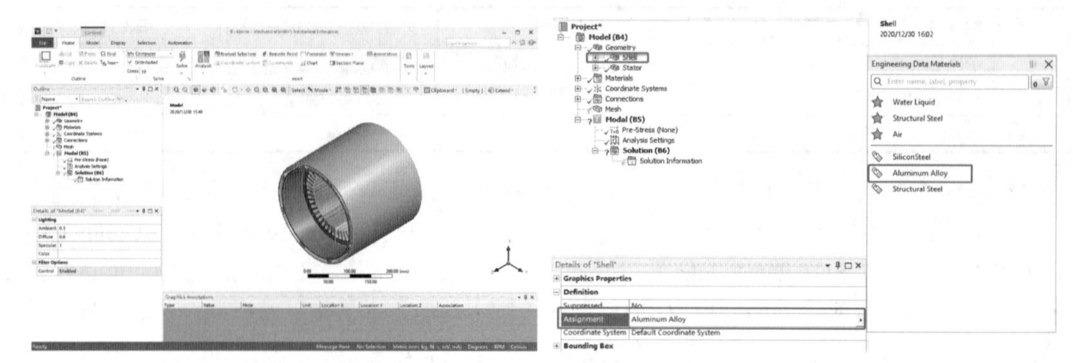

图 8-277　模态分析模块　　　　图 8-278　机壳赋定材料

还可以在【Outline】窗口中【Materials】下观察本模态分析模型中的材料属性。

Step4：接触条件设定。机壳和铁芯之间存在接触条件，只有正确设定接触条件才能使电磁力正常传播，在左侧【Outline】窗口中【Connections】下，软件自动生成了模型中相关接触面的接触条件，如本例中机壳和定子之间，软件采用【Banded】接触方式，如图 8-279 所示。可以在【Detail of Contact】窗口中找到【Definition】→【Type】，更改接触类型，软件提供的接触类型主要有 5 种，如图 8-280 所示，其主要区别如下。

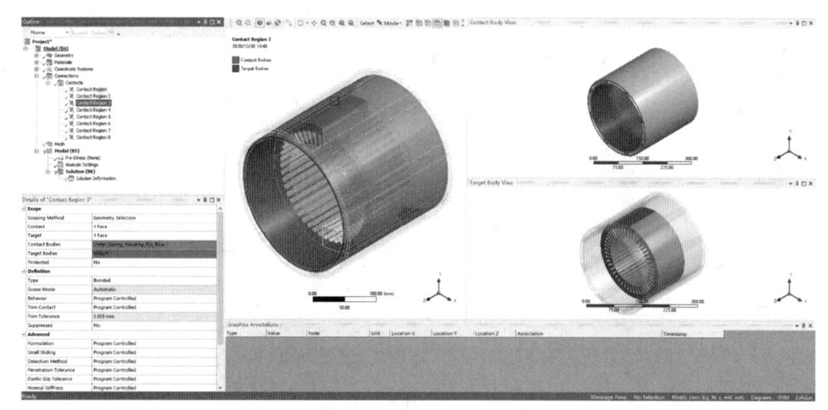

图 8-279　模态分析模块

Bonded（绑定）：这是 Workbench 中关于接触的默认设置。如果接触区域被设置为绑定，不允许面或线间有相对滑动或分离，可以将此区域看作被连接在一起，类似于共结点。因为接触长度/面积是保持不变的，所以这种接触可以用作线性求解。如果接触是从数学模型中设定的，程序将填充所有的间隙，忽略所有的初始渗透。

No Separation（不分离）：这种接触方式和绑定类似，它只适用于面，不允许接触区域的面分离，但是沿着接触面可以有小的无摩擦滑动。即法向不分离，切向可以有小位移。也只用于线性接触。

Frictionless（无摩擦）：这种接触类型代表单边接触，即如果出现分离则法向压力为零。只适用于面接触。因此，根据不同的载荷，模型间可以出现间隙。它是非线性求解，因为在载荷施加过程中接触面积可能会发生改变。假设摩擦系数为零，因此允许自由滑动。使用这种接触方式时，须注意模型约束的定义，防止出现欠约束。法向可分离，但不渗透，切向自由滑动。程序会给装配体加上弱弹簧，帮助固定模型，以得到合理的解。

Rough（粗糙的）：这种接触方式和无摩擦类似。但表现为完全的摩擦接触，即没有相对滑动，法向可分离，不渗透，切向不滑动。只适用于面接触。默认情况下，不自动消除间隙，这种情况相当于接触体间的摩擦系数为无穷大。

Frictional（有摩擦）：这种情况下，在发生相对滑动前，两接触面可以通过接触区域传递一定数量的剪应力。有点像胶水，法向可分离，但不渗透，切向滑动，有摩擦力。在滑动发生前，给模型定义一个等效的剪应力，作为接触压力的一部分。一旦剪应力超过此值，两面将发生相对滑动。只适用于面接触。摩擦系数可以是任意非负值。

如果软件自动生成的接触条件不满足要求，还可以在图形操作窗口中选择需要接触的面，单击右键选择【Insert】→【Manual Contact Region】来手动添加接触条件，如图 8-281 所示。

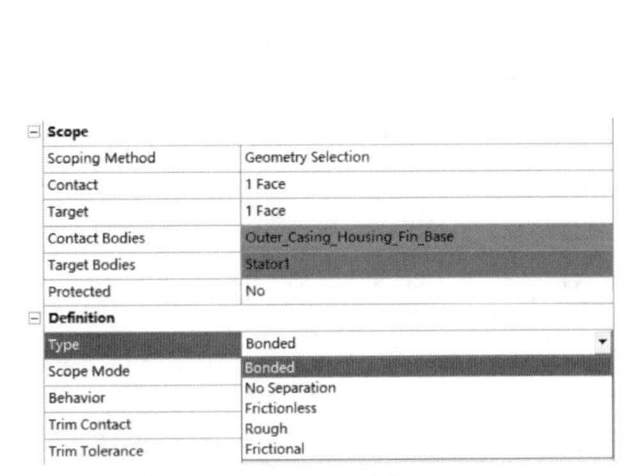

图 8-280　更改接触类型

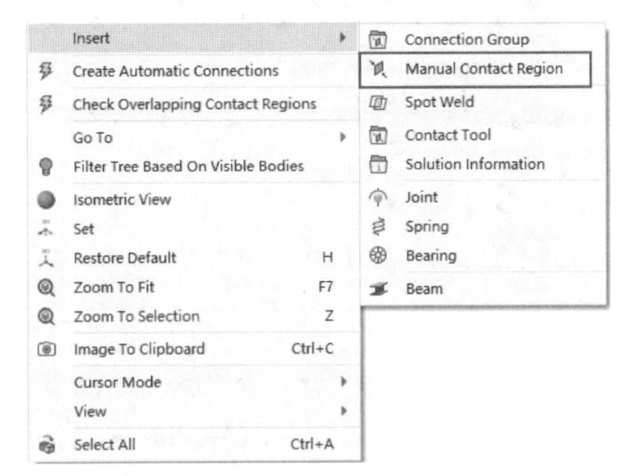

图 8-281　新建接触面

因为在实际生产中机壳和铁芯采用热装的方式进行过盈装配，两者之间不存在摩擦滑动，其接触条件接近 Banded 条件，因此本例机壳和铁芯之间采用 Banded 接触条件。

Step5：网格剖分设定。首先设定全局剖分方法和限定条件。在左侧【Outline】窗口中点击【Mesh】，在【Detail of Mesh】窗口中将【Physics Preference】物理类型设定为【Mechanical】，在【Element Size】中填入最大剖分长度 10.0mm，如图 8-282 所示。

Display	
Display Style	Use Geometry Setting
Defaults	
Physics Preference	Mechanical
Element Order	Program Controlled
Element Size	10.0 mm
Sizing	
Use Adaptive Sizing	Yes
Resolution	Default (2)
Mesh Defeaturing	Yes
Defeature Size	Default
Transition	Fast
Span Angle Center	Coarse
Initial Size Seed	Assembly
Bounding Box Diagonal	423.61 mm
Average Surface Area	1081.6 mm²
Minimum Edge Length	0.70326 mm
Quality	
Inflation	
Advanced	
Statistics	
Nodes	
Elements	

图 8-282　设定全局剖分

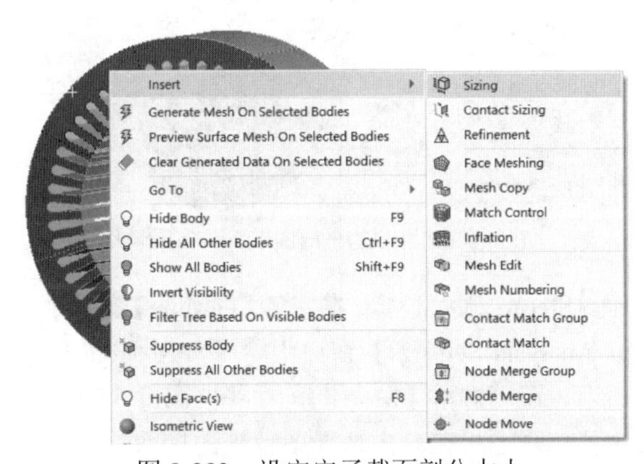

图 8-283　设定定子截面剖分大小

然后设定部件的剖分类型。选中定子铁芯截面，右键选择【Insert】→【Sizing】来手动添加定子截面剖分长度条件，如图 8-283 所示，在左侧【Outline】窗口中【Mesh】下找到新添加的剖分条件【Face Sizing】，在【Detail】窗口中将【Type】剖分类型设定为【Element】，在【Element Size】中填入最大剖分长度 3.0mm，如图 8-284 所示。此外，因为定子铁芯轴向相同，因此还可选中定了铁芯，右键选择【Insert】→【Method】来手动添加定子铁芯剖分方法，如图 8-285 所示，在【Detail】窗口中将【Method】剖分方法设定为【Sweep】。同样地，为机壳设定剖分条件。

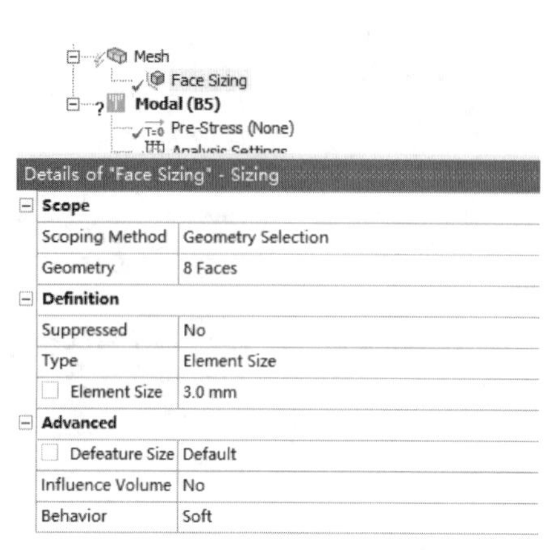

图 8-284　剖分长度设定

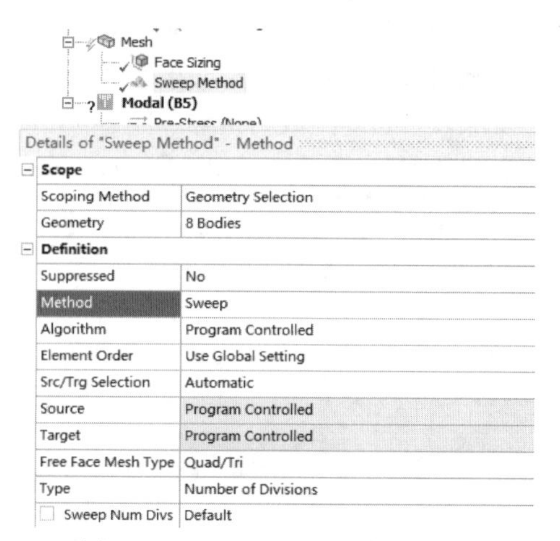

图 8-285　设定定子铁芯剖分方法

剖分设定完成后，右击【Mesh】→【Generate Mesh】，软件开始剖分。剖分完成后，即可在图形操作窗口中观测模型剖分示意图，如图 8-286 所示。还可以在左侧【Details of Mesh】中【Statistics】下得知剖分节点数和网格数，如图 8-287 所示；在【Quality】中可得知网格的剖分质量、纵横比、倾斜度等，如图 8-288 所示。网格剖分质量直接关系到计算时间和收敛精度，因此一定要设定准确的剖分方式。

图 8-286　生成剖分和模型剖分示意图

图 8-287　剖分网格数据

图 8-288　剖分质量

Step6：求解设定。在左侧【Outline】窗口中点击【Modal】→【Analysis Settings】，在【Detail of Analysis Settings】窗口中将【Max Modes to Find】最大模态求解设定为 100，如图 8-289 所示。还可右击【Modal】，在【Insert】下拉菜单中施加负荷和约束，如图 8-290 所示。本例主要仿真电机在自由边界条件下的模态，因此这里不施加约束条件。

Step7：定子总成模态分布结果观测。单击右键选择【Modal】→【Solve】，软件开始模态计算。求解完成后点击【Modal】→【Solution】，即可在窗口右下方【Graph】和【Tabular Data】中观测所建立模型的模态固有频率分布，如图 8-291 所示。在【Tabular Data】中选中所有模态频率后，右击选择【Create Mode Shape Results】，如图 8-292 所示，即在【Solution】中生成各个固有模态所对应的模态振型图；再选中【Solution】，右键点击【Evaluate All Results】，如图 8-293 所示。

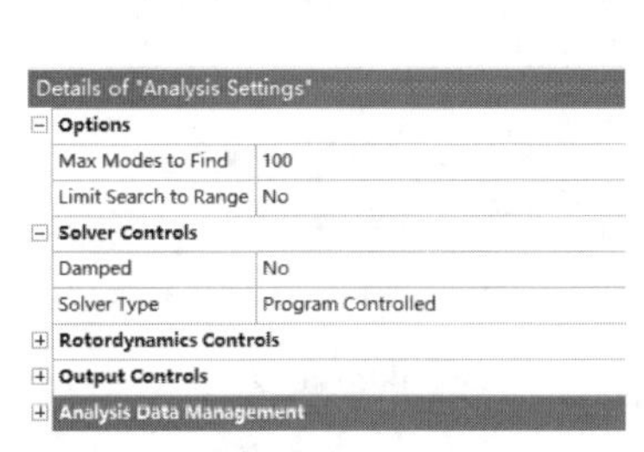

图 8-289　设定最大模态求解数

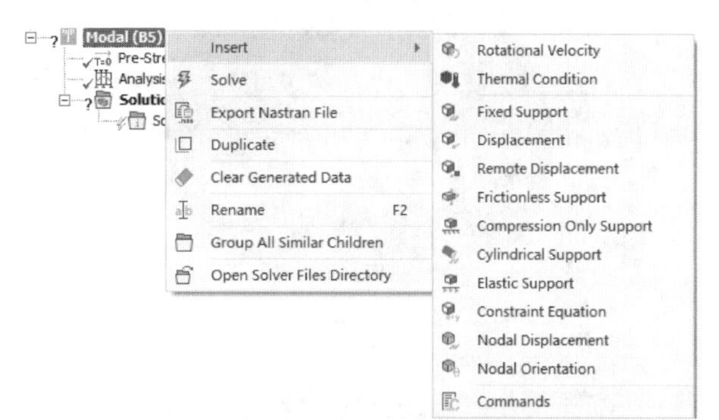

图 8-290　设计负荷和约束

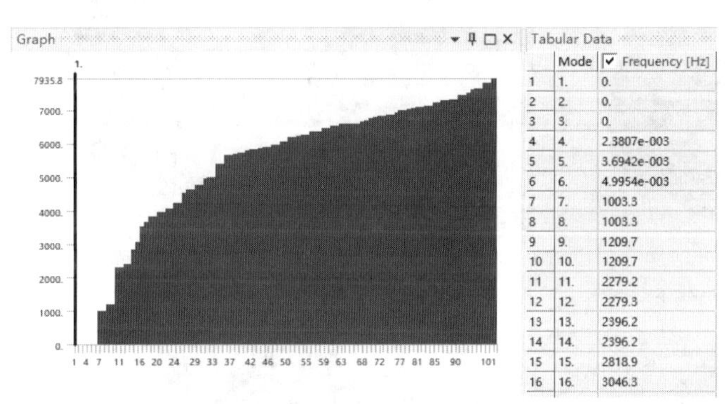

图 8-291　模态固有频率分布

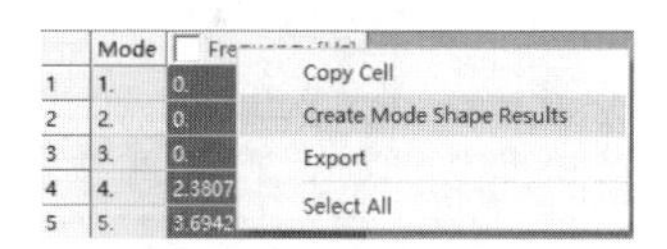

图 8-292　生成振型

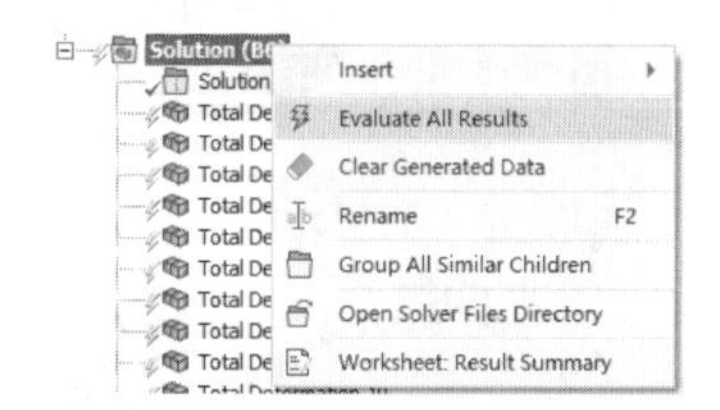

图 8-293　计算振型

振型图求解完成后，在【Solution】下点击任意振型图结果，即可在图形操作窗口中观测此固有频率下的振型图，图 8-294 给出了定子和机壳总成的几个低阶模态振型分布（为了方便观测，这里只显示定子），图中 m 分别代表径向模态阶次，n=0 代表轴向同向振动，n=1 代表轴向反向振动。

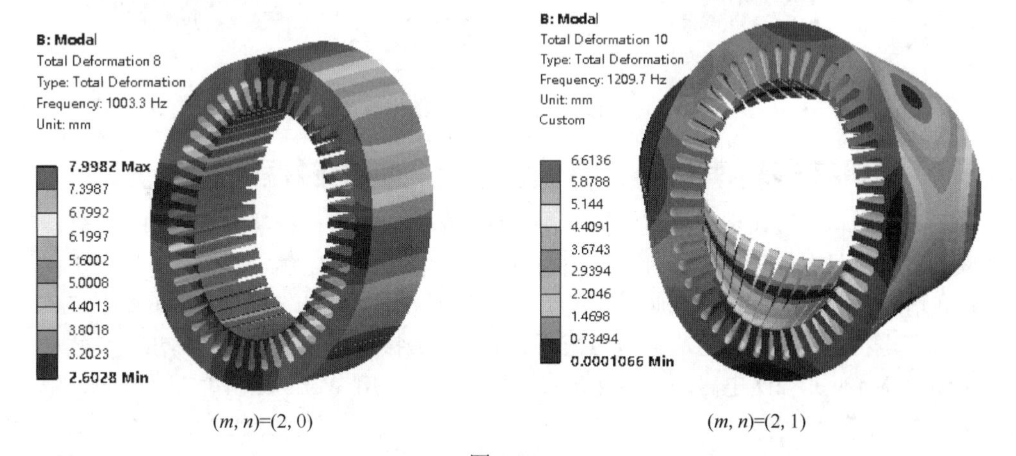

(m, n)=(2, 0)　　(m, n)=(2, 1)

图 8-294

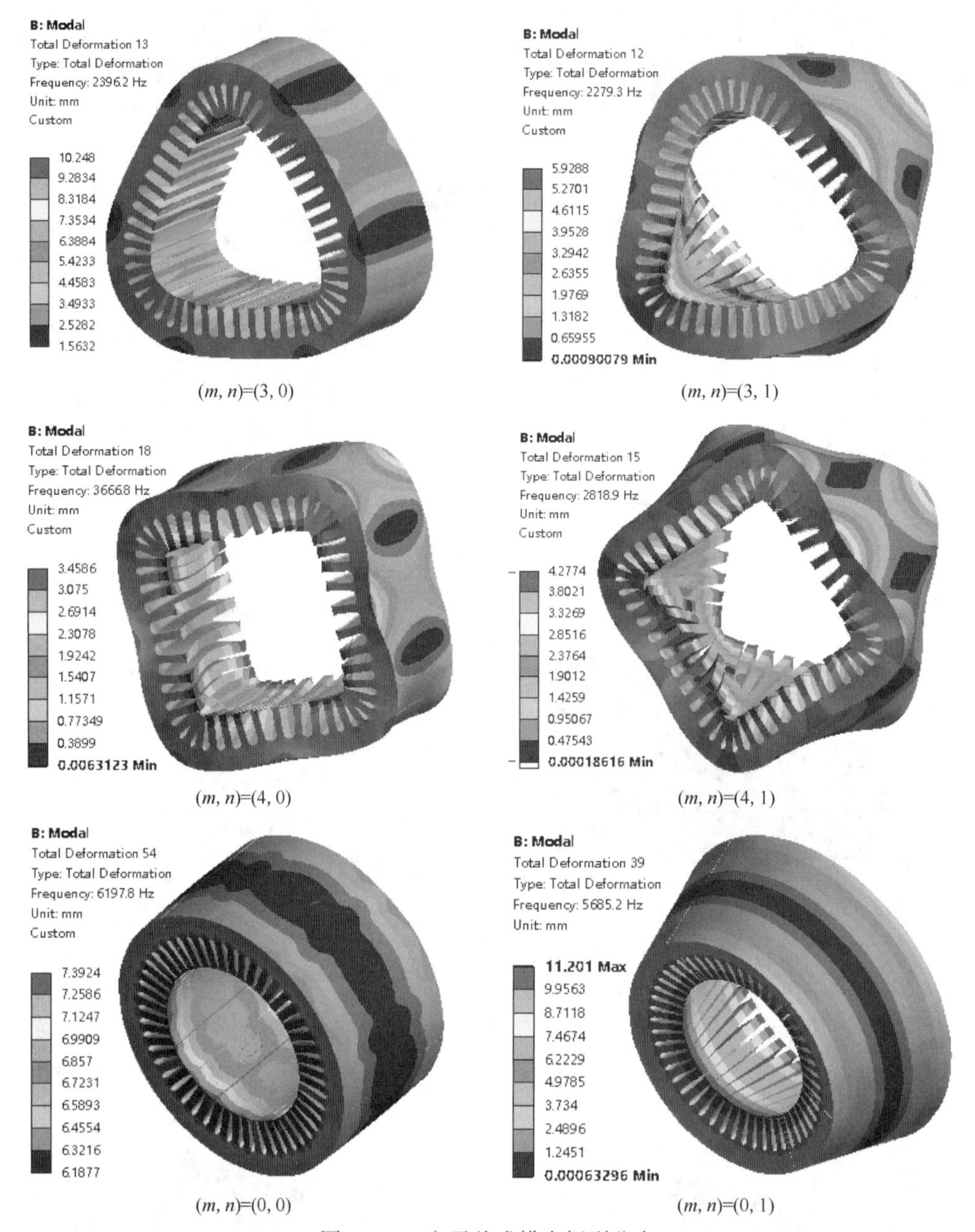

(m, n)=(3, 0)　(m, n)=(3, 1)

(m, n)=(4, 0)　(m, n)=(4, 1)

(m, n)=(0, 0)　(m, n)=(0, 1)

图 8-294　定子总成模态振型分布

8.6.5　电机在多转速范围、峰值功率运行时电磁振动特性仿真

永磁调速电机一般在宽调速范围内工作运行，单一仿真电机在某一工况和固定转速下的振动噪声性能不具有代表性，同时电机在峰值功率运行一般要比额定功率运行时的电磁振动大（负载增加，气隙径向磁密谐波幅值增大），因此本节将仿真计算电机在多转速、峰值功率运行状况下电机定子和机壳总成的电磁振动情况、电磁振动仿真计算的具体步骤介绍如下。

Step1： Maxwell 2D 电磁场多转速计算设置。继续使用 Workbench 项目 PMSM_NVH。打开 8.6.3 节中在 Workbench 平台建立的电磁仿真模型，随后在打开的 Maxwell 窗口工程管理栏【MotionSetup1】中将电机的转速设置为变量 Spe，转速参数化如图 8-295 所示，在

【Excitations】中将 A 相绕组激励设置为电流源激励，电流值【Current】设置为 Is*1.414*sin(4*Spe*time+delta)（同时设置其他两相，注意相位差），其中 Is 为相电流幅值，delta 为电流功角，电流参数化如图 8-296 所示。在进行多转速计算时，电机电频率随转速发生变化，因此仿真时长和步长需要重新设置为参数化，其中仿真时长设置为 1/fre（一个周期即可），仿真步长设置为 1/fre/120，其中 fre=Spe/2/pi*4，为电机电频率，无须保存场结果，仿真时长和步长参数化如图 8-297 所示。

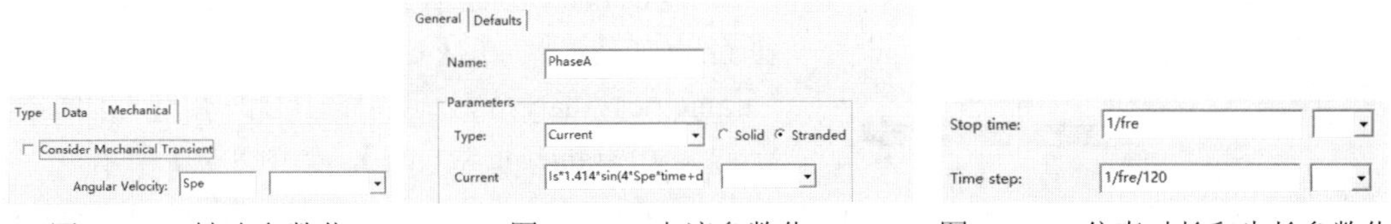

图 8-295　转速参数化　　　图 8-296　电流参数化　　　图 8-297　仿真时长和步长参数化

设置完成后，添加参数化计算，在工程管理栏中右击【Optimetrics】，依次选择【Add】→【Parametric】，弹出参数化设置窗口，如图 8-298 所示。在【Sweep Definitions】窗口中点击 Add 按钮依次添加电流幅值 Is、转速 Spe 和电流功角 delta 的单参数扫描变量，如图 8-299 所示。然后在【Table】窗口中按照 8.3.10 节所计算的电机在多转速、峰值工况下的电流、功角特性（MTPA 和弱磁控制，如表 8-10 所示），点击 Add 按钮依次添加参数化扫描，如图 8-300 所示。

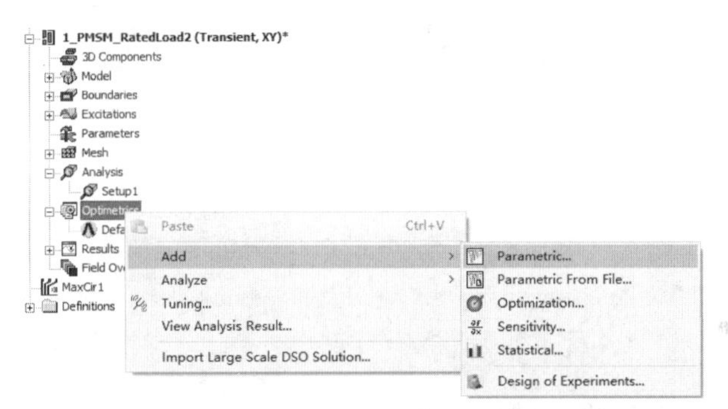

图 8-298　添加参数化计算

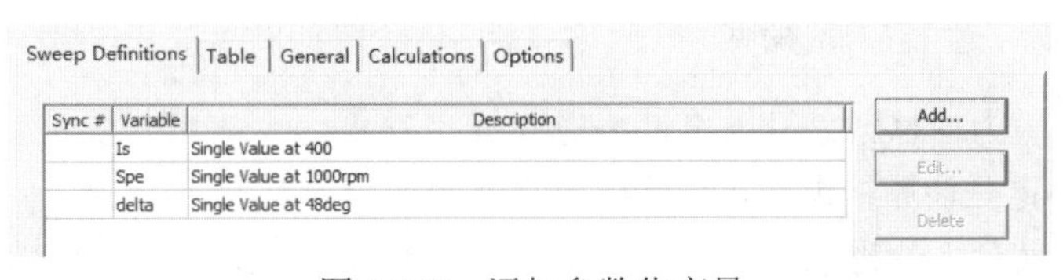

图 8-299　添加参数化变量

*	Is	Spe	delta
1	400	1000rpm	48deg
2	400	2000rpm	48deg
3	400	3000rpm	48deg
4	400	4000rpm	48deg
5	400	5000rpm	52deg
6	398	6000rpm	55deg
7	395	7000rpm	60deg
8	389	8000rpm	68deg
9	380	9000rpm	80deg

图 8-300　添加电机在多转速范围、峰值工况下运行时的参数化扫描

表 8-10　本例电机在多转速范围内、峰值功率下电流幅值和功角

项目	1000 r/min	2000 r/min	3000 r/min	4000 r/min	5000 r/min	6000 r/min	7000 r/min	8000 r/min	9000 r/min
电流幅值/A	400	400	400	400	400	398	395	389	380
电流功角/（°）	48	48	48	48	52	55	60	68	80

DesignXplorer Setup
General | Table | Calculations | Goals | Options
Embedded Parametrics Analysis: N/A
N/A
ParametricSetup1
Sim. Setup

图 8-301　选择参数化计算

设置完成后，在工程管理栏中【Optimetrics】下双击【DefaultDesignXplorerSetup】，打开 Workbench 平台计算选项，在【General】窗口【Embedded Parametrics Analysis】选项中选择上一步建立的参数化计算【Parametric Setup1】，如图 8-301 所示。

Step2：建立谐响应分析模块。Maxwell 多转速计算设置完成后，返回 Workbench 平台主界面，在【Toolbox】工具箱中找到【Harmonic Response】谐响应分析计算模块，左键拖入 8.6.4 节所建立的模态分析模块上（注意从 Modal 分析模块的【2.Engineering Date】一直拖到【6.Solution】，这样做的目的是不用再重新建立定子和机壳几何模型以及重新计算结构模态），这样就可以在 Workbench 平台中建立谐响应模块，如图 8-302、图 8-303 所示。

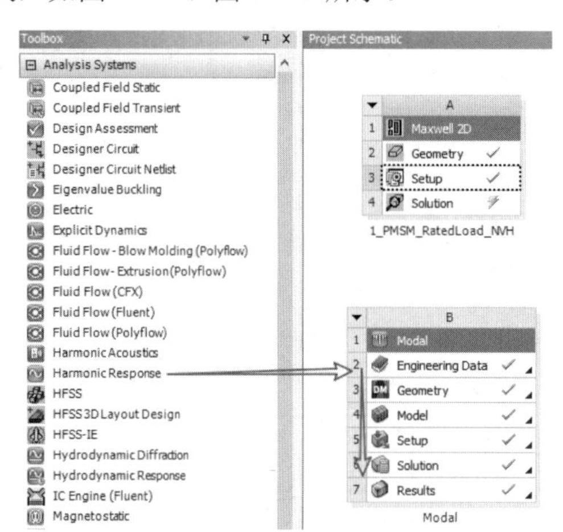

图 8-302　建立谐响应模块

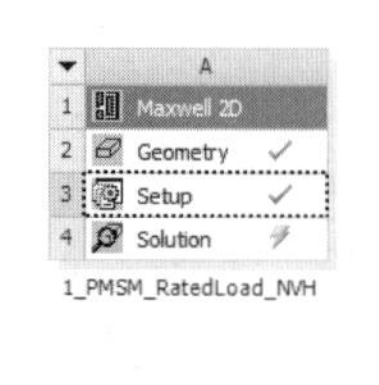

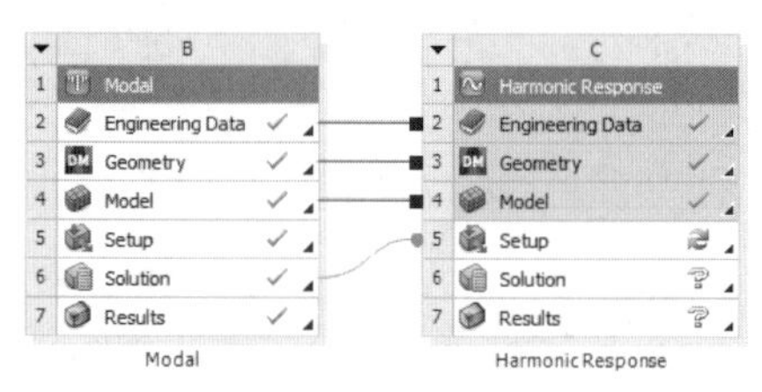

图 8-303　完成谐响应模块耦合

Step3：将电磁力计算结果导入至谐响应分析模块。然后需要将电磁计算结果导入谐响应模块中才能建立电磁-结构耦合分析模型，具体操作为左键点击电磁模块 A 结果项【4 Solution】，将其拖入至谐响应分析模块 C 中的设置项【5 Setup】中，即可建立电磁-结构耦合分析模型（单方向），如图 8-304 所示。然后在 Workbench 平台中右击电磁分析模块下【4 Solution】点击【Update】完成电磁力的计算。

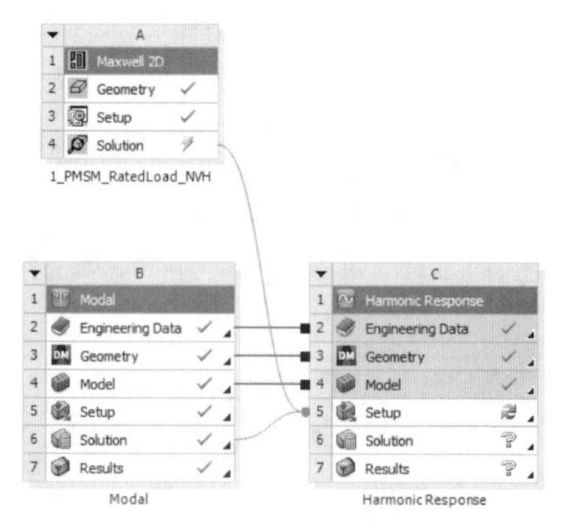

图 8-304　建立电磁-结构耦合仿真模型

Step4：谐响应场中为定子齿表面添加电磁力负荷。在 Workbench 平台中双击谐响应分析计算模块下【5 Setup】，打开谐响应分析模块，如图 8-305

所示。因为在上一节模态分析中已经将需要设置的几何模型、材料、接触条件和剖分设置完成，因此这里无须重新设置，而且还可以在项目管理栏下【Modal】中看到上一节所计算得到的模态振型分布。

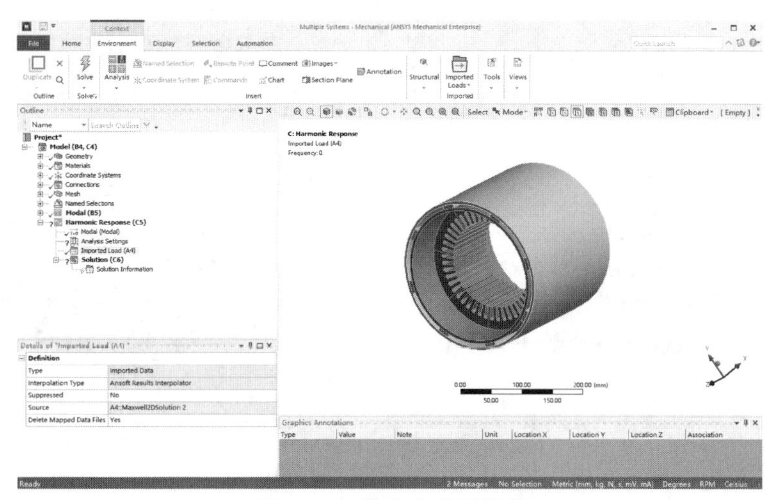

图 8-305　谐响应分析模块

首先对需要添加电磁力的定子齿表面进行定义。在用户图形操作窗口中选中某一定子齿表面，右键选择【Create Named Selection】，在弹出的对话框中选择【Apply geometry items of same】→【Size】，点击 OK，即可完成对所有定子齿表面的定义（此步是为了方便加载电磁力），如图 8-306 所示。

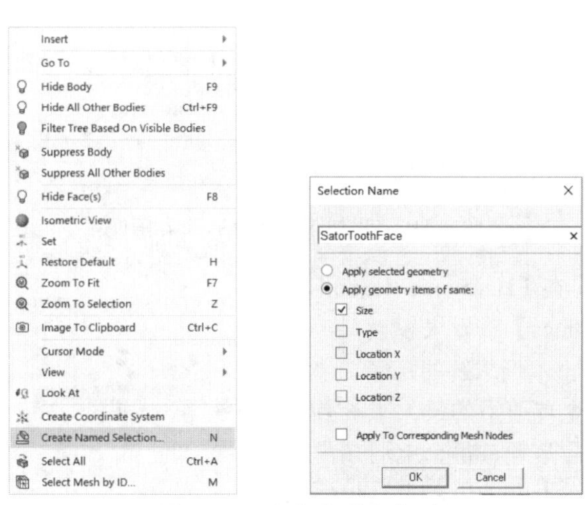

图 8-306　定义定子齿表面

在项目管理栏【Harmonic Response】下右键选择【Imported Load】，选择【Create Surface Force Densities and Sync Analysis Settings】，进行电磁力密负荷的导入。如图 8-307 所示，在【Imported Load】下生成了多个转速下的电磁力密负荷。

选中所有电磁力密负荷，在【Detail】窗口下，【Scoping Method】选择【Named Selection】，在【Named Selection】中选择上一步建立的定子齿面定义【Stator Tooth Face】，如图 8-308 所示，完成齿面的对应。然后选中所有电磁力负荷点击【Import Load】，进行电磁力密负荷的齿面节点映射，导入完成后结果如图 8-309 所示。

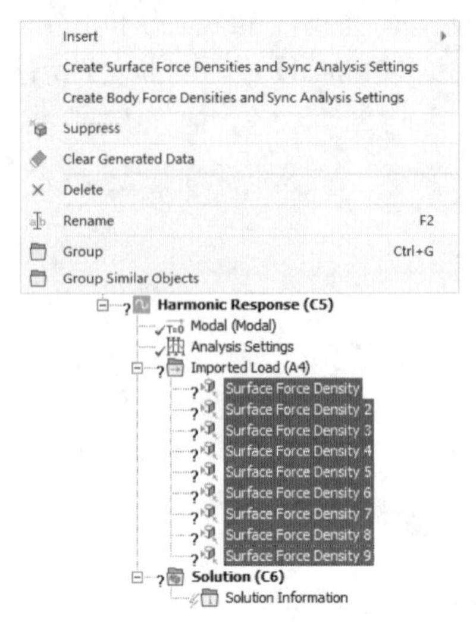

图 8-307 导入电磁力密负荷

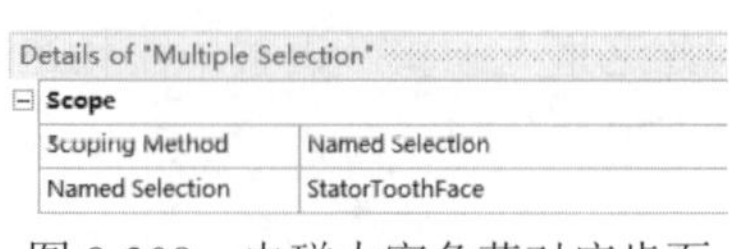

图 8-308 电磁力密负荷对应齿面

图 8-309 电磁力密负荷的齿面节点映射

Step5： 边界限定条件和求解设置。由于本例仿真电机在自由状态的电磁噪声情况，因此此处不设置其他附加的边界限定条件。但实际运行中电机不可能处于自由状态，此时可以在谐响应分析计算模块中项目管理栏下，分别右键点击【Modal】和【Harmonic Response】，根据实际情况选择合适的限定条件（如机座底部固定选择 Fixed）和边界条件，如图 8-310 所示。

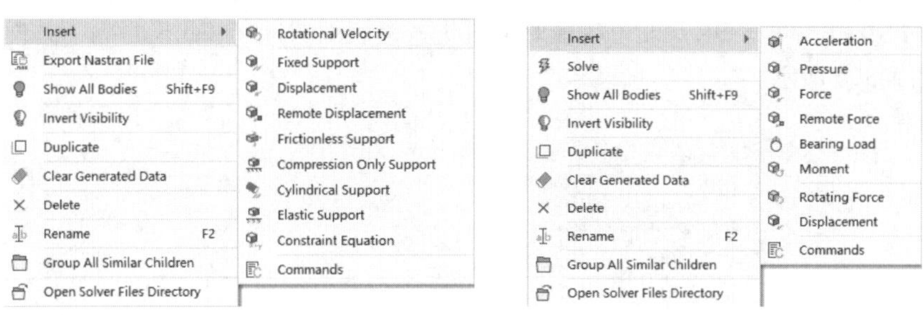

图 8-310 添加限定条件和边界条件

完成边界设置后，在【Harmonic Response】下点击【Analysis Settings】查看求解设置，如图 8-311 所示，可以看出本例求解的是多转速范围下的电磁振动，每个转速下的最大求解频率和求解间隔数（分别与基频、每个电周期内求解步长呈线性相关）在表中给出，可以根据求解需求进行更改。此外，在【Detail】窗口【Solution Method】中选择求解方法为【Mode Superposition】模态叠加法，软件自动进行模态分析，然后基于模态分析结果利用模态叠加法进行谐响应分析（这种算法忽略了结构非线性）。

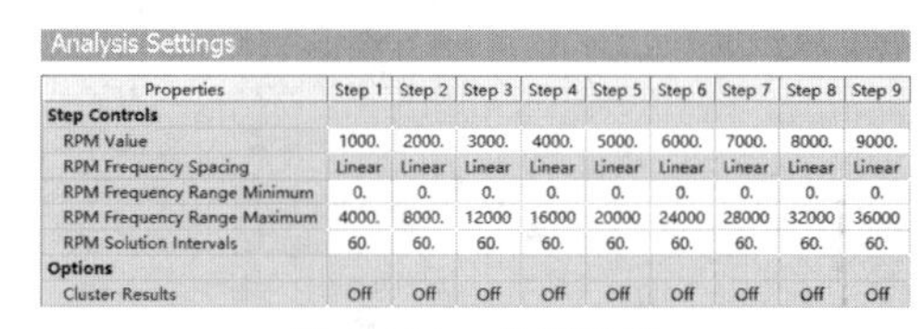

Analysis Settings

Properties	Step 1	Step 2	Step 3	Step 4	Step 5	Step 6	Step 7	Step 8	Step 9
Step Controls									
RPM Value	1000.	2000.	3000.	4000.	5000.	6000.	7000.	8000.	9000.
RPM Frequency Spacing	Linear	Linear	Linear	Linear	Linear	Linear	Linear	Linear	Linear
RPM Frequency Range Minimum	0.	0.	0.	0.	0.	0.	0.	0.	0.
RPM Frequency Range Maximum	4000.	8000.	12000	16000	20000	24000	28000	32000	36000
RPM Solution Intervals	60.	60.	60.	60.	60.	60.	60.	60.	60.
Options									
Cluster Results	Off	Off	Off	Off	Off	Off	Off	Off	Off

图 8-311 求解设置

Step6： 谐响应计算结果查看。设置完成后，在项目管理栏中右击【Harmonic Response】选择【Solve】开始求解。

求解完成后，首先观测电机机壳表面振动 ERP（Equivalent Radiated Power）Level Waterfall Diagram 等效辐射功率等级瀑布图。选中机壳外表面后，在项目管理栏中右击【Harmonic Response】下【Solution】，选择【Insert】→【Frequency Response】→【ERP Level Waterfall

Diagram】，即可在【Solution】结果栏中观察到机壳表面的 ERP Level Waterfall Diagram 求解结果，选中结果右击【Evaluation All results】，即可完成瀑布图的求解，如图 8-312 所示。

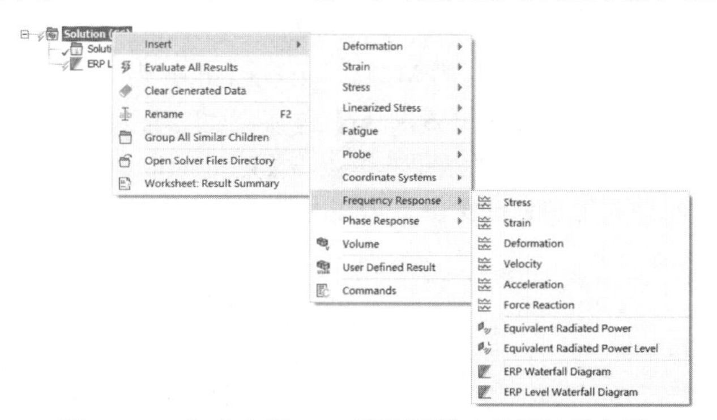

图 8-312　生成电机 ERP 等效辐射功率等级瀑布图

其中 ERP（Equivalent Radiated Power）Level Results 等效辐射功率水平结果估计了从振动结构表面传播的辐射声功率量级。软件可以使用频率范围属性的指定设置来指定频率范围。生成频率响应 ERP（Equivalent Radiated Power）Level Waterfall Diagram 结果时，结果图形显示了作为频率函数的等效辐射功率（ERP）或等效辐射功率水平（ERPL），如图 8-313 所示。

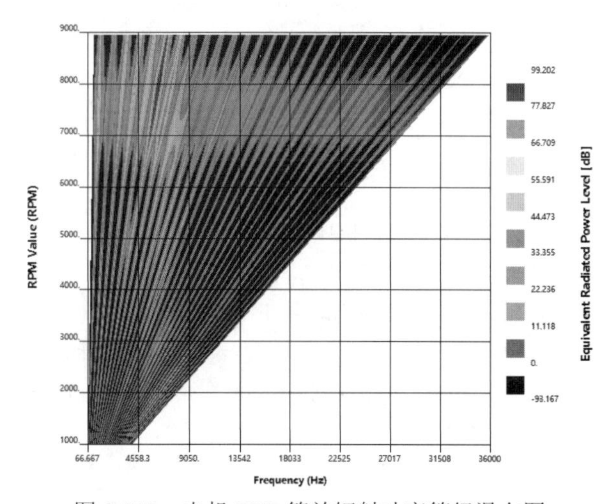

图 8-313　电机 ERP 等效辐射功率等级瀑布图

软件计算等效辐射功率（ERP）的公式为

$$\mathrm{ERP}=\frac{1}{2}\rho_0 c_\sigma \iint |v_n|^2 \,\mathrm{d}S$$

式中，c 为声音在空气中的传播速度，等于 343.25m/s；ρ_0 为密度；σ 为辐射系数，一般取 1；v_n 为结构面振动法向速度；S 为求解区域单位面积。而等效辐射功率水平（ERPL）表示为

$$\mathrm{ERPL}=10\log(\mathrm{ERP}/W_{\mathrm{ref}})$$

式中，W_{ref} 为参考功率（软件默认 10^{-12}W）。也就是说，我们可以从此数值中看出电机某一个指定面振动能量的量级。

还可以观测电机在某一转速下的表面振动加速度、振动速度值、振动位移值（最大值、最小值、平均值)。选中机壳外表面后，在项目管理栏中右击【Harmonic Response】下【Solution】，选择【Insert】→【Frequency Response】→【Acceration】，即可在【Solution】结果栏中观察到机壳表面的加速度求解结果，选中加速度频响结果，在【Dctail】窗口中将【Spatial Resolution】选择为【Use Maximum】(最大值)，【RPM Set Number】选择为【5】(对应第 5 个求解转速，这里为 5000r/min)，并在【Coordinate System】选择合适的坐标系（一般为柱坐标系，须手动建立)，如图 8-314 所示；然后选中结果右键点击【Evaluation All results】即可完成电机在 5000r/min 时机壳表面径向加速度的求解，如图 8-315 所示。

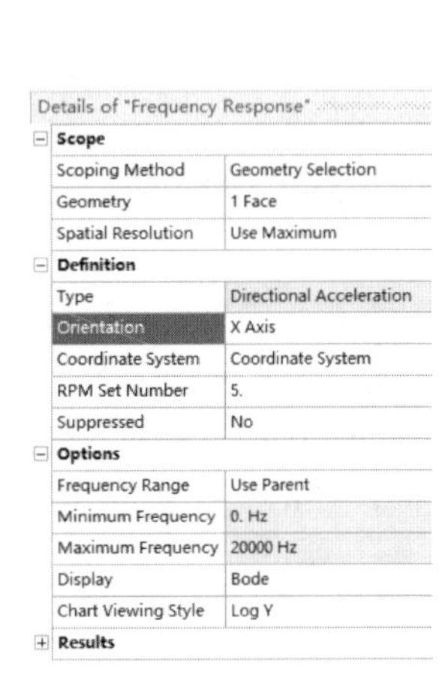

图 8-314　加速度求解设置

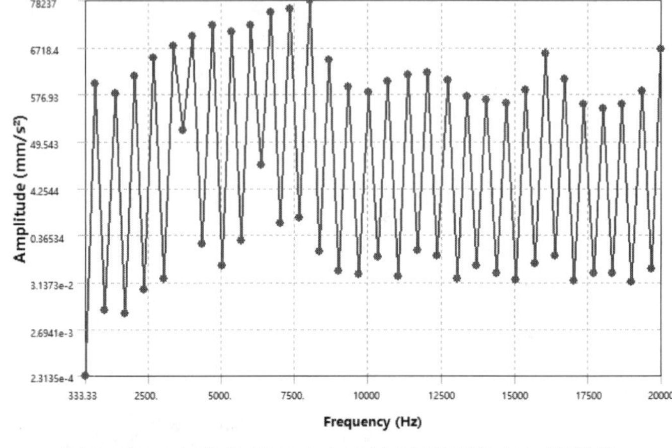

图 8-315　电机在 5000r/min 时机壳表面径向加速度值

8.6.6　电机在多转速范围、峰值功率运行时电磁噪声特性仿真

电磁振动仿真完成后，通过 Workbench 平台中声音谐响应分析模块即可完成电机电磁噪声的特性仿真计算，本例主要观测距离电机中心 1m 范围内空气的噪声分布，因此首先需要建立空气求解域。

Step1：建立声场谐响应模块。继续使用项目 PMSM_NVH。在【Toolbox】工具箱中找到【Harmonic Acoustics】声场谐响应分析模块，点击左键拖入至工程项目窗口中，同时将谐响应结果【6 Solution】拖入至声场谐响应模块【5 Setup】中，如图 8-316 所示。

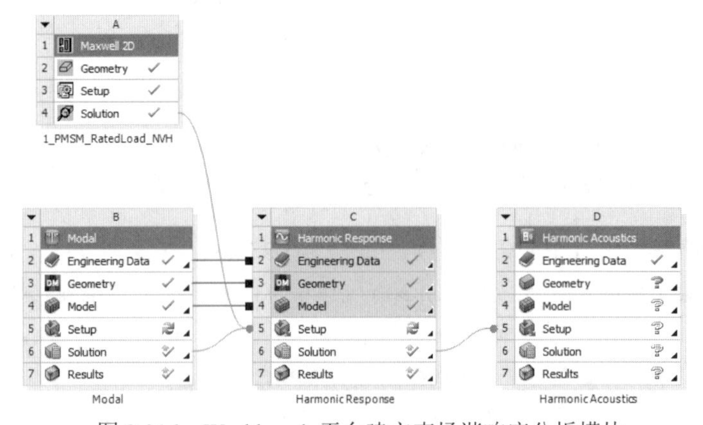

图 8-316　Workbench 平台建立声场谐响应分析模块

Step2：绘制空气包求解域。在 Workbench 平台主界面，在建立的【Harmonic Acoustics】

声场谐响应分析模块中右击【3 Geometry】几何模型选项，选择【New DesignModeler Geometry】，弹出模型绘制窗口【DesignModeler】。在【DesignModeler】窗口中绘制半径为 1m 的圆柱体，其中内圆需要使用布尔运算将机壳及其内部去除，如图 8-317 所示（噪声分析需要对应的求解域，一般为球状或半球状空气包，这里为了演示方便采用圆柱状求解域）。

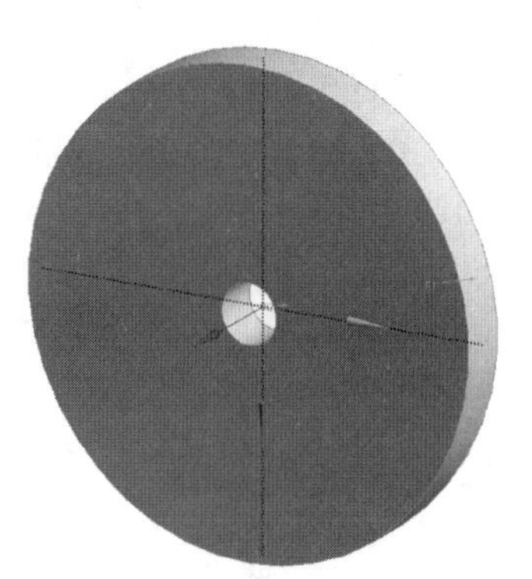

图 8-317　空气求解域模型

Step3： 赋予材料。关闭 DM 模块，在 Workbench 平台主界面中双击【Harmonic Acoustics】中【4 Model】，打开声场谐响应分析模块，如图 8-318 所示。首先在左侧【Outline】窗口中【Geometry】下找到空气包模型，选中后在下方【Detail of Shell】对话框中找到【Definition】→【Assignmnet】，选择上一步建立的材料【Air】空气，即完成空气求解域的材料赋予。

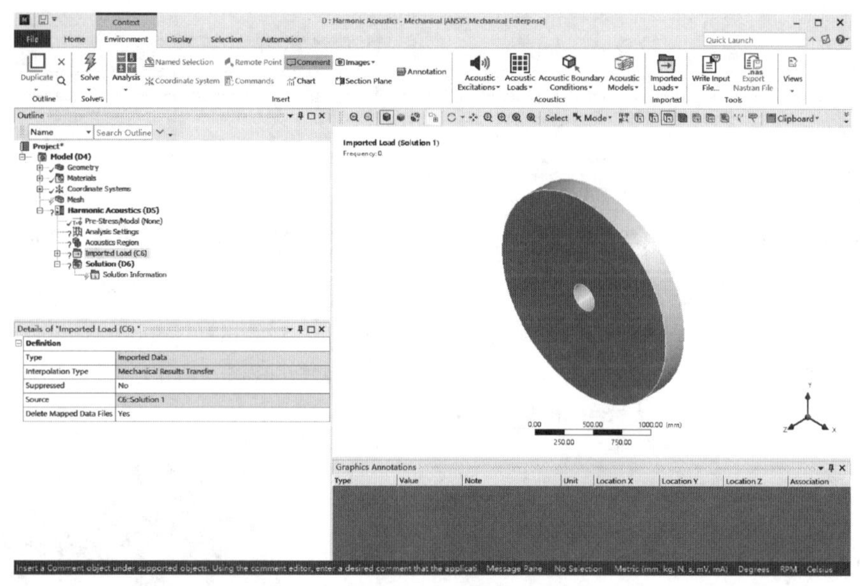

图 8-318　声场谐响应分析模块

Step4： 剖分设定和负荷面定义。选中空气求解域截面，右键选择【Insert】→【Sizing】来手动添加定子截面剖分长度条件，在左侧【Outline】窗口中【Mesh】下找到新添加的剖分条件【Face Sizing】，在【Detail】窗口中将【Type】剖分类型设定为【Element】，在【Element Size】中填入最大剖分长度 10mm。此外，因为空气域为圆柱面，所以还可选中空气求解域截面右键选择【Insert】→【Face Meshing】来手动添加圆面剖分方法。剖分完成后即可在图形操作窗口中观察模型剖分示意图，如图 8-319 所示。

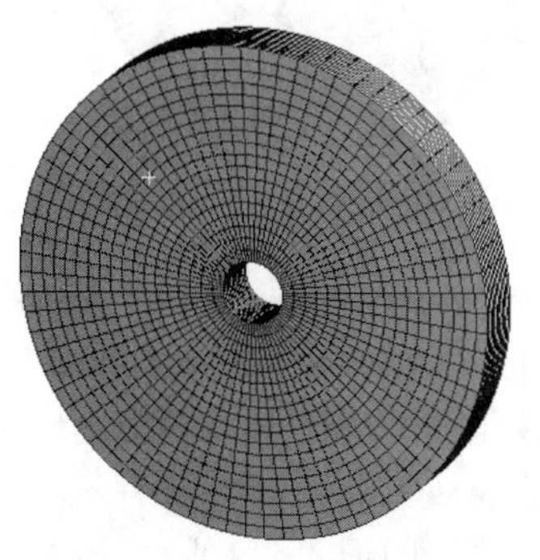

图 8-319　空气求解域剖分示意图

然后对需要添加的空气域内表面（接触机壳外表面）进行定义。在用户图形操作窗口中选中某一空气域内表面，右键选择【Create Named Selection】，在弹出的对话框中选择【Apply selected geometry】，点击【OK】，如图 8-320 所示，即可完成对空气域内表面的定义（此步是为了方便加载电磁振动速度负荷）。

Step5：电磁振动负荷导入声场谐响应分析模块。在项目管理栏【Harmonic Response】下右键点击【Imported Load】，选择【Create velocities and Sync Analysis Settings】，进行电磁振动速度负荷的导入。如图 8-321 所示，在【Imported Load】下生成了多个转速下的电磁加速度负荷。

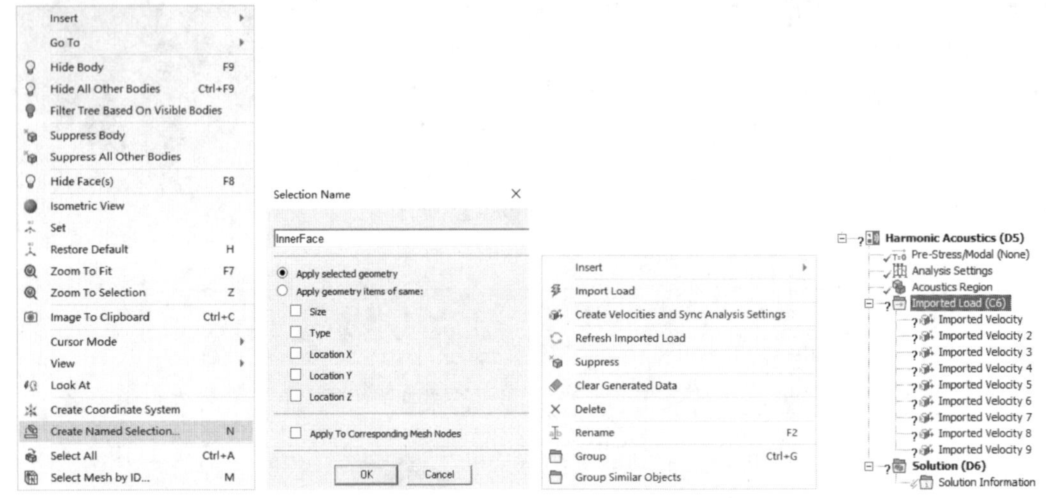

图 8-320　定义空气求解域内表面　　　　图 8-321　导入电磁振动速度负荷

选中所有电磁力负荷，在【Detail】窗口下，【Scoping Method】选择【Named Selection】，在【Named Selection】中选择上一步建立的定子齿面定义【StatorToothFace】，如图 8-322 所示，完成齿面的对应。然后选中所有电磁力负荷，点击【Import Load】，进行电磁力负荷的齿面节点映射，导入完成后，结果如图 8-323 所示。

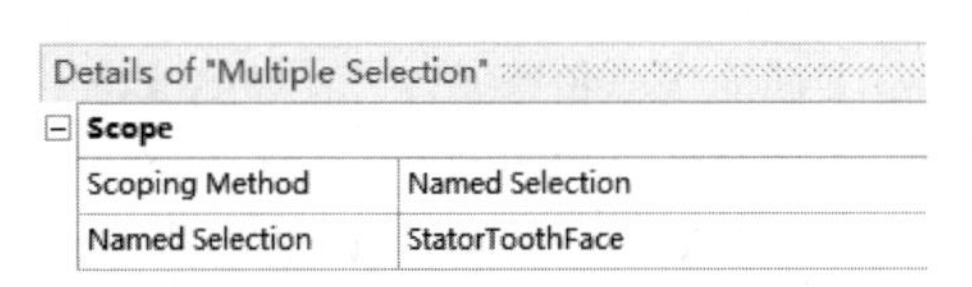

Details of "Multiple Selection"

Scope	
Scoping Method	Named Selection
Named Selection	StatorToothFace

图 8-322　电磁振动速度负荷对应空气域内表面

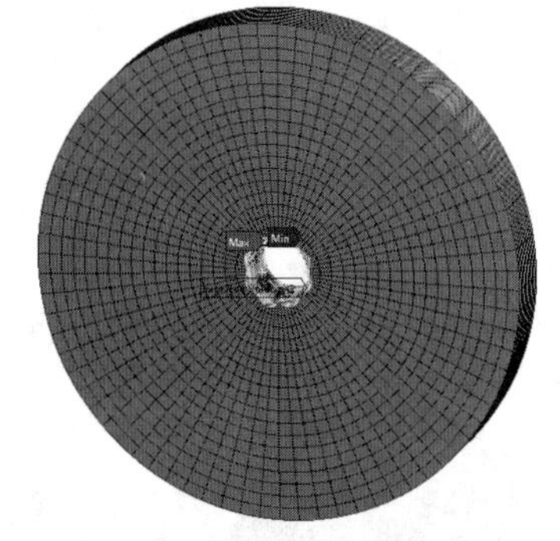

图 8-323　电磁振动速度节点映射

Step6：边界条件设定。声场计算需要在边界处增加功率吸收边界或辐射边界来模拟无限远，选中空气内表面，在工程管理窗口中右击【Harmonic Acoustics】→【Insert】→【Acoustics】→【Absorption Surface】即可，如图 8-324 所示。与结构场谐响应分析相同，声场谐响应分析在【Harmonic Acoustics】下点击【Analysis Settings】查看求解设置，如图 8-325 和图 8-326 所示，可以看出本例求解的是多转速范围下的电磁噪声，每个转速下的最大求解频率和求解间隔数（分别与基频、每个电周期内求解步长呈线性相关）在表中给出，可以根据求解需求进行更改。此外，在【Details】窗口【Solution Method】中选择求解方法为默认【Full】法。

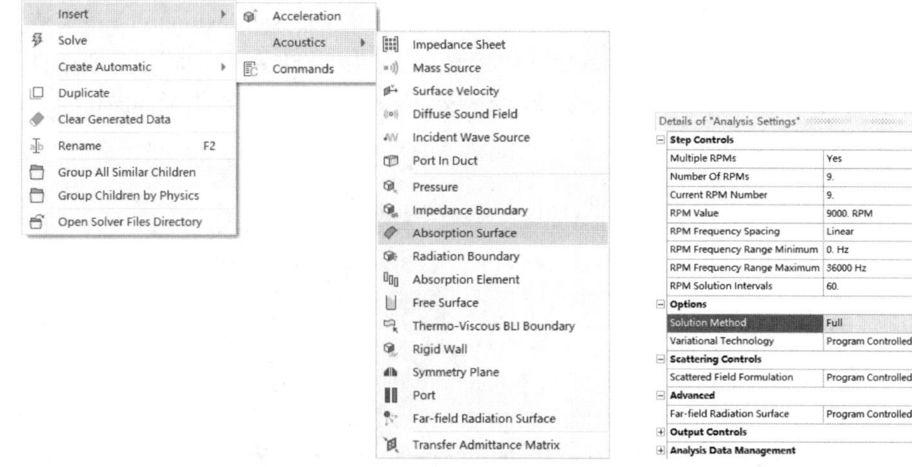

图 8-324　增加功率吸收边界　　　　图 8-325　声场谐响应仿真设置

Properties	Step 1	Step 2	Step 3	Step 4	Step 5	Step 6	Step 7	Step 8	Step 9
Step Controls									
RPM Value	1000.	2000.	3000.	4000.	5000.	6000.	7000.	8000.	9000.
RPM Frequency Spacing	Linear	Linear	Linear	Linear	Linear	Linear	Linear	Linear	Linear
RPM Frequency Range Minimum	0.	0.	0.	0.	0.	0.	0.	0.	0.
RPM Frequency Range Maximum	4000.	8000.	12000	16000	20000	24000	28000	32000	36000
RPM Solution Intervals	60.	60.	60.	60.	60.	60.	60.	60.	60.

图 8-326　多转速声场谐响仿真设置

Step7：声场谐响应结果查看。右键点击【Harmonic Acoustics】→【Solve】，软件开始声场谐响求解。求解完成后，首先观察距电机 1m 半径圆表面噪声 Far-field Sound Power Level Waterfall Diagram 远场声功率级瀑布图。选中求解空气域外表面后，在项目管理栏中右击【Harmonic Acoustics】下【Solution】，选择【Insert】→【Frequency Response】→【Acoustics】→【Far-field SPL(Sound Power Level) Waterfall Diagram】，即可在【Solution】结果栏中观察到机壳表面的 Far-field SPL Mic Waterfall Diagram 求解结果，如图 8-327 所示。在【Details】栏中将【X coordinate】填入 1000mm，【Reference RMS Sound Pressure】使用默认值 $2e^{-11}$ MPa，即为在离电机中心 *X* 方向 1m 放置 Mic 麦克风监测声压值，如图 8-328 所示。

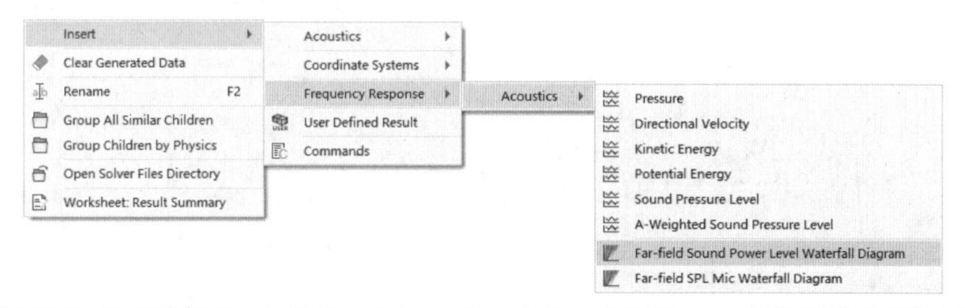

图 8-327　生成电机 Far-field Sound Power Level Waterfall Diagram 远场声功率级瀑布图

设置完成后，在【Solution】中右键点击【Far-field SPL Mic Waterfall Diagram】，求解结果选择【Evaluation All results】，即可完成瀑布图的求解，如图 8-329 所示。

还可以观测电机在某一转速下距电机中心 1m 处 A 计权声压级（最大值、最小值、平均值）。选中空气求解域外表面后，在项目管理栏中右击【Harmonic Acoustics】下【Solution】，选择【Insert】→【Frequency Response】→【Acoustics】→【A-Weighted Sound Power Level】，即可在【Solution】结果栏中观察到空气求解域外表面的 A 计权声压级求解结果，选中加速度频响结果，在【Detail】窗口中将【Spatial Resolution】选择为【Use Maximum】（最大值），【RPM Set Number】选择为【5】（对应第 5 个求解转速，这里为 5000r/min），如图 8-330 所示；然后选中结果右击【Evaluation All results】，即可完成电机在 5000r/min 时机壳表面径向加速度的求解，如图 8-331 所示。

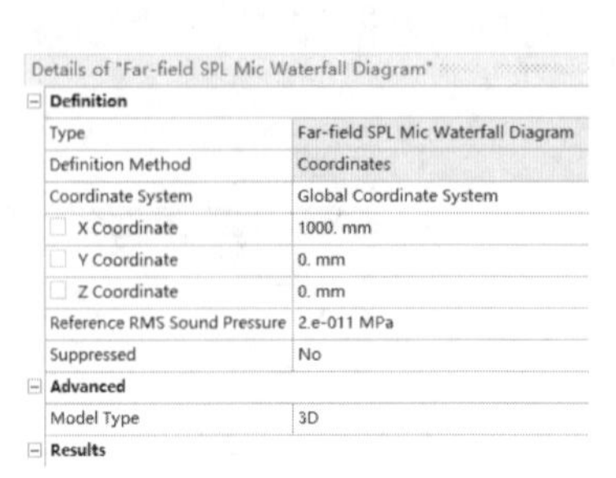

Details of "Far-field SPL Mic Waterfall Diagram"

Definition	
Type	Far-field SPL Mic Waterfall Diagram
Definition Method	Coordinates
Coordinate System	Global Coordinate System
X Coordinate	1000. mm
Y Coordinate	0. mm
Z Coordinate	0. mm
Reference RMS Sound Pressure	2.e-011 MPa
Suppressed	No
Advanced	
Model Type	3D
Results	

图 8-328　远场 SPL Mic 瀑布图设置

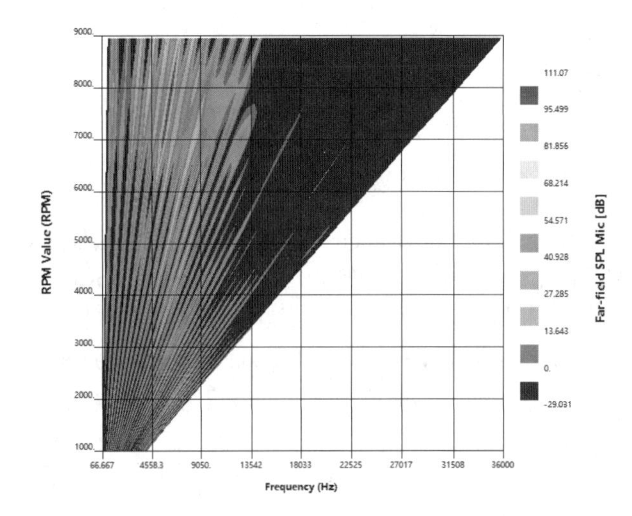

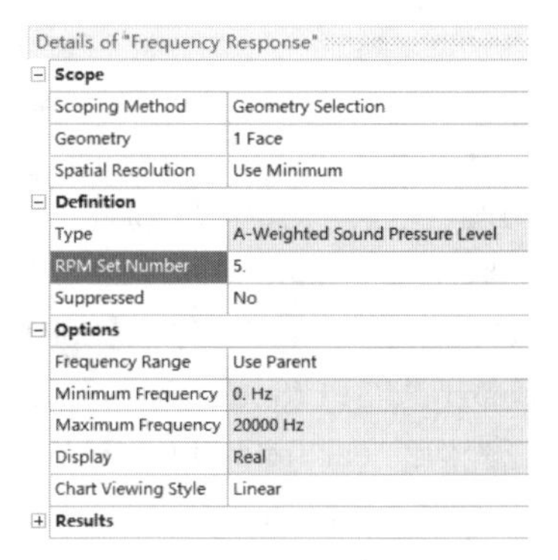

Details of "Frequency Response"

Scope	
Scoping Method	Geometry Selection
Geometry	1 Face
Spatial Resolution	Use Minimum
Definition	
Type	A-Weighted Sound Pressure Level
RPM Set Number	5.
Suppressed	No
Options	
Frequency Range	Use Parent
Minimum Frequency	0. Hz
Maximum Frequency	20000 Hz
Display	Real
Chart Viewing Style	Linear
Results	

图 8-329　Far-field SPL Mic Waterfall Diagram 远场声功率级瀑布图　图 8-330　A 计权声压级求解设置

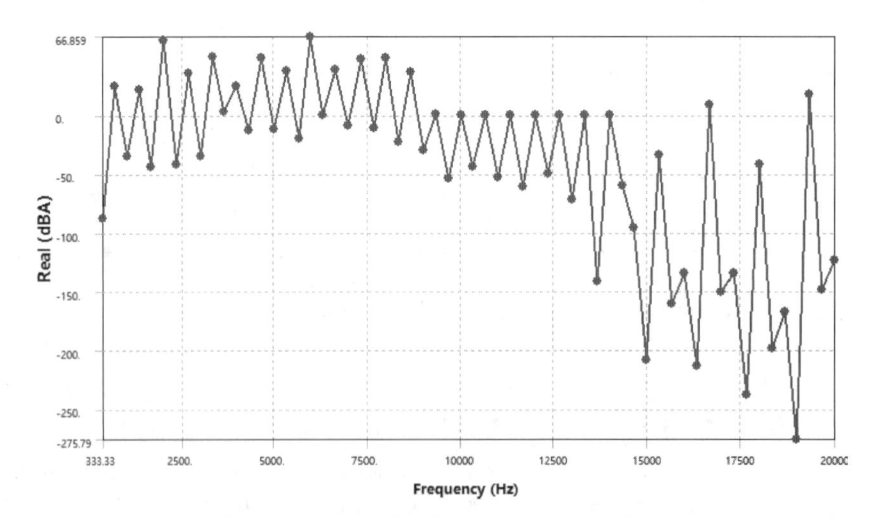

图 8-331　电机在 5000r/min 时离电机 1m 空气外表面 A 计权声压级

可以观测电机在某一转速、某个频率下空气域求解范围内A计权声压级分布。选中空气求解域截面后，在项目管理栏中右击【Harmonic Acoustics】下【Solution】，选择【Insert】→【Acoustics】→【A-Weighted Sound Pressure Level】，即可在【Solution】结果栏中观察到空气求解域内A计权声压级求解结果，选中加速度频响结果，在【Detail】窗口中将【RPM Set Number】选择为【8】(对应第8个求解转速，这里为8000r/min)，将【Frequency】选择为【6400】(靠近零阶模态)，如图8-332所示；然后选中结果，右击【Evaluation All results】即可观察电机在8000r/min、6400Hz下，离电机中心1m范围内空气的计权声压级分布，如图8-333所示。

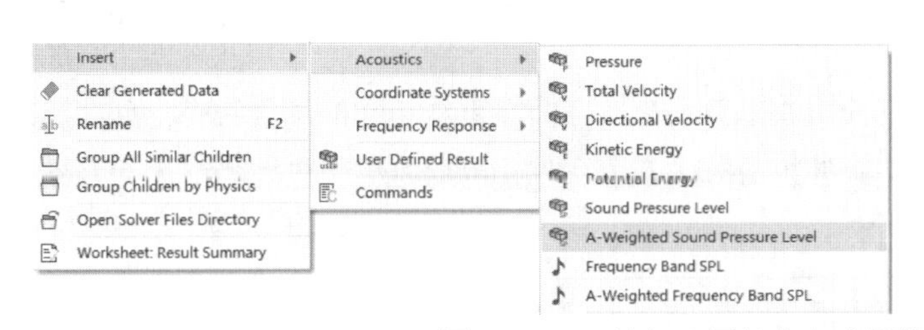

图8-332 A计权声压级分布求解设置

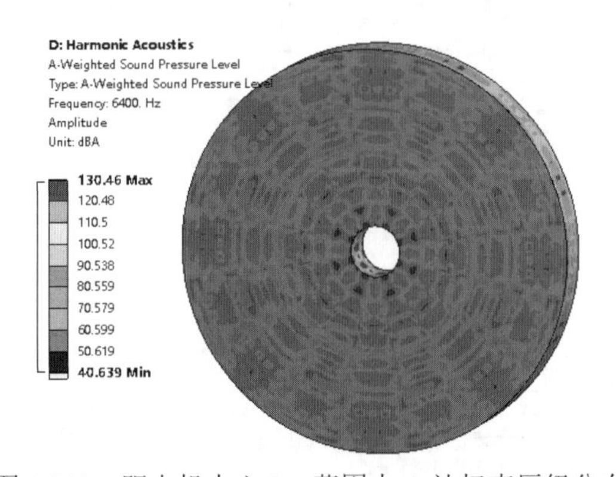

图8-333 距电机中心1m范围内A计权声压级分布

这里需要注意未计权声压（dB）和A计权声压（dBA）的不同在于：声压级只反映声音强度对人响度感觉的影响，不能反映声音频率对响度感觉的影响。而人耳对声音的感觉，不仅和声压有关，也和频率有关。一般对高频声音感觉灵敏，对低频声音感觉迟钝。为了更好地反映人对声音的主观感觉，采用了计权网络测量得到计权声压级，简称声级。人的耳朵对于不同频段的声音变化敏感程度是不一样的，太高或者太低就越不敏感，就像一个A字，所以叫A-Weighted，A加权是模拟人耳对40方纯音的响应。此外，还有B加权、C加权、D加权等，而A计权网络测量得到的A计权声级最接近人耳的主观感觉和较好反映噪声对人耳损伤的影响。因此工程上一般采用A计权声压来评估电机噪声的高低。

本章小结

本章以一台30kW新能源车用V型磁钢内置式永磁同步电机为例，通过ANSYS的RMxprt模块一键建模功能，建立电机的有限元2D仿真模型，仿真分析了永磁同步电机空载和带载性能，并利用Ansys-OptiSlang优化插件，实现电机的灵敏度分析和多目标优化。最后利用Workbench仿真平台，分别搭建车用永磁驱动电机的电磁-温度场和电磁-结构-声场多物理场耦合仿真模型，实现对永磁同步电机的散热性能和振动噪声性能分析。

第9章 双边直线感应电机 ANSYS Maxwell 2D/3D 电磁场仿真

9.1 实例描述及仿真策略

直线感应电机由普通的旋转感应电机演变而来，在需要直线运动的场合具有十分广泛的应用前景，如电磁弹射、轨道交通、碰撞试验平台等领域。直线感应电机的拓扑主要有以下几种，如图 9-1～图 9-4 所示。

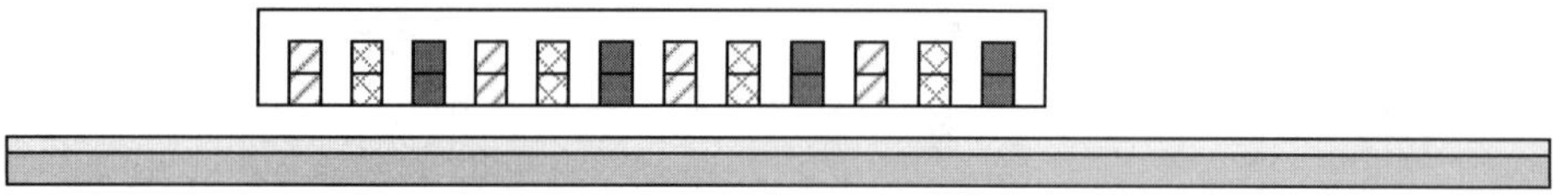

图 9-1　短初级单边直线感应电机

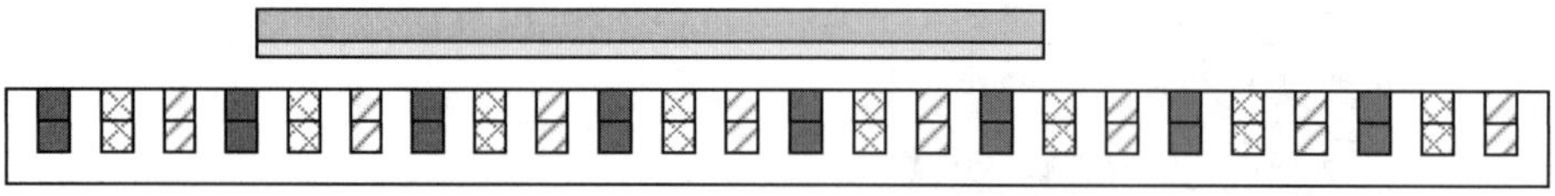

图 9-2　长初级单边直线感应电机

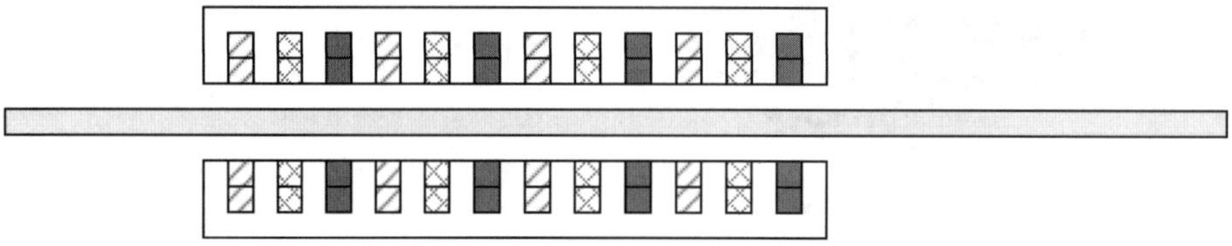

图 9-3　短初级双边直线感应电机

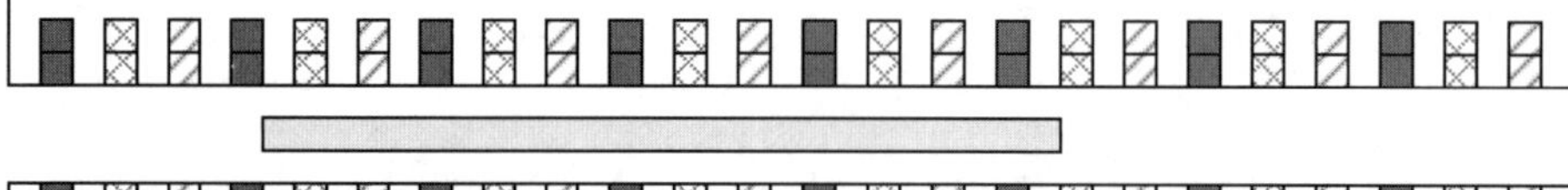

图 9-4　长初级双边直线感应电机

不同于旋转电机，直线电机的初级或者次级的开断，导致端部效应的存在，从而显现出直线电机特有的电磁特性。为方便说明问题，按照惯例将电机的方向规定如图 9-5 所示。

本章以短初级双边直线感应电机为例，建立有限元 2D 和 3D 仿真模型，说明特殊边界在直线电机上的应用、定子的法向力监测设定，并分析考虑纵向、横向端部效应的电磁场分布，介绍生成与常规旋转感应电机类似的机械特性曲线的方法。

直线电机通常采用开口槽或者半开口槽，如图 9-6。电机的具体参数参见表 9-1。

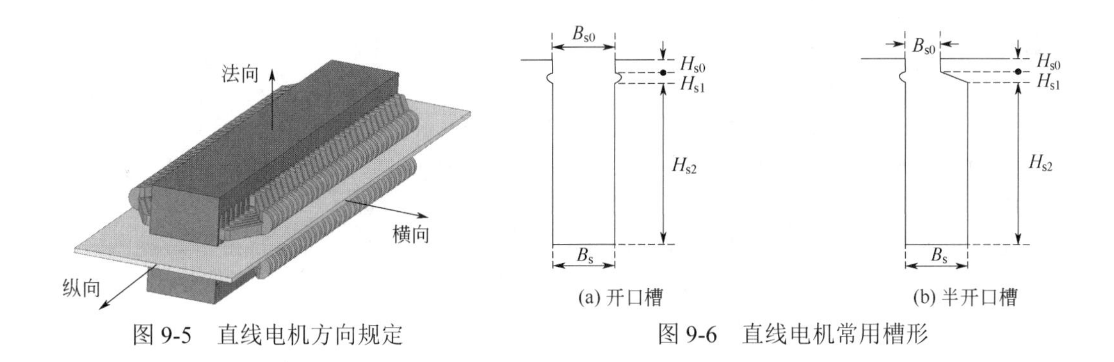

图 9-5　直线电机方向规定　　　图 9-6　直线电机常用槽形

表 9-1　电机参数

参数名称	数值	参数名称	数值
初级长度/mm	360	初级铁芯叠厚/mm	60
极数	6	初级高度/mm	40
定子槽数	36	槽高/mm	25
绕组节距/槽	6	槽宽/mm	5
每极每相槽数	2	齿宽/mm	5
极距/mm	60	次级长度/mm	480
每槽导体数	50 匝×2 层	次级宽度/mm	140
并联支路数	2	次级厚度/mm	4
初级绕组	双层叠绕	机械气隙/mm	2
初级铁芯材料	35CS550	次级材料	铝

9.2　ANSYS Maxwell 2D 瞬态场有限元仿真分析

9.2.1　基本模型绘制

Step1：新建工程。选择【Flie】→【New】，新建一个 Project，选中新建的【Project1】，单击（按 F2 键或者右击后点击 Rename），更改工程名称为 LM-2D。在工程 LM-2D 上右击打开菜单，选择【Insert】→【Insert Maxwell 2D Design】，在工程栏下方生成 Maxwell 2D Design1。

Step2：设置求解类型。右键点击 Maxwell 2D Design1，打开【Solution Type】对话框，选择坐标系平面【Geomety Mode】为【Cartesian XY】（笛卡儿坐标系 *XOY* 平面为绘图区域），求解场类型为瞬态场【Transient】，如图 9-7 所示。

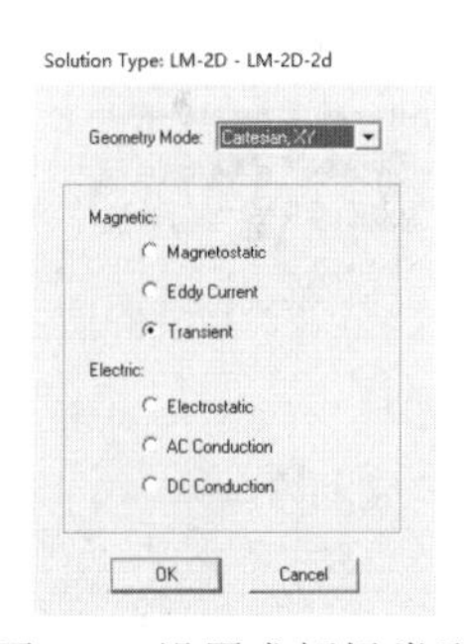

图 9-7　设置求解场类型

Step3：模型设置。右键点击 Maxwell 2D Design1，打开【Design Settings】对话框，选择【Model Settings】选项卡，设置模型深度为 60mm。选择矩阵计算【Matrix Computation】选项卡，勾选电感矩阵计算 Compute Inductance Matrix，如图 9-8 所示，在后处理过程中可以查看电感数值。

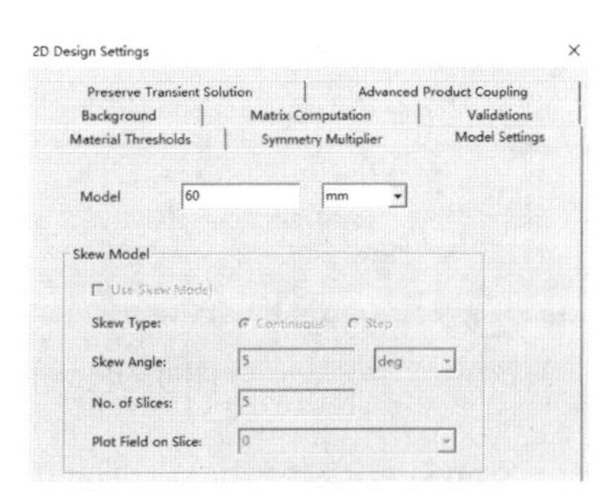

图 9-8　二维模型设置

Step4：定子铁芯绘制。定子铁芯的绘制可先绘制基本的矩形，然后通过布尔运算生成。点击快捷菜单栏【Draw】→【Draw Rectangle】绘制矩形，如图 9-9 所示，在状态栏输入矩形的起点【0,4,0】，按回车确认，并输入矩形对角点的相对坐标（d*X*, d*Y*, d*Z*）【360mm, 40mm, 0】，如图 9-10 所示，按回车确认，在工程树栏生成矩形 Rectangle1。

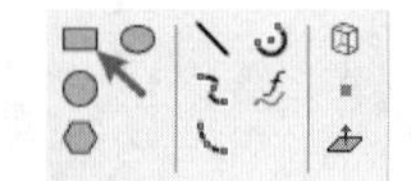

图 9-9　绘制矩形图标

点击【Draw Rectangle】绘制矩形，在状态栏输入矩形的起点【2.5mm,0,0】，按回车确认，并输入矩形对角点的相对坐标【5mm,29mm,0】，按回车确认，在工程树栏生成矩形 Rectangle2，如图 9-11 所示。

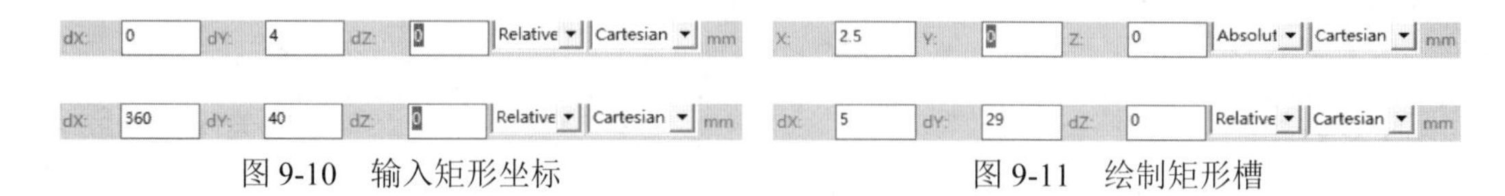

图 9-10　输入矩形坐标　　　　图 9-11　绘制矩形槽

选中矩形 Rectangle2，点击线性阵列快捷按钮【Along Line】，点击坐标原点确定阵列基点，在状态栏输入阵列间距【10mm,0,0】，按回车确认，弹出阵列对话框【Duplicate along line】，输入阵列数目 36，如图 9-12 所示，点击【OK】确认。

选中矩形 Rectangle1、Rectangle2～Rectangle2_35，右键打开菜单，执行【Edit】→【Boolean】→【Subtract...】打开对话框，【Blank Parts】选择 Rectangle1，【Tool Parts】为其余矩形，如图 9-13 所示，点击【OK】确认布尔相减运算，生成定子铁芯如图 9-14 所示。选中定子铁芯，在属性栏将名称【Name】修改为 Stator，颜色修改为灰色，如图 9-15 所示。定子铁芯的绘制也可以通过其他方式实现，如先绘制一个槽，然后通过线性阵列实现。

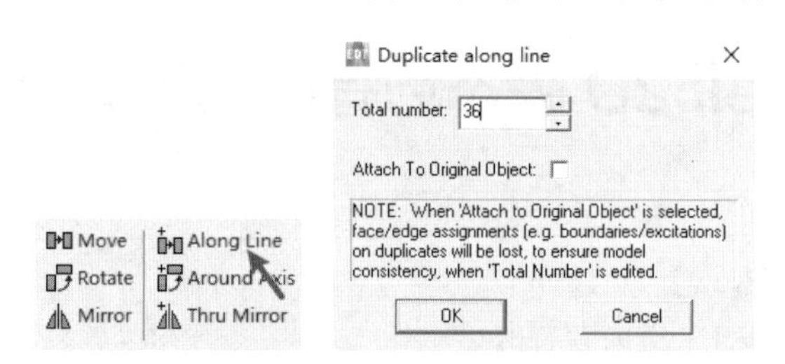

图 9-12　线性阵列矩形

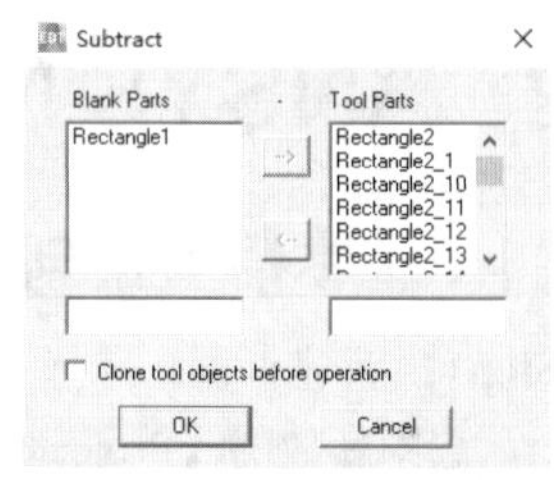

图 9-13　直线电机常用槽形

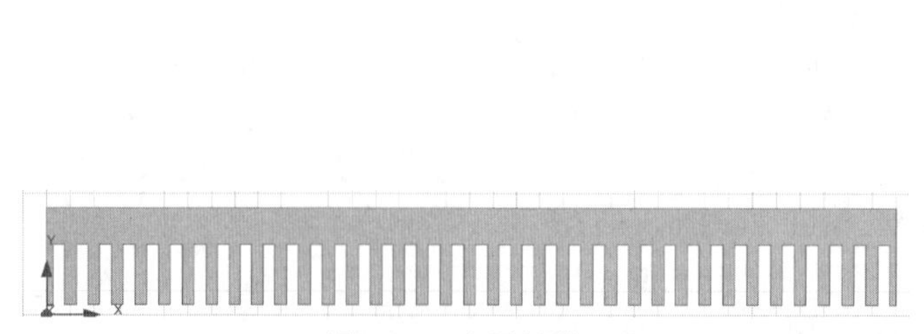

图 9-14　定子铁芯

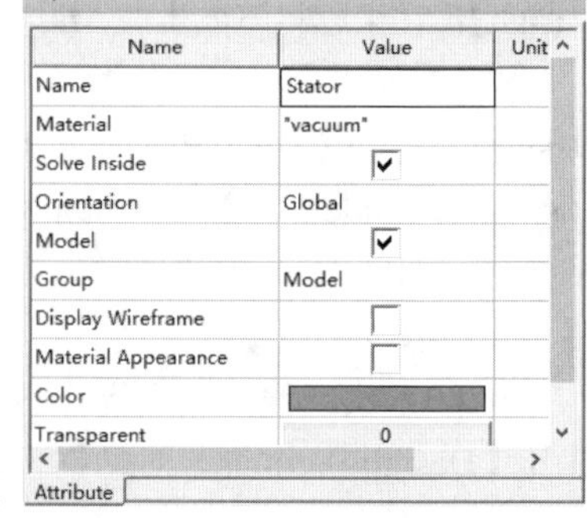

图 9-15　设置定子铁芯属性

Step5：绘制绕组。一般槽内的绕组为多根导线，在仿真软件中可做简化，绕组的导体数设置在激励设置中体现。点击【Draw Rectangle】绘制矩形，在状态栏输入矩形的起点

【2.5mm,7mm,0】，按回车确认，并输入矩形对角点的相对坐标【5mm,11mm,0】，按回车确认，在工程树栏生成矩形 Rectangle3。

点击【Draw Rectangle】绘制矩形，在状态栏输入矩形的起点【2.5mm,18mm,0】，按回车确认，并输入矩形对角点的相对坐标【5mm,11mm,0】，按回车确认，在工程树栏生成矩形 Rectangle4。

选中 Rectangle3 和 Rectangle4，执行线性阵列【Along Line】，点击坐标原点确定阵列基点，在状态栏输入阵列间距【10mm,0,0】，按回车确认，弹出阵列对话框【Duplicate along line】，输入阵列数目 36，点击【OK】确认。选中槽 1～6 下层绕组，槽 31～36 上层绕组，按 Delete 键删除。生成的带绕组的定子如图 9-16 所示。

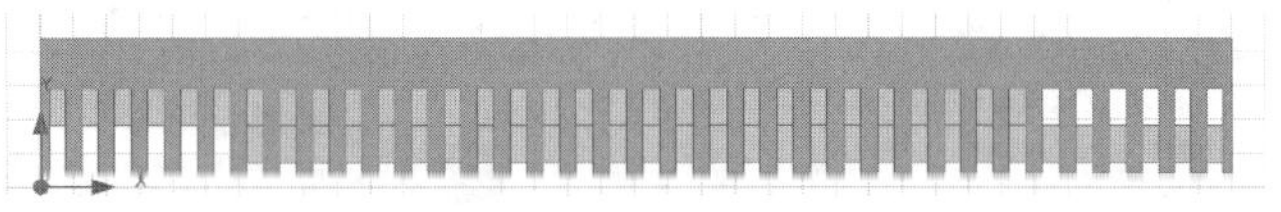

图 9-16　带绕组定子

选中定子绕组及铁芯，点击镜像复制快捷按钮【Thru Mirror】，点击坐标原点确定复制基点，点击 *Y* 轴上任意一点，确认镜像复制方向，生成双边定子，如图 9-17 所示。

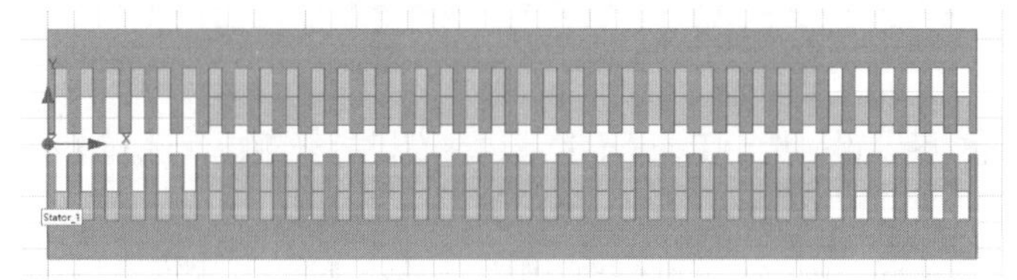

图 9-17　带绕组双边定子

下边定子也可以等上边定子的绕组激励设置完毕后再镜像复制。

Step6：绘制次级。点击【Draw Rectangle】绘制矩形，在状态栏输入矩形的起点【-60mm,-2mm,0】，按回车确认，并输入矩形对角点的相对坐标【480mm,4mm,0】，按回车确认，在工程树栏生成矩形 Rectangle5。并将其命名为 Mover，颜色为浅灰。

9.2.2　特殊边界条件在模型简化上的应用

Step1：运动边界绘制。运行边界通常设置在初级铁芯与次级表面的中间位置。点击【Draw Rectangle】绘制矩形，在状态栏输入矩形的起点【-60mm,-3mm,0】，按回车确认，并输入矩形对角点的相对坐标【480mm,6mm,0】，按回车确认，在工程树栏生成矩形，并将其命名为 Band，透明度为 1。

Step2：空气域 Region 绘制。空气域需要包裹所有的模型，并形成联通的空气域。点击【Create Region】快捷按钮，打开 Region 设置对话框，点击【OK】确认。完整的电机模型如图 9-18 所示。

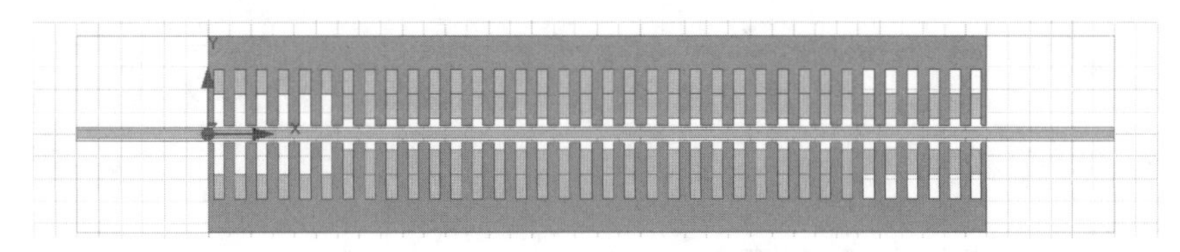

图 9-18　完整电机模型

Step3：主从边界。对于单方向运动的直线电机，可以根据运动速度以及时间绘制运动部件的长度，也可以使用主从边界简化模型，减少仿真计算时间。将选择模式设置为边（绘图区右击打开菜单【Selection Mode】→【Edges】），选中 Region 的左侧边，右键打开菜单，选择【Assign Boundary】→【Master…】，打开主边界设置对话框，点击【OK】确认主边界设置；选中 Region 的右侧边，右键打开菜单，选择【Assign Boundary】→【Slave…】，选择从边界相匹配的【Master Boundary】主边界 Master1，【Relation】选择 Bs=Bm，并勾选翻转 U Vector，点击【OK】确认从边界设置，如图 9-19 所示。

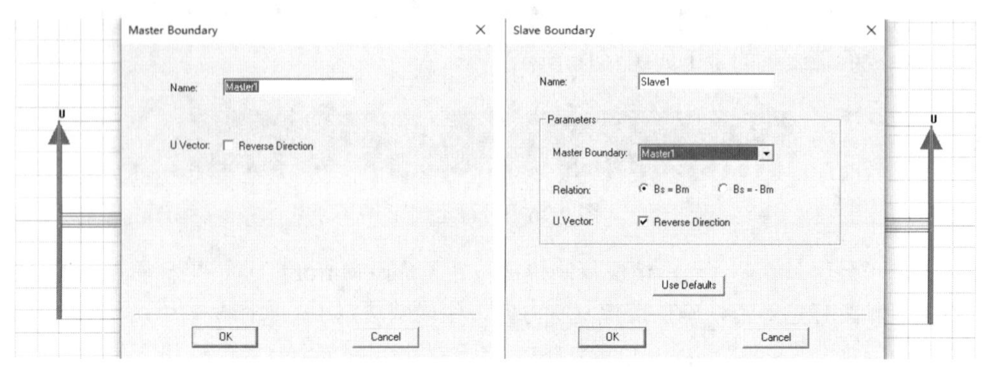

图 9-19　主从边界设置

Step4：零矢量边界设置。选中 Region 上下边，右键打开菜单，选择【Assign Boundary】→【Vector Potential…】，值为 0Wb/m，点击【OK】确认设置。

Step5：运动边界设置。与旋转电机有所不同，若没有设置主从边界，则不需要勾选【Type】选项卡中【Motion】项的周期性运动【Periodic】，若设置了主从周期边界，则需要勾选相应的【Periodic】项。选中 Band，右键打开菜单，选择【Assign Band…】，打开 Band 设置对话框，在【Type】选项卡中，Motion 项选择【Translation】，并勾选【Periodic】，Moving 栏选择【Global::X】，运动方向为【Positive】。点击【Mechanical】选项卡，设置速度【Velocity】为参数化变量 spd，弹出变量对话框，设置速度初始值为 0m/s。速度的单位【Unit】点击选择 m_per_sec，如图 9-20 所示，点击【OK】确认速度参数化变量设置，单击 Motion 对话框【确定】按钮关闭 Band 设置。

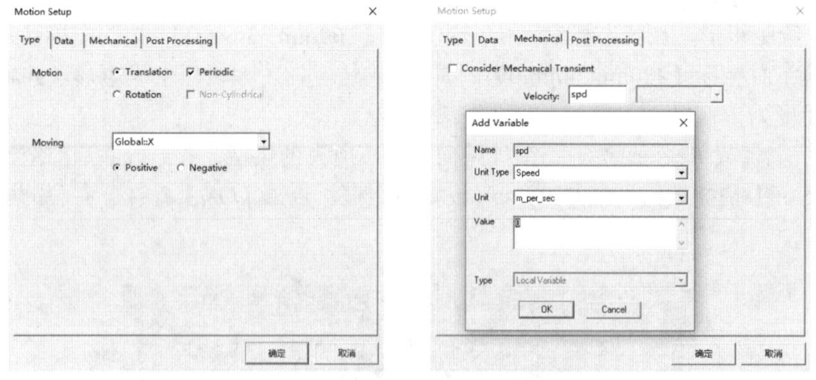

图 9-20　运动边界设置

9.2.3　材料、网格等前处理

Step1：定子铁芯材料设置。选中 Stator、Stator_1，右键打开菜单，选择【Assign Material…】

打开材料库，选择[sys]China Steel 材料库，选择 China Steel_35CS550 并确认选择。

Step2： 次级材料设置：选中 Mover，右键打开菜单，选择【Assign Material…】打开材料库，选择[sys] Materials 材料库，选择 aluminum 并确认选择。

Step3： 绕组材料设置。选中绕组，右键打开菜单，选择【Assign Material…】打开材料库，选择[sys] Materials 材料库，选择 Copper 并确认选择。

电机各部分的材料设置可以选择材料库中现有材料，也可以根据工程实际，克隆系统材料，并修改其参数，或者新建材料，详见前面章节或者 ansys 帮助。

Step4： Band 和 Region 材料设置。为默认的真空即可。

Step5： 导体设置。选中上下边定子槽 1、2、13、14、25、26，在属性栏将其命名为 AP，颜色设置为黄色。

选中 AP～AP_19，右键打开菜单，选择【Assign Excitation】→【Coil…】，打开激励设置对话框，设置 Base Name 为 AP，导体数为 50，极性 Polarity 为【Positivc】，如图 9-21（a）所示，点击【OK】确认，在工程管理栏，【Excitations】内添加 AP～AP_19 线圈。

(a)

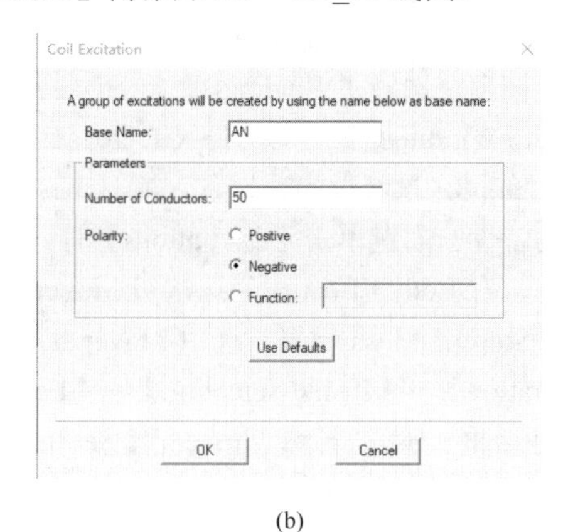

(b)

图 9-21　A 相线圈设置

选中上下边定子槽 7、8、19、20、31、32，在属性栏将其命名为 AN，颜色设置为黄色。

选中 AN～AN_19，右键打开菜单，选择【Assign Excitation】→【Coil…】，打开激励设置对话框，设置 Base Name 为 AN，导体数为 50，极性 Polarity 为【Negative】，如图 9-21（b）所示，点击【OK】确认，在工程管理栏【Excitations】内添加 AN～AN_19 线圈。

按照表 9-2，依照该步骤依次设置 BP、BN、CP、CN 线圈，如图 9-22 所示。

表 9-2　绕组分布

项目	正极（P）	负极（N）	颜色
A 相	1～2, 13～14, 25～26	7～8, 19～20, 31～32	黄
B 相	5～6, 17～18, 29～30	11～12, 23～24, 35～36	绿
C 相	9～10, 21～22, 33～34	3～4, 15～16, 27～28	红

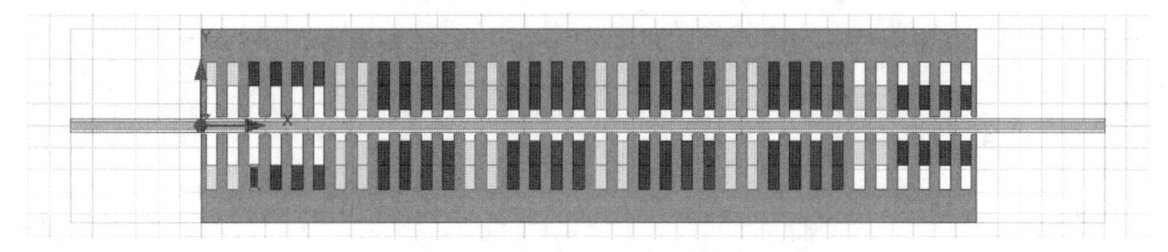

图 9-22　设置完绕组线圈的电机模型

Step6：添加绕组。在 Project Manager 栏，右击【Excitations】，打开菜单，单击【Add Winding…】打开绕组设置对话框，设置【Name】为 WindingA，参数栏设置【Type】为电流源 Current，并选择 Stranded，【Current】填写 6*sqrt(2)*cos(2*pi*50*time)，【Number of Parallel Branches:】设为 2，点击【OK】确认添加 A 相绕组，如图 9-23 所示。同样，添加 B 相绕组，【Current】填写 6*sqrt(2)*cos(2*pi*50*time-2*pi/3)；添加 C 相绕组，【Current】填写 6*sqrt(2)*cos(2*pi*50* time+2*pi/3)。添加完成后，在【Excitations】生成 A、B、C 三相绕组。

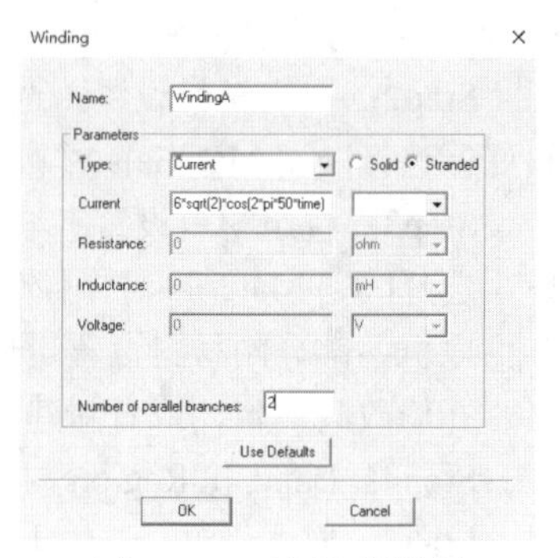

图 9-23　A 相绕组设置

Step7：绕组添加导体。右键单击【Excitations】内的【WindingA】，打开菜单，选择【Add Terminals…】打开绕组设置对话框，在【Terminal Listing Options】选择 Terminals not assigned to any winding，按住 Shift 或 Ctrl 键选择 AP_1～AP_20、AN_1～AN_20，点击【OK】，确认将激励添加至 A 相绕组 WindingA。

同理，选择【WindingB】将 BP_1～BP_20、BN_1～BN_20 添加至 B 相绕组 WindingB，选择【WindingC】将 CP_1～CP_20、CN_1～CN_20 添加至 C 相绕组 WindingC。

Step8：次级板涡流设置。对于非磁性次级，需要设置涡流效应，否则不能准确反映电机的力特性。右键单击【Excitations】打开菜单，选择【Set Eddy Effects...】，打开涡流设置对话框，在 Eddy Effect 栏勾选次级 Mover，单击【OK】退出设置。

Step9：Mesh 设置。选中 Mover 执行【Assign Mesh Operation】→【Inside Selection】→【Length Based...】打开对话框，设置名称 Mover，【Set maximum element length】为 1mm，如图 9-24 所示，点击【OK】确认。按照相同的方法分别设置定子铁芯 Stator 为 12mm，导体 Winding 为 6mm，运动 Band 为 1mm，空气域 Region 为 16mm。

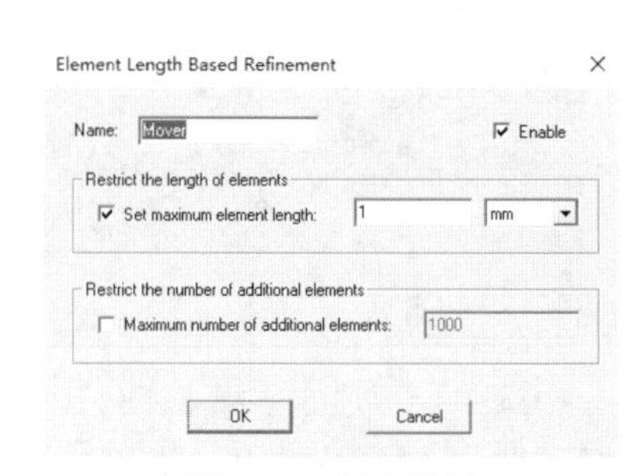

图 9-24　剖分设置

Step10：求解设置。在 Project Manager 栏内，右键打开【Analysis】菜单，选择【Add Solution Setup…】，弹出求解设置对话框，在【General】选项卡设置仿真时长【Stop time】为 0.2s，仿真步长为 0.25ms。在【Save Fields】选项卡选择场的保存时刻，选择第二项，从 0～100ms，每隔 20 个步长保存一次，单击【Preview…】可查看保存场的具体时刻，如图 9-25 所示。点击【Solve Setup】对话框下方【OK】确认设置。保存场的时刻可以灵活设置，需要注意的是，仿真步长要能够反映各物理量的准确波形，设置适当的仿真时长保证力的波形达到稳定状态。

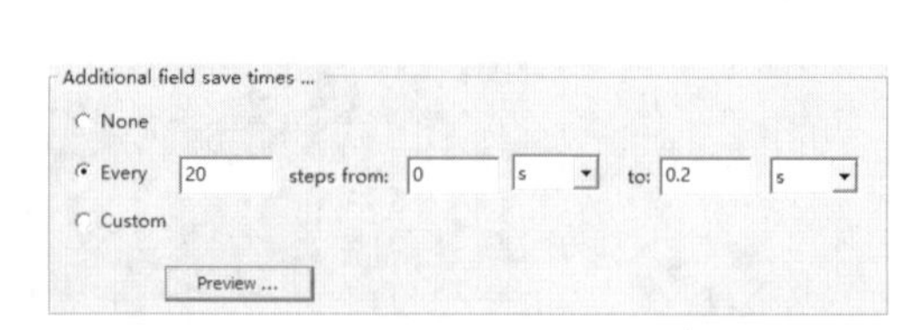

图 9-25　求解设置

9.2.4 定子法向力等自定义监测参数设定

除了查看动子的推（制动）力特性外，由于直线电机结构的特殊性，所以还可以通过设置定子之间的相互作用力、绕组的作用力等，为电机设计提供一定帮助。下面介绍定子受力设置方法，其他部件的设置方法相同，此处不再详述。

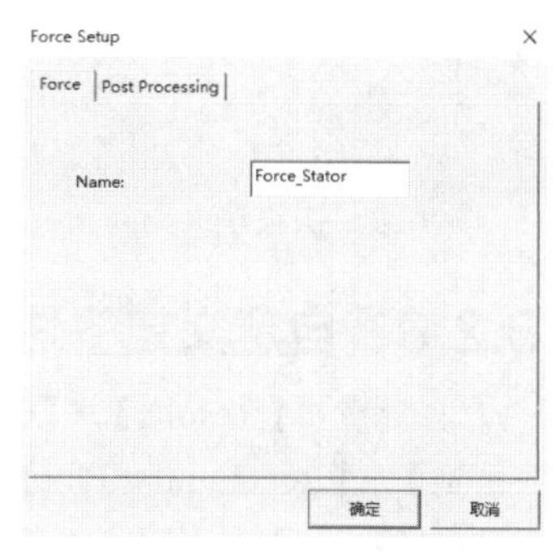

图 9-26　定子受力设置

选中定子铁芯以及绕组，右键打开菜单，选择【Assign Parameters】→【Force...】打开 Force Setup 对话框，【Name】栏修改为 Force_Core，见图 9-26，单击【确定】退出。同样选中该定子上的所有线圈，设置【Name】为 Force_Winding，选中单边定子铁芯和线圈，设置【Name】为 Force_Stator。设置完成后，在 Project Manager 栏【Parameters】内可点击 Force 名称查看受力分析对象。

9.2.5 常见直线电机曲线生成

一些曲线在仿真时可以查看，还有一些曲线要仿真计算完成后才能查看。除了查看常规的力、绕组相关参数、损耗等，也可以查看自定义的各项参数值。

在 Project Manager 栏，右键点击【Results】→【Create Transient Report】→【Rectangular Plot】，弹出对话框，在右侧 Trace 选项卡下方左侧【Category:】栏，选择【Force】，中间栏选择【Moving1.Force_x】，如图 9-27 所示，点击【New Report】生成推力随仿真时间变化的曲线，如图 9-28 所示。选择【Moving1.Force_y】，点击【New Report】生成次级法向力随仿真时间变化的曲线，如图 9-29 所示。

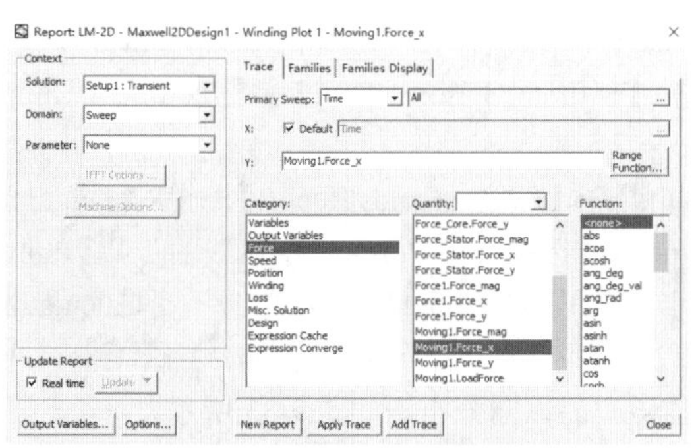
图 9-27　创建报告对话框

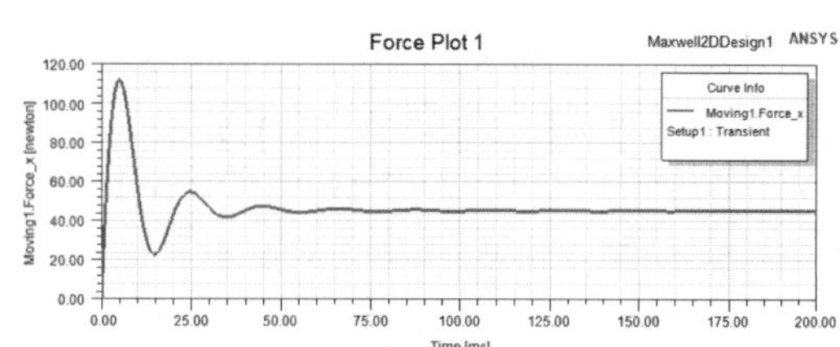

图 9-28　推力随仿真时间变化的曲线

由于上述模型次级运动的方向是 X 方向，因此 Moving1.Force_x 为电机的推力，Moving1.Force_y 为法向力，若次级运动方向沿 Y 轴，则推力的方向需要相应改变。

在创建报告对话框中，在右侧 Trace 选项卡下方左侧【Category:】栏，选择【Winding】，选中相应的参数，如电感 L、磁链 Flux Linkage、感应电压 Induced Voltage 以及输入电流 Input Current 等，点击【New Report】可创建绕组的相应报告，选择【Apply Trace】则替换之前绘图，选择【Add Trace】则在原绘图中添加新的曲线。

点击绘图中曲线，在属性栏可修改线条的颜色、线型、线宽等属性，生成的感应电压波形图如图 9-30 所示。也可以在绘图区右键打开菜单，进行标注【marker】→【Add Notes...】或者通过【Trace Characteristics】查看波形的有效值（rms），平均值（avg）或者最大值（max）、最小值（min）等。

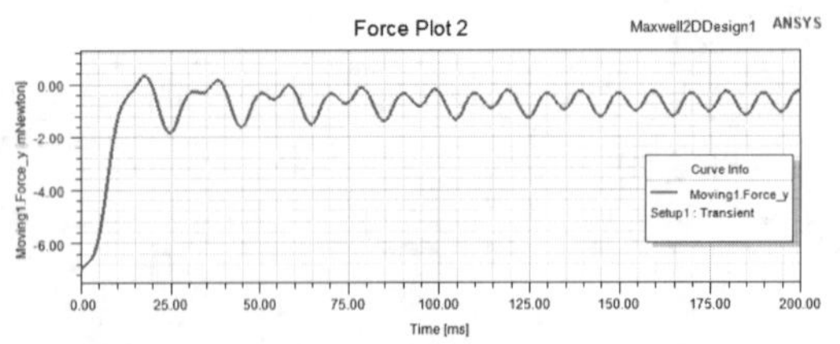

图 9-29 次级法向力随仿真时间变化的曲线

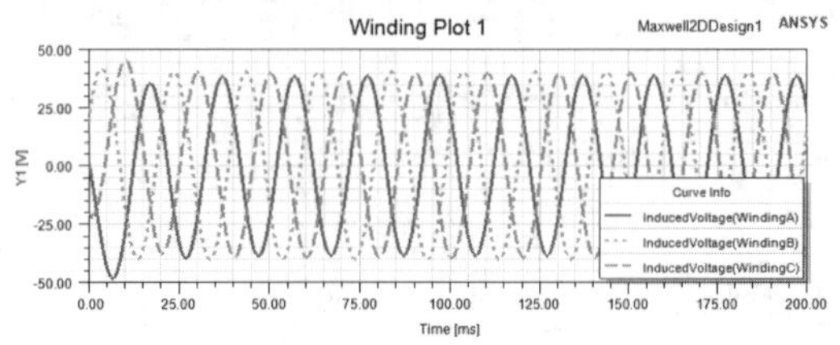

图 9-30 感应电压波形

9.2.6 自定义定子法向力分析

右键点击【Results】→【Create Transient Report】→【Rectangular Plot】，弹出对话框，在右侧 Trace 选项卡下方左侧【Category:】栏，选择【Force】，中间栏选择自定义力的名称【Force_Stator.Force_y】，点击【New Report】生成定子法向力随仿真时间变化的曲线，如图 9-31 所示。可根据需要右键打开菜单，选择【Trace Characteristics】添加该值的平均值（avg）等。

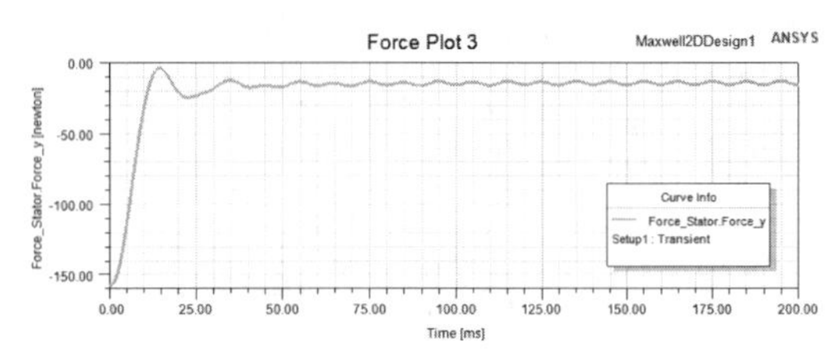

图 9-31 单边定了法向力仿真曲线图

9.2.7 气隙磁场、次级电密的纵向分布提取

气隙磁场以及次级电密的提取，可以在模型绘制的时候添加非模型线条或者计算完成后添加，非模型线条的添加不影响仿真计算的结果。

Step1：选择【Draw】标签，点击 Draw line，弹出非模型对象创建提示，点击【是（Y）】确定创建非模型线条。在绘图区绘制任意长度线段，在模型树栏点击【+】展开 Lines，双击 Create Line，打开设置对话框，输入线条坐标端点【-60mm, 3.1mm, 0mm】和【420mm, 3.1mm, 0mm】，点击确认。

Step2：Project Manager 栏，右键点击【Results】→【Create Fields Report】→【Rectangular Plot】，弹出对话框，在【Context】选项栏，【Geometry:】选择线条 Polyline1，曲线的点数【Point Count:】设置为 481，在右侧【Trace】选项卡下方左侧【Category:】栏选择【Calculator Expressions】，中间栏选择【Mag_B】，如图 9-32 所示；点击右上方【Families】选项卡，选择保存场的时刻，点击【New Report】生成气隙磁密的纵向分布，如图 9-33 所示。

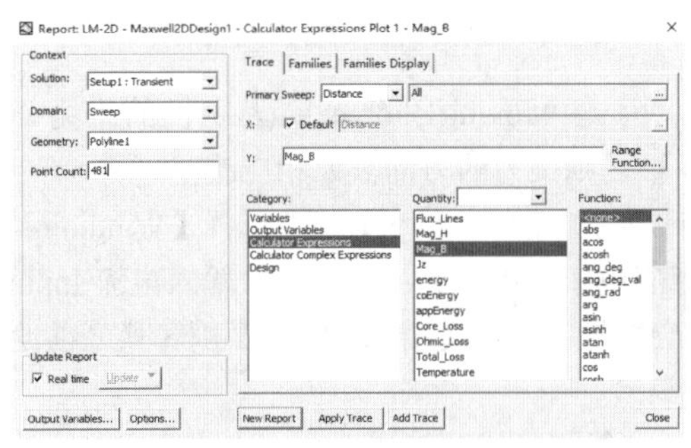

图 9-32 气隙磁密绘图设置

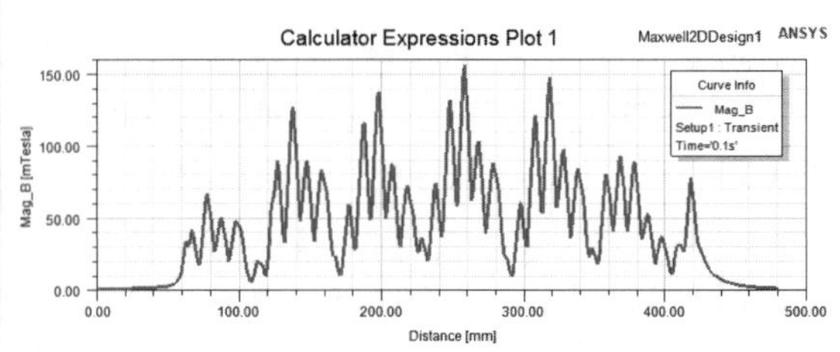

图 9-33 气隙磁密纵向分布

曲线的点数可以任意设置，也可以根据实际需求修改后重新生成曲线。

按照上述步骤，绘制起点为【-60mm, 0, 0】终点为【420mm, 0, 0】的直线，在创建场报告的对话框中选择电密 JZ，生成的次级电密分布如图 9-34 所示。要查看的次级电密的线条需要绘制在次级内，若绘制在次级板外，则没有电密值。

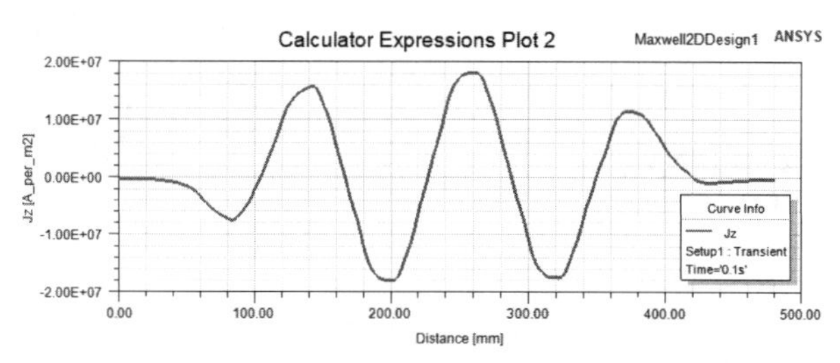

图 9-34　次级电密纵向分布

9.2.8　场处理器自定义场量输出

Step1： 在 txt 中编写气隙磁密的纵向分布场计算器代码，并将其命名为 Bg_air_LIM_ Y.clc 并保存。代码如下：

```
$begin 'Named_Expression'
    Name('Bg_air_LIM_Y')
    Expression('ScalarY(<Bx,By,Bz>)')
    Fundamental_Quantity('B')
    Operation('ScalarY')
$end 'Named_Expression'
```

Step2： 执行【Maxwell 2D】→【Fields】→【Calculator】，打开场计算器，选择导入【Load From】场计算器文件（*.clc），如图 9-35 所示。打开场计算器文件所在位置，选中文件并打开，在弹出的【Select expressions for loading】对话框中勾选导入场计算器名称，点击【OK】确认导入。

Step3： 右键点击【Results】→【Create Fields Report】→【Rectangular Plot】，弹出对话框，在【Context】选项栏，【Geometry:】选择线条 Polyline1，曲线的点数【Point Count:】设置为 481，右侧【Trace】选项卡下方【Category:】左侧栏选择【Calculator Expressions】，中间栏选择新添加的场计算器【Bg_air_LIM_Y】，点击右上方【Families】选项卡，选择保存场的时刻，点击【New Report】生成的气隙磁密纵向分布如图 9-36 所示。

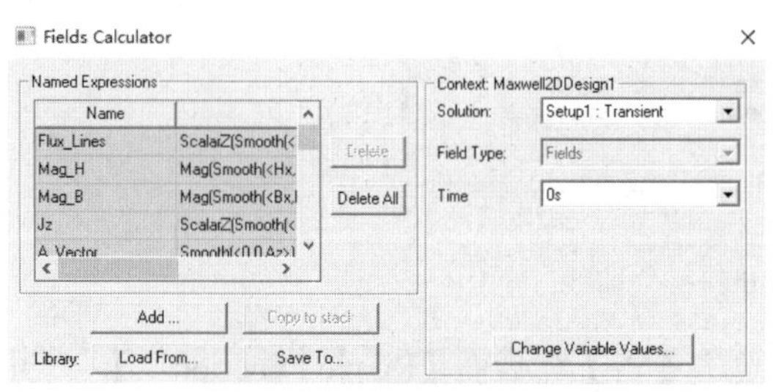

图 9-35　场计算器导入

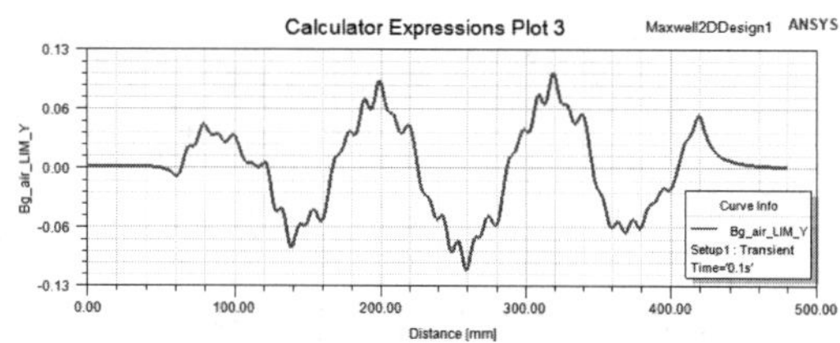

图 9-36　气隙磁密纵向分布

9.2.9　参数化处理在结构优化上的应用

Step1： 打开 Mover 下矩形的属性，将次级的 *Y* 坐标改为-d，弹出变量设置对话框，如图 9-37 所示，选择单位类型【Unit Type】为 Length，单位【Unit】为 mm，值【Value】为 2，单击【OK】确认，将次级的 *Y* 方向大小【YSize】设置为 2*d，确认并退出。

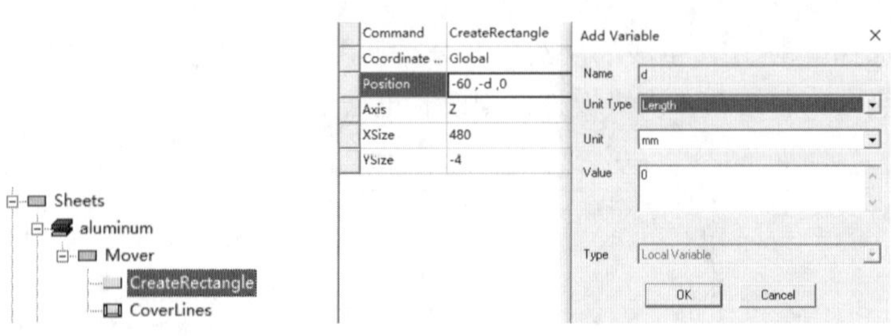

图 9-37　次级参数化设置

Step2： 在 Project Manager 栏，右键点击【Optimetrics】→【Add】→【Parametric...】，如图 9-38 所示，弹出【Setup Sweep Analysis】对话框，在【Sweep Definitions】选项卡点击【Add…】，弹出【Add/Edit Sweep】对话框，选择变量 Variable 为 d（次级厚度）、linear step（线性步长），起点 Start 设为 1mm，终点为 2.4mm，步长为 0.2mm，点击【Add >>】添加至右侧栏，如图 9-39 所示，点击【OK】确认退出 Add/Edit Sweep 对话框。点击【Setup Sweep Analysis】对话框 Table 选项卡，显示扫描参数的具体数值，点击【OK】确定设置并退出。

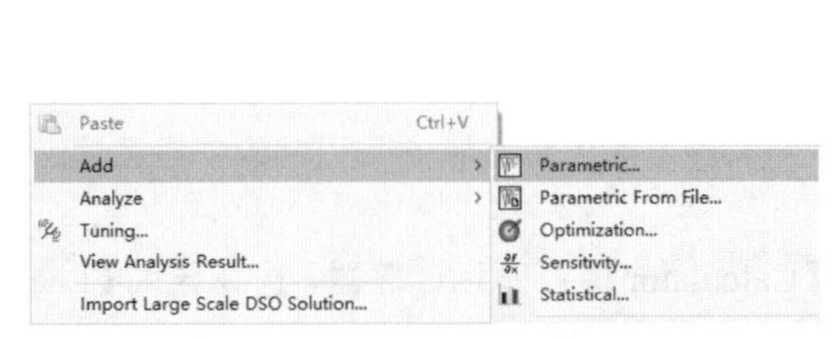

图 9-38　参数化扫描设置

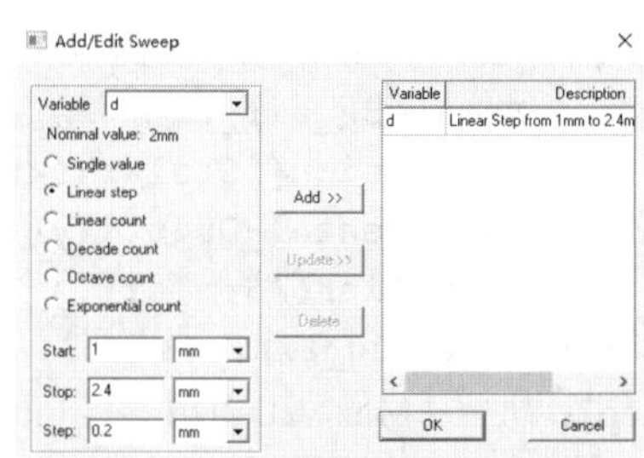

图 9-39　添加参数化扫描

Step3： 在 Project Manager 栏，右键点击【Optimetrics】→【ParametricSetup1】，单击【Analyze】开始仿真计算。

Step4： 在【Result】→【Force Plot1】下双击 Moving1.Force_x，打开对话框，在【Families】选项卡中选择变量 d 编辑栏【...】，勾选【Use all values】，点击【Apply Trace】绘制不同 d 值时推力曲线，如图 9-40 所示。

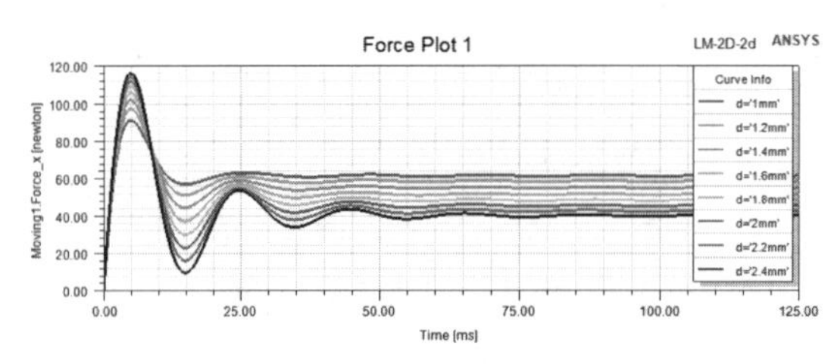

图 9-40　不同 d 值推力曲线

Step5： 在报告对话框，【Trace】选项卡下单击【Y：】栏后面【Range Function…】，打开【Set Range Function】对话框，如图 9-41 所示，选择函数【Function】为平均值 avg，点击【Over Sweep：】栏【…】，打开对话框，选择 Specify range，设置时间范围 0.075～0.125s 单击【OK】确认。

取消勾选横坐标后面【Default】，并点击【…】，选择 d 作为 *X* 轴变量，点击【OK】确认，将【Primary Sweep：】选择为 d，如图 9-42 所示。点击【New Report】生成平均推力随厚度变化的曲线，如图 9-43 所示。

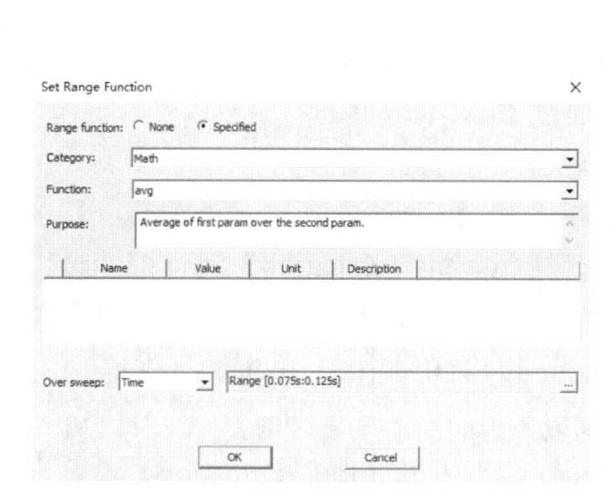

图 9-41　设置范围函数

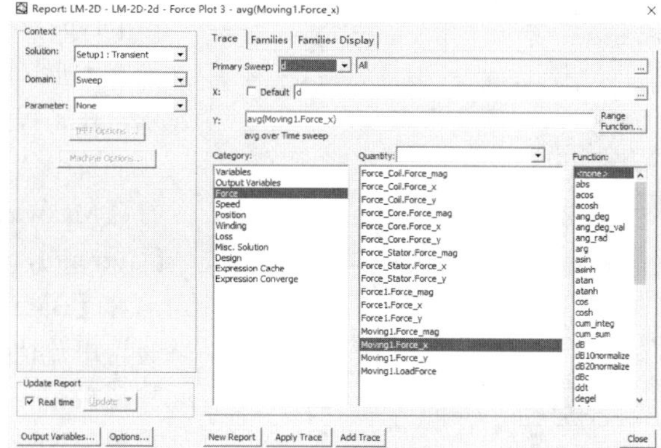

图 9-42　参数化 d 绘图设置

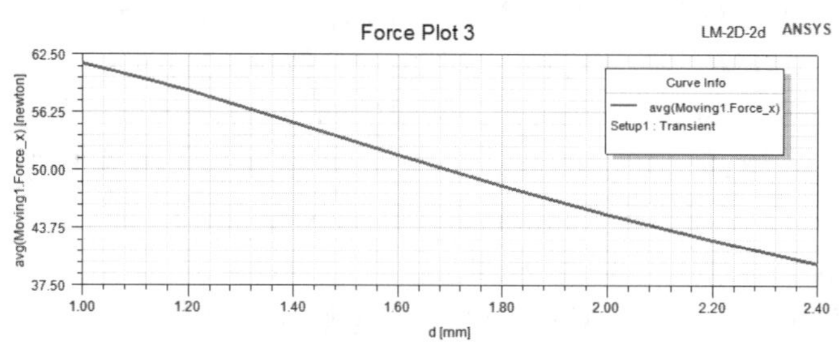

图 9-43　平均推力随厚度 d 的变化曲线

9.3　ANSYS Maxwell 2D 涡流场有限元仿真分析

涡流场中直线电机模型绘制、电机各部分材料属性设置、剖分设置、边界设置与瞬态场模型设置一致，在此不再详述。涡流场中直线电机模型剖分图如图 9-44 所示。

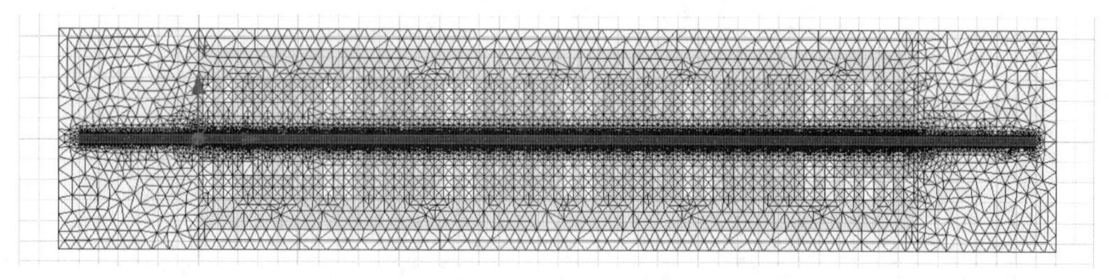

图 9-44　模型剖分图

9.3.1　激励设置

涡流场的激励设置可以按照瞬态场设置方式设置，即先设置导体，然后添加绕组并设置绕组的激励源，激励源可以是电流源、电压源或者外电路。

与瞬态场不同的是，涡流场还可以为导体设置电流或者电流密度。涡流场导体电流的设置方式如下。

选中 A 相电流流出方向的导体为 AP～AP_19，执行【Maxwell 2D】→【Excitations】→【Assign】→【Current】（或者右键打开菜单，选择【Assign Excitation】→【Current】），打开【Current Excitation】对话框，设置名称【Base Name】为 AP；在参数【Parameters】栏设置电流值【Value】为 150*sqrt(2)，单位选择安培（A）；相位【Phase】设置为 0，单位为度（deg）；类

型【Type】设置为 Stranded，参考方向【Ref. Direction】设置为正（Positive），点击【OK】确认，如图 9-45 所示，在工程管理栏【Excitations】添加导体。

选中 A 相电流流入方向的导体为 AN～AN_19，执行【Maxwell 2D】→【Excitations】→【Assign】→【Current】，打开【Current Excitation】对话框，设置名称【Base Name】为 AN，在参数【Parameters】栏设置电流值【Value】为 150*sqrt(2)，单位选择安培（A）；相位【Phase】设置为 0，单位为度（deg）；类型【Type】设置为 Stranded，参考方向【Ref. Direction】设置为负（Negative），点击【OK】确认，在工程管理栏【Excitations】添加导体。

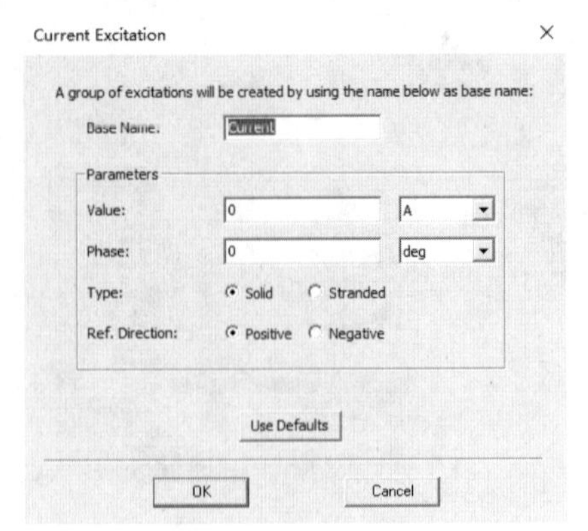

图 9-45　导体电流激励设置

按照相同的方法设置 B 相导体，BP～BP_19 相位【Phase】设置为-120deg，参考方向【Ref. Direction】设置为正（Positive），BN～BN_19 相位【Phase】设置为-120deg，参考方向【Ref. Direction】设置为负（Negative）。C 相导体 CP～CP_19 相位【Phase】设置为 120deg，参考方向【Ref. Direction】设置为正（Positive），CN～CN_19 相位【Phase】设置为 120deg，参考方向【Ref. Direction】设置为负（Negative）。

除了直接给导体设置电流，还可以给至少由两个导体组成的并联传导通路设置总并联电流［总电流平均分配给并联导体，如果是多股导体（Stranded），则根据所选导体的相对面积来分配电流］，或者电流密度。设置方法参考上述步骤，设置并联电流执行【Maxwell 2D】→【Excitations】→【Assign】→【Parallel Current】，打开对话框并填入相应的名称、数值和相位，如图 9-46 所示。执行【Maxwell 2D】→【Excitations】→【Assign】→【Current Density】，打开对话框设置导体的电流密度和相位，如图 9-47 所示，如果电密值为空间函数，须从下拉菜单中选择相应的坐标系。

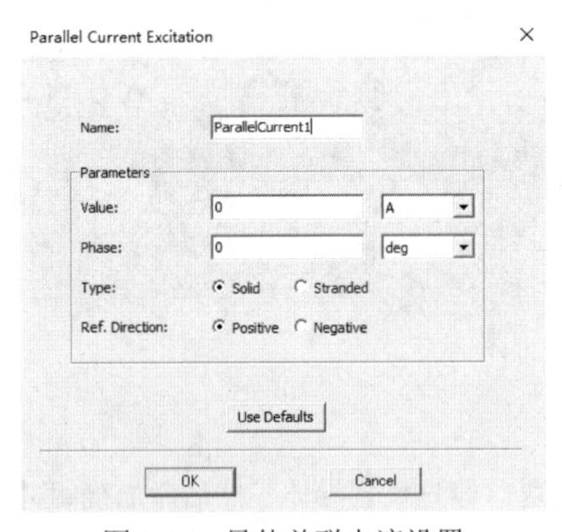

图 9-46　导体并联电流设置

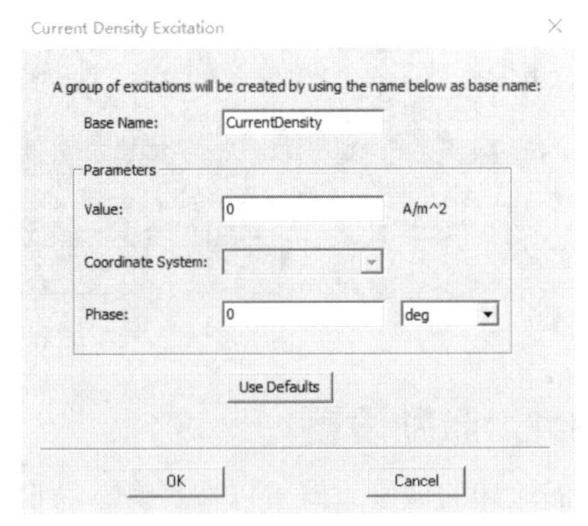

图 9-47　导体电流密度设置

9.3.2　求解设置

（1）电感矩阵设置

单击菜单栏【Maxwell 2D】，然后选择【Parameters】→【Assign】→【Matrix】，弹出矩阵对话框，如图 9-48 所示，在【Setup】选项卡下输入矩阵名称，并勾选【Include】栏下方要计算绕组矩阵的复选框。在【Post Processing】中可设置绕组匝数，若激励为单个导体施加电流，可将同相绕组分组，并设置并联支路数。

（2）力设置

选中直线电机的次级，点击菜单栏【Maxwell 2D】，选择【Parameters】→【Assign】→【Force】（或者在绘图区打开右键菜单，选择【Assign】→【Force】），在【Force】选项卡设置名称 MoverForce，并确认，如图 9-49 所示。

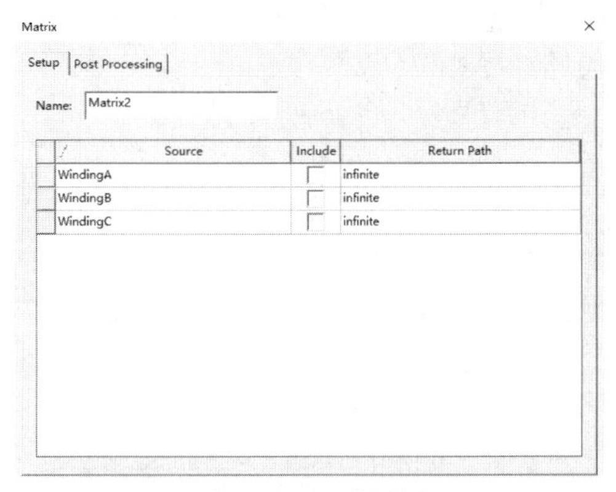

图 9-48　矩阵设置

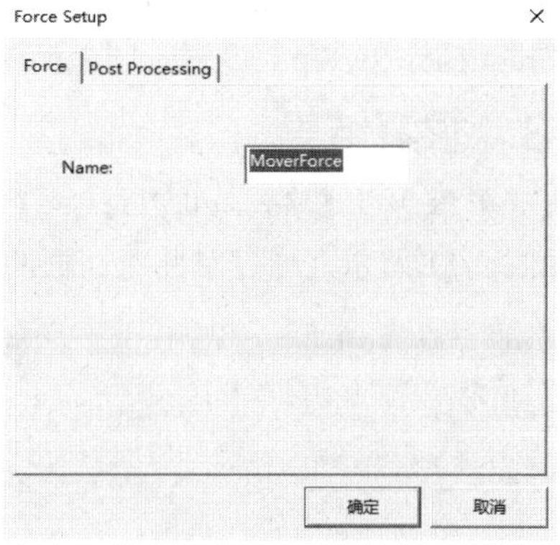

Force Setup
Force | Post Processing
Name: MoverForce
确定　取消

图 9-49　次级受力设置

按照相同的方法，选中查看力的对象，并设置相应的名称。

（3）求解设置

执行菜单命令【Maxwell 2D】→【Analysis Setup】→【Add Solution setup】，进行一般设置、收敛设置、频率扫描设置及求解设置，具体设置如图 9-50 所示。

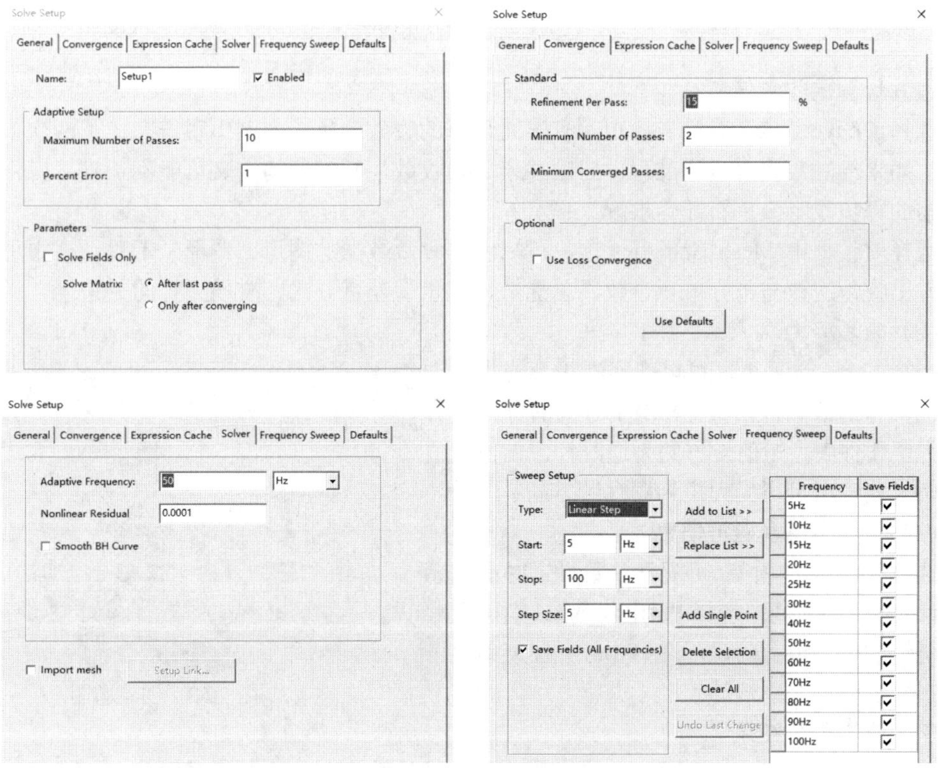

Solve Setup
General | Convergence | Expression Cache | Solver | Frequency Sweep | Defaults
Name: Setup1　Enabled
Adaptive Setup
Maximum Number of Passes: 10
Percent Error: 1
Parameters
Solve Fields Only
Solve Matrix: After last pass
Only after converging

Solve Setup
General | Convergence | Expression Cache | Solver | Frequency Sweep | Defaults
Standard
Refinement Per Pass: 15 %
Minimum Number of Passes: 2
Minimum Converged Passes: 1
Optional
Use Loss Convergence
Use Defaults

Solve Setup
General | Convergence | Expression Cache | Solver | Frequency Sweep | Defaults
Adaptive Frequency: 50 Hz
Nonlinear Residual 0.0001
Smooth BH Curve
Import mesh　Setup Link...

Solve Setup
General | Convergence | Expression Cache | Solver | Frequency Sweep | Defaults
Sweep Setup
Type: Linear Step
Start: 5 Hz
Stop: 100 Hz
Step Size: 5 Hz
Save Fields (All Frequencies)
Add to List >>
Replace List >>
Add Single Point
Delete Selection
Clear All
Undo Last Change

Frequency	Save Fields
5Hz	✓
10Hz	✓
15Hz	✓
20Hz	✓
25Hz	✓
30Hz	✓
40Hz	✓
50Hz	✓
60Hz	✓
70Hz	✓
80Hz	✓
90Hz	✓
100Hz	✓

图 9-50　求解设置

【General】选项卡设置网格细化周期的最大迭代次数【Maximum Number of Passes】、误差百分比【Percent Error】，以控制所求解结果的准确性，数值越小越准确，但求解速度越慢，数值越大，准确性越差但求解速度越快。

【Convergence】选项卡设置【Refinement Per Pass】每次迭代过程中网格细化百分比、最小迭代次数【Minimum Number of Passes】、【Minimum Converged Passes】。

【Solver】选项卡设置电源频率【Adaptive Frequency】和非线性残差【Nonlinear Residual】。

【Frequency Sweep】设置不同电源频率的涡流场参数求解。

9.3.3 求解结果

执行菜单命令【Maxwell 2D】→【Results】→【Solution data】，弹出求解结果查看对话框，如图 9-51 所示，通过对此对话框的各项操作，可观察以下求解结果。

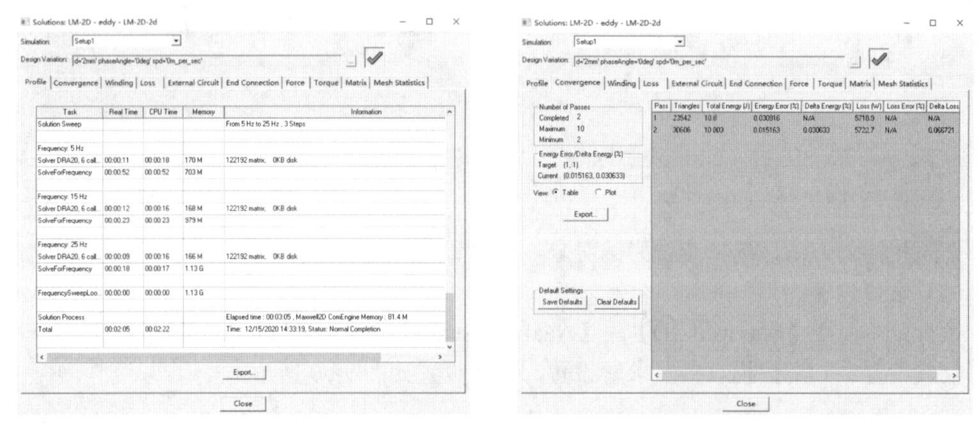

图 9-51 求解结果查看

（1）计算的收敛信息

选择 Convergence 选项卡，观察有限元计算的收敛信息。本例中系统完成了两次自适应过程，如果经过数次自适应过程，问题并未开始收敛，则问题的定义可能不正确，应仔细检查问题的每步设定，重新开始求解。

选择对话框中 Mesh Statistics 项，可以看到收敛数据的图形。图形显示对话框中可以直观地看出收敛次数与剖分单元个数、总能量、能量误差百分比、磁场力等的关系。

（2）查看受力

选择 Force 选项卡，可以观察次级上的力及力矩情况，力的信息包括 X、Y 两个方向的分力及总的合力，软件中力矩的正方向为逆时针方向，数值前的负号代表电机所受力矩为顺时针方向。

（3）查看电感及磁链信息

选择 Matrix 选项卡，可观察参数设置时的电感矩阵信息及磁链信息，选择 PostProcessed 则可观察设定绕组的电感值等信息，在 Type 下拉菜单中可以选择磁链及耦合系数等。

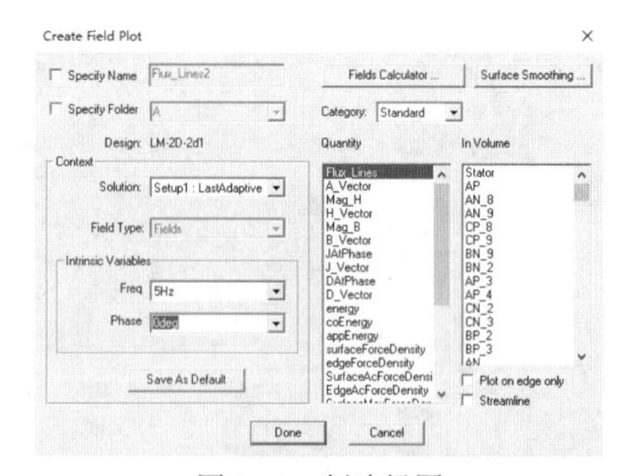

图 9-52 创建场图

（4）查看剖分结果

选择 Mesh Statistics 选项卡，弹出模型剖分统计数据，其中显示模型各个部件的剖分单元数目、最大边长、最小边长、平均边长以及面积信息等，这些统计数据可以通过 Export 选项导出。

（5）磁场分布

在模型窗口中，按下 Ctrl+A 键，选择模型窗口中所有物体，右击后选择【Fields】→【A】→【Flux lines】，弹出如图 9-52 所示创建场图【Create Field Plot】对话框，在【Intrinsic Variables】中选择频率和相位，在 Quantity 中选择磁力线分布 Flux lines，单击【Done】确认显示电机磁力线分布，如图 9-53 所示。

图 9-53　磁力线分布

在场图设置对话框的 Quantity 中选择磁通密度 Mag_B，单击 Done 确认显示电机磁通密度云图，如图 9-54 所示。

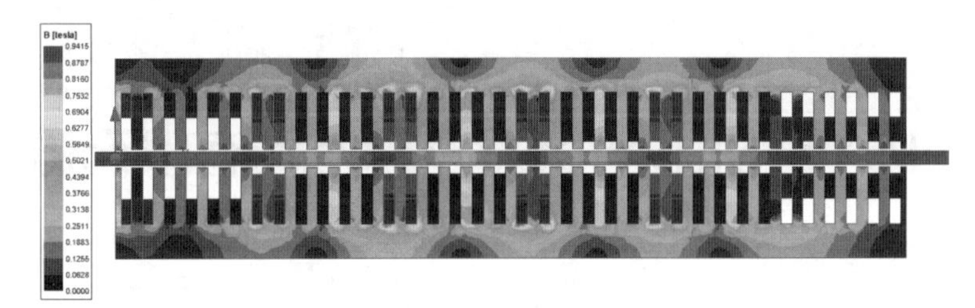

图 9-54　磁密云图

（6）气隙磁通密度分布

按照 10.2 节中气隙磁密的提取方法，绘制查看磁密的直线 Polyline1。选择【Maxwell 2D】→【Results】→【Create Fields Report】→【Rectangular Plot】，打开报告【Report】对话框，选择变量 Mag_B，并在【Families】选项卡选择相位，绘制不同相位时磁密纵向分布，如图 9-55 所示。

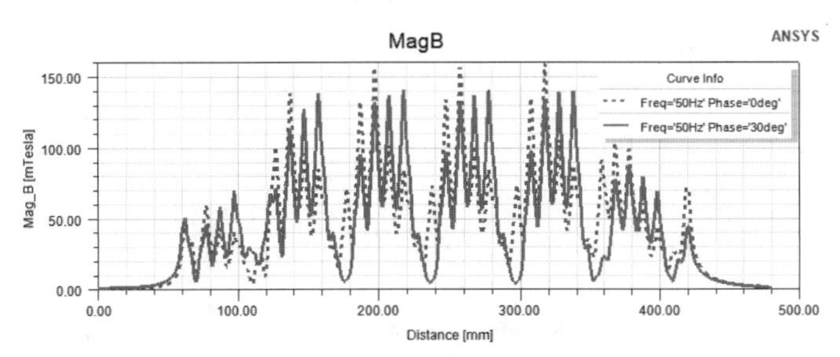

图 9-55　磁密纵向分布

（7）参数的频率特性

对设置了频率扫描的项目，选择【Maxwell 2D】→【Results】→【Create Eddy Current Report】→【Rectangular Plot】，打开报告【Report】对话框，在 Quantity 栏中 Y 坐标选择次

级力名称 Moverforce Force_x，*X* 坐标选择频率（Freq），点击【New Report】生成不同频率时的推力曲线，如图 9-56 所示。

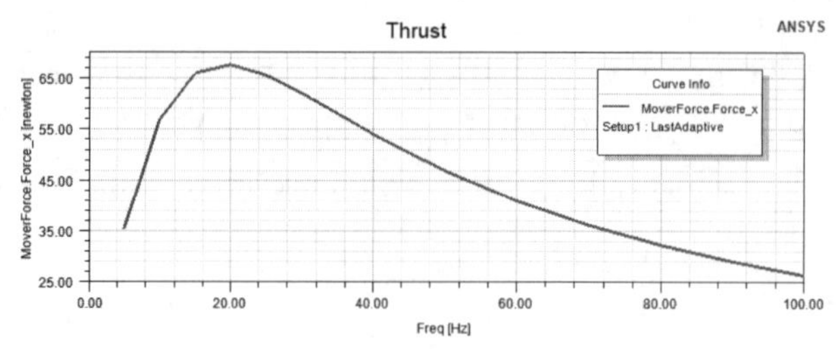

图 9-56　不同频率时次级推力曲线

纵坐标选择定子力名称，生成不同频率时的定子间法向吸引力曲线，如图 9-57 所示。

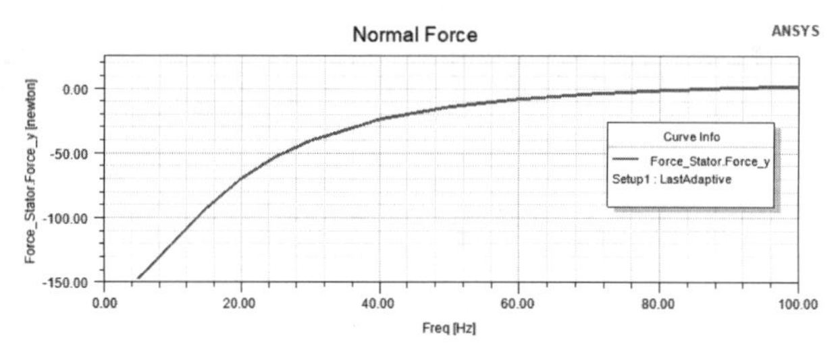

图 9-57　不同频率时定子间法向吸引力曲线

9.4　ANSYS Maxwell 3D 瞬态场有限元仿真分析

9.4.1　3D 模型建立

由于 3D 模型比 2D 模型复杂，其绘制也可通过多种方式实现，其中最直接的方法就是在 Maxwell 中直接绘制，或者通过拉伸绘制的 2D 模型实现，也可以通过导入其他格式的模型实现。

（1）直接绘制定子铁芯

Step1：单击【Flie】→【New】，新建一个 Project，选中新建的【Project1】，单击（按 F2 键或者右击后点击 Rename），更改工程名称为 LM-3D。在工程 LM-3D 上右键打开菜单，选择【Insert】→【Insert Maxwell 3D Design】，如图 9-58 所示。按照相同方法更改 Project 下方的 Design 名称为 LM-Stator，如图 9-59 所示。

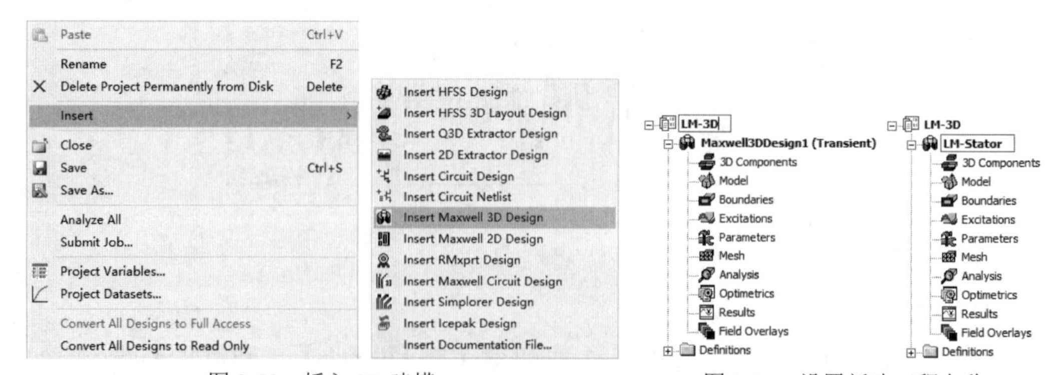

图 9-58　插入 3D 建模　　　　图 9-59　设置新建工程名称

Step2： 单击菜单栏下方标签【View】，切换至 View 快捷菜单栏，单击【Orient】选择坐标平面，点击【Bottom(+Z)】选择 *XOY* 为绘图平面，如图 9-60 所示。

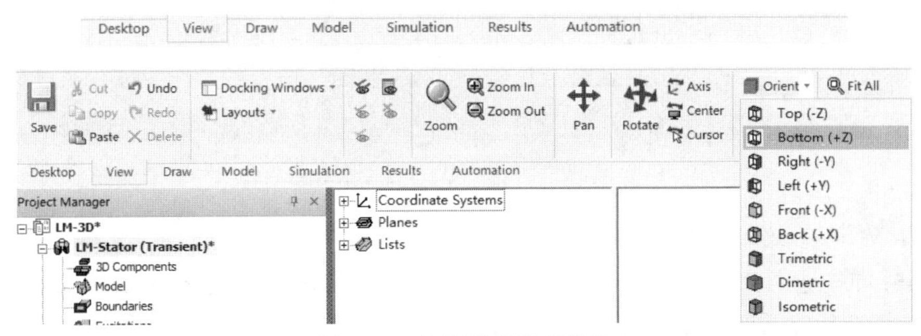

图 9-60　绘图坐标平面选择

Step3： 首先绘制 360mm×60mm×40mm 长方体，在软件界面的右下角将坐标系选择为直角坐标系【Cartesian】。

点击菜单栏下方标签【Draw】，切换至 Draw 绘图快捷菜单栏，单击【Draw box】绘制长方体。如图 9-61 所示。

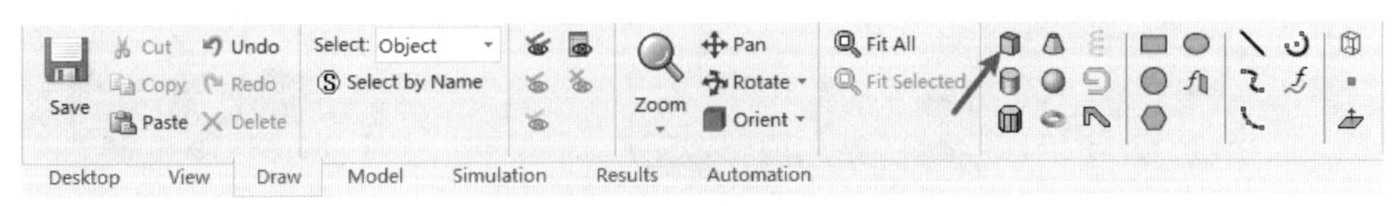

图 9-61　选择绘图工具为长方体

在右下角输入长方体的一个角的坐标值【4mm,0mm,-30mm】，按 Enter 键确认第一点，继续输入长方体对角点的相对坐标值【40mm, 360mm, 60mm】，按下 Ener 键确认，完成长方体 Box1 绘制。点击【Draw】标签中的【Fit All】按钮，将所绘制的图形完整显示在绘图区内，如图 9-62 所示。

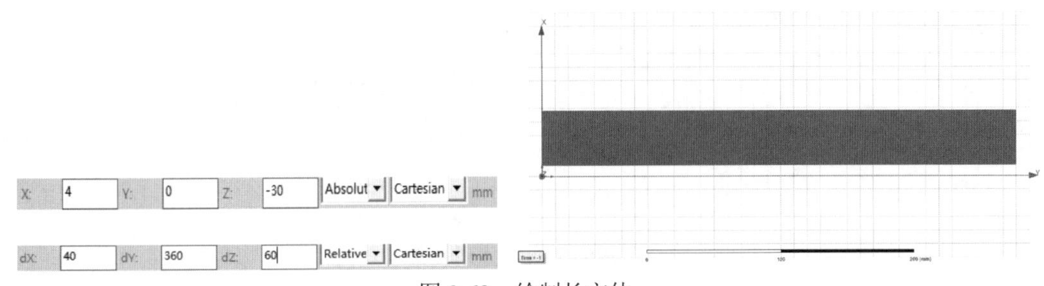

图 9-62　绘制长方体

Step4： 绘制定子槽 5mm×60mm×25mm。单击【Draw box】绘制长方体，在右下角输入长方体的一个角的坐标值【4mm,2.5mm, -30mm】，按 Enter 键确认第一点，继续输入长方体对角点的相对坐标值【25mm, 5mm, 60mm】，按下 Ener 键确认，完成长方体 Box2 绘制，如图 9-63、图 9-64 所示。

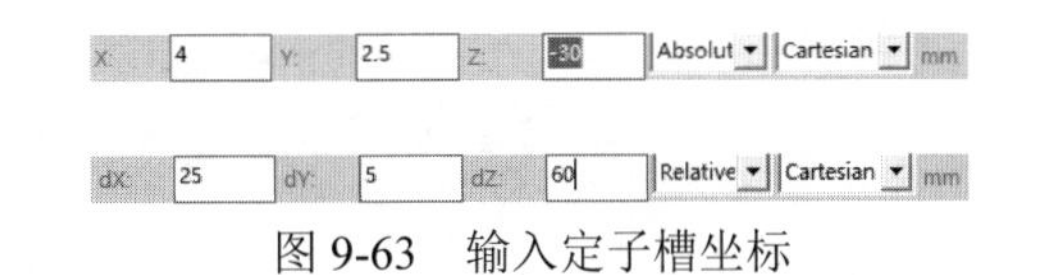

图 9-63　输入定子槽坐标

点击绘图区左侧工程树栏实体名称，可对实体名称、尺寸等进行编辑、修改。

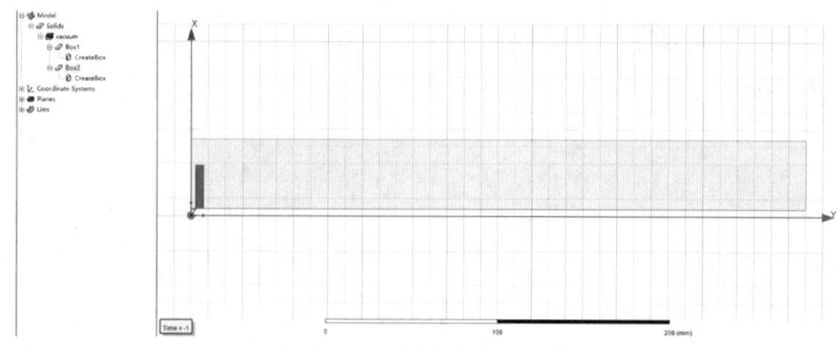

图 9-64　绘制单个定子槽

Step5：单击选中 Box2，右键打开菜单如图 9-65 所示，选择【Edit】→【Duplicate】→【Along Line】（或者在标签【Draw】中点击【Along Line】图标）复制 Box2。在绘图区，鼠标左键单击坐标原点【0mm,0mm,0mm】（或者在右下角输入参考坐标）确定复制的参考起点，将鼠标移至坐标【0mm,10mm,0mm】处（或者在右下角输入坐标，并按下【Enter】确认），弹出复制数量的对话框，如图 9-66 所示，输入复制模型的总数 36（包含被复制模型），并点击【OK】确认。线性阵列结果如图 9-67 所示。

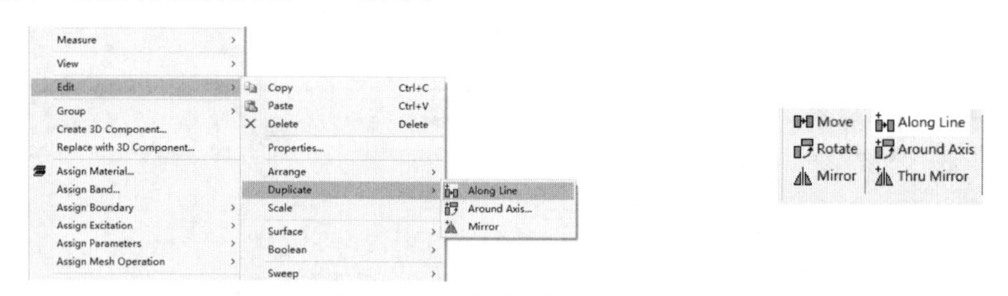

图 9-65　线性阵列方法

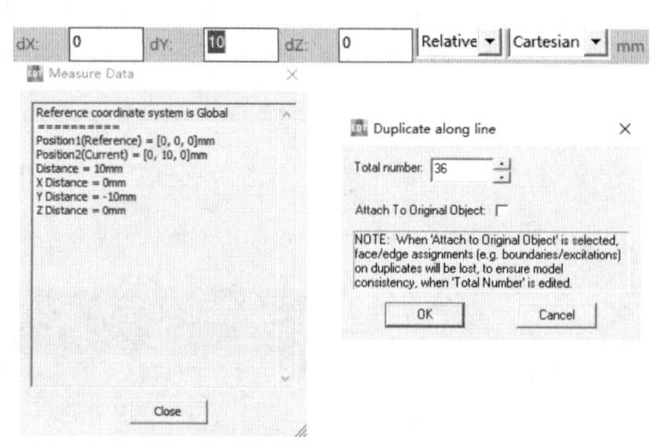

图 9-66　线性阵列设置

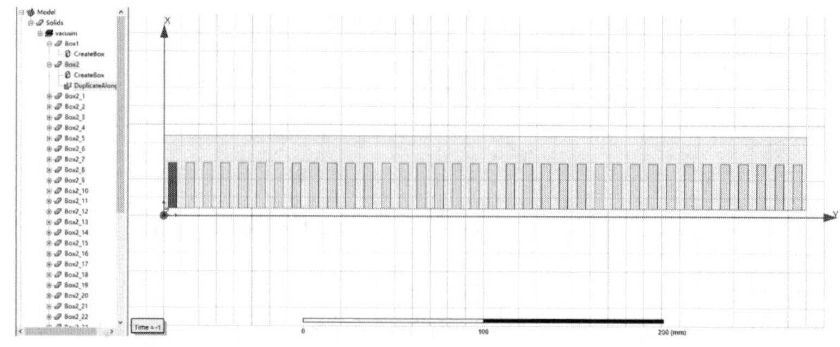

图 9-67　线性阵列结果

Step6：在绘图区选中所有长方体（或在左侧按住 Shift 键选中所有长方体），右键点击【Edit】→【Boolean】→【Subtract…】（或者在标签栏【Draw】中点击【Subtract】图标），弹出对话框如图 9-68 所示，选择 Box1 作为被减物体【Blank Parts】，其他的长方体作为要剪掉的物体【Tool Parts】，单击【OK】确定布尔操作，生成 3D 定子铁芯，如图 9-69 所示。

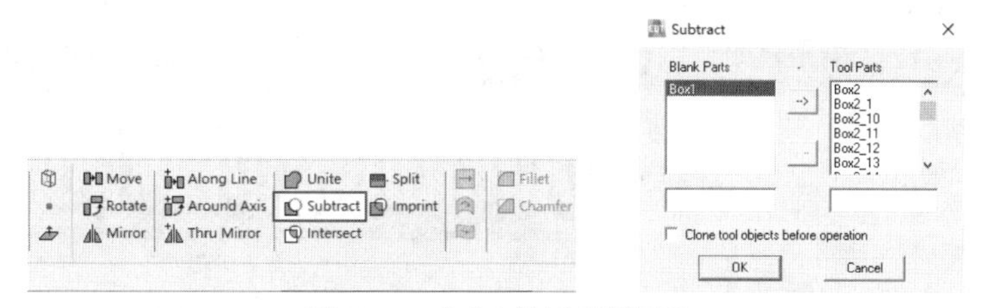

图 9-68　布尔减法运算设置

单击选中绘图区左侧【Model】下方 Box1，可在如图 9-70 所示【Properties】窗口设置定子铁芯的属性，如名称【Name】、颜色【Color】等。

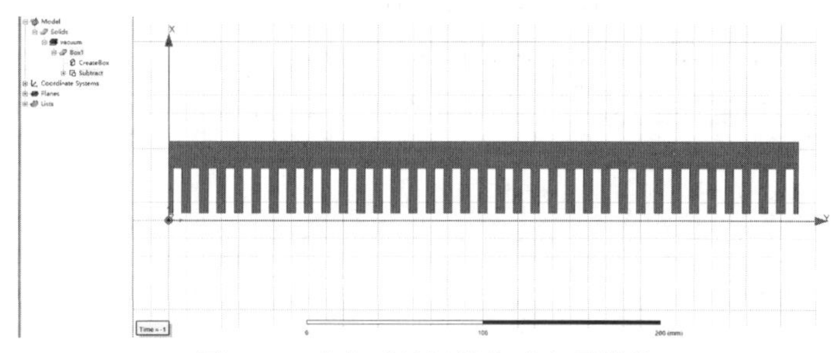

图 9-69　布尔减法运算生成定子铁芯

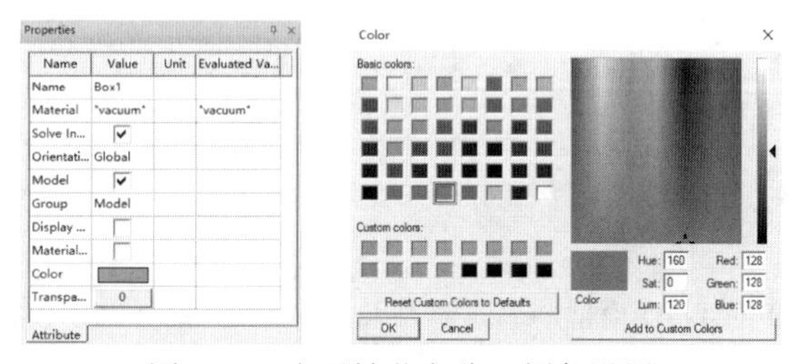

图 9-70　定子铁芯名称、颜色设置

单击【Draw】标签中的【Rotate】或者【Orient】图标，可切换视图，从不同视角查看模型，如图 9-71 所示。

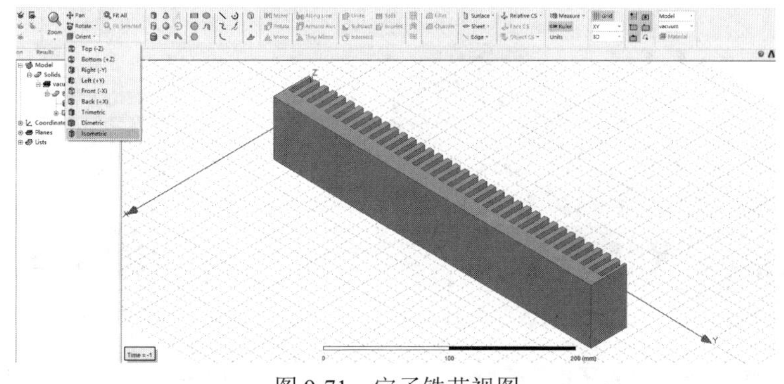

图 9-71　定子铁芯视图

（2）二维模型生成定子铁芯

Step1：选择【Flie】→【Open…】→【选择 2D 模型所在的文件夹】→【选择 2D 模型】→【打开】，如图 9-72 所示。2D 模型如图 9-73 所示。

图 9-72　选择 2D 模型

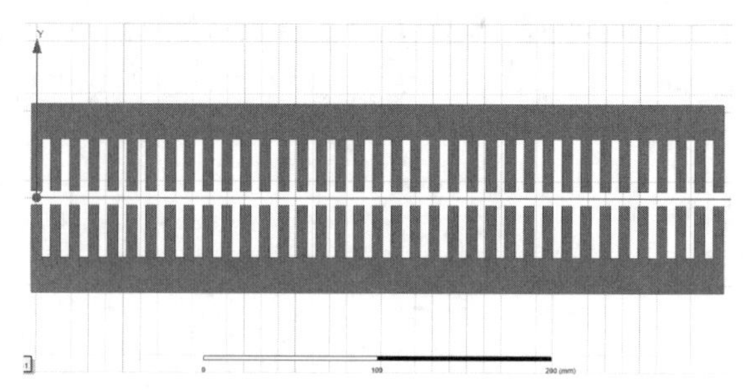

图 9-73　定子铁芯 2D 模型

Step2：在【Project Manger】栏，右击工程栏下方的 Design 名称，单击【Create 3D Design…】，出现模型的拉伸厚度设置【Sweep Along Vector】，设置铁芯厚度为 60mm，点击对话框下方【OK】确认设置，如图 9-74、图 9-75 所示。

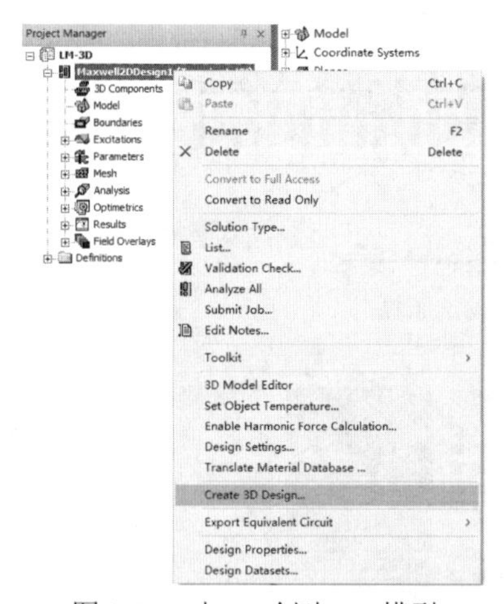

图 9-74　由 2D 创建 3D 模型

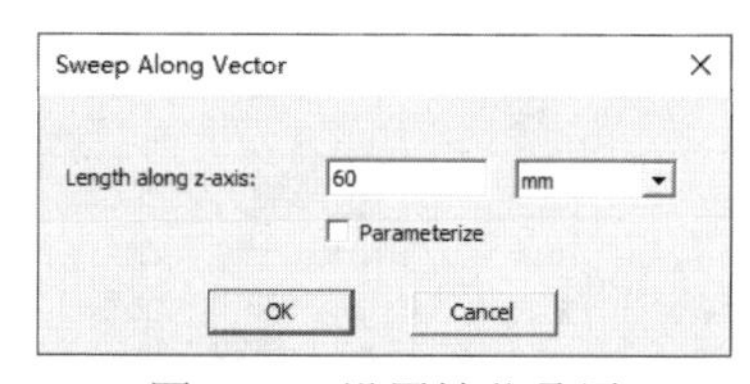

图 9-75　设置铁芯叠厚

生成的三维定子铁芯如图 9-76 所示，在【Project Manger】栏生成一个新的 3D Design【Maxwell 3D Design1】，如图 9-77 所示，选中后单击该 Design，可以更改该 Design 的名称，并将该工程另存为 LM-3D2。

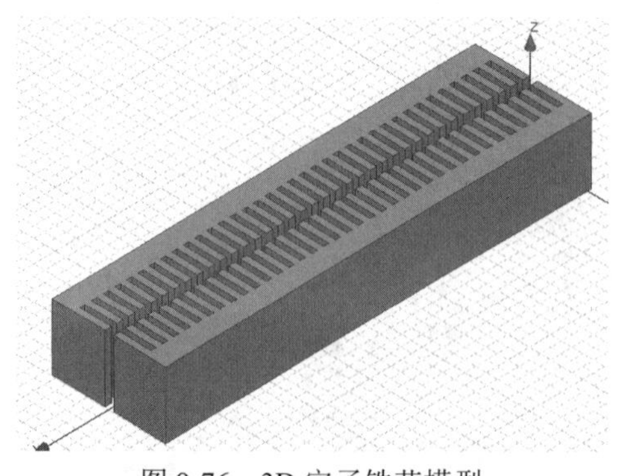

图 9-76　3D 定子铁芯模型

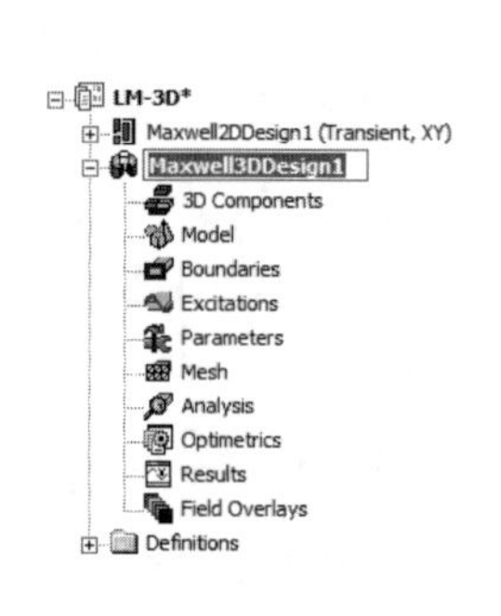

图 9-77　新生成的 3D Design

（3）RM 库快捷生成定子铁芯

Step1： 按照前述新建工程【Project】并命名为 LM-3D3，添加【Design】并将其命名为 LM-Stator。

Step2： 在菜单栏点击【Draw】→【User Defined Pritimitive】→【RMxprt】→【Linear MCore】，如图 9-78 所示，弹出参数设置对话框，按照表 9-1 设置相应的数值，如图 9-79 所示，InfoCore 项的 Value 值设为 0，点击【确定】。

Step3： 在模型树栏双击 Linear MCore1，打开其属性，如图 9-80 所示，设置 Name 为 STA，RGB 颜色修改为【128,128,128】，点击【确定】退出。设置好的定子铁芯如图 9-81 所示。

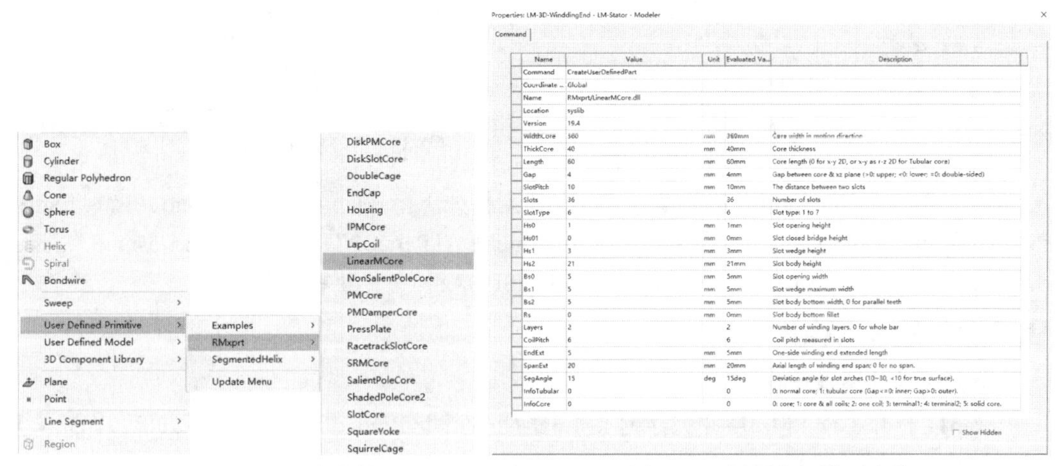

图 9-78　打开 RM 库菜单　　　　图 9-79　设置电机模型参数

图 9-79 中各项参数表示的意义可通过前面的章节或者 description 项的描述来理解，与旋转电机的设置类似，在此不再详述。

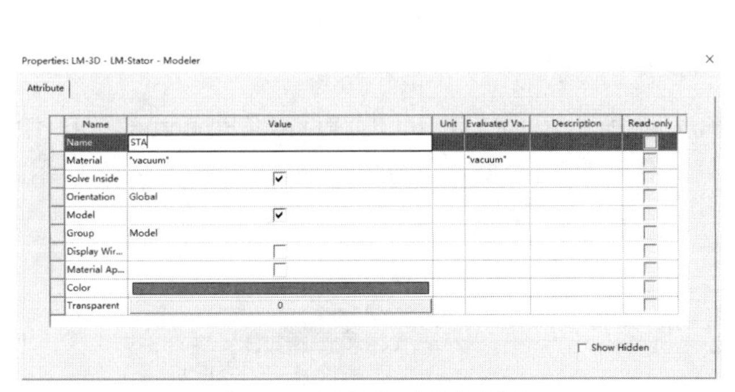

图 9-80　设置定子铁芯属性

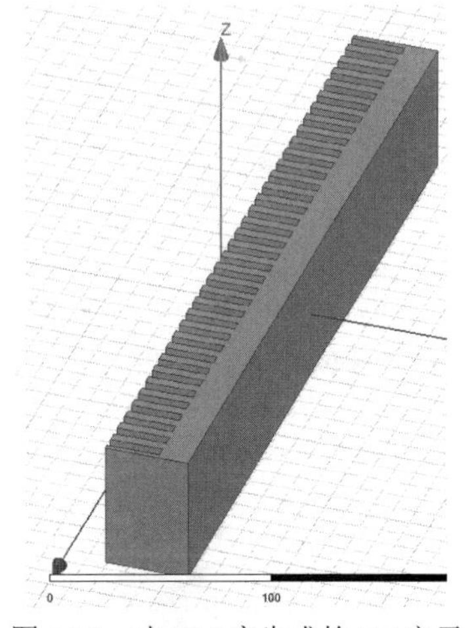

图 9-81　由 RM 库生成的 3D 定子铁芯模型

（4）其他格式绘图文件快速导入生成定子铁芯

Step1： 按照前述新建工程【Project】并命名为 LM-3D4，添加【Design】并将其命名为 LM-Stator。

Step2：点击菜单栏【Modeler】→【Import…】，打开模型导入对话框，打开由其他软件绘制的3D定子模型文件所在的文件夹路径，选择文件类型为STEP Files(后缀为*.step;*.stp)，选择文件LMSTA.STEP，点击【打开】，将模型导入ANSYS绘图区，如图9-82所示。

按照前面所述修改名称为STA，并修改颜色，生成的模型如图9-83所示。

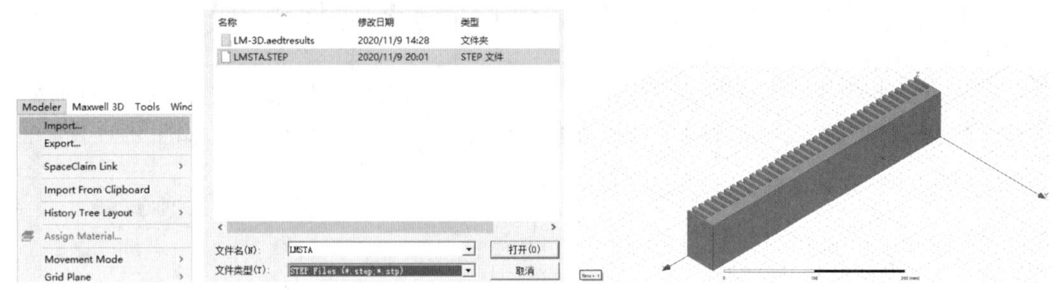

图9-82　导入3D定子模型　　　图9-83　由STEP格式导入的3D定子模型

除了支持STEP格式的3D绘图文件外，还支持如下格式的绘图文件：*.sab、*.sat、*.sm3、*.AnstGeom、*.dxf/dwg、*.ipt/iam、*.exp/model/CATPart/CATProduct、*.prt/asm、*.gds、*.iges/igs、*.nas、*.prt、*.x_t/x_b、*.SLDPRT/SLDASM、*.stl等。

9.4.2 定子绕组

（1）无端部绕组绘制

Step1：打开工程LM-3D并另存为LM-3D-NoWindingEnd，点击菜单栏下方标签【Draw】，切换至Draw绘图快捷菜单栏，单击【Draw box】绘制导体。在右下角状态栏输入导体的相应坐标，如图9-84所示，生成的导体如图9-85所示。

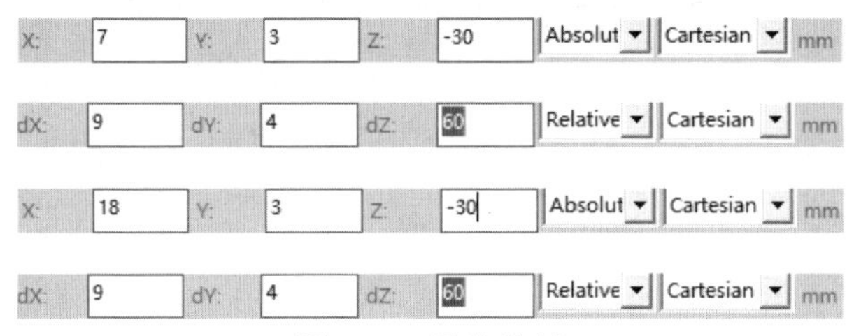

图9-84　导体绘制

也可先绘制任意尺寸的导体。如图9-86所示，通过双击（右键点击【Properties…】）绘图栏左侧【Box1】→【Create Box】，打开导体的绘图属性，修改坐标尺寸，如图9-87所示。

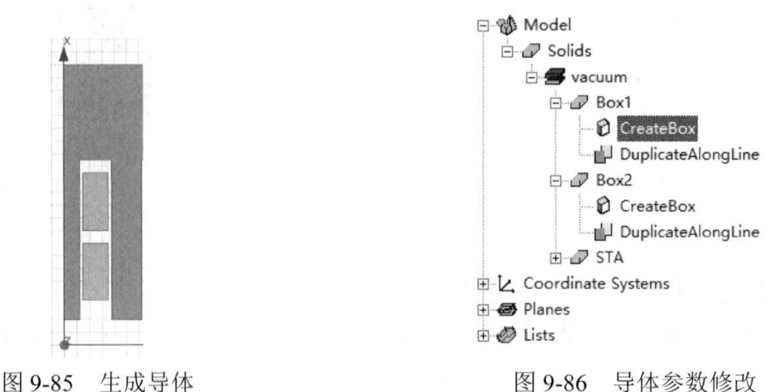

图9-85　生成导体　　　图9-86　导体参数修改

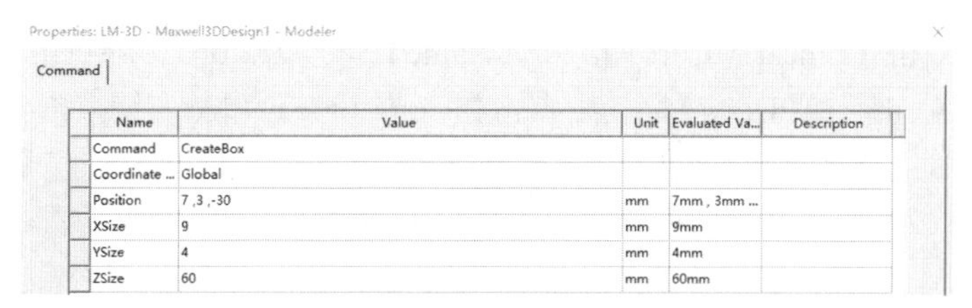

Name	Value	Unit	Evaluated Va...	Description
Command	CreateBox			
Coordinate ...	Global			
Position	7 ,3 ,-30	mm	7mm , 3mm ...	
XSize	9	mm	9mm	
YSize	4	mm	4mm	
ZSize	60	mm	60mm	

图 9-87　导体参数修改

Step2：选中导体 Box1 和 Box2，点击选择标签【Draw】，点击线性阵列复制功能【Along Line】，鼠标左键点击坐标原点【0mm, 0mm, 0mm】设置幅值位移起点，在右下角状态栏输入阵列距离坐标【0mm, 10mm, 0mm】，如图 9-88 所示，按【Enter】确定（或者在绘图区将鼠标移至【0mm, 10mm, 0mm】处点击鼠标左键）。在弹出的对话框中输入总的复制数目 36，点击【OK】确定，见图 9-89，包含绕组的定子如图 9-90。

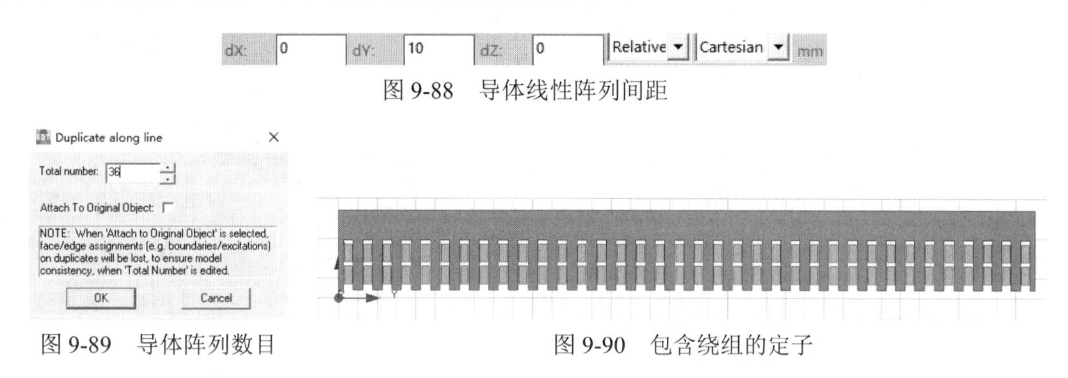

图 9-88　导体线性阵列间距

图 9-89　导体阵列数目

图 9-90　包含绕组的定子

（2）包含端部绕组绘制

带端部的绕组可以直接在绘图区内通过扫描、拉伸、联合等方法生成，但绘制过程较为复杂，也可以像定子铁芯一样从其他软件导入，下面介绍从 RM 自定义库中导入的方法。

Step1：打开工程 LM-3D 并另存为 LM-3D-WindingEnd，菜单栏点击【Draw】→【User Defined Pritimitive】→【RMxprt】→【Linear MCore】，弹出参数设置对话框，按照表 9-1 设置相应的数值，InfoCore 的值设为 2，如图 9-91 所示，点击【确定】生成一个绕组线圈，如图 9-92 所示。

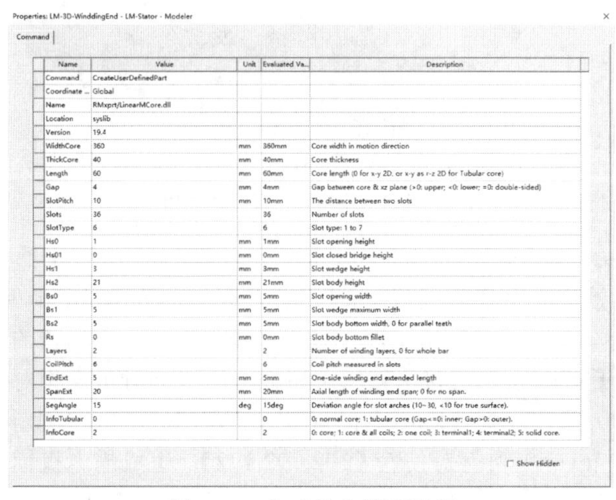

Name	Value	Unit	Evaluated Va...	Description
Command	CreateUserDefinedPart			
Coordinate ...	Global			
Name	RMxprt/LinearMCore.dll			
Location	syslib			
Version	19.4			
WidthCore	360	mm	360mm	Core width in motion direction
ThickCore	40	mm	40mm	Core thickness
Length	60	mm	60mm	Core length (0 for x-y 2D, or x-y as r-z 2D for Tubular core)
Gap	4	mm	4mm	Gap between core & xz plane (>0: upper; <0: lower; =0: double-sided)
SlotPitch	10	mm	10mm	The distance between two slots
Slots	36		36	Number of slots
SlotType	6		6	Slot type: 1 to 7
Hs0	1	mm	1mm	Slot opening height
Hs01	0	mm	0mm	Slot closed bridge height
Hs1	3	mm	3mm	Slot wedge height
Hs2	21	mm	21mm	Slot body height
Bs0	5	mm	5mm	Slot opening width
Bs1	5	mm	5mm	Slot wedge maximum width
Bs2	5	mm	5mm	Slot body bottom width, 0 for parallel teeth
Rs	0	mm	0mm	Slot body bottom fillet
Layers	2		2	Number of winding layers, 0 for whole bar
CoilPitch	6		6	Coil pitch measured in slots
EndExt	5	mm	5mm	One-side winding end extended length
SpanExt	20	mm	20mm	Axial length of winding end span; 0 for no span.
SegAngle	15	deg	15deg	Deviation angle for slot arches (10~30, <10 for true surface).
InfoTubular	0		0	0: normal core; 1: tubular core (Gap<=0: inner; Gap>0: outer).
InfoCore	2		2	0: core; 1: core & all coils; 2: one coil; 3: terminal1; 4: terminal2; 5: solid core.

图 9-91　生成单个线圈设置

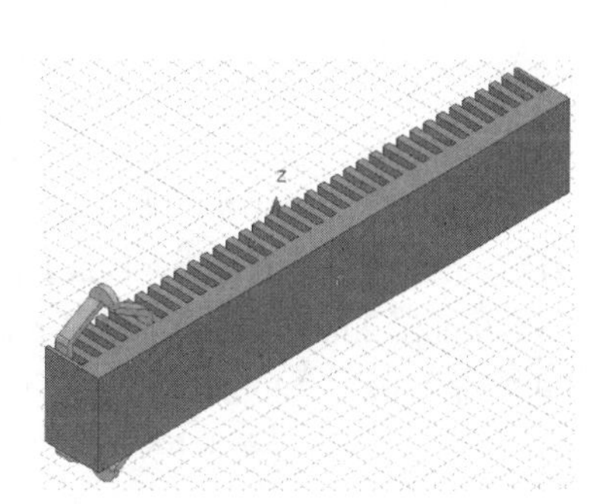

图 9-92　含单个线圈的定子模型

模型树栏，双击【Linear MCore1】，将【Name】修改为Coil1，并点击【确定】。

Step2：选中Coil1，在【Draw】标签中点击【Along Line】，鼠标左键点击坐标原点【0,0,0】，在右下角状态栏输入线性阵列的间隔【-10mm,0mm,0mm】，见图9-93，按【Enter】弹出阵列对话框，复制总数为30，如图9-94所示，点击【OK】确认。生成的定子铁芯如图9-95所示。

图9-93　线圈线性阵列间距设置

除上述方法外，也可以打开定子铁芯属性对话框，将之前选择的InfoCore值由0修改为1或者2，生成带绕组的定子，并运用布尔运算将定子铁芯和绕组分离。若选择2，按照上述步骤执行线性阵列，即可得到完整的定子绕组。

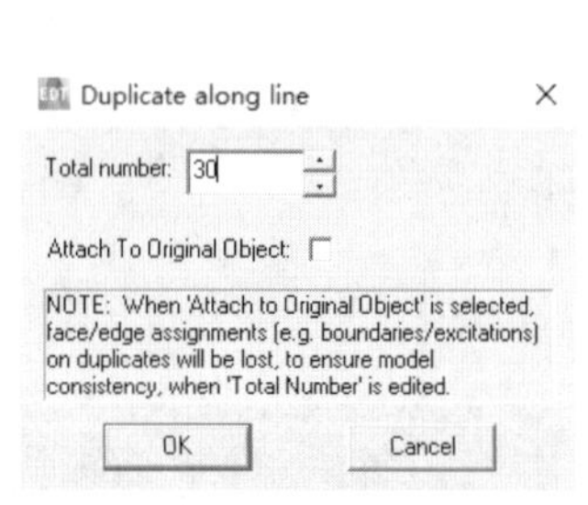

图9-94　线圈线性阵列数目

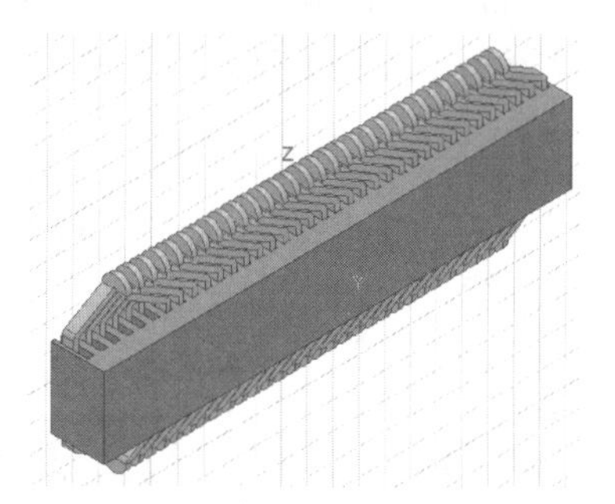

图9-95　含完整定子绕组的定子模型

9.4.3　完整电机模型绘制

Step1：首先复制双边电机的另外一个定子（包括定子铁芯和绕组），选中工程LM-3D-WindingEnd所有对象（定子铁芯和所有线圈），点击标签【Draw】→【Thru Mirror】，如图9-96所示，鼠标点击坐标原点（或者在状态栏输入原点坐标，按【Enter】确认），将鼠标移动至*Y*轴上任意一点［或者在状态栏输入坐标【0,50mm（任意值）,0】，按【Enter】确认，如图9-97］，再次点击确认镜像复制。复制后双边定子如图9-98所示。

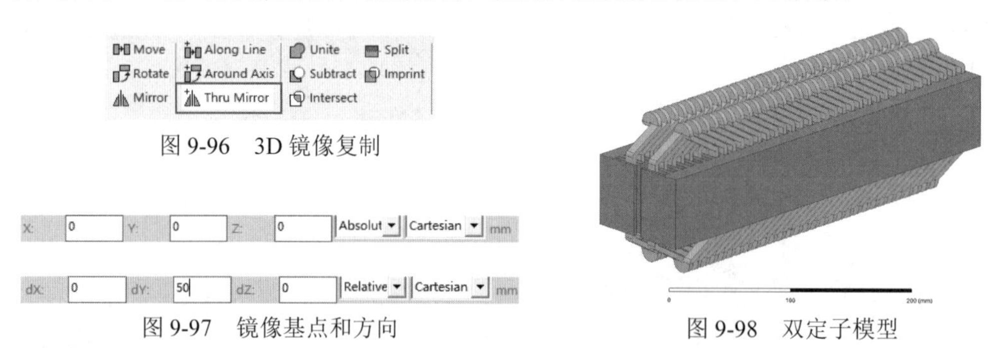

图9-96　3D镜像复制

图9-97　镜像基点和方向

图9-98　双定子模型

Step2：次级铝板绘制，选择标签【Draw】→【Orient】→【Front(-x)】，将视图切换至*YOZ*平面。点击【Draw Box】图标，如图9-99所示，在状态栏输入次级的一个角的坐标【-240mm,-2mm,70mm】，按【Enter】确认输入，接着在状态栏输入次级的对角点相对坐标【480mm,4mm,-140mm】，如图9-100所示，按【Enter】确认输入。双击绘图区左侧新生成Box，打开属性设置，【Name】为Mover，颜色为灰色【192,192,192】，生成的电机模型如图9-101所示。

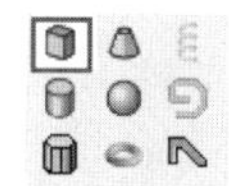

图 9-99　绘制长方体

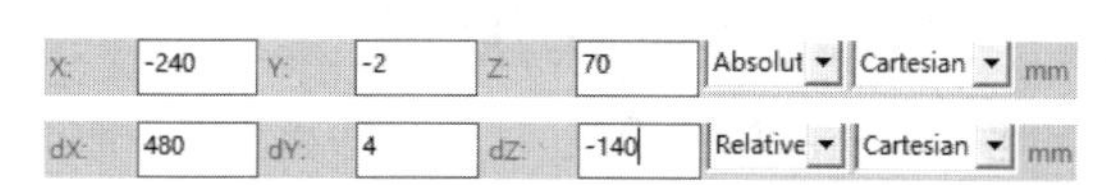

图 9-100　设置次级尺寸

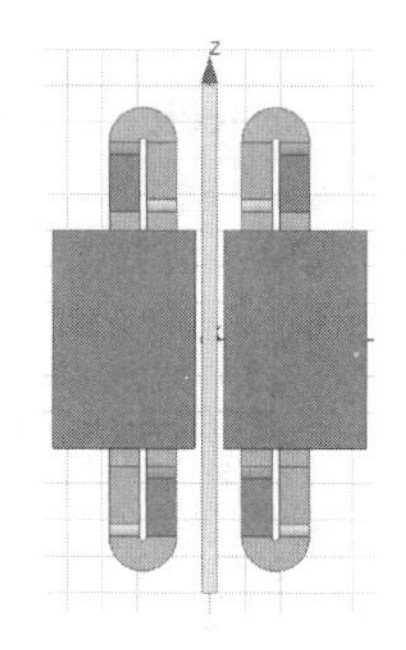

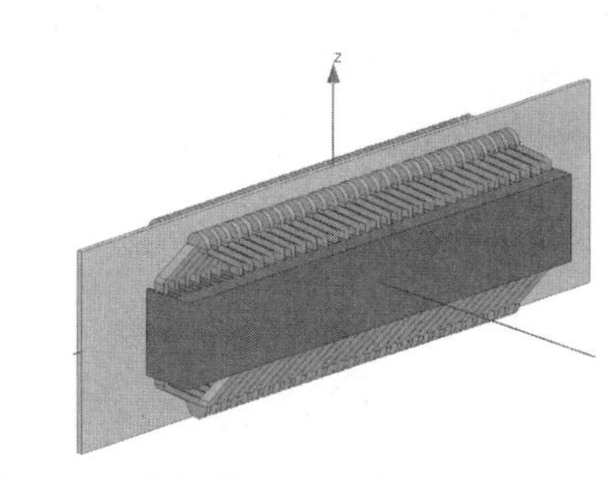

图 9-101　电机模型

Step3：运动边界绘制，将视图切换至 *YOZ* 平面，点击【Draw Box】图标，在状态栏输入 band 的一个角的坐标【-240mm,-3mm,72mm】，按【Enter】确认输入，接着在状态栏输入次级的对角点相对坐标【480mm,6mm,-144mm】，按【Enter】确认输入。双击在绘图栏左侧【Model】→【Solids】→【Vacuum】下的新 Box，打开属性将【Name】更改为 Band，透明度【Transparent】设置为 1，包含 Band 的电机模型如图 9-102 所示。

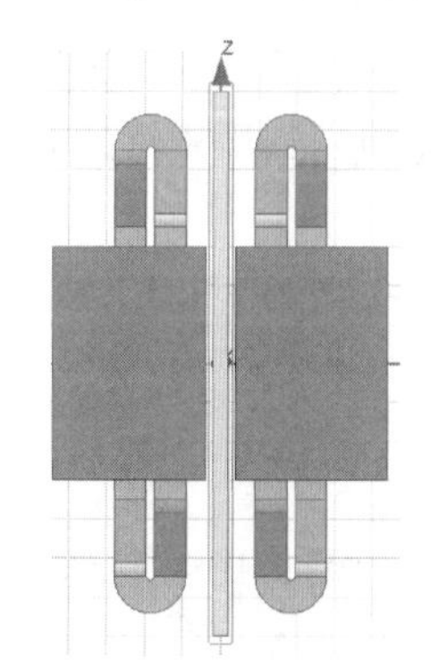

图 9-102　运动边界 Band

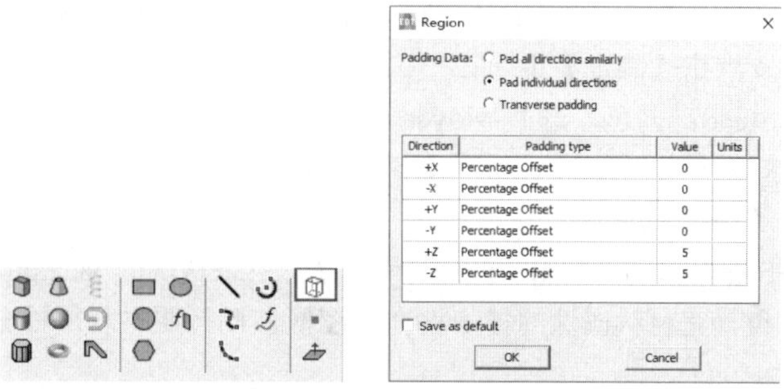

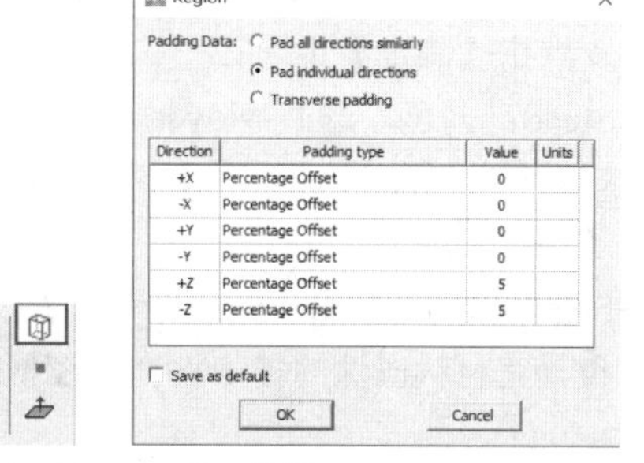

图 9-103　Region 设置

Step4：空气域 Region 绘制。在【Draw】标签下选择【Creat Region】按钮，打开 Region 设置对话框，如图 9-103 所示，【Padding Data】项选择 Pad Individual directions，在下方设置 Region 的范围，+*X*，−*X*，+*Y*，−*Y* 设置为 0，+*Z*，−*Z* 的值设置为 5，点击【OK】确认。完整的电机模型绘制完成，如图 9-104 所示。该边界亦可以手动绘制。

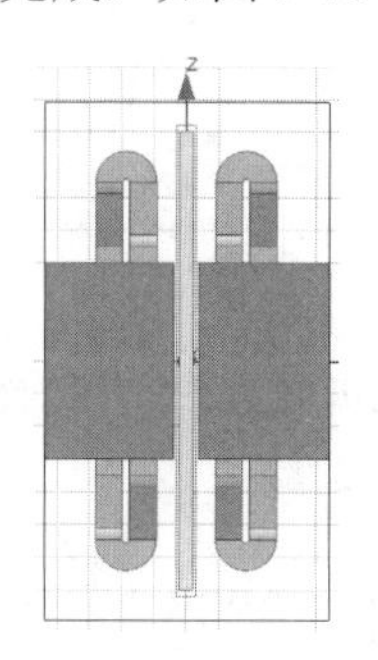

图 9-104　完整电机仿真模型

9.4.4 材料、网格等前处理

（1）各部件材料属性设置

Step1：定子铁心材料设置。选中设置的定子铁芯 STA 和 STA1，右键打开如图 9-105 所示的菜单，选择【Assign Material…】，打开材料选择对话框，如图 9-106 所示，在【Libraries】中点击选择[sys] ChinaSteel，在下方材料库中选择型号为 ChinaSteel_35CS550 的电工钢，点击【确定】退出设置。

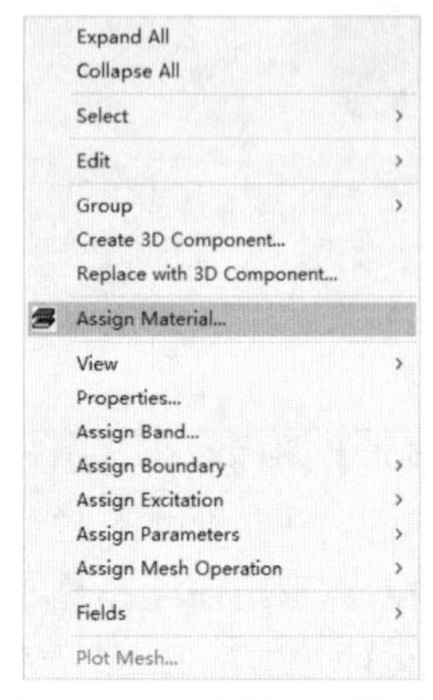

图 9-105　设置材料菜单

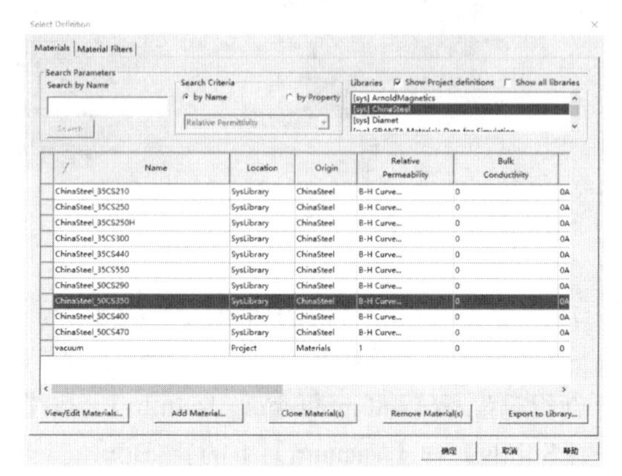

图 9-106　从材料库选择材料

Step2：选中所有的绕组，右键打开菜单，选择【Assign Material…】，打开材料选择对话框，如图 9-107 所示，在【Libraries】中点击选择[sys] Materials，在下方材料库中选择 copper（铜），点击【确定】退出设置。

Step3：同理，选中 Mover（次级），右键打开菜单，选择【Assign Material…】，打开材料选择对话框，在【Libraries】点击选择[sys] Materials，在下方材料库中选择 Aluminum（铝），点击【确定】退出设置。

Step4：Band 和 Region 材料设置为系统默认的 Vacuum（真空）。

设置完材料属性的各部件在绘图区左侧按照材料属性分类排列，如图 9-108 所示。

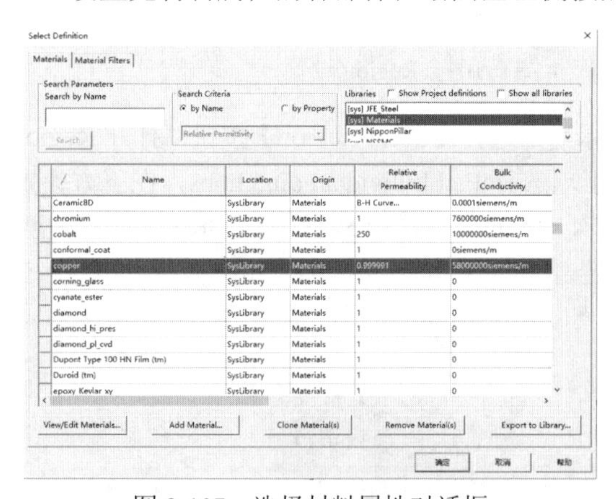

图 9-107　选择材料属性对话框

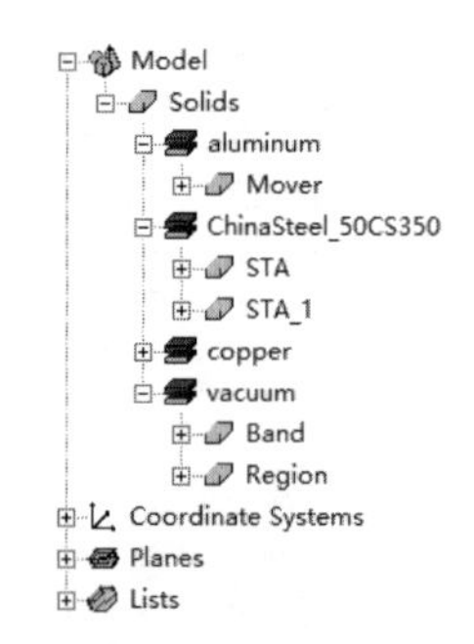

图 9-108　电机模型各部件按材料属性分类排列

（2）网格剖分设置

选中 Mover（次级），右键打开菜单，依次选择【Assign Mesh Operation】→【Inside Selection】→【Length Based…】，如图 9-109 所示，打开次级剖分设置对话框，设置【Name】

为 Mover，【Set maximum element length】为 6mm，如图 9-110，单击【OK】确认。

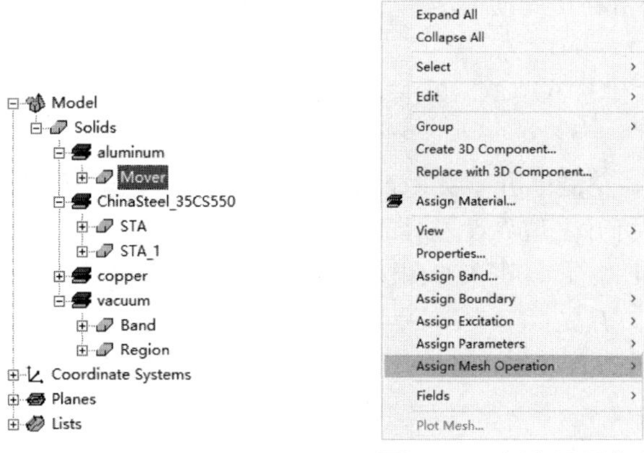

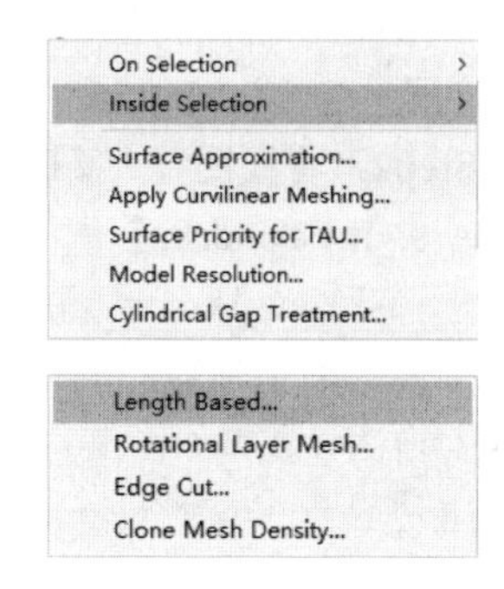

图 9-109　剖分设置菜单

按照同样方法，设置定子铁芯、绕组、Band 和 Region 的剖分，如图 9-111～图 9-114 所示，已经设置的剖分显示在【Projects Manager】→【Mesh】栏，如图 9-115 所示。

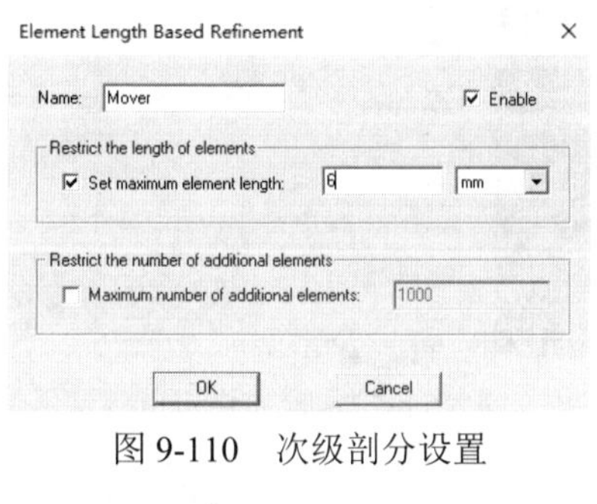

图 9-110　次级剖分设置

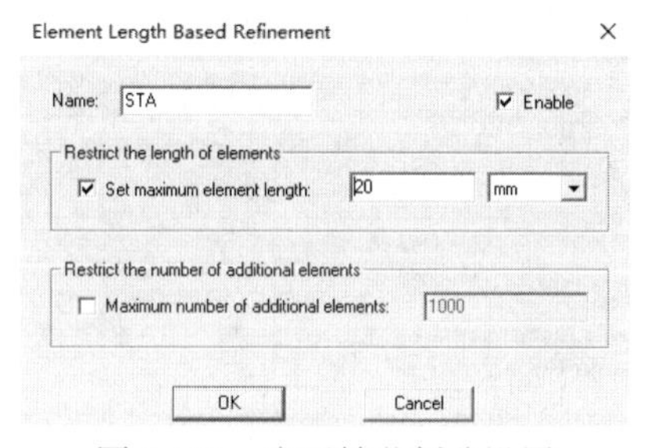

图 9-111　定子铁芯剖分设置

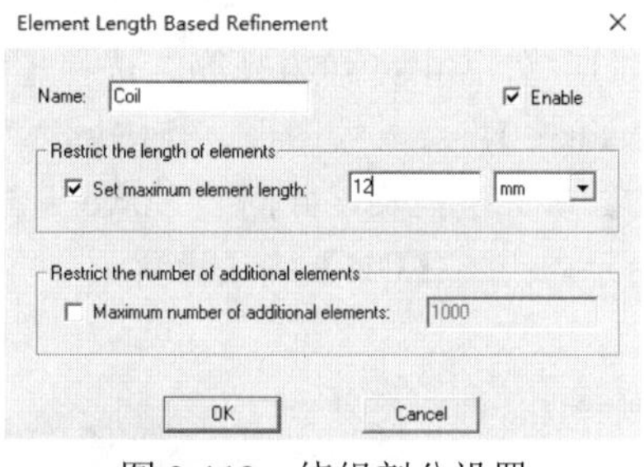

图 9-112　绕组剖分设置

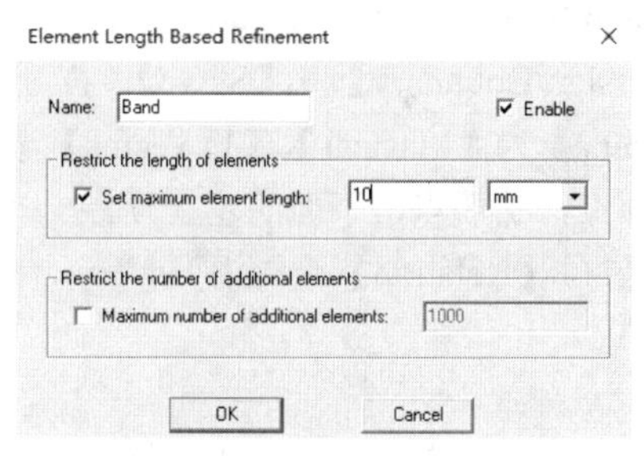

图 9-113　Band 剖分设置

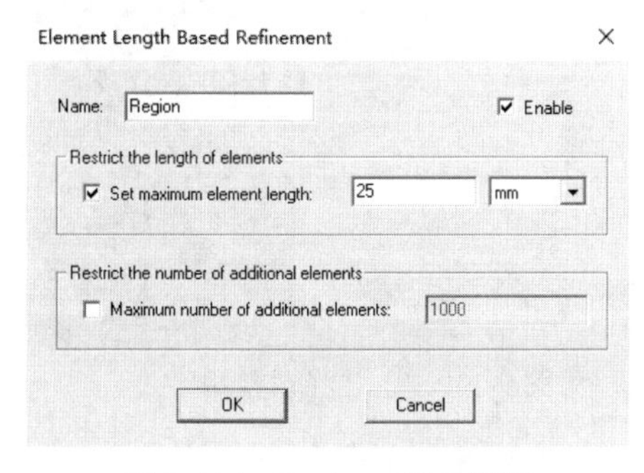

图 9-114　Regionn 剖分设置

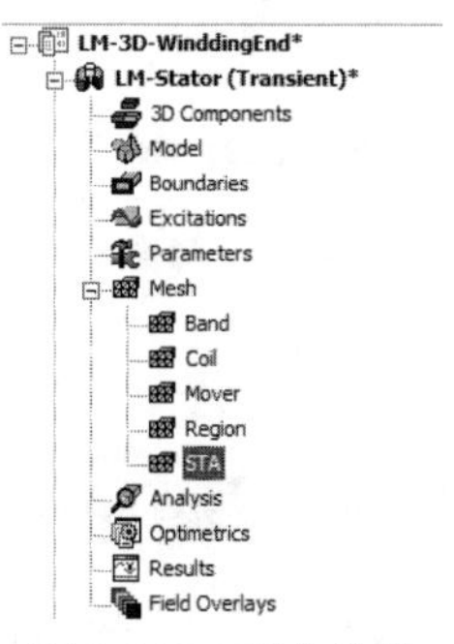

图 9-115　剖分设置

（3）主从边界设置

由于直线电机的运动在单一方向上存在周期性，和 2D 仿真模型一样，可通过设置主从边界缩短计算时间。

Step1：在绘图区任意位置单击右键打开菜单，单击【Selection Mode】→【Faces】，选择对象的面，如图 9-116 所示。

Step2：将视图置为【Front(−X)】，左键单击选中 Region 的前面，右键打开快捷菜单，选择【Assign Boundary】→【Master】打开主边界设置对话框，如图 9-117 所示，【U Vector】点击选择【New Vector…】，如图 9-118 所示，进入绘图区，点击所选平面的左上顶点，然后点击平面的右上顶点，平面上出现 ***U***、***V*** 矢量箭头，并回到 Master 主边界设置对话框，点击【OK】确认设置，如图 9-119 所示。若设置有误，可重新点击【U Vector】→【New Vector…】设置主边界。

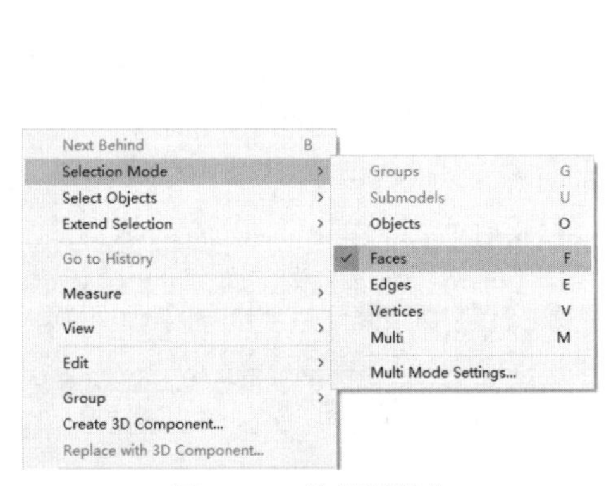

图 9-116　选择面操作

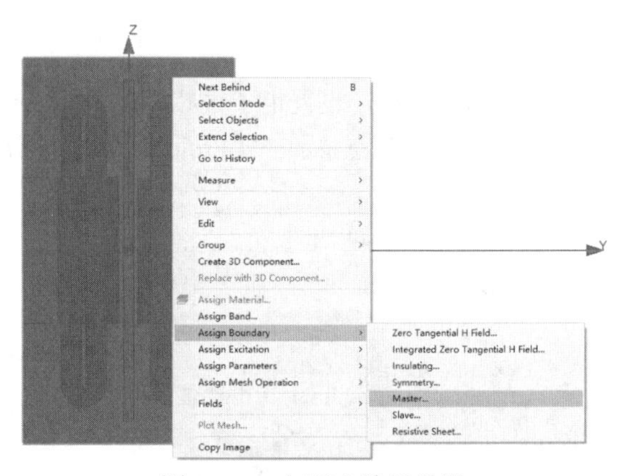

图 9-117　打开主边界设置

Step3：将视图置为【Back(+X)】，左键单击选中 Region 的前面，右键打开快捷菜单，选择【Assign Boundary】→【Slave】，打开从边界设置对话框，如图 9-120 所示，选择【Master Boundary】为【Master1】，【U Vector】选择【New Vector…】，进入绘图区，点击所选平面的右上顶点，然后点击平面的左上顶点，平面上出现 ***U***、***V*** 矢量箭头，并回到 Slave 从边界设置对话框，【Relation】选择为 Hs=Hm，如图 9-121 所示，点击【OK】确认设置。

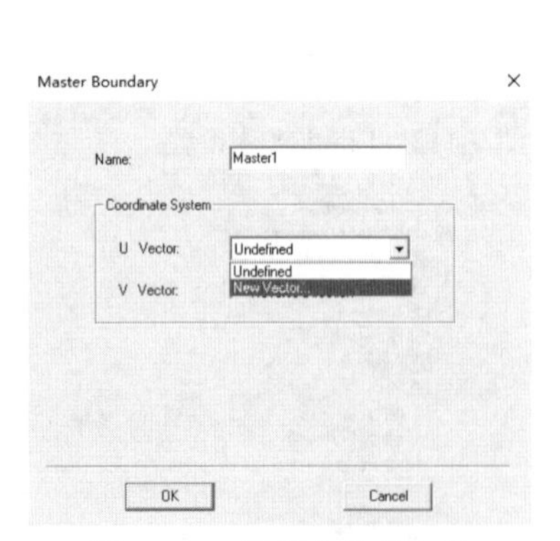

图 9-118　设置主边界矢量

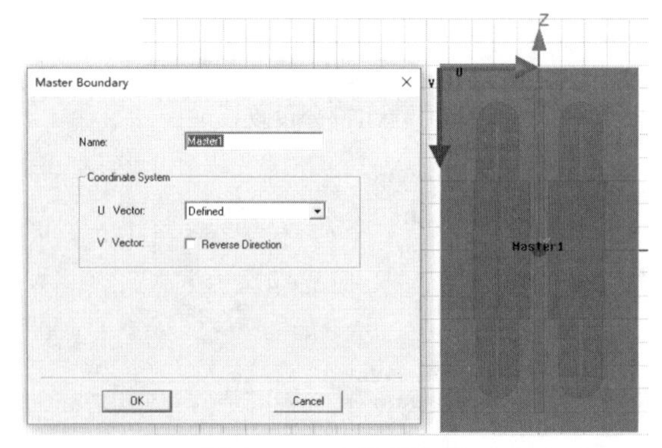

图 9-119　主边界设置

Step4：在【Project Manager】中，点击工程名称下方的 Design 中的 Boundaries 内的 Master 和 Slave，可查看主从边界的 ***U***、***V*** 矢量方向是否一致，若不一致需要修改。

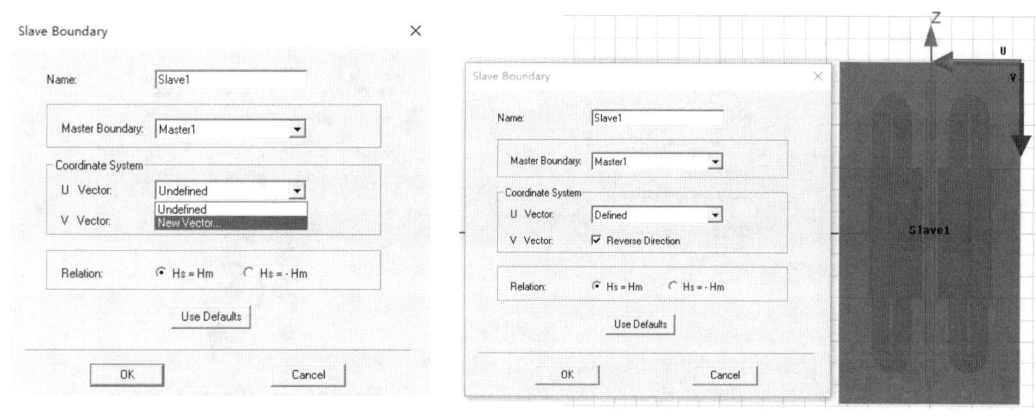

图 9-120　设置从边界矢量　　　　图 9-121　从边界设置

（4）运动边界设置

在绘图区任意位置单击右键打开菜单，单击【Selection Mode】→【Objects】，切换至选择对象。单击鼠标选中 Band，右键打开菜单，选择【Assign Band...】，打开 Band 设置对话框，在【Type】选项卡下，Motion 项选择【Translation】，并勾选【Periodic】，Moving 栏选择【Global::X】。点击【Mechanical】选项卡，设置速度【Velocity】为参数化变量 spd，弹出变量对话框，设置速度初始值为 6m/s，如图 9-122 所示。速度的单位【Unit】选择 m_per_sec，点击【OK】确认速度参数化变量设置，单击 Motion 对话框【确定】关闭 Band 设置。速度的设置可以是参数化变量也可以是固定的数值，可根据实际需要设置。

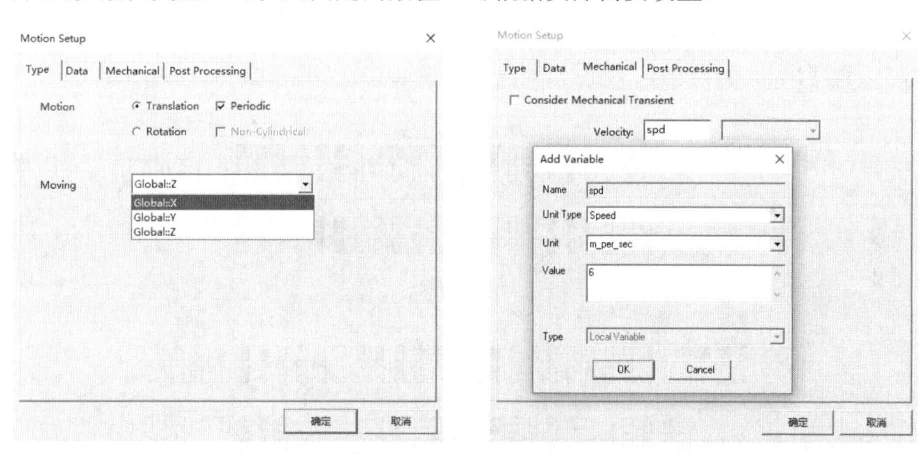

图 9-122　运动边界设置

需要注意的是，由于设置了主从边界，需要在【Type】选项卡中勾选【Motion】项的周期性运动【Periodic】。若电机为全尺寸模型，Band 需要包裹整个次级运动范围，且被 Region 完全包裹，不能接触。

（5）激励设置

Step1： 选中所有绕组，点击菜单栏【Modeler】→【Surface】→【Section...】，打开对话框，选择 *XY*，点击【OK】生成 *XOY* 平面与绕组相交截面，如图 9-123、图 9-124 所示。生成的截面在绘图栏左侧工程树 Model-Sheet 下面。

Step2： 选中所有绕组、定子铁芯、次级、Band 以及 Region，点击【View】标签里面视图隐藏与显示按钮，如图 9-125 所示，隐藏绕组、定子铁芯、次级、Band 以及 Region。

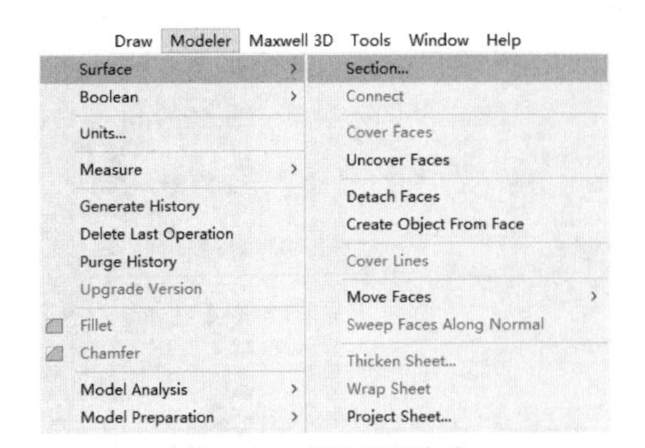

图 9-123　激励截面生成

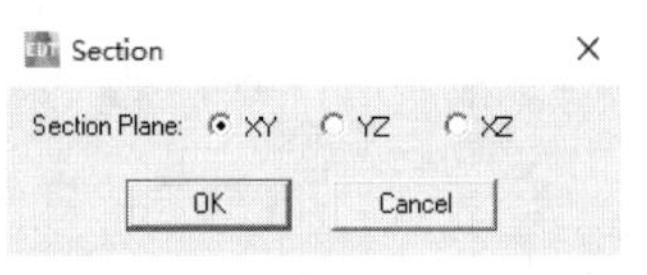

图 9-124　截面平面选择

图 9-125　视图隐藏与显示

Step3：选中 Sheet 下面包含的所有生成的截面，右击打开菜单，如图 9-126 所示，选择【Edit】→【Boolean】→【Separate Bodies】，将之前生成的面分离。

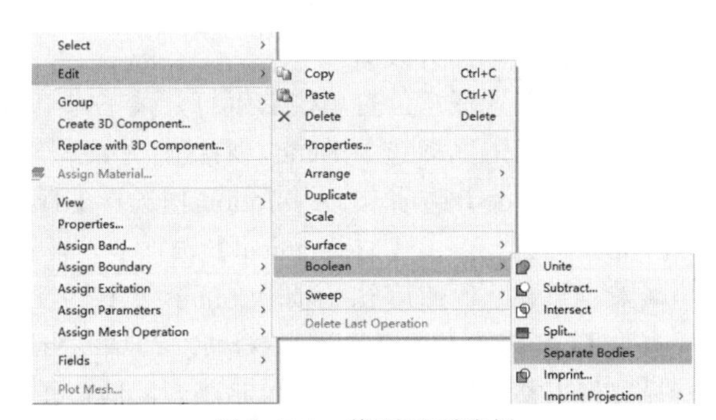

图 9-126　截面平面选择

Step4：在绘图区，按住 Ctrl 键，点击上下边定子槽 1、2、13、14、25、26 内 sheet（面），在属性栏设置【Name】为 PA，颜色为黄色，如图 9-127（a）、图 9-128 所示。

同样，按住 Ctrl 键，点击上下边定子槽 5、6、17、18、29、30 内 sheet（面），在属性栏设置【Name】为 PB，颜色为绿色，如图 9-127（b）、图 9-128 所示。

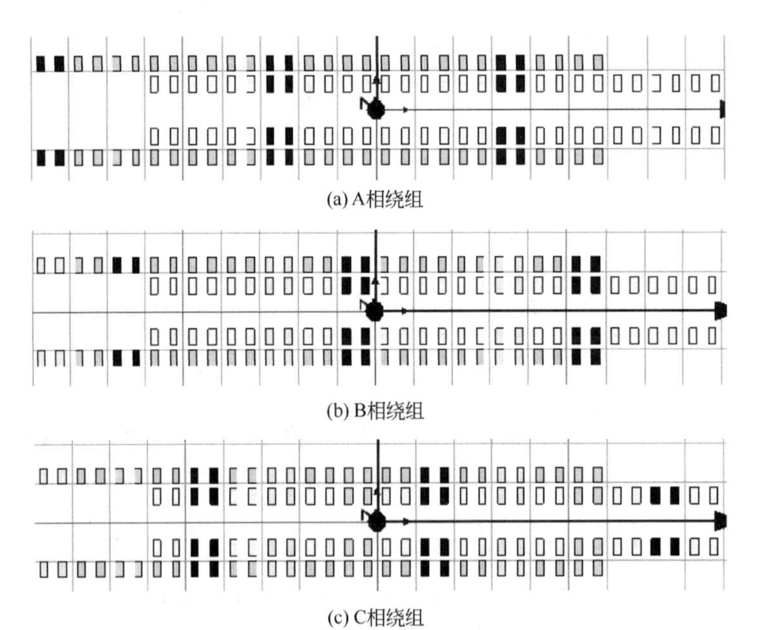

(a) A相绕组

(b) B相绕组

(c) C相绕组

图 9-127　绕组截面分相

按住 Ctrl 键，点击上下边定子槽 9、10、21、22、33、34 内 sheet（面），在属性栏设置【Name】为 PC，颜色为红色，如图 9-127（c）、图 9-128 所示。

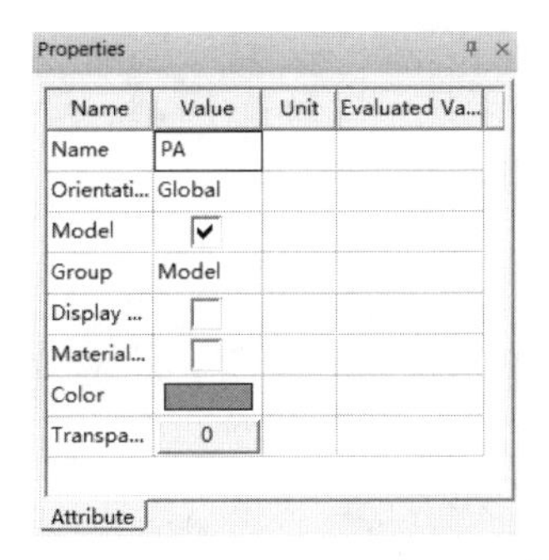

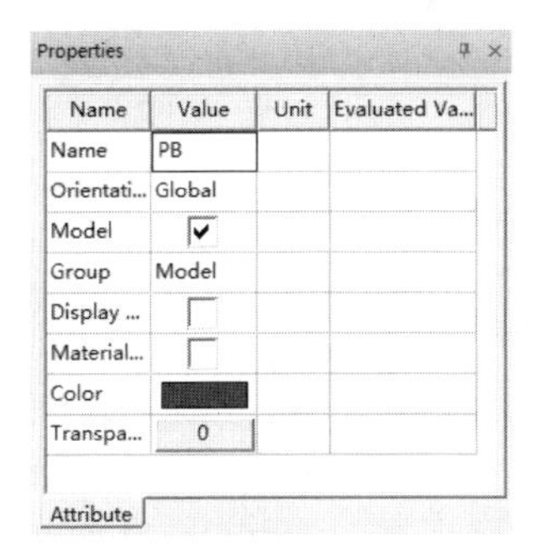

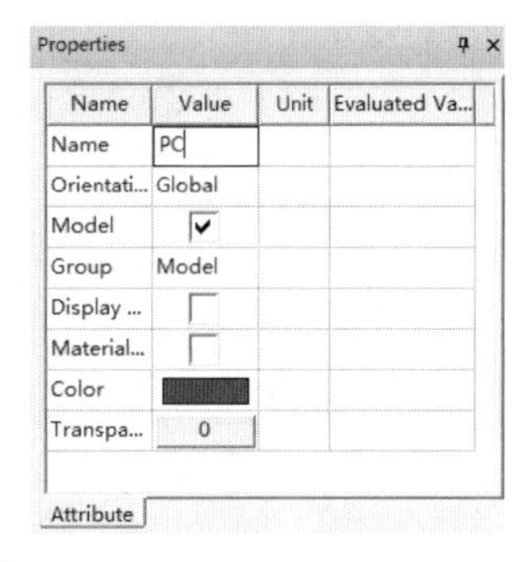

图 9-128　绕组截面命名、颜色设置

Step5：按住 Ctrl 键，点击上下边定子槽内没有设置为 PA、PB、PC 的 sheet（面），按 Delete 键删除，删除之后的激励施加面如图 9-129 所示。

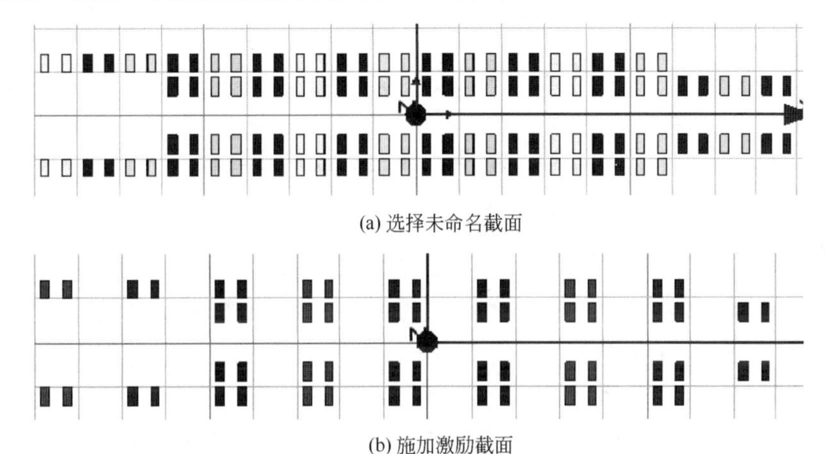

(a) 选择未命名截面

(b) 施加激励截面

图 9-129　删除不施加激励绕组截面

Step6：设置 A 相线圈激励。选中黄色面 PA-PA_19，点击鼠标右键打开菜单，选择【Assign Excitation】→【Coil Terminal…】，如图 9-130 所示，打开线圈激励设置对话框，设置【Base Name】为 PA，导体数【Number of Conductor】设置为 50，单击【OK】确认，添加的导体激励会显示在 Project Manager 栏【Excitations】内，名称为 PA_1～PA_20。

同理，选中 PB～PB_19，设置名称为 PB 的 B 相线圈激励；选中 PC～PC_19，设置名称为 PC 的 C 相线圈。设置完成后，在 Project Manager 栏【Excitations】内，增加名称为 PB_1～PB_20 以及 PC_1～PC_20 的线圈激励，如图 9-131～图 9-133 所示。

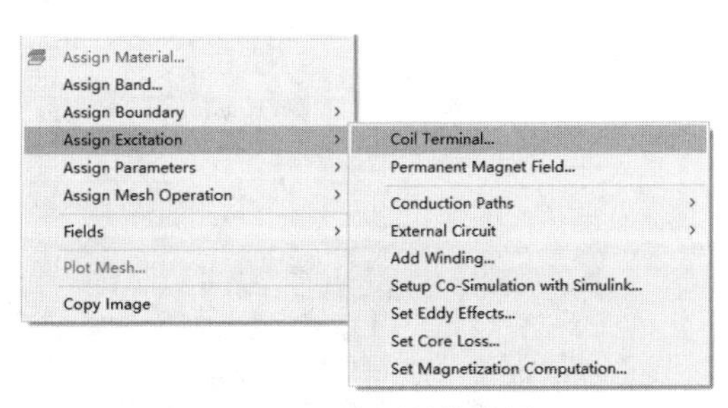

图 9-130　线圈导体设置

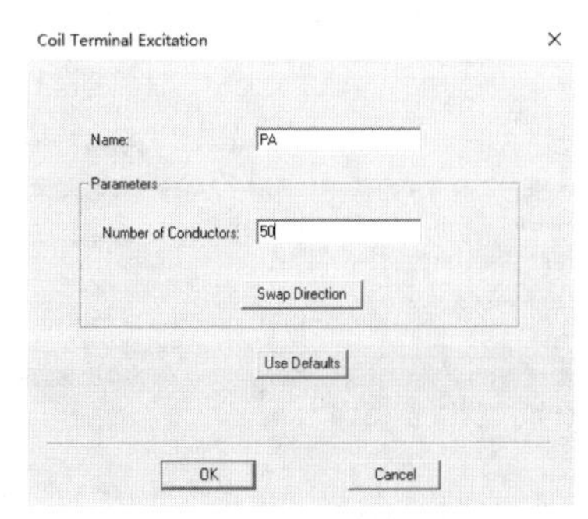

图 9-131　设置 A 相导体匝数

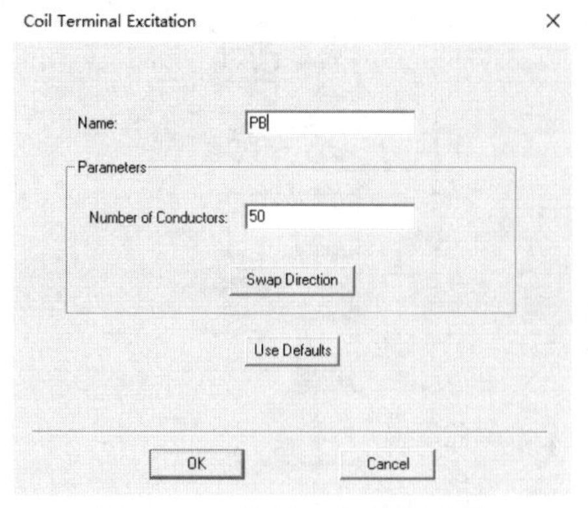

图 9-132　设置 B 相导体匝数

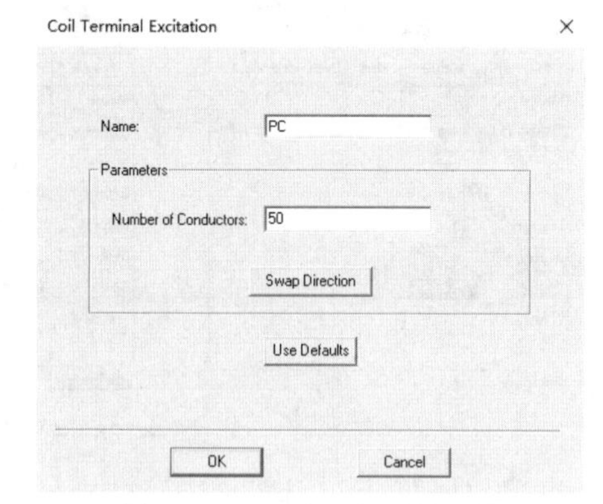

图 9-133　设置 C 相导体匝数

分析流程：

每个线圈只需要保留一个激励面即可，多余的激励面需要删除；导体的数量也可以参数化设置。

Step7： 在 Project Manager 栏，右击【Excitations】，打开如图 9-134 所示的菜单，单击【Add Winding…】打开绕组设置对话框，设置【Name】为 WindingA，参数栏设置【Type】为电流源 Current，并选择 Stranded，【Current】填写 6*sqrt(2)*cos(2*pi*50*time)，【Number of Parallel Branches:】设为 2，点击【OK】确认添加 A 相绕组，如图 9-135。同样，添加 B 相绕组，【Current】填写 6*sqrt(2)*cos(2*pi*50*time-2*pi/3)，如图 9-136；添加 C 相绕组，【Current】填写 6*sqrt(2)*cos(2*pi*50*time+2*pi/3)，如图 9-137。添加完成后，在【Excitations】生成如图 9-138 所示的 A、B、C 三相绕组。

Step8： 右键单击【Excitations】内的【WindingA】，打开菜单，如图 9-139 所示，选择【Add Terminals…】打开绕组设置对话框，在【Terminal Listing Options】选择 Terminals not assigned to any winding，按住 Shift 或 Ctrl 键选择 PA_1～PA_20，如图 9-140 所示，点击【OK】，确认将激励添加至 A 相绕组 WindingA。

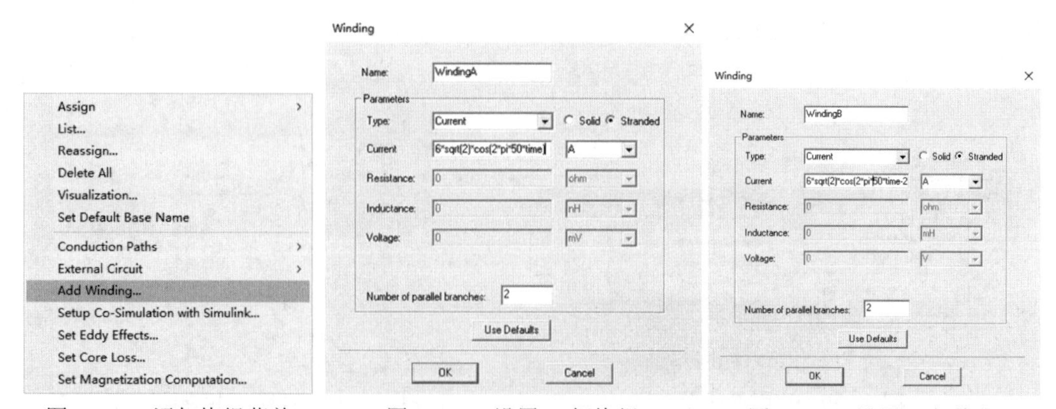

图 9-134　添加绕组菜单　　图 9-135　设置 A 相绕组　　图 9-136　设置 B 相绕组

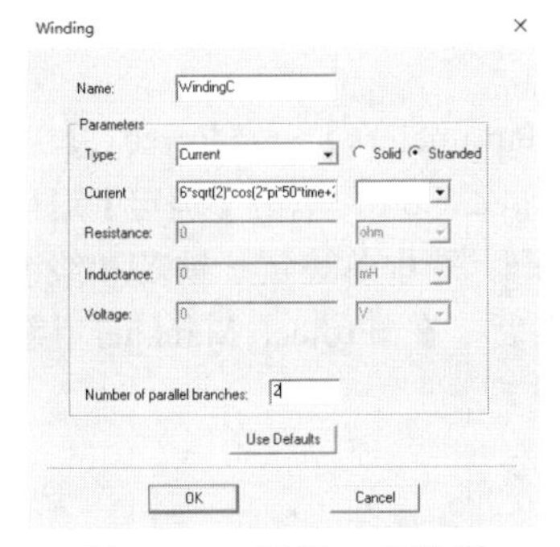

图 9-137　设置 C 相绕组

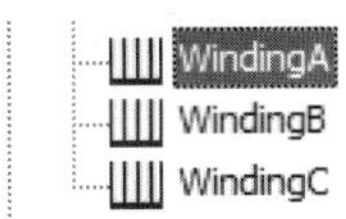

图 9-138　无导体的三相绕组

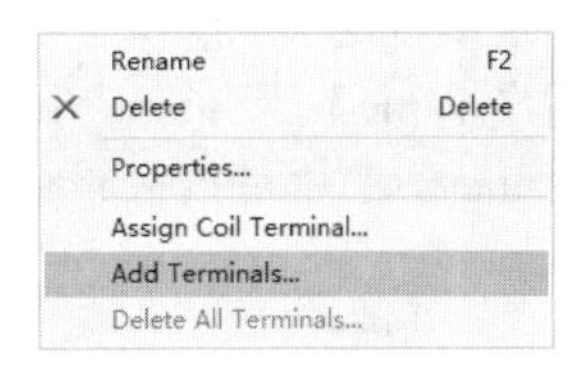

图 9-139　绕组添加导体

同理，选择【WindingB】将 PB_1～PB_20 添加至 B 相绕组 WindingB；选择【WindingC】将 PC_1～PC_20 添加至 C 相绕组 WindingC，如图 9-141、图 9-142 所示。所有导体都添加至绕组中后，如图 9-143 所示。可单击绕组名称前面的【+】展开绕组，查看分配给该绕组的激励是否正确，若不正确，右键该绕组名称，选择【Add Terminals...】打开绕组设置对话框，选择属于该相绕组的激励名称并添加。

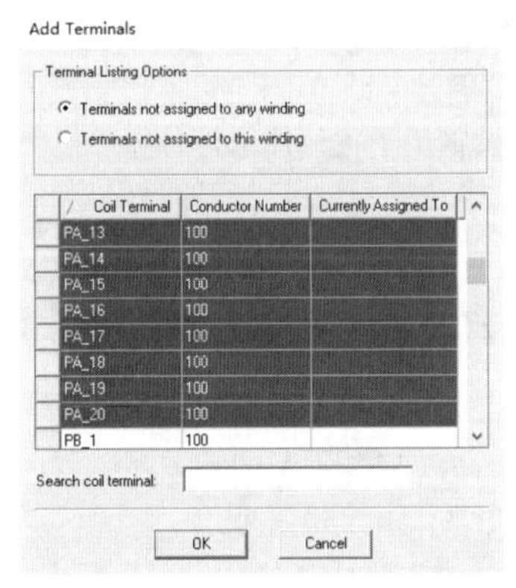

图 9-140　添加 A 相绕组导体

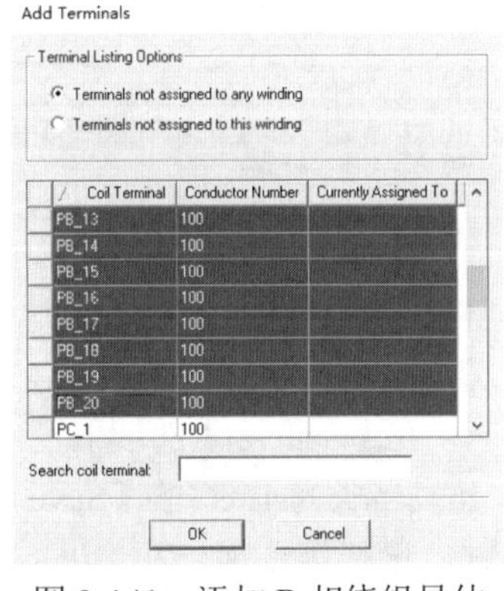

图 9-141　添加 B 相绕组导体

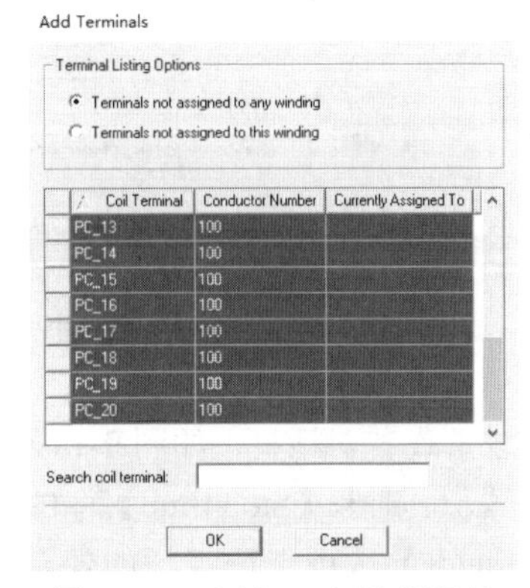

图 9-142　添加 C 相绕组导体

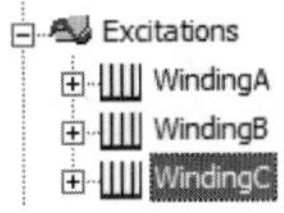

图 9-143　添加导体之后的绕组

Step9：次级板涡流设置，右键单击【Excitations】打开如图 9-144 所示的菜单，选择【Set Eddy Effects...】，打开涡流设置对话框，在 Eddy Effect 栏勾选次级 Mover，如图 9-145 所示，单击【OK】退出设置。

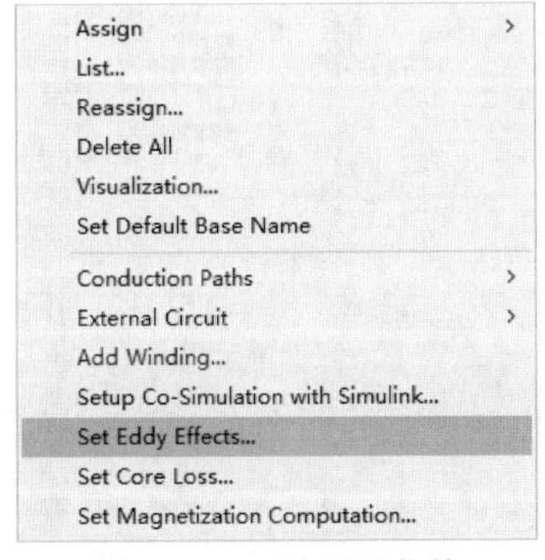

图 9-144　涡流设置菜单

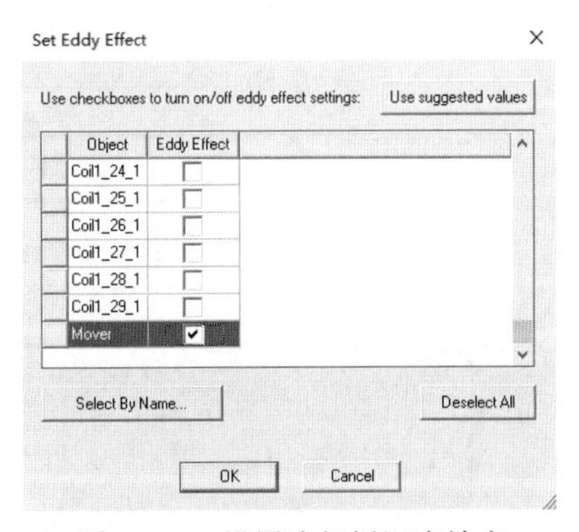

图 9-145　设置次级板涡流效应

9.4.5 自定义定子法向力监测参数设定

选中其中一个定子铁芯，右键打开菜单，选择【Assign Parameters】→【Force...】，如图 9-146 所示，打开 Force Setup 对话框，【Name】栏修改为 Force_Core，单击【确定】退出。同样选中该定子上的所有线圈，设置【Name】为 Force_Winding；选中单边定子铁芯和线圈，设置【Name】为 Force_Stator，如图 9-147 所示。设置完成后，在 Project Manager 栏内【Parameters】中可点击 Force 名称查看受力分析对象。

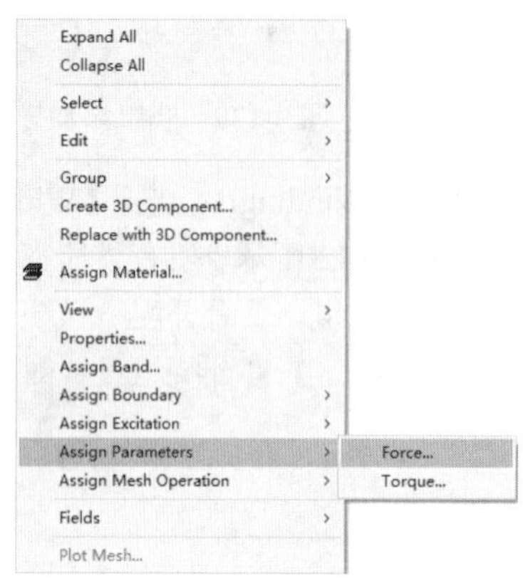

图 9-146　自定义力设置菜单

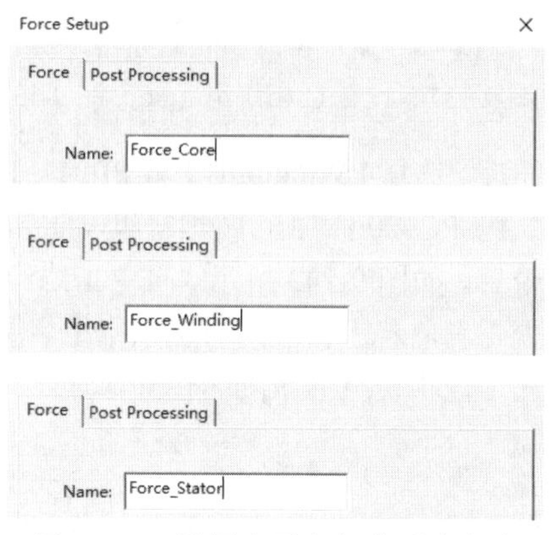

图 9-147　设置定子各部件受力名称

9.4.6 仿真分析设置

Step1：在 Project Manager 栏内右键打开【Analysis】菜单，选择【Add Solution Setup...】，如图 9-148 所示，弹出求解设置对话框，如图 9-149 所示，在【General】选项卡设置仿真时长【Stop time】为 0.1s，仿真步长为 1ms。在【Save Fields】选项卡选择场的保存时刻，选择第二项，从 30～100ms，每隔 10 个步长保存一次，单击【Preview...】查看保存场的具体时刻。单击【Close】关闭预览，点击【Solve Setup】对话框下方的【OK】，确认设置。

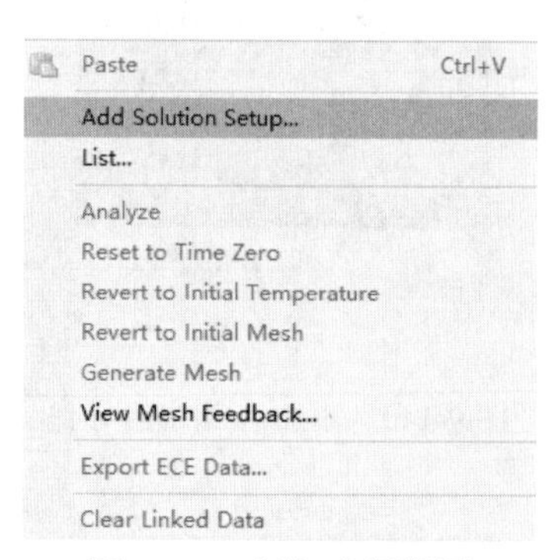

图 9-148　添加求解设置

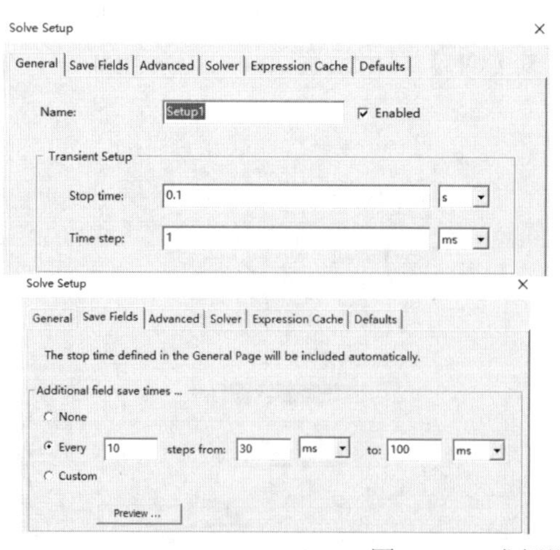

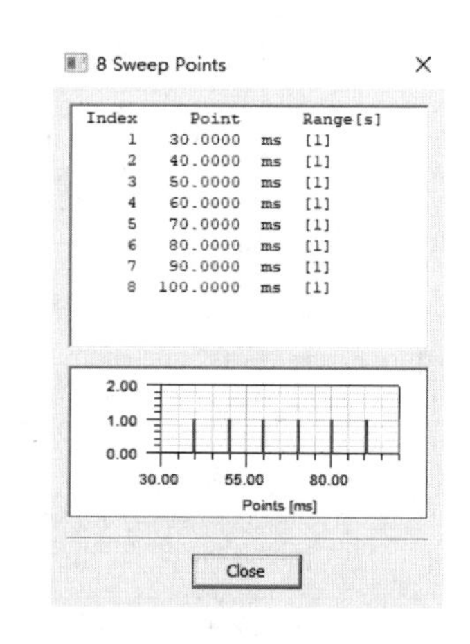

图 9-149　求解设置

Step2： 点击菜单栏下方快捷标签【Simulation】，点击【Validate】，检查模型、边界、激励、求解设置等是否完整、正确，若无错误，则每项内容前面出现对勾，若出现提示错误，则需要根据提示修改，如图9-150、图9-151所示。

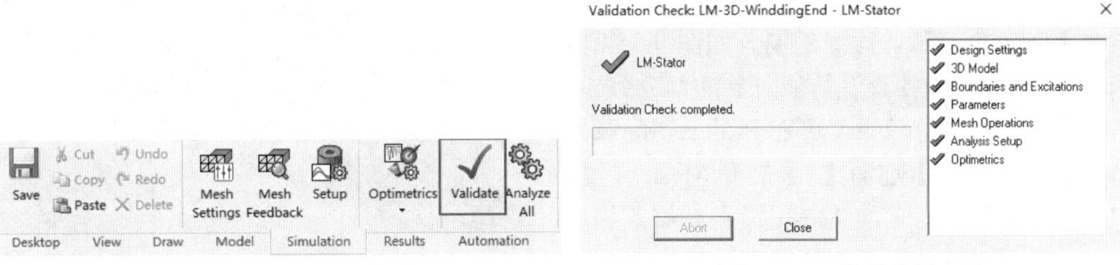

图 9-150　模型自检菜单　　　　图 9-151　模型设置自检

Step3： 模型设置自检通过后，在【Project Manager】栏，右键点击【Analysis】→【Setup1】，打开菜单，单击【Analyze】开始有限元仿真计算。

9.4.7　参数化仿真设置

Step1： 在 Project Manager 栏，右键点击【Optimetrics】→【Add】→【Parametric...】，如图9-152所示，弹出【Setup Sweep Analysis】对话框，在【Sweep Definitions】选项卡点击【Add...】，弹出如图9-153（a）所示的【Add/Edit Sweep】对话框，选择变量 Variable 为 spd（速度），选择【linear step】（线性步长），起点 Start 设为 0m_per_sec，终点为 6 m_per_sec，步长为 0.6 m_per_sec，点击【Add >>】添加至右侧栏，点击【OK】，确认退出 Add/Edit Sweep 对话框。点击【Setup Sweep Analysis】对话框 Table 选项卡，显示扫描参数的具体数值，如图9-153（b）所示，点击【OK】确定设置并退出。

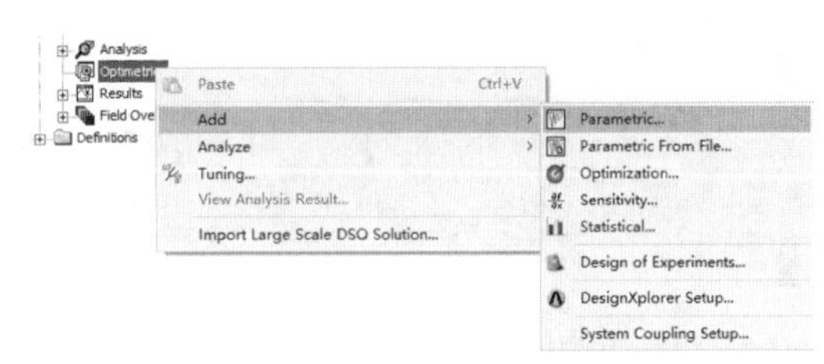

图 9-152　添加参数扫描菜单

Step2： 在 Project Manager 栏，右键点击【Optimetrics】→【ParametricSetup1】→【Analyze】开始仿真计算。

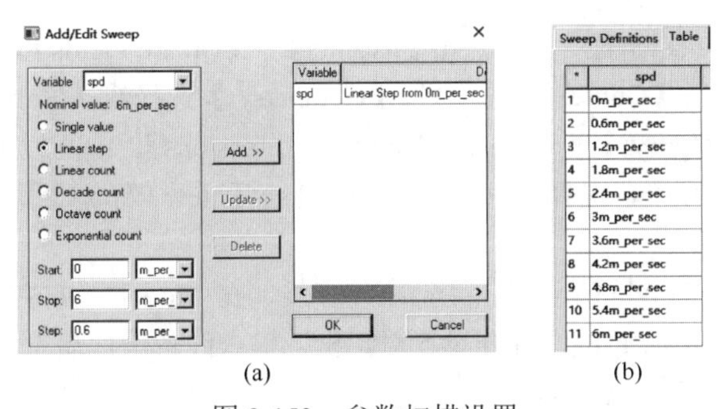

(a)　　　　(b)

图 9-153　参数扫描设置

9.4.8　气隙及次级板电磁场的横纵向分布提取

（1）网格剖分

网格剖分查看。在执行完模型自检后，在 Project Manager 栏，右键点击【Analysis】→

【Setup1】→【Generate Mesh】，开始网格剖分。待剖分完成后，选中要查看网格剖分的对象，在绘图区任意位置右击打开菜单，选择【Plot Mesh…】，弹出对话框，修改【Name】名称，点击【Done】确认。次级的剖分如图 9-154 所示。可采用同样步骤查看其他对象的剖分效果，若不满意网格剖分效果，可在 Project Manager 栏，单击【Mesh】前面【+】展开 Mesh 设置，双击打开要修改对象的 Mesh 设置，修改相应数值，重置剖分并重新剖分即可。

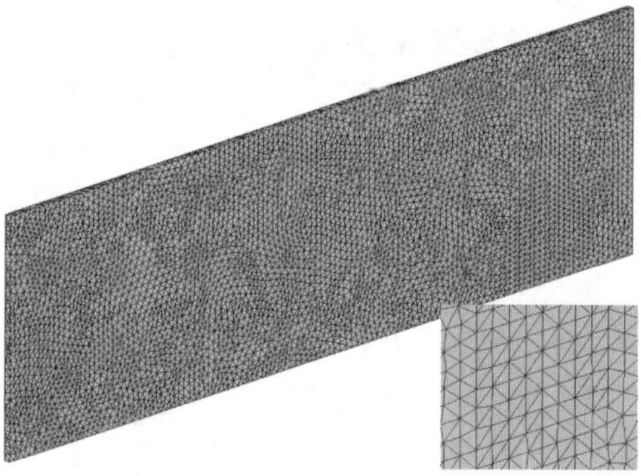

图 9-154　次级板网格

（2）次级磁密云图、涡流分布

点击【Orient】将视图切换至【Left(+Y)】，选择所有对象，按下 Ctrl+H 隐藏所有选中对象，在绘图区左侧选中次级 Mover，右键打开菜单，选择【Fields】→【B】→【Mag_B】，打开对话框选择【Mag_B】，点击【Done】确认，生成次级磁密云图，如图 9-155 所示。

在绘图区左侧选中次级 Mover，右键打开菜单，选择【Fields】→【J】→【Vector_J】，打开对话框，点击【Done】确认，生成次级电密分布矢量图，如图 9-156 所示。

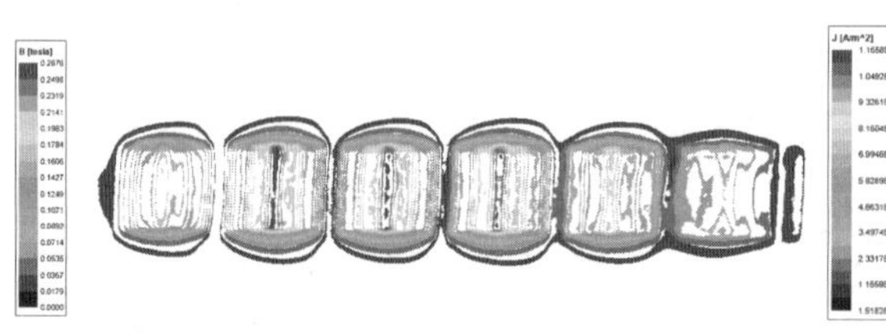

图 9-155　次级磁密分布云图

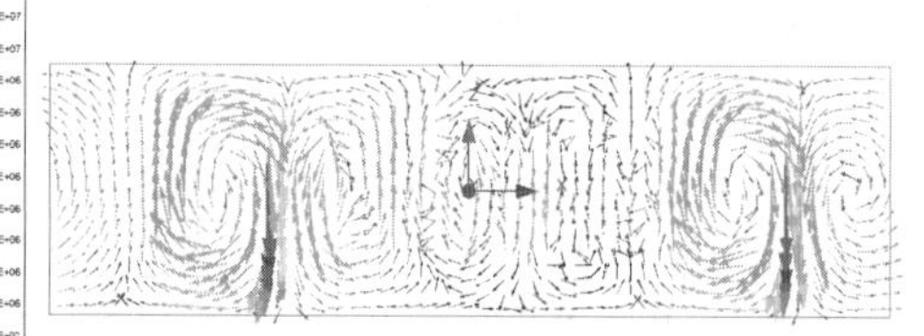

图 9-156　次级电密分布矢量图

（3）气隙磁密

Step1：点击【Draw】标签，点击 Draw line，弹出非模型对象创建提示，点击【是（Y）】确定创建非模型线条。在绘图区绘制任意长度线段，在模型树栏点击【+】展开 Lines，双击 Create Line，打开设置对话框，输入线条坐标端点【-240mm, 0mm, 0mm】和【-240mm, 0mm, 0mm】，点击确认。

Step2：Project Manager 栏，右键点击【Results】→【Create Fields Report】→【Rectangular Plot】，弹出对话框，在【Context】选项栏，【Geometry:】选择线条 Polyline1，右侧【Trace】选项卡下方左侧【Category:】栏选择【Calculator Expressions】，中间栏选择【Mag_B】，点击右上方【Families】选项卡，选择保存场的时刻，点击【New Report】生成气隙磁密的纵向分布图，如图 9-157 所示。

Step3：选中直线 Polyline1，复制并粘贴该直线，在 Model 下方生成直线 Polyline2，点击【+】展开，双击 Create Line，打开设置对话框，输入线条坐标端点【0mm, 0mm, -70mm】和【0mm, 0mm, 70mm】，点击确认。

Step4：同样在 Project Manager 栏，右键点击【Results】→【Create Fields Report】→【Rectangular Plot】，弹出对话框，在【Context】选项栏，【Geometry:】选择线条 Polyline2，右侧 Trace 选项卡下方左侧【Category:】栏选择【Calculator Expressions】，中间栏选择【Mag_B】，点击右上方【Families】选项卡，选择保存场的时刻，点击【New Report】生成气隙磁密的横向分布图，如图 9-158 所示。

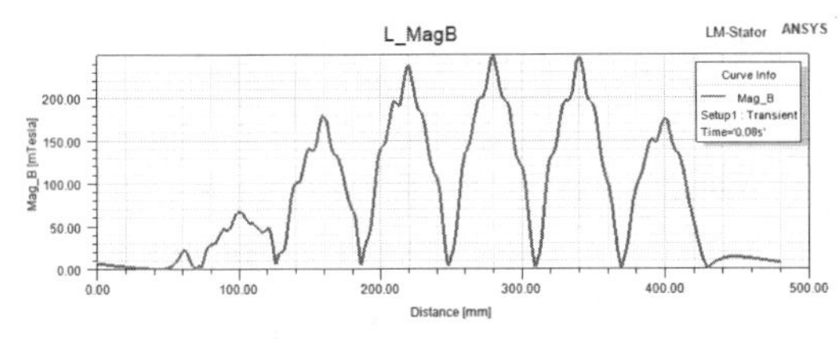

图 9-157　气隙磁密纵向分布图

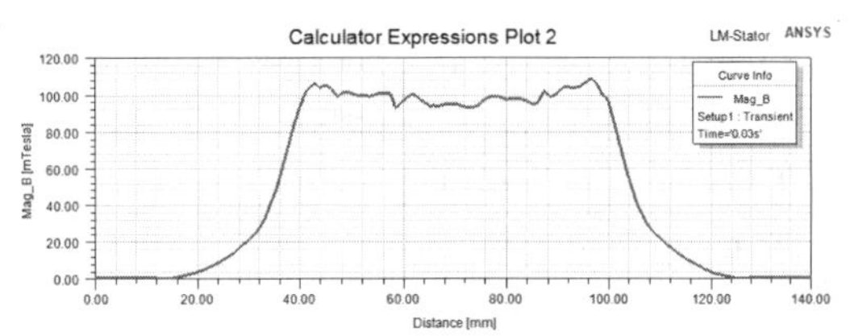

图 9-158　气隙磁密横向分布图

（4）次级电密分布

在 Project Manager 栏，右键点击【Results】→【Create Fields Report】→【Rectangular Plot】，弹出对话框，在【Context】选项栏，【Geometry:】选择线条 Polyline1，右侧 Trace 选项卡下方左侧【Category:】栏选择【Calculator Expressions】，中间栏选择【Mag_J】，点击右上方【Families】选项卡，选择保存场的时刻，点击【New Report】生成次级电密的纵向分布图，如图 9-159 所示。同理，选择线条 Polyline2 可查看次级电密的横向分布，如图 9-160 所示。

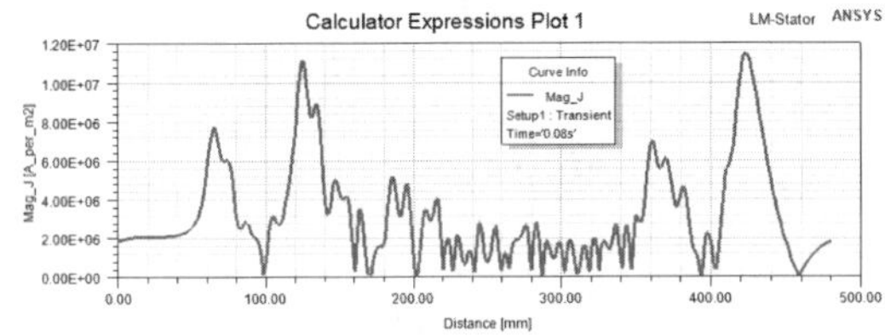

图 9-159　次级电密纵向分布图

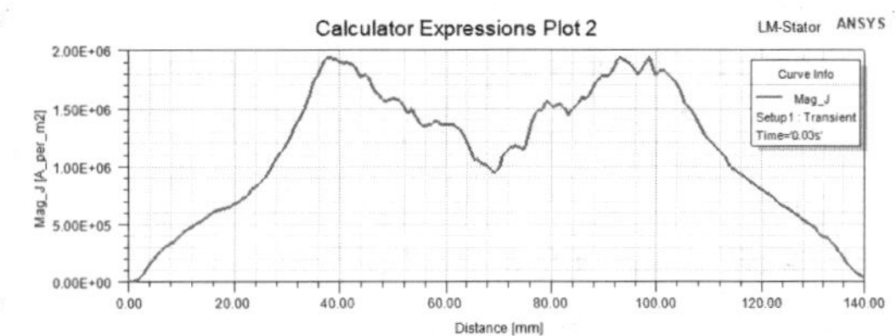

图 9-160　次级电密横向分布图

在不同的位置绘制直线，可查看不同位置的磁密、电密分布。需要注意的是，当次级运动时，查看不同时刻次级的场分布，绘制在 Band 内的直线应根据该时刻次级的位置来确定起点和终点坐标位置。为方便查看场分布曲线，在【Results】内选中绘图名称，右键打开菜单选择【Rename】修改名称，如图 9-161 所示。

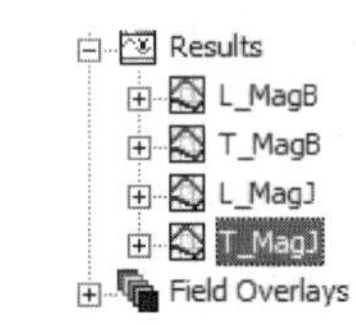

图 9-161　求解结果重命名

9.4.9 常见直线电机特性曲线

（1）次级板受力分析

在 Project Manager 栏，右键点击【Results】→【Create Transient Report】→【Rectangular Plot】，弹出对话框，在右侧 Trace 选项卡下方左侧【Category:】栏选择【Force】，中间栏选择【Moving1.Force_x】，点击【New Report】生成次级推力随仿真时间变化的曲线，如图 9-162。选择【Moving1.Force_y】，点击【New Report】生成次级法向力随仿真时间变化的曲线，如图 9-163；选择【Moving1.Force_z】，点击【New Report】生成次级侧向力随仿真时间变化的曲线，如图 9-164。

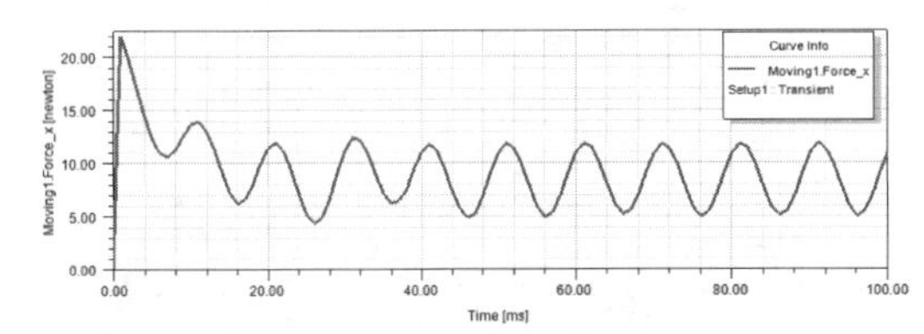

图 9-162　次级推力随仿真时间变化的曲线

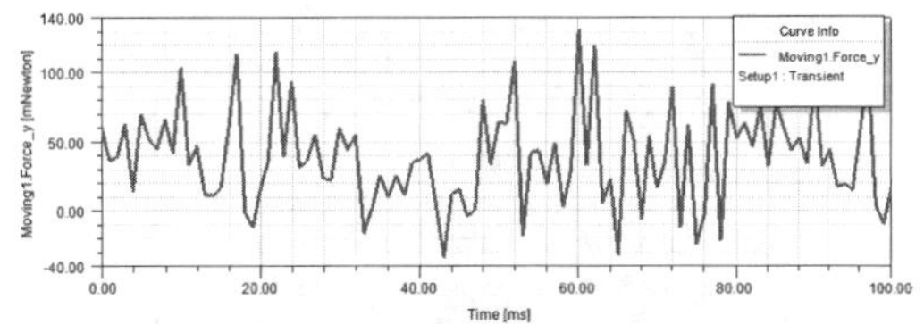

图 9-163　次级法向力随仿真时间变化的曲线

（2）自定义定子受力分析

在 Project Manager 栏，右键点击【Results】→【Create Transient Report】→【Rectangular

Plot】，弹出对话框，在右侧 Trace 选项卡下方左侧【Category:】栏，选择【Force】；中间栏，按住 Ctrl 选择【Force_Core.Force_y】、【Force_Stator.Force_y】、【Force_Winding.Force_y】，点击【New Report】生成定子铁芯、定子整体、定子绕组所受法向力随仿真时间变化的曲线，如图 9-165 所示。

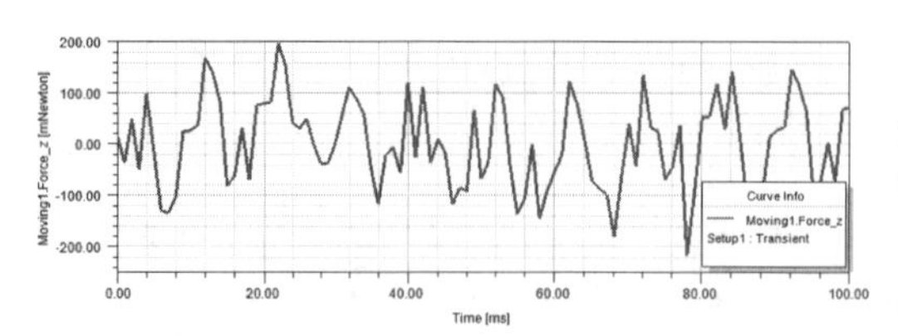

图 9-164　次级侧向力随仿真时间变化的曲线

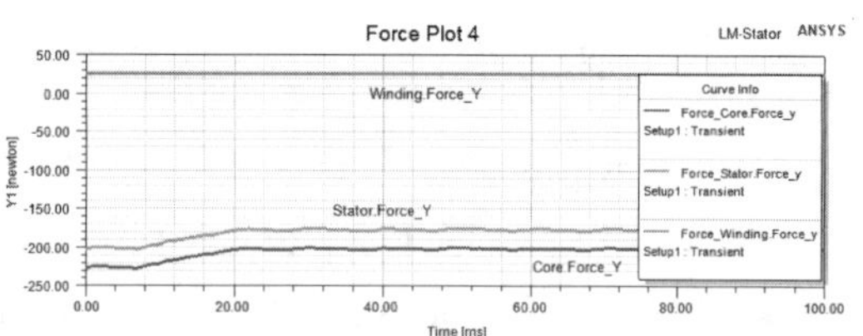

图 9-165　定子铁芯、定子整体、定子绕组所受法向力随时间变化曲线

（3）**电机力特性曲线**

Step1：推力结果查看。计算完成后，在 Project Manager 栏，点击展开【Results】，双击打开之前生成的 ForcePlot 1 下的 Moving1.Force_x，弹出对话框，点击右侧【Families】选项卡，单击变量 spdedit 栏【…】，勾选【Use all Values】，点击【Apply Trace】生成不同速度时次级推力随仿真时间变化的曲线，如图 9-166 所示。

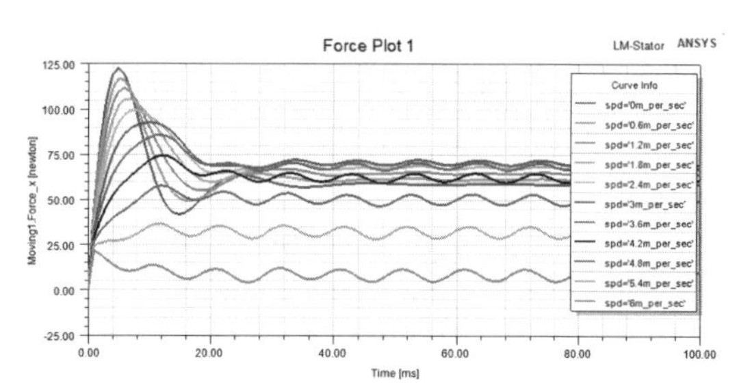

图 9-166　不同速度下次级推力随仿真时间变化的曲线

Step2：力的平均值、波动值查看。在生成的曲线图中，右键打开菜单，选择【Trace Characteristics】→【All…】，打开曲线特性对话框，勾选 avg（平均值）、pk2pk（峰峰值）、pkavg（峰值比平均值）等，点击【Save As Default】，点击【Close】关闭。

右键打开菜单，选择【Trace Characteristics】→【Favorites】→【avg】，显示每条线的平均值；按照同样方法，显示峰峰值（pk2pk）、波动比（pkavg）。

由于仿真前半部分曲线还没有达到稳态值，平均值、峰峰值等统计值均会出现偏差，如图 9-167 所示。双击新生成的图例顶栏 avg，打开平均值函数设置对话框，【Range】选择 Specified，【Start of Range】为平均值计算开始时间，设为 60ms，【End of Range】为平均值计算结束时间，设为 100ms，单击【OK】确认；同样的方法设置 pk2pk 和 pkavg 的统计范围。新生成的各曲线平均值、峰峰值、波动比，如图 9-168 所示。

Curve Info	avg	pk2pk	pkavg
spd='0m_per_sec'	61.3233	122.2928	1.9942 (SI)
spd='0.6m_per_sec'	63.8386	116.5114	1.8251 (SI)
spd='1.2m_per_sec'	66.9197	111.3414	1.6638 (SI)
spd='1.8m_per_sec'	69.6513	105.2822	1.5116 (SI)
spd='2.4m_per_sec'	71.4236	99.0443	1.3867 (SI)
spd='3m_per_sec'	71.5212	92.4509	1.2926 (SI)
spd='3.6m_per_sec'	68.8111	85.7552	1.2462 (SI)
spd='4.2m_per_sec'	61.8712	74.3978	1.2025 (SI)
spd='4.8m_per_sec'	49.5402	57.6670	1.1640 (SI)
spd='5.4m_per_sec'	31.6066	36.7642	1.1632 (SI)
spd='6m_per_sec'	9.1275	21.8411	2.3929 (SI)

图 9-167　推力各指标值（0～100ms）

Curve Info	avg	pk2pk	pkavg
spd='0m_per_sec'	58.7132	0.3174	0.0054 (SI)
spd='0.6m_per_sec'	61.3429	0.7917	0.0129 (SI)
spd='1.2m_per_sec'	64.6282	1.1405	0.0176 (SI)
spd='1.8m_per_sec'	67.6816	1.5623	0.0231 (SI)
spd='2.4m_per_sec'	69.8860	2.2097	0.0316 (SI)
spd='3m_per_sec'	70.5632	3.0624	0.0434 (SI)
spd='3.6m_per_sec'	68.5049	4.0976	0.0598 (SI)
spd='4.2m_per_sec'	62.1629	5.1677	0.0831 (SI)
spd='4.8m_per_sec'	50.1304	6.2421	0.1245 (SI)
spd='5.4m_per_sec'	31.9207	6.7237	0.2106 (SI)
spd='6m_per_sec'	8.4519	6.9529	0.8226 (SI)

图 9-168　推力各指标值（60～100ms）

Step3：推力特性曲线。在 Project Manager 栏，右键点击【Results】→【Creat Transient Report】→【Rectangular Plot】，弹出对话框，在右侧 Trace 选项卡，取消勾选【X:】，点击该栏【…】打开对话框，选择 spd 为自变量，点击【OK】确认。点击【Y:】栏右侧【Range Function…】，选择 Function 为 avg，设置【Over Sweep：】为 Specify range，时间 Min 为 60ms，Max 为 100ms，点击【OK】确认。下方左侧【Category:】栏，选择【Force】，中间栏选择【Moving1.Force_x】，点击【New Report】生成推力-速度特性曲线，如图 9-169 所示。同样的方法，可绘制推力波动峰峰值-速度特性曲线，如图 9-170 所示。

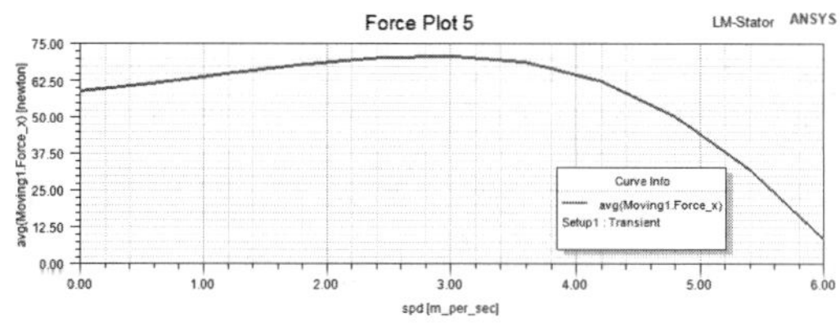

图 9-169　推力-速度特性曲线

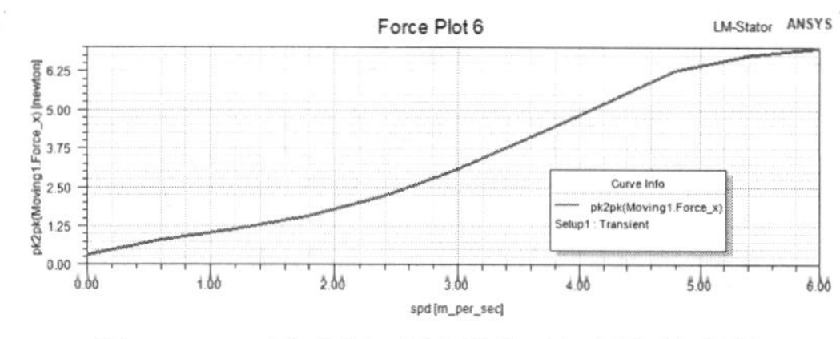

图 9-170　推力波动峰峰值-速度特性曲线

按照该步骤，亦可以查看其他力特性曲线，此处不一一展示。

本章小结

本章以短初级双边直线感应电机为例，建立其 2D 瞬态场、2D 涡流场和 3D 瞬态场模型，并分析电机的性能。详细介绍了电机定子铁芯的几种绘制方式，叙述了无端部绕组和含端部绕组的绘制或生成方法，介绍了电机的常规设置方法以及主从边界的设置、运动边界的详细设置，讲述了气隙磁场、次级电密的分布以及它们的数值提取方法，展示了纵向、横向的磁密、电密分布，展现了直线电机与普通旋转电机磁场分布的不同，生成了电机次级的推力、法向力、侧向力，以及自定义定子各部件的受力分析，并绘制电机的推力-速度特性曲线、推力波动值-速度特性曲线，以此向读者展示直线电机的特点。

参考文献

[1] 刘慧娟，上官明珠，张颖超，等．Ansoft Maxwell 13 电机电磁场实例分析[M]．北京：国防工业出版社，2014．

[2] 赵博，张洪亮，等．Ansoft 12 在工程电磁场中的应用[M]．北京：中国水利水电出版社，2010．

[3] MADENCI E, GUVEN I. The finite element method and applications in engineering using ANSYS[M]. 2nd ed. Springer, 2015.

[4] RAO S S. The finite element method in engineering[M]. 6th ed. Butterworth-Heinemann, 2017.

[5] 曾攀．有限元分析及应用[M]．北京：清华大学出版社，2004．

[6] 库克，等．有限元分析的概念与应用：第 4 版[M]．关正西，强洪夫，译．西安：西安交通大学出版社,2007．

[7] 龙驭球．有限元法概论：上[M]．北京：高等教育出版社，1991．

[8] 查利 MVK，席尔凡斯特 PP．电磁场问题的有限元解法[M]．北京：科学出版社，1985．

[9] 谭详军．从这里学 NVH-噪声、振动、模态分析的入门与进阶[M]．北京：机械工业出版社，2018．